今すぐ使える
かんたん
エクセル
Excel
データベース
完全
コンプリート
ガイドブック
業務データを
抽出・集計・分析
[2019/2016/2013/365対応版]
井上香緒里 著

技術評論社

本書の使い方

- 本書は、Excel データベースの操作に関する質問に、Q&A 方式で回答しています。
- 目次やインデックスの分類を参考にして、知りたい操作のページに進んでください。
- 画面を使った操作の手順を追うだけで、Excel データベースの操作がわかるようになっています。

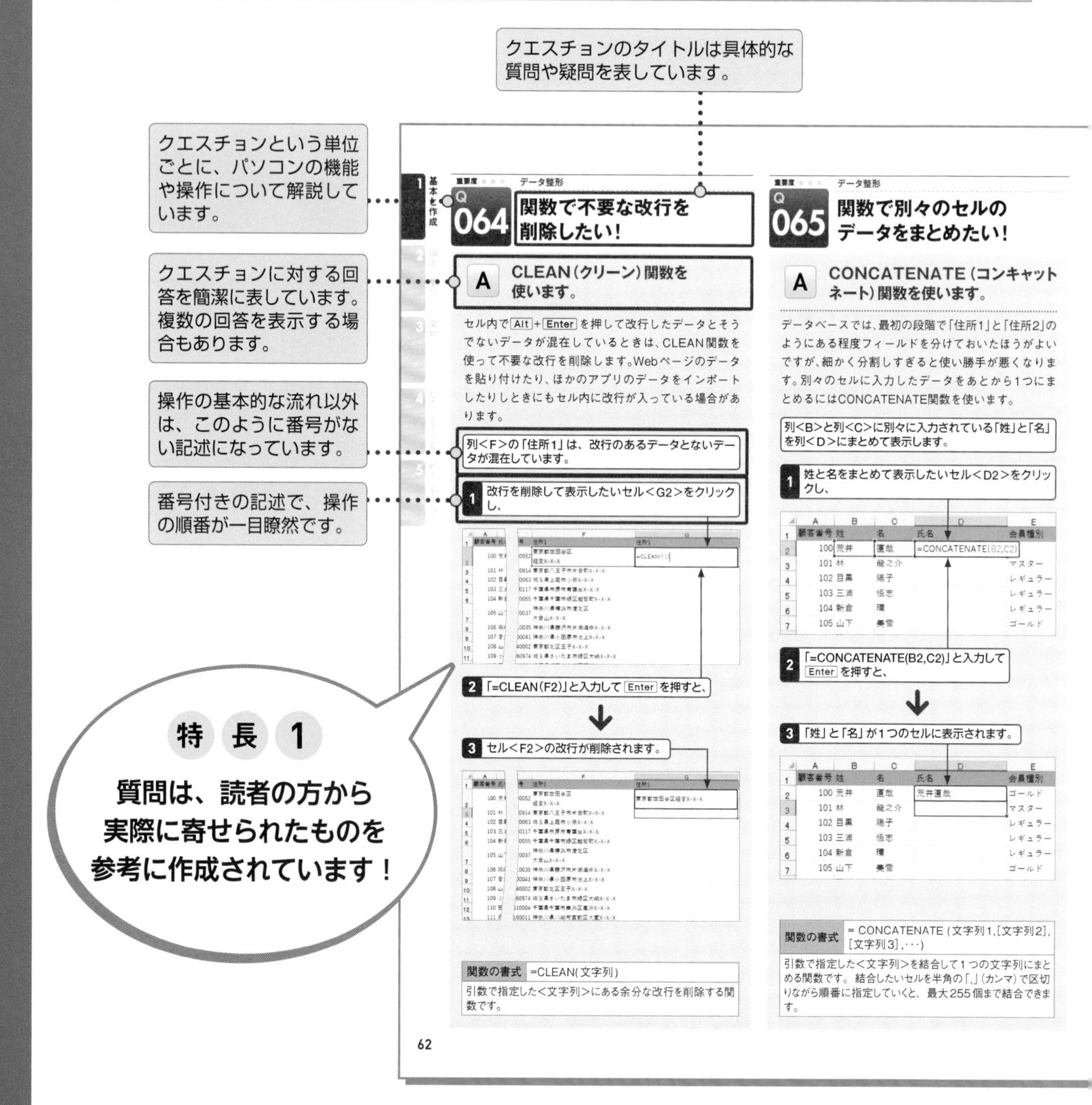

特長2

やわらかい上質な紙を使っているので、開いたら閉じにくい！

『この操作を知らないと困る』という意味で、各クエスチョンで解説している操作を3段階の「重要度」で表しています。

重要度 ★★★
重要度 ★★★
重要度 ★★★

クエスチョンの分類を示しています。

目的の操作が探しやすいように、ページの両側にインデックス（見出し）を表示しています。

重要度 ★★★ データ整形

Q 066 関数でセルのデータを分割したい！

「氏名」に入力した姓と名は、関数を使って「姓」と「名」に分けることができます。姓と名を区切るスペースの位置を起点にして、その左側を「姓」として取り出し、残りを「名」として取り出します。

A LEFT（レフト）関数やFIND（ファインド）関数などを組み合わせて使います。

1 姓を表示したいセル<C2>をクリックし、

2 「=LEFT(B2,FIND("　",B2)-1)」と入力して Enter を押すと、

3 セル<B2>の姓だけが表示されます。

4 続けて、名を表示したいセル<D2>をクリックし、

5 「=MID(B2,FIND("　",B2)+1,LEN(B2))」と入力して Enter を押すと、

6 セル<B2>の名だけが表示されます。

関数の書式 =LEFT(文字列,文字数)

引数で指定した<文字列>の左から<文字数>で指定した数の文字を取り出す関数です。

関数の書式 =FIND(検索文字列,対象,[開始位置])

引数の<対象>内にある<検索文字列>の位置を探す関数です。ここでは、検索文字列に全角のスペースを指定しましたが、半角のスペースで区切られているときは、「" "」のように、「""」の間に半角のスペースを入力します。全角スペースの位置は「3」になり、LEFT関数を使って、左から全角スペースの前までの文字を取出します。全角スペースの1つ前までを取り出すということで、「FIND("　",B2)-1」と「1」を引きます。

関数の書式 =MID(文字列,開始位置,文字数)

引数で指定した<文字列>の<開始位置>から<文字数>で指定した数の文字を取り出す関数です。

関数の書式 = LEN(文字列)

引数で指定した<文字列>の文字数を返す関数です。半角文字と全角文字との区別はされません。「名」を取り出すには、全角スペースの次の位置から取出すので、「FIND("　",B2)+1」と「1」を加えます。取り出す文字数はLEN関数で求めた文字数すべてです。

1 基本と作成 / 2 抽出・集計 / 3 関数 / 4 ピボットテーブル / 5 ピボットグラフ

63

特長3

読者が抱く小さな疑問を予測して、できるだけていねいに解説しています！

パソコンの基本操作

- 本書の解説は、基本的にマウスを使って操作することを前提としています。
- お使いのパソコンのタッチパッド、タッチ対応モニターを使って操作する場合は、各操作を次のように読み替えてください。

1 マウス操作

▼クリック（左クリック）

クリック（左クリック）の操作は、画面上にある要素やメニューの項目を選択したり、ボタンを押したりする際に使います。

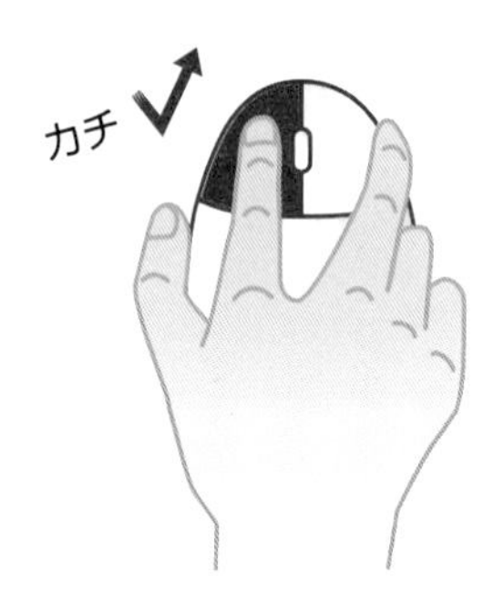

マウスの左ボタンを1回押します。

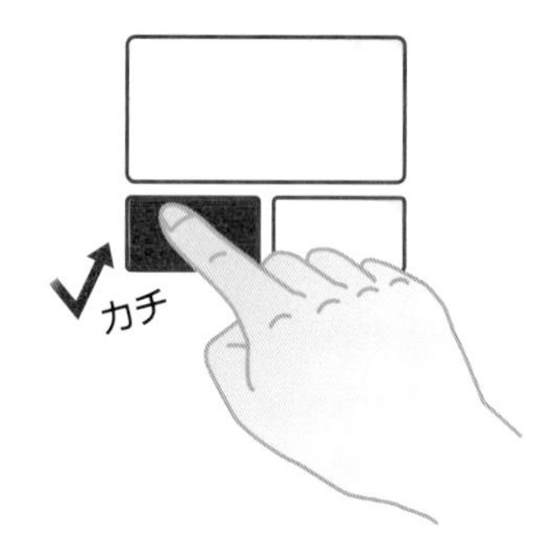

タッチパッドの左ボタン（機種によっては左下の領域）を1回押します。

▼右クリック

右クリックの操作は、操作対象に関する特別なメニューを表示する場合などに使います。

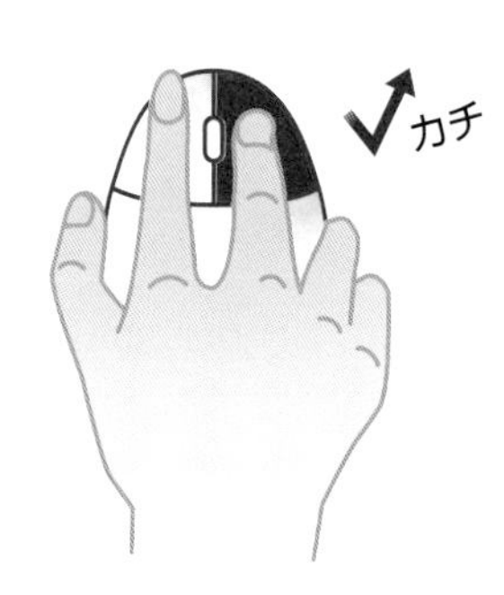

マウスの右ボタンを1回押します。

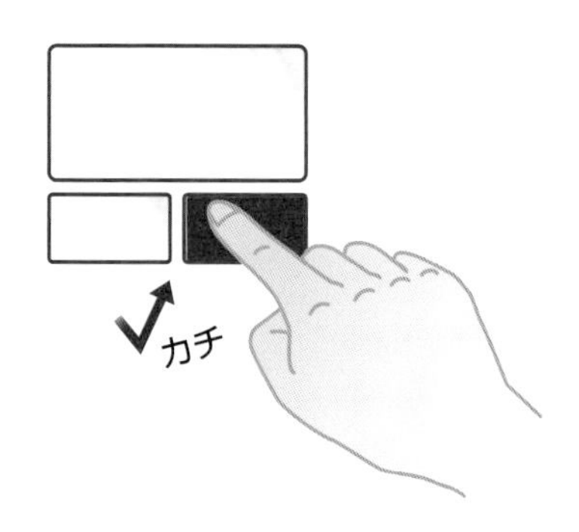

タッチパッドの右ボタン（機種によっては右下の領域）を1回押します。

▼ダブルクリック

ダブルクリックの操作は、各種アプリを起動したり、ファイルやフォルダーなどを開く際に使います。

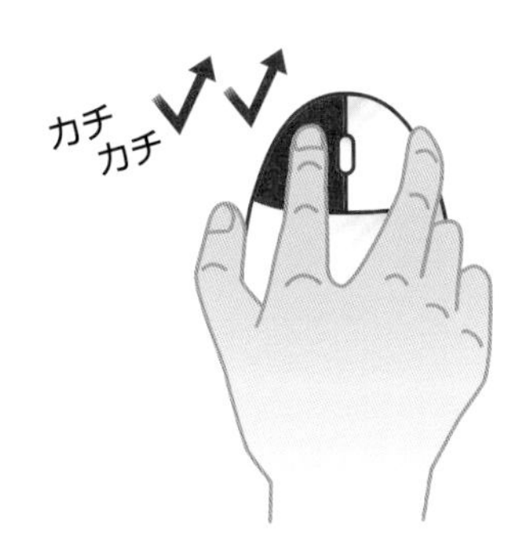

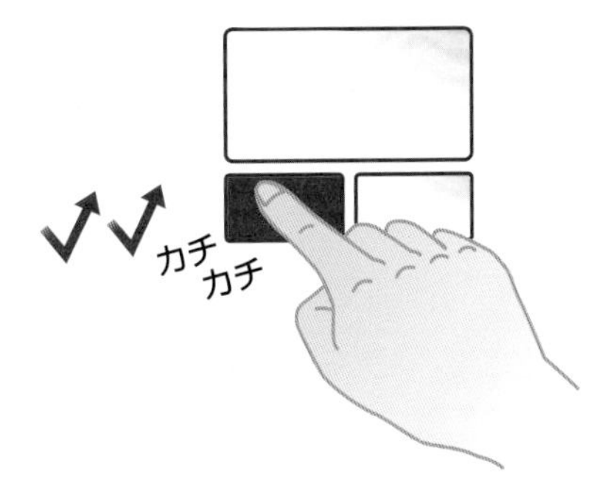

マウスの左ボタンをすばやく2回押します。

タッチパッドの左ボタン(機種によっては左下の領域)をすばやく2回押します。

▼ドラッグ

ドラッグの操作は、画面上の操作対象を別の場所に移動したり、操作対象のサイズを変更する際などに使います。

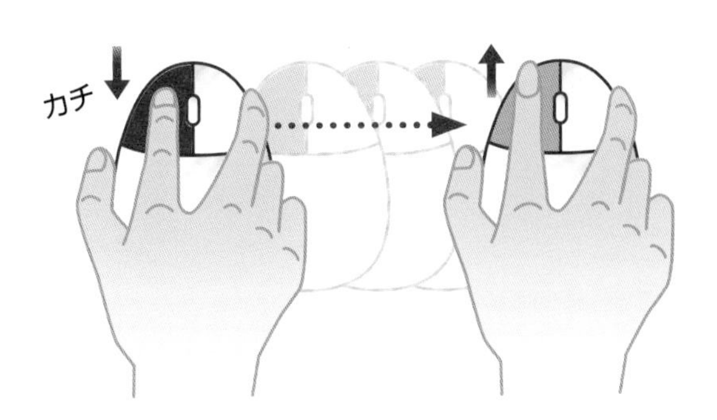

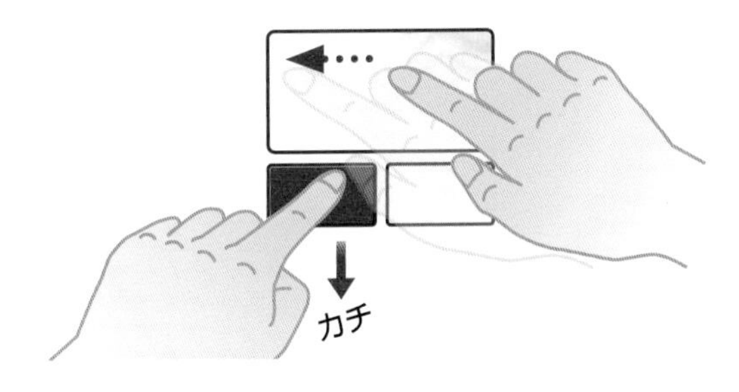

マウスの左ボタンを押したまま、マウスを動かします。目的の操作が完了したら、左ボタンから指を離します。

タッチパッドの左ボタン(機種によっては左下の領域)を押したまま、タッチパッドを指でなぞります。目的の操作が完了したら、左ボタンから指を離します。

ホイールの使い方

ほとんどのマウスには、左ボタンと右ボタンの間にホイールが付いています。ホイールを上下に回転させると、Web ページなどの画面を上下にスクロールすることができます。そのほかにも、Ctrl を押しながらホイールを回転させると、画面を拡大/縮小したり、フォルダーのアイコンの大きさを変えることができます。

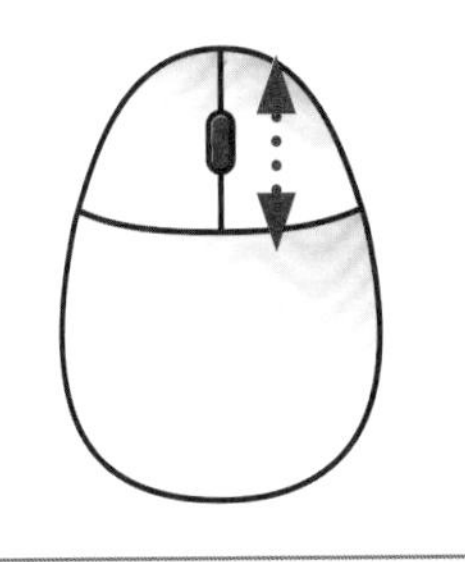

② 利用する主なキー

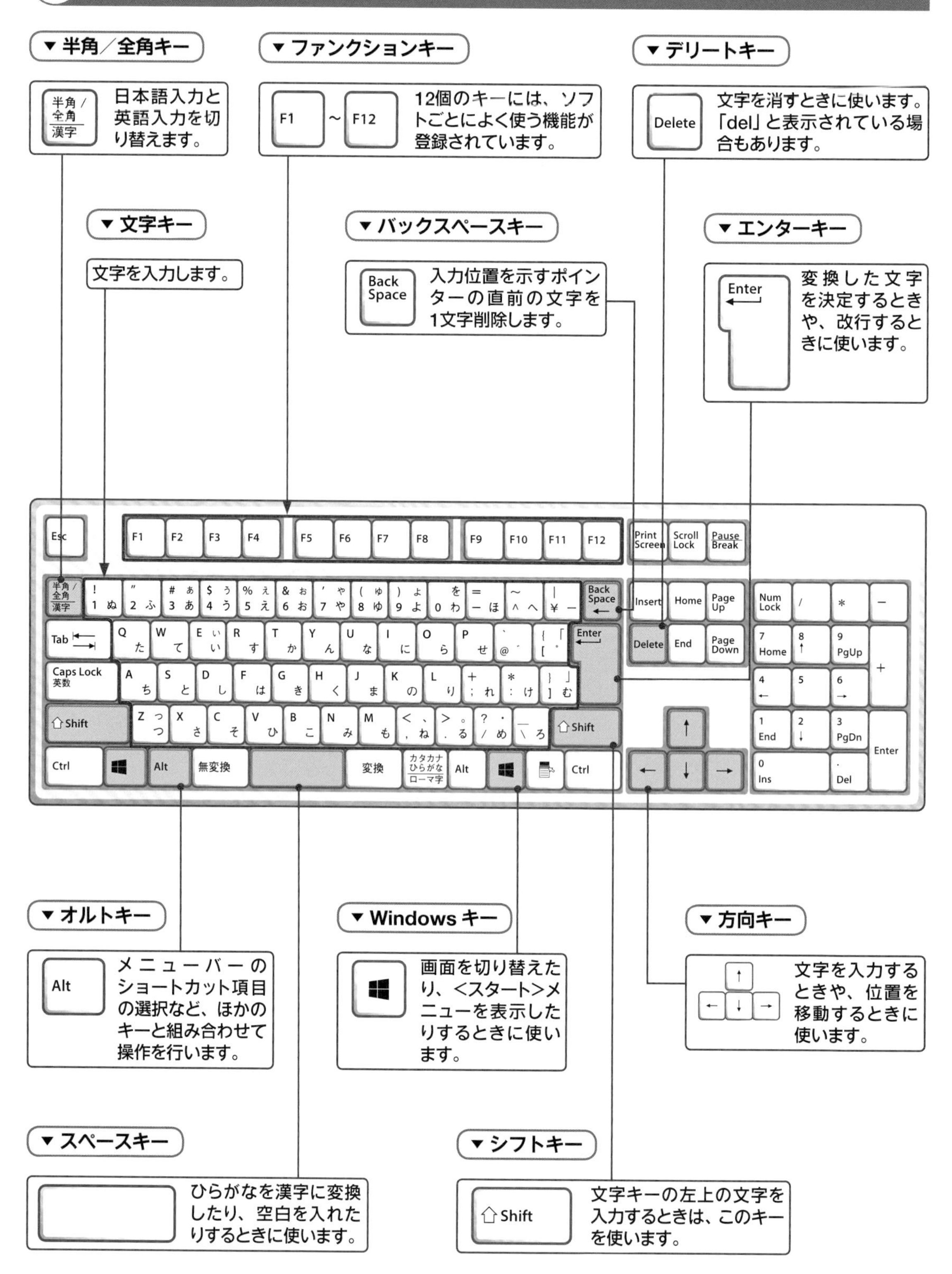
▼半角／全角キー
日本語入力と英語入力を切り替えます。
▼ファンクションキー
F1 ～ F12
12個のキーには、ソフトごとによく使う機能が登録されています。
▼デリートキー
Delete
文字を消すときに使います。「del」と表示されている場合もあります。
▼文字キー
文字を入力します。
▼バックスペースキー
Back Space
入力位置を示すポインターの直前の文字を1文字削除します。
▼エンターキー
Enter
変換した文字を決定するときや、改行するときに使います。
▼オルトキー
Alt
メニューバーのショートカット項目の選択など、ほかのキーと組み合わせて操作を行います。
▼Windows キー
画面を切り替えたり、<スタート>メニューを表示したりするときに使います。
▼方向キー
文字を入力するときや、位置を移動するときに使います。
▼スペースキー
ひらがなを漢字に変換したり、空白を入れたりするときに使います。
▼シフトキー
Shift
文字キーの左上の文字を入力するときは、このキーを使います。

③ タッチ操作

▼タップ

画面に触れてすぐ離す操作です。ファイルなど何かを選択するときや、決定を行う場合に使用します。マウスでのクリックに当たります。

▼ダブルタップ

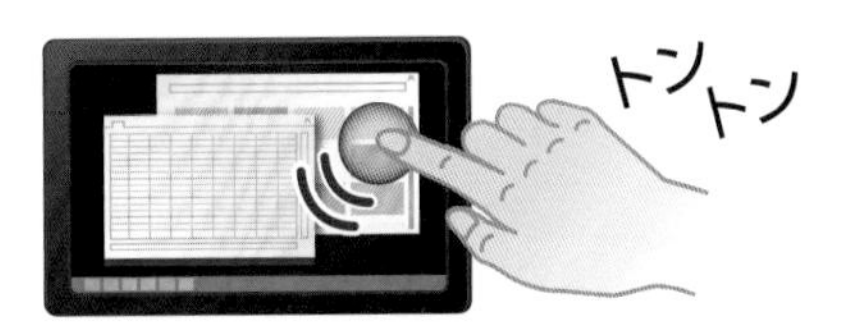

タップを2回繰り返す操作です。各種アプリを起動したり、ファイルやフォルダーなどを開く際に使用します。マウスでのダブルクリックに当たります。

▼ホールド

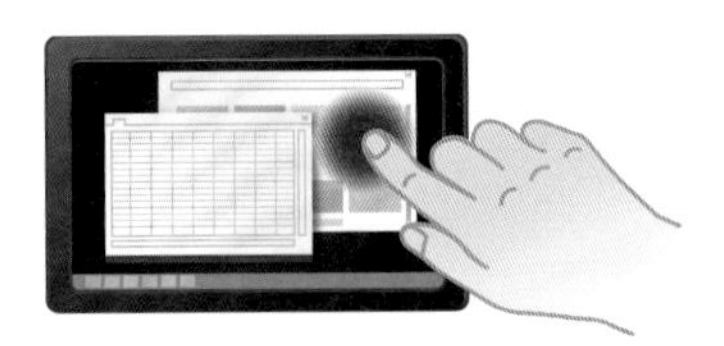

画面に触れたまま長押しする操作です。詳細情報を表示するほか、状況に応じたメニューが開きます。マウスでの右クリックに当たります。

▼ドラッグ

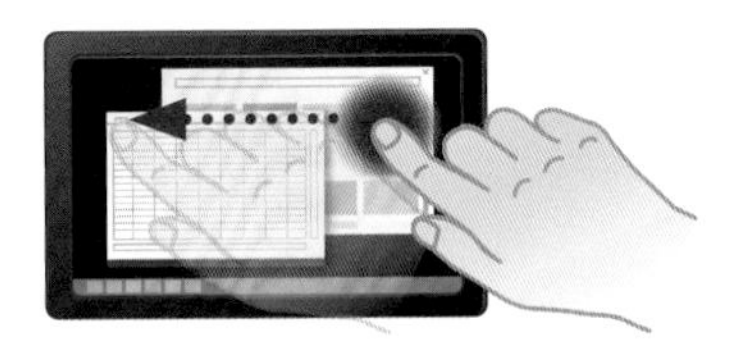

操作対象をホールドしたまま、画面の上を指でなぞり上下左右に移動します。目的の操作が完了したら、画面から指を離します。

▼スワイプ／スライド

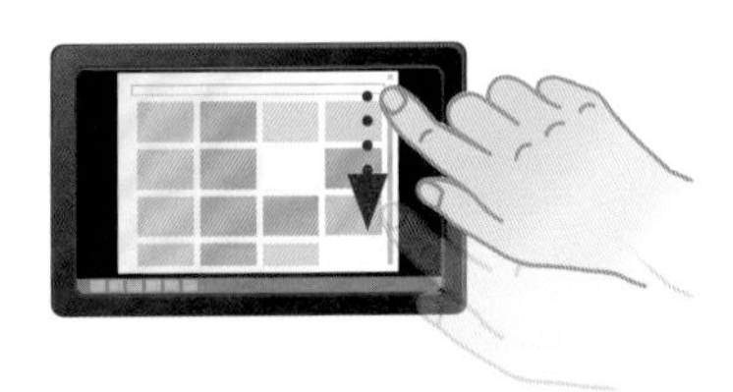

画面の上を指でなぞる操作です。ページのスクロールなどで使用します。

▼フリック

画面を指で軽く払う操作です。スワイプと混同しやすいので注意しましょう。

▼ピンチ／ストレッチ

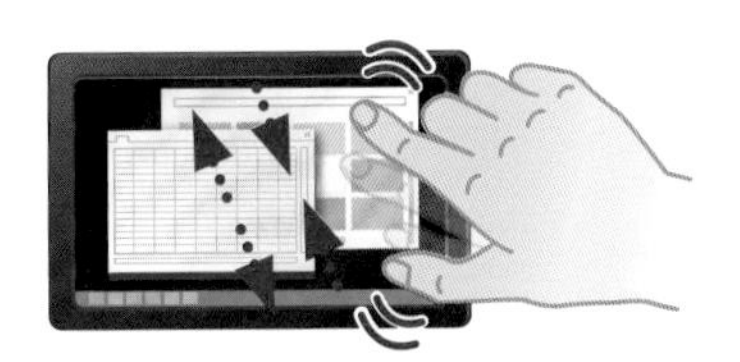

2本の指で対象に触れたまま指を広げたり狭めたりする操作です。拡大（ストレッチ）／縮小（ピンチ）が行えます。

▼回転

2本の指先を対象の上に置き、そのまま両方の指で同時に右または左方向に回転させる操作です。

Contents

第1章 データベースの基本と作成の「こんなときどうする？」

データベースの基本

データ入力

入力規則

Contents

第2章 データ抽出・集計の「こんなときどうする？」

並べ替え

抽出

Contents

第4章 ピボットテーブルを使ったデータ抽出・集計の「こんなときどうする？」

集計

Contents

第5章 ピボットグラフの「こんなときどうする？」

ご注意：ご購入・ご利用の前に必ずお読みください

- サンプルダウンロード
本書の解説内で使用しているファイルを、以下のURLのサポートページで提供しています。ファイルは章ごとにフォルダに分かれ、サンプルファイルにはQ番号がついています。なお、サンプルファイルがないQもあります。ダウンロードしたときは圧縮ファイルの状態なので、展開してからご利用ください。
https://gihyo.jp/book/2021/978-4-297-11841-9/support

- 本書に記載された内容は、情報提供のみを目的としています。したがって、本書を用いた運用は、必ずお客様自身の責任と判断によって行ってください。これらの情報の運用の結果について、技術評論社および著者はいかなる責任も負いません。

- 本書では、以下のOSおよびソフトウェアを使用して動作確認を行っています。ほかのバージョンのOSおよびソフトウェアを使用した場合、本書で解説している操作を再現できない場合があります。
  Windows 10 Pro ／ Microsoft Office 2019/2016（Excel 2019/2016）、Microsoft 365 Personal
  Windows 8.1 Pro ／ Microsoft Office 2013（Excel 2013）

- ソフトウェアに関する記述は、特に断りのないかぎり、2020年12月末日現在での最新バージョンをもとにしています。ソフトウェアはアップデートされる場合があり、本書の説明とは機能内容や画面図などが異なってしまうこともあり得ます。特にMicrosoft 365は、随時最新の状態にアップデートされる仕様になっています。あらかじめご了承ください。

- インターネットの情報については、URLや画面などが変更されている可能性があります。ご注意ください。

以上の注意事項をご承諾いただいた上で、本書をご利用願います。これらの注意事項をお読みいただかずに、お問い合わせいただいても、技術評論社および著者は対処しかねます。あらかじめご承知おきください。

第1章

データベースの基本と作成の「こんなときどうする?」

重要度★★★ データベースの基本

Q 001 データベースとは？

A 一定のルールに沿って集められたデータのことです。

データベースとは、住所録、顧客名簿、売上表などのように、一定のルールに沿って集められたデータのことです。ただし、データを集めただけでは、そのデータを活用することはできません。Accessなどのデータベースソフトや Excelのデータベース機能を使って、データを並べ替えたり、必要なデータだけを取り出したり、集計したり、印刷したりすることが、本来のデータベースの目的です。

1 一定のルールに沿って集められたデータから、

	A	B	C	D	E	F	G	H	I
1	顧客番号	氏名	ふりがな	郵便番号	住所1	住所2	電話番号	登録日	生年月日
2	100	荒井　直哉	アライ　ナオヤ	1560052	東京都世田谷区経堂X-X-X		090-0000-XXXX	2018/7/29	1977/4/3
3	101	林　龍之介	ハヤシ　リュウノスケ	1920914	東京都八王子市片倉町X-X-X	片倉コート502	090-0000-XXXX	2020/5/20	1983/10/18
4	102	目黒　陽子	メグロ　ヨウコ	3620063	埼玉県上尾市小泉X-X-X		090-0000-XXXX	2019/5/13	1985/3/21
5	103	三浦　悟志	ミウラ　サトシ	2990117	千葉県市原市青葉台X-X-X		090-0000-XXXX	2018/5/20	1979/12/1
6	104	新倉　環	ニイクラ　タマキ	2670055	千葉県千葉市緑区越智町X-X-X		090-0000-XXXX	2020/6/10	1969/5/30
7	105	山下　美雪	ヤマシタ　ミユキ	2220037	神奈川県横浜市港北区大倉山X-X-X		090-0000-XXXX	2018/4/29	1988/1/19
8	106	岡崎　健太	オカザキ　ケンタ	2510035	神奈川県藤沢市片瀬海岸X-X-X	片瀬第一マンション403	090-0000-XXXX	2018/4/29	1965/7/24
9	107	堂島　洋介	ドウジマ　ヨウスケ	2500041	神奈川県小田原市池上X-X-X		090-0000-XXXX	2019/5/6	1981/12/27
10	108	山田　清文	ヤマダ　キヨフミ	1140002	東京都北区王子X-X-X	マンション大隈201	090-0000-XXXX	2019/6/17	1961/2/9
11	109	小島　勇太	コジマ　ユウタ	3360974	埼玉県さいたま市緑区大崎X-X-X		090-0000-XXXX	2020/6/17	1988/2/25
12	110	安藤　明憲	アンドウ　アキノリ	2610004	千葉県千葉市美浜区高洲X-X-X		090-0000-XXXX	2018/6/24	1964/4/15
13	111	森本　若菜	モリモト　ワカナ	2160011	神奈川県川崎市宮前区犬蔵X-X-X		090-0000-XXXX	2019/5/6	1990/8/22
14	112	遠藤　美紀	エンドウ　ミキ	2390831	神奈川県横須賀市久里浜X-X-X		090-0000-XXXX	2019/6/3	1985/11/11
15	113	小川　沙耶	オガワ　サヤ	1940013	東京都町田市原町田X-X-X		090-0000-XXXX	2018/5/13	1990/2/17
16	114	須田　幹夫	スダ　ミキオ	2150011	神奈川県川崎市麻生区百合丘X-X-X	リリーハイツ1001	090-0000-XXXX	2018/6/3	1962/10/1
17	115	松本　健二	マツモト　ケンジ	2600852	千葉県千葉市中央区青葉町X-X-X	青葉スカイタワー1411	090-0000-XXXX	2019/5/6	1974/3/4
18	116	佐藤　祐太郎	サトウ　ユウタロウ	2600834	千葉県千葉市中央区今井X-X-X		090-0000-XXXX	2016/5/5	1972/12/14
19	117	渡辺　孝一	ワタナベ　コウイチ	1540023	東京都世田谷区若林X-X-X	三軒茶屋コーポ202	090-0000-XXXX	2016/8/26	1989/6/20
20	118	山本　[illegible]	ヤマモト　[illegible]	3380001	埼玉県さいたま市中央区上落合X-X-X		090-0000-XXXX	2018/8/19	1977/6/30

顧客リスト

2 条件に合ったデータを抽出したり、その結果を集計したりできます。

	A	B	C	D	E	F	G	H	I
1	顧客番号	氏名	ふりがな	郵便番号	住所1	住所2	電話番号	登録日	生年月日
2	100	荒井　直哉	アライ　ナオヤ	1560052	東京都世田谷区経堂X-X-X		090-0000-XXXX	2018/7/29	1977/4/3
3	101	林　龍之介	ハヤシ　リュウノスケ	1920914	東京都八王子市片倉町X-X-X	片倉コート502	090-0000-XXXX	2020/5/20	1983/10/18
10	108	山田　清文	ヤマダ　キヨフミ	1140002	東京都北区王子X-X-X	マンション大隈201	090-0000-XXXX	2019/6/17	1961/2/9
15	113	小川　沙耶	オガワ　サヤ	1940013	東京都町田市原町田X-X-X		090-0000-XXXX	2018/5/13	1990/2/17
19	117	渡辺　孝一	ワタナベ　コウイチ	1540023	東京都世田谷区若林X-X-X	三軒茶屋コーポ202	090-0000-XXXX	2016/8/26	1989/6/20
21	119	野々村　恵理香	ノノムラ　エリカ	1000001	東京都千代田区千代田X-X-X		090-0000-XXXX	2019/5/27	1984/12/10
22	120	中本　早紀子	ナカモト　サキコ	1540017	東京都世田谷区世田谷X-X-X		090-0000-XXXX	2018/6/10	1968/7/9
26	124	高橋　純	タカハシ　ジュン	1570067	東京都世田谷区喜多見X-X-X		090-0000-XXXX	2019/7/8	1984/8/2
29	127	高橋　直樹	タカハシ　ナオキ	1660004	東京都杉並区阿佐谷南X-X-X	ABCビル105	090-0000-XXXX	2018/5/13	1961/9/3
30	128	久保田　次郎	クボタ　ジロウ	2060011	東京都多摩市関戸X-X-X	パークサイド関戸701	090-0000-XXXX	2020/5/20	1969/11/27
34	132	奥山　由香里	オクヤマ　ユカリ	1000005	東京都千代田区丸の内X-X-X		090-0000-XXXX	2020/5/13	1977/2/20
35	133	渡辺　俊平	ワタナベ　シュンペイ	1560057	東京都世田谷区上北沢X-X-X	グリーンハイツ302	090-0000-XXXX	2018/7/1	1986/6/3
41	139	福井　恵美	フクイ　エミ	1570072	東京都世田谷区祖師谷X-X-X		090-0000-XXXX	2020/8/19	1969/8/4

顧客リスト
40 レコード中 13 個が見つかりました

Memo データベースの由来

データベースという言葉は、1950年頃にアメリカ国防省で誕生したといわれています。当時、複数の場所に点在していた資料を一箇所にまとめて情報(Data)の基地(Base)を作り、効率的にデータを取り出すことができるようにしたのが「データベース」の語源です。

重要度★★★ データベースの基本

Q 002 Excelのデータベースで何ができるの？

A 「並べ替え」「抽出」「集計」「分析」の4つが主な機能です。

Excelのデータベースの主な機能は、「並べ替え」「抽出」「集計」「分析」の4つです。それぞれの機能を実行するために用意されたExcelの機能の名前を確認しましょう。

● ①並べ替え

Excelの並べ替え機能を使うと、データベースのデータを金額の大きい順や、日付の古い順、氏名のあいうえお順など、目的の順番に並べ替えることができます。

	A	B	C	D	E
1	顧客番号	氏名	ふりがな	郵便番号	住所1
2	100	荒井　直哉	アライ　ナオヤ	1560052	東京都世田谷区経堂X-X-X
3	106	岡崎　健太	オカザキ　ケンタ	2510035	神奈川県藤沢市片瀬海岸X-X-X
4	107	堂島　洋介	ドウジマ　ヨウスケ	2500041	神奈川県小田原市池上X-X-X
5	104	新倉　環	ニイクラ　タマキ	2670055	千葉県千葉市緑区越智町X-X-X
6	101	林　龍之介	ハヤシ　リュウノスケ	1920914	東京都八王子市片倉町X-X-X
7	103	三浦　悟志	ミウラ　サトシ	2990117	千葉県市原市青葉台X-X-X
8	102	目黒　陽子	メグロ　ヨウコ	3620063	埼玉県上尾市小泉X-X-X
9	105	山下　美雪	ヤマシタ　ミユキ	2220037	神奈川県横浜市港北区大倉山X-X-X
10	108	山田　清文	ヤマダ　キヨフミ	1140002	東京都北区王子X-X-X
11					
12					
13					
14					
15					
16					
17					
18					

● ②抽出

Excelのオートフィルター機能を使うと、「東京都在住」のデータだけを取り出すとか、「30歳代」のデータだけを取り出すというように、指定した条件に合ったデータだけを取り出すことができます。

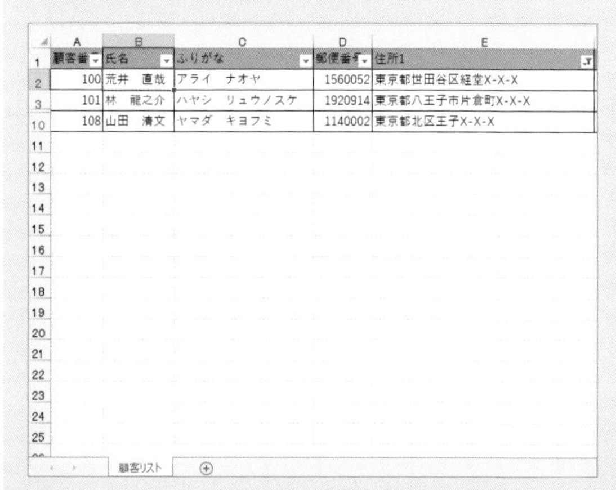

	A	B	C	D	E
1	顧客番号	氏名	ふりがな	郵便番号	住所1
2	100	荒井　直哉	アライ　ナオヤ	1560052	東京都世田谷区経堂X-X-X
3	101	林　龍之介	ハヤシ　リュウノスケ	1920914	東京都八王子市片倉町X-X-X
10	108	山田　清文	ヤマダ　キヨフミ	1140002	東京都北区王子X-X-X

顧客リスト

● ③集計

Excelの小計機能や関数を使うと、データベース全体の件数を数えたり、売上金額の合計を求めたりというように、データベースを特定の項目ごとにまとめて集計できます。また、ピボットテーブル機能を使うと、クロス集計表を作成し、項目を入れ替えながら異なる視点で集計できます。

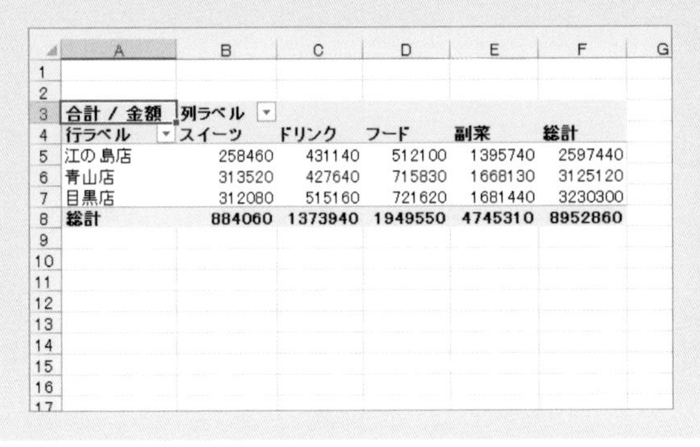

合計 / 金額	列ラベル				
行ラベル	スイーツ	ドリンク	フード	副菜	総計
江の島店	258460	431140	512100	1395740	2597440
青山店	313520	427640	715830	1668130	3125120
目黒店	312080	515160	721620	1681440	3230300
総計	884060	1373940	1949550	4745310	8952860

● ④分析

Excelのピボットテーブル機能を使ったり、データをグラフ化したりすることで、データの特徴や傾向を分析し、今後のビジネスに生かすことができます。

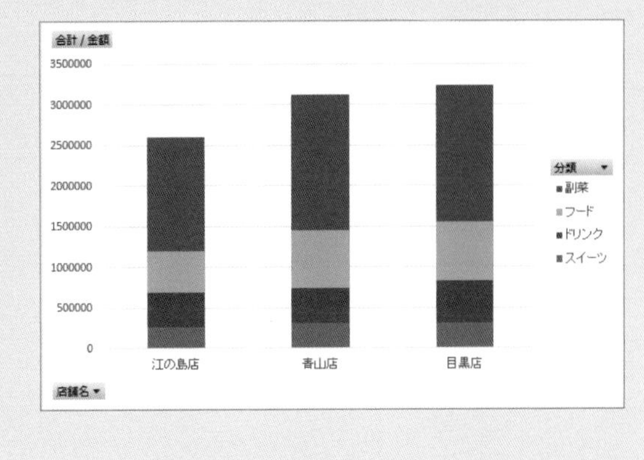

重要度 ★★★　データベースの基本

Q 003 データベースの構成を教えて！

A データベースを構成する用語を覚えましょう。

Excelのデータベース機能を利用するには、いくつかの用語と役割を理解しておく必要があります。Excelデータベースのもとになる表のことを「リスト」と呼び、リストを構成する各部の名称は以下の通りです。データベース機能を利用するときに、よく使う用語なので、しっかり覚えましょう。

顧客番号	氏名	ふりがな	郵便番号	住所1	住所2	電話番号	登録日	生年月日
❶00	荒井　直哉	アライ　ナオヤ	1560052	東京都世田谷区経堂X-X-X		090-0000-XXXX	2018/7/29	1977/4/3
101	林　龍之介	ハヤシ　リュウノスケ	1920914	東京都八王子市片倉町X-X-X	片倉コート502	090-0000-XXXX	2020/5/20	1983/10/18
102	目黒　陽子	メ❸　ヨウコ	3620063	埼玉県上尾市小泉X-X-X		090-0000-XXXX	2019/5/13	1985/3/21
103	三浦　悟志	ミウラ　サトシ	2990117	千葉県市原市青葉台X-X-X		090-0000-XXXX	2018/5/20	1979/12/1
104	新倉　環	ニイクラ　タマキ	2670055	千葉県千葉市緑区越智町X-X-X		090-0000-XXXX	2020/6/10	1969/5/30
105	山下　美雪	ヤマシタ　ミユキ	2220037	神奈川県横浜市港北区大倉山X-X-X		090-0000-XXXX	2018/4/29	1988/1/19
106	岡崎　健太	オカザキ　ケンタ	2510035	神奈川県藤沢市片瀬海岸X-X-X	片瀬第一マンション403	090-0000-XXXX	2018/4/29	1965/7/24
107	堂島　洋介	ドウジマ　ヨウスケ	2500041	神奈川県小田原市池上X-X-X		090-0000-XXXX	2019/5/6	1981/12/27
1❷	山田　清文	ヤマダ　キヨフミ	1140002	東京都北区王子X-X-X	マンション大庭201	090-0000-XXXX	2019/6/17	1961/2/9
109	小島　勇太	コジマ　ユウタ	3360974	埼玉県さいたま市緑区大崎X-X-X		090-0000-XXXX	2020/6/17	1988/2/25
110	安藤　明憲	アンドウ　アキノリ	2610004	千葉県千葉市美浜区高洲X-X-X		090-0000-XXXX	2018/6/24	1964/4/15
111	森本　若菜	モリモト　ワカナ	2160011	神奈川県川崎市宮前区犬蔵X-X-X		090-0000-XXXX	2019/5/6	1990/8/22
112	遠藤　美紀	エンドウ　ミキ	2390831	神奈川県横須賀市久里浜X-X-X		090-0000-XXXX	2019/6/3	1985/11/11
113	小川　沙耶	オガワ　サヤ	1940013	東京都町田市原町田X-X-X		090-0000-XXXX	2018/5/13	1990/2/17
114	須田　幹夫	スダ　ミキオ	2150011	神奈川県川崎市麻生区百合丘X-X-X	リリーハイツ1001	090-0000-XXXX	2018/6/3	1962/10/1
115	松本　健二	マツモト　ケンジ	2600852	千葉県千葉市中央区青葉町X-X-X	青葉スカイタワー1411	090-0000-XXXX	2019/5/6	1974/3/4
116	佐藤　祐太郎	サトウ　ユウタロウ	2600834	千葉県千葉市中央区今井X-X-X		090-0000-XXXX	2016/5/6	1972/12/14
117	渡辺　孝一	ワタナベ　コウイチ	1540023	東京都世田谷区若林X-X-X	三軒茶屋コーポ202	090-0000-XXXX	2016/8/26	1989/6/20
118	山本　純一	ヤマモト　ジュンイチ	3380001	埼玉県さいたま市中央区上落合X-X-X		09❹0000-XXXX	2018/8/19	1977/6/30

顧客リスト

❶フィールド名（Q.006参照）
❷フィールド（Q.005参照）
❸レコード（Q.007参照）
❹リスト（Q.004参照）

重要度★★★　データベースの基本

Q 004 「リスト」って何？

A データベースのもとになる一覧表のことを「リスト」と呼びます。

Excelでは、データベースのもとになるデータを一覧表の形式で入力します。この一覧表全体のことを「リスト」と呼びます。データベースの基本をしっかり理解してリストを作成しておかないと、あとから並べ替えや抽出などでデータを活用する際に不都合が生じるので注意しましょう。リストを作成するときの注意事項はQ.008を参照してください。

	A	B	C	D	E	F	G	H	I
1	顧客番号	氏名	ふりがな	郵便番号	住所1	住所2	電話番号	登録日	生年月日
2	100	荒井　直哉	アライ　ナオヤ	1560052	東京都世田谷区経堂X-X-X		090-0000-XXXX	2018/7/29	1977/4/3
3	101	林　龍之介	ハヤシ　リュウノスケ	1920914	東京都八王子市片倉町X-X-X	片倉コート502	090-0000-XXXX	2020/5/20	1983/10/18
4	102	目黒　陽子	メグロ　ヨウコ	3620063	埼玉県上尾市小泉X-X-X		090-0000-XXXX	2019/5/13	1985/3/21
5	103	三浦　悟志	ミウラ　サトシ	2990117	千葉県市原市青葉台X-X-X		090-0000-XXXX	2018/5/20	1979/12/1
6	104	新倉　環	ニイクラ　タマキ	2670055	千葉県千葉市緑区越智町X-X-X		090-0000-XXXX	2020/6/10	1969/5/30
7	105	山下　美雪	ヤマシタ　ミユキ	2220037	神奈川県横浜市港北区大倉山X-X-X		090-0000-XXXX	2018/4/29	1988/1/19
8	106	岡崎　健太	オカザキ　ケンタ	2510035	神奈川県藤沢市片瀬海岸X-X-X	片瀬第一マンション403	090-0000-XXXX	2018/4/29	1965/7/24
9	107	堂島　洋介	ドウジマ　ヨウスケ	2500041	神奈川県小田原市池上X-X-X		090-0000-XXXX	2019/5/6	1981/12/27
10	108	山田　清文	ヤマダ　キヨフミ	1140002	東京都北区王子X-X-X	マンション大庭201	090-0000-XXXX	2019/6/17	1961/2/9
11	109	小島　勇太	コジマ　ユウタ	3360974	埼玉県さいたま市緑区大崎X-X-X		090-0000-XXXX	2020/6/17	1988/2/25
12	110	安藤　明憲	アンドウ　アキノリ	2610004	千葉県千葉市美浜区高洲X-X-X		090-0000-XXXX	2018/6/24	1964/4/15
13	111	森本　若菜	モリモト　ワカナ	2160011	神奈川県川崎市宮前区犬蔵X-X-X		090-0000-XXXX	2019/5/6	1990/8/22
14	112	遠藤　美紀	エンドウ　ミキ	2390831	神奈川県横須賀市久里浜X-X-X		090-0000-XXXX	2019/6/3	1985/11/11
15	113	小川　沙耶	オガワ　サヤ	1940013	東京都町田市原町田X-X-X		090-0000-XXXX	2018/5/13	1990/2/17
16	114	須田　幹夫	スダ　ミキオ	2150011	神奈川県川崎市麻生区百合丘X-X-X	リリーハイツ1001	090-0000-XXXX	2018/6/3	1962/10/1
17	115	松本　健二	マツモト　ケンジ	2600852	千葉県千葉市中央区青葉町X-X-X	青葉スカイタワー1411	090-0000-XXXX	2019/5/6	1974/3/4
18									

データベースのもとの一覧表全体のことを「リスト」と呼びます。

リスト

重要度★★★　データベースの基本

Q 005 「フィールド」って何？

同じ列に入力されたデータの塊のことです。

フィールドとは、リストの同じ列に入力されたデータの塊のことです。1つの列には同じ種類のデータが入ります。たとえば、「姓」と「名」のフィールドを分けているときは、「姓」のフィールドには苗字だけを入力します。なお、商品リストや顧客名簿では、同姓同名のデータが発生する可能性があります。すべてのデータを区別できるように、「商品番号」や「顧客番号」など、絶対に重複しない通し番号のフィールドを用意するとよいでしょう。

	A	B	C	D	E	F	G	H	I
1	顧客番号	氏名	ふりがな	郵便番号	住所1	住所2	電話番号	登録日	生年月日
2	100	荒井　直哉	アライ　ナオヤ	1560052	東京都世田谷区経堂X-X-X		090-0000-XXXX	2018/7/29	1977/4/3
3	101	林　龍之介	ハヤシ　リュウノスケ	1920914	東京都八王子市片倉町X-X-X	片倉コート502	090-0000-XXXX	2020/5/20	1983/10/18
4	102	目黒　陽子	メグロ　ヨウコ	3620063	埼玉県上尾市小泉X-X-X		090-0000-XXXX	2019/5/13	1985/3/21
5	103	三浦　悟志	ミウラ　サトシ	2990117	千葉県市原市青葉台X-X-X		090-0000-XXXX	2018/5/20	1979/12/1
6	104	新倉　環	ニイクラ　タマキ	2670055	千葉県千葉市緑区越智町X-X-X		090-0000-XXXX	2020/6/10	1969/5/30
7	105	山下　美雪	ヤマシタ　ミユキ	2220037	神奈川県横浜市港北区大倉山X-X-X		090-0000-XXXX	2018/4/29	1988/1/19
8	106	岡崎　健太	オカザキ　ケンタ	2510035	神奈川県藤沢市片瀬海岸X-X-X	片瀬第一マンション403	090-0000-XXXX	2018/4/29	1965/7/24
9	107	堂島　洋介	ドウジマ　ヨウスケ	2500041	神奈川県小田原市池上X-X-X		090-0000-XXXX	2019/5/6	1981/12/27
10	108	山田　清文	ヤマダ　キヨフミ	1140002	東京都北区王子X-X-X	マンション大庭201	090-0000-XXXX	2019/6/17	1961/2/9
11	109	小島　勇太	コジマ　ユウタ	3360974	埼玉県さいたま市緑区大崎X-X-X		090-0000-XXXX	2020/6/17	1988/2/25
12	110	安藤　明憲	アンドウ　アキノリ	2610004	千葉県千葉市美浜区高洲X-X-X		090-0000-XXXX	2018/6/24	1964/4/15
13	111	森本　若菜	モリモト　ワカナ	2160011	神奈川県川崎市宮前区犬蔵X-X-X		090-0000-XXXX	2019/5/6	1990/8/22
14	112	遠藤　美紀	エンドウ　ミキ	2390831	神奈川県横須賀市久里浜X-X-X		090-0000-XXXX	2019/6/3	1985/11/11
15	113	小川　沙耶	オガワ　サヤ	1940013	東京都町田市原町田X-X-X		090-0000-XXXX	2018/5/13	1990/2/17

「フィールド」には、必ず同じ種類のデータを入力します。

フィールド

重要度 ★★★ データベースの基本

Q 006 「フィールド名」って何？

A 「氏名」や「住所」といったフィールドの見出しのことです。

フィールド名は、「氏名」や「住所」といったフィールドの見出しのことで、リストの先頭行に入力します。自由に好きな名前を付けられますが、簡潔でわかりやすい名前を付けるとよいでしょう。フィールド名の行をほかの行と区別するには、ほかの行とは違う色を付けます。こうすると、Excelが自動的に見出し行と認識します。また、「住所」のように長いデータを入力する可能性のあるフィールドは、「住所1」と「住所2」のように分けておくと、あとで利用しやすくなります。

	A	B	C	D	E	F	G	H	I
1	顧客番号	氏名	ふりがな	郵便番号	住所1	住所2	電話番号	登録日	生年月日
2	100	荒井　直哉	アライ　ナオヤ	1560052	東京都世田谷区経堂X-X-X		090-0000-XXXX	2018/7/29	1977/4/3
3	101	林　龍之介	ハヤシ　リュウノスケ	1920914	東京都八王子市片倉町X-X-X	片倉コート502	090-0000-XXXX	2020/5/20	1983/10/18
4	102	目黒　陽子	メグロ　ヨウコ	3620063	埼玉県上尾市小泉X-X-X		090-0000-XXXX	2019/5/13	1985/3/21
5	103	三浦　悟志	ミウラ　サトシ	2990117	千葉県市原市青葉台X-X-X		090-0000-XXXX	2018/5/20	1979/12/1
6	104	新倉　環	ニイクラ　タマキ	2670055	千葉県千葉市緑区越智町X-X-X		090-0000-XXXX	2020/6/10	1969/5/30
7	105	山下　美雪	ヤマシタ　ミユキ	2220037	神奈川県横浜市港北区大倉山X-X-X		090-0000-XXXX	2018/4/29	1988/1/19
8	106	岡崎　健太	オカザキ　ケンタ	2510035	神奈川県藤沢市片瀬海岸X-X-X	片瀬第一マンション403	090-0000-XXXX	2018/4/29	1965/7/24
9	107	堂島　洋介	ドウジマ　ヨウスケ	2500041	神奈川県小田原市池上X-X-X		090-0000-XXXX	2019/5/6	1981/12/27
10	108	山田　清文	ヤマダ　キヨフミ	1140002	東京都北区王子X-X-X	マンション大庭201	090-0000-XXXX	2019/6/17	1961/2/9
11	109	小島　勇太	コジマ　ユウタ	3360974	埼玉県さいたま市緑区大崎X-X-X		090-0000-XXXX	2020/6/17	1988/2/25
12	110	安藤　明憲	アンドウ　アキノリ	2610004	千葉県千葉市美浜区高洲X-X-X		090-0000-XXXX	2018/6/24	1964/4/15
13	111	森本　若菜	モリモト　ワカナ	2160011	神奈川県川崎市宮前区犬蔵X-X-X		090-0000-XXXX	2019/5/6	1990/8/22
14	112	遠藤　美紀	エンドウ　ミキ	2390831	神奈川県横須賀市久里浜X-X-X		090-0000-XXXX	2019/6/3	1985/11/11
15	113	小川　沙耶	オガワ　サヤ	1940013	東京都町田市原町田X-X-X		090-0000-XXXX	2018/5/13	1990/2/17

フィールドを区別する見出しのことを「フィールド名」と呼びます。

フィールド名

重要度 ★★★ データベースの基本

Q 007 「レコード」って何？

A 1件分のデータのことです。

レコードは、1件分のデータのことです。データベースでは常にレコード単位で処理が行われます。通常、リストの1行が1レコードになり、抽出結果が5件あったときは「5レコード」と表示されます。

	A	B	C	D	E	F	G	H	I
1	顧客番号	氏名	ふりがな	郵便番号	住所1	住所2	電話番号	登録日	生年月日
2	100	荒井　直哉	アライ　ナオヤ	1560052	東京都世田谷区経堂X-X-X		090-0000-XXXX	2018/7/29	1977/4/3
3	101	林　龍之介	ハヤシ　リュウノスケ	1920914	東京都八王子市片倉町X-X-X	片倉コート502	090-0000-XXXX	2020/5/20	1983/10/18
4	102	目黒　陽子	メグロ　ヨウコ	3620063	埼玉県上尾市小泉X-X-X		090-0000-XXXX	2019/5/13	1985/3/21
5	103	三浦　悟志	ミウラ　サトシ	2990117	千葉県市原市青葉台X-X-X		090-0000-XXXX	2018/5/20	1979/12/1
6	104	新倉　環	ニイクラ　タマキ	2670055	千葉県千葉市緑区越智町X-X-X		090-0000-XXXX	2020/6/10	1969/5/30
7	105	山下　美雪	ヤマシタ　ミユキ	2220037	神奈川県横浜市港北区大倉山X-X-X		090-0000-XXXX	2018/4/29	1988/1/19
8	106	岡崎　健太	オカザキ　ケンタ	2510035	神奈川県藤沢市片瀬海岸X-X-X	片瀬第一マンション403	090-0000-XXXX	2018/4/29	1965/7/24
9	107	堂島　洋介	ドウジマ　ヨウスケ	2500041	神奈川県小田原市池上X-X-X		090-0000-XXXX	2019/5/6	1981/12/27
10	108	山田　清文	ヤマダ　キヨフミ	1140002	東京都北区王子X-X-X	マンション大庭201	090-0000-XXXX	2019/6/17	1961/2/9
11	109	小島　勇太	コジマ　ユウタ	3360974	埼玉県さいたま市緑区大崎X-X-X		090-0000-XXXX	2020/6/17	1988/2/25
12	110	安藤　明憲	アンドウ　アキノリ	2610004	千葉県千葉市美浜区高洲X-X-X		090-0000-XXXX	2018/6/24	1964/4/15
13	111	森本　若菜	モリモト　ワカナ	2160011	神奈川県川崎市宮前区犬蔵X-X-X		090-0000-XXXX	2019/5/6	1990/8/22
14	112	遠藤　美紀	エンドウ　ミキ	2390831	神奈川県横須賀市久里浜X-X-X		090-0000-XXXX	2019/6/3	1985/11/11
15	113	小川　沙耶	オガワ　サヤ	1940013	東京都町田市原町田X-X-X		090-0000-XXXX	2018/5/13	1990/2/17
16	114	須田　幹夫	スダ　ミキオ	2150011	神奈川県川崎市麻生区百合丘X-X-X	リリーハイツ1001	090-0000-XXXX	2018/6/3	1962/10/1
17	115	松本　健二	マツモト　ケンジ	2600852	千葉県千葉市中央区青葉町X-X-X	青葉スカイタワー1411	090-0000-XXXX	2019/5/6	1974/3/4
18									

1件分のデータのことを「レコード」と呼びます。

レコード

重要度 ★★★　データベースの基本

Q 008 Excelをデータベースとして利用するときの注意点は？

リストはデータベースの要です。Excelのデータベース機能を上手に利用するためには、以下のルールを守ってリストを作成する必要があります。

A ルールに沿ってリストを作ります。

● ①シートの1行目にフィールド名を入力する

リストの先頭行には、「氏名」や「住所」などのフィールド名を入力します。フィールド名がないリストは、抽出や集計を行うことができません。通常は、ワークシートの1行目にフィールド名を入力するので、表のタイトルは不要です。1行目に表のタイトルを入力する場合は、タイトルとフィールド名の間に1行以上の空白を空けるようにします。

	顧客番号	氏名	ふりがな	郵便番号	住所1	住所2	電話番号	登録日	生年月日
2	100	荒井　直哉	アライ　ナオヤ	1560052	東京都世田谷区経堂X-X-X		090-0000-XXXX	2018/7/29	1977/4/3
3	101	林　龍之介	ハヤシ　リュウノスケ	1920914	東京都八王子市片倉町X-X-X	片倉コート502	090-0000-XXXX	2020/5/20	1983/10/18
4	102	目黒　陽子	メグロ　ヨウコ	3620063	埼玉県上尾市小泉X-X-X		090-0000-XXXX	2019/5/13	1985/3/21
5	103	三浦　悟志	ミウラ　サトシ	2990117	千葉県市原市青葉台X-X-X		090-0000-XXXX	2018/5/20	1979/12/1
6	104	新倉　環	ニイクラ　タマキ	2670055	千葉県千葉市緑区越智町X-X-X		090-0000-XXXX	2020/6/10	1969/5/30
7	105	山下　美幸	ヤマシタ　ミユキ	2220037	神奈川県横浜市港北区大倉山X-X-X		090-0000-XXXX	2018/4/29	1988/1/19
8	106	岡崎　健太	オカザキ　ケンタ	2510035	神奈川県藤沢市片瀬海岸X-X-X	片瀬第一マンション403	090-0000-XXXX	2018/4/29	1965/7/24
9	107	堂島　洋介	ドウジマ　ヨウスケ	2500041	神奈川県小田原市池上X-X-X		090-0000-XXXX	2019/5/6	1981/12/27
10	108	山田　清文	ヤマダ　キヨフミ	1140002	東京都北区王子X-X-X	マンション大庭201	090-0000-XXXX	2019/6/17	1961/2/9
11	109	小島　勇太	コジマ　ユウタ	3360974	埼玉県さいたま市緑区大崎X-X-X		090-0000-XXXX	2020/6/17	1988/2/25
12	110	安藤　明憲	アンドウ　アキノリ	2610004	千葉県千葉市美浜区高洲X-X-X		090-0000-XXXX	2018/6/24	1964/4/15
13	111	森本　若菜	モリモト　ワカナ	2160011	神奈川県川崎市宮前区犬蔵X-X-X		090-0000-XXXX	2019/5/6	1990/8/22
14	112	遠藤　美紀	エンドウ　ミキ	2390831	神奈川県横須賀市久里浜X-X-X		090-0000-XXXX	2019/6/3	1985/11/11
15	113	小川　沙耶	オガワ　サヤ	1940013	東京都町田市原町田X-X-X		090-0000-XXXX	2018/5/13	1990/2/17
16	114	須田　幹夫	スダ　ミキオ	2150011	神奈川県川崎市麻生区百合丘X-X-X	リリーハイツ1001	090-0000-XXXX	2018/6/3	1962/10/1
17	115	松本　健二	マツモト　ケンジ	2600852	千葉県千葉市中央区青葉町X-X-X	青葉スカイタワー1411	090-0000-XXXX	2019/5/6	1974/3/4
18	116	佐藤　祐太郎	サトウ　ユウタロウ	2600834	千葉県千葉市中央区今井X-X-X		090-0000-XXXX	2016/5/6	1972/12/14
19	117	渡辺　孝一	ワタナベ　コウイチ	1540023	東京都世田谷区若林X-X-X	三軒茶屋コーポ202	090-0000-XXXX	2016/8/26	1989/6/20
20	118	山本　純一	ヤマモト　ジュンイチ	3380001	埼玉県さいたま市中央区上落合X-X-X		090-0000-XXXX	2018/8/19	1977/6/30

● ②1行に1件のデータを入力する

2行目以降に入力するデータは、1行に1件のデータを入力します。セルの中で Alt + Enter で改行したり、1件分のデータを2行に分けて入力したり、複数のセルを結合したりすると、「1行1件」のルールが崩れます。

	顧客番号	氏名	ふりがな	郵便番号		住所1	住所2	電話番号	登録日	生年月日
2	108	山田　清文	ヤマダ　キヨフミ	1140002	東京都	東京都北区王子X-X-X	マンション大庭201	090-0000-XXXX	2019/6/17	1961/
3	101	林　龍之介	ハヤシ　リュウノスケ	1920914		東京都八王子市片倉町X-X-X 片倉コート502		090-0000-XXXX	2020/5/20	1983/10/
4	113	小川　沙耶	オガワ　サヤ	1940013		東京都町田市原町田X-X-X		090-0000-XXXX	2018/5/13	1990/2/
5	128	久保田　次郎	クボタ　ジロウ	2060011		東京都多摩市関戸X-X-X	パークサイド関戸701	090-0000-XXXX	2020/5/20	1969/11/
6	119	野々村　恵理香	ノノムラ　エリカ	1000001		東京都千代田区千代田X-X-X		090-0000-XXXX	2019/5/27	1984/12/
7	132	奥山　由香里	オクヤマ　ユカリ	1000005		東京都千代田区丸の内X-X-X		090-0000-XXXX	2020/5/13	1977/2/
8	139	福井　恵美	フクイ　エミ	1570072		東京都世田谷区祖師谷X-X-X		090-0000-XXXX	2020/8/19	1969/
9	120	中本　早紀子	ナカモト　サキコ	1540017		東京都世田谷区世田谷X-X-X		090-0000-XXXX	2018/6/10	1968/
10	133	渡辺　俊平	ワタナベ　シュンペイ	1560057		東京都世田谷区上北沢X-X-X	グリーンハイツ302	090-0000-XXXX	2018/7/1	1986/
11	117	渡辺　孝一	ワタナベ　コウイチ	1540023		東京都世田谷区若林X-X-X	三軒茶屋コーポ202	090-0000-XXXX	2016/8/26	1989/6/
12	100	荒井　直哉	アライ　ナオヤ	1560052		東京都世田谷区経堂X-X-X		090-0000-XXXX	2018/7/29	1977/
13	124	高橋　潤	タカハシ　ジュン	1570067		東京都世田谷区喜多見X-X-X		090-0000-XXXX	2019/7/8	1984/
14	127	高橋　直樹	タカハシ　ナオキ	1660004		東京都杉並区阿佐谷南X-X-X	ABCビル105	090-0000-XXXX	2018/5/13	1961/
15	122	青木　真理子	アオキ　マリコ	2730863	千葉県	千葉県船橋市東町X-X-X		090-0000-XXXX	2019/6/24	1971/3/
16	104	新倉　環	ニイクラ　タマキ	2670055		千葉県千葉市緑区越智町X-X-X		090-0000-XXXX	2020/6/10	1969/5/
17	110	安藤　明憲	アンドウ　アキノリ	2610004		千葉県千葉市美浜区高洲X-X-X		090-0000-XXXX	2018/6/24	1964/4/
18	115	松本　健二	マツモト　ケンジ	2600852		千葉県千葉市中央区青葉町X-X-X	青葉スカイタワー1411	090-0000-XXXX	2019/5/6	1974/
19	116	佐藤　祐太郎	サトウ　ユウタロウ	2600834		千葉県千葉市中央区今井X-X-X		090-0000-XXXX	2016/5/6	1972/12/

● ③空白行や空白列は作らない

Excelは、データが連続して入力されている範囲をリストとして自動的に認識します。そのため、リストの途中に空白行や空白列があると、別々のリストと認識されます。部分的に空白のセルがあるのは構いませんが、行単位や列単位で丸ごと空白を入れてはいけません。

	顧客番号	氏名	ふりがな		郵便番号	住所1	住所2	電話番号	登録日	生年月日
2	100	荒井　直哉	アライ　ナオヤ		1560052	東京都世田谷区経堂X-X-X		090-0000-XXXX	2018/7/29	1977/4/
3	101	林　龍之介	ハヤシ　リュウノスケ		1920914	東京都八王子市片倉町X-X-X	片倉コート502	090-0000-XXXX	2020/5/20	1983/10/1
4	102	目黒　陽子	メグロ　ヨウコ		3620063	埼玉県上尾市小泉X-X-X		090-0000-XXXX	2019/5/13	1985/3/2
5	103	三浦　悟志	ミウラ　サトシ		2990117	千葉県市原市青葉台X-X-X		090-0000-XXXX	2018/5/20	1979/12/
6	104	新倉　環	ニイクラ　タマキ		2670055	千葉県千葉市緑区越智町X-X-X		090-0000-XXXX	2020/6/10	1969/5/3
7										
8	105	山下　美幸	ヤマシタ　ミユキ		2220037	神奈川県横浜市港北区大倉山X-X-X		090-0000-XXXX	2018/4/29	1988/1/1
9	106	岡崎　健太	オカザキ　ケンタ		2510035	神奈川県藤沢市片瀬海岸X-X-X	片瀬第一マンション403	090-0000-XXXX	2018/4/29	1965/7/2
10	107	堂島　洋介	ドウジマ　ヨウスケ		2500041	神奈川県小田原市池上X-X-X		090-0000-XXXX	2019/5/6	1981/12/2
11	108	山田　清文	ヤマダ　キヨフミ		1140002	東京都北区王子X-X-X	マンション大庭201	090-0000-XXXX	2019/6/17	1961/2/
12	109	小島　勇太	コジマ　ユウタ		3360974	埼玉県さいたま市緑区大崎X-X-X		090-0000-XXXX	2020/6/17	1988/2/2
13	110	安藤　明憲	アンドウ　アキノリ		2610004	千葉県千葉市美浜区高洲X-X-X		090-0000-XXXX	2018/6/24	1964/4/1
14	111	森本　若菜	モリモト　ワカナ		2160011	神奈川県川崎市宮前区犬蔵X-X-X		090-0000-XXXX	2019/5/6	1990/8/2
15	112	遠藤　美紀	エンドウ　ミキ		2390831	神奈川県横須賀市久里浜X-X-X		090-0000-XXXX	2019/6/3	1985/11/1
16	113	小川　沙耶	オガワ　サヤ		1940013	東京都町田市原町田X-X-X		090-0000-XXXX	2018/5/13	1990/2/1
17	114	須田　幹夫	スダ　ミキオ		2150011	神奈川県川崎市麻生区百合丘X-X-X	リリーハイツ1001	090-0000-XXXX	2018/6/3	1962/10/
18	115	松本　健二	マツモト　ケンジ		2600852	千葉県千葉市中央区青葉町X-X-X	青葉スカイタワー1411	090-0000-XXXX	2019/5/6	1974/3/
19	116	佐藤　祐太郎	サトウ　ユウタロウ		2600834	千葉県千葉市中央区今井X-X-X		090-0000-XXXX	2016/5/6	1972/12/1
20	117	渡辺　孝一	ワタナベ　コウイチ		1540023	東京都世田谷区若林X-X-X	三軒茶屋コーポ202	090-0000-XXXX	2016/8/26	1989/6/2

● ④データの表記を揃える

右図の「コーヒー」と「珈琲」のように、同じデータを漢字だったりひらがなだったり、全角だったり半角だったりという具合にばらばらに入力されていることを「表記が揺れる」といいます。文字のサイズや種類が違うと、同じデータが異なるデータとして扱われます。

	A	B	C	D	E	F	G
1	明細番号	日付	店舗名	分類	商品名	価格	数量
2	M0001	2020/7/1	横浜店	ドリンク	コーヒー	¥200	2
3	M0002	2020/7/1	横浜店	副菜	ポテト	¥190	1
4	M0003	2020/7/1	横浜店	ドリンク	珈琲	¥200	2
5	M0004	2020/7/1	横浜店	スイーツ	アップルパイ	¥300	2
6	M0005	2020/7/1	横浜店	ドリンク	アイスコーヒー	¥200	2
7	M0006	2020/7/1	横浜店	副菜	ポテト	¥190	3
8	M0007	2020/7/1	横浜店	ドリンク	アイスカフェオレ	¥220	1
9	M0008	2020/7/1	横浜店	スイーツ	アップルパイ	¥300	1
10	M0010	2020/7/1	横浜店	スイーツ	アップルパイ	¥300	1
11	M0009	2020/7/1	横浜店	ドリンク	コーヒー	¥200	1
12	M0011	2020/7/1	横浜店	ドリンク	カフェオレ	¥220	2
13	M0012	2020/7/1	横浜店	副菜	シーザーサラダ	¥400	2
14	M0013	2020/7/1	横浜店	ドリンク	カフェオレ	¥220	1
15	M0014	2020/7/1	横浜店	フード	ホットドッグ	¥300	1
16	M0015	2020/7/1	横浜店	フード	卵サンド	¥450	2
17	M0016	2020/7/1	横浜店	フード	ハンバーガー	¥300	3
18	M0017	2020/7/1	横浜店	フード	コロッケバーガー	¥270	3
19	M0018	2020/7/1	横浜店	フード	ホットドッグ	¥300	2
20	M0019	2020/7/1	横浜店	フード	ハンバーガー	¥300	1

● ⑤リストの途中に集計行を入れない

リストにはデータそのものを入力します。リストの途中に手動で集計行などを挿入すると、データの一部と見なされて並べ替えや抽出が正しく実行できなくなります。集計などの計算は、あとからデータベース機能を使って行います。

	A	B	C	D			I	J	K
1	明細番号	日付	店舗名	分類			サービス形態	消費税	合計金額
26	M0025	2020/7/1	横浜店	フード	ホット		テイクアウト	¥24	¥324
27	M0026	2020/7/1	横浜店	副菜	シーザー		店内	¥120	¥1,320
28	M0027	2020/7/1	横浜店	副菜	鶏のか		テイクアウト	¥64	¥864
29	M0030	2020/7/1	横浜店	スイーツ	スコー		テイクアウト	¥35	¥475
30	M0028	2020/7/1	横浜店	副菜	鶏のか		テイクアウト	¥32	¥432
31	M0029	2020/7/1	横浜店	副菜	シーザ		テイクアウト	¥32	¥432
32	M0031	2020/7/1	横浜店	副菜	シーザ		店内	¥40	¥440
33	M0032	2020/7/1	横浜店	副菜	シーザ		テイクアウト	¥64	¥864
34	M0033	2020/7/1	横浜店	副菜	シーザ		テイクアウト	¥32	¥432
35								¥1,574	¥19,764
36	M0034	2020/7/2	横浜店	ドリンク	コーヒ	0	店内	¥40	¥440
37	M0035	2020/7/2	横浜店	副菜	ポテ	00	テイクアウト	¥15	¥205
38	M0036	2020/7/2	横浜店	ドリンク	コー	00	テイクアウト	¥32	¥432
39	M0037	2020/7/2	横浜店	スイーツ	アッ	00	テイクアウト	¥48	¥648
40	M0038	2020/7/2	横浜店	ドリンク	アイ	00	店内	¥20	¥220
41	M0039	2020/7/2	横浜店	副菜	ポテ	30	テイクアウト	¥30	¥410
42	M0042	2020/7/2	横浜店	ドリンク	コー	00	テイクアウト	¥16	¥216
43	M0041	2020/7/2	横浜店	スイーツ	スコ	20	テイクアウト	¥18	¥238
44	M0040	2020/7/2	横浜店	ドリンク	アイ	40	テイクアウト	¥35	¥475

● ⑥重複データを入力しない

同じデータが何件も入力されていると、それぞれが別のデータとして扱われるため、集計結果が変わってしまいます。Q.074の操作で、リストに重複データが含まれていないかどうかをチェックしましょう。

	A	B	C	D	E	F	G	H	I
1	顧客番号	氏名	ふりがな	郵便番号	住所1	住所2	電話番号	登録日	生年月日
2	100	荒井 直哉	アライ ナオヤ	1560052	東京都世田谷区経堂X-X-X		090-0000-XXXX	2018/7/29	1977/4/3
3	101	林 龍之介	ハヤシ リュウノスケ	1920914	東京都八王子市片倉町X-X-X	片倉コート502	090-0000-XXXX	2020/5/20	1983/10/18
4	102	目黒 陽子	メグロ ヨウコ	3620063	埼玉県上尾市小泉X-X-X		090-0000-XXXX	2019/5/13	1985/3/21
5	103	三浦 悟志	ミウラ サトシ	2990117	千葉県市原市青葉台X-X-X		090-0000-XXXX	2018/5/20	1979/12/1
6	104	新倉 環	ニイクラ タマキ	2670055	千葉県千葉市緑区越智町X-X-X		090-0000-XXXX	2020/6/10	1969/5/30
7	105	山下 美雪	ヤマシタ ミユキ	2220037	神奈川県横浜市港北区大倉山X-X-X		090-0000-XXXX	2018/4/29	1988/1/19
8	106	岡崎 健太	オカザキ ケンタ	2510035	神奈川県藤沢市片瀬海岸X-X-X	片瀬第一マンション403	090-0000-XXXX	2018/4/29	1965/7/24
9	107	堂島 洋介	ドウジマ ヨウスケ	2500041	神奈川県小田原市池上X-X-X		090-0000-XXXX	2019/5/6	1981/12/27
10	108	新倉 環	ニイクラ タマキ	2670055	千葉県千葉市緑区越智町X-X-X		090-0000-XXXX	2020/6/10	1969/5/30
11	109	山田 清文	ヤマダ キヨフミ	1140002	東京都北区王子X-X-X	マンション大蔵201	090-0000-XXXX	2019/6/17	1961/2/9
12	110	小島 勇太	コジマ ユウタ	3360974	埼玉県さいたま市緑区大崎X-X-X		090-0000-XXXX	2020/6/17	1988/2/25
13	111	安藤 明徳	アンドウ アキノリ	2610004	千葉県千葉市美浜区高洲X-X-X		090-0000-XXXX	2018/6/24	1964/4/15
14	112	森本 若菜	モリモト ワカナ	2160011	神奈川県川崎市宮前区大蔵X-X-X		090-0000-XXXX	2019/5/6	1990/8/22
15	113	遠藤 美紀	エンドウ ミキ	2390831	神奈川県横須賀市久里浜X-X-X		090-0000-XXXX	2019/6/3	1985/11/11
16	114	小川 沙耶	オガワ サヤ	1940013	東京都町田市原町田X-X-X		090-0000-XXXX	2018/5/13	1990/2/17
17	115	須田 幹夫	スダ ミキオ	2150011	神奈川県川崎市麻生区百合丘X-X-X	リリーハイツ1001	090-0000-XXXX	2018/6/3	1962/10/1
18	116	松本 健二	マツモト ケンジ	2600852	千葉県千葉市中央区青葉町X-X-X	青葉スカイタワー1411	090-0000-XXXX	2019/5/6	1974/3/4
19	117	佐藤 祐太郎	サトウ ユウタロウ	2600834	千葉県千葉市中央区今井X-X-X		090-0000-XXXX	2016/5/6	1972/12/14
20	118	渡辺 孝一	ワタナベ コウイチ	1540023	東京都世田谷区若林X-X-X	三軒茶屋コーポ202	090-0000-XXXX	2016/8/26	1989/6/20

顧客リスト

重要度★★★　データベースの基本

Q 009 データベース作成の手順を教えて！

A データベースに必要なフィールド名を決めてから作り始めましょう。

新しくデータベースを作成するときは、最初に、データベース全体をイメージして必要なフィールド名（見出し）をしっかり吟味しましょう。フィールド名が決まったらデータを入力し、目的に合わせて並べ替えや抽出、集計を行います。順番通りに操作すると、表記が揃って整理されたリストをもとにして、効率よく並べ替えや抽出、集計が行えます。

なお、手順6でリストをテーブルに変換していますが、テーブルに変換しなくてもデータベース機能を利用できます。ただし、テーブルに変換すると、データの入力や並べ替え・抽出・集計をかんたんな操作で行えるメリットがあります。

1 フィールド名を決める

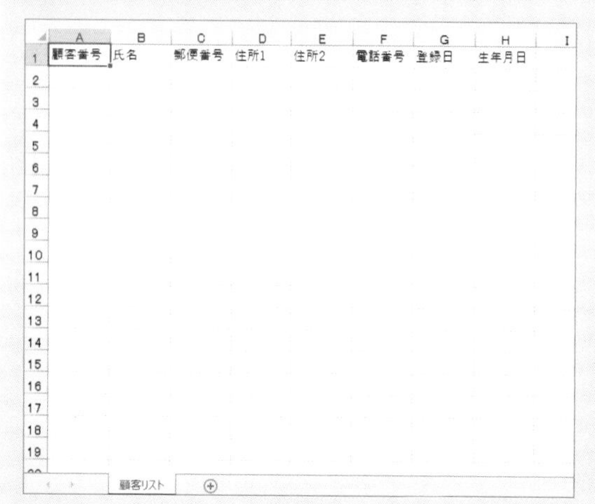

2 フィールド名に書式を付ける

3 データベースファイルを保存する

↗

4 データを入力する

顧客番号	氏名	郵便番号	住所1	…話番号	登録日	生年月日
100	荒井　直哉	1560052	東京都世	-0000-XXXX	2018/7/29	1977/4/3
101	林　龍之介	1920914	東京都八	-0000-XXXX	2020/5/20	1983/10/18
102	目黒　陽子	3620063	埼玉県上	-0000-XXXX	2019/5/13	1985/3/21
103	三浦　悟志	2990117	千葉県市	-0000-XXXX	2018/5/20	1979/12/1
104	新倉　環	2670055	千葉県千	-0000-XXXX	2020/6/10	1969/5/30
105	山下　美雪	2220037	神奈川県	-0000-XXXX	2018/4/29	1988/1/19
106	岡崎　健太	2510035	神奈川県	-0000-XXXX	2018/4/29	1965/7/24
107	堂島　洋介	2500041	神奈川県	-0000-XXXX	2019/5/6	1981/12/27
108	山田　清文	1140002	東京都北	-0000-XXXX	2019/6/17	1961/2/9

5 データの表記を揃える

6 テーブルに変換する

顧客番号	氏名	郵便番号	住所1	電話番号	登録日	生年月日
100	荒井　直哉	1560052	東京都世田	090-0000-XXXX	2018/7/29	1977/4/3
101	林　龍之介	1920914	東京都八王	090-0000-XXXX	2020/5/20	1983/10/18
102	目黒　陽子	3620063	埼玉県上尾	090-0000-XXXX	2019/5/13	1985/3/21
103	三浦　悟志	2990117	千葉県市原	090-0000-XXXX	2018/5/20	1979/12/1
104	新倉　環	2670055	千葉県千葉	090-0000-XXXX	2020/6/10	1969/5/30
105	山下　美雪	2220037	神奈川県横	090-0000-XXXX	2018/4/29	1988/1/19
106	岡崎　健太	2510035	神奈川県藤	090-0000-XXXX	2018/4/29	1965/7/24
107	堂島　洋介	2500041	神奈川県小	090-0000-XXXX	2019/5/6	1981/12/27
108	山田　清文	1140002	東京都北区	090-0000-XXXX	2019/6/17	1961/2/9

7 データを並べ替え・抽出・集計して活用する

Q 010 名簿や売上台帳のテンプレートを使いたい！

A マイクロソフトのテンプレートをダウンロードします。

いちからリストを作る時間がないときや、どんなふうにリストを作ってよいのかわからないときは、マイクロソフトのWebサイトにあるテンプレートをダウンロードして利用するのも1つの方法です（インターネットへの接続環境が必要）。テンプレートを部分的に修正して使えば、短時間でリストの枠組みを作成できます。

1 <ファイル>タブの<新規>をクリックし、

2 <オンラインテンプレートの検索>ボックスにキーワードを入力して Enter を押します。

3 検索結果から目的のテンプレートをクリックし、

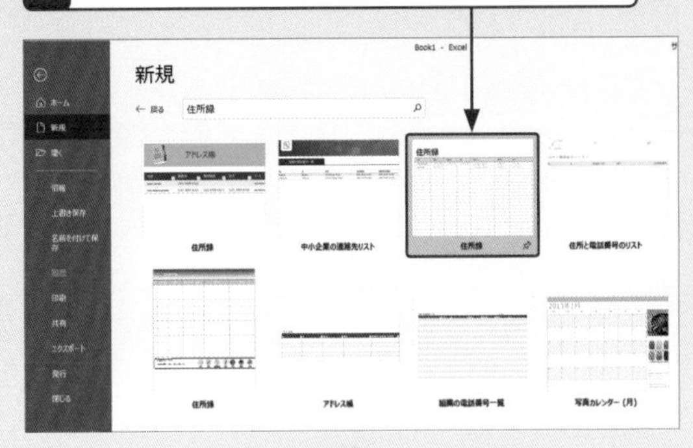

4 <作成>をクリックすると、

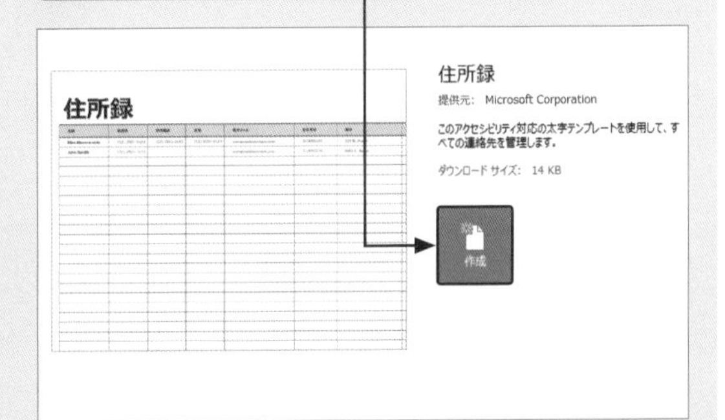

5 ダウンロードしたテンプレートが表示されます。必要に応じてフィールド名やデータを変更して使います。

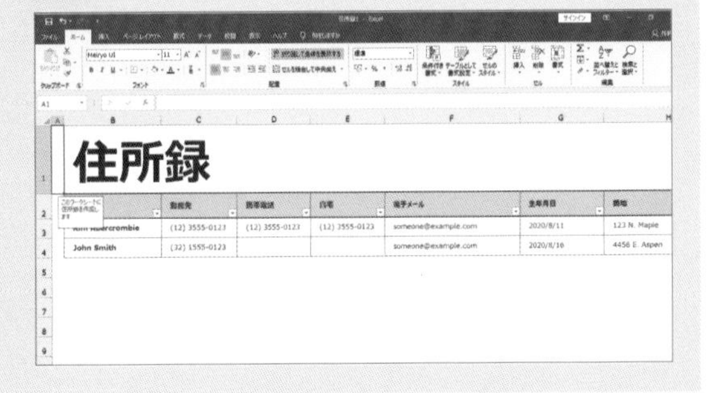

重要度★★★ データ入力

Q 011 リストにデータを入力したい！

A [Tab]でアクティブセルを右方向に移動しながら入力します。

セルにデータを入力したあとで[Enter]を押すと、標準ではアクティブセルが下方向に移動します。データベースでは、1行単位でデータを入力するため、その都度アクティブセルを移動する手間がかかります。[Tab]でアクティブセルを右方向に移動する操作を覚えておくと便利です。入力した1行分のデータが1件分のレコードになります。

1 セル＜A1＞をクリックして半角で「100」と入力し、

	A	B	C	D	E	F
1	100					
2						
3						
4						
5						
6						
7						
8						
9						
10						
11						
12						

2 [Tab]を押すと、

3 アクティブセルが右側のセル（セル＜B1＞）に移動します。

	A	B	C	D	E	F
1	100					
2						
3						
4						
5						
6						
7						
8						
9						
10						
11						
12						

重要度★★★ データ入力

Q 012 アクティブセルが右方向に動くようにしたい！

A ＜Excelのオプション＞ダイアログボックスで設定します。

セルにデータを入力して[Enter]を押すと、常にアクティブセルが右方向に移動するように、Excelの設定そのものを変更できます。＜ファイル＞タブの＜オプション＞をクリックし、表示される＜Excelのオプション＞ダイアログボックスで、左側の＜詳細設定＞をクリックし、右側の＜方向＞を＜右＞に変更します。

1 ＜ファイル＞タブの＜オプション＞をクリックします。

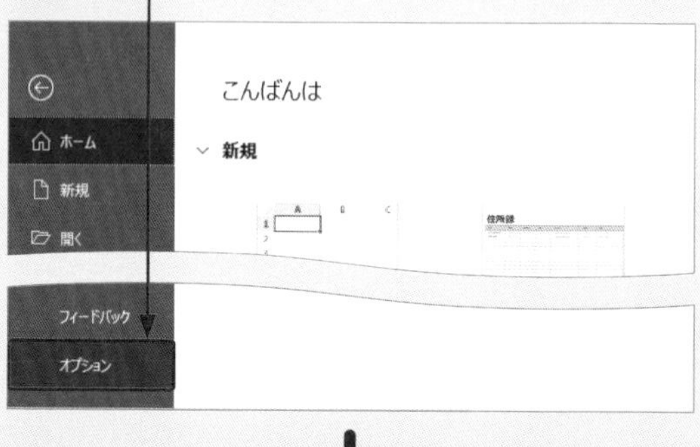

2 ＜詳細設定＞をクリックし、

3 ＜方向＞の▼をクリックして、

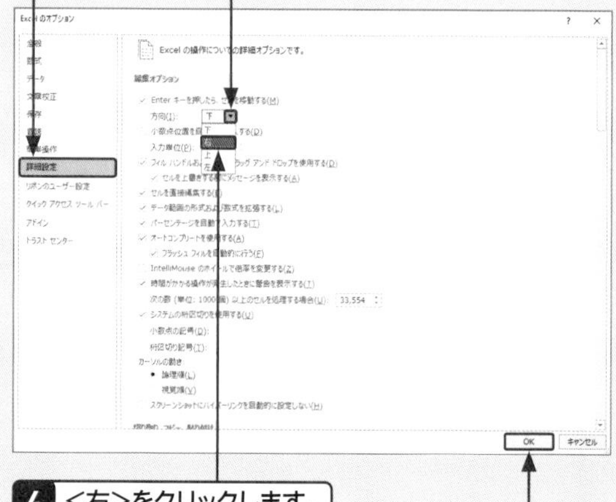

4 ＜右＞をクリックします。

5 ＜OK＞をクリックします。

重要度 ★★★ データ入力

Q 013 真上のセルのデータをコピーしたい！

A Ctrl+Dを押します。

何度も繰り返して入力するデータをその都度キーボードから入力すると、時間がかかるばかりでなく入力ミスにもつながります。アクティブセルの真上のセルのデータをコピーするには、Ctrl+Dを押します。DはDownの意味で、下方向にコピーします。

1 セル＜D17＞をクリックし、

2 Ctrl+Dを押すと、

4	102	目黒 陽子	メグロ ヨウコ	レギュラー	3620063
5	103	三浦 悟志	ミウラ サトシ	レギュラー	2990117
6	104	新倉 環	ニイクラ タマキ	レギュラー	2670055
7	105	山下 美雪	ヤマシタ ミユキ	ゴールド	2220037
8	106	岡崎 健太	オカザキ ケンタ	レギュラー	2510035
9	107	堂島 洋介	ドウジマ ヨウスケ	マスター	2500041
10	108	山田 清文	ヤマダ キヨフミ	ゴールド	1140002
11	109	小島 勇太	コジマ ユウタ	ゴールド	3360974
12	110	安藤 明憲	アンドウ アキノリ	レギュラー	2610004
13	111	森本 若菜	モリモト ワカナ	ゴールド	2160011
14	112	遠藤 美紀	エンドウ ミキ	レギュラー	2390831
15	113	小川 沙耶	オガワ サヤ	マスター	1940013
16	114	須田 幹夫	スダ ミキオ	レギュラー	2150011
17	115	松本 健二	マツモト ケンジ		
18					
19					

3 真上のセル（セル＜D16＞）と同じデータが表示されます。

4	102	目黒 陽子	メグロ ヨウコ	レギュラー	3620063
5	103	三浦 悟志	ミウラ サトシ	レギュラー	2990117
6	104	新倉 環	ニイクラ タマキ	レギュラー	2670055
7	105	山下 美雪	ヤマシタ ミユキ	ゴールド	2220037
8	106	岡崎 健太	オカザキ ケンタ	レギュラー	2510035
9	107	堂島 洋介	ドウジマ ヨウスケ	マスター	2500041
10	108	山田 清文	ヤマダ キヨフミ	ゴールド	1140002
11	109	小島 勇太	コジマ ユウタ	ゴールド	3360974
12	110	安藤 明憲	アンドウ アキノリ	レギュラー	2610004
13	111	森本 若菜	モリモト ワカナ	ゴールド	2160011
14	112	遠藤 美紀	エンドウ ミキ	レギュラー	2390831
15	113	小川 沙耶	オガワ サヤ	マスター	1940013
16	114	須田 幹夫	スダ ミキオ	レギュラー	2150011
17	115	松本 健二	マツモト ケンジ	レギュラー	
18					
19					

重要度 ★★★ データ入力

Q 014 左のセルのデータをコピーしたい！

A Ctrl+Rを押します。

アクティブセルの左側のセルと同じデータを入力するには、Ctrl+Rを押します。RはRightの意味で、右方向にコピーします。最初に複数のセルを選択してからCtrl+Rを押すと、それぞれの左のセルのデータをまとめてコピーできます。

1 セル＜F4＞をクリックし、

2 Ctrl+Rを押すと、

	A	B	C	D	E	F	G
1	顧客番号	氏名	ふりがな	会員種別	登録日	解約日	郵(
2	100	荒井 直哉	アライ ナオヤ	ゴールド	2018/7/29	2020/4/10	1
3	101	林 龍之介	ハヤシ リュウノスケ	マスター	2020/5/20		1
4	102	目黒 陽子	メグロ ヨウコ	レギュラー	2019/5/13		3
5	103	三浦 悟志	ミウラ サトシ	レギュラー	2018/5/20		2
6	104	新倉 環	ニイクラ タマキ	レギュラー	2020/6/10		2
7	105	山下 美雪	ヤマシタ ミユキ	ゴールド	2018/4/29		2
8	106	岡崎 健太	オカザキ ケンタ	レギュラー	2018/4/29		2
9	107	堂島 洋介	ドウジマ ヨウスケ	マスター	2019/5/6	2019/12/28	2
10	108	山田 清文	ヤマダ キヨフミ	ゴールド	2019/6/17		1
11	109	小島 勇太	コジマ ユウタ	ゴールド	2020/6/17		3
12	110	安藤 明憲	アンドウ アキノリ	レギュラー	2018/6/24		2
13	111	森本 若菜	モリモト ワカナ	ゴールド	2019/5/6		2
14	112	遠藤 美紀	エンドウ ミキ	レギュラー	2019/6/3	2020/2/20	2
15	113	小川 沙耶	オガワ サヤ	レギュラー	2018/5/13		1
16	114	須田 幹夫	スダ ミキオ	マスター	2018/6/3		2
17	115	松本 健二	マツモト ケンジ	レギュラー	2019/5/6		2
18							
19							

3 左のセル（セル＜E4＞）と同じデータが表示されます。

	A	B	C	D	E	F	G
1	顧客番号	氏名	ふりがな	会員種別	登録日	解約日	郵(
2	100	荒井 直哉	アライ ナオヤ	ゴールド	2018/7/29	2020/4/10	1
3	101	林 龍之介	ハヤシ リュウノスケ	マスター	2020/5/20		1
4	102	目黒 陽子	メグロ ヨウコ	レギュラー	2019/5/13	2019/5/13	3
5	103	三浦 悟志	ミウラ サトシ	レギュラー	2018/5/20		2
6	104	新倉 環	ニイクラ タマキ	レギュラー	2020/6/10		2
7	105	山下 美雪	ヤマシタ ミユキ	ゴールド	2018/4/29		2
8	106	岡崎 健太	オカザキ ケンタ	レギュラー	2018/4/29		2
9	107	堂島 洋介	ドウジマ ヨウスケ	マスター	2019/5/6	2019/12/28	2
10	108	山田 清文	ヤマダ キヨフミ	ゴールド	2019/6/17		1
11	109	小島 勇太	コジマ ユウタ	ゴールド	2020/6/17		3
12	110	安藤 明憲	アンドウ アキノリ	レギュラー	2018/6/24		2
13	111	森本 若菜	モリモト ワカナ	ゴールド	2019/5/6		2
14	112	遠藤 美紀	エンドウ ミキ	レギュラー	2019/6/3	2020/2/20	2
15	113	小川 沙耶	オガワ サヤ	レギュラー	2018/5/13		1
16	114	須田 幹夫	スダ ミキオ	マスター	2018/6/3		2
17	115	松本 健二	マツモト ケンジ	レギュラー	2019/5/6		2
18							
19							

重要度★★★　データ入力

Q015 入力済みのデータをリスト化したい！

A Alt＋↓を押します。

フィールドに入力したデータをリスト化して、一覧からクリックするだけで入力するには、Alt＋↓を押します。そうすると、そのフィールドに入力済みのデータがリスト化されます。リスト化されるのは、アクティブセルの上側に連続して入力されているデータです。

1 セル＜D17＞をクリックし、

	A	B	C	D	E
3	101	林　龍之介	ハヤシ　リュウノスケ	マスター	1920914 東京都八
4	102	目黒　陽子	メグロ　ヨウコ	レギュラー	3620063 埼玉県上
5	103	三浦　悟志	ミウラ　サトシ	レギュラー	2990117 千葉県市
6	104	新倉　環	ニイクラ　タマキ	レギュラー	2670055 千葉県千
7	105	山下　美雪	ヤマシタ　ミユキ	ゴールド	2220037 神奈川県
8	106	岡崎　健太	オカザキ　ケンタ	レギュラー	2510035 神奈川県
9	107	堂島　洋介	ドウジマ　ヨウスケ	マスター	2500041 神奈川県
10	108	山田　清文	ヤマダ　キヨフミ	ゴールド	1140002 東京都北
11	109	小島　勇太	コジマ　ユウタ	ゴールド	3360974 埼玉県さ
12	110	安藤　明憲	アンドウ　アキノリ	レギュラー	2610004 千葉県千
13	111	森本　若菜	モリモト　ワカナ	ゴールド	2160011 神奈川県
14	112	遠藤　美紀	エンドウ　ミキ	レギュラー	2390831 神奈川県
15	113	小川　沙耶	オガワ　サヤ	マスター	1940013 東京都町
16	114	須田　幹夫	スダ　ミキオ	レギュラー	2150011 神奈川県
17	115	松本　健二	マツモト　ケンジ		
18					
19					

2 Alt＋↓を押すと、

3 列＜D＞に入力済みのデータがリスト化されます。

	A	B	C	D	E
3	101	林　龍之介	ハヤシ　リュウノスケ	マスター	1920914 東京都八
4	102	目黒　陽子	メグロ　ヨウコ	レギュラー	3620063 埼玉県上
5	103	三浦　悟志	ミウラ　サトシ	レギュラー	2990117 千葉県市
6	104	新倉　環	ニイクラ　タマキ	レギュラー	2670055 千葉県千
7	105	山下　美雪	ヤマシタ　ミユキ	ゴールド	2220037 神奈川県
8	106	岡崎　健太	オカザキ　ケンタ	レギュラー	2510035 神奈川県
9	107	堂島　洋介	ドウジマ　ヨウスケ	マスター	2500041 神奈川県
10	108	山田　清文	ヤマダ　キヨフミ	ゴールド	1140002 東京都北
11	109	小島　勇太	コジマ　ユウタ	ゴールド	3360974 埼玉県さ
12	110	安藤　明憲	アンドウ　アキノリ	レギュラー	2610004 千葉県千
13	111	森本　若菜	モリモト　ワカナ	ゴールド	2160011 神奈川県
14	112	遠藤　美紀	エンドウ　ミキ	レギュラー	2390831 神奈川県
15	113	小川　沙耶	オガワ　サヤ	マスター	1940013 東京都町
16	114	須田　幹夫	スダ　ミキオ	レギュラー	2150011 神奈川県
17	115	松本　健二	マツモト　ケンジ		
18				ゴールド マスター レギュラー	
19					

4 入力したいデータをクリックします。

重要度★★★　データ入力

Q016 複数のセルに同じデータを入力したい！

A データ入力後にCtrl＋Enterを押します。

同じデータを離れたセルに何度も入力するのは時間がかかります。データをコピーする方法もありますが、最初に複数のセルを選択してからデータを入力すると、同じデータをまとめて入力できます。このとき、最後にCtrl＋Enterを押すのがポイントです。

1 セル＜D3＞をクリックし、

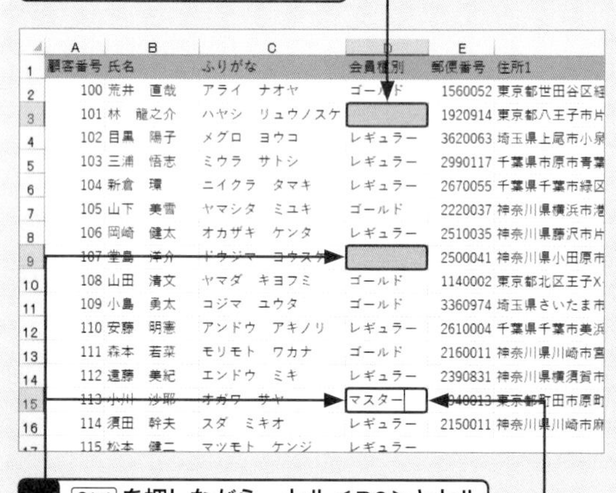

	A	B	C	D	E
1	顧客番号	氏名	ふりがな	会員種別	郵便番号 住所1
2	100	荒井　直哉	アライ　ナオヤ	ゴールド	1560052 東京都世田谷区経
3	101	林　龍之介	ハヤシ　リュウノスケ		1920914 東京都八王子市片
4	102	目黒　陽子	メグロ　ヨウコ	レギュラー	3620063 埼玉県上尾市小泉
5	103	三浦　悟志	ミウラ　サトシ	レギュラー	2990117 千葉県市原市青葉
6	104	新倉　環	ニイクラ　タマキ	レギュラー	2670055 千葉県千葉市緑区
7	105	山下　美雪	ヤマシタ　ミユキ	ゴールド	2220037 神奈川県横浜市港
8	106	岡崎　健太	オカザキ　ケンタ	レギュラー	2510035 神奈川県藤沢市片
9	107	堂島　洋介	ドウジマ　ヨウスケ		2500041 神奈川県小田原市
10	108	山田　清文	ヤマダ　キヨフミ	ゴールド	1140002 東京都北区王子X
11	109	小島　勇太	コジマ　ユウタ	ゴールド	3360974 埼玉県さいたま市
12	110	安藤　明憲	アンドウ　アキノリ	レギュラー	2610004 千葉県千葉市美浜
13	111	森本　若菜	モリモト　ワカナ	ゴールド	2160011 神奈川県川崎市宮
14	112	遠藤　美紀	エンドウ　ミキ	レギュラー	2390831 神奈川県横須賀市
15	113	小川　沙耶	オガワ　サヤ	マスター	1940013 東京都町田市原町
16	114	須田　幹夫	スダ　ミキオ	レギュラー	2150011 神奈川県川崎市麻

2 Ctrlを押しながら、セル＜D9＞とセル＜D15＞をクリックします。

3 「マスター」と入力してCtrl＋Enterを押すと、

4 離れた3つのセルの同じデータが入力できます。

	A	B	C	D	E
1	顧客番号	氏名	ふりがな	会員種別	郵便番号 住所1
2	100	荒井　直哉	アライ　ナオヤ	ゴールド	1560052 東京都世田谷区経
3	101	林　龍之介	ハヤシ　リュウノスケ	マスター	1920914 東京都八王子市片
4	102	目黒　陽子	メグロ　ヨウコ	レギュラー	3620063 埼玉県上尾市小泉
5	103	三浦　悟志	ミウラ　サトシ	レギュラー	2990117 千葉県市原市青葉
6	104	新倉　環	ニイクラ　タマキ	レギュラー	2670055 千葉県千葉市緑区
7	105	山下　美雪	ヤマシタ　ミユキ	ゴールド	2220037 神奈川県横浜市港
8	106	岡崎　健太	オカザキ　ケンタ	レギュラー	2510035 神奈川県藤沢市片
9	107	堂島　洋介	ドウジマ　ヨウスケ	マスター	2500041 神奈川県小田原市
10	108	山田　清文	ヤマダ　キヨフミ	ゴールド	1140002 東京都北区王子X
11	109	小島　勇太	コジマ　ユウタ	ゴールド	3360974 埼玉県さいたま市
12	110	安藤　明憲	アンドウ　アキノリ	レギュラー	2610004 千葉県千葉市美浜
13	111	森本　若菜	モリモト　ワカナ	ゴールド	2160011 神奈川県川崎市宮
14	112	遠藤　美紀	エンドウ　ミキ	レギュラー	2390831 神奈川県横須賀市
15	113	小川　沙耶	オガワ　サヤ	マスター	1940013 東京都町田市原町
16	114	須田　幹夫	スダ　ミキオ	レギュラー	2150011 神奈川県川崎市麻
17	115	松本　健二	マツモト　ケンジ	レギュラー	
18					

重要度 ★★★　データ入力

Q 017 連番データを素早く入力したい！

リストには、「顧客番号」や「商品番号」のように、ほかのデータと絶対に重複しないフィールドを用意しておくのが一般的です。オートフィル機能を使うと、数字の連番や日付などの連続データを、マウスのドラッグ操作だけですばやく入力できます。

A オートフィル機能を使うと、ドラッグ操作だけで入力できます。

1 連番を入力する最初のセル（セル<A2>）をクリックし、

2 先頭の番号（100）を入力します。

	A	B	C	D
1	顧客番号	氏名	ふりがな	会員種別
2	100	荒井　直哉	アライ　ナオヤ	ゴールド
3		林　龍之介	ハヤシ　リュウノスケ	マスター
4		目黒　陽子	メグロ　ヨウコ	レギュラー
5		三浦　悟志	ミウラ　サトシ	レギュラー
6		新倉　環	ニイクラ　タマキ	レギュラー
7		山下　美雪	ヤマシタ　ミユキ	ゴールド
8		岡崎　健太	オカザキ　ケンタ	レギュラー
9		堂島　洋介	ドウジマ　ヨウスケ	マスター
10		山田　清文	ヤマダ　キヨフミ	ゴールド

3 セル<A2>右下のフィルハンドルにマウスポインターを合わせて、マウスポインターが「+」に変わったら、

セル<A2>右下のフィルハンドルを右クリックしたままドラッグすると、マウスのボタンを離したときにメニューが表示されます。メニューの<連続データ>をクリックして連続したデータを入力することもできます。

4 セル<A17>まで下方向にドラッグします。

	A	B	C	D
1	顧客番号	氏名	ふりがな	会員種別
2	100	荒井　直哉	アライ　ナオヤ	ゴールド
3		林　龍之介	ハヤシ　リュウノスケ	マスター
4		目黒　陽子	メグロ　ヨウコ	レギュラー
5		三浦　悟志	ミウラ　サトシ	レギュラー
15		小川　沙耶	オガワ　サヤ	マスター
16		須田　幹夫	スダ　ミキオ	レギュラー
17		松本　健二	マツモト　ケンジ	レギュラー
18		100		

5 マウスのボタンを離すと、同じ番号がコピーされます。

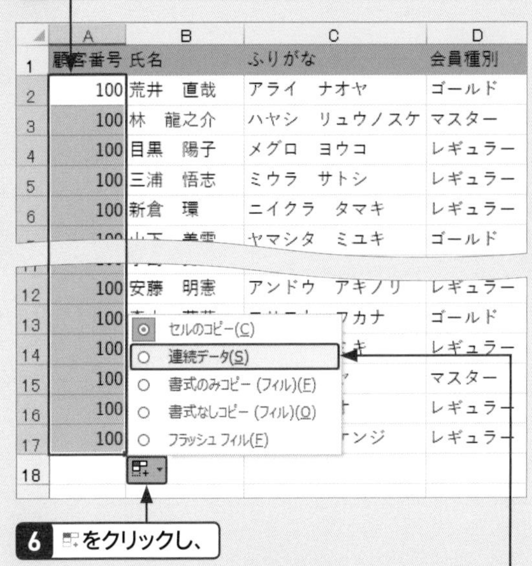

	A	B	C	D
1	顧客番号	氏名	ふりがな	会員種別
2	100	荒井　直哉	アライ　ナオヤ	ゴールド
3	100	林　龍之介	ハヤシ　リュウノスケ	マスター
4	100	目黒　陽子	メグロ　ヨウコ	レギュラー
5	100	三浦　悟志	ミウラ　サトシ	レギュラー
6	100	新倉　環	ニイクラ　タマキ	レギュラー
12	100	安藤　明憲	アンドウ　アキノリ	レギュラー
13	100			ゴールド
14	100			レギュラー
15	100			マスター
16	100			レギュラー
17	100			レギュラー
18				

6 をクリックし、

7 <連続データ>をクリックすると、

8 連番のデータが入力されます。

	A	B	C	D
1	顧客番号	氏名	ふりがな	会員種別
2	100	荒井　直哉	アライ　ナオヤ	ゴールド
3	101	林　龍之介	ハヤシ　リュウノスケ	マスター
4	102	目黒　陽子	メグロ　ヨウコ	レギュラー
5	103	三浦　悟志	ミウラ　サトシ	レギュラー
6	104	新倉　環	ニイクラ　タマキ	レギュラー
12	110	安藤　明憲	アンドウ　アキノリ	レギュラー
13	111	森本　若菜	モリモト　ワカナ	ゴールド
14	112	遠藤　美紀	エンドウ　ミキ	レギュラー
15	113	小川　沙耶	オガワ　サヤ	マスター
16	114	須田　幹夫	スダ　ミキオ	レギュラー
17	115	松本　健二	マツモト　ケンジ	レギュラー
18				

重要度 ★★★　データ入力

Q 018 偶数や奇数の連番データを入力したい!

奇数や偶数など、一定の間隔で数を増やした連続データを入力するときは、最初に「1」と「3」などの2つの数字を入力してからオートフィル機能を実行します。すると、2つのセルの差分を計算し、その数の分だけ増やした連続データを作成します。

A 2つのセルにデータを入力してからオートフィル機能を実行します。

1 最初のセル(セル<A2>)に先頭の偶数(奇数)を入力します。

	A	B	C	D
1	顧客番号	氏名	ふりがな	会員種別
2	100	荒井　直哉	アライ　ナオヤ	ゴールド
3	102	林　龍之介	ハヤシ　リュウノスケ	マスター
4		目黒　陽子	メグロ　ヨウコ	レギュラー
5		三浦　悟志	ミウラ　サトシ	レギュラー
6		新倉　環	ニイクラ　タマキ	レギュラー
7		山下　美雪	ヤマシタ　ミユキ	ゴールド
8		岡崎　健太	オカザキ　ケンタ	レギュラー
9		堂島　洋介	ドウジマ　ヨウスケ	マスター
10		山田　清文	ヤマダ　キヨフミ	ゴールド
11		小島　勇太	コジマ　ユウタ	ゴールド
12		安藤　明憲	アンドウ　アキノリ	レギュラー

2 次のセル(セル<A3>)に2つめの偶数(奇数)を入力します。

3 2つのセルをドラッグして選択し、

	A	B	C	D
1	顧客番号	氏名	ふりがな	会員種別
2	100	荒井　直哉	アライ　ナオヤ	ゴールド
3	102	林　龍之介	ハヤシ　リュウノスケ	マスター
4		目黒　陽子	メグロ　ヨウコ	レギュラー
5		三浦　悟志	ミウラ　サトシ	レギュラー
6		新倉　環	ニイクラ　タマキ	レギュラー
7		山下　美雪	ヤマシタ　ミユキ	ゴールド
8		岡崎　健太	オカザキ　ケンタ	レギュラー
9		堂島　洋介	ドウジマ　ヨウスケ	マスター
10		山田　清文	ヤマダ　キヨフミ	ゴールド
11		小島　勇太	コジマ　ユウタ	ゴールド
12		安藤　明憲	アンドウ　アキノリ	レギュラー

4 下側のセル(セル<A3>)のフィルハンドルにマウスポインターを合わせて、マウスポインターが「+」に変わったら、

5 セル<A17>まで下方向にドラッグします。

	A	B	C	D
1	顧客番号	氏名	ふりがな	会員種別
2	100	荒井　直哉	アライ　ナオヤ	ゴールド
3	102	林　龍之介	ハヤシ　リュウノスケ	マスター
4		目黒　陽子	メグロ　ヨウコ	レギュラー
5		三浦　悟志	ミウラ　サトシ	レギュラー
6		新倉　環	ニイクラ　タマキ	レギュラー
11		小島　勇太		
12		安藤　明憲	アンドウ　アキノリ	レギュラー
13		森本　若菜	モリモト　ワカナ	ゴールド
14		遠藤　美紀	エンドウ　ミキ	レギュラー
15		小川　沙耶	オガワ　サヤ	マスター
16	130	須田　幹夫	スダ　ミキオ	レギュラー
17		松本　健二	マツモト　ケンジ	レギュラー
18				

6 マウスのボタンを離すと、偶数(奇数)の連続データが入力されます。

	A	B	C	D
1	顧客番号	氏名	ふりがな	会員種別
2	100	荒井　直哉	アライ　ナオヤ	ゴールド
3	102	林　龍之介	ハヤシ　リュウノスケ	マスター
4	104	目黒　陽子	メグロ　ヨウコ	レギュラー
5	106	三浦　悟志	ミウラ　サトシ	レギュラー
6	108	新倉　環	ニイクラ　タマキ	レギュラー
12	120	安藤　明憲		
13	122	森本　若菜	モリモト　ワカナ	ゴールド
14	124	遠藤　美紀	エンドウ　ミキ	レギュラー
15	126	小川　沙耶	オガワ　サヤ	マスター
16	128	須田　幹夫	スダ　ミキオ	レギュラー
17	130	松本　健二	マツモト　ケンジ	レギュラー
18				
19				

ここでは、数字の連続データを作成しましたが、オートフィル機能を使うと日付や曜日などの連続データをマウスのドラッグ操作で入力できます。

Q 019 オリジナルの順番で入力したい！

「支店名」や「部署名」、「社員名」など、いつも決まった順番で入力するデータは、その順番を<ユーザー設定リスト>ダイアログボックスに登録します。そうすると、オートフィル機能を使って、マウスのドラッグ操作だけでオリジナルの順番のデータを入力できます。

A <ユーザー設定リスト>にオリジナルの順番を登録します。

● その場でデータを入力する

1 <ファイル>タブの<オプション>をクリックし、

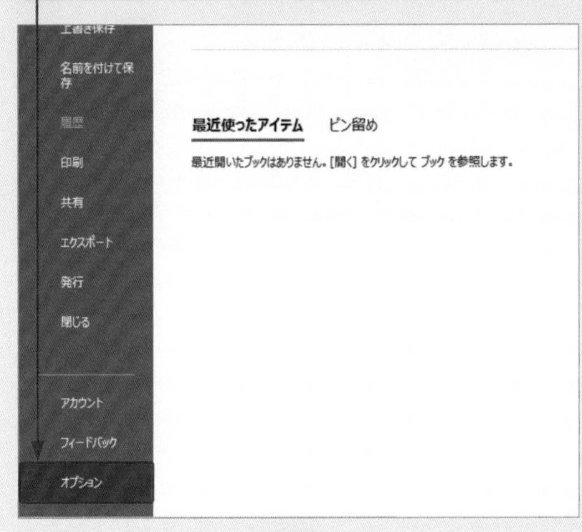

2 <詳細設定>をクリックして、

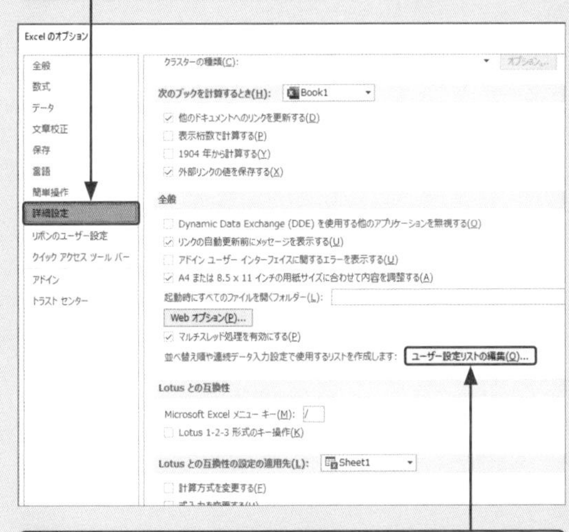

3 <ユーザー設定リストの編集>をクリックします。

4 オリジナルの順番をEnterで改行しながら入力し、

5 <追加>をクリックすると、一覧の末尾に追加されます。

6 <OK>をクリックします。

7 <Excelのオプション>ダイアログボックスに戻ったら、<OK>をクリックします。

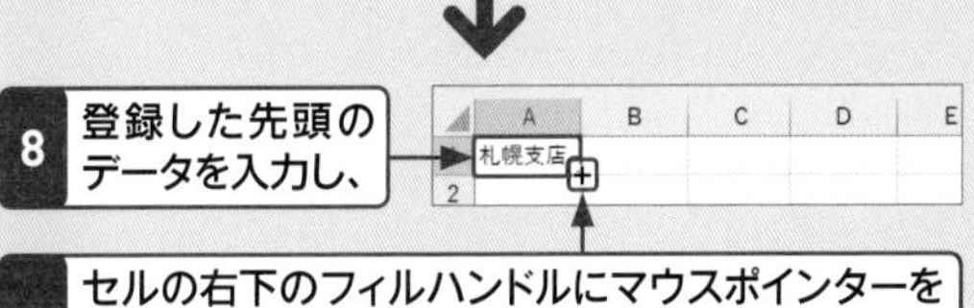

8 登録した先頭のデータを入力し、

9 セルの右下のフィルハンドルにマウスポインターを合わせて、マウスポインターが「+」に変わったら下方向へドラッグすると、

10 登録した順番でデータが入力されます。

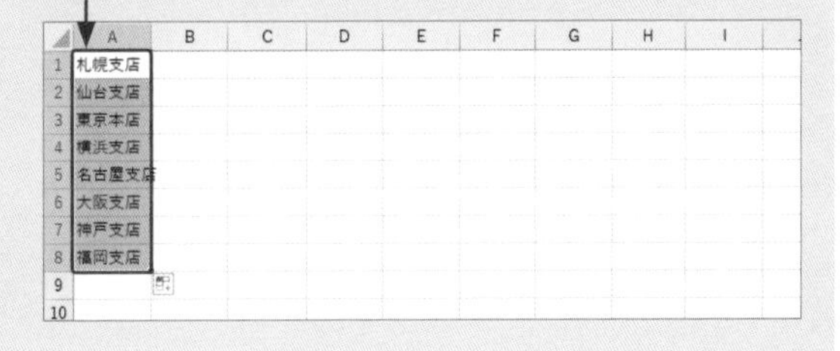

● 入力済みのデータを登録する

1 ワークシートにオリジナルの順番を入力しておきます。

2 Q.019の手順**4**の画面を開き、<リストの取り込み元範囲>欄をクリックして、

3 ワークシートに入力したデータをドラッグして選択します。

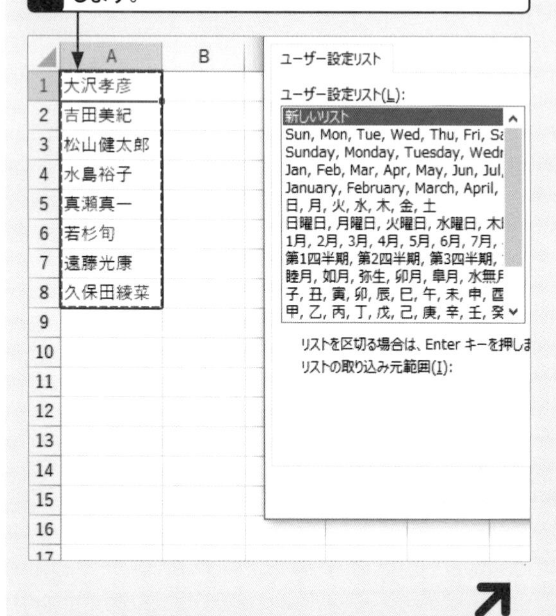

4 セル範囲が表示されたら<インポート>をクリックすると、

5 一覧の末尾に追加されます。

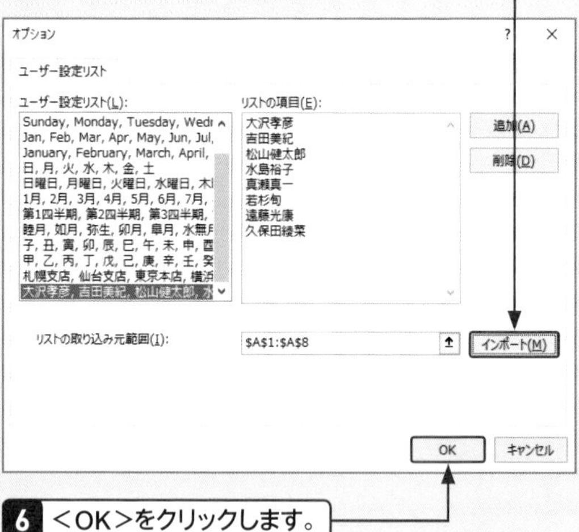

6 <OK>をクリックします。

7 <Excelのオプション>ダイアログボックスに戻ったら、<OK>をクリックします。

8 登録した先頭のデータを入力し、

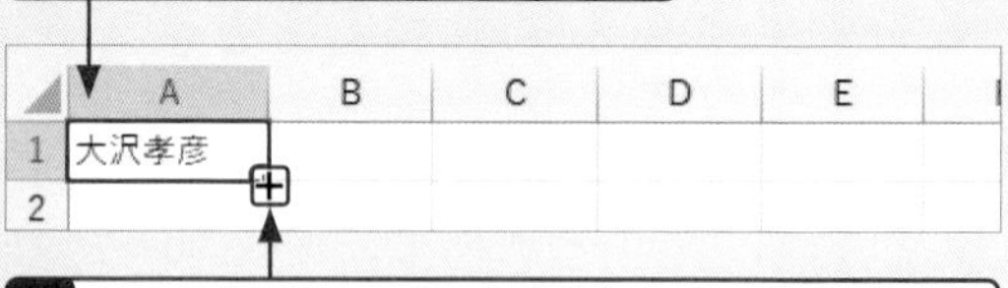

9 セルの右下のフィルハンドルにマウスポインターを合わせて、マウスポインターが「+」に変わったら下方向へドラッグすると、

10 登録した順番でデータが入力されます。

重要度★★★ データ入力

Q 020 オリジナルの順番を修正したい！

A ＜ユーザー設定リスト＞ダイアログボックスで修正します。

Q.019の操作で登録したオリジナルの順番は、＜ユーザー設定リスト＞ダイアログボックスで自由に修正できます。文字の修正をするだけでなく、不要なデータを削除したり、不足していたデータを追加したりすることもできます。

1 Q.019の「その場でデータを入力する」の手順**1**から**3**の操作で、＜ユーザー設定リスト＞ダイアログボックスを開きます。

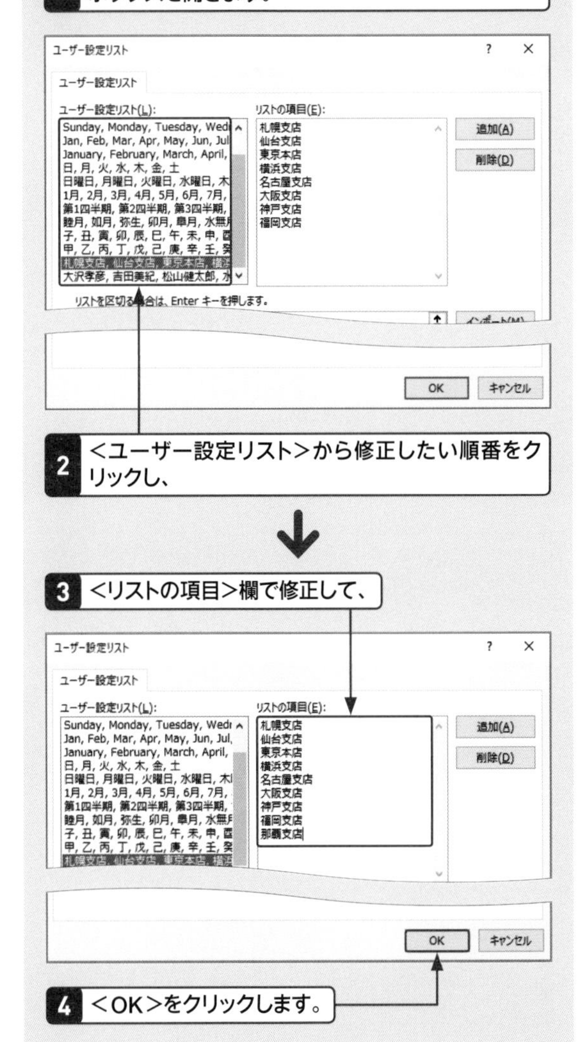

重要度★★★ データ入力

Q 021 オリジナルの順番を削除したい！

A ＜ユーザー設定リスト＞ダイアログボックスで削除します。

Q.019の操作で登録したオリジナルの順番は、＜ユーザー設定リスト＞ダイアログボックスで削除できます。ただし、Excelに最初から登録されている順番を削除することはできません。

1 Q.019の「その場でデータを入力する」の手順**1**から**3**の操作で、＜ユーザー設定リスト＞ダイアログボックスを開きます。

2 ＜ユーザー設定リスト＞から削除したい順番をクリックし、

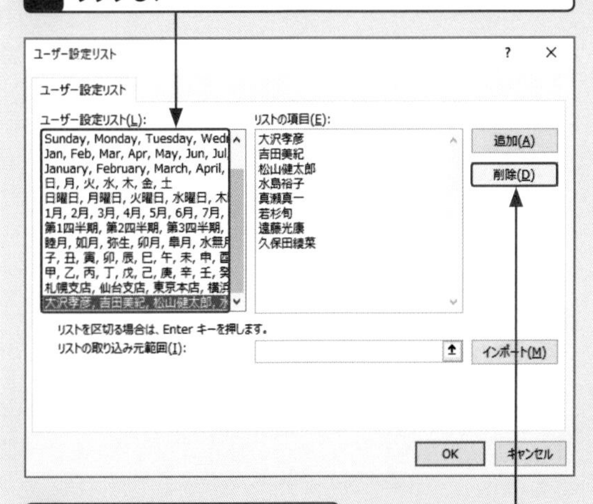

3 ＜削除＞をクリックします。

4 確認のメッセージの＜OK＞をクリックします。

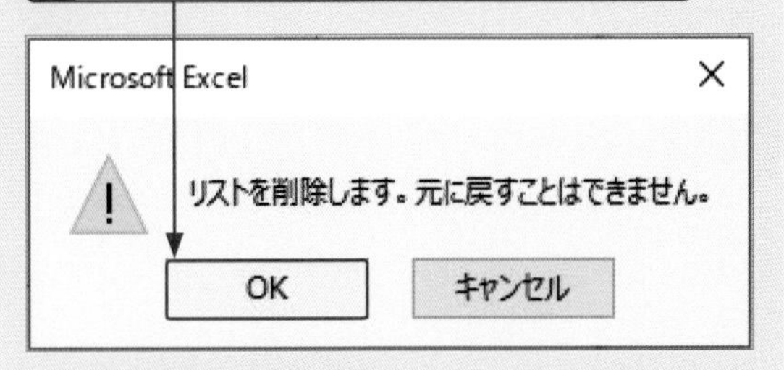

重要度★★★ データ入力

Q 022 郵便番号から住所に変換したい！

A 日本語入力システム（IME）の郵便番号変換の機能を使います。

データ入力の中でも「住所」の入力は時間のかかる作業です。早く正確に住所を入力するには、日本語入力システム（IME）の郵便番号変換の機能を使うとよいでしょう。7桁の郵便番号を入力して変換すると、都道府県名と市区町村名までを自動的に表示できます。このとき、日本語入力モードがオフの状態では、郵便番号から住所に変換することはできません。また、「-」（ハイフン）記号がないと住所に変換できないので注意しましょう。

1 セル＜F2＞をクリックし、

2 日本語入力モードがオンの状態で7ケタの郵便番号をハイフン付きで入力して、

E	F	
郵便番号	住所1	住所2
1560052	156-0052	
1920	"156-0052"	
3620063		
2990117		
2670055		
2220037		
2510035		
2500041		
1140002		
3360974		
2610004		

3 Space で変換します。

4 数字が変換されたら、もう一度 Space を押します。

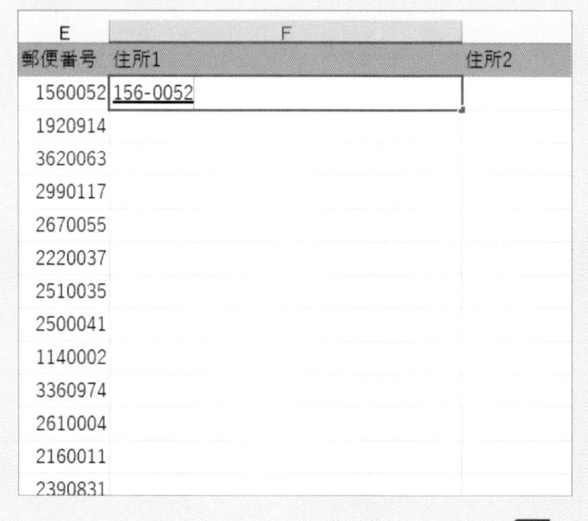

5 変換候補の中に住所が表示されます。

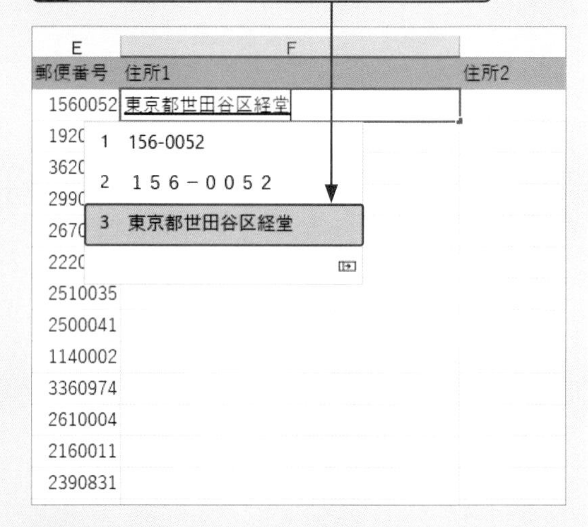

6 Enter で決定すると、

7 住所が表示されます。

8 残りの番地をキーボードから入力します。

重要度 ★★★ データ入力

Q 023 表示形式を利用して郵便番号の「-」(ハイフン)を表示したい!

A 表示形式に用意されている<郵便番号>を適用します。

「郵便番号」のように、3桁目と4桁目の間に決まった記号を使うことがルールになっているときは、データ入力時は数字だけを入力し、あとから<表示形式>の機能を使って、「-」(ハイフン)の記号を自動的に付与すると便利です。この機能を使えば、どのデータにも共通して入力する文字の入力を省略して、データ入力をスピードアップできます。

1 列<E>の列番号をクリックし、

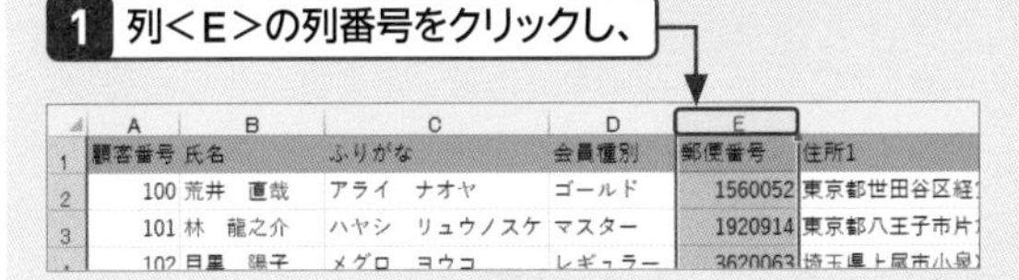

2 <ホーム>タブの<数値>グループ右下の をクリックします。

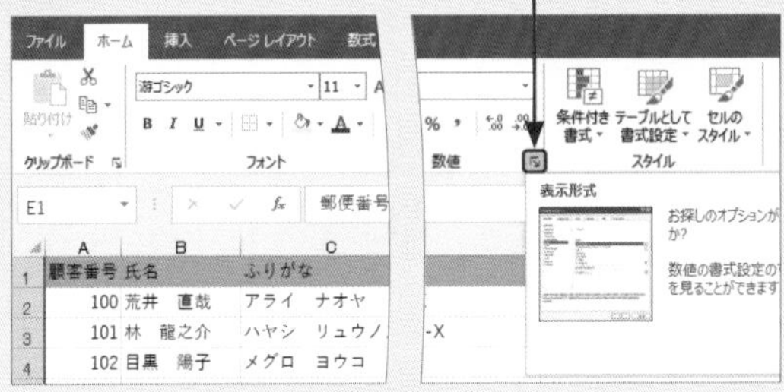

3 左側の<分類>から<その他>をクリックし、

4 右側の<種類>から<郵便番号>をクリックして、

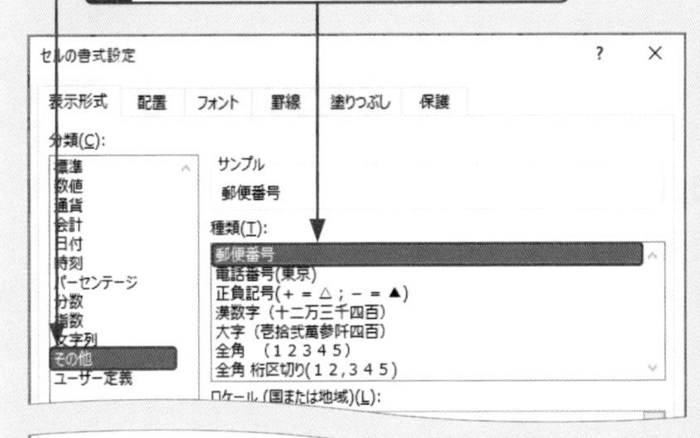

5 <OK>をクリックすると、

6 列<E>の郵便番号に「-」記号が付きます。

C	D	E	F
りがな	会員種別	郵便番号	住所1
ライ ナオヤ	ゴールド	156-0052	東京都世田谷区経堂X-X-X
ヤシ リュウノスケ	マスター	192-0914	東京都八王子市片倉町X-X-X
グロ ヨウコ	レギュラー	362-0063	埼玉県上尾市小泉X-X-X
ウラ サトシ	レギュラー	299-0117	千葉県市原市青葉台X-X-X
イクラ タマキ	レギュラー	267-0055	千葉県千葉市緑区越智町X-X-X
マシタ ミユキ	ゴールド	222-0037	神奈川県横浜市港北区大倉山X-X-X
カザキ ケンタ	レギュラー	251-0035	神奈川県藤沢市片瀬海岸X-X-X
ウジマ ヨウスケ	マスター	250-0041	神奈川県小田原市池上X-X-X
マダ キヨフミ	ゴールド	114-0002	東京都北区王子X-X-X
ジマ ユウタ	ゴールド	336-0974	埼玉県さいたま市緑区大崎X-X-X
ンドウ アキノリ	レギュラー	261-0004	千葉県千葉市美浜区高洲X-X-X
リモト ワカナ	ゴールド	216-0011	神奈川県川崎市宮前区犬蔵X-X-X
ンドウ ミキ	レギュラー	239-0831	神奈川県横須賀市久里浜X-X-X
ガワ サヤ	マスター	194-0013	東京都町田市原町田X-X-X
ダ ミキオ	レギュラー	215-0011	神奈川県川崎市麻生区百合丘X-X-
ツモト ケンジ	レギュラー	260-0852	千葉県千葉市中央区青葉町X-X-X

7 セル<E2>をクリックして数式バーを見てみると、

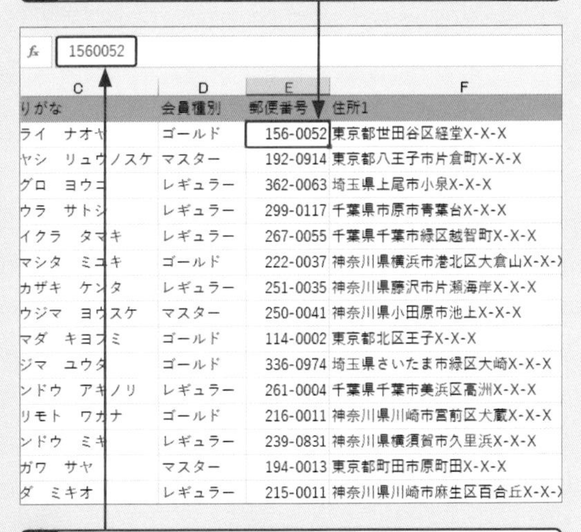

8 セルの値は「1560052」のままであることがわかります。

「-」記号の付いていない状態に戻すには、列<E>全体を選択し、手順**3**の画面で、左側の<分類>から<標準>をクリックします。

重要度★★★ データ入力

Q 024 リストに行や列を挿入したい!

A 行番号や列番号を右クリックして挿入します。

リストの途中に行や列を挿入するには、挿入したい位置の行番号や列番号を右クリックし、表示されるメニューの<挿入>をクリックします。最初に複数の行番号や列番号を選択しておくと、選択した行数や列数分をまとめて挿入できます。

<氏名>と<会員種別>の列の間に<フリガナ>の列を挿入します。

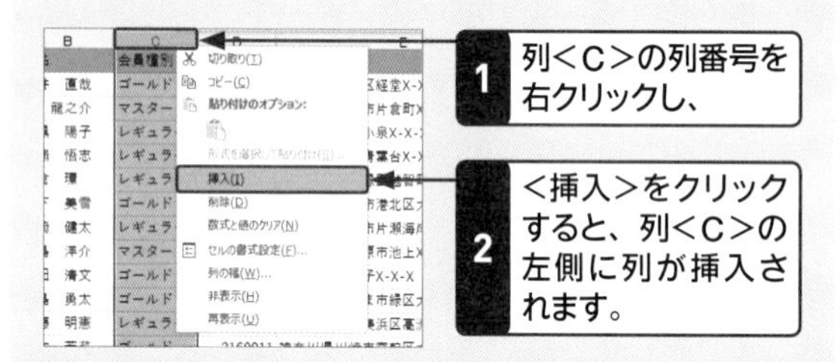

重要度★★★ データ入力

Q 025 リストの行や列を削除したい!

A 行番号や列番号を右クリックして<削除>をクリックします。

リストから不要な行や列を削除するには、削除したい位置の行番号や列番号を右クリックし、表示されるメニューの<削除>をクリックします。最初に複数の行番号や列番号を選択しておくと、選択した行数や列数分をまとめて削除できます。

6行目の「新倉環」の行を削除します。

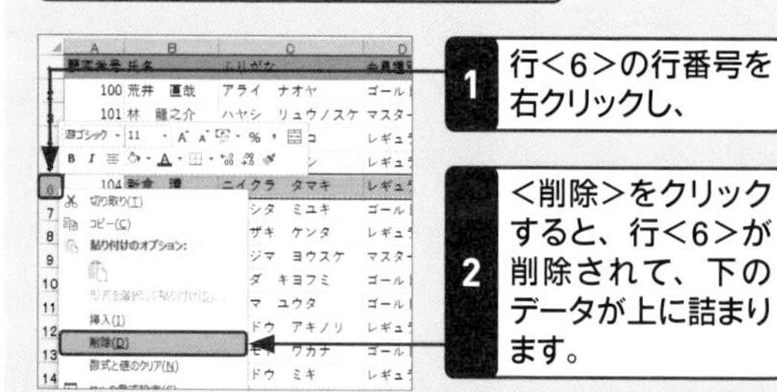

重要度★★★ データ入力

Q 026 氏名のふりがなを表示したい!

A PHONETIC(フォネティック)関数を使います。

PHONETIC関数を使うと、「氏名」や「会社名」などの読みを別のセルに自動表示できます。PHONETIC関数は、カッコ内の引数で指定したセルのデータを変換したときに使用した読みを取り出す関数です。関数は大文字/小文字のどちらで入力してもかまいません。

1 ふりがなを表示したいセル<C2>をクリックし、

	A	B	C	D
1	顧客番号	氏名	フリガナ	会員種別
2	100	荒井　直哉	=PHONETIC(B2)	ゴールド
3	101	林　龍之介		マスター
4	102	目黒　陽子		レギュラー
5	103	三浦　悟志		レギュラー
6	104	新倉　環		レギュラー
7	105	山下　美雪		ゴールド
8	106	岡崎　健太		レギュラー
9	107	堂島　洋介		マスター
10	108	山田　清文		ゴールド
11	109	小島　勇太		ゴールド

2 「=PHONETIC(B2)」と入力します。

3 Enter を押すと、

	A	B	C	D
1	顧客番号	氏名	フリガナ	会員種別
2	100	荒井　直哉	アライ　ナオヤ	ゴールド
3	101	林　龍之介		マスター
4	102	目黒　陽子		レギュラー
5	103	三浦　悟志		レギュラー
6	104	新倉　環		レギュラー
7	105	山下　美雪		ゴールド
8	106	岡崎　健太		レギュラー
9	107	堂島　洋介		マスター
10	108	山田　清文		ゴールド
11	109	小島　勇太		ゴールド

4 セル<B2>の<氏名>の読みをふりがなとして表示します。

重要度★★★ データ入力

Q 027 ふりがなを修正したい！

A ふりがなの編集機能を使ってもとの漢字の読みを修正します。

ふりがなのもとになる漢字を変換するときに、本来の読みとは違う読みで変換すると、ふりがなにもそのまま表示されます。PHONETIC関数で表示したふりがなが間違っているときは、以下の操作でもとになる漢字の読みを修正します。ふりがなを直接修正するのではなく、もとの漢字の読みを修正するのがポイントです。

セル<C3>の「ハヤシ　リュウノスケ」を「ハヤシ　タツノスケ」に修正します。

1 セル<B3>をクリックし、

2 <ホーム>タブの<フリガナの表示／非表示>の▼をクリックして、

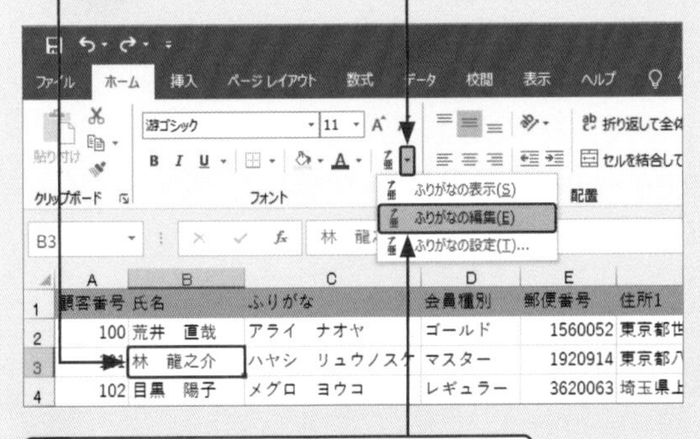

3 <ふりがなの編集>をクリックします。

4 セル<B3>に表示されたふりがなを修正して Enter を押すと、セル<C3>のふりがなも連動して変わります。

	A	B	C	D	E	
1	顧客番号	氏名	ふりがな	会員種別	郵便番号	住所1
2	100		アライ　ナオヤ	ゴールド	1560052	東京都世
3	101	ハヤシ タツノスケ 林　龍之介	ハヤシ　リュウノスケ	マスター	1920914	東京都八
4	102		メグロ　ヨウコ	レギュラー	3620063	埼玉県上
5	103	三浦　悟志	ミウラ　サトシ	レギュラー	2990117	千葉県市
6	104	新倉　環	ニイクラ　タマキ	レギュラー	2670055	千葉県千
7	105	山下　美雪	ヤマシタ　ミユキ	ゴールド	2220037	神奈川県
8	106	岡崎　健太	オカザキ　ケンタ	レギュラー	2510035	神奈川県
9	107	堂島　洋介	ドウジマ　ヨウスケ	マスター	2500041	神奈川県
10	108	山田　清文	ヤマダ　キヨフミ	ゴールド	1140002	東京都北
11	109	小島　勇太	コジマ　ユウタ	ゴールド	3360974	埼玉県さ
12	110	安藤　明憲	アンドウ　アキノリ	レギュラー	2610004	千葉県千

重要度★★★ データ入力

Q 028 ふりがなをひらがなで表示したい！

A <ふりがなの編集>ダイアログボックスで文字の種類を変更します。

PHONETIC関数でふりがなを表示すると、最初は全角カタカナで表示されますが、あとからひらがなや半角カタカナに変更できます。カタカナやひらがなが混在しないように、ふりがなのフィールド全体に同じ文字の種類を設定しましょう。

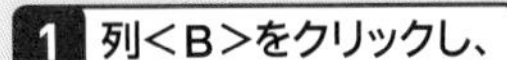

1 列<B>をクリックし、

2 <ホーム>タブの<フリガナの表示／非表示>の▼をクリックして、

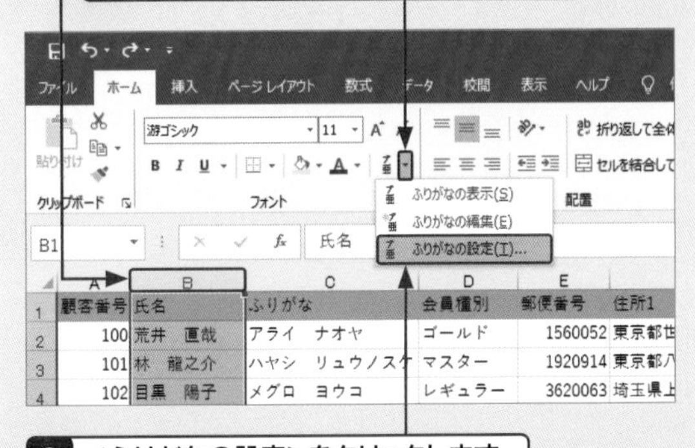

3 <ふりがなの設定>をクリックします。

4 「ふりがな」タブの「種類」の<ひらがな>をクリックしてオンにし、

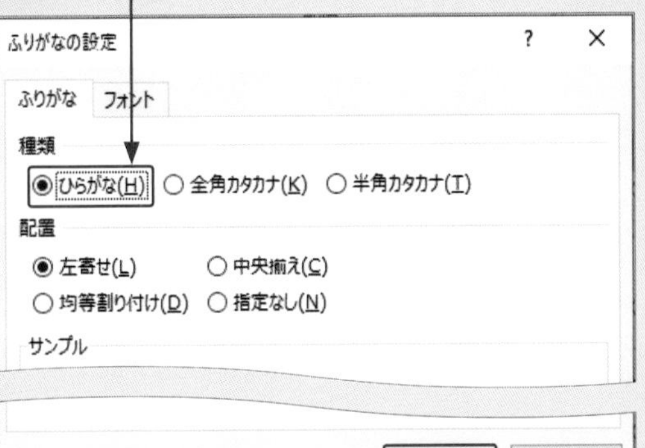

5 <OK>をクリックします。

重要度★★★ データ入力

Q 029 別表からデータを表示したい！

何度も繰り返して入力するデータは、別表から参照できる仕組みを作っておくと便利です。VLOOKUP関数を使うと、たとえば商品番号を入力しただけで商品名や単価を自動表示することができます。それには、もとになる商品一覧を別表として用意しておく必要があります。

A VLOOKUP（ブイルックアップ）関数を使って、別表のデータを参照します。

● 別表を用意する

別表を作成するときは、商品番号や写真番号など、別表ともとの表に共通するデータを左端に配置するのがルールです。別表は、もとの表と同じシートに作成してもかまいませんが、別シートに作成することもできます。

	A	B	C	D	E	F	G	H	I	J	K	L
1	予約番号	予約日	氏名	コース番号	コース名	料金	人数	金額		コース番号	コース名	料金
2	101	2020/9/1	平　大介	C-004			2	0		C-001	プレゼンテーション実践	18,000
3	102	2020/9/1	楠木　しおり	C-002			3	0		C-002	コミュニケーション研修	20,000
4	103	2020/9/1	水元　健二	C-004			4	0		C-003	コーチング研修	18,000
5	104	2020/9/3	中村　美沙子	C-002			1	0		C-004	マネジメント研修	24,000
6	105	2020/9/5	石井　愛実	C-003			2	0		C-005	リーダーシップ研修	24,000
7	106	2020/9/9	上田　由芽	C-001			3	0		C-006	ビジネスマナー実践	15,000
8	107	2020/9/9	加藤　久子	C-005			4	0				
9	108	2020/9/10	久保田　誠	C-006			2	0				

「コース番号」は別表の左端に入力します。

自動入力したいデータを入力します。

● 別表から対応するコース名を表示する

1 コース名を表示したいセル<E2>をクリックし、

	A	B	C	D	E	F	G	H	I	J	K	L
1	予約番号	予約日	氏名	コース番号	コース名	料金	人数	金額		コース番号	コース名	料金
2	101	2020/9/1	平　大介	C-004			2	0		C-001	プレゼンテーション実践	18,000
3	102	2020/9/1	楠木　しおり	C-002			3	0		C-002	コミュニケーション研修	20,000
4	103	2020/9/1	水元　健二	C-004			4	0		C-003	コーチング研修	18,000
5	104	2020/9/3	中村　美沙子	C-002			1	0		C-004	マネジメント研修	24,000
6	105	2020/9/5	石井　愛実	C-003			2	0		C-005	リーダーシップ研修	24,000
7	106	2020/9/9	上田　由芽	C-001			3	0		C-006	ビジネスマナー実践	15,000
8	107	2020/9/9	加藤　久子	C-005			4	0				
9	108	2020/9/10	久保田　誠	C-006			2	0				

2 「=VLOOKUP（D2,$J$1:$L$7,2,FALSE)」と入力し、Enter を押すと、

	A	B	C	D	E	F	G	H	I	J	K	L
1	予約番号	予約日	氏名	コース番号	コース名	料金	人数	金額		コース番号	コース名	料金
2	101	2020/9/1	平　大介	C-004	=VLOOKUP(D2,$J$1:$L$7,2,FALSE)		2	0		C-001	プレゼンテーション実践	18,000
3	102	2020/9/1	楠木　しおり	C-002			3	0		C-002	コミュニケーション研修	20,000
4	103	2020/9/1	水元　健二	C-004			4	0		C-003	コーチング研修	18,000
5	104	2020/9/3	中村　美沙子	C-002			1	0		C-004	マネジメント研修	24,000
6	105	2020/9/5	石井　愛実	C-003			2	0		C-005	リーダーシップ研修	24,000
7	106	2020/9/9	上田　由芽	C-001			3	0		C-006	ビジネスマナー実践	15,000
8	107	2020/9/9	加藤　久子	C-005			4	0				
9	108	2020/9/10	久保田　誠	C-006			2	0				

3 セル＜D2＞の「コース番号」に対応した「コース名」がセル＜E2＞に表示されます。

	A	B	C	D	E	F	G	H
1	予約番号	予約日	氏名	コース番号	コース名	料金	人数	金額
2	101	2020/9/1	平　大介	C-004	マネジメント研修		2	0
3	102	2020/9/1	楠木　しおり	C-002			3	0
4	103	2020/9/1	水元　健二	C-004			4	0
5	104	2020/9/3	中村　美沙子	C-002			1	0
6	105	2020/9/5	石井　愛実	C-003			2	0
7	106	2020/9/9	上田　由芽	C-001			3	0
8	107	2020/9/9	加藤　久子	C-005			4	0
9	108	2020/9/10	久保田　誠	C-006			2	0
10	110	2020/9/12	長谷川　貴代	C-001			5	0
11	111	2020/9/12	大橋　元子	C-001			3	0
12	112	2020/9/12	三田　敬之	C-003			2	0
13	113	2020/9/16	森　陽子	C-002			4	0
14	114	2020/9/19	松井　翔太	C-004			2	0
15	115	2020/9/20	島田　薫	C-004			1	0

	J	K	L
1	コース番号	コース名	料金
2	C-001	プレゼンテーション実践	18,000
3	C-002	コミュニケーション研修	20,000
4	C-003	コーチング研修	18,000
5	C-004	マネジメント研修	24,000
6	C-005	リーダーシップ研修	24,000
7	C-006	ビジネスマナー実践	15,000

予約リスト

関数の書式	=VLOOKUP(検索値, 範囲, 列番号, [検索方法])
別表から対応するデータを取り出す関数です。	
①検索値	別表から「コース名」を探す手掛かりになる数値やセルを指定します。
②範囲	別表のセル範囲を指定します。数式をコピーすることを考えて絶対参照で指定します。
③列番号	自動入力したいデータが②で指定した別表の範囲の左から何列目にあるかを指定します。たとえば、「コース名」を自動入力したい場合は、別表の左から2列目なので「2」と指定します。
④検索方法	別表を検索するときの方法を指定します。完全に一致したデータを検索する場合は「FALSE」、近似値を検索する場合は「TRUE」を指定します。省略すると「TRUE」になります。

重要度★★★　データ入力

Q 030 VLOOKUP関数の引数の＜範囲＞を絶対参照にするのはなぜ？

ほかの行に数式をコピーしてもセル範囲がずれないようにするためです。

Q.029で入力したVLOOKUP関数は、引数の＜範囲＞を絶対参照にしました。これは、関数をほかの行にコピーしたときに、＜範囲＞で指定したセル範囲（＝コース一覧の別表）がずれないようにするためです。絶対参照にするには、関数の入力途中で対象となるセルを選択してから F4 を押します。すると、列番号や行番号の前に＜$＞記号が表示されます。F4 を押すたびに、「$J$1:$L$7」→「J$1:L$7」→「$J1:$L7」→「J1:L7」と変化します。

重要度 ★★★　データ入力

Q 031 年齢を自動表示したい！

A DATEDIF（デイトディフ）関数を使って計算します。

生年月日から年齢を計算したり、入会後の月数や年数を計算したりするときには、DATEDIF関数を使います。DATEDIF関数を使うと、「いつからいつまで」といった期間の「年数」、「月数」、「日数」などを求めることができます。DATEDIF関数は<関数の挿入>をクリックしても表示されませんし、ヘルプ画面にも表示されません。手動で入力しましょう。

「生年月日」から「年齢」を計算します。

1 年齢を表示したいセル<K2>をクリックし、

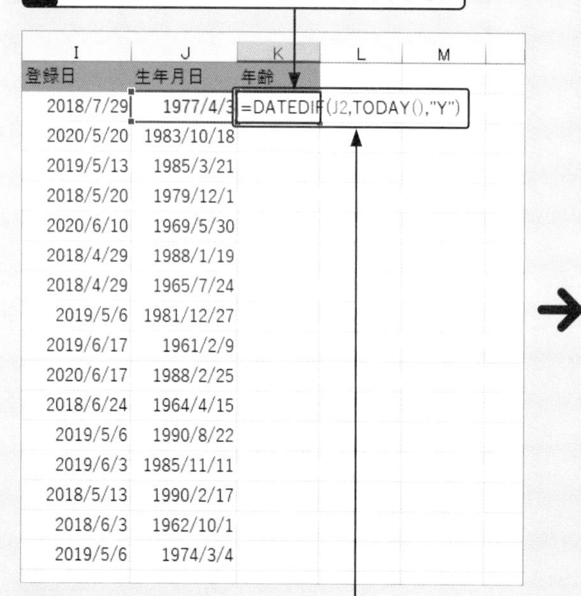

I	J	K	L	M
登録日	生年月日	年齢		
2018/7/29	1977/4/3	=DATEDIF(J2,TODAY(),"Y")		
2020/5/20	1983/10/18			
2019/5/13	1985/3/21			
2018/5/20	1979/12/1			
2020/6/10	1969/5/30			
2018/4/29	1988/1/19			
2018/4/29	1965/7/24			
2019/5/6	1981/12/27			
2019/6/17	1961/2/9			
2020/6/17	1988/2/25			
2018/6/24	1964/4/15			
2019/5/6	1990/8/22			
2019/6/3	1985/11/11			
2018/5/13	1990/2/17			
2018/6/3	1962/10/1			
2019/5/6	1974/3/4			

2 「=DATEDIF(J2,TODAY(),"Y")」と入力して Enter を押すと、

3 セル<J2>の「生年月日」から今日までの日数を計算して年齢を表示します。

I	J	K	L	M
登録日	生年月日	年齢		
2018/7/29	1977/4/3	43		
2020/5/20	1983/10/18			
2019/5/13	1985/3/21			
2018/5/20	1979/12/1			
2020/6/10	1969/5/30			
2018/4/29	1988/1/19			
2018/4/29	1965/7/24			
2019/5/6	1981/12/27			
2019/6/17	1961/2/9			
2020/6/17	1988/2/25			
2018/6/24	1964/4/15			
2019/5/6	1990/8/22			
2019/6/3	1985/11/11			
2018/5/13	1990/2/17			
2018/6/3	1962/10/1			
2019/5/6	1974/3/4			

関数の書式	=DATEDIF（開始日, 終了日, 計算する単位）
括弧内の引数で指定した<開始日>から<終了日>までの日数を、<計算する単位>で指定した単位で表示する関数です。引数の<計算する単位>には次のような値を指定します。	
"Y"	期間内の年数を求める。1年未満の場合は「0」になる。
"M"	期間内の月数を求める。
"D"	期間内の日数を求める。
"MD"	期間内の1か月未満の日数を求める。
"YM"	期間内の1年未末満の月数を求める。
"YD"	期間内の1年未満の日数を求める。

関数の書式	TODAY()
TODAY関数は今日の日付を求める関数です。引数の()内には何も指定する必要はありません。ここでは、DATEDIF関数の引数の<終了日>にTODAY関数を指定しています。これにより、常に最新の年齢を表示できます。	

重要度★★★　データ入力

Q 032 VLOOKUP関数とXLOOKUP関数は何が違うの?

A XLOOPUP関数はVLOOKUP関数をわかりやすくした新しい関数です。

2020年1月にMicrosoft 365に追加されたのがXLOOKUP（エックスルックアップ）関数です。XLOOKUP関数は、VLOOKUP関数を機能強化した関数で、引数の指定方法がわかりやすくなりました。また、別表の左端に検索値がなくても対応するデータを参照できます。

関数の書式	=XLOOKUP（検索値, 検索範囲, 戻り範囲, 見つからない場合, 一致モード, 検索モード）
別表から対応するデータを取り出す関数です。	
①検索値	別表からデータを探す手掛かりになる数値やセルを指定します。
②検索範囲	別表の検索値のセル範囲を指定します。
③戻り範囲	別表から取り出すセル範囲を指定します。
④見つからない場合	省略可能。検索値が検索範囲で見つからなかった場合に表示する値を指定します。
⑤一致モード	省略可能。完全一致か、近似値も検索するかを指定します。（初期値：完全一致）
⑥検索モード	省略可能。検索の向きを指定します。（初期値：先頭から末尾）

D コース番号	E コース名	F 料金	G 人数	H 金額
C-004	=XLOOKUP(D2,$J$2:$J$7,$K$2:$K$7)			0
C-002			3	0
C-004			4	0
C-002			1	0
C-003			2	0
C-001			3	0
C-005			4	0
C-006			2	0
C-001			5	0
C-001			3	0
C-003			2	0
C-002			4	0
C-004			2	0
C-004			1	0

J コース番号	K コース名	L 料金
C-001	プレゼンテーション実践	18,000
C-002	コミュニケーション研修	20,000
C-003	コーチング研修	18,000
C-004	マネジメント研修	24,000
C-005	リーダーシップ研修	24,000
C-006	ビジネスマナー実践	15,000

「=XLOOKUP(D2,$J$2:$J$7,$K$2:$K$7)」と入力すると、Q.029のVLOOKUP関数と同じ結果になります。

重要度★★★　データ入力

Q 033 別表に名前を付けたい!

A 名前ボックスに名前を入力します。

Q.029のVLOOKUP関数では、引数の<範囲>にセル範囲を指定して絶対参照にしました。このようなときは、セル範囲にあらかじめ名前を付けておくと、その名前を数式の中に利用できます。名前を付けることで引数が簡潔に指定できるだけでなく、自動的に絶対参照になるので手間が省けます。

1 別表のセル範囲<J1:L7>を選択し、

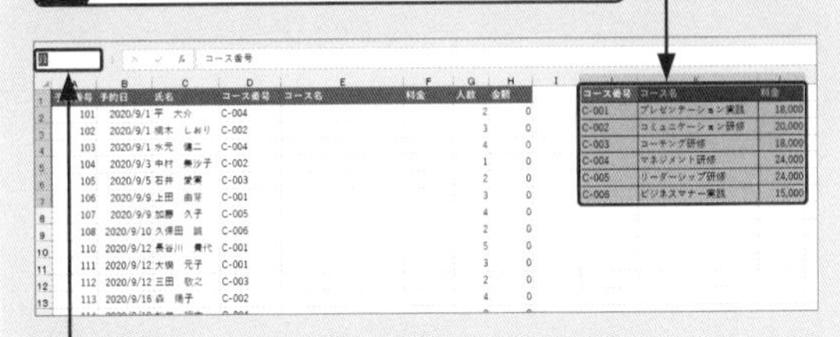

2 <名前ボックス>をクリックします。

3 名前（ここでは「code」）を入力し、

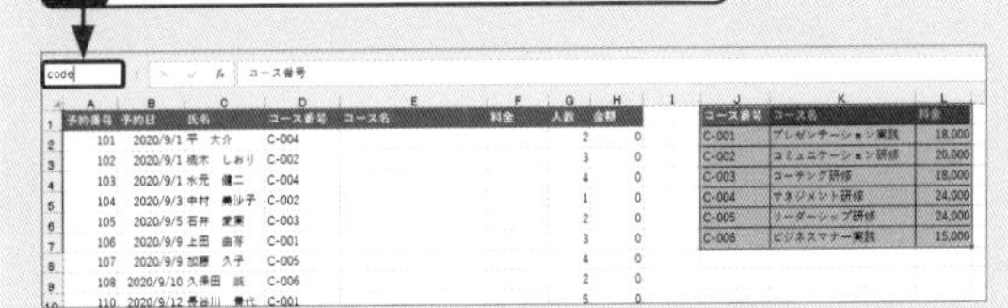

4 Enter を押します。

5 セル<E2>をクリックし、名前を利用してVLOOKUP関数「=VLOOKUP(D2,code,2,FALSE)」を入力します。

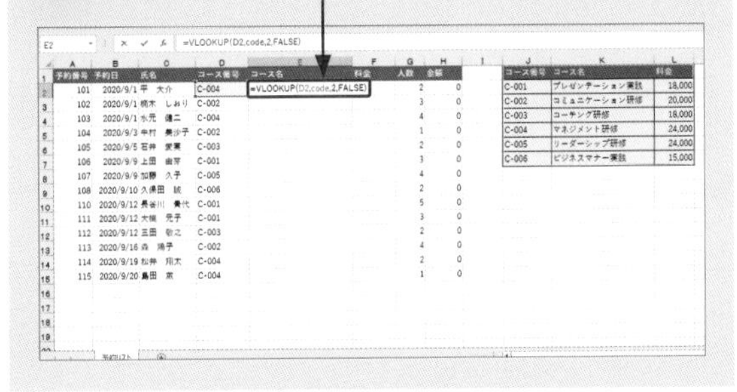

重要度★★★ データ入力

Q 034 別表に付けた名前を入力してもエラーになる！

A 名前は大文字と小文字を区別します。

Q.033の<名前>を関数で利用するときは注意が必要です。<名前>は大文字と小文字を区別しています。そのため、小文字で設定した名前を関数の中で大文字で入力するとエラーになります。

重要度★★★ データ入力

Q 035 エラー値が表示されないようにしたい！

A IFERROR（イフエラー）関数とVLOOKUP関数を組み合わせます。

VLOOKUP関数の検索値が未入力のときは、VLOOKUP関数の結果が<#N/A>エラーになります。このようなときは、VLOOKUP関数の前にIFERROR関数を追加して、エラーが表示されたら空白を表示するように指定します。数式の中で空白を表す には「""」と指定します。

1 VLOOKUP関数を入力したセル<E2>をクリックし、

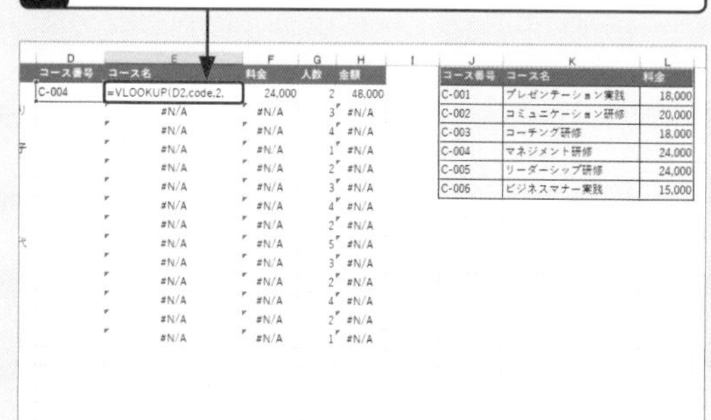

2 数式バーの「=」の後ろをクリックします。

3 「=IFERROR(VLOOKUP(D2,code,2,FALSE),"")」となるように数式を修正して Enter を押します。

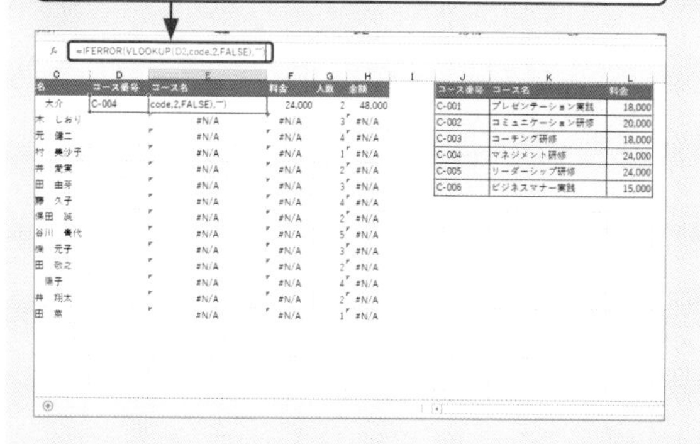

4 セル<E2>をクリックし、

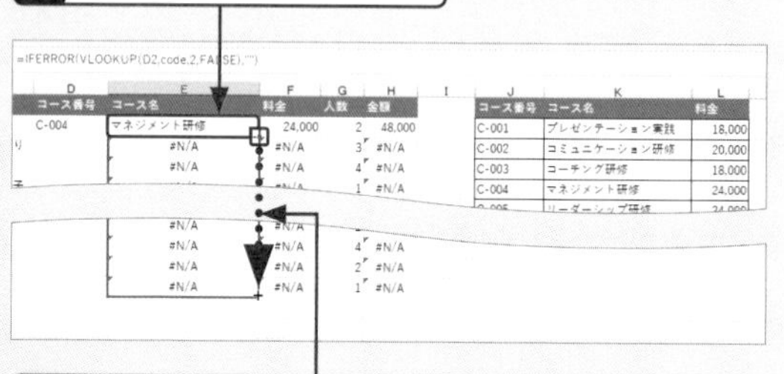

5 右下のフィルハンドルにマウスポインターを合わせて、マウスポインターが「+」に変わったら、

6 そのままセル<E15>までドラッグすると、

7 #N/Aエラーが消えます。

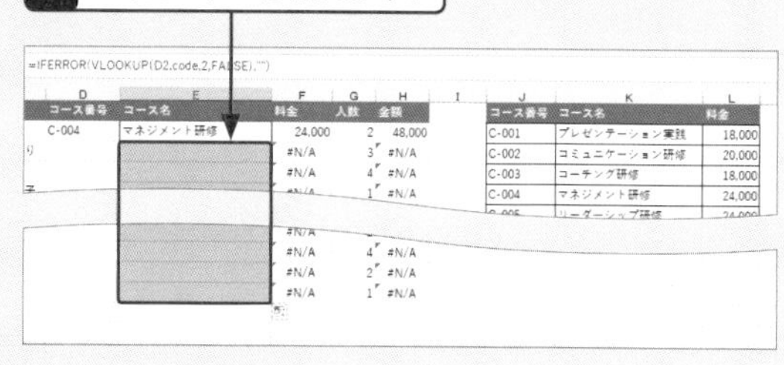

関数の書式	IFERROR（値,エラーの場合の値）
エラーが表示されたときの処理を指定する関数です。引数の<値>には、エラーかどうかをチェックする数式を指定します。<エラーの場合の値>には、エラーの場合に表示する値を指定します。	

重要度 ★★★ データ入力

Q 036 入力できるセルを限定したい！

A シート保護機能を使って、指定したセル以外の入力を禁止します。

重要なデータや数式などを入力したセルを誤って上書きされると大変です。これを防ぐには、シートの保護機能を使って、指定したセル以外は入力できないようにします。シートを保護するには、2段階の操作を行います。まず保護する必要のないセルの<ロック>を外し、次にシート全体を保護します。

● 入力を許可するセルのロックを外す

1 列<A>と列<B>の列番号をドラッグし、

2 Ctrlを押しながら、列<D>から列<F>の列番号をドラッグして、

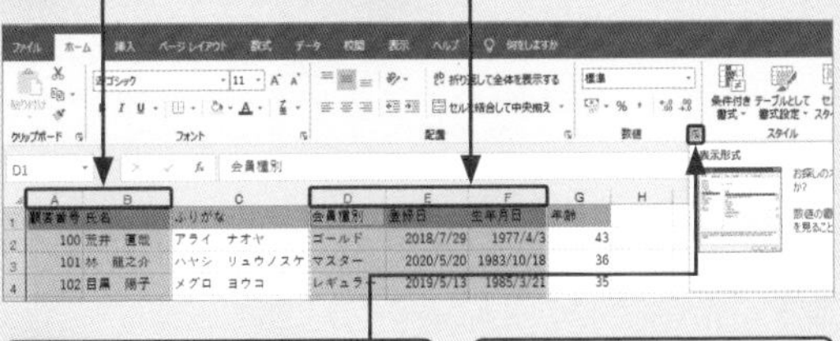

3 <ホーム>タブの<数値>グループ右下のをクリックします。

列<C>と列<G>には数式が入力されているので選択しません。

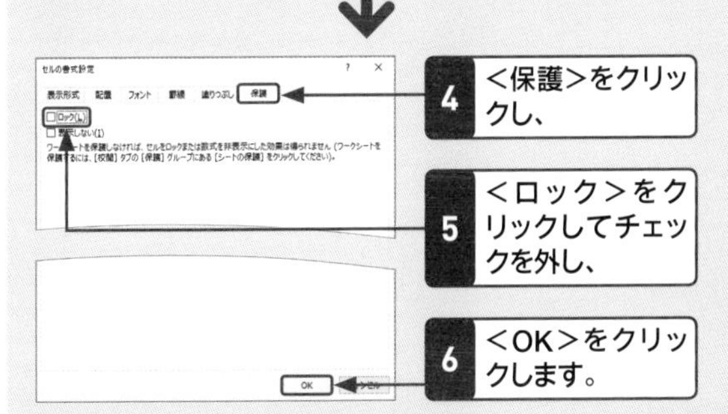

4 <保護>をクリックし、

5 <ロック>をクリックしてチェックを外し、

6 <OK>をクリックします。

● シート全体を保護する

1 <校閲>タブをクリックし、

2 <シートの保護>をクリックして、

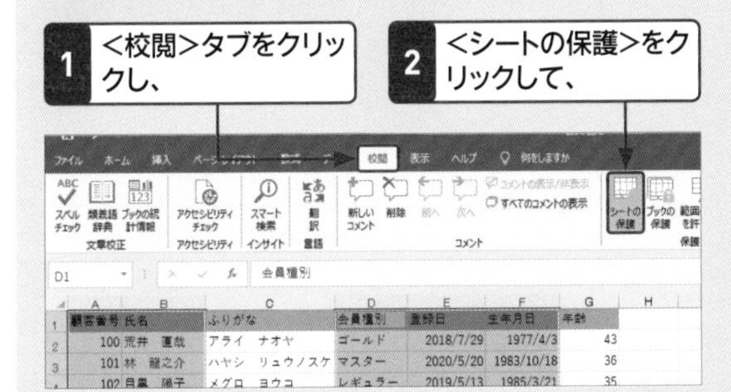

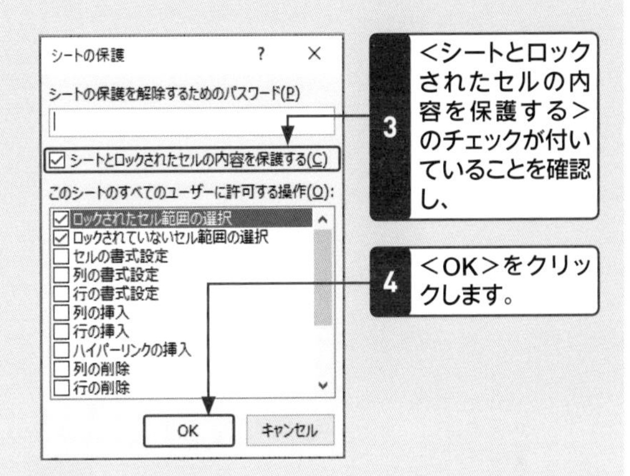

3 <シートとロックされたセルの内容を保護する>のチェックが付いていることを確認し、

4 <OK>をクリックします。

5 これで、列<A><B><D><E><F>以外のセルが保護されました。

6 保護されたセル<C2>をクリックしていずれかのキーを押すと、

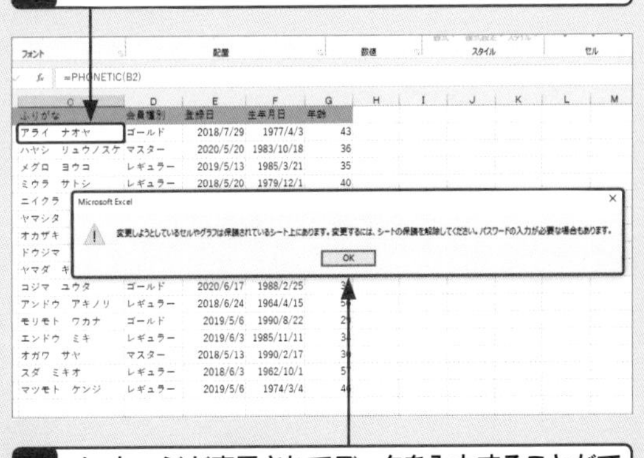

7 メッセージが表示されてデータを入力することができません。

ワークシートは、最初はすべてのセルのロックがオンになっています。そのため、このままシートを保護すると、すべてのセルにデータが入力できなくなってしまいます。最初に入力を許可するセルのロックを外すのはそのためです。

シートの保護を解除するには、<校閲>タブの<シートの保護の解除>をクリックします。

重要度 ★★★　入力規則

Q 037 リストからデータを入力したい!

<データの入力規則>の<リスト>を使うと、入力したいデータの候補をリスト化し、クリックするだけでデータを入力できます。文字入力のスピードがアップする上に、文字の入力ミスを防ぐこともできます。

A <データの入力規則>の<リスト>を設定します。

列<D>の「会員種別」をリストから選べるようにします。

1 列<D>の列番号をクリックし、

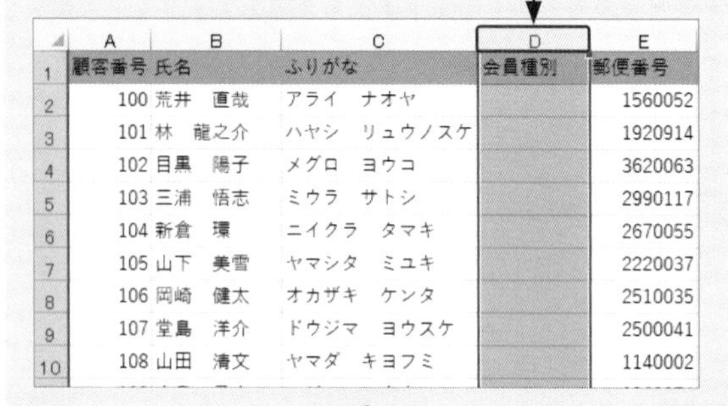

2 <データ>タブをクリックし、

3 <データの入力規則>をクリックします。

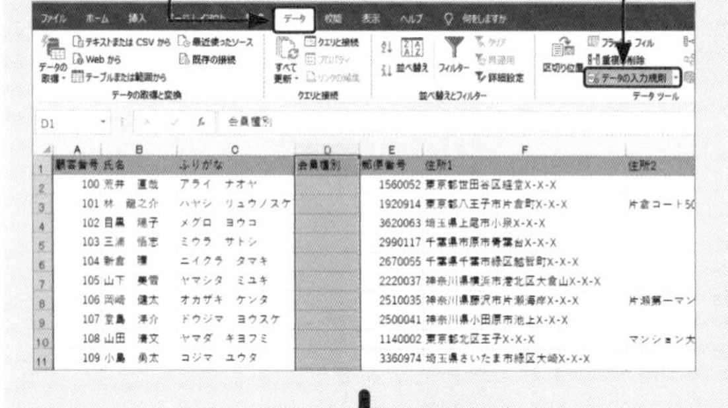

4 <設定>をクリックし、

5 <入力値の種類>の▼をクリックして、

6 <リスト>をクリックします。

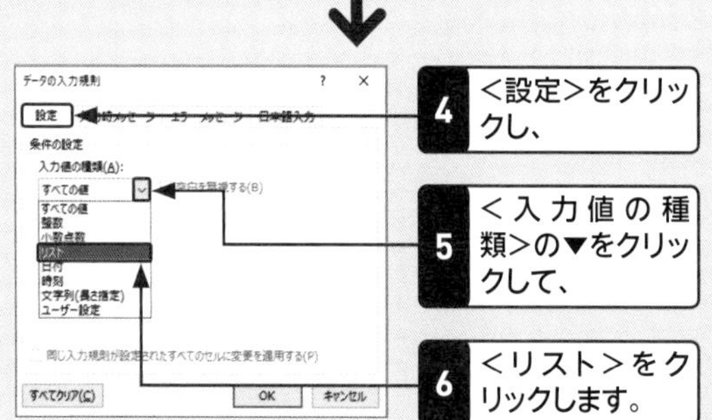

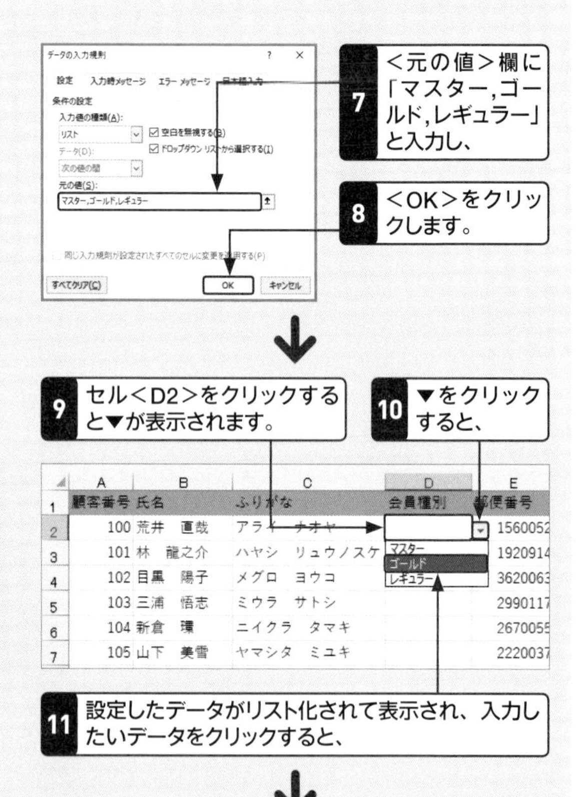

7 <元の値>欄に「マスター,ゴールド,レギュラー」と入力し、

8 <OK>をクリックします。

9 セル<D2>をクリックすると▼が表示されます。

10 ▼をクリックすると、

11 設定したデータがリスト化されて表示され、入力したいデータをクリックすると、

12 セルにデータを入力できます。

	A	B	C	D	E
1	顧客番号	氏名	ふりがな	会員種別	郵便番号
2	100	荒井　直哉	アライ　ナオヤ	ゴールド	1560052
3	101	林　龍之介	ハヤシ　リュウノスケ		1920914
4	102	目黒　陽子	メグロ　ヨウコ		3620063
5	103	三浦　悟志	ミウラ　サトシ		2990117
6	104	新倉　環	ニイクラ　タマキ		2670055
7	105	山下　美雪	ヤマシタ　ミユキ		2220037
8	106	岡崎　健太	オカザキ　ケンタ		2510035

<元の値>には、リストとして表示したい候補を半角の「,」(カンマ)で区切って入力します。

ワークシートに入力済みのデータをリスト化するには、手順5で<元の値>欄をクリックし、入力済みのセル範囲をドラッグします。

重要度★★★ 入力規則

Q 038 入力できる数値の範囲を指定したい！

「申込番号」や「社員番号」のように数字の桁数が決まっている場合は、＜データの入力規則＞の＜文字列(長さ指定)＞を設定して、指定した桁数以外のデータしか入力できないようにすることができます。

A ＜データの入力規則＞の＜文字列(長さ指定)＞を設定します。

1 列＜A＞の列番号をクリックし、

2 ＜データ＞タブをクリックし、

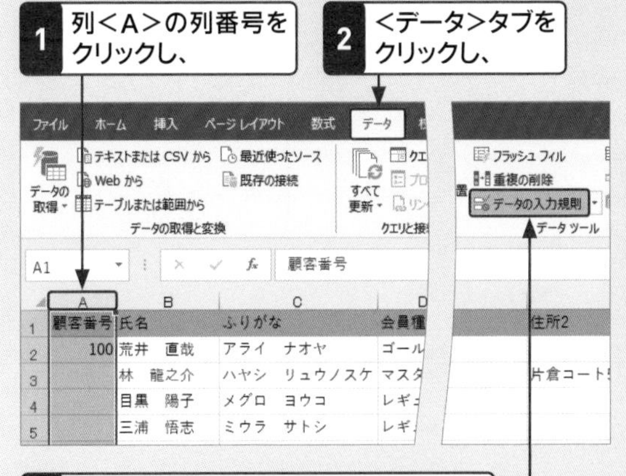

3 ＜データの入力規則＞をクリックします。

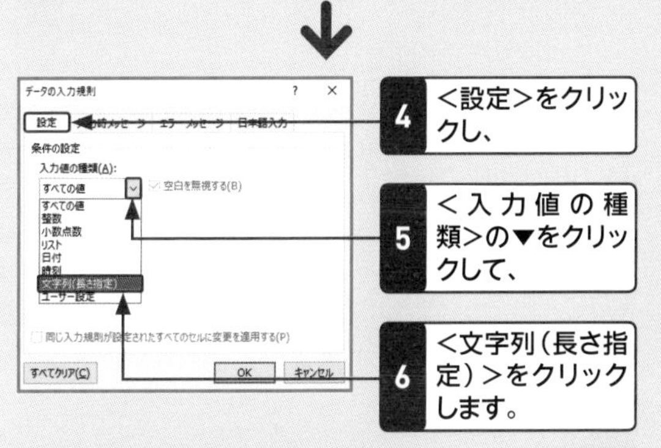

4 ＜設定＞をクリックし、

5 ＜入力値の種類＞の▼をクリックして、

6 ＜文字列(長さ指定)＞をクリックします。

7 ＜データ＞が＜次の値の間＞になっていることを確認し、

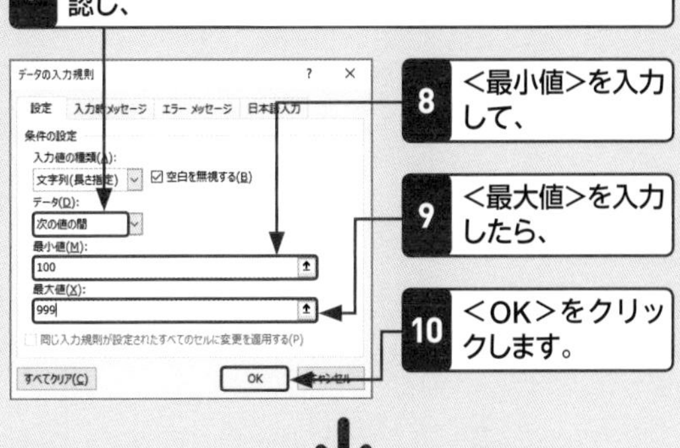

8 ＜最小値＞を入力して、

9 ＜最大値＞を入力したら、

10 ＜OK＞をクリックします。

11 セル＜A2＞に指定した範囲外の数値を入力すると、

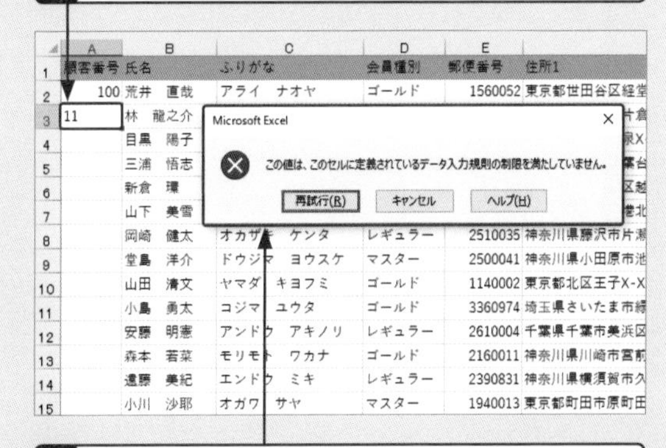

12 メッセージが表示されて、データを入力することができません。

● データの範囲を限定できる

手順**7**の＜データ＞には、以下のような種類が用意されており、選択した＜データ＞によって＜最大値＞や＜最小値＞や＜値＞などの入力欄が自動的に変化します。

データ	入力欄
次の値の間	＜最小値＞と＜最大値＞
次の値の間以外	＜最小値＞と＜最大値＞
次の値に等しい	＜値＞
次の値に等しくない	＜値＞
次の値より大きい	＜最小値＞
次の値より小さい	＜最大値＞
次の値以上	＜最小値＞
次の値以下	＜最小値＞

重要度 ★★★ 入力規則

Q 039 入力できる日付を指定したい！

「登録日」を今日以降の日付に限定するといったように、セルに入力するデータを日付に限定したいときは、＜データの入力規則＞の＜日付＞を設定します。特定の日付だけに限定したり、入力できる日付の範囲を設定したりすることができます。

A ＜データの入力規則＞の＜日付＞を設定します。

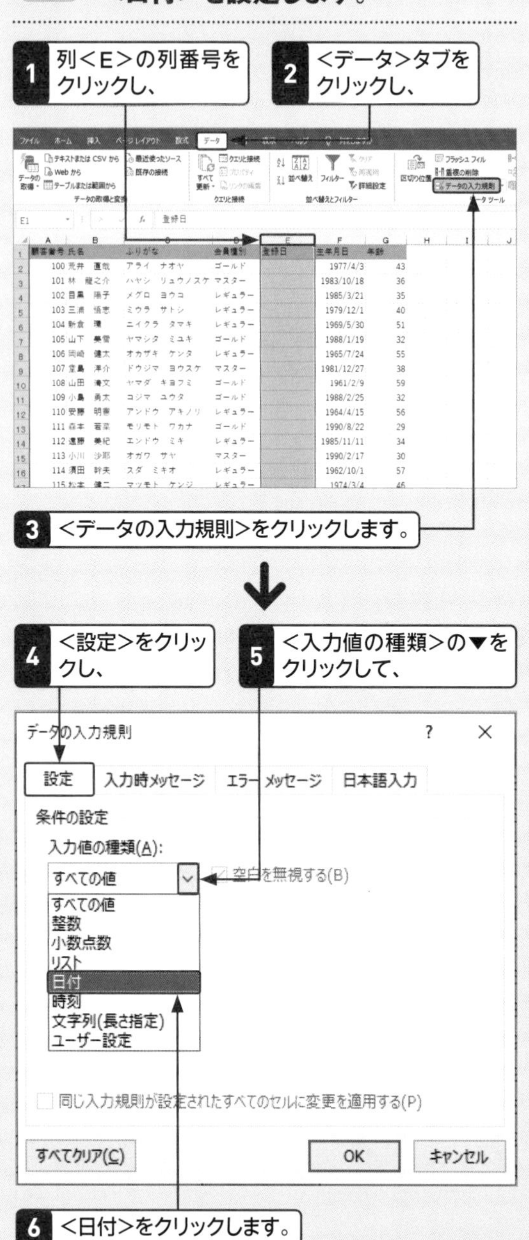

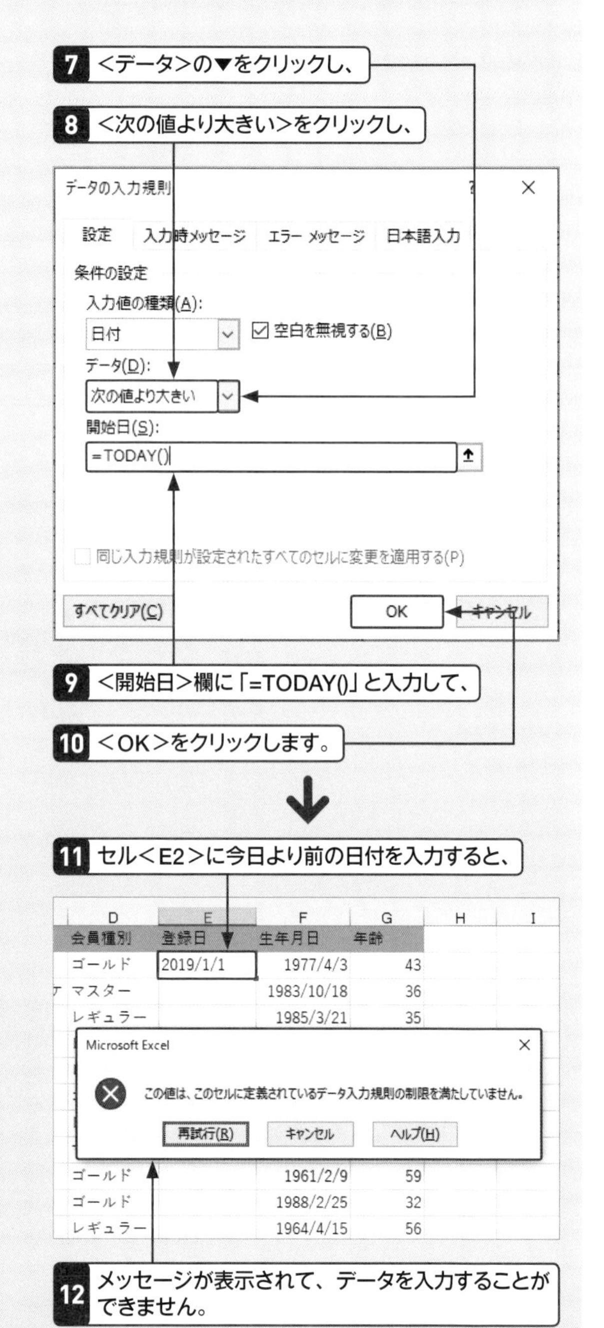

重要度★★★ 入力規則

Q 040 入力モードが自動で切り替わるようにしたい！

セルを移動するたびに、全角/半角を押して日本語入力のオンとオフを切り替えるのは面倒です。<データの入力規則>の日本語入力機能を使うと、アクティブセルを移動したときに自動的に日本語入力のオンとオフが切り替わるように設定できます。

A <データの入力規則>の<日本語入力>を設定します。

1 列<B>の列番号をクリックし、

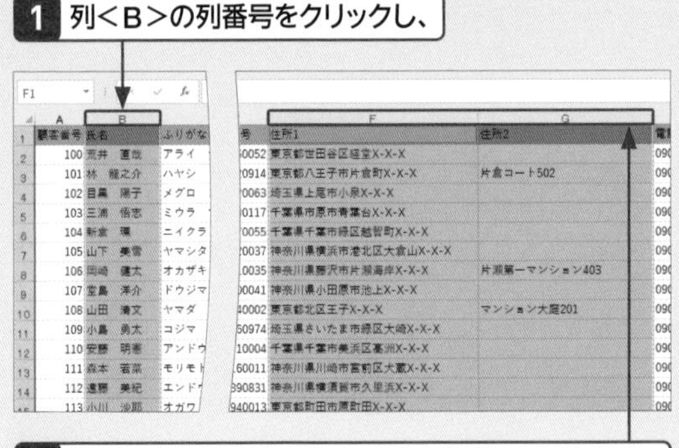

2 Ctrl を押しながら、列<F>からと列<G>をドラッグして、

3 <データ>タブをクリックし、

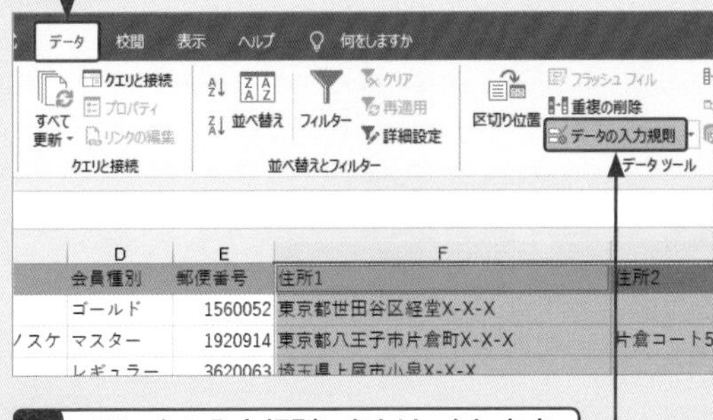

4 <データの入力規則>をクリックします。

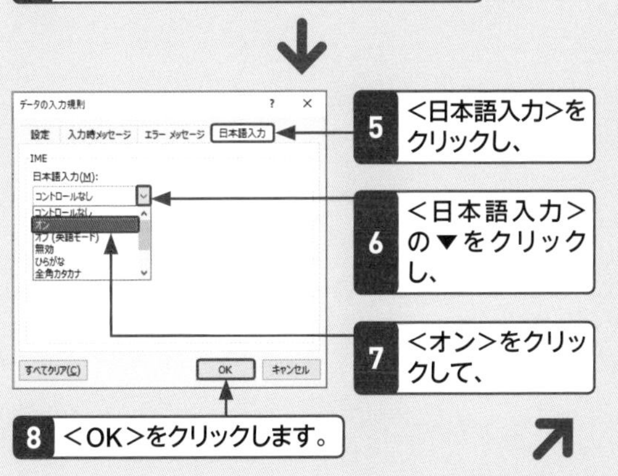

5 <日本語入力>をクリックし、

6 <日本語入力>の▼をクリックし、

7 <オン>をクリックして、

8 <OK>をクリックします。

9 同様の操作で、列<A>と列<E>、列<H>から列<J>には、日本語入力の<オフ(英語モード)>を設定しておきます。

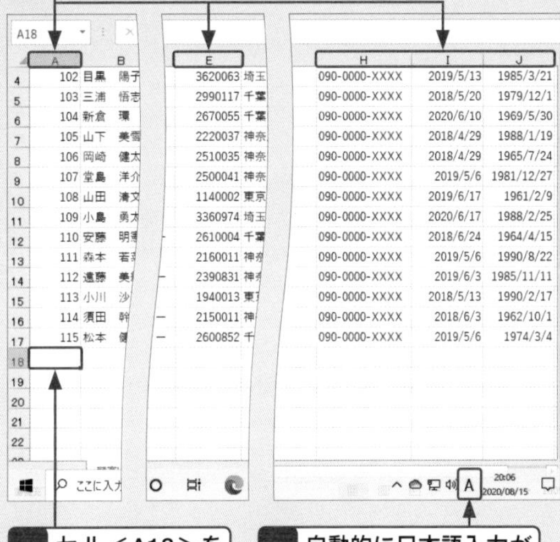

10 セル<A18>をクリックすると、

11 自動的に日本語入力がオフになります。

12 セル<B18>をクリックすると、

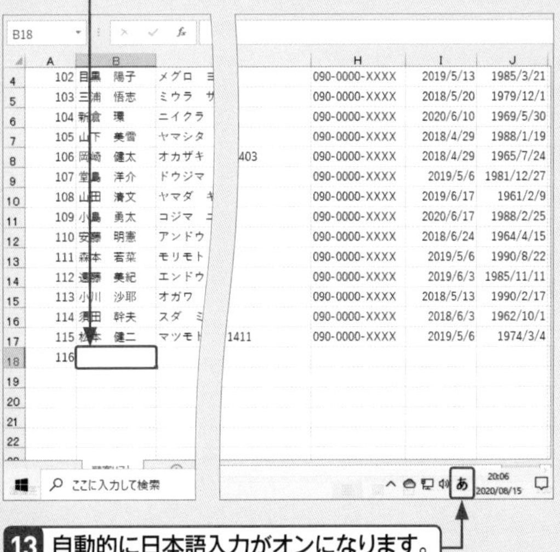

13 自動的に日本語入力がオンになります。

重要度★★★　入力規則

Q 041 入力規則で指定できる日本語入力の種類は？

A <オン>や<オフ>など、全部で9種類あります。

Q.040で設定した<入力規則>の<日本語入力>でコントロールできる日本語入力は、次の9種類です。

データの入力規則
設定　入力時メッセージ　エラー メッセージ　日本語入力
IME
日本語入力(M):
コントロールなし
コントロールなし
オン
オフ（英語モード）
無効
ひらがな
全角カタカナ
すべてクリア(C)　OK　キャンセル

日本語入力	説明
コントロールなし	日本語入力モードをコントロールしない。セルの初期状態。
オン	日本語に変換できる状態に切り替える。ただし、直前のセルの日本語入力モードを引き継ぐので、必ずしも「ひらがな」モードにはならないので注意が必要。
オフ（英語モード）	<半角の英数字>を直接入力する状態に切り替える。
無効	日本語入力状態に切り替えられない状態にする。
ひらがな	<ひらがな>を入力して変換できる状態に切り替える。
全角カタカナ	<全角カタカナ>を入力して変換できる状態に切り替える。
半角カタカナ	<半角カタカナ>を入力して変換できる状態に切り替える。
全角英数字	<全角の英数字>を入力して変換できる状態に切り替える。
半角英数字	<半角の英数字>を入力して変換できる状態に切り替える。

重要度★★★　入力規則

Q 042 入力を誘導するメッセージを表示したい！

A <データの入力規則>の<入力時メッセージ>を設定します。

どこにどんな入力規則を設定しているかは設定した人にしかわかりません。<データの入力規則>の入力時メッセージ機能を使って、データ入力の方法を促すメッセージを表示すると親切です。

1 列<D>の列番号をクリックし、

2 <データ>タブをクリックし、

3 <データの入力規則>をクリックします。

4 <入力時メッセージ>をクリックし、

5 <入力時メッセージ>欄をクリックして、メッセージを入力したら、

6 <OK>をクリックします。

7 列<D>のセルをクリックすると、指定したメッセージが表示されます。

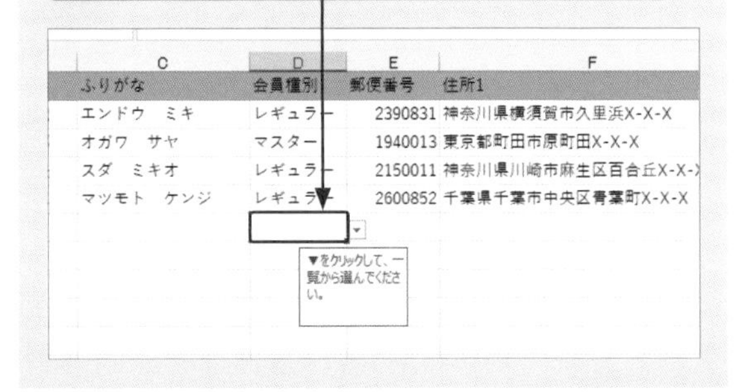

重要度★★★　入力規則

Q043 エラーメッセージを設定したい！

A ＜データの入力規則＞の＜エラーメッセージ＞を設定します。

データ入力時にエラーが表示されたときに、エラーの原因や対処方法が表示されると安心します。＜データの入力規則＞のエラーメッセージ機能を使うと、エラーへの対応を促すメッセージを表示できます。

1 列＜A＞の列番号をクリックし、

2 ＜データ＞タブをクリックし、

3 ＜データの入力規則＞をクリックします。

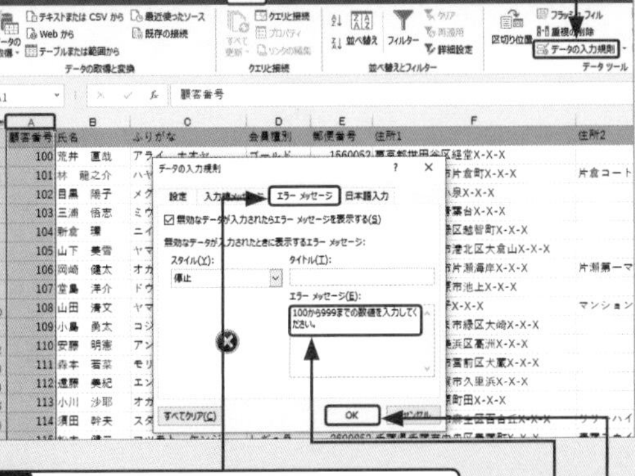

4 ＜エラーメッセージ＞をクリックし、

5 ＜エラーメッセージ＞欄をクリックして、メッセージを入力したら、

6 ＜OK＞をクリックします。

7 列＜A＞のセルをクリックすると、指定したメッセージが表示されます。

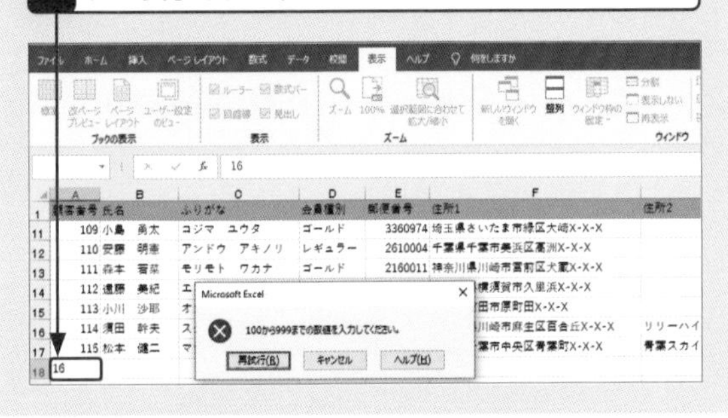

重要度★★★　入力規則

Q044 入力規則で指定できるエラーメッセージの種類は？

A 「停止」「注意」「情報」の3種類です。

＜データの入力規則＞ダイアログボックスで設定できるエラーメッセージのスタイルは、次の3種類です。「注意」と「情報」では、ルールに反したデータの入力を許可します。ルールに反したデータを許可しないときは必ず「停止」を選びましょう。

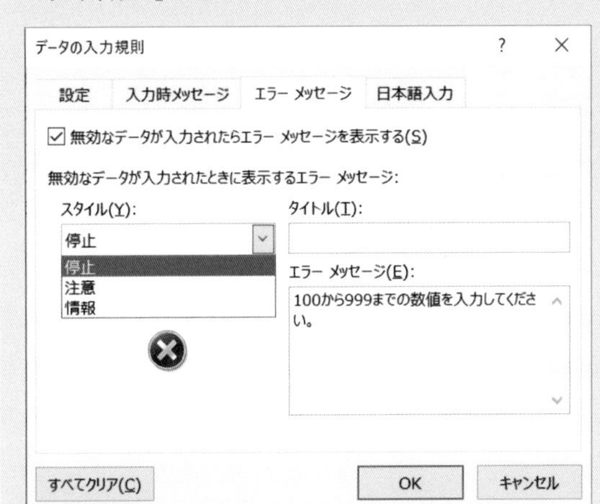

アイコン	種類	説明
	停止	ルールに反したデータが入力できないようにする。 エラーメッセージが表示されたら、＜再試行＞か＜キャンセル＞をクリックして、ルールに合うデータを入力する。
	注意	ルールに反したデータが入力されたことを警告する。 エラーメッセージが表示されたら、＜はい＞をクリックするとルールに反したデータを入力できる。 ＜キャンセル＞をクリックすると、ルールに反したデータを削除できる。
	情報	ルールに反したデータが入力されたことを通知する。 エラーメッセージが表示されたら、＜OK＞をクリックするとルールに反したデータを入力できる。 ＜キャンセル＞をクリックすると、ルールに反したデータを削除できる。

重要度 ★★★　入力規則

Q 045 入力規則を解除したい！

A <データの入力規則>ダイアログボックスの<すべてクリア>をクリックします。

設定した入力規則を解除するには、対象となる列やセルを選択してから、<データの入力規則>ダイアログボックスの<すべてクリア>をクリックします。どのタブの<すべてクリア>をクリックしても、そのセルや列に設定済のすべての入力規則が解除されます。

1 <全セル選択>をクリックし、

2 <データ>タブをクリックしたら、

3 <データの入力規則>をクリックして、

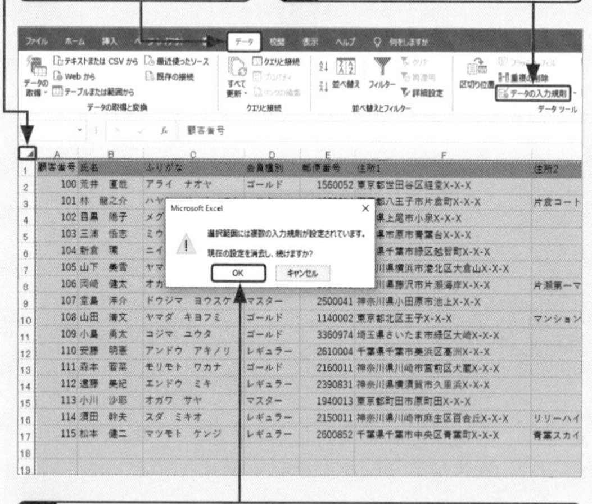

4 メッセージが表示されるので<OK>をクリックします。

5 <設定>をクリックし、

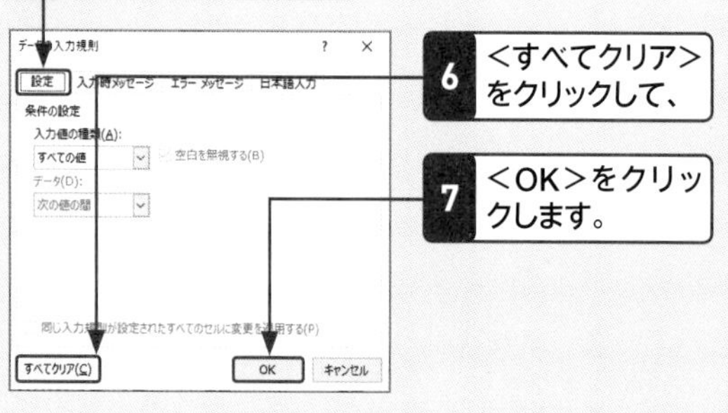

6 <すべてクリア>をクリックして、

7 <OK>をクリックします。

重要度 ★★★　入力規則

Q 046 入力規則を設定したセルがわからない！

A ジャンプ機能を使って検索します。

入力規則が設定されたセルを検索するにはジャンプ機能を使います。F5 を押して<ジャンプ>ダイアログボックスを開き、<セル選択>をクリックします。開く<選択オプション>ダイアログボックスで、<データの入力規則>を選んで<OK>をクリックします。

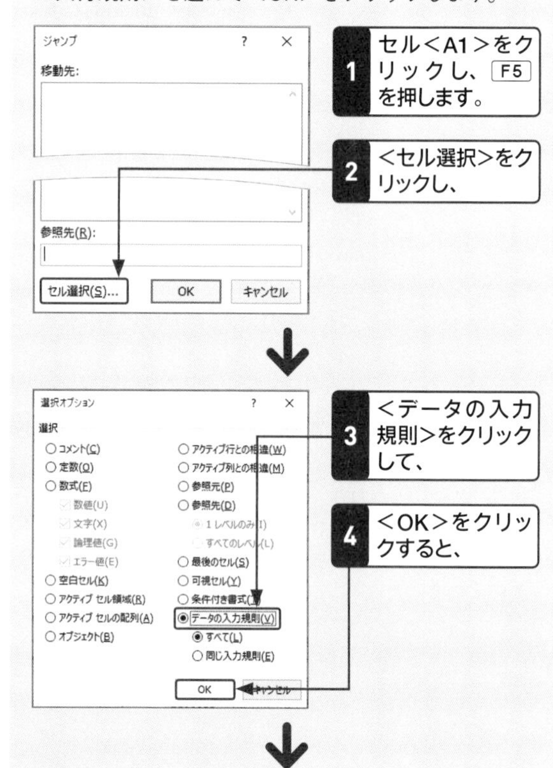

1 セル<A1>をクリックし、F5 を押します。

2 <セル選択>をクリックし、

3 <データの入力規則>をクリックして、

4 <OK>をクリックすると、

5 入力規則が設定されたセルが自動的に選択されます。

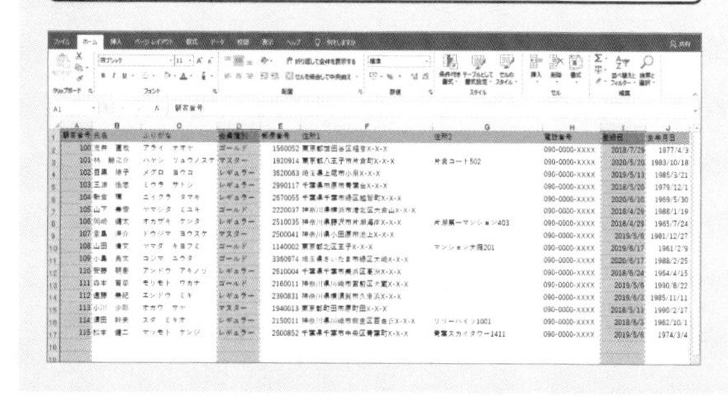

重要度★★★　フォーム

Q 047 フォーム画面を表示したい！

リストは表形式でデータを入力・表示するのが一般的ですが、フォーム機能を使うと、1件分のデータを1枚のカードに入力・表示することもできます。フォームを利用するには、最初にクイックアクセスツールバーに<フォーム>ボタンを登録しておきます。

A クイックアクセスツールバーに<フォーム>ボタンを登録します。

1 <ファイル>タブから<オプション>をクリックします。

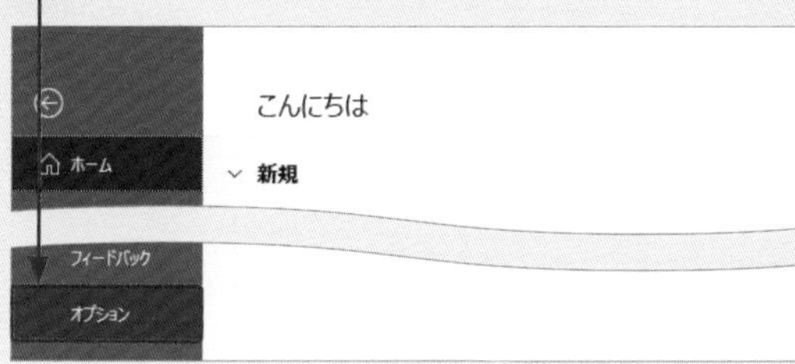

2 <クイックアクセスツールバー>をクリックし、

3 <コマンドの選択>の▼をクリックして、

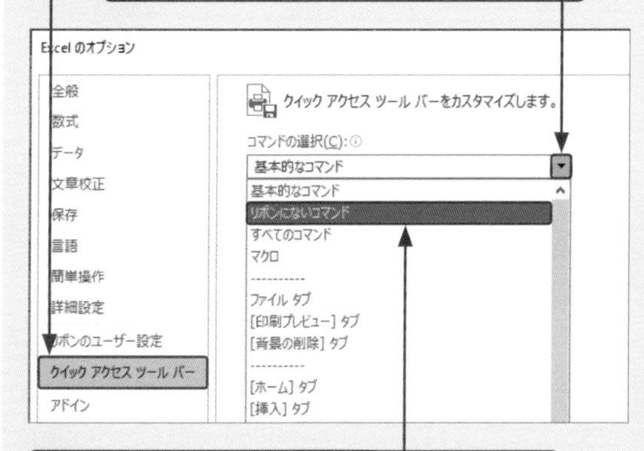

4 <リボンにないコマンド>をクリックします。

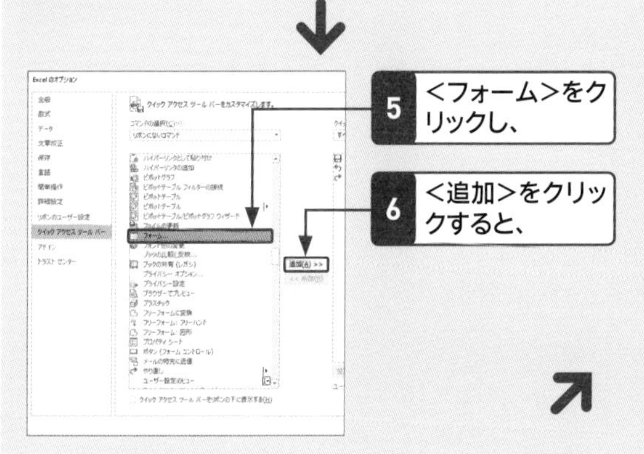

5 <フォーム>をクリックし、

6 <追加>をクリックすると、

7 右側の一覧に追加されます。

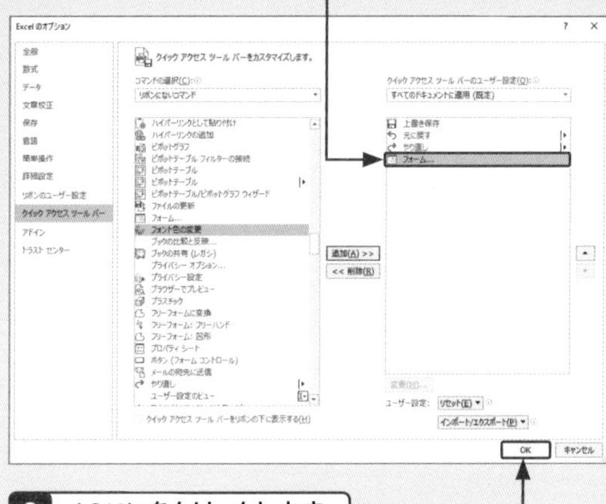

8 <OK>をクリックします。

9 クイックアクセスツールバーに<フォーム>ボタンが表示されます。

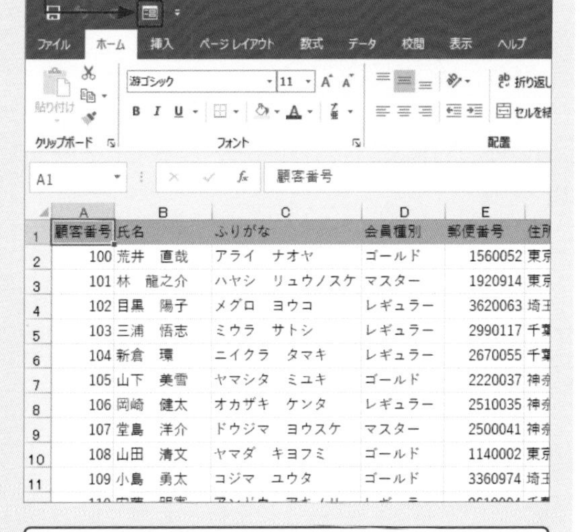

	A	B	C	D	E	
1	顧客番号	氏名	ふりがな	会員種別	郵便番号	住所
2	100	荒井　直哉	アライ　ナオヤ	ゴールド	1560052	東京
3	101	林　龍之介	ハヤシ　リュウノスケ	マスター	1920914	東京
4	102	目黒　陽子	メグロ　ヨウコ	レギュラー	3620063	埼玉
5	103	三浦　悟志	ミウラ　サトシ	レギュラー	2990117	千葉
6	104	新倉　環	ニイクラ　タマキ	レギュラー	2670055	千葉
7	105	山下　美雪	ヤマシタ　ミユキ	ゴールド	2220037	神奈
8	106	岡崎　健太	オカザキ　ケンタ	レギュラー	2510035	神奈
9	107	堂島　洋介	ドウジマ　ヨウスケ	マスター	2500041	神奈
10	108	山田　清文	ヤマダ　キヨフミ	ゴールド	1140002	東京
11	109	小島　勇太	コジマ　ユウタ	ゴールド	3360974	埼玉

クイックアクセスツールバーに登録した<フォーム>ボタンを削除するには、<フォーム>ボタンを右クリックして表示されるメニューから<クイックアクセスツールバーから削除>をクリックします。

重要度 ★★★ フォーム

Q 048 フォームからデータを入力したい！

フォームを使ってデータを入力するには、Q.047の操作でクイックアクセスツールバーに追加した<フォーム>ボタンをクリックします。すると、1件分のデータが表示されたフォームが表示されます。

A クイックアクセスツールバーに登録した<フォーム>ボタンをクリックします。

1 クイックアクセスツールに登録した<フォーム>ボタンをクリックし、

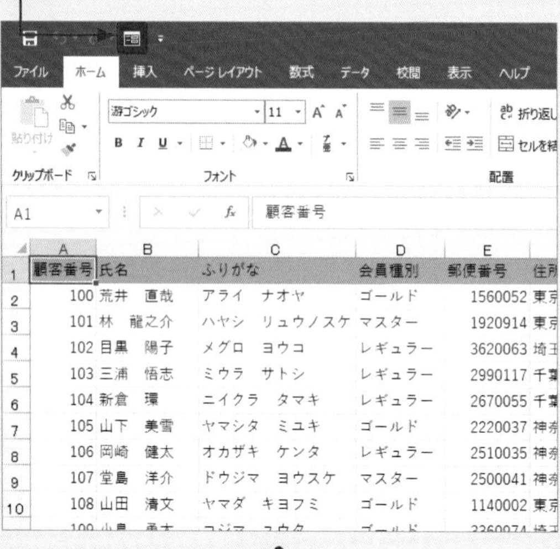

2 1件分のデータが表示されたら、<新規>をクリックします。

顧客リスト

顧客番号(A):	100
氏名(B):	荒井 直哉
ふりがな(E):	アライ ナオヤ
会員種別(G):	ゴールド
郵便番号(I):	1560052
住所1(J):	東京都世田谷区経堂X-X-X
住所2(K):	
電話番号(M):	090-0000-XXXX
登録日(O):	2018/7/29
生年月日(Q):	1977/4/3

1 / 16
新規(W)
削除(D)
元に戻す(R)
前を検索(P)
次を検索(N)
検索条件(C)
閉じる(L)

次のデータを表示するには<次を検索>をクリック、前のデータを表示するには<前を検索>をクリック、データを削除するには<削除>をクリックします。

3 白紙のフォームに新しいデータを入力し、

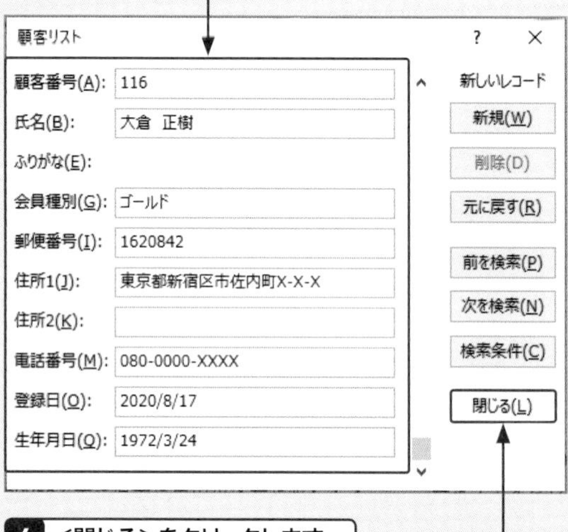

4 <閉じる>をクリックします。

5 フォームで追加したデータはリストの最終行に追加されます。

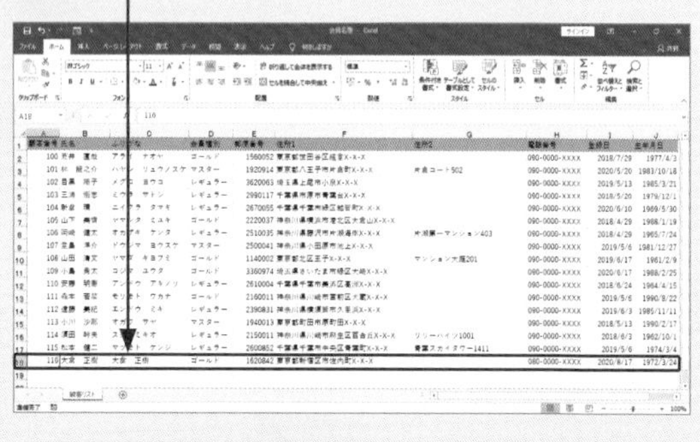

フォーム内の項目間の移動は、ショートカットキーを利用すると便利です。次の項目へ移動するには Tab 、1つ前の項目へ移動するには Shift + Tab を押します。

重要度 ★★★ フォーム

Q 049 フォームに入力規則が表示されない！

A フォームでは入力規則が使えません。

リストに設定した入力規則は、フォームには反映されません。そのため、1件ずつ正確にデータを入力する必要があります。入力規則を多用しているリストでは、フォームを使わずにリストに直接データを入力するほうがよいでしょう。フォームにリストなどを表示するには、VBA（Visual Basic for Application）を使ってユーザーフォームを作成する必要があります。

重要度 ★★★ フォーム

Q 050 フォームで数式を修正できない！

A フォームでは数式の操作はできません。

セルに入力した数式は、フォーム上では表示されません。これは、数式を上書きすることがないように設計されているためです。たとえば、下図の「ふりがな」の項目にはPHONETIC関数が入力されているので、フォーム上では数式の結果だけが表示されます。

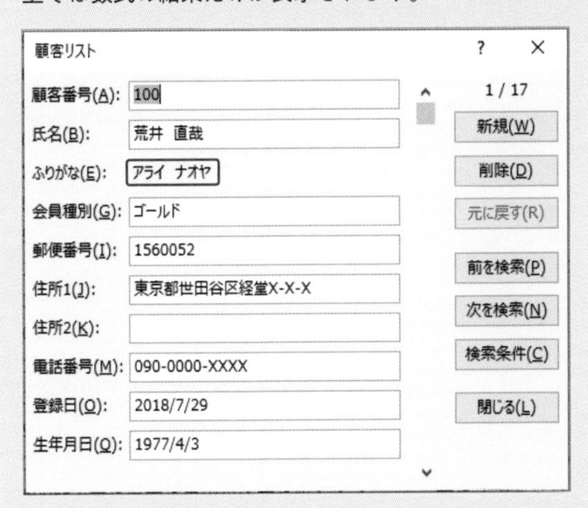

重要度 ★★★ フォーム

Q 051 フォームからデータを検索したい！

A フォーム画面の＜検索条件＞をクリックします。

フォームを使ってデータを修正したいときは、目的のデータを検索して表示すると便利です。フォーム画面にある＜検索条件＞をクリックして検索条件を入力すると、条件に一致するデータだけを順番に表示できます。このとき、検索条件に入力した文字を含むすべてのデータが検索されます。

1 クイックアクセスツールに登録した＜フォーム＞ボタンをクリックしてフォームを表示します。

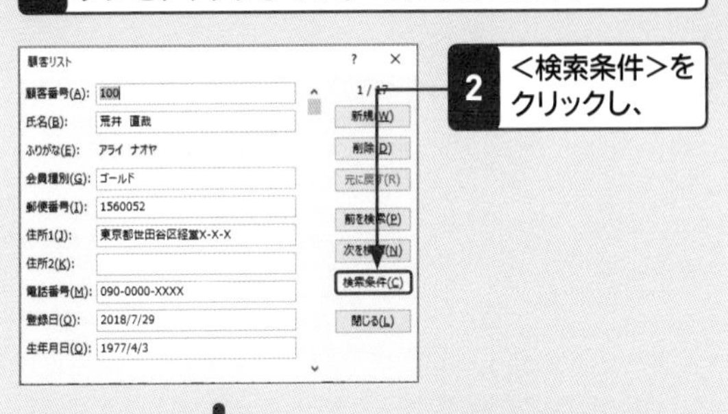

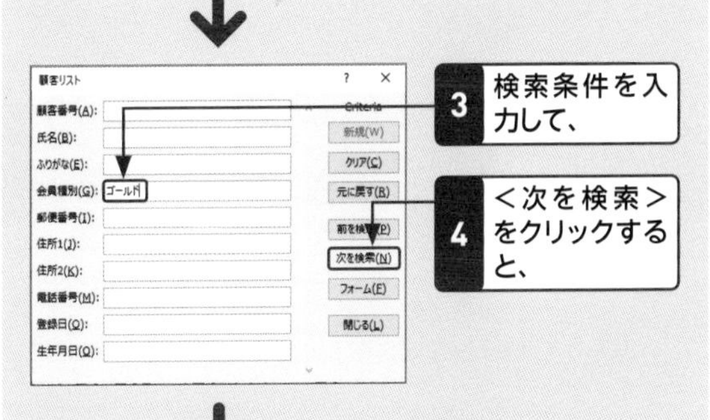

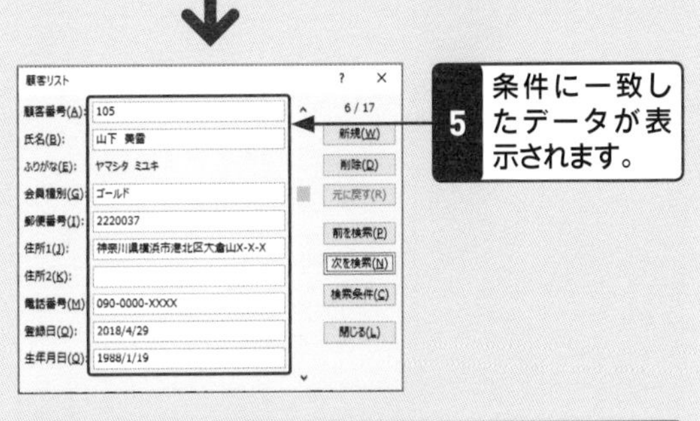

続けて＜次を検索＞や＜前を検索＞をクリックすると、条件に一致するデータを順番に表示できます。

重要度★★★ フォーム

Q 052 フォームからあいまいな条件でデータを検索したい！

A ワイルドカードを使って検索条件を入力します。

氏名の先頭に「山」の文字があるとか、住所が「東京都」から始まるといったように、文字の位置を指定して検索するときはワイルドカードを使います。ワイルドカードとは、半角の「*」(アスタリスク)や「?」(疑問符)などの記号のことで、検索条件の中であいまいにしたい部分に入力して使います。

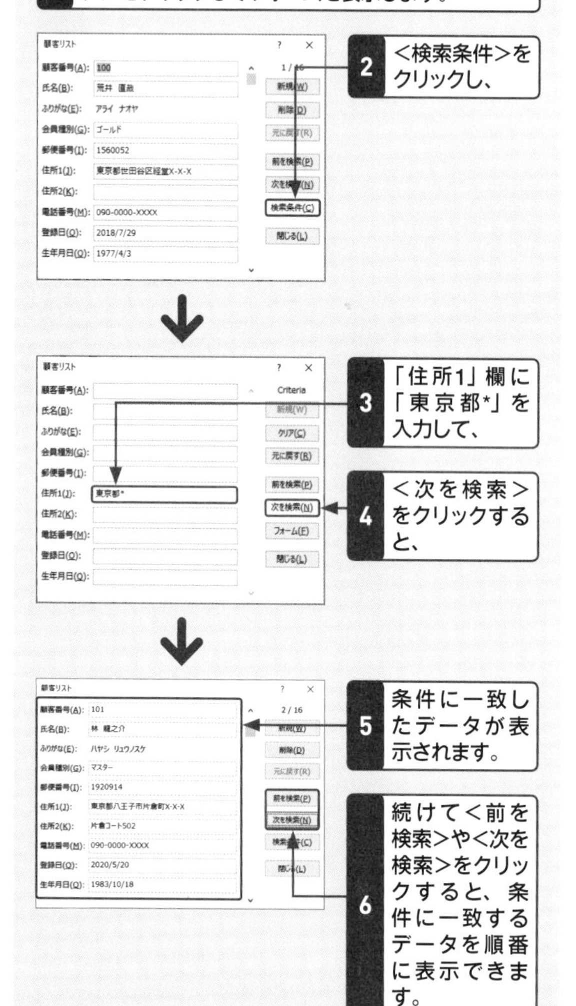

重要度★★★ フォーム

Q 053 フォームの検索条件を解除したい！

A フォーム画面の<クリア>をクリックします。

フォーム画面で設定した検索条件を解除するには、<クリア>をクリックします。すると、複数の検索条件をまとめて解除できます。

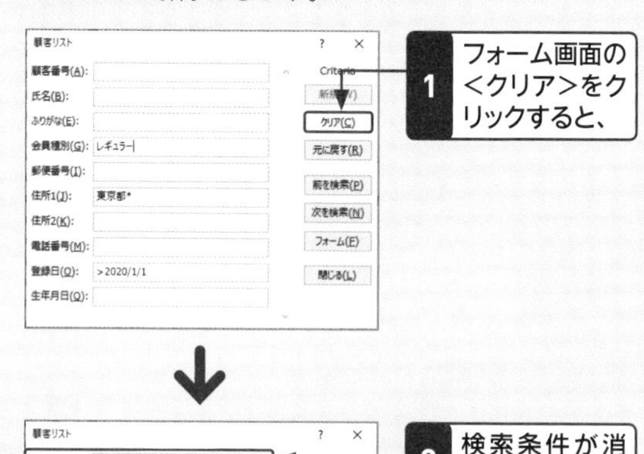

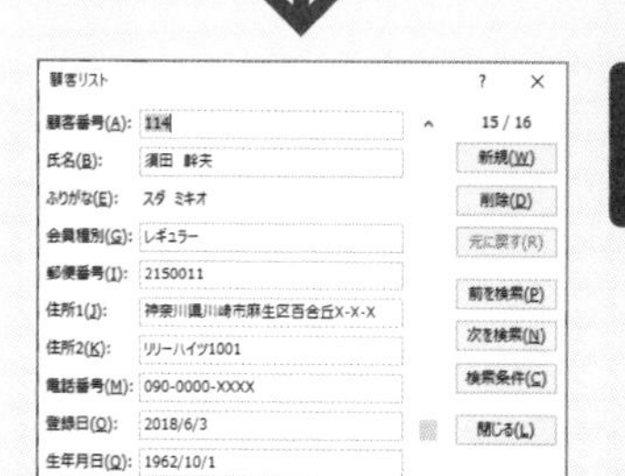

重要度★★★　データ整形

Q 054 どんなデータに整形すればよいの？

A データベースで利用できるデータに整えます。

入力したデータをデータベースで利用するには、ルールに沿って入力されている必要があります。同じフィールド内のデータに表記の揺れがあったり、重複データが入力されていたりすると、集計結果に大きな間違いが生じます。「置換」や「関数」、「重複の削除」などの機能を使って、入力したデータを修正します。

● ①表記の揺れをなくす

入力したデータの申込番号に全角と半角の文字が混在していたり、性別が「男」と「男性」のようにばらばらだったりすると、異なるデータと見なされます。これではあとからデータを並べ替えたり抽出したりするときに支障が出ます。置換機能を使ってデータを置き換えたり、関数を使って大文字と小文字を変換したりすることができます。

● ②重複データをなくす

データベースに同じデータが何件も入力されていると、件数や合計などを集計するときに、大きな間違いが発生します。大量のデータから重複データをひとつひとつ探すのは困難ですが、重複の削除機能を使うと、すべてのフィールドのデータが一致したデータを探して削除できます。

● ③フィールドを適切に分ける

データベースを作り始める前に十分に検討したつもりでも、あとからデータを抽出したり宛名印刷をしたりする段階になって、住所の都道府県とそれ以外を分けておけばよかったとか、姓と名を別々のセルに入力すればよかったとか、反対に1つのセルにまとめたほうがよかったなどと気づくことがあります。関数を使うと、入力済みのデータから一部分を取り出したり、複数のセルを1つにまとめたりすることができます。

重要度★★★　データ整形

Q 055 データをコピーしたい！

A <コピー>と<貼り付け>を実行します。

入力済みのデータを修正する方法の1つに、正しいデータをコピーしてから間違ったデータに貼り付ける方法があります。<ホーム>タブから操作する以外に、Ctrl+C でコピー、Ctrl+V で貼り付けのショートカットキーを覚えておくと便利です。

セル<D7>の「お任せランチボックス」を「お任せボックス」に修正します。

1 コピー元のセル<D4>をクリックし、

2 <ホーム>タブの<コピー>をクリックします。

3 コピー先のセル<D7>をクリックし、

4 <ホーム>タブの<貼り付け>をクリックすると、

5 データがコピーされます。

重要度★★★ データ整形

Q 056 コピーしたあとに表示されるボタンは何？

A ＜貼り付けのオプション＞ボタンです。

Q.055の操作でデータをコピーすると、セルの右下に＜貼り付けのオプション＞ボタンが表示されます。このボタンを使うと、どのような形式で貼り付けるかをあとから指定できます。なお、コピー元のデータの種類によって、＜貼り付けのオプション＞の内容が自動的に変化します。主な＜貼り付けのオプション＞は次の通りです。

貼り付け	説明
＜貼り付け＞	セルのデータと書式をすべて貼り付ける。
＜数式＞	セルの数式だけを貼り付ける。
＜数式と数値の書式＞	セルの数式と数値に設定された書式だけを貼り付ける。
＜元の書式を保持＞	データを貼り付けた際に、コピー元のセルの書式を貼り付ける。
＜罫線なし＞	データを貼り付けた際に、罫線を引かないで貼り付ける。
＜元の列幅を保持＞	データを貼り付けた際に、コピー元の列幅を貼り付ける。
＜行列を入れ替える＞	行と列を入れ替えて貼り付ける。
値の貼り付け	**説明**
＜値＞	セルに表示されたデータだけを貼り付ける。
＜値と数値の書式＞	セルに表示されたデータと数値に設定された書式だけをコピーする。
＜値と元の書式＞	セルに表示されたデータとセルの書式をコピーする。
その他の貼り付けオプション	**説明**
＜書式設定＞	書式だけをコピーする。
＜リンク貼り付け＞	コピー元のセルとリンク関係を保って貼り付ける。コピー元のデータを修正すると自動的に更新される。
＜図＞	セルのデータを画像として貼り付ける。コピー先のセルは編集できない。
＜リンクされた図＞	コピー元のセルとリンク関係を保って画像として貼り付ける。コピー元のデータを修正すると自動的に更新される。コピー先のセルは編集できない。

重要度★★★ データ整形

Q 057 データの順番を入れ替えたい！

A 切り取ったデータを移動先に挿入します。

あとからフィールドやレコードの順番を変更するには、移動元のデータを切り取ってから移動先に挿入します。＜ホーム＞タブの＜切り取り＞と＜貼り付け＞を実行すると、移動先のデータが上書きされてしまいます。＜ホーム＞タブの＜挿入＞から＜切り取ったセルの挿入＞を実行しましょう。

7行目の「山下　美雪」のデータを2行目に移動します。

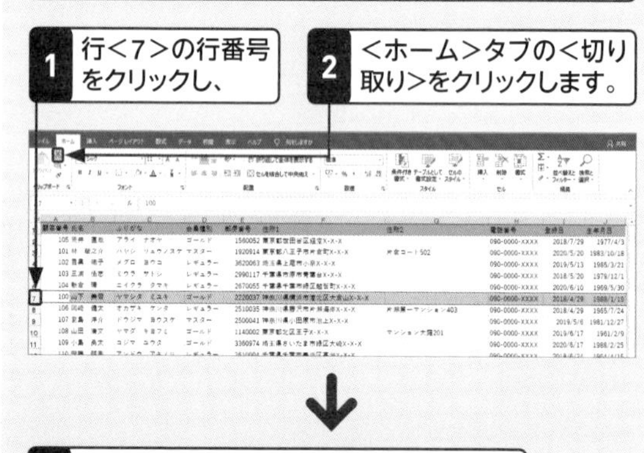

1 行＜7＞の行番号をクリックし、

2 ＜ホーム＞タブの＜切り取り＞をクリックします。

3 移動先の行＜2＞の行番号をクリックし、

4 ＜ホーム＞タブの＜挿入＞から＜切り取ったセルの挿入＞をクリックすると、

5 行全体が移動します。

重要度★★★ データ整形

Q 058 データを検索して削除したい！

A 検索機能を使って目的のデータを探してから削除します。

削除したいデータを大量のデータの中から探すのは大変です。このようなときは検索機能を使って目的のデータを探してから削除します。

1 セル<A1>をクリックし、

2 <ホーム>タブの<検索と選択>をクリックして、

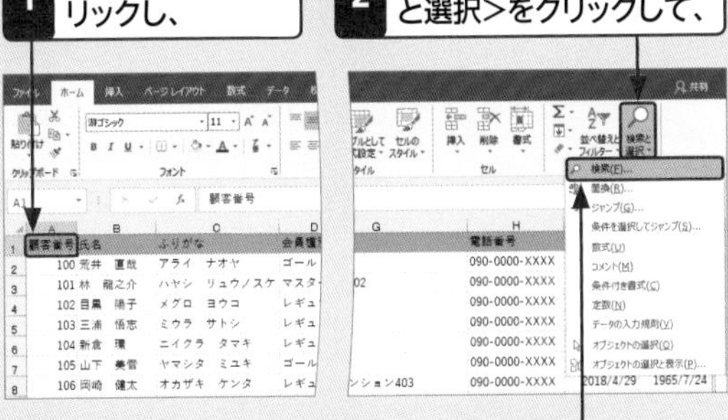

3 メニューから<検索>をクリックします。

4 <検索する文字列>欄に「小島」と入力し、

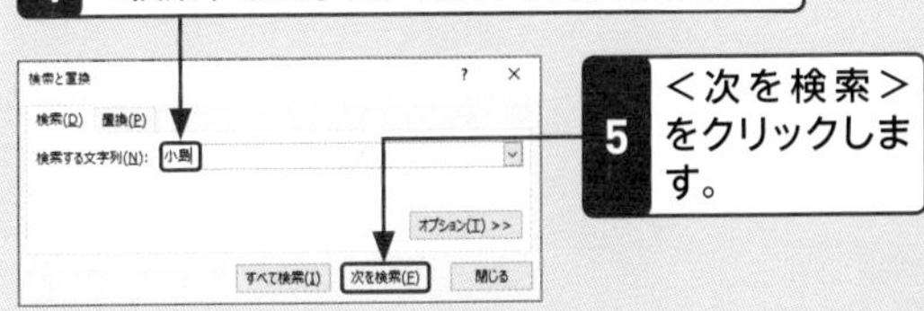

5 <次を検索>をクリックします。

6 「小島」が含まれるセルにアクティブセルが移動したら、<閉じる>をクリックします。

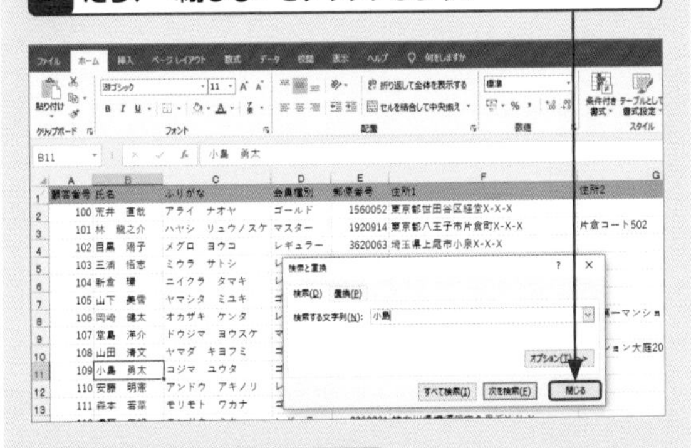

検索したデータを削除します。

重要度★★★ データ整形

Q 059 関数で全角文字を半角文字に変換したい！

A ASC（アスキー）関数を使います。

半角文字と全角文字のデータが混在していると、あとからデータを活用するときに支障が出る場合があります。全角文字を半角文字に変換するにはASC関数を使います。

列<G>の「住所2」には、半角カタカナと全角カタカナが混在しています。

1 変換後のデータを表示したいセル<H2>をクリックし、

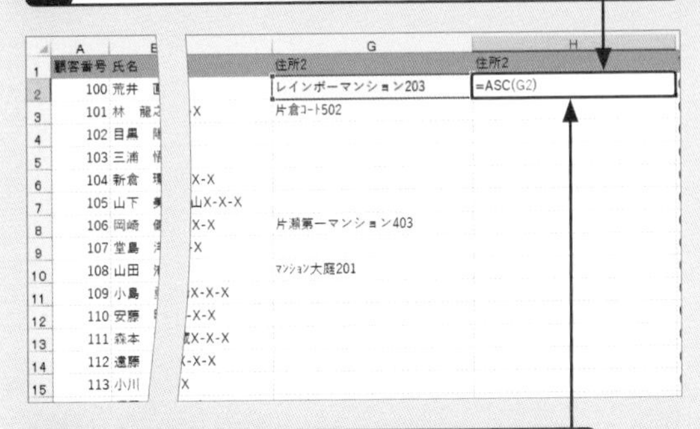

2 「=ASC (G2)」と入力して Enter を押すと、

3 セル<G2>の全角カタカナが半角カタカナで表示されます。

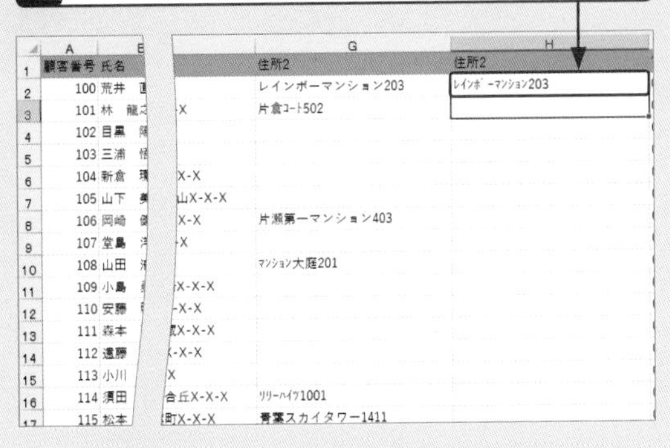

関数の書式	= ASC (文字列)
引数で指定した<文字列>を半角に変換する関数です。	

重要度 ★★★ データ整形

Q060 関数で半角文字を全角文字に変換したい！

A JIS（ジス）関数を使います。

Q.059とは反対に、半角文字を全角文字に変換するにはJIS関数を使います。半角カタカナだけでなく、半角の英字や数字も変換の対象となります。

列<G>の「住所2」には、半角カタカナと全角カタカナが混在しています。

1 変換後のデータを表示したいセル<H3>をクリックし、

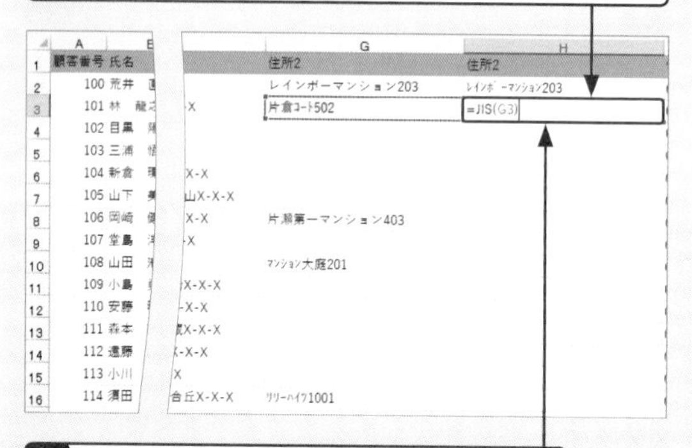

2 「=JIS(G3)」と入力して Enter を押すと、

3 セル<G3>の半角カタカナが全角カタカナで表示されます。

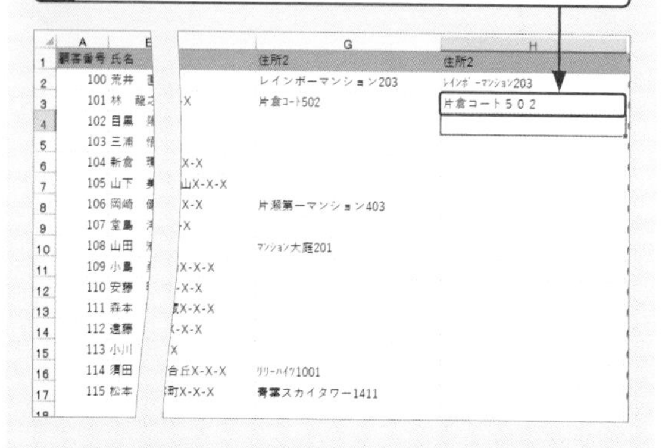

関数の書式	= JIS (文字列)
引数で指定した<文字列>を全角に変換する関数です。	

重要度 ★★★ データ整形

Q061 関数で小文字を大文字に変換したい！

A UPPER（アッパー）関数を使います。

大文字と小文字のデータが混在していると、あとからデータを活用するときに支障が出る場合があります。あとから小文字を大文字に変換するにはUPPER関数を使います。

列<G>の「住所2」には、英字の大文字と小文字が混在しています。

1 変換後のデータを表示したいセル<H2>をクリックし、

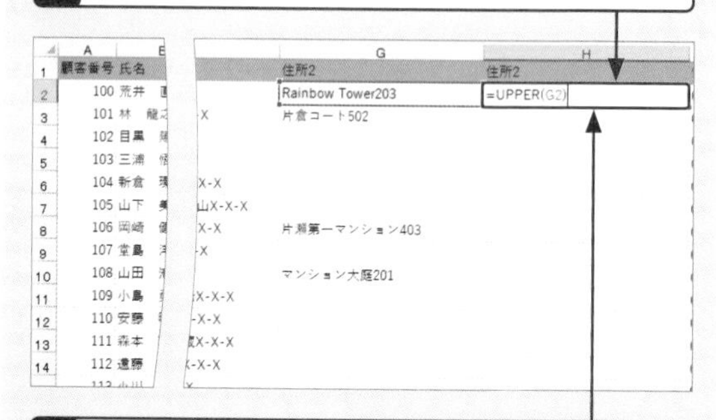

2 「=UPPER(G2)」と入力して Enter を押すと、

3 セル<G2>の英字の小文字が大文字で表示されます。

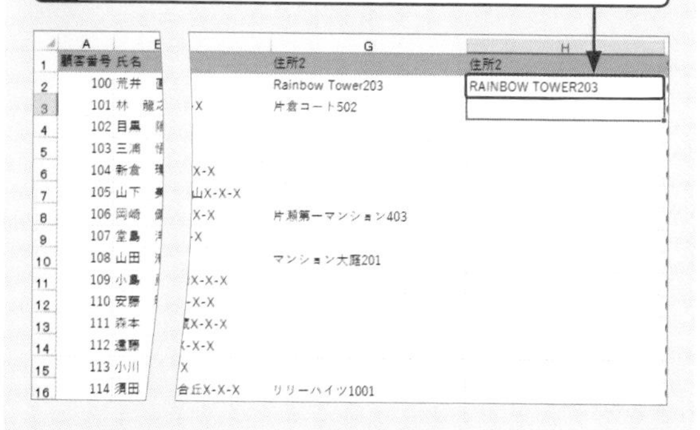

関数の書式	= UPPER (文字列)
引数で指定した<文字列>を英字の大文字に変換する関数です。	

重要度 ★★★　データ整形

Q 062 関数で大文字を小文字に変換したい！

A LOWER（ロウワー）関数を使います。

Q.061とは逆に、大文字を小文字に変換するにはLOWER関数を使います。また、先頭だけ大文字にするにはPROPER（プロパー）関数を使います。

列＜G＞の「住所2」には、英字の大文字と小文字が混在しています。

1 変換後のデータを表示したいセル＜H17＞をクリックし、

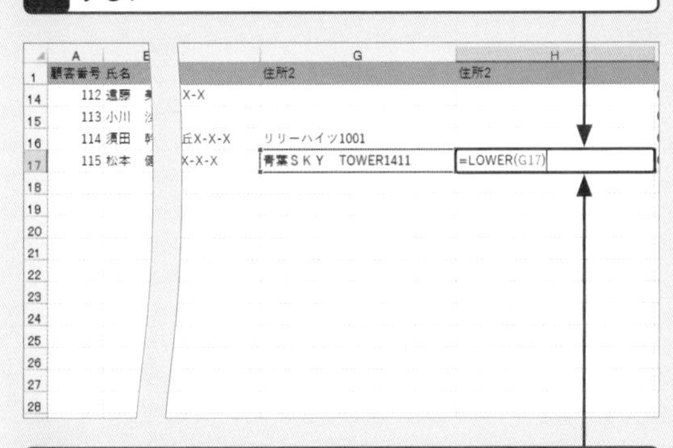

2 「=LOWER(G17)」と入力して Enter を押すと、

3 セル＜G17＞の英字の大文字が小文字で表示されます。

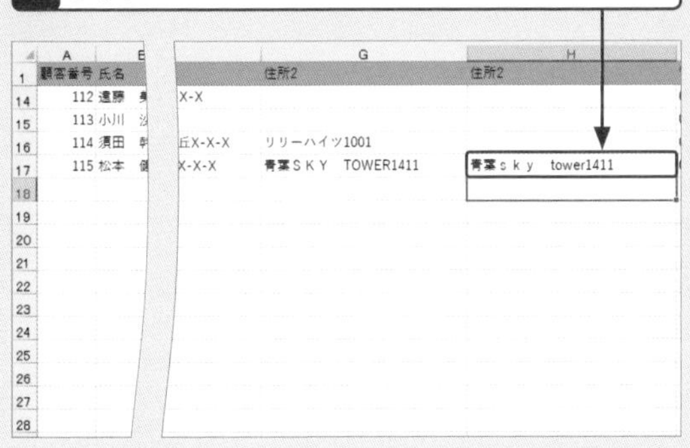

関数の書式	= LOWER (文字列)
引数で指定した＜文字列＞を英字の小文字に変換する関数です。	

重要度 ★★★　データ整形

Q 063 関数で余分な空白を削除したい！

A TRIM（トリム）関数を使います。

データの前後に不要なスペースがあると、見栄えが悪いだけでなく、表記が統一されていないことでデータを活用する際にトラブルのもとになります。TRIM関数を使うと、余分なスペースを削除できます。余分なスペースとは、データの前後にあるスペースと文字の間にある1文字以上のスペースのことで、文字の間には必ず1文字分のスペースが残ります。

列＜B＞の「氏名」は、スペースのあるデータとないデータが混在しています。

1 スペースを削除して表示したいセル＜C2＞をクリックし、

	A	B	C	D
1	顧客番号	氏名	氏名	ふりがな
2	100	荒井　　直哉	=TRIM(B2)	アライ　　ナオヤ
3	101	林　龍之介		ハヤシ　リュウノスケ
4	102	目黒　陽子		メグロ　ヨウコ
5	103	三浦　悟志		ミウラ　サトシ
6	104	新倉　環		ニイクラ　タマキ
7	105	山下　美雪		ヤマシタ　ミユキ

2 「=TRIM（B2）」と入力して Enter を押すと、

3 セル＜B2＞の余分なスペースが削除されます。

	A	B	C	D
1	顧客番号	氏名	氏名	ふりがな
2	100	荒井　　直哉	荒井　直哉	アライ　　ナオヤ
3	101	林　龍之介		ハヤシ　リュウノスケ
4	102	目黒　陽子		メグロ　ヨウコ
5	103	三浦　悟志		ミウラ　サトシ
6	104	新倉　環		ニイクラ　タマキ
7	105	山下　美雪		ヤマシタ　ミユキ
8	106	岡崎　　健太		オカザキ　　ケンタ

関数の書式	= TRIM (文字列)
引数で指定した＜文字列＞にある余分なスペースを削除する関数です。	

重要度 ★★★　データ整形

Q 064 関数で不要な改行を削除したい!

A CLEAN(クリーン)関数を使います。

セル内で Alt + Enter を押して改行したデータとそうでないデータが混在しているときは、CLEAN関数を使って不要な改行を削除します。Webページのデータを貼り付けたり、ほかのアプリのデータをインポートしたりしときにもセル内に改行が入っている場合があります。

列<F>の「住所1」は、改行のあるデータとないデータが混在しています。

1 改行を削除して表示したいセル<G2>をクリックし、

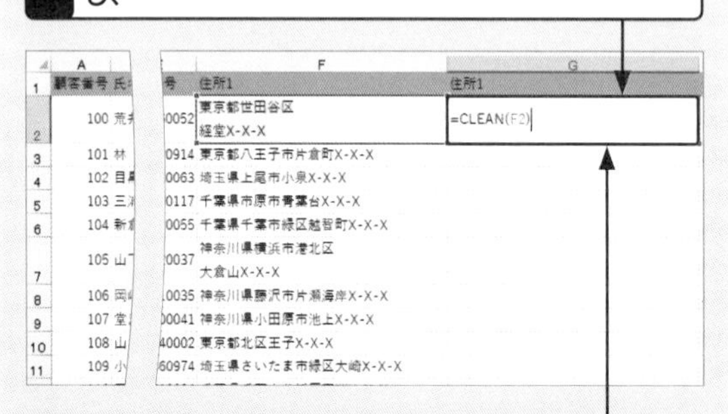

2 「=CLEAN(F2)」と入力して Enter を押すと、

3 セル<F2>の改行が削除されます。

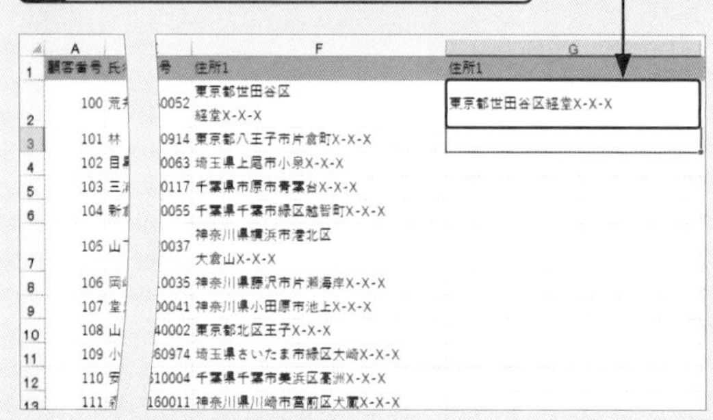

関数の書式	=CLEAN(文字列)
引数で指定した<文字列>にある余分な改行を削除する関数です。	

重要度 ★★★　データ整形

Q 065 関数で別々のセルのデータをまとめたい!

A CONCATENATE(コンキャットネート)関数を使います。

データベースでは、最初の段階で「住所1」と「住所2」のようにある程度フィールドを分けておいたほうがよいですが、細かく分割しすぎると使い勝手が悪くなります。別々のセルに入力したデータをあとから1つにまとめるにはCONCATENATE関数を使います。

列<B>と列<C>に別々に入力されている「姓」と「名」を列<D>にまとめて表示します。

1 姓と名をまとめて表示したいセル<D2>をクリックし、

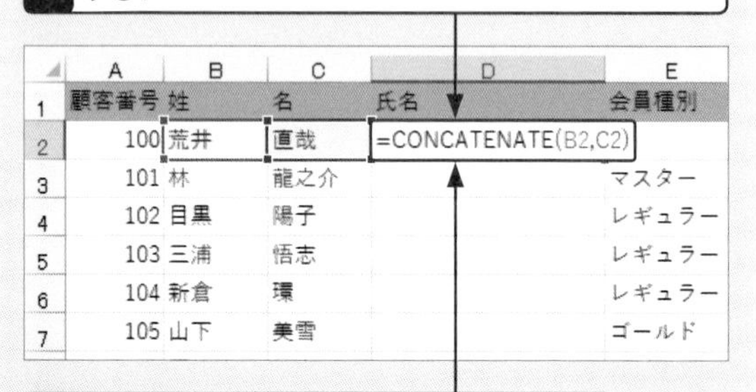

	A	B	C	D	E
1	顧客番号	姓	名	氏名	会員種別
2	100	荒井	直哉	=CONCATENATE(B2,C2)	
3	101	林	龍之介		マスター
4	102	目黒	陽子		レギュラー
5	103	三浦	悟志		レギュラー
6	104	新倉	環		レギュラー
7	105	山下	美雪		ゴールド

2 「=CONCATENATE(B2,C2)」と入力して Enter を押すと、

3 「姓」と「名」が1つのセルに表示されます。

	A	B	C	D	E
1	顧客番号	姓	名	氏名	会員種別
2	100	荒井	直哉	荒井直哉	ゴールド
3	101	林	龍之介		マスター
4	102	目黒	陽子		レギュラー
5	103	三浦	悟志		レギュラー
6	104	新倉	環		レギュラー
7	105	山下	美雪		ゴールド

関数の書式	= CONCATENATE (文字列1,[文字列2],[文字列3],･･･)
引数で指定した<文字列>を結合して1つの文字列にまとめる関数です。結合したいセルを半角の「,」(カンマ)で区切りながら順番に指定していくと、最大255個まで結合できます。	

Q 066 関数でセルのデータを分割したい！

A LEFT(レフト)関数やFIND(ファインド)関数などを組み合わせて使います。

「氏名」に入力した姓と名は、関数を使って「姓」と「名」に分けることができます。姓と名を区切るスペースの位置を起点にして、その左側を「姓」として取り出し、残りを「名」として取り出します。

1 姓を表示したいセル<C2>をクリックし、

	A	B	C	D	E	F
1	顧客番号	氏名	姓	名	会員種別	郵便番号
2	100	荒井　直哉	=LEFT(B2,FIND("　",B2)-1)		ゴールド	1560052
3	101	小林　龍之介			マスター	1920914
4	102	目黒　陽子			レギュラー	3620063
5	103	三浦　悟志			レギュラー	2990117
6	104	新倉　環			レギュラー	2670055
7	105	山下　美雪			ゴールド	2220037
8	106	岡崎　健太			レギュラー	2510035
9	107	堂島　洋介			マスター	2500041

2 「=LEFT(B2,FIND("　",B2)-1)」と入力して Enter を押すと、

3 セル<B2>の姓だけが表示されます。

	A	B	C	D	E	F
1	顧客番号	氏名	姓	名	会員種別	郵便番号
2	100	荒井　直哉	荒井		ゴールド	1560052
3	101	小林　龍之介			マスター	1920914
4	102	目黒　陽子			レギュラー	3620063
5	103	三浦　悟志			レギュラー	2990117
6	104	新倉　環			レギュラー	2670055
7	105	山下　美雪			ゴールド	2220037
8	106	岡崎　健太			レギュラー	2510035
9	107	堂島　洋介			マスター	2500041

4 続けて、名を表示したいセル<D2>をクリックし、

	A	B	C	D	E	F
1	顧客番号	氏名	姓	名	会員種別	郵便番号
2	100	荒井　直哉	荒井	=MID(B2,FIND("　",B2)+1,LEN(B2))		
3	101	小林　龍之介			マスター	1920914
4	102	目黒　陽子			レギュラー	3620063
5	103	三浦　悟志			レギュラー	2990117
6	104	新倉　環			レギュラー	2670055
7	105	山下　美雪			ゴールド	2220037
8	106	岡崎　健太			レギュラー	2510035
9	107	堂島　洋介			マスター	2500041

5 「=MID(B2,FIND("　",B2)+1,LEN(B2))」と入力して Enter を押すと、

6 セル<B2>の名だけが表示されます。

	A	B	C	D	E	F
1	顧客番号	氏名	姓	名	会員種別	郵便番号
2	100	荒井　直哉	荒井	直哉	ゴールド	1560052
3	101	小林　龍之介			マスター	1920914
4	102	目黒　陽子			レギュラー	3620063
5	103	三浦　悟志			レギュラー	2990117
6	104	新倉　環			レギュラー	2670055
7	105	山下　美雪			ゴールド	2220037
8	106	岡崎　健太			レギュラー	2510035
9	107	堂島　洋介			マスター	2500041

関数の書式 =LEFT(文字列,文字数)

引数で指定した<文字列>の左から<文字数>で指定した数の文字を取り出す関数です。

関数の書式 ＝FIND(検索文字列,対象,[開始位置])

引数の<対象>内にある<検索文字列>の位置を探す関数です。ここでは、検索文字列に全角のスペースを指定しましたが、半角のスペースで区切られているときは、「" "」のように、「""」の間に半角のスペースを入力します。全角スペースの位置は「3」になり、LEFT関数を使って、左から全角スペースの前までの文字を取出します。全角スペースの1つ前までを取り出すということで、「FIND("　",B2)-1」と「1」を引きます。

関数の書式 =MID(文字列,開始位置,文字数)

引数で指定した<文字列>の<開始位置>から<文字数>で指定した数の文字を取り出す関数です。

関数の書式 = LEN(文字列)

引数で指定した<文字列>の文字数を返す関数です。半角文字と全角文字との区別はされません。「名」を取り出すには、全角スペースの次の位置から取出すので、「FIND("　",B2)+1」と「1」を加えます。取り出す文字数はLEN関数で求めた文字数すべてです。

重要度 ★★★　データ整形

Q 067 関数を使わずにセルのデータを分割したい！

「氏名」に入力した姓と名がスペースで区切られていると、かんたんに「姓」と「名」に分けることができます。区切り位置機能を使うと、スペースより前の「姓」とスペースの後の「名」に分けることができるからです。

A 区切り位置機能を使ってスペースの前後の文字を分割します。

1 「氏名」が入力されているセル範囲＜B2：B17＞をドラッグし、

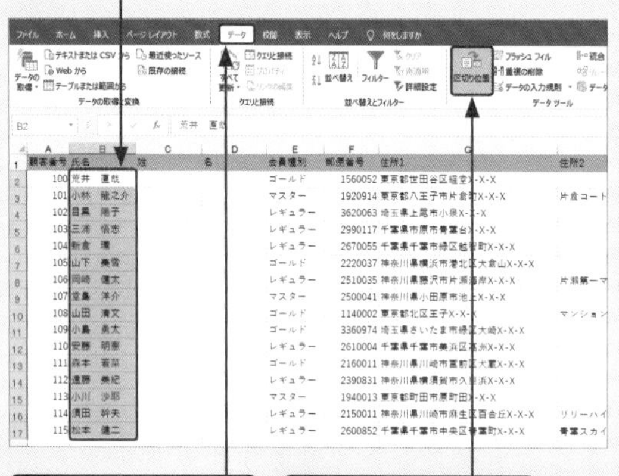

2 ＜データ＞タブをクリックし、

3 ＜区切り位置＞をクリックします。

4 ＜元のデータの形式＞の＜スペースによって右または左に揃えられた固定長フィールドのデータ＞をクリックし、

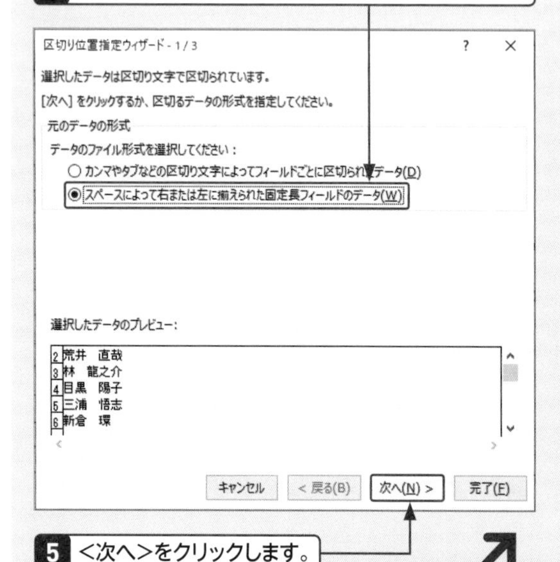

5 ＜次へ＞をクリックします。

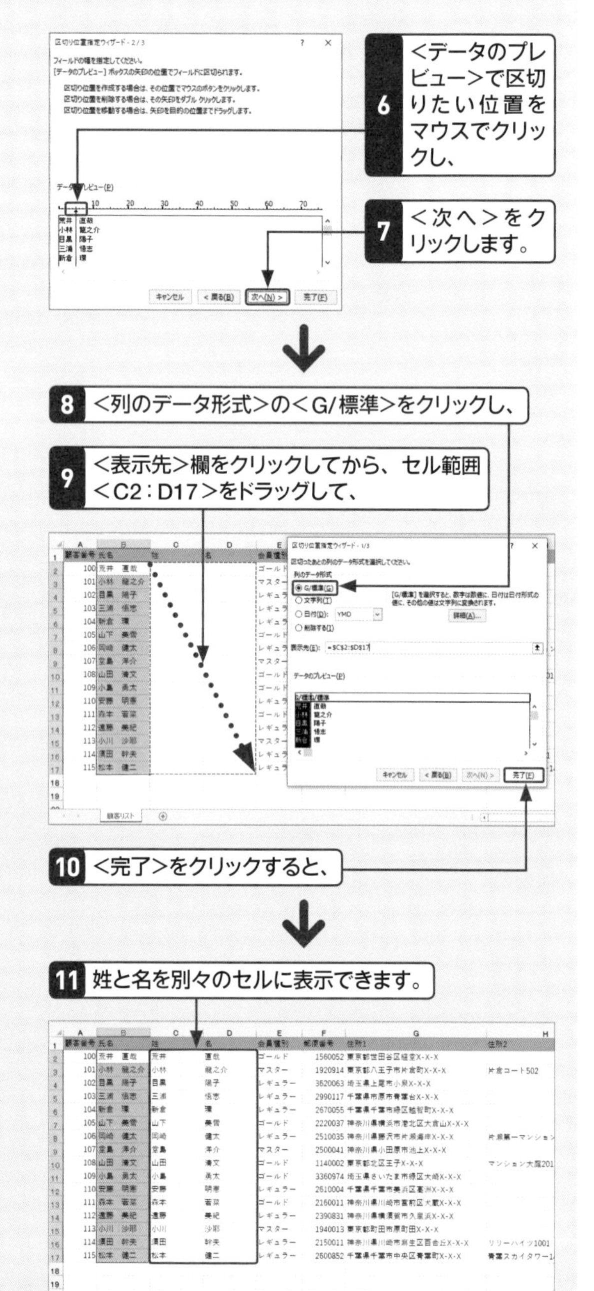

6 ＜データのプレビュー＞で区切りたい位置をマウスでクリックし、

7 ＜次へ＞をクリックします。

8 ＜列のデータ形式＞の＜G/標準＞をクリックし、

9 ＜表示先＞欄をクリックしてから、セル範囲＜C2：D17＞をドラッグして、

10 ＜完了＞をクリックすると、

11 姓と名を別々のセルに表示できます。

Q 068 数式で修正したデータに置き換えたい！

関数を使って「姓」と「名」を別のセルに表示したり文字の種類を変換したりすると、関数のもとになった列のデータが不要になります。ただし、そのまま削除するとエラーになります。もとのデータを削除しても関数で求めた結果をそのまま表示するには<値>として貼り付けます。

A 数式で求めた結果を<値>として貼り付けます。

● エラーを確認する

列<B>の「氏名」を関数で「姓」と「名」に分けています。

1 列<B>の列番号をクリックし、

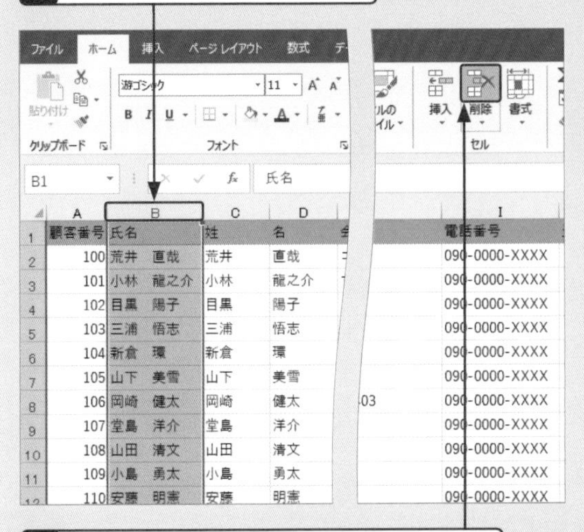

	A	B	C	D	I
1	顧客番号	氏名	姓	名	電話番号
2	100	荒井　直哉	荒井	直哉	090-0000-XXXX
3	101	小林　龍之介	小林	龍之介	090-0000-XXXX
4	102	目黒　陽子	目黒	陽子	090-0000-XXXX
5	103	三浦　悟志	三浦	悟志	090-0000-XXXX
6	104	新倉　環	新倉	環	090-0000-XXXX
7	105	山下　美雪	山下	美雪	090-0000-XXXX
8	106	岡崎　健太	岡崎	健太	090-0000-XXXX
9	107	堂島　洋介	堂島	洋介	090-0000-XXXX
10	108	山田　清文	山田	清文	090-0000-XXXX
11	109	小島　勇太	小島	勇太	090-0000-XXXX
12	110	安藤　明憲	安藤	明憲	090-0000-XXXX

2 <ホーム>タブの<削除>をクリックすると、

3 列<B>と列<C>にエラーが表示されます。

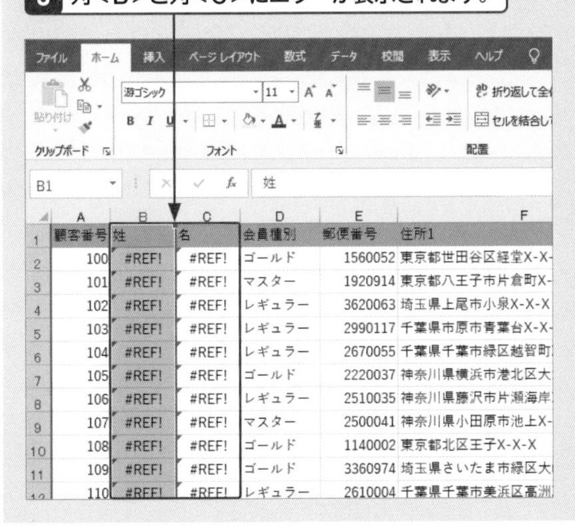

	A	B	C	D	E	F
1	顧客番号	姓	名	会員種別	郵便番号	住所1
2	100	#REF!	#REF!	ゴールド	1560052	東京都世田谷区経堂X-X-
3	101	#REF!	#REF!	マスター	1920914	東京都八王子市片倉町X-
4	102	#REF!	#REF!	レギュラー	3620063	埼玉県上尾市小泉X-X-X
5	103	#REF!	#REF!	レギュラー	2990117	千葉県市原市青葉台X-X-
6	104	#REF!	#REF!	レギュラー	2670055	千葉県千葉市緑区越智町
7	105	#REF!	#REF!	ゴールド	2220037	神奈川県横浜市港北区大
8	106	#REF!	#REF!	レギュラー	2510035	神奈川県藤沢市片瀬海岸
9	107	#REF!	#REF!	マスター	2500041	神奈川県小田原市池上X-
10	108	#REF!	#REF!	ゴールド	1140002	東京都北区王子X-X-X
11	109	#REF!	#REF!	ゴールド	3360974	埼玉県さいたま市緑区大
12	110	#REF!	#REF!	レギュラー	2610004	千葉県千葉市美浜区高洲

● 値を貼り付ける

1 セル範囲<C2:D17>をドラッグし、

2 <ホーム>タブの<コピー>をクリックします。

3 貼り付け先のセル<E2>をクリックし、

4 <ホーム>タブの<貼り付け>の▼をクリックして、

5 <値>をクリックすると、

6 列<C>と列<D>の計算結果が値としてコピーされます。

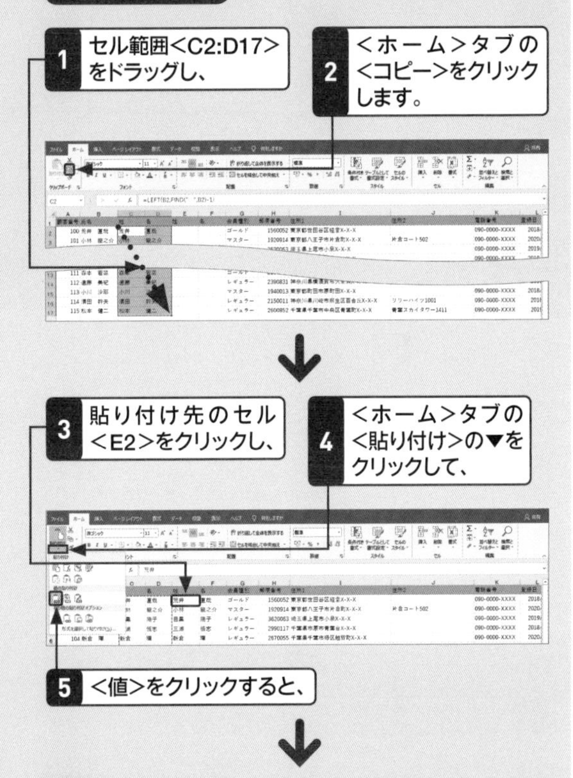

関数のもとになる列<B>を削除しても、エラーは表示されません。

<値>として貼り付けた氏名にはふりがなの情報がありません。そのため、Q.027のPHONETIC関数を使ってふりがなを取り出すことができないので注意が必要です。

重要度★★★ データ整形

Q 069 スペースを全角に統一したい！

A 置換機能を使って統一します。

姓と名の間のスペースが全角だったり半角だったりしたときは、置換機能を使ってスペースの大きさを統一します。このとき、<検索する文字列>に入力するスペースは全角でも半角でもかまいませんが、<置換後の文字列>に入力するスペースは統一したいスペースの大きさで入力します。

1 列<B>の列番号をクリックし、

2 <ホーム>タブの<検索と選択>をクリックして、

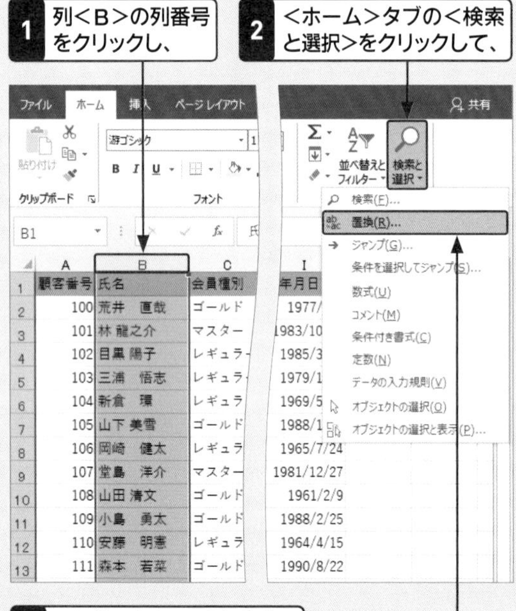

3 <置換>をクリックします。

4 <検索する文字列>欄にスペースを入力し、

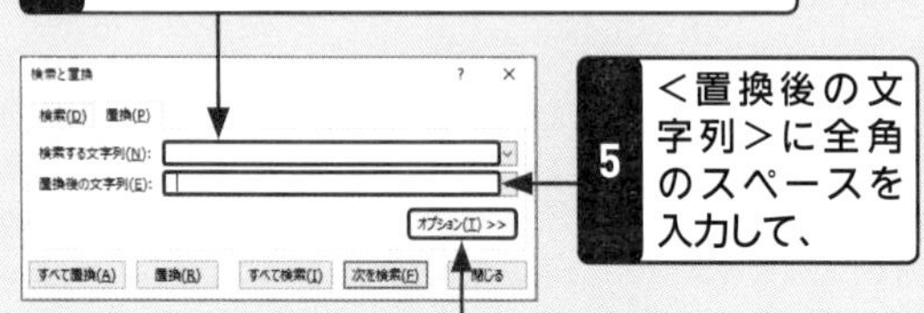

5 <置換後の文字列>に全角のスペースを入力して、

6 <オプション>をクリックします。

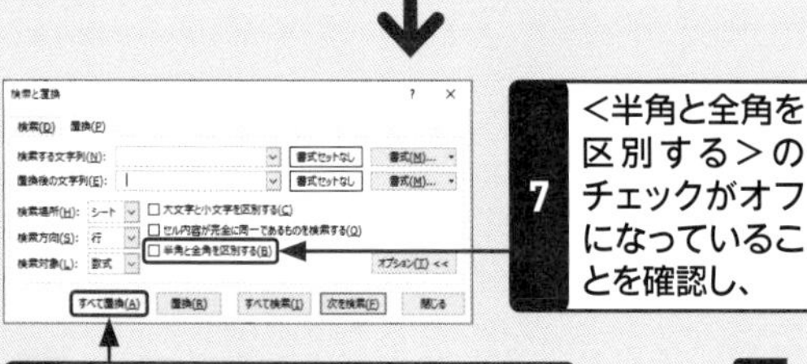

7 <半角と全角を区別する>のチェックがオフになっていることを確認し、

8 <すべて置換>をクリックします。

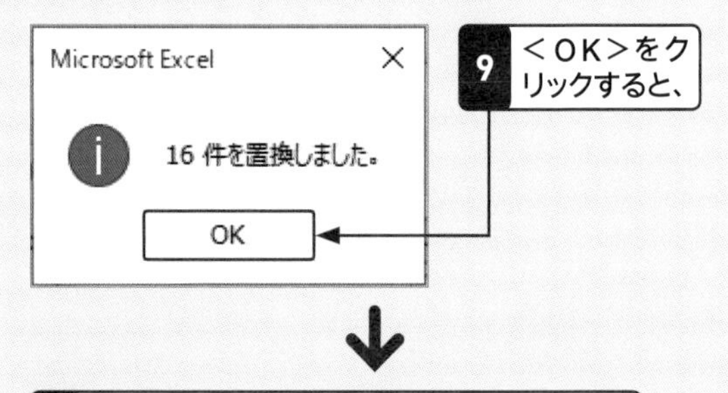

9 <OK>をクリックすると、

10 列<B>のスペースが全角に統一されます。

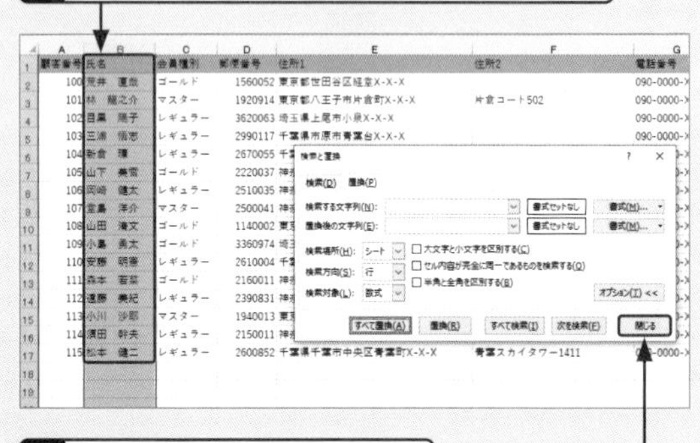

11 <閉じる>をクリックします。

手順7の<半角と全角を区別する>のチェックがオフになっていると、<検索する文字列>に入力したスペースが全角か半角かにかかわらず、すべてのスペースが検索されます。

Memo スペースの入力方法

日本語入力がオンの状態で Space を押すと、全角スペースが入力されます。この状態で Shift + Space を押すと、半角スペースが入力されます。その都度日本語入力をオフにする必要はありません。

重要度 ★★★ データ整形

Q 070 文字列を別の文字に置き換えたい！

A 置換機能を使って統一します。

「コーヒー」と「珈琲」、「セキュリティ」と「セキュリティー」のように、同じ意味なのに異なる表記をすることを「表記揺れ」といいます。いずれかに統一するには、置換機能を使って<検索する文字列>と<置換後の文字列>を指定します。また、「出張所」が「支店」に変わったという場合にも置換機能を使って修整できます。

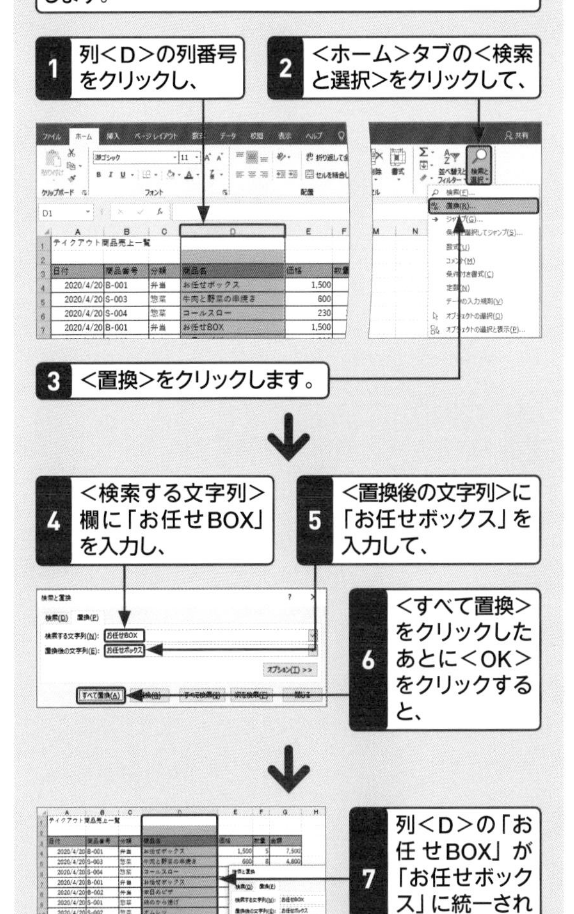

重要度 ★★★ データ整形

Q 071 文字の全角と半角を統一したい！

A 置換機能を使って統一します。

(株)と（株）、[予備]と［予備］のように、文字の前後に括弧を付けて表示する場合があります。一見すると全角と半角の違いがわかりにくいですが、拡大すると少しずれています。このようなときは、全角の括弧にするか半角の括弧にするかを決めてから、置換機能を使ってまとめて置き換えます。

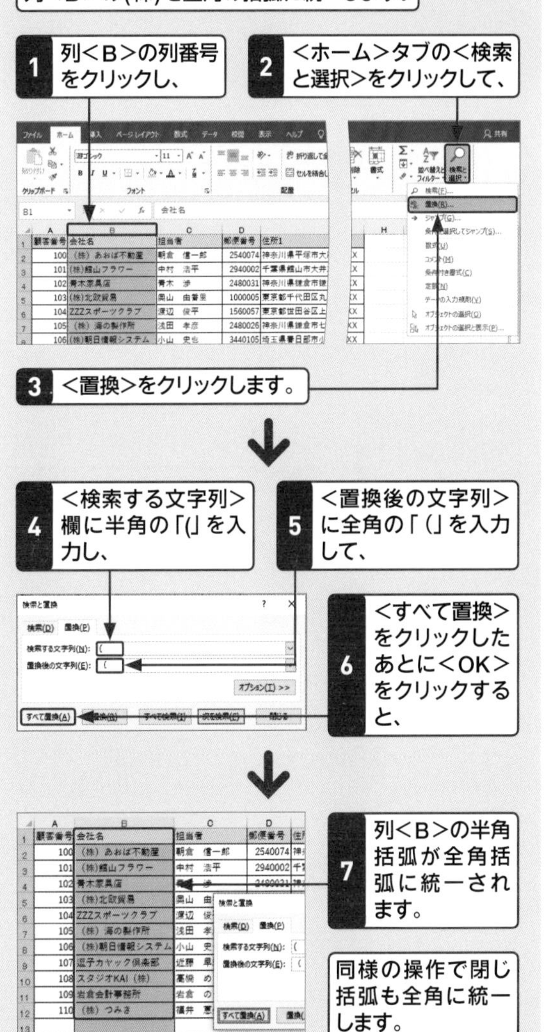

重要度★★★ データ整形

Q 072 セルの書式を置換したい！

A 置換機能の「書式セット」を使います。

同じフィールドの中に、太字の文字があったりセルに色が付いていたりすると、統一感が失われます。文字に書式が付いていても集計に支障はありませんが、意味のない書式は削除したほうがよいでしょう。置換機能の「書式セット」を使うと、特定の書式の付いたセルを別の書式に置き換えることができます。

1 セル<A1>をクリックし、

2 <ホーム>タブの<検索と選択>をクリックして、

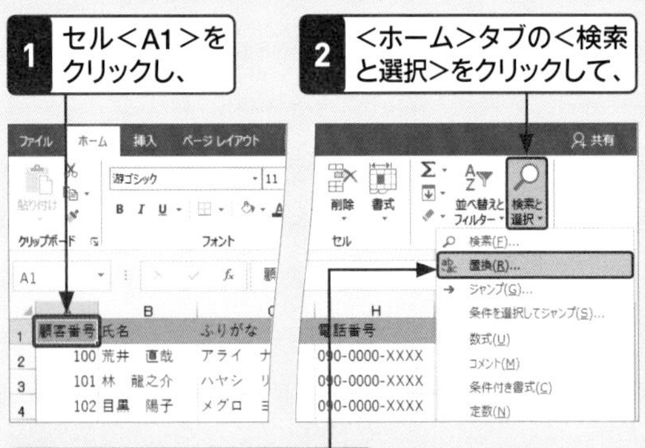

3 <置換>をクリックします。

4 「検索する文字列」と「置換後の文字列」欄が空欄なのを確認し、

5 <オプション>をクリックします。

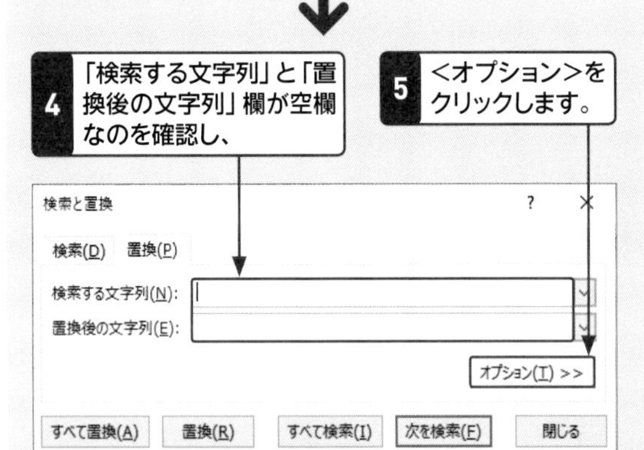

6 「検索する文字列」の<書式>をクリックします。

7 <フォント>をクリックし、

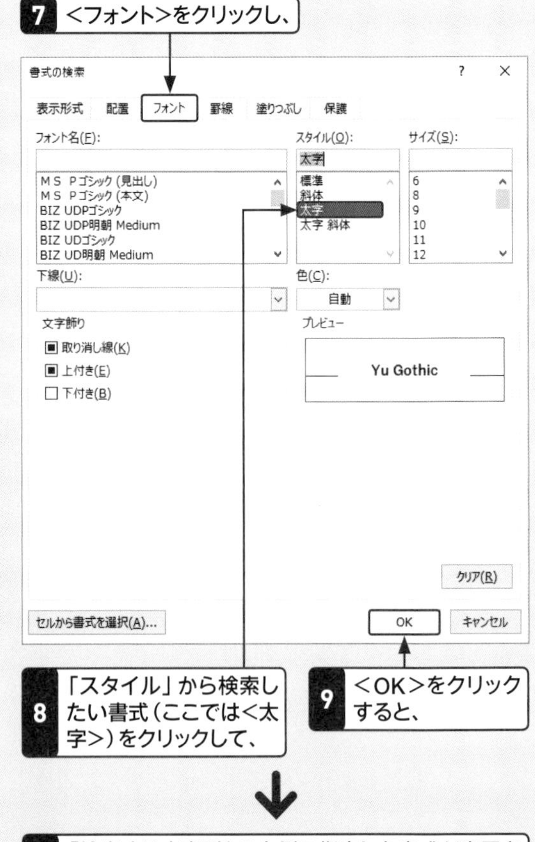

8 「スタイル」から検索したい書式（ここでは<太字>）をクリックして、

9 <OK>をクリックすると、

10 「検索する文字列」の右側に指定した書式が表示されます。

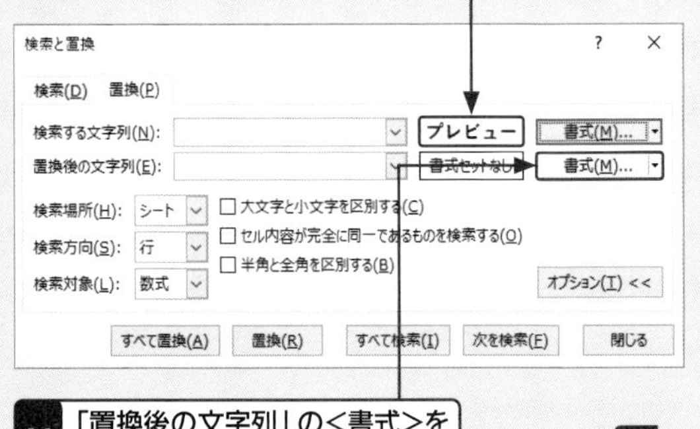

11 「置換後の文字列」の<書式>をクリックします。

12 <フォント>をクリックし、

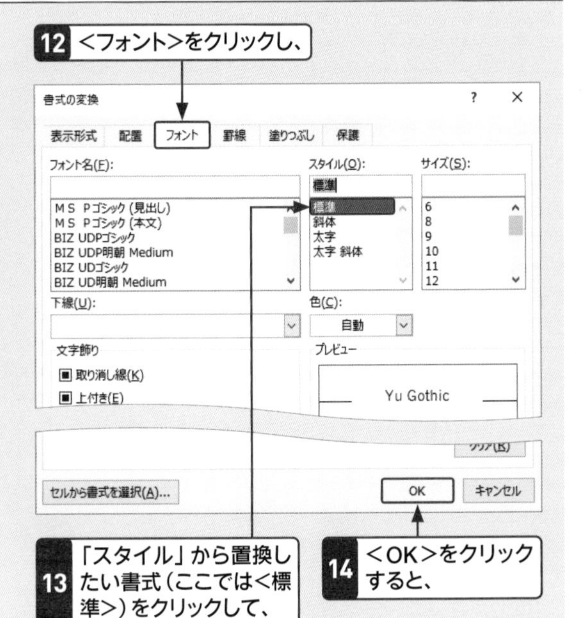

13 「スタイル」から置換したい書式（ここでは<標準>）をクリックして、

14 <OK>をクリックすると、

15 「置換後の文字列」の右側に指定した書式が表示されます。

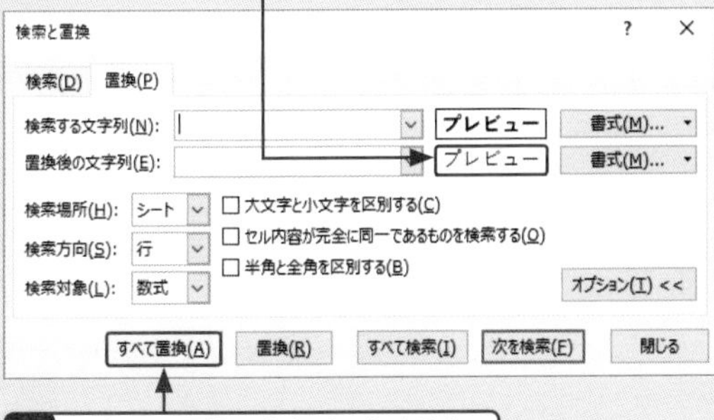

16 <すべて置換>をクリックすると、

17 太字の書式が解除されます。

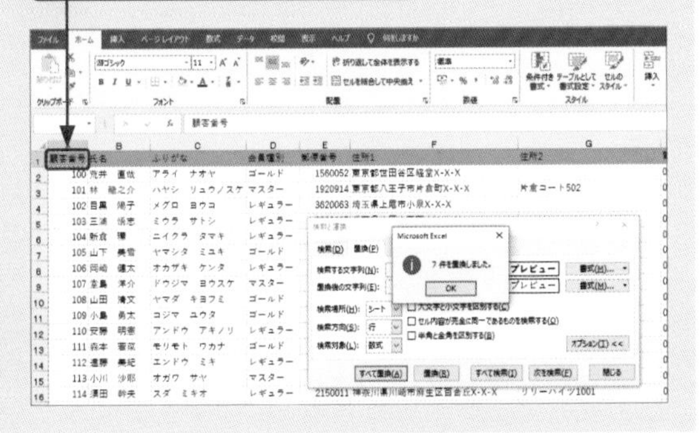

重要度 ★★★　データ整形

Q 073 1つずつ確認しながら置換したい！

A <検索と置換>ダイアログボックスの<次を検索>をクリックします。

<検索と置換>ダイアログボックスの<次を検索>をクリックすると、条件を満たす1件目のデータが選択されます。そのデータを置換したければ<置換>、置換せずに2件目のデータにジャンプしたければ<次を検索>をクリックします。1件ずつデータを確認しながら置換するときに使います。

列<D>の「マスター」を「プラチナ」に置換します。

1 Q.069の操作で<検索と置換>ダイアログボックスを開きます。

2 「検索する文字列」欄に「マスター」を入力し、

3 「置換後の文字列」に「プラチナ」を入力して、

4 <次を検索>をクリックすると、

5 該当セルが選択されます。

6 <置換>をクリックすると、

7 文字が置換され、次のデータが選択されます。

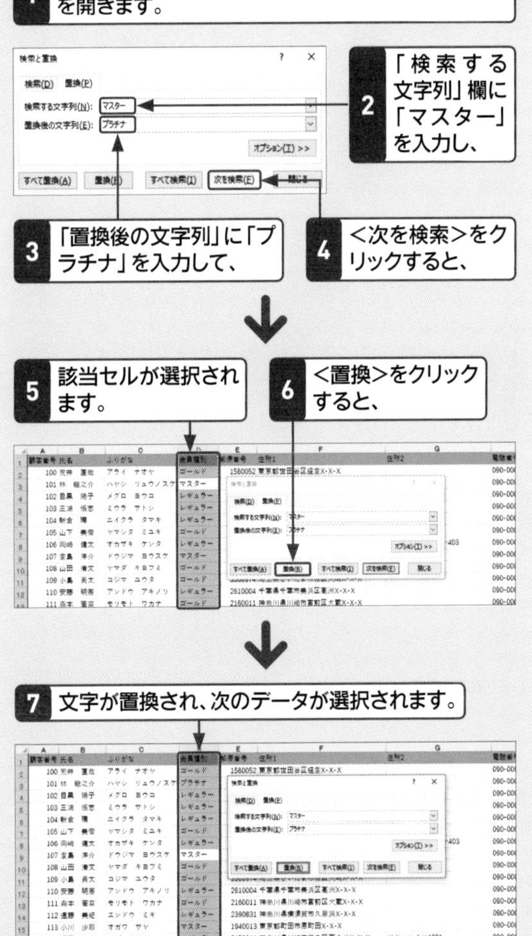

重要度 ★★★　データ整形

Q 074 重複データを削除したい！

同じデータを何度も入力してしまうと、リスト内に重複データが発生してデータを正しく集計できないなどの支障が出ます。重複の削除機能を使うと、複数のフィールドを見比べて完全に一致したデータだけをかんたんに削除できます。

A 重複の削除機能を使って削除します。

「新倉環」のデータが6行目と11行目に入力されています。

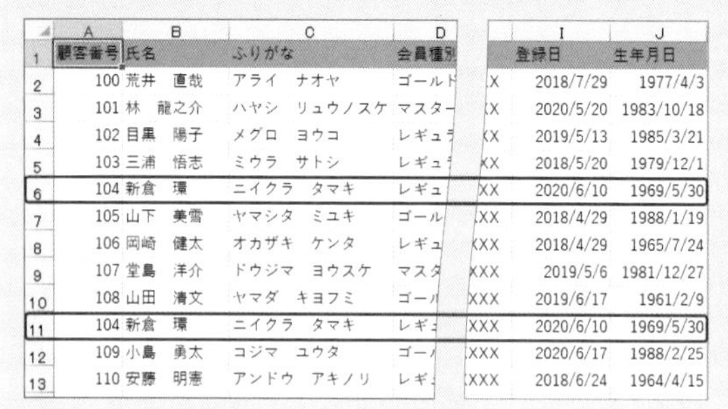

	A	B	C	D		I	J
1	顧客番号	氏名	ふりがな	会員種別		登録日	生年月日
2	100	荒井　直哉	アライ　ナオヤ	ゴールド	XX	2018/7/29	1977/4/3
3	101	林　龍之介	ハヤシ　リュウノスケ	マスター	XX	2020/5/20	1983/10/18
4	102	目黒　陽子	メグロ　ヨウコ	レギュラ	XX	2019/5/13	1985/3/21
5	103	三浦　悟志	ミウラ　サトシ	レギュラ	XX	2018/5/20	1979/12/1
6	104	新倉　環	ニイクラ　タマキ	レギュ	XX	2020/6/10	1969/5/30
7	105	山下　美雪	ヤマシタ　ミユキ	ゴール	XX	2018/4/29	1988/1/19
8	106	岡崎　健太	オカザキ　ケンタ	レギュ	XX	2018/4/29	1965/7/24
9	107	堂島　洋介	ドウジマ　ヨウスケ	マス	XXX	2019/5/6	1981/12/27
10	108	山田　清文	ヤマダ　キヨフミ	ゴー	XXX	2019/6/17	1961/2/9
11	104	新倉　環	ニイクラ　タマキ	レギ	XXX	2020/6/10	1969/5/30
12	109	小島　勇太	コジマ　ユウタ	ゴー	XXX	2020/6/17	1988/2/25
13	110	安藤　明憲	アンドウ　アキノリ	レギ	XXX	2018/6/24	1964/4/15

1 リスト内の任意のセルをクリックし、

2 ＜データ＞タブをクリックして、

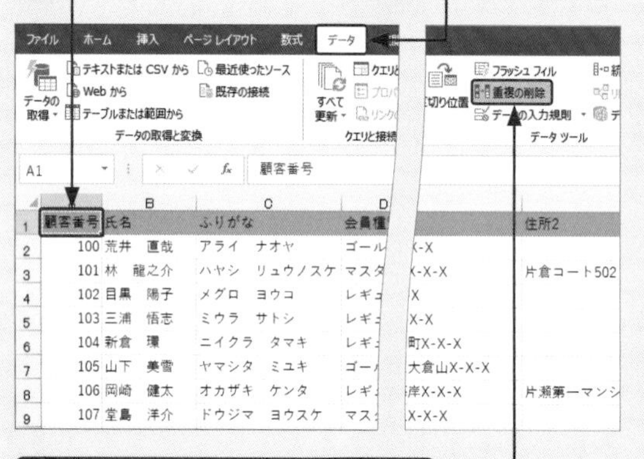

3 ＜重複の削除＞をクリックします。

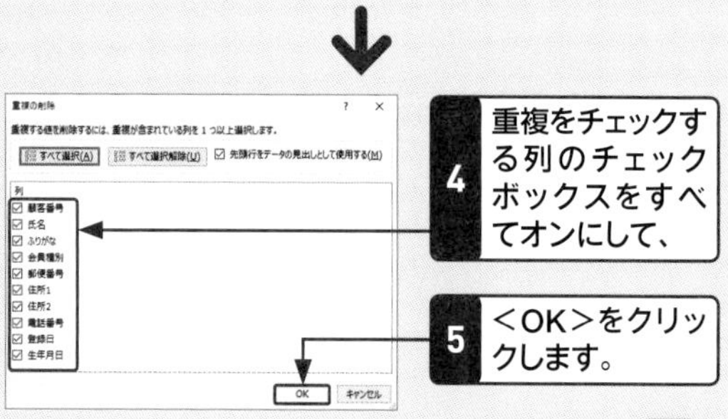

4 重複をチェックする列のチェックボックスをすべてオンにして、

5 ＜OK＞をクリックします。

6 ＜OK＞をクリックすると、

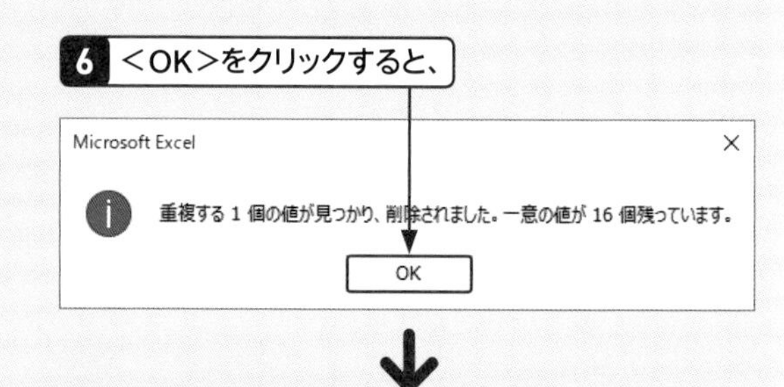

7 11行目の「新倉環」のデータが1件削除されたことが確認できます。

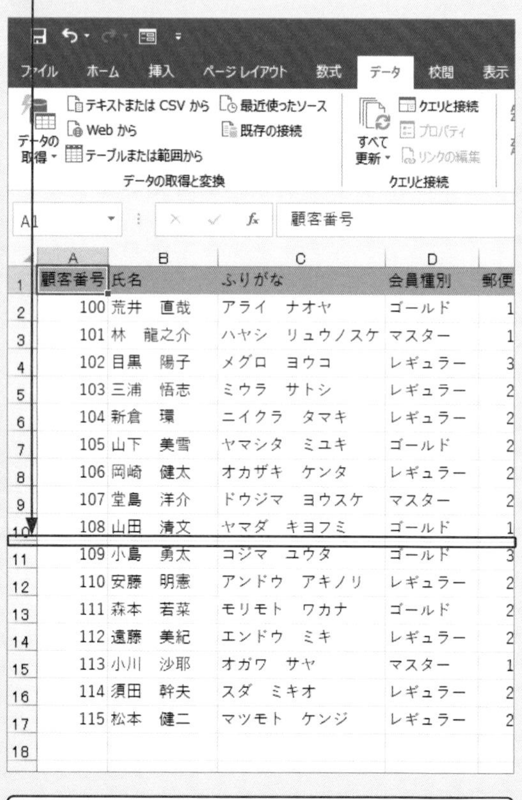

	A	B	C	D	
1	顧客番号	氏名	ふりがな	会員種別	郵便
2	100	荒井　直哉	アライ　ナオヤ	ゴールド	1
3	101	林　龍之介	ハヤシ　リュウノスケ	マスター	1
4	102	目黒　陽子	メグロ　ヨウコ	レギュラー	3
5	103	三浦　悟志	ミウラ　サトシ	レギュラー	2
6	104	新倉　環	ニイクラ　タマキ	レギュラー	2
7	105	山下　美雪	ヤマシタ　ミユキ	ゴールド	2
8	106	岡崎　健太	オカザキ　ケンタ	レギュラー	2
9	107	堂島　洋介	ドウジマ　ヨウスケ	マスター	2
10	108	山田　清文	ヤマダ　キヨフミ	ゴールド	1
11	109	小島　勇太	コジマ　ユウタ	ゴールド	3
12	110	安藤　明憲	アンドウ　アキノリ	レギュラー	2
13	111	森本　若菜	モリモト　ワカナ	ゴールド	2
14	112	遠藤　美紀	エンドウ　ミキ	レギュラー	2
15	113	小川　沙耶	オガワ　サヤ	マスター	1
16	114	須田　幹夫	スダ　ミキオ	レギュラー	2
17	115	松本　健二	マツモト　ケンジ	レギュラー	2
18					

住所録や顧客リストでは、同姓同名のデータが存在する可能性があります。重複データを削除するときは、＜重複の削除＞ダイアログボックスで複数の列にチェックを付けて、名前以外の内容も一致しているかどうかをチェックしましょう。

重要度 ★★★ データ整形

Q 075 セルの結合を解除したい!

A <セル結合の解除>を実行します。

Q.008で解説したように、データベースのもとになるリストは1件1行のルールで入力します。リスト内に結合されたセルがあるときは、セル結合の解除機能を実行します。

1 セル結合されたセル範囲<C2:C17>をドラッグし、

2 <ホーム>タブの<セルを結合して中央揃え>の▼をクリックして、

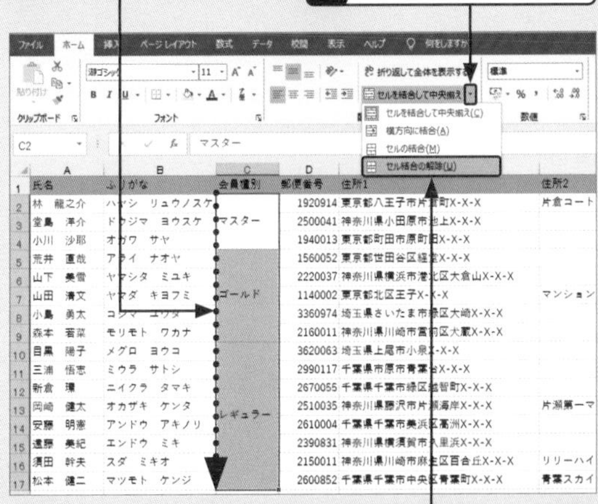

	A	B	C	D	E	F
1	氏名	ふりがな	会員種別	郵便番号	住所1	住所2
2	林 龍之介	ハヤシ リュウノスケ		1920914	東京都八王子市片倉町X-X-X	片倉コート
3	堂島 洋介	ドウジマ ヨウスケ	マスター	2500041	神奈川県小田原市池上X-X-X	
4	小川 沙耶	オガワ サヤ		1940013	東京都町田市原町田X-X-X	
5	荒井 直哉	アライ ナオヤ		1560052	東京都世田谷区経堂X-X-X	
6	山下 美雪	ヤマシタ ミユキ		2220037	神奈川県横浜市港北区大倉山X-X-X	
7	山田 清文	ヤマダ キヨフミ	ゴールド	1140002	東京都北区王子X-X-X	マンション
8	小島 勇太	コジマ ユウタ		3360974	埼玉県さいたま市緑区大崎X-X-X	
9	森本 若菜	モリモト ワカナ		2160011	神奈川県川崎市宮前区犬蔵X-X-X	
10	目黒 陽子	メグロ ヨウコ		3620063	埼玉県上尾市小泉X-X-X	
11	三浦 悟志	ミウラ サトシ		2990117	千葉県市原市青葉台X-X-X	
12	新倉 環	ニイクラ タマキ		2670055	千葉県千葉市緑区越智町X-X-X	
13	岡崎 健太	オカザキ ケンタ	レギュラー	2510035	神奈川県藤沢市片瀬海岸X-X-X	片瀬第一マ
14	安藤 明憲	アンドウ アキノリ		2610004	千葉県千葉市美浜区高洲X-X-X	
15	遠藤 美紀	エンドウ ミキ		2390831	神奈川県横須賀市久里浜X-X-X	
16	須田 幹夫	スダ ミキオ		2150011	神奈川県川崎市麻生区百合丘X-X-X	リリーハイ
17	松本 健二	マツモト ケンジ		2600852	千葉県千葉市中央区青葉町X-X-X	青葉スカイ

3 <セル結合の解除>をクリックすると、

4 セル結合が解除されます。

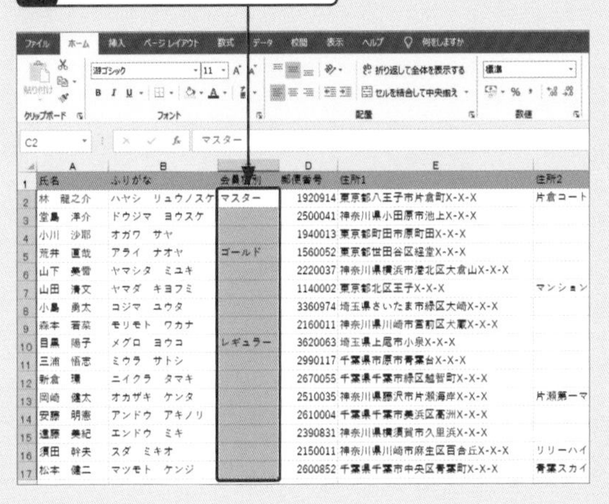

	A	B	C	D	E	F
1	氏名	ふりがな	会員種別	郵便番号	住所1	住所2
2	林 龍之介	ハヤシ リュウノスケ	マスター	1920914	東京都八王子市片倉町X-X-X	片倉コート
3	堂島 洋介	ドウジマ ヨウスケ		2500041	神奈川県小田原市池上X-X-X	
4	小川 沙耶	オガワ サヤ		1940013	東京都町田市原町田X-X-X	
5	荒井 直哉	アライ ナオヤ	ゴールド	1560052	東京都世田谷区経堂X-X-X	
6	山下 美雪	ヤマシタ ミユキ		2220037	神奈川県横浜市港北区大倉山X-X-X	
7	山田 清文	ヤマダ キヨフミ		1140002	東京都北区王子X-X-X	マンション
8	小島 勇太	コジマ ユウタ		3360974	埼玉県さいたま市緑区大崎X-X-X	
9	森本 若菜	モリモト ワカナ		2160011	神奈川県川崎市宮前区犬蔵X-X-X	
10	目黒 陽子	メグロ ヨウコ	レギュラー	3620063	埼玉県上尾市小泉X-X-X	
11	三浦 悟志	ミウラ サトシ		2990117	千葉県市原市青葉台X-X-X	
12	新倉 環	ニイクラ タマキ		2670055	千葉県千葉市緑区越智町X-X-X	
13	岡崎 健太	オカザキ ケンタ		2510035	神奈川県藤沢市片瀬海岸X-X-X	片瀬第一マ
14	安藤 明憲	アンドウ アキノリ		2610004	千葉県千葉市美浜区高洲X-X-X	
15	遠藤 美紀	エンドウ ミキ		2390831	神奈川県横須賀市久里浜X-X-X	
16	須田 幹夫	スダ ミキオ		2150011	神奈川県川崎市麻生区百合丘X-X-X	リリーハイ
17	松本 健二	マツモト ケンジ		2600852	千葉県千葉市中央区青葉町X-X-X	青葉スカイ

重要度 ★★★ データの表示

Q 076 見出し行が画面から隠れないようにしたい!

A <ウィンドウ枠の固定>の<先頭行の固定>を設定します。

データの件数が増えると、画面をスクロールしたときに見出し行が隠れてしまいます。常に見出し行を表示しておくにはウィンドウ枠の固定の機能を使います。<ウィンドウ枠の固定>の<先頭行の固定>を使うと、画面に表示されている先頭行を固定できます。また、<先頭列の固定>を使うと、画面の左端の列を固定できます。

1 1行目の見出しが画面の先頭行に表示されている状態で、

2 <表示>タブをクリックし、

3 <ウィンドウ枠の固定>をクリックして、

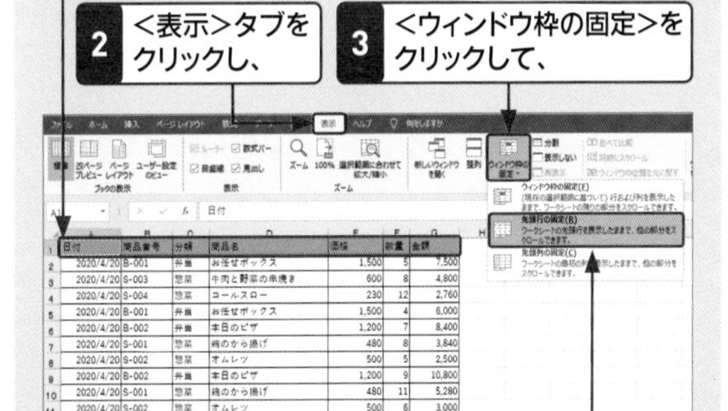

	A	B	C	D	E	F	G
1	日付	商品番号	分類	商品名	価格	数量	金額
2	2020/4/20	B-001	弁当	お任せボックス	1,500	5	7,500
3	2020/4/20	S-003	惣菜	牛肉と野菜の串焼き	600	8	4,800
4	2020/4/20	S-004	惣菜	コールスロー	230	12	2,760
5	2020/4/20	B-001	弁当	お任せボックス	1,500	4	6,000
6	2020/4/20	B-002	弁当	本日のピザ	1,200	7	8,400
7	2020/4/20	S-001	惣菜	鶏のから揚げ	480	8	3,840
8	2020/4/20	S-002	惣菜	オムレツ	500	5	2,500
9	2020/4/20	B-002	弁当	本日のピザ	1,200	9	10,800
10	2020/4/20	S-001	惣菜	鶏のから揚げ	480	11	5,280
11	2020/4/20	S-002	惣菜	オムレツ	500	6	3,000
12	2020/4/20	B-002	弁当	本日のピザ	1,200	10	12,000
13	2020/4/22	S-004	惣菜	コールスロー	230	14	3,220

4 <先頭行の固定>をクリックします。

5 画面を下方向にスクロールすると、1行目の見出しは常に画面に表示されています。

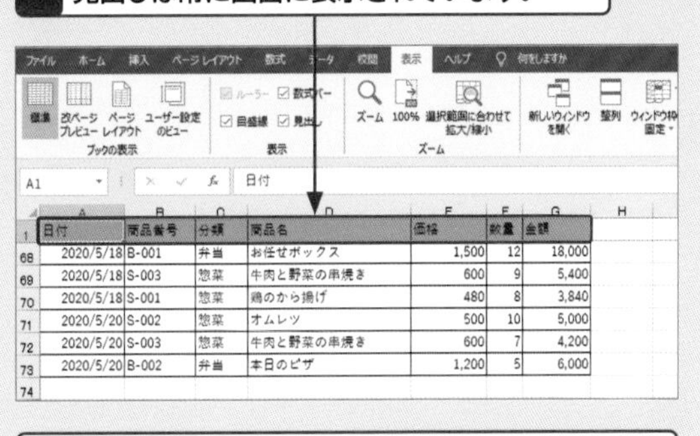

	A	B	C	D	E	F	G
1	日付	商品番号	分類	商品名	価格	数量	金額
68	2020/5/18	B-001	弁当	お任せボックス	1,500	12	18,000
69	2020/5/18	S-003	惣菜	牛肉と野菜の串焼き	600	9	5,400
70	2020/5/18	S-001	惣菜	鶏のから揚げ	480	8	3,840
71	2020/5/20	S-002	惣菜	オムレツ	500	10	5,000
72	2020/5/20	S-003	惣菜	牛肉と野菜の串焼き	600	7	4,200
73	2020/5/20	B-002	弁当	本日のピザ	1,200	5	6,000
74							

<表示>タブの<ウィンドウ枠の固定>から<ウィンドウ枠固定の解除>をクリックすると、ウィンドウ枠の固定を解除できます。

重要度 ★★★　データの表示

Q 077 不要なデータを一時的に隠したい！

リストのデータは、常にすべてのデータを閲覧したいとは限りません。明細データを隠して集計結果だけを表示したり、特定の日付のデータだけを表示したりというときは非表示機能を使って、不要なデータを一時的に折りたたんで隠すことができます。

A 非表示機能を使ってデータを折りたたみます。

4月のデータを非表示にします。

1 行＜2：14＞の行番号をドラッグし、

2 いずれかの行番号を右クリックして、

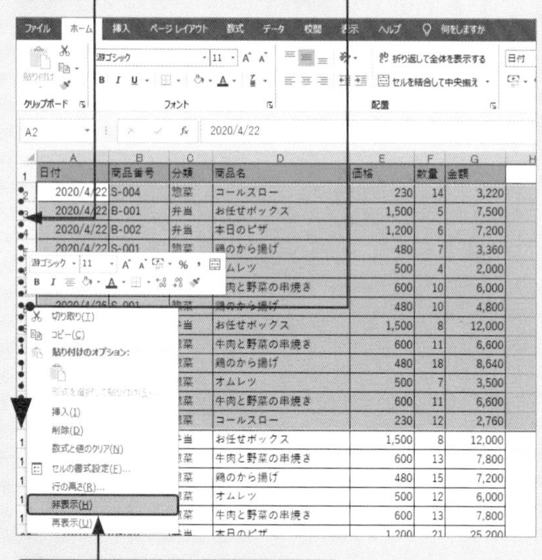

3 ＜非表示＞をクリックすると、

4 行＜2：14＞が非表示になります。

	日付	商品番号	分類	商品名	価格	数量	金額
15	2020/5/1	B-001	弁当	お任せボックス	1,500	8	12,000
16	2020/5/1	S-003	惣菜	牛肉と野菜の串焼き	600	13	7,800
17	2020/5/1	S-001	惣菜	鶏のから揚げ	480	15	7,200
18	2020/5/6	S-002	惣菜	オムレツ	500	12	6,000
19	2020/5/6	S-003	惣菜	牛肉と野菜の串焼き	600	13	7,800
20	2020/5/7	B-002	弁当	本日のピザ	1,200	21	25,200
21	2020/5/7	B-001	弁当	お任せボックス	1,500	10	15,000
22	2020/5/9	S-003	惣菜	牛肉と野菜の串焼き	600	15	9,000
23	2020/5/9	S-001	惣菜	鶏のから揚げ	480	13	6,240
24	2020/5/10	S-002	惣菜	オムレツ	500	13	6,500
25	2020/5/11	S-003	惣菜	牛肉と野菜の串焼き	600	18	10,800

行＜1＞の次が行＜15＞になります。

5 行＜1：15＞の行番号をドラッグし、

6 いずれかの行番号を右クリックして、

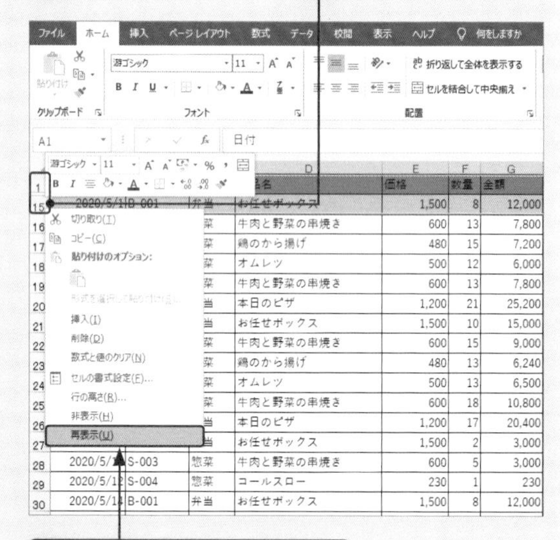

7 ＜再表示＞をクリックすると、

8 行＜2:14＞が再表示されます。

	日付	商品番号	分類	商品名	価格	数量	金額
2	2020/4/22	S-004	惣菜	コールスロー	230	14	3,220
3	2020/4/22	B-001	弁当	お任せボックス	1,500	5	7,500
4	2020/4/22	B-002	弁当	本日のピザ	1,200	6	7,200
5	2020/4/22	S-001	惣菜	鶏のから揚げ	480	7	3,360
6	2020/4/22	S-002	惣菜	オムレツ	500	4	2,000
7	2020/4/26	S-003	惣菜	牛肉と野菜の串焼き	600	10	6,000
8	2020/4/26	S-001	惣菜	鶏のから揚げ	480	10	4,800
9	2020/4/26	B-001	弁当	お任せボックス	1,500	8	12,000
10	2020/4/26	S-003	惣菜	牛肉と野菜の串焼き	600	11	6,600
11	2020/4/26	S-001	惣菜	鶏のから揚げ	480	18	8,640
12	2020/4/28	S-002	惣菜	オムレツ	500	7	3,500
13	2020/4/28	S-003	惣菜	牛肉と野菜の串焼き	600	11	6,600
14	2020/4/28	S-004	惣菜	コールスロー	230	12	2,760
15	2020/5/1	B-001	弁当	お任せボックス	1,500	8	12,000
16	2020/5/1	S-003	惣菜	牛肉と野菜の串焼き	600	13	7,800
17	2020/5/1	S-001	惣菜	鶏のから揚げ	480	15	7,200

重要度 ★★★　データの表示

Q 078 不要なデータを折りたたみたい！

Q.077の非表示機能と違い、ワンタッチでデータを折りたたんだり表示したりできるようにするにはグループ化機能を使います。手動でグループ化することもできますが、Q.182の小計機能を実行すると、自動的にグループ化されるものもあります。

A グループ化機能を使って折りたたみます。

1 列<C:H>の列番号をドラッグし、

2 <データ>タブをクリックして、

3 <グループ化>をクリックすると、

4 列<C:H>が1つのグループにまとまり、上側にアウトライン領域が表示されます。

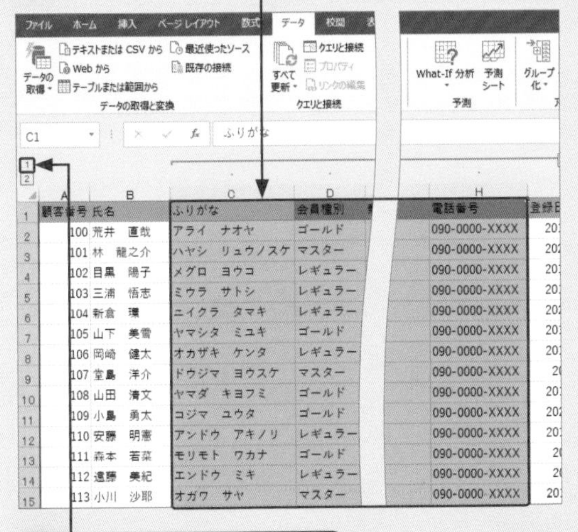

5 アウトライン領域の<1>をクリックすると、

6 グループ化した列が折りたたまれます。

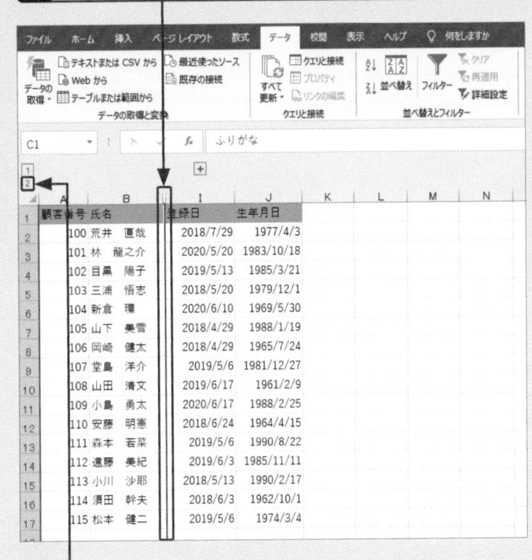

7 アウトライン領域の<2>をクリックすると、

8 すべての列が表示されます。

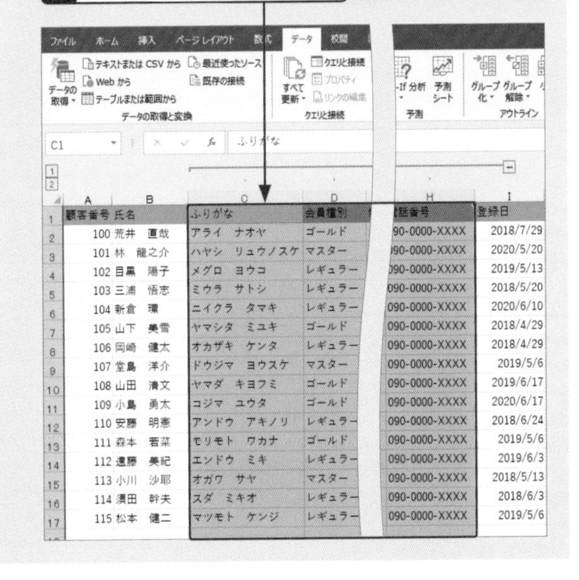

重要度 ★★★　データの表示

Q 079 見出し行と見出し列の両方が画面から隠れないようにしたい！

A ウィンドウ枠の固定機能を使って行と列を固定します。

Q.076の＜先頭行の固定＞と＜先頭列の固定＞を同時に使うことはできません。画面に表示されている先頭行と先頭列を同時に固定するにはウィンドウ枠の固定の機能を使います。このとき、固定したい行と列を除いた一番左上のセルをクリックしておくのがポイントです。

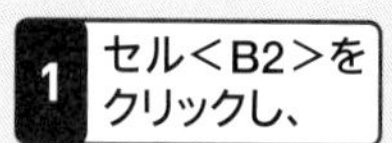

1 セル＜B2＞をクリックし、

2 ＜表示＞タブをクリックして、

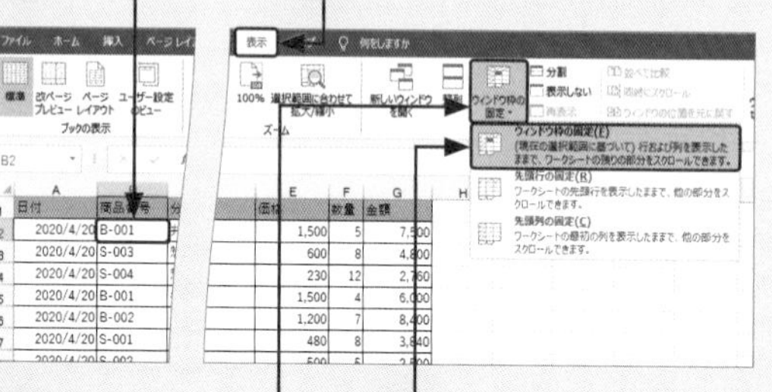

3 ＜ウィンドウ枠の固定＞をクリックしたら、

4 ＜ウィンドウ枠の固定＞をクリックします。

5 画面を下方向にスクロールすると、1行目の見出しは常に画面に表示されています。

	A	B	C	D	E	F	G
1	日付	商品番号	分類	商品名	価格	数量	金額
65	2020/5/18	S-002	惣菜	オムレツ	500	14	7,000
66	2020/5/18	S-003	惣菜	牛肉と野菜の串焼き	600	7	4,200
67	2020/5/18	B-002	弁当	本日のピザ	1,200	6	7,200
68	2020/5/18	B-001	弁当	お任せボックス	1,500	12	18,000
69	2020/5/18	S-003	惣菜	牛肉と野菜の串焼き	600	9	5,400
70	2020/5/18	S-001	惣菜	鶏のから揚げ	480	8	3,840

6 画面を右方向にスクロールすると、列＜A＞も常に画面に表示されています。

	A	G
1	日付	金額
65	2020/5/18	7,000
66	2020/5/18	4,200
67	2020/5/18	7,200
68	2020/5/18	18,000
69	2020/5/18	5,400
70	2020/5/18	3,840
71	2020/5/20	5,000
72	2020/5/20	4,200
73	2020/5/20	6,000

重要度 ★★★　データの表示

Q 080 アウトラインを解除したい！

A ＜アウトラインのクリア＞を実行します。

Q.078の操作でグループ化したアウトラインを解除するには、＜データ＞タブの＜グループ解除＞から＜アウトラインのクリア＞をクリックします。すると、リスト内のグループ化をすべて解除できます。

1 リスト内の任意のセルをクリックし、

2 ＜データ＞タブをクリックして、

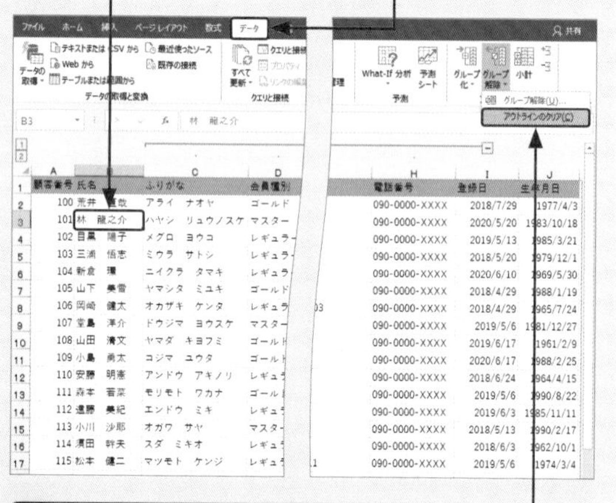

3 ＜グループ解除＞から＜アウトラインのクリア＞をクリックすると、

4 すべてのアウトラインが解除され、アウトライン領域がなくなります。

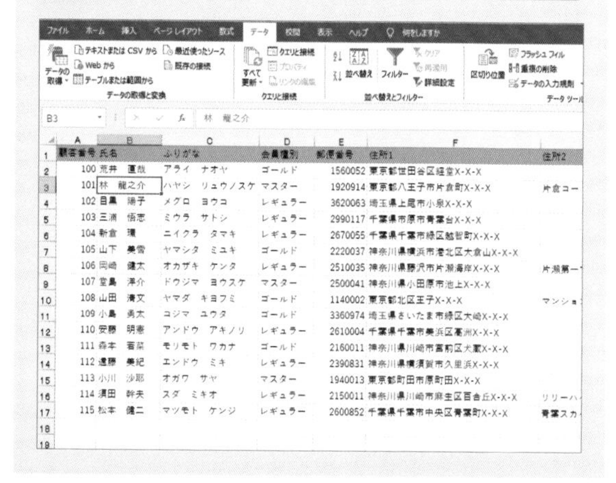

重要度 ★★★　データの表示

Q 081 表を2つに分けて表示したい！

A 分割したい行や列を選択してから分割機能を実行します。

リストのデータが増えてくると、何度も画面をスクロールしたり、あちこちのセルに移動したりしてデータを確認しなければなりません。分割機能を使うと、それぞれのウィンドウ内で個別にスクロールできるため、同じシートの離れた箇所を同時に表示できます。

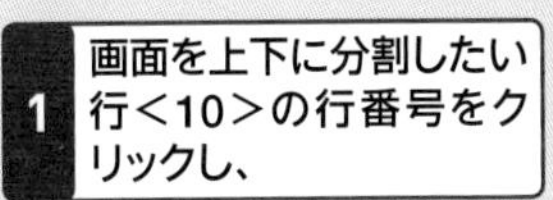

1 画面を上下に分割したい行<10>の行番号をクリックし、

2 <表示>タブをクリックして、

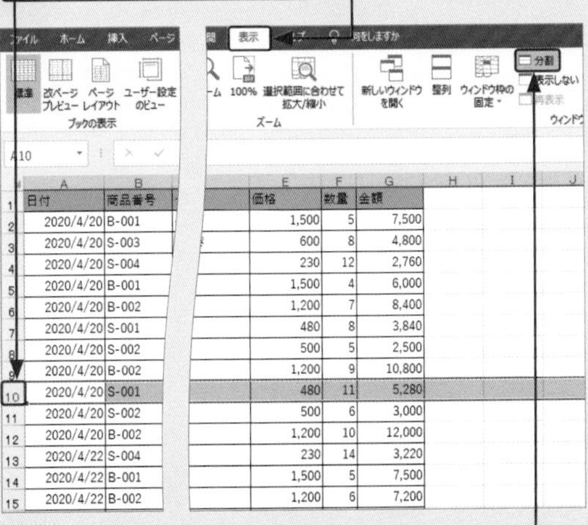

3 <分割>をクリックすると、

4 10行目の上側に分割バーが表示されます。

5 下側のウィンドウ内をクリックして画面を下方向にスクロールすると、

6 下側のウィンドウだけをスクロールできます。

重要度 ★★★　データの表示

Q 082 表を縦横4つに分けて表示したい！

A 分割したいセルをクリックしてから分割機能を実行します。

分割機能を使うと、好きな位置でリストを縦横4分割できます。最初に、分割したい位置のセルをクリックしておくのがポイントです。

1 画面を4つに分割したいセルをクリックし、

2 <表示>タブをクリックして、

3 <分割>をクリックすると、

4 アクティブセルの上側と左側に分割バーが表示されます。

5 それぞれのウィンドウをスクロールして、見たい場所を同時に表示します。

重要度 ★★★　データの表示

Q 083 分割位置を調整したい！

A 分割バーをドラッグします。

分割機能を使って表示した分割位置は、分割バーをドラッグすることで、あとから調整できます。

1 分割バーにマウスポインターを移動して形状が変わったら、

2 上下にドラッグします。

	A	B	C	D	E	F	G
1	日付	商品番号	分類	商品名	価格	数量	金額
2	2020/4/20	B-001	弁当	お任せボックス	1,500	5	7,500
3	2020/4/20	S-003	惣菜	牛肉と野菜の串焼き	600	8	4,800
4	2020/4/20	S-004	惣菜	コールスロー	230	12	2,760
5	2020/4/20	B-001	弁当	お任せボックス	1,500	4	6,000
6	2020/4/20	B-002	弁当	本日のピザ	1,200	7	8,400
7	2020/4/20	S-001	惣菜	鶏のから揚げ	480	8	3,840
8	2020/4/20	S-002	惣菜	オムレツ	500	5	2,500
9	2020/4/20	B-002	弁当	本日のピザ	1,200	9	10,800
10	2020/4/20	S-001	惣菜	鶏のから揚げ	480	11	5,280
11	2020/4/20	S-002	惣菜	オムレツ	500	6	3,000
12	2020/4/20	B-002	弁当	本日のピザ	1,200	10	12,000
13	2020/4/22	S-004	惣菜	コールスロー	230	14	3,220
14	2020/4/22	B-001	弁当	お任せボックス	1,500	5	7,500

重要度 ★★★　データの表示

Q 084 分割を解除したい！

A <表示>タブの<分割>をクリックします。

分割機能を解除するには、リスト内の任意のセルをクリックしてから、もう一度<表示>タブの<分割>をクリックします。

1 リスト内の任意のセルをクリックし、

2 <表示>タブの<分割>をクリックすると、

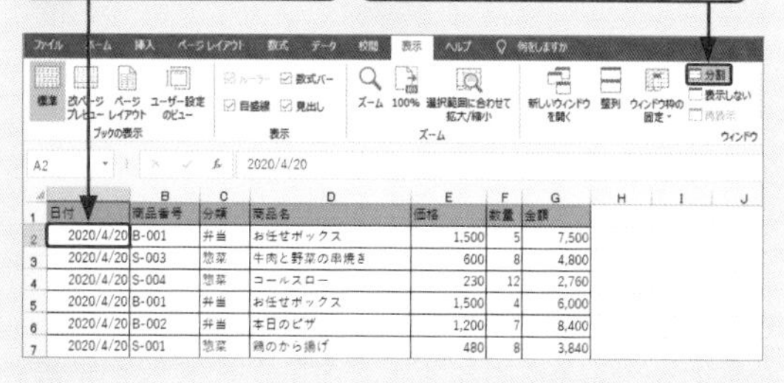

	A	B	C	D	E	F	G
1	日付	商品番号	分類	商品名	価格	数量	金額
2	2020/4/20	B-001	弁当	お任せボックス	1,500	5	7,500
3	2020/4/20	S-003	惣菜	牛肉と野菜の串焼き	600	8	4,800
4	2020/4/20	S-004	惣菜	コールスロー	230	12	2,760
5	2020/4/20	B-001	弁当	お任せボックス	1,500	4	6,000
6	2020/4/20	B-002	弁当	本日のピザ	1,200	7	8,400
7	2020/4/20	S-001	惣菜	鶏のから揚げ	480	8	3,840

3 分割が解除されます。

重要度 ★★★　データの表示

Q 085 もっとかんたんに分割を解除したい！

A 分割バーをダブルクリックします。

Q.084の操作よりもかんたんに分割を解除するには、リスト内の分割バーをダブルクリックします。

1 分割バーにマウスポインターを移動して形状が変わったら、

2 ダブルクリックすると、分割を解除できます。

	A	B	C	D	E	F	G
1	日付	商品番号	分類	商品名	価格	数量	金額
2	2020/4/20	B-001	弁当	お任せボックス	1,500	5	7,500
3	2020/4/20	S-003	惣菜	牛肉と野菜の串焼き	600	8	4,800
4	2020/4/20	S-004	惣菜	コールスロー	230	12	2,760
5	2020/4/20	B-001	弁当	お任せボックス	1,500	4	6,000
6	2020/4/20	B-002	弁当	本日のピザ	1,200	7	8,400
7	2020/4/20	S-001	惣菜	鶏のから揚げ	480	8	3,840
8	2020/4/20	S-002	惣菜	オムレツ	500	5	2,500
9	2020/4/20	B-002	弁当	本日のピザ	1,200	9	10,800
10	2020/4/20	S-001	惣菜	鶏のから揚げ	480	11	5,280
11	2020/4/20	S-002	惣菜	オムレツ	500	6	3,000
12	2020/4/20	B-002	弁当	本日のピザ	1,200	10	12,000
13	2020/4/22	S-004	惣菜	コールスロー	230	14	3,220
14	2020/4/22	B-001	弁当	お任せボックス	1,500	5	7,500

重要度 ★★★　データの表示

Q 086 リストの最終行にジャンプしたい！

A End+↓を押します。

大量のデータが入力されているときは、ショートカットキーを使ってすばやくアクティブセルを移動すると便利です。End+↓を押すと、リストの最終行にジャンプできます。また、End+↑を押すと、リストの先頭行ジャンプできます。

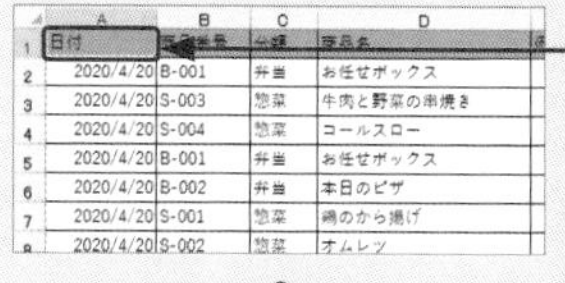

	A	B	C	D
1	日付	商品番号	分類	商品名
2	2020/4/20	B-001	弁当	お任せボックス
3	2020/4/20	S-003	惣菜	牛肉と野菜の串焼き
4	2020/4/20	S-004	惣菜	コールスロー
5	2020/4/20	B-001	弁当	お任せボックス
6	2020/4/20	B-002	弁当	本日のピザ
7	2020/4/20	S-001	惣菜	鶏のから揚げ
8	2020/4/20	S-002	惣菜	オムレツ

1 リスト内の任意のセルをクリックし、

2 End+↓を押すと、

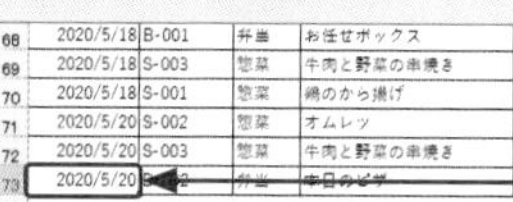

68	2020/5/18	B-001	弁当	お任せボックス
69	2020/5/18	S-003	惣菜	牛肉と野菜の串焼き
70	2020/5/18	S-001	惣菜	鶏のから揚げ
71	2020/5/20	S-002	惣菜	オムレツ
72	2020/5/20	S-003	惣菜	牛肉と野菜の串焼き
73	2020/5/20	[illegible]	弁当	本日のピザ
74				

3 アクティブセルがリストの最終行に移動します。

重要度★★★ データの表示

Q 087 リストの右端の列にジャンプしたい！

A End＋→を押します。

リストの右端のセルにすばやく移動したいときは、End＋→を押します。また、End＋←を押すと、リストの左端のセルにジャンプできます。途中に空白のセルがあると、その手前のセルにジャンプします。

1 リスト内の任意のセルをクリックし、

2 End＋→を押すと、

3 アクティブセルがリストの右端に移動します。

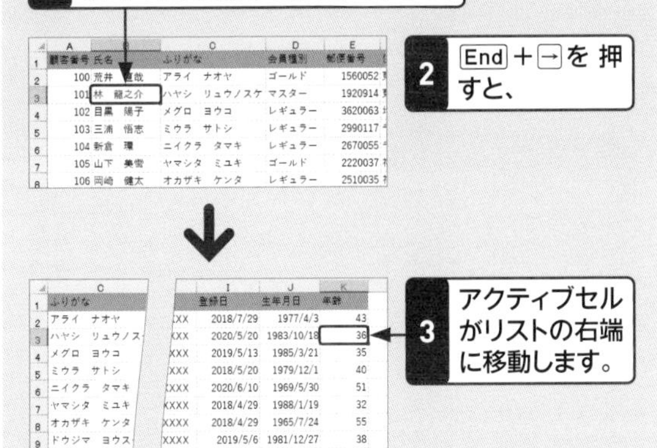

重要度★★★ データの表示

Q 088 セル<A1>にジャンプしたい！

A Ctrl＋Homeを押します。

Ctrl＋Homeを押すと、アクティブセルがどこにあっても瞬時にセル<A1>に移動します。

1 リスト内の任意のセルをクリックし、

2 Ctrl＋Homeを押すと、

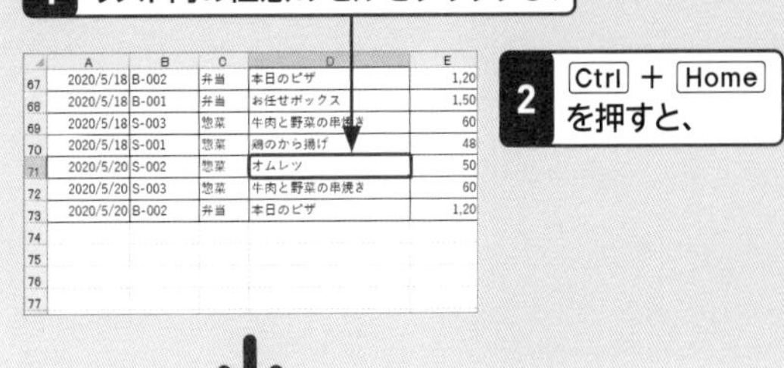

3 アクティブセルがセル<A1>に移動します。

重要度★★★ データの表示

Q 089 特定のセルにジャンプしたい！

ジャンプ機能を使うと、セル<H55>やセル<F130>といったセル番地を指定して、特定のセルにアクティブセルを移動できます。

A ジャンプ機能を使います。

1 リスト内の任意のセルをクリックしてF5を押します。

2 <参照先>欄に移動先のセル番地を入力し、

3 <OK>をクリックすると、

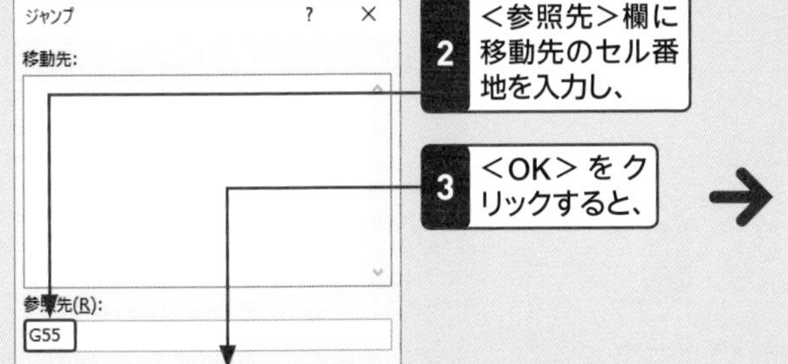

4 アクティブセルが指定したセル番地に移動します。

	A	B	C	D	E	F	G
52	2020/5/16	S-001	惣菜	鶏のから揚げ	480	7	3,360
53	2020/5/16	S-002	惣菜	オムレツ	500	14	7,000
54	2020/5/17	S-003	惣菜	牛肉と野菜の串焼き	600	13	7,800
55	2020/5/17	S-001	惣菜	鶏のから揚げ	480	2	960
56	2020/5/17	B-001	弁当	お任せボックス	1,500	15	22,500
57	2020/5/17	S-003	惣菜	牛肉と野菜の串焼き	600	12	7,200
58	2020/5/17	S-001	惣菜	鶏のから揚げ	480	3	1,440
59	2020/5/17	S-002	惣菜	オムレツ	500	14	7,000
60	2020/5/17	S-003	惣菜	牛肉と野菜の串焼き	600	8	4,800
61	2020/5/17	S-004	惣菜	コールスロー	230	1	230
62	2020/5/18	B-001	弁当	お任せボックス	1,500	12	18,000
63	2020/5/18	S-003	惣菜	牛肉と野菜の串焼き	600	13	7,800
64	2020/5/18	S-001	惣菜	鶏のから揚げ	480	4	1,920
65	2020/5/18	S-002	惣菜	オムレツ	500	14	7,000
66	2020/5/18	S-003	惣菜	牛肉と野菜の串焼き	600	7	4,200
67	2020/5/18	B-002	弁当	本日のピザ	1,200	6	7,200
68	2020/5/18	B-001	弁当	お任せボックス	1,500	12	18,000

重要度 ★★★　データの表示

Q 090 離れているセルの内容を表示したい！

A ウォッチウィンドウ機能を使います。

リストの最終行に集計行があると、集計結果が気になるものです。ただし、集計結果を見るたびに何度も画面をスクロールしたり、あちこちのセルに移動したりするのは大変です。ウォッチウィンドウ機能を使うと、離れたセルの値を常に画面に表示しておくことができます。

1 ＜数式＞タブをクリックし、

2 ＜ウォッチウィンドウ＞をクリックします。

3 ＜ウォッチ式の追加＞をクリックし、

4 常に監視したいセル範囲＜F74：G74＞をドラッグして、

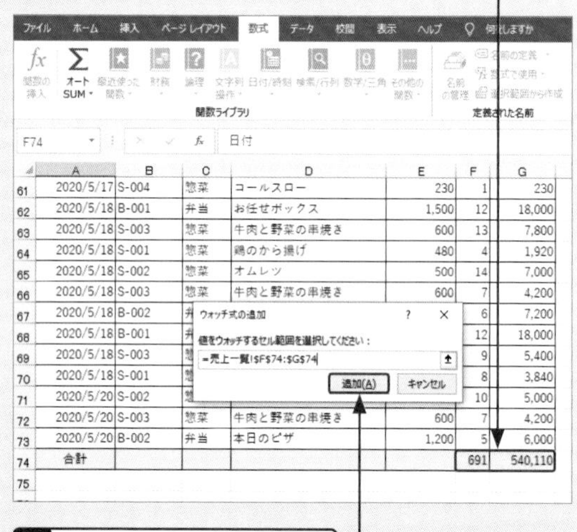

5 ＜追加＞をクリックすると、

6 指定したセル範囲＜F74：G74＞が表示されます。

7 リストをスクロールしても、＜ウォッチウィンドウ＞ダイアログボックスは常に表示されています。

リスト内のデータを修正すると、ウォッチウィンドウのデータも連動して変わります。

Q 091 別シートの画面を同時に表示したい！

別シートに作成したコード表を見ながらデータの入力・編集を行うときに、頻繁にシートを切り替えるのは面倒です。同じブックの異なるシートを同じ画面に表示するには、最初に<新しいウィンドウ>にブックのコピーを表示し、次に2つのブックを整列させます。

A 新しいウィンドウ機能と整列機能を組み合わせます。

<予約リスト>シートと<コース一覧>シートを同じ画面に表示します。

1 <表示>タブをクリックし、

2 <新しいウィンドウを開く>をクリックすると、

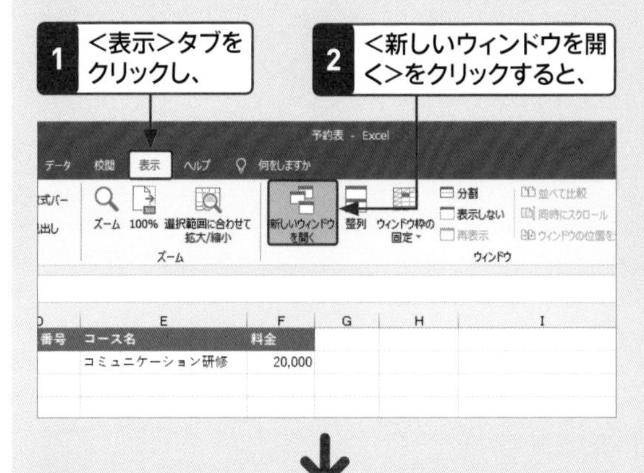

3 開いていたブック<予約表>のコピーが表示されます。

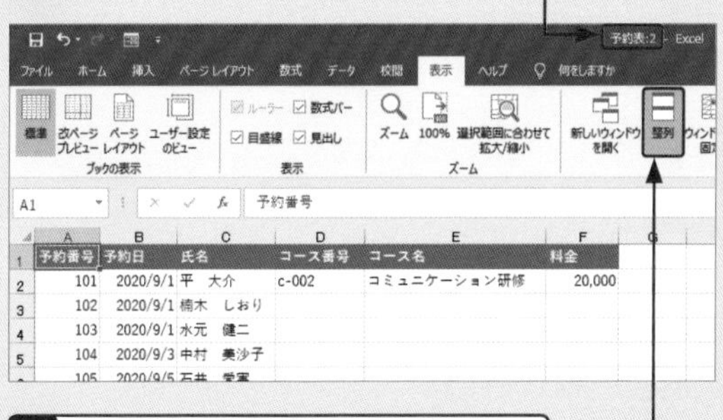

4 <表示>タブの<整列>をクリックし、

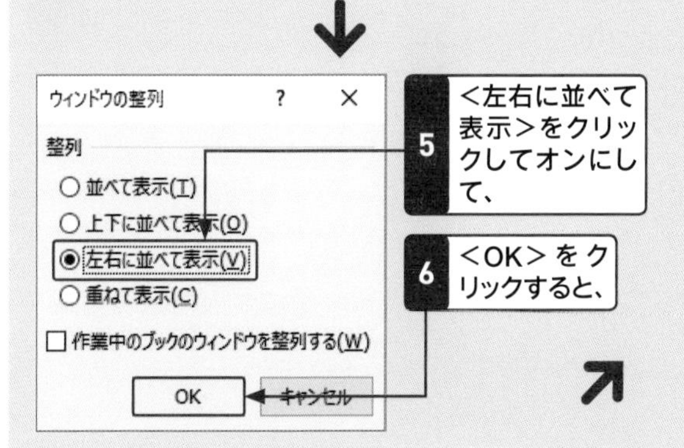

5 <左右に並べて表示>をクリックしてオンにして、

6 <OK>をクリックすると、

7 もとのブック<予約表>とコピーしたブック<予約表：2>が左右のウィンドウにそれぞれ表示されます。

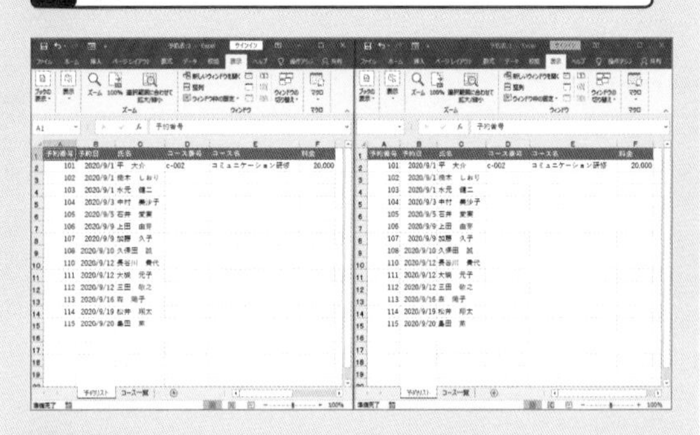

8 右側のウィンドウの<コース一覧>シートをクリックすると、

9 同じブックの異なるシートを同時に表示できます。

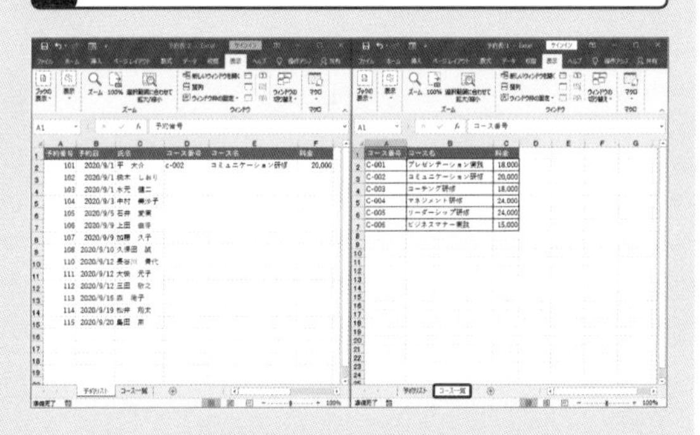

重要度 ★★★ データの印刷

Q 092 大きな表を印刷したい！

A 印刷イメージを確認してから印刷します。

大きなリストを印刷するときには、事前に印刷イメージを確認する習慣をつけましょう。初期設定では、A4判用紙の縦置きに印刷したときの印刷イメージが表示されます。気になった個所を修正してから印刷を実行すれば、インクや用紙の無駄を防げます。

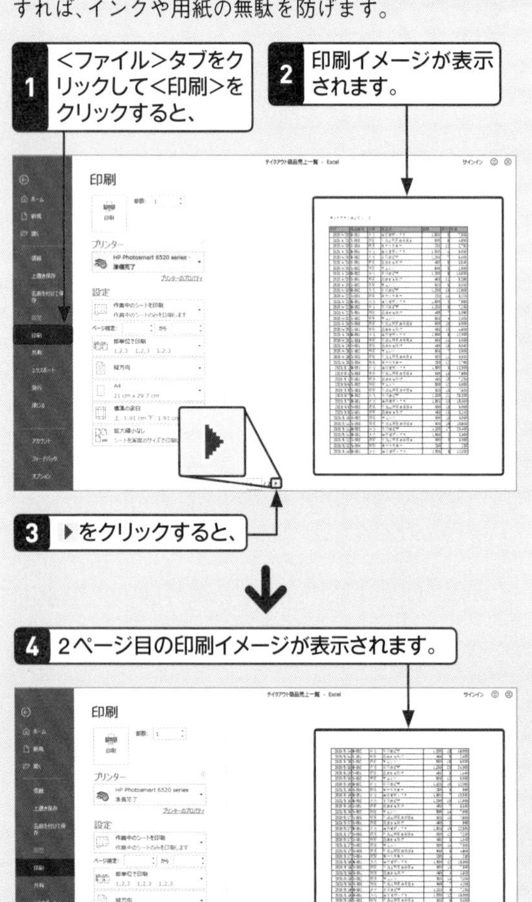

重要度 ★★★ データの印刷

Q 093 印刷イメージを拡大したい！

A <ページに合わせる>をクリックします。

印刷イメージは用紙に印刷したときのおおまかなレイアウトを確認するには適していますが、小さな文字の間違いを見つけるのは困難です。印刷イメージを拡大して表示するには、右下の<ページに合わせる>をクリックします。

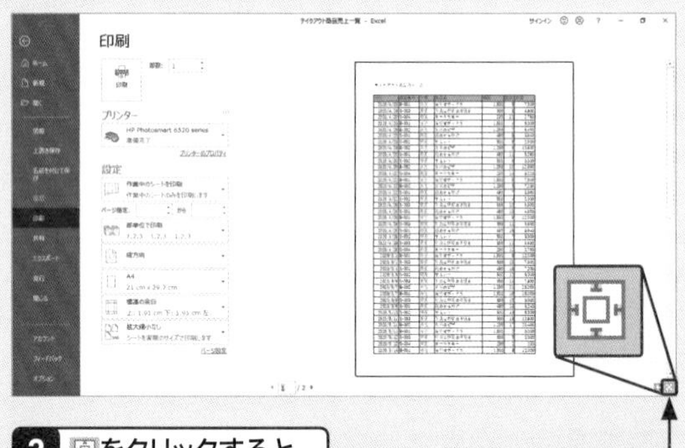

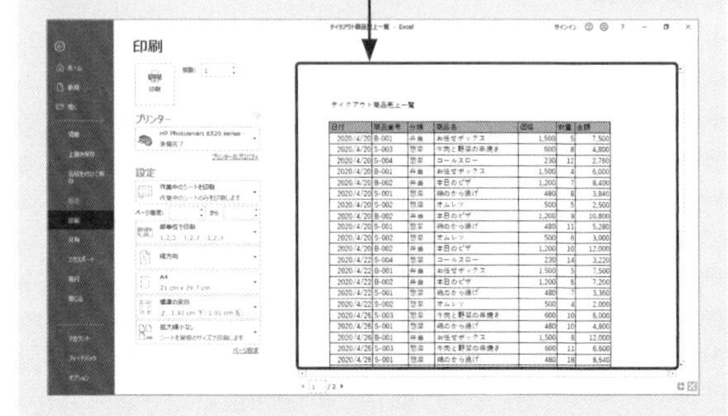

重要度★★★ データの印刷

Q 094 大きな表を一瞬で選択したい!

A Ctrl+*を押します。

ワークシートに複数の表があるときは、印刷したい表をドラッグして選択しておきます。このとき、大きな表になればなるほどドラッグ操作で表を選択するのが大変です。Ctrl + * 押すと、連続したセルを自動的に認識して表全体を瞬時に選択できます。* はテンキーを使います。

1 リスト内の任意のセルをクリックし、

2 Ctrl + * を 押 す と、

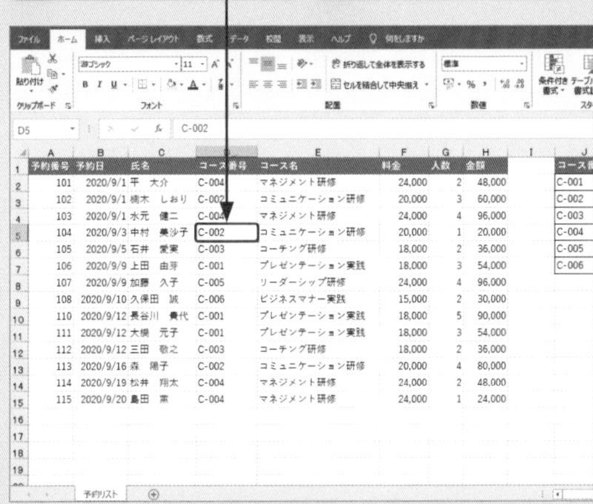

予約番号	予約日	氏名	コース番号	コース名	料金	人数	金額
101	2020/9/1	平 大介	C-004	マネジメント研修	24,000	2	48,000
102	2020/9/1	橋本 しおり	C-002	コミュニケーション研修	20,000	3	60,000
103	2020/9/1	水元 健二	C-004	マネジメント研修	24,000	4	96,000
104	2020/9/3	中村 美沙子	C-002	コミュニケーション研修	20,000	1	20,000
105	2020/9/5	石井 愛実	C-003	コーチング研修	18,000	2	36,000
106	2020/9/9	上田 由芽	C-001	プレゼンテーション実践	18,000	3	54,000
107	2020/9/9	加藤 久子	C-005	リーダーシップ研修	24,000	4	96,000
108	2020/9/10	久保田 誠	C-006	ビジネスマナー実践	15,000	2	30,000
110	2020/9/12	長谷川 貴代	C-001	プレゼンテーション実践	18,000	5	90,000
111	2020/9/12	大槻 元子	C-001	プレゼンテーション実践	18,000	3	54,000
112	2020/9/12	三田 敬之	C-003	コーチング研修	18,000	2	36,000
113	2020/9/16	森 陽子	C-002	コミュニケーション研修	20,000	4	80,000
114	2020/9/19	松井 翔太	C-004	マネジメント研修	24,000	2	48,000
115	2020/9/20	島田 素	C-004	マネジメント研修	24,000	1	24,000

3 リスト全体が選択されます。

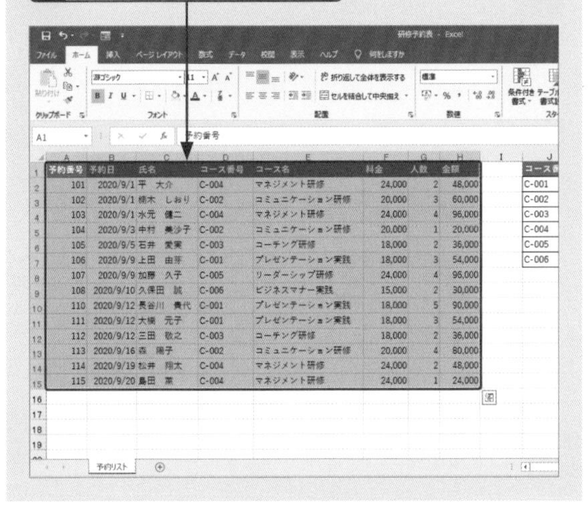

重要度★★★ データの印刷

Q 095 1枚の用紙に収めて印刷したい!

A 「シートを1ページに印刷」を設定します。

リストを1枚の用紙に強制的に収めて印刷するには、印刷画面で「シートを1ページに印刷」を設定します。ただし、文字が小さくなって読めないのでは意味がありません。印刷イメージでしっかり確認してから印刷しましょう。

1 Q.092の操作で印刷イメージを表示します。

2 <拡大縮小なし>をクリックし、

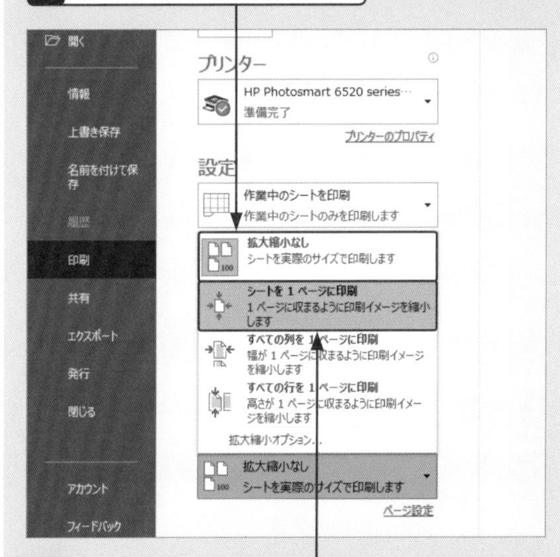

3 <シートを1ページに印刷>をクリックすると、

4 リストが1枚の用紙に収まります。

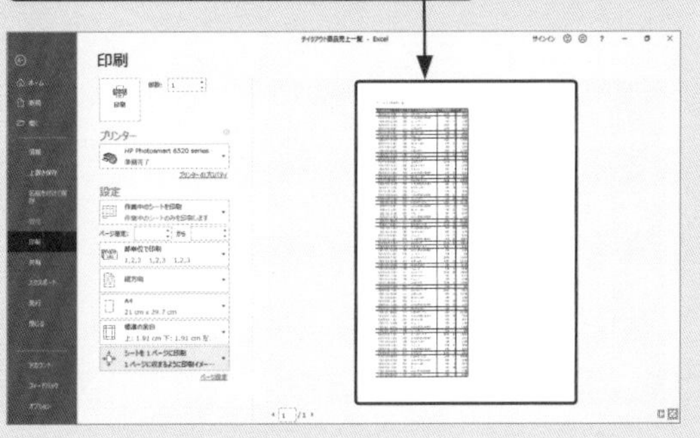

重要度★★★ データの印刷

Q 096 列だけを用紙の幅に収めて印刷したい！

A ＜すべての列を1ページに印刷＞を設定します。

リストの件数が多いときは、無理矢理1枚の用紙に収めて印刷するのではなく、フィールド名が入力された列だけを用紙の幅に収めて印刷すると一覧性が高まります。それには、印刷画面で＜すべての列を1ページに印刷＞を設定します。

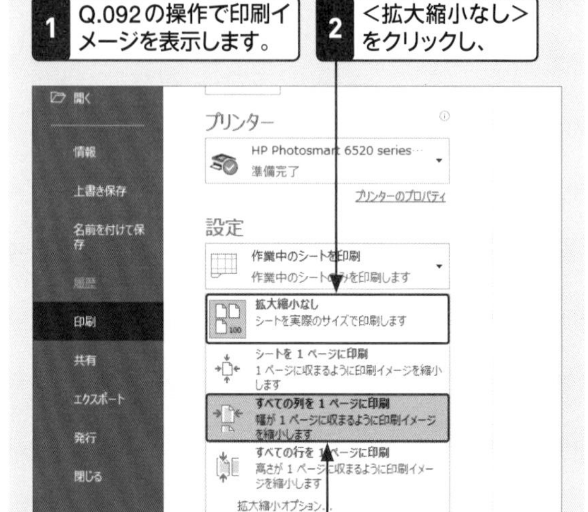

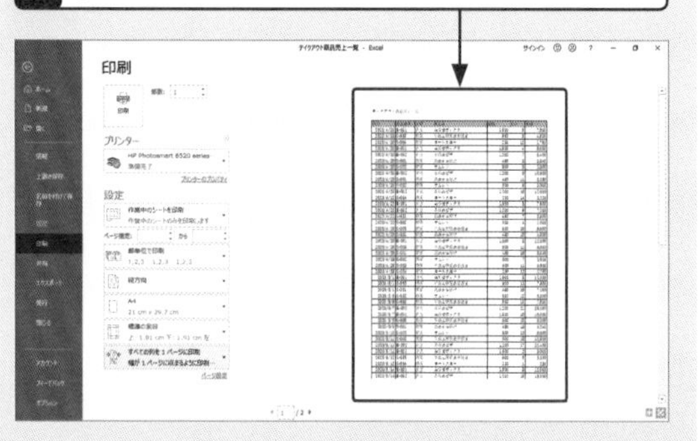

重要度★★★ データの印刷

Q 097 特定のセルだけを印刷したい！

A ＜選択した部分を印刷＞を設定します。

表の一部を印刷したいときは、最初に印刷したいセル範囲をドラッグして選択します。次に、印刷画面で＜選択した部分を印刷＞を設定します。

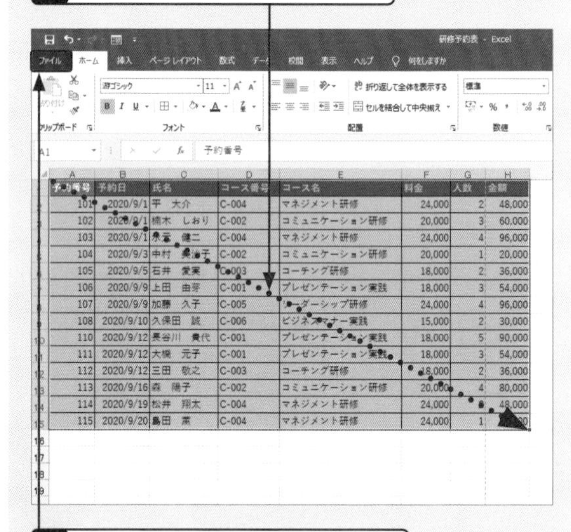

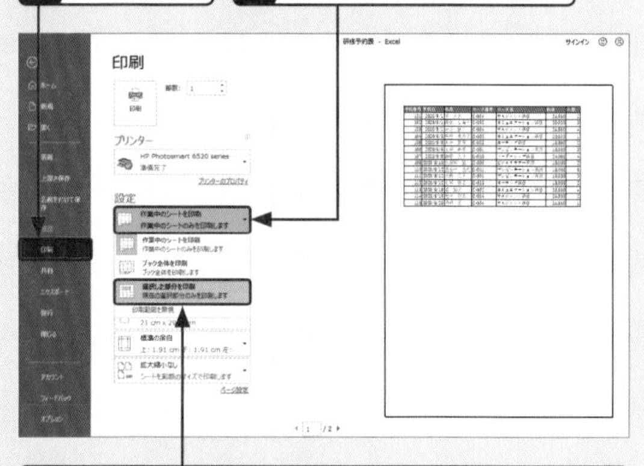

重要度 ★★★　データの印刷

Q 098 区切りのよい位置でページを分けたい！

データ件数の多いリストを印刷するときは、区切りのよい位置でページが分かれるように印刷すると親切です。改ページの挿入機能を使うと、改ページを設定した以降を強制的に次のページに印刷できます。改ページの結果は印刷イメージで確認します。

A 改ページの挿入機能を使って強制的にページを送ります。

5月以降の行を改ページします。

1 改ページしたい行<28>の行番号をクリックし、

2 <ページレイアウト>タブをクリックして、

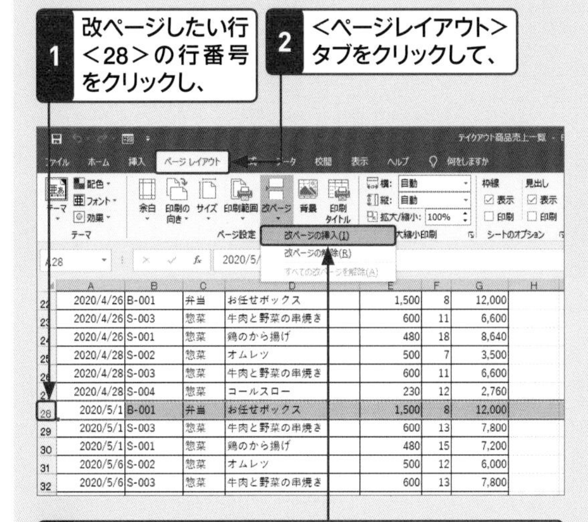

	A	B	C	D	E	F	G
22	2020/4/26	B-001	弁当	お任せボックス	1,500	8	12,000
23	2020/4/26	S-003	惣菜	牛肉と野菜の串焼き	600	11	6,600
24	2020/4/26	S-001	惣菜	鶏のから揚げ	480	18	8,640
25	2020/4/28	S-002	惣菜	オムレツ	500	7	3,500
26	2020/4/28	S-003	惣菜	牛肉と野菜の串焼き	600	11	6,600
27	2020/4/28	S-004	惣菜	コールスロー	230	12	2,760
28	2020/5/1	B-001	弁当	お任せボックス	1,500	8	12,000
29	2020/5/1	S-003	惣菜	牛肉と野菜の串焼き	600	13	7,800
30	2020/5/1	S-001	惣菜	鶏のから揚げ	480	15	7,200
31	2020/5/6	S-002	惣菜	オムレツ	500	12	6,000
32	2020/5/6	S-003	惣菜	牛肉と野菜の串焼き	600	13	7,800

3 <改ページ>から<改ページの挿入>をクリックすると、

4 28行目の上側に改ページを示す黒い線が表示されます。

5 <ファイル>タブをクリックし、

	A	B	C	D	E	F	G
22	2020/4/26	B-001	弁当	お任せボックス	1,500	8	12,000
23	2020/4/26	S-003	惣菜	牛肉と野菜の串焼き	600	11	6,600
24	2020/4/26	S-001	惣菜	鶏のから揚げ	480	18	8,640
25	2020/4/28	S-002	惣菜	オムレツ	500	7	3,500
26	2020/4/28	S-003	惣菜	牛肉と野菜の串焼き	600	11	6,600
27	2020/4/28	S-004	惣菜	コールスロー	230	12	2,760
28	2020/5/1	B-001	弁当	お任せボックス	1,500	8	12,000
29	2020/5/1	S-003	惣菜	牛肉と野菜の串焼き	600	13	7,800
30	2020/5/1	S-001	惣菜	鶏のから揚げ	480	15	7,200
31	2020/5/6	S-002	惣菜	オムレツ	500	12	6,000
32	2020/5/6	S-003	惣菜	牛肉と野菜の串焼き	600	13	7,800
33	2020/5/7	B-002	弁当	本日のピザ	1,200	21	25,200

6 <印刷>をクリックすると、1ページ目に4月のデータが印刷されることがわかります。

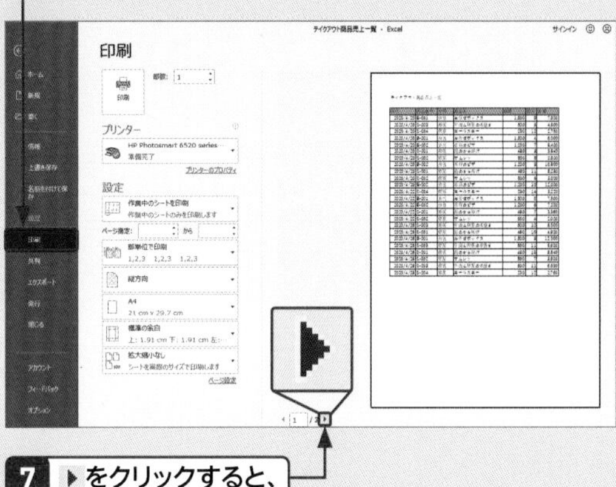

7 ▶をクリックすると、

8 2ページ目に5月以降のデータが印刷されることがわかります。

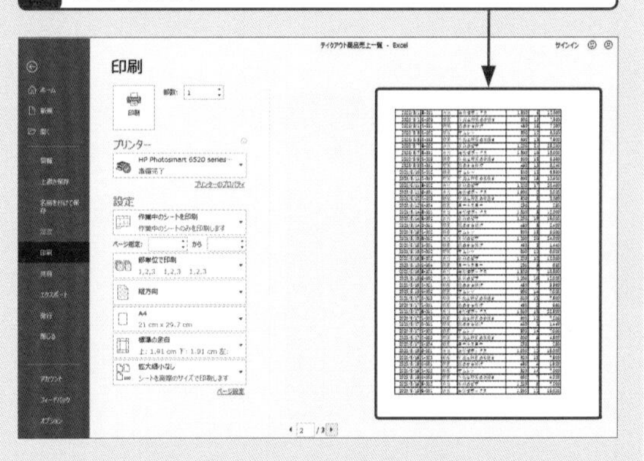

重要度 ★★★　データの印刷

Q 099 画面を見ながら改ページ位置を指定したい！

A 改ページプレビュー機能を使います。

改ページプレビュー機能を使うと、印刷イメージを見ながら改ページする位置を指定できます。改ページプレビュー画面に表示される青い点線をドラッグするだけで直感的に操作できます。日付や月ごと、分類ごとといった具合に区切りのよいところで改ページすると、第三者が見たときにわかりやすい印刷物になります。

1 <表示>タブをクリックし、

	A	B	C	D	E	F	G
1	テイクアウト商品売上一覧						
2							
3	日付	商品番号	分類	商品名	価格	数量	金額
4	2020/4/20	B-001	弁当	お任せボックス	1,500	5	7,500
5	2020/4/20	S-003	惣菜	牛肉と野菜の串焼き	600	8	4,800
6	2020/4/20	S-004	惣菜	コールスロー	230	12	2,760
7	2020/4/20	B-001	弁当	お任せボックス	1,500	4	6,000
8	2020/4/20	B-002	弁当	本日のピザ	1,200	7	8,400
9	2020/4/20	S-001	惣菜	鶏のから揚げ	480	8	3,840
10	2020/4/20	S-002	惣菜	オムレツ	500	5	2,500
11	2020/4/20	B-002	弁当	本日のピザ	1,200	9	10,800
12	2020/4/20	S-001	惣菜	鶏のから揚げ	480	11	5,280
13	2020/4/20	S-002	惣菜	オムレツ	500	6	3,000
14	2020/4/20	B-002	弁当	本日のピザ	1,200	10	12,000
15	2020/4/22	S-004	惣菜	コールスロー	230	14	3,220
16	2020/4/22	B-001	弁当	お任せボックス	1,500	5	7,500
17	2020/4/22	B-002	弁当	本日のピザ	1,200	6	7,200
18	2020/4/22	S-001	惣菜	鶏のから揚げ	480	7	3,360
19	2020/4/22	S-002	惣菜	オムレツ	500	4	2,000

2 <改ページプレビュー>をクリックします。

3 青い点線にマウスポインターを移動し、両方向の矢印の形に変わったら、

	A	B	C	D	E	F	G
22	2020/4/26	B-001	弁当	お任せボックス	1,500	8	12,000
23	2020/4/26	S-003	惣菜	牛肉と野菜の串焼き	600	11	6,600
24	2020/4/26	S-001	惣菜	鶏のから揚げ	480	18	8,640
25	2020/4/28	S-002	惣菜	オムレツ	500	7	3,500
26	2020/4/28	S-003	惣菜	牛肉と野菜の串焼き	600	11	6,600
27	2020/4/28	S-004	惣菜	コールスロー	230	12	2,760
28	2020/5/1	B-001	弁当	お任せボックス	1,500	8	12,000
29	2020/5/1	S-003	惣菜	牛肉と野菜の串焼き	600	13	7,800
30	2020/5/1	S-001	惣菜	鶏のから揚げ	480	15	7,200
31	2020/5/6	S-002	惣菜	オムレツ	500	12	6,000
32	2020/5/6	S-003	惣菜	牛肉と野菜の串焼き	600	13	7,800
33	2020/5/7	B-002	弁当	本日のピザ	1,200	21	25,200
34	2020/5/7	B-001	弁当	お任せボックス	1,500	10	15,000
35	2020/5/9	S-003	惣菜	牛肉と野菜の串焼き	600	15	9,000
36	2020/5/9	S-001	惣菜	鶏のから揚げ	480	13	6,240
37	2020/5/10	S-002	惣菜	オムレツ	500	13	6,500
38	2020/5/11	S-003	惣菜	牛肉と野菜の串焼き	600	18	10,800
39	2020/5/11	B-002	弁当	本日のピザ	1,200	17	20,400
40	2020/5/11	B-001	弁当	お任せボックス	1,500	2	3,000
41	2020/5/12	S-003	惣菜	牛肉と野菜の串焼き	600	5	3,000
42	2020/5/12	S-004	惣菜	コールスロー	230	1	230
43	2020/5/14	B-001	弁当	お任せボックス	1,500	8	12,000

4 改ページしたい位置にドラッグします。

5 改ページ位置が変更されます。

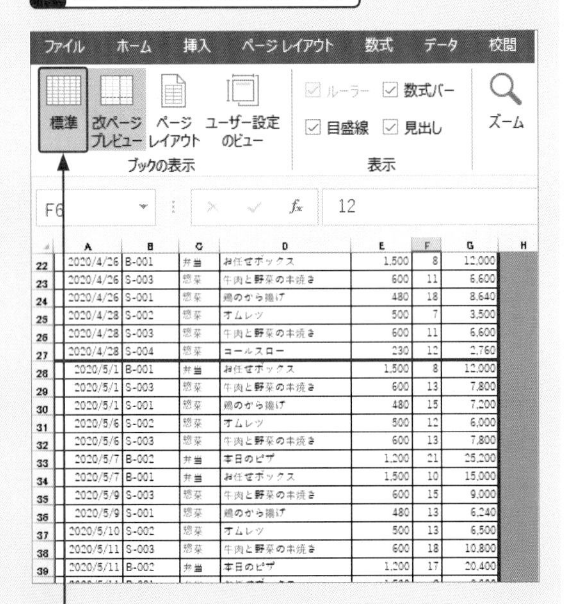

	A	B	C	D	E	F	G
22	2020/4/26	B-001	弁当	お任せボックス	1,500	8	12,000
23	2020/4/26	S-003	惣菜	牛肉と野菜の串焼き	600	11	6,600
24	2020/4/26	S-001	惣菜	鶏のから揚げ	480	18	8,640
25	2020/4/28	S-002	惣菜	オムレツ	500	7	3,500
26	2020/4/28	S-003	惣菜	牛肉と野菜の串焼き	600	11	6,600
27	2020/4/28	S-004	惣菜	コールスロー	230	12	2,760
28	2020/5/1	B-001	弁当	お任せボックス	1,500	8	12,000
29	2020/5/1	S-003	惣菜	牛肉と野菜の串焼き	600	13	7,800
30	2020/5/1	S-001	惣菜	鶏のから揚げ	480	15	7,200
31	2020/5/6	S-002	惣菜	オムレツ	500	12	6,000
32	2020/5/6	S-003	惣菜	牛肉と野菜の串焼き	600	13	7,800
33	2020/5/7	B-002	弁当	本日のピザ	1,200	21	25,200
34	2020/5/7	B-001	弁当	お任せボックス	1,500	10	15,000
35	2020/5/9	S-003	惣菜	牛肉と野菜の串焼き	600	15	9,000
36	2020/5/9	S-001	惣菜	鶏のから揚げ	480	13	6,240
37	2020/5/10	S-002	惣菜	オムレツ	500	13	6,500
38	2020/5/11	S-003	惣菜	牛肉と野菜の串焼き	600	18	10,800
39	2020/5/11	B-002	弁当	本日のピザ	1,200	17	20,400

6 <表示>タブの<標準>をクリックすると、

7 もとのワークシートに戻ります。

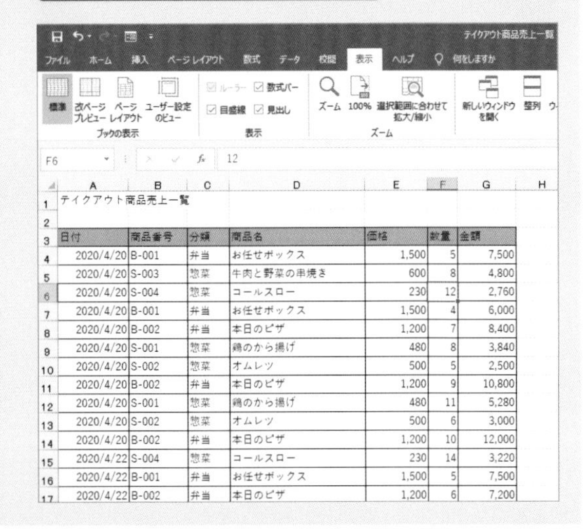

	A	B	C	D	E	F	G
1	テイクアウト商品売上一覧						
2							
3	日付	商品番号	分類	商品名	価格	数量	金額
4	2020/4/20	B-001	弁当	お任せボックス	1,500	5	7,500
5	2020/4/20	S-003	惣菜	牛肉と野菜の串焼き	600	8	4,800
6	2020/4/20	S-004	惣菜	コールスロー	230	12	2,760
7	2020/4/20	B-001	弁当	お任せボックス	1,500	4	6,000
8	2020/4/20	B-002	弁当	本日のピザ	1,200	7	8,400
9	2020/4/20	S-001	惣菜	鶏のから揚げ	480	8	3,840
10	2020/4/20	S-002	惣菜	オムレツ	500	5	2,500
11	2020/4/20	B-002	弁当	本日のピザ	1,200	9	10,800
12	2020/4/20	S-001	惣菜	鶏のから揚げ	480	11	5,280
13	2020/4/20	S-002	惣菜	オムレツ	500	6	3,000
14	2020/4/20	B-002	弁当	本日のピザ	1,200	10	12,000
15	2020/4/22	S-004	惣菜	コールスロー	230	14	3,220
16	2020/4/22	B-001	弁当	お任せボックス	1,500	5	7,500
17	2020/4/22	B-002	弁当	本日のピザ	1,200	6	7,200

重要度★★★ データの印刷

Q 100 改ページを削除したい!

A ＜改ページの解除＞をクリックします。

Q.098の操作で設定した改ページは、あとから削除できます。改ページを設定した行や列を選択し、＜ページレイアウト＞タブの＜改ページ＞から＜改ページの解除＞をクリックします。

1 改ページを設定した行＜28＞の行番号をクリックし、

2 ＜ページレイアウト＞タブをクリックして、

	A	B	C	D	E	F	G
19	2020/4/22	S-002	惣菜	オムレツ	500	4	2,000
20	2020/4/26	S-003	惣菜	牛肉と野菜の串焼き	600	10	6,000
21	2020/4/26	S-001	惣菜	鶏のから揚げ	480	10	4,800
22	2020/4/26	B-001	弁当	お任せボックス	1,500	8	12,000
23	2020/4/26	S-003	惣菜	牛肉と野菜の串焼き	600	11	6,600
24	2020/4/26	S-001	惣菜	鶏のから揚げ	480	18	8,640
25	2020/4/28	S-002	惣菜	オムレツ	500	7	3,500
26	2020/4/28	S-003	惣菜	牛肉と野菜の串焼き	600	11	6,600
27	2020/4/28	S-004	惣菜	コールスロー	230	12	2,760
28	2020/5/1	B-001	弁当	お任せボックス	1,500	8	12,000
29	2020/5/1	S-003	惣菜	牛肉と野菜の串焼き	600	13	7,800
30	2020/5/1	S-001	惣菜	鶏のから揚げ	480	15	7,200
31	2020/5/6	S-002	惣菜	オムレツ	500	12	6,000
32	2020/5/6	S-003	惣菜	牛肉と野菜の串焼き	600	13	7,800

3 ＜改ページ＞から＜改ページの解除＞をクリックすると、

4 改ページが削除され、28行目の上側の線がなくなります。

	A	B	C	D	E	F	G
19	2020/4/22	S-002	惣菜	オムレツ	500	4	2,000
20	2020/4/26	S-003	惣菜	牛肉と野菜の串焼き	600	10	6,000
21	2020/4/26	S-001	惣菜	鶏のから揚げ	480	10	4,800
22	2020/4/26	B-001	弁当	お任せボックス	1,500	8	12,000
23	2020/4/26	S-003	惣菜	牛肉と野菜の串焼き	600	11	6,600
24	2020/4/26	S-001	惣菜	鶏のから揚げ	480	18	8,640
25	2020/4/28	S-002	惣菜	オムレツ	500	7	3,500
26	2020/4/28	S-003	惣菜	牛肉と野菜の串焼き	600	11	6,600
27	2020/4/28	S-004	惣菜	コールスロー	230	12	2,760
28	2020/5/1	B-001	弁当	お任せボックス	1,500	8	12,000
29	2020/5/1	S-003	惣菜	牛肉と野菜の串焼き	600	13	7,800
30	2020/5/1	S-001	惣菜	鶏のから揚げ	480	15	7,200
31	2020/5/6	S-002	惣菜	オムレツ	500	12	6,000
32	2020/5/6	S-003	惣菜	牛肉と野菜の串焼き	600	13	7,800

重要度★★★ データの印刷

Q 101 あと数行だけ次のページにはみ出すのをなんとかしたい!

A 上下の余白を狭めてみましょう。

印刷イメージを見たときに、1行か2行分だけが次のページにあふれてしまっているときは、上下の余白サイズを狭めることで解決できる場合があります。印刷イメージ画面に余白を示す線を表示すると便利です。

1 Q.092の操作で印刷イメージを表示し、

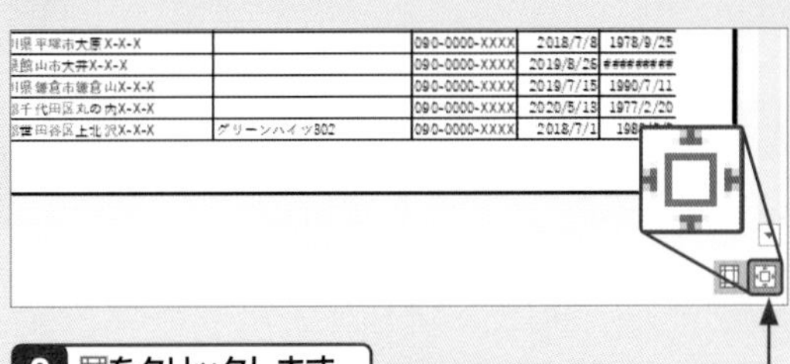

2 をクリックします。

3 下余白の線にマウスポインターを移動してマウスポインターの形状が変わったら、

キ	1660004	東京都杉並区阿佐谷南X-X-X	ABCビル105	090-000
	2060011	東京都多摩市関戸X-X-X	パークサイド関戸701	090-000
イチロウ	2540074	神奈川県平塚市大原X-X-X		090-000

4 下方向にドラッグします。

5 2ページ目のデータが1ページ目に繰り上がります。

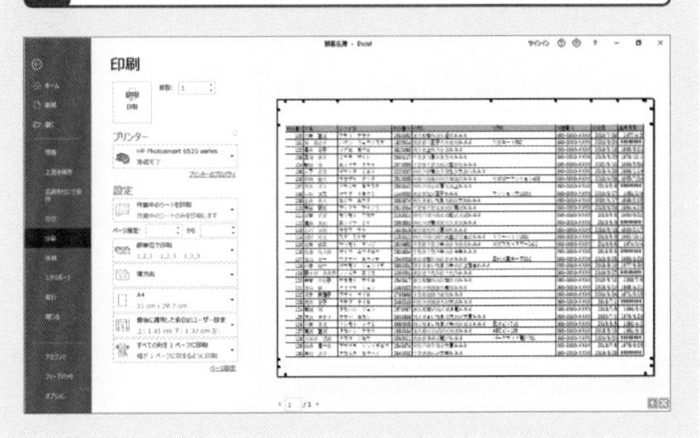

重要度 ★★★ データの印刷

Q 102 2ページ目以降にも見出しを印刷したい！

縦に長いリストを印刷すると、リストの先頭にある見出し行（フィールド名）は最初のページにしか印刷されません。どのページにも見出し行を印刷するには、<印刷タイトル>のタイトル行機能を設定します。

A <印刷タイトル>の<タイトル行>を設定します。

1 <ページレイアウト>タブをクリックし、

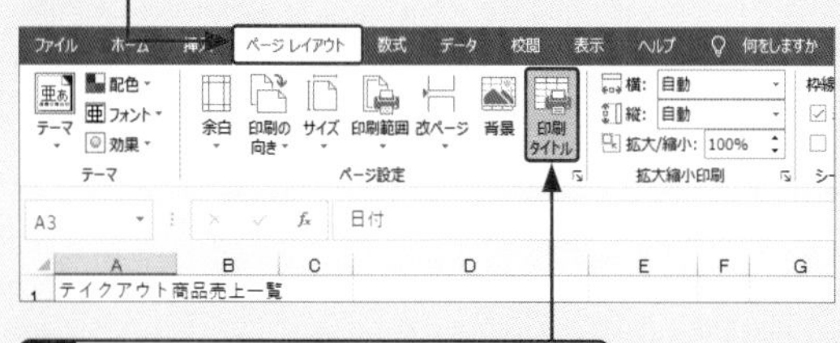

2 <印刷タイトル>をクリックします。

3 <タイトル行>欄をクリックし、

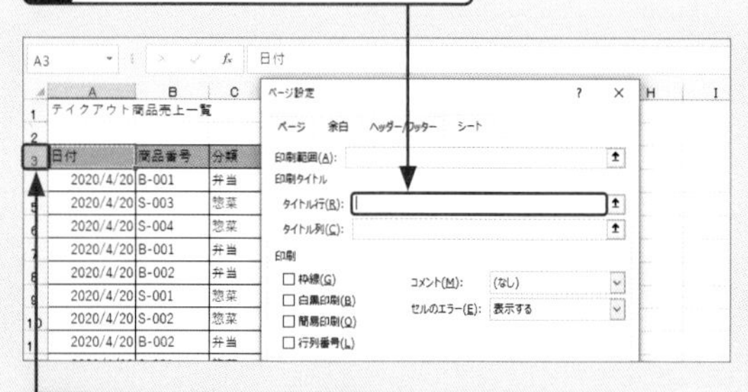

4 見出し行<3>の行番号をクリックします。

5 「$3:$3」と表示されます。

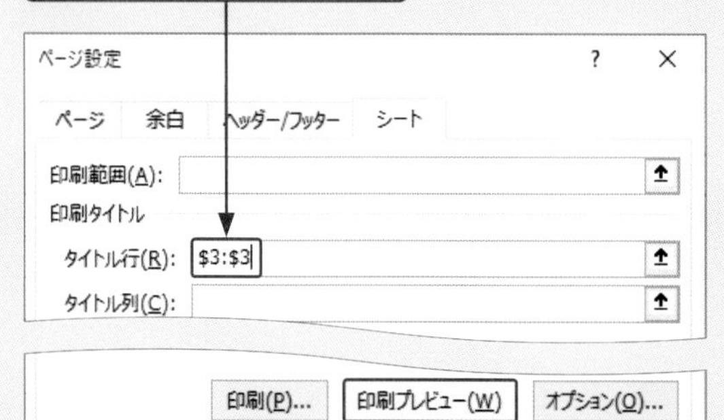

6 <印刷プレビュー>をクリックします。

7 ▶をクリックすると、

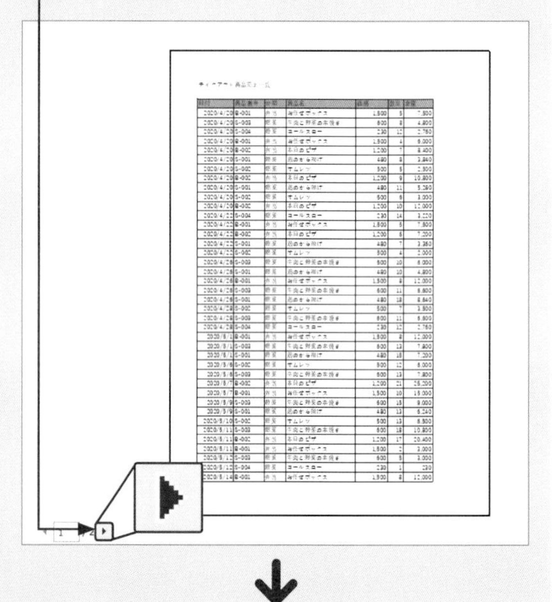

8 2ページ目にも見出し行が表示されていることがわかります。

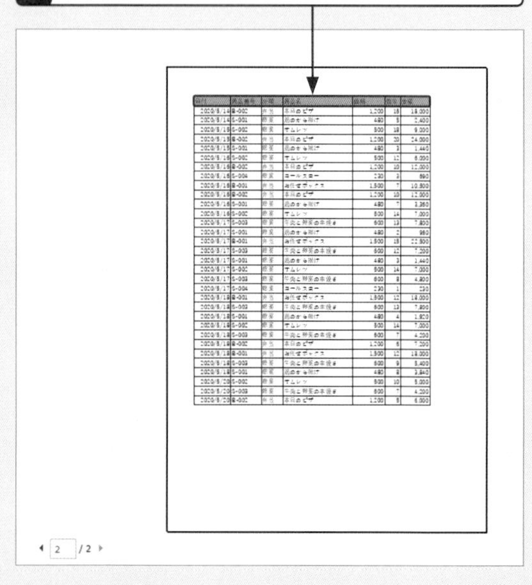

Q 103 テーブルとは？

A ほかのセルとは違う特別なセル範囲です。

データベース機能を使うには、データをリストとして入力するのが鉄則です。リストをテーブルに変換すると、データの追加・管理がしやすくなり、「並べ替え」「抽出」「集計」といった一部のデータベース機能をよりかんたんに利用できるようになります。

● テーブルに変換するだけで１行おきの色が付きます。

E12　fx　87

	A	B	C	D	E	F	G
1	社員番号	社員名	所属地区	筆記試験	実技試験	合計	合否判定
2	1001	塚本祐太郎	東京	80	82	162	合格
3	1002	瀬戸美弥子	東京	75	78	153	不合格
4	1003	大橋祐樹	品川	76	78	154	不合格
5	1004	戸山真司	品川	80	81	161	合格
6	1005	村田みなみ	東京	86	84	170	合格
7	1006	安田正一郎	横浜	89	84	173	合格
8	1007	坂本浩平	横浜	91	97	188	合格
9	1008	原島航	千葉	55	58	113	不合格
10	1009	大野千佳	千葉	62	80	142	不合格
11	1010	多田俊一	横浜	60	84	144	不合格
12	1011	三石広志	千葉	87	87	174	合格
13	1012	上森由香	東京	88	94	182	合格
14	1013	中野正幸	品川	78	83	161	不合格
15	1014	星野容子	品川	99	81	180	合格
16	1015	林早紀子	品川	100	84	184	合格
17							

● データの抽出や並べ替えに便利な<オートフィルター>ボタンが自動的に表示されます。

E12　fx　87

昇順(S)
降順(O)
色で並べ替え(T)
シート ビュー(V)
"所属地区" からフィルターをクリア(C)
色フィルター(I)
テキスト フィルター(F)
検索
☑(すべて選択)
☑品川
☑千葉
☑東京
☑横浜
OK　キャンセル

	D	E	F	G
1	筆記試験	実技試験	合計	合否判定
2	80	82	162	合格
3	75	78	153	不合格
4	76	78	154	不合格
5	80	81	161	合格
6	86	84	170	合格
7	89	84	173	合格
8	91	97	188	合格
9	55	58	113	不合格
10	62	80	142	不合格
11	60	84	144	不合格
12	87	87	174	合格
13	88	94	182	合格
14	78	83	161	不合格
15	99	81	180	合格
16	100	84	184	合格

● 1行目の見出しが自動的に固定されます。

E14　fx　83

	A	B	C	D	E	F	G
1	社員番号	社員名	所属地区	筆記試験	実技試験	合計	合否判定
2	1001	塚本祐太郎	東京	80	82	162	合格
3	1002	瀬戸美弥子	東京	75	78	153	不合格
4	1003	大橋祐樹	品川	76	78	154	不合格
5	1004	戸山真司	品川	80	81	161	合格
6	1005	村田みなみ	東京	86	84	170	合格
7	1006	安田正一郎	横浜	89	84	173	合格
8	1007	坂本浩平	横浜	91	97	188	合格
9	1008	原島航	千葉	55	58	113	不合格
10	1009	大野千佳	千葉	62	80	142	不合格
11	1010	多田俊一	横浜	60	84	144	不合格
12	1011	三石広志	千葉	87	87	174	合格

A1　fx　社員番号

	社員番号	社員名	所属地区	筆記試験	実技試験	合計	合否判定
10	1009	大野千佳	千葉	62	80	142	不合格
11	1010	多田俊一	横浜	60	84	144	不合格
12	1011	三石広志	千葉	87	87	174	合格
13	1012	上森由香	東京	88	94	182	合格
14	1013	中野正幸	品川	78	83	161	不合格
15	1014	星野容子	品川	99	81	180	合格
16	1015	林早紀子	品川	100	84	184	合格
17							
18							
19							
20							
21							

● 関数などを入力しなくても、ワンタッチで集計行を追加できます。

G17　fx　=SUBTOTAL(103,[合否判定])

	A	B	C	D	E	F	G
1	社員番号	社員名	所属地区	筆記試験	実技試験	合計	合否判定
2	1001	塚本祐太郎	東京	80	82	162	合格
3	1002	瀬戸美弥子	東京	75	78	153	不合格
4	1003	大橋祐樹	品川	76	78	154	不合格
5	1004	戸山真司	品川	80	81	161	合格
6	1005	村田みなみ	東京	86	84	170	合格
7	1006	安田正一郎	横浜	89	84	173	合格
8	1007	坂本浩平	横浜	91	97	188	合格
9	1008	原島航	千葉	55	58	113	不合格
10	1009	大野千佳	千葉	62	80	142	不合格
11	1010	多田俊一	横浜	60	84	144	不合格
12	1011	三石広志	千葉	87	87	174	合格
13	1012	上森由香	東京	88	94	182	合格
14	1013	中野正幸	品川	78	83	161	不合格
15	1014	星野容子	品川	99	81	180	合格
16	1015	林早紀子	品川	100	84	184	合格
17	集計			80.4	82.33333	162.733	15

重要度 ★★★　テーブルの作成

Q 104 データが入力された表をテーブルに変換したい！

A <ホーム>タブの<テーブルとして書式設定>をクリックします。

テーブル機能を使うには、リストをテーブルに変換します。用意されているテーブルのスタイルを選ぶだけでリスト全体に書式が付き、フィールド名の右横にオートフィルターボタンが表示されます。また、<テーブルツール>-<デザイン>タブが使用できるようになります。Microsoft 365では<テーブルデザイン>タブを使います。

3 テーブルのスタイル（ここでは<アクア、テーブルスタイル（中間）6>をクリックします。

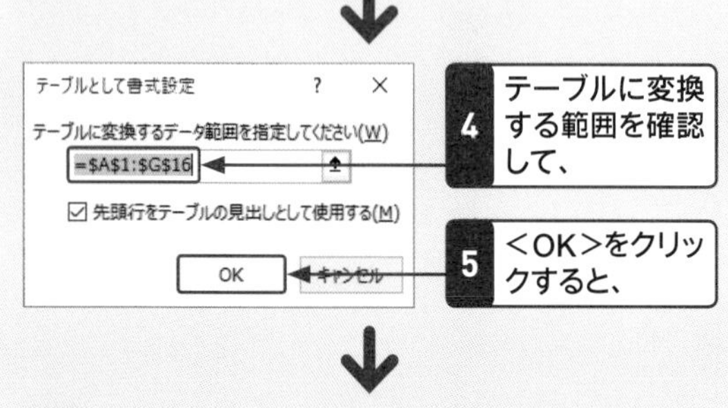

6 リストがテーブルに変換されます。

	A	B	C	D	E	F	G
1	社員番号	社員名	所属地区	筆記試験	実技試験	合計	合否判定
2	1001	塚本祐太郎	東京	80	82	162	合格
3	1002	瀬戸美弥子	東京	75	78	153	不合格
4	1003	大橋祐樹	品川	76	78	154	不合格
5	1004	戸山真司	品川	80	81	161	合格
6	1005	村田みなみ	東京	86	84	170	合格
7	1006	安田正一郎	横浜	89	84	173	合格
8	1007	坂本浩平	横浜	91	97	188	合格

重要度 ★★★　テーブルの作成

Q 105 必ずテーブルに変換しないといけないの？

A テーブルに変換しなくてもデータベース機能が使えます。

リストをテーブルに変換すると、抽出や並べ替えなどのデータベース機能をかんたんに実行できるようになります。ただし、テーブルに変換しなくてもデータベース機能は使えます。

重要度 ★★★　テーブルの作成

Q 106 テーブルの名前を変更したい！

A <テーブル名>ボックスで修正します。

テーブルに変換した直後は、「テーブル1」、「テーブル2」といったテーブル名が自動的に付けられます。テーブル名を変更するには、<テーブルツール>-<デザイン>タブの<テーブル名>ボックスで修正します。Microsoft 365では<テーブルデザイン>タブを使います。

1 <テーブルツール>-<デザイン>タブをクリックし、

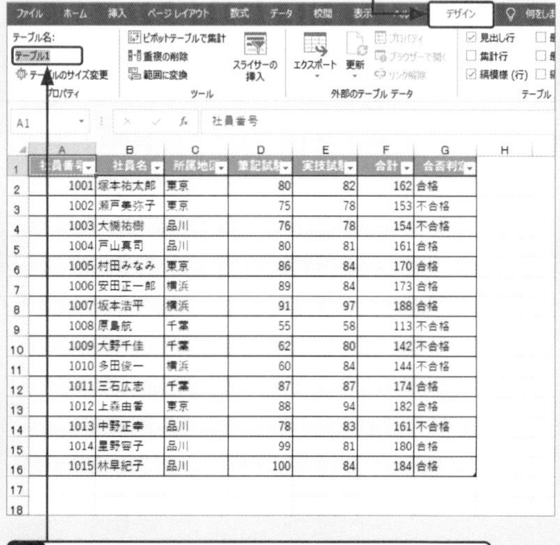

	A	B	C	D	E	F	G
1	社員番号	社員名	所属地区	筆記試験	実技試験	合計	合否判定
2	1001	塚本祐太郎	東京	80	82	162	合格
3	1002	瀬戸美弥子	東京	75	78	153	不合格
4	1003	大橋祐樹	品川	76	78	154	不合格
5	1004	戸山真司	品川	80	81	161	合格
6	1005	村田みなみ	東京	86	84	170	合格
7	1006	安田正一郎	横浜	89	84	173	合格
8	1007	坂本浩平	横浜	91	97	188	合格
9	1008	原島航	千葉	55	58	113	不合格
10	1009	大野千佳	千葉	62	80	142	不合格
11	1010	多田俊一	横浜	60	84	144	不合格
12	1011	三石広志	千葉	87	87	174	合格
13	1012	上森由香	東京	88	94	182	合格
14	1013	中野正幸	品川	78	83	161	不合格
15	1014	星野容子	品川	99	81	180	合格
16	1015	林早紀子	品川	100	84	184	合格

2 <テーブル名>欄をクリックして修正します。

重要度 ★★★ テーブルの作成

Q 107 テーブルのスタイルを変更したい！

A <テーブルスタイル>からいつでも変更できます。

テーブルに変換したときに選んだスタイルは、<テーブルツール>-<デザイン>タブの<テーブルのスタイル>一覧から変更できます。Microsoft 365では<テーブルデザイン>タブを使います。

1 テーブル内の任意のセルをクリックし、

2 <テーブルツール>-<デザイン>タブをクリックして、

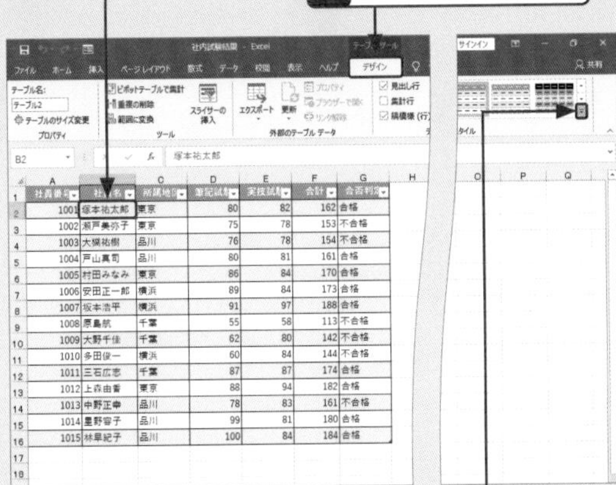

3 <テーブルスタイル>のをクリックします。

4 変更後のスタイルをクリックすると、

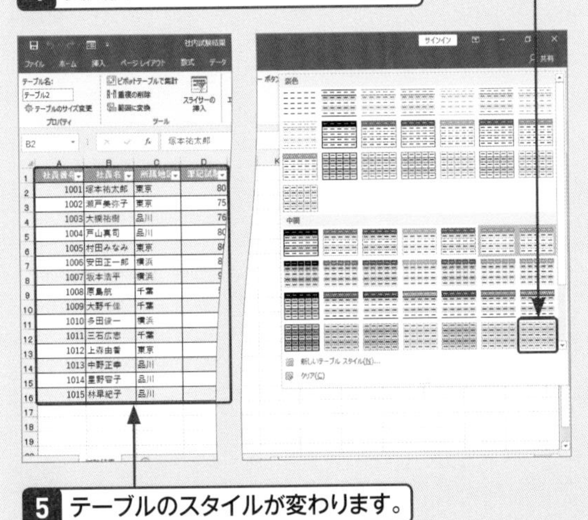

5 テーブルのスタイルが変わります。

重要度 ★★★ テーブルの作成

Q 108 テーブルのスタイルを部分的に変更したい！

A <テーブルスタイルのオプション>を設定します。

<テーブルスタイルのオプション>を使うと、用意されたテーブルスタイルを部分的に改良できます。このとき、<縞模様(列)>のチェックボックスをオンにすると、1列ずつ縞模様を付けられるため、左右のフィールドと区別しやすくなります。Microsoft 365では<テーブルデザイン>タブを使います。

1 テーブル内の任意のセルをクリックし、

2 <テーブルツール>-<デザイン>タブをクリックします。

3 <縞模様(列)>のチェックボックスをオンにし、

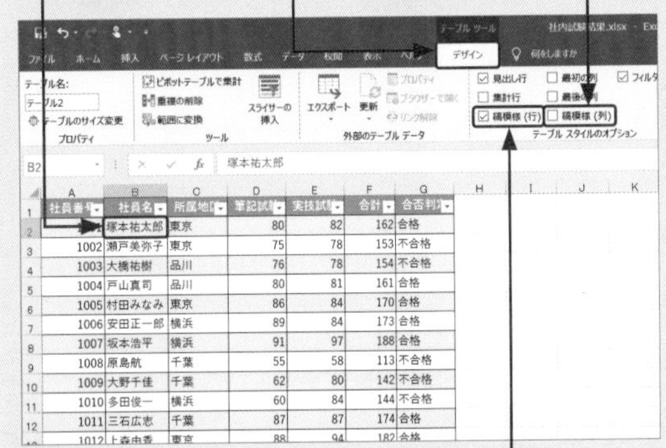

4 <縞模様(行)>のチェックボックスをオフにすると、

5 1列ごとに交互に色が付きます。

社員番号	社員名	所属地区	筆記試験	実技試験	合計	合否判定
1001	塚本祐太郎	東京	80	82	162	合格
1002	瀬戸美弥子	東京	75	78	153	不合格
1003	大槻祐樹	品川	76	78	154	不合格
1004	戸山真司	品川	80	81	161	合格
1005	村田みなみ	東京	86	84	170	合格
1006	安田正一郎	横浜	89	84	173	合格
1007	坂本浩平	横浜	91	97	188	合格
1008	原島航	千葉	55	58	113	不合格
1009	大野千佳	千葉	62	80	142	不合格
1010	多田俊一	横浜	60	84	144	不合格
1011	三石広志	千葉	87	87	174	合格
1012	上森由香	東京	88	94	182	合格
1013	中野正幸	品川	78	83	161	不合格
1014	星野容子	品川	99	81	180	合格
1015	林早紀子	品川	100	84	184	合格

重要度★★★ テーブルの作成

Q 109 テーブルスタイルを設定しても色が変わらない！

A リストに設定したもとの書式が優先されます。

リストに手動でセルの色などの書式を付けているときは、リストをテーブルに変換しても、もとの書式が優先されて残ります。もとの書式をすべて解除するには、書式を解除したいセル範囲を選択し、<ホーム>タブの<クリア>から<書式のクリア>をクリックします。

重要度★★★ テーブルの作成

Q 110 テーブルでデータを追加したい！

A テーブルを追加すると自動的に書式が引き継がれます。

リストをテーブルに変換すると、データの追加がかんたんになります。テーブルの最終行や右端の列にデータを追加すると、自動的にテーブルが拡張され、テーブルに設定済みの数式や書式がそのまま引き継がれます。また、データを追加するたびにテーブルの範囲は自動的に広がります。

1 テーブルの最終行にデータを入力して Enter を押すと、

	A	B	C	D	E
11	1010	多田俊一	横浜	60	84
12	1011	三石広志	千葉	87	87
13	1012	上森由香	東京	88	94
14	1013	中野正幸	品川	78	83
15	1014	星野容子	品川	99	81
16	1015	林早紀子	品川	100	84
17	1016				
18					

2 書式が自動的に引き継がれます。

	A	B	C	D	E
12	1011	三石広志	千葉	87	87
13	1012	上森由香	東京	88	94
14	1013	中野正幸	品川	78	83
15	1014	星野容子	品川	99	81
16	1015	林早紀子	品川	100	84
17	1016				
18					
19					

3 セル<F1>に「合計」と入力して Enter を押すと、

	A	B	C	D	E	F	G
1	社員番号	社員名	所属地区	筆記試験	実技試験	合計	
2	1001	塚本祐太郎	東京	80	82		
3	1002	瀬戸美弥子	東京	75	78		
4	1003	大橋祐樹	品川	76	78		
5	1004	戸山真司	品川	80	81		
6	1005	村田みなみ	東京	86	84		
7	1006	安田正一郎	横浜	89	84		

4 自動的に書式が付きます。

	A	B	C	D	E	F	G
1	社員番号	社員名	所属地区	筆記試験	実技試験	合計	
2	1001	塚本祐太郎	東京	80	82		
3	1002	瀬戸美弥子	東京	75	78		
4	1003	大橋祐樹	品川	76	78		
5	1004	戸山真司	品川	80	81		
6	1005	村田みなみ	東京	86	84		
7	1006	安田正一郎	横浜	89	84		
8	1007	坂本浩平	横浜	91	97		
9	1008	原島航	千葉	55	58		

5 セル<F2>に「=D2+E2」と入力して、 Enter を押すと、

	A	B	C	D	E	F	G	H
1	社員番号	社員名	所属地区	筆記試験	実技試験	合計		
2	1001	塚本祐太郎	東京	80	82	=[@筆記試験]+[@実技試験]		
3	1002	瀬戸美弥子	東京	75	78			

6 自動的に数式が最終行までコピーされます。

	A	B	C	D	E	F	G	H	I
1	社員番号	社員名	所属地区	筆記試験	実技試験	合計			
2	1001	塚本祐太郎	東京	80	82	162			
3	1002	瀬戸美弥子	東京	75	78	153			
4	1003	大橋祐樹	品川	76	78	154			
5	1004	戸山真司	品川	80	81	161			
6	1005	村田みなみ	東京	86	84	170			
7	1006	安田正一郎	横浜	89	84	173			
8	1007	坂本浩平	横浜	91	97	188			
9	1008	原島航	千葉	55	58	113			
10	1009	大野千佳	千葉	62	80	142			
11	1010	多田俊一	横浜	60	84	144			
12	1011	三石広志	千葉	87	87	174			
13	1012	上森由香	東京	88	94	182			
14	1013	中野正幸	品川	78	83	161			
15	1014	星野容子	品川	99	81	180			
16	1015	林早紀子	品川	100	84	184			
17	1016					0			

重要度 ★★★　テーブルの作成

Q 111 テーブルに集計行を追加したい！

A ＜集計行＞のチェックボックスをオンにします。

テーブルに変換すると、＜デザイン＞タブから「集計行」を選ぶだけで、テーブルの最終行に自動的に集計行が追加され、ワンタッチでいろいろな集計結果に切り替えることができます。関数を使って計算式を組み立てる必要はありません。Microsoft 365では＜テーブルデザイン＞タブを使います。

1 テーブル内の任意のセルをクリックし、

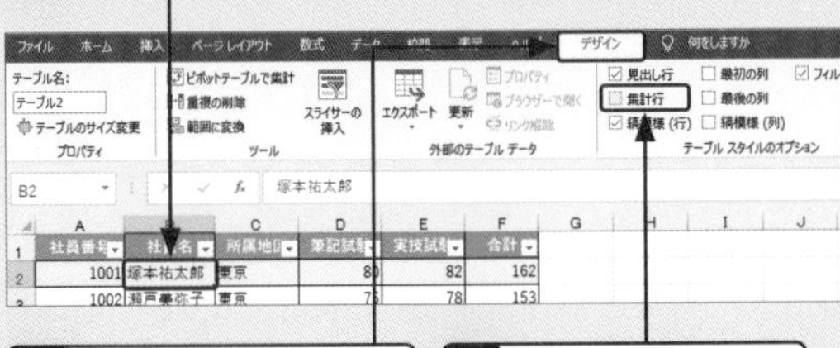

2 ＜テーブルツール＞-＜デザイン＞タブをクリックして、

3 ＜集計行＞のチェックボックスをオンにすると、

4 テーブルの最終行に集計行が追加されます。

5 集計行の集計結果のセル（セル＜F17＞）をクリックし、

10	1009	大野千佳	千葉	62	80	142
11	1010	多田俊一	横浜	60	84	
12	1011	三石広志	千葉	87	87	
13	1012	上森由香	東京	88	94	
14	1013	中野正幸	品川	78	83	
15	1014	星野留子	品川	99	81	
16	1015	林早紀子	品川	100	84	
17	集計					2441

なし / 平均 / 個数 / 数値の個数 / 最大 / 最小 / 合計 / 標本標準偏差 / 標本分散 / その他の関数...

6 ▼をクリックして、

7 ＜平均＞をクリックすると、

8 集計方法を変更できます。

13	1012	上森由香	東京	88	94	182
14	1013	中野正幸	品川	78	83	161
15	1014	星野留子	品川	99	81	180
16	1015	林早紀子	品川	100	84	184
17	集計					162.733

重要度 ★★★　テーブルの作成

Q 112 テーブルのデータを使った数式の見方を教えて！

A 「構造化参照」を利用した数式です。

リストをテーブルに変換したあとで数式を入力すると、通常の行列番号のセル番地ではなく、＜テーブル名＞や＜@フィールド名＞を利用した「構造化参照」になる場合があります。たとえば、セル＜F2＞に合計を求める数式は通常は「＝D2+E28」ですが、同じ行のセルを参照すると「[@筆記試験]+[@実技試験]」という構造化参照の数式になります。

1 セル＜F2＞をクリックし、

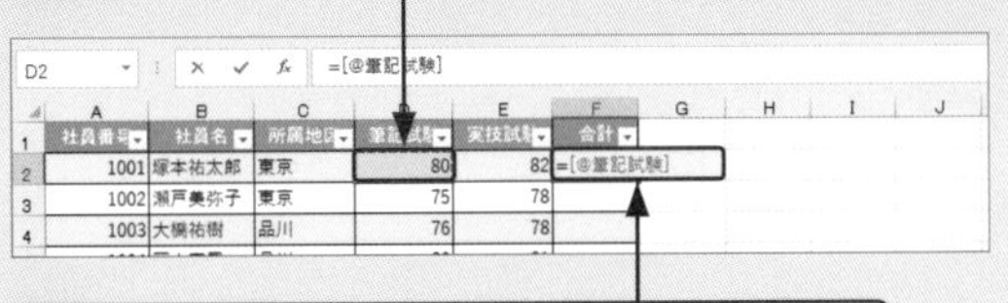

2 「=」を入力してセル＜D2＞をクリックすると、

3 「=[@筆記試験]」と表示されます。

4 「+」を入力してセル＜E2＞をクリックすると、

5 「=[@筆記試験]+[@実技試験]」と表示されます。

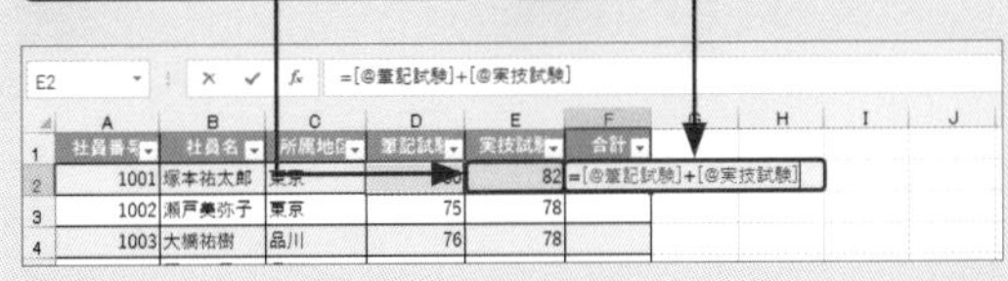

6 Enter を押すと、

7 列全体に数式がコピーされます。

	社員番号	社員名	所属地区	筆記試験	実技試験	合計
2	1001	塚本祐太郎	東京	80	82	162
3	1002	瀬戸美弥子	東京	75	78	153
4	1003	大槻祐樹	品川	76	78	154
5	1004	芦山真司	品川	80	81	161
6	1005	村田みなみ	東京	86	84	170
7	1006	安田正一郎	横浜	89	84	173
8	1007	坂本浩平	横浜	91	97	188
9	1008	原島航	千葉	55	58	113
10	1009	大野千佳	千葉	62	80	142
11	1010	多田俊一	横浜	60	84	144
12	1011	三石広志	千葉	87	87	174
13	1012	上森由香	東京	88	94	182
14	1013	中野正幸	品川	78	83	161
15	1014	星野留子	品川	99	81	180
16	1015	林早紀子	品川	100	84	184

重要度 ★★★ テーブルの作成

Q 113 テーブルでも通常のセル番地で数式を組み立てたい!

A <Excelのオプション>ダイアログで設定を変更します。

Q.112で解説した「構造化参照」を使わずに、通常のセル番地を使って数式を組み立てるには、<Excelのオプション>ダイアログボックスでExcel全体の設定を変更します。<数式でテーブル名を使用する>のチェックボックスをオフにすると、それ以降でテーブルを操作するときに、構造化参照を利用できなくなります。

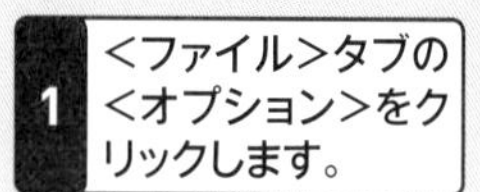

2 <数式>をクリックし、

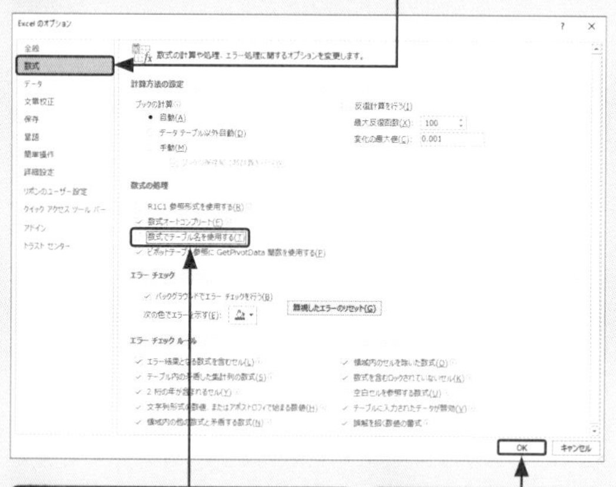

3 <数式でテーブル名を使用する>のチェックボックスをオフにして、

4 <OK>をクリックします。

5 Q.112の手順4と5の操作で数式を作成すると、「=D2+E2」と表示されます。

E2 =D2+E2

	A	B	C	D	E	F	G	H
1	社員番号	社員名	所属地区	筆記試験	実技試験	合計		
2	1001	塚本祐太郎	東京	80	82	=D2+E2		
3	1002	瀬戸美弥子	東京	75	78			
4	1003	大橋祐樹	品川	76	78			
5	1004	戸山真司	品川	80	81			
6	1005	村田みなみ	東京	86	84			
7	1006	安田正一郎	横浜	89	84			
8	1007	坂本浩平	横浜	91	97			
9	1008	原島航	千葉	55	58			
10	1009	大野千佳	千葉	62	80			

重要度 ★★★ テーブルの作成

Q 114 テーブルを解除したい!

A 範囲に変換機能を使ってリストに戻します。

リストをテーブルに変換すると、データを抽出したり集計結果を表示したりすることができて便利です。ただし、テーブル内のセルを結合するなどリストの形を崩すような操作はできなくなります。セルを自由に扱いたいときは、テーブル内の任意のセルをクリックし、<テーブルツール>-<デザイン>タブの<範囲に変換>をクリックして、通常のリストに戻します。Microsoft 365では<テーブルデザイン>タブを使います。

1 テーブル内の任意のセルをクリックし、

2 <テーブルツール>-<デザイン>タブをクリックして、

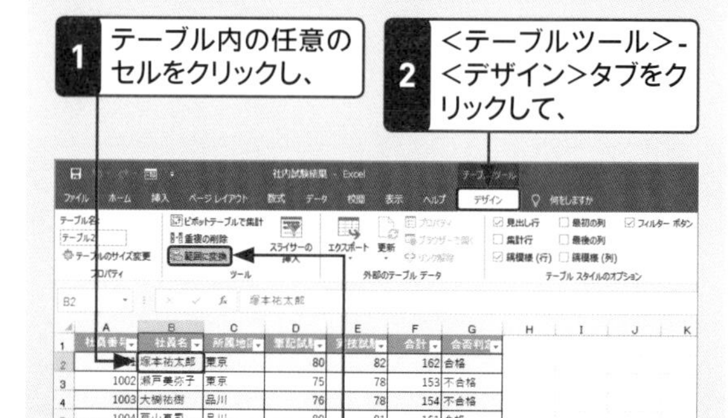

3 <範囲に変換>をクリックします。

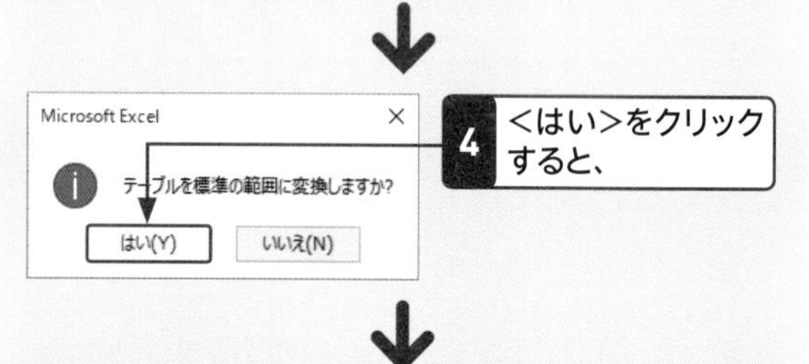

5 テーブルを解除してリストに変換されます。

	A	B	C	D	E	F	G	H	I	J	K
1	社員番号	社員名	所属地区	筆記試験	実技試験	合計	合否判定				
2	1001	塚本祐太郎	東京	80	82	162	合格				
3	1002	瀬戸美弥子	東京	75	78	153	不合格				
4	1003	大橋祐樹	品川	76	78	154	不合格				
5	1004	戸山真司	品川	80	81	161	合格				
6	1005	村田みなみ	東京	86	84	170	合格				
7	1006	安田正一郎	横浜	89	84	173	合格				
8	1007	坂本浩平	横浜	91	97	188	合格				
9	1008	原島航	千葉	55	58	113	不合格				
10	1009	大野千佳	千葉	62	80	142	不合格				
11	1010	多田俊一	横浜	60	84	144	不合格				

テーブルの書式はそのまま残ります。

Q 115 別のExcelブックからデータを取り込みたい！

A リストの構成が同じなら<コピー>&<貼り付け>で取り込めます。

店舗ごとや月ごとに別々のブックにデータを保存しているときは、あとから<コピー>&<貼り付け>を実行して1つのリストにまとめることができます。このとき、それぞれのブックのリストの構成（フィールド名、フィールドの数、フィールドの順番など）を事前に揃えておく必要があります。

● コピー先のリスト（4月分）

	A	B	C	D	E	F	G
1	日付	商品番号	分類	商品名	価格	数量	金額
2	2020/4/20	B-001	弁当	お任せボックス	1,500	5	7,500
3	2020/4/20	S-003	惣菜	牛肉と野菜の串焼き	600	8	4,800
4	2020/4/20	S-004	惣菜	コールスロー	230	12	2,760
5	2020/4/20	B-001	弁当	お任せボックス	1,500	4	6,000
6	2020/4/20	B-002	弁当	本日のピザ	1,200	7	8,400
7	2020/4/20	S-001	惣菜	鶏のから揚げ	480	8	3,840
8	2020/4/20	S-002	惣菜	オムレツ	500	5	2,500
9	2020/4/20	B-002	弁当	本日のピザ	1,200	9	10,800
10	2020/4/20	S-001	惣菜	鶏のから揚げ	480	11	5,280
11	2020/4/20	S-002	惣菜	オムレツ	500	6	3,000
12	2020/4/20	B-002	弁当	本日のピザ	1,200	10	12,000
13	2020/4/22	S-004	惣菜	コールスロー	230	14	3,220
14	2020/4/22	B-001	弁当	お任せボックス	1,500	5	7,500
15	2020/4/22	B-002	弁当	本日のピザ	1,200	6	7,200
16	2020/4/22	S-001	惣菜	鶏のから揚げ	480	7	3,360
17	2020/4/22	S-002	惣菜	オムレツ	500	4	2,000
18	2020/4/26	S-003	惣菜	牛肉と野菜の串焼き	600	10	6,000
19	2020/4/26	S-001	惣菜	鶏のから揚げ	480	10	4,800
20	2020/4/26	B-001	弁当	お任せボックス	1,500	8	12,000

● コピーもとのリスト（5月分）

	A	B	C	D	E	F	G
1	日付	商品番号	分類	商品名	価格	数量	金額
2	2020/5/1	B-001	弁当	お任せボックス	1,500	8	12,000
3	2020/5/1	S-003	惣菜	牛肉と野菜の串焼き	600	13	7,800
4	2020/5/1	S-001	惣菜	鶏のから揚げ	480	15	7,200
5	2020/5/6	S-002	惣菜	オムレツ	500	12	6,000
6	2020/5/6	S-003	惣菜	牛肉と野菜の串焼き	600	13	7,800
7	2020/5/7	B-002	弁当	本日のピザ	1,200	21	25,200
8	2020/5/7	B-001	弁当	お任せボックス	1,500	10	15,000
9	2020/5/9	S-003	惣菜	牛肉と野菜の串焼き	600	15	9,000
10	2020/5/9	S-001	惣菜	鶏のから揚げ	480	13	6,240
11	2020/5/10	S-002	惣菜	オムレツ	500	13	6,500
12	2020/5/11	S-003	惣菜	牛肉と野菜の串焼き	600	18	10,800
13	2020/5/11	B-002	弁当	本日のピザ	1,200	17	20,400
14	2020/5/11	B-001	弁当	お任せボックス	1,500	2	3,000
15	2020/5/12	S-003	惣菜	牛肉と野菜の串焼き	600	5	3,000
16	2020/5/12	S-004	惣菜	コールスロー	230	1	230
17	2020/5/14	B-001	弁当	お任せボックス	1,500	8	12,000
18	2020/5/14	B-002	弁当	本日のピザ	1,200	15	18,000
19	2020/5/14	S-001	惣菜	鶏のから揚げ	480	5	2,400
20	2020/5/15	S-002	惣菜	オムレツ	500	18	9,000

1 コピーもとのセル範囲<A2:G19>をドラッグして選択し、

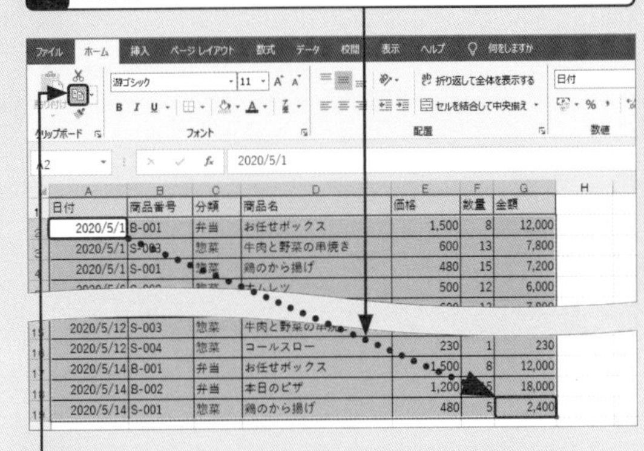

2 <ホーム>タブの<コピー>をクリックします。

3 コピー先のリストに切り替えて、コピー先のセル<A26>をクリックし、

4 <ホーム>タブの<貼り付け>をクリックすると、

	A	B	C	D	E	F	G	H
22	2020/4/26	S-001	惣菜	鶏のから揚げ	480	18	8,640	
23	2020/4/28	S-002	惣菜	オムレツ	500	7	3,500	
24	2020/4/28	S-003	惣菜	牛肉と野菜の串焼き	600	11	6,600	
25	2020/4/28	S-004	惣菜	コールスロー	230	12	2,760	
26								

5 ほかのブックのデータがコピーされます。

	A	B	C	D	E	F	G	H
22	2020/4/26	S-001	惣菜	鶏のから揚げ	480	18	8,640	
23	2020/4/28	S-002	惣菜	オムレツ	500	7	3,500	
24	2020/4/28	S-003	惣菜	牛肉と野菜の串焼き	600	11	6,600	
25	2020/4/28	S-004	惣菜	コールスロー	230	12	2,760	
26	2020/5/1	B-001	弁当	お任せボックス	1,500	8	12,000	
27	2020/5/1	S-003	惣菜	牛肉と野菜の串焼き	600	13	7,800	
28	2020/5/1	S-001	惣菜	鶏のから揚げ	480	15	7,200	
29	2020/5/6	S-002	惣菜	オムレツ	500	12	6,000	
30	2020/5/6	S-003	惣菜	牛肉と野菜の串焼き	600	13	7,800	
31	2020/5/7	B-002	弁当	本日のピザ	1,200	21	25,200	
32	2020/5/7	B-001	弁当	お任せボックス	1,500	10	15,000	
33	2020/5/9	S-003	惣菜	牛肉と野菜の串焼き	600	15	9,000	

重要度 ★★★ 外部データの取り込み

Q 116 Webサイトのデータをコピーして取り込みたい！

Web上に公開されている表をExcelに取り込んで利用するには、Web上の表のデータをコピーしてExcelのワークシートに貼り付けます。データベース機能が使えるようにリストを加工すれば、Web上のデータを使って抽出や並べ替えや集計などを行えます。

A ＜コピー＞&＜貼り付け＞で取り込めます。

1 ブラウザーを起動して、取り込みたい表を表示します。

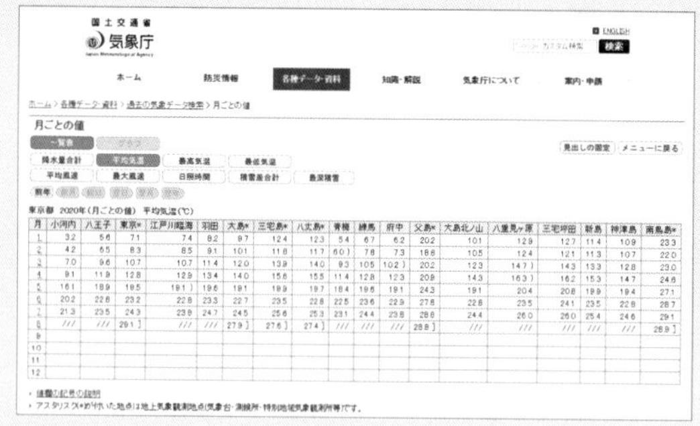

2 表をドラッグして選択し、

3 選択範囲を右クリックして＜コピー＞をクリックします。

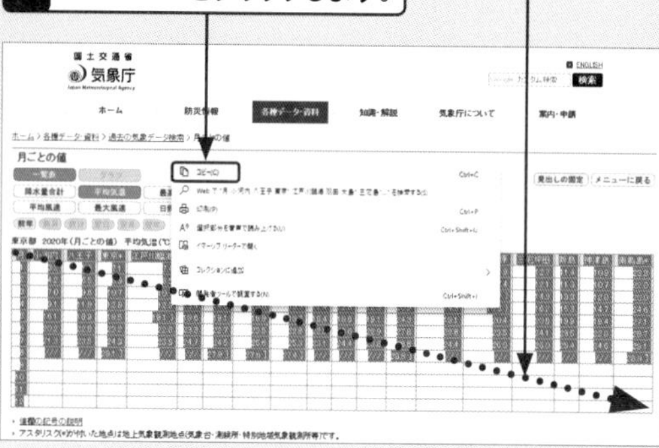

4 Excelのワークシートに切り替えて、コピー先のセル＜A1＞をクリックし、

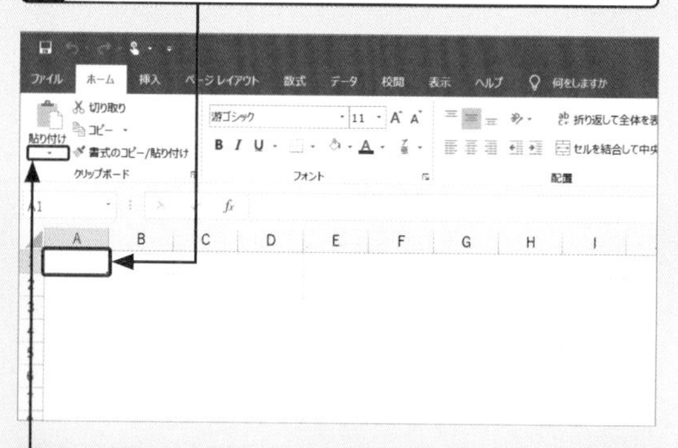

5 ＜ホーム＞タブの＜貼り付け＞の▼をクリックして、

6 ＜貼り付け先の書式に合わせる＞をクリックすると、

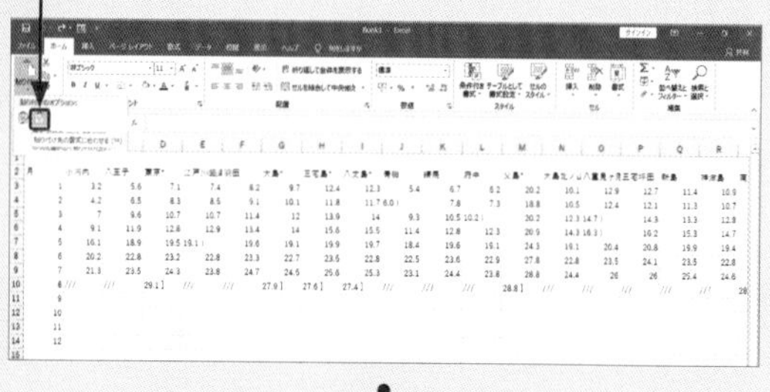

7 Web上の表がコピーされます。

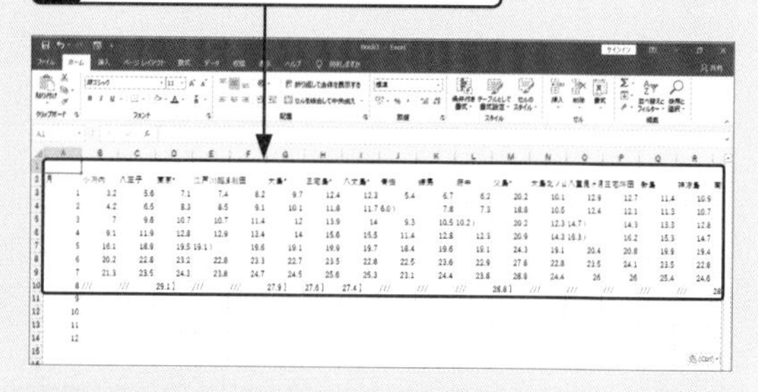

8 列幅や書式を調整して表を整えます。

重要度★★★ 外部データの取り込み

Q 117 Webサイトのデータをリンクして取り込みたい!

Web上に公開されている表をExcelに取り込んで利用するには、<データ>タブの<Webから>をクリックします。この方法で取り込むと、Web上の表とExcelのワークシートの表の間でリンク状態が保たれ、最新のデータを利用して分析や集計を行えます。

A Webクエリ機能を使います。

1 ブラウザーを起動して、取り込みたいページのURLをドラッグして選択し、

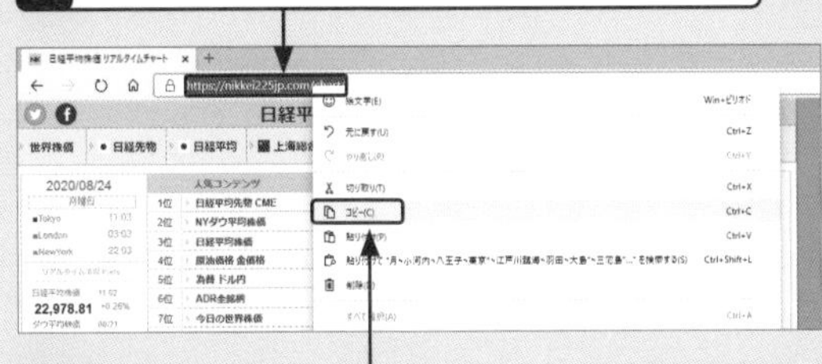

2 選択内を右クリックして<コピー>をクリックします。

3 Excelのワークシートに切り替えて、貼り付け先のセル<A1>をクリックし、

4 <データ>タブをクリックして、

5 <Webから>をクリックします。

6 <URL>欄を右クリックして<貼り付け>をクリックし、

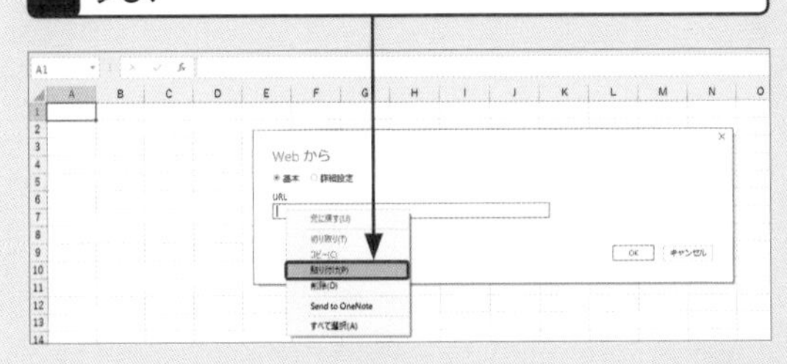

7 <OK>をクリックします。

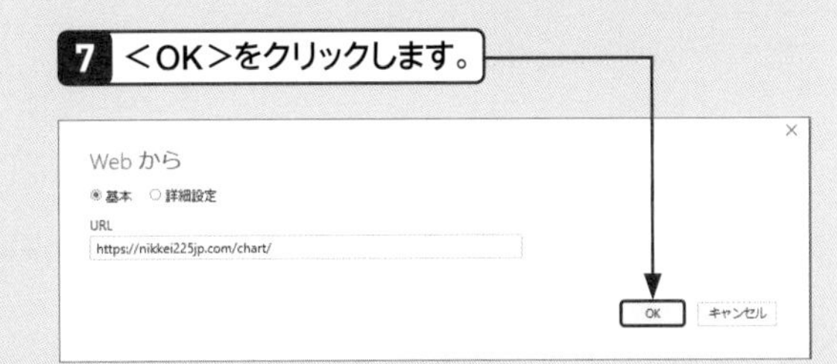

8 取り込みたいアイテムをクリックし、

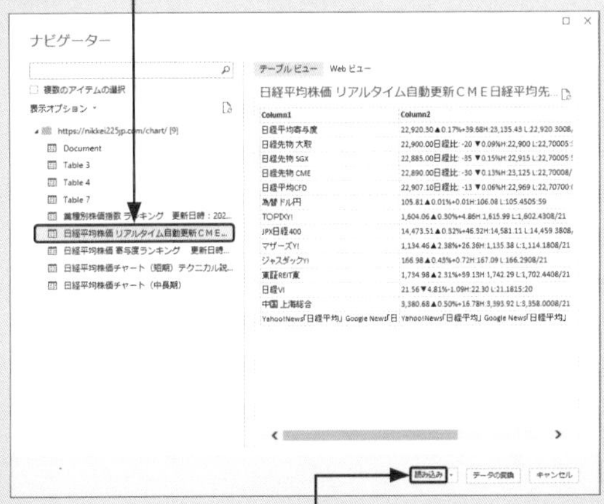

9 <読み込み>をクリックすると、

10 Web上のデータがテーブルとして表示されます。

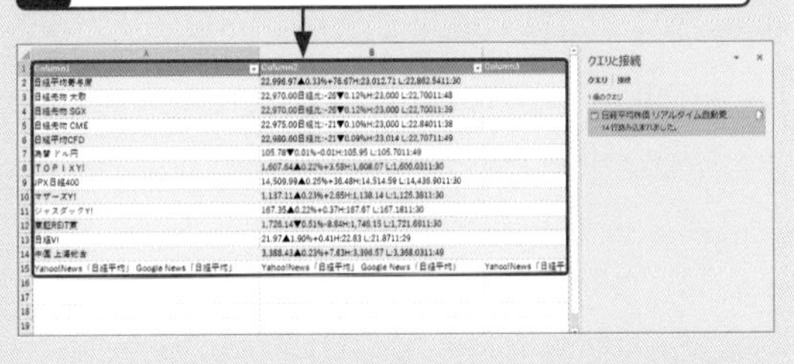

重要度 ★★★ 外部データの取り込み

Q 118 Webサイトのデータを最新に更新したい！

A ＜データ＞タブの＜すべて更新＞をクリックします。

Q.117の操作でWeb上のデータをExcelに取り込むと、Web上のデータとExcelのデータは常に連動しているため、Excelの＜データ＞タブの＜すべて更新＞をクリックして最新のデータに更新できます。＜クエリツール＞-＜クエリ＞タブの＜更新＞をクリックしても更新できます。

Q.117の操作でWeb上のデータを取り込んでおきます。

1 ＜データ＞タブをクリックし、

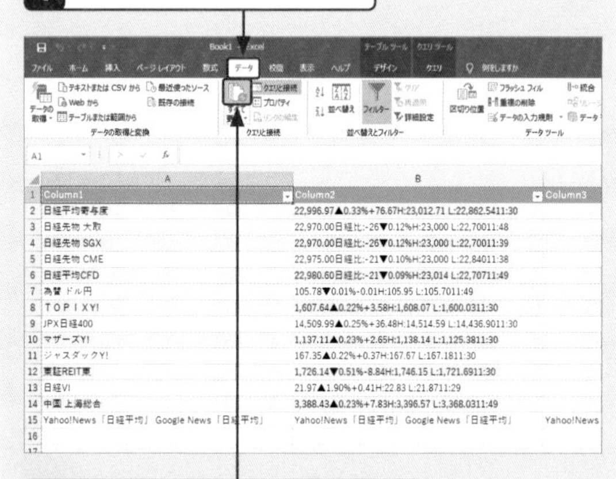

2 ＜すべて更新＞をクリックすると、

3 最新のデータに更新されます。

重要度 ★★★ 外部データの取り込み

Q 119 Webサイトとデータのリンクを解除したい！

A ＜範囲に変換＞をクリックしてテーブルを解除します。

Q.117の操作で取り込んだWeb上のデータとのリンクを解除するには、＜テーブルツール＞-＜デザイン＞タブの＜範囲に変換＞をクリックしてテーブルを解除します。Accessなどのほかのアプリから取り込んだデータとのリンクを解除するときも同じ操作を行います。Microsoft 365では＜テーブルデザイン＞タブを使います。

Q.117の操作でWeb上のデータを取り込んでおきます。

1 ＜テーブルツール＞-＜デザイン＞タブをクリックし、

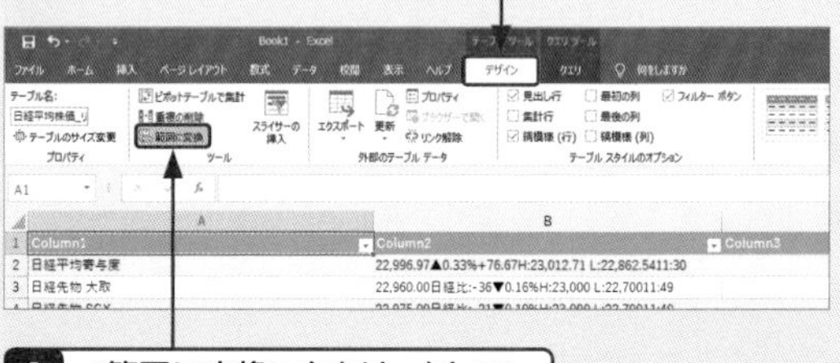

2 ＜範囲に変換＞をクリックして、

3 ＜OK＞をクリックすると、

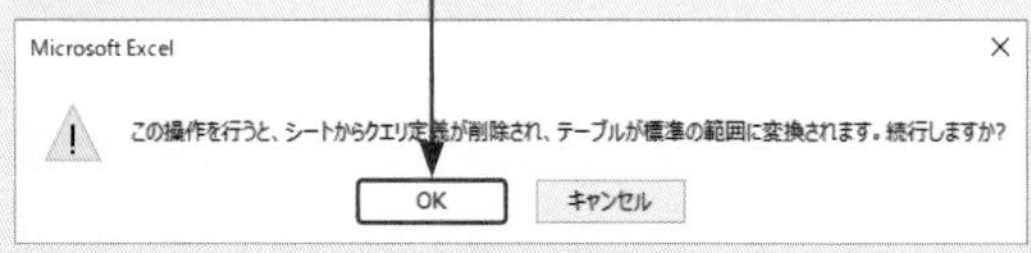

4 リンクを解除できます。

重要度 ★★★　外部データの取り込み

Q 120 CSV形式のテキストファイルを取り込みたい！

A そのままExcelに読み込めます。

CSV（Comma Separated Values）形式とは、データがカンマで区切って入力されているファイルのことです。汎用性の高いファイル形式で、ほかのアプリのデータをExcelに取り込むときに便利です。CSV形式のファイルはExcelのブックを開く時と同じ操作で取り込むことができます。

CSV形式のテキストファイルを確認します。

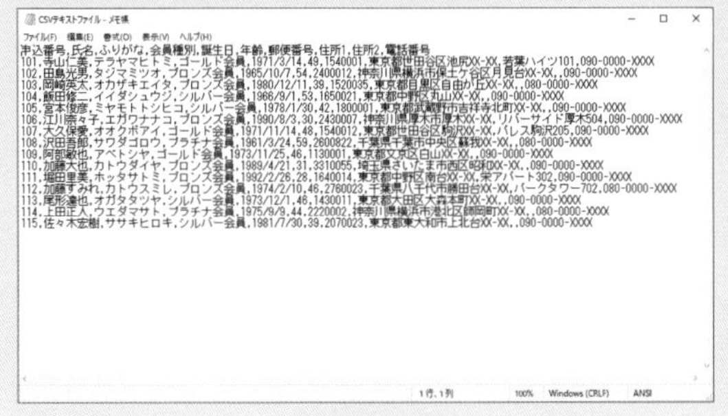
CSVテキストファイル - メモ帳

申込番号,氏名,ふりがな,会員種別,誕生日,年齢,郵便番号,住所1,住所2,電話番号
101,寺山仁美,テラヤマヒトミ,ゴールド会員,1971/3/14,49,1540001,東京都世田谷区池尻XX-XX,若葉ハイツ101,090-0000-XXXX
102,田島光男,タジマミツオ,ブロンズ会員,1965/10/7,54,2400012,神奈川県横浜市保土ケ谷区月見台XX-XX,,090-0000-XXXX
103,岡崎英太,オカザキエイタ,ブロンズ会員,1980/12/11,39,1520035,東京都目黒区自由が丘XX-XX,,080-0000-XXXX
104,飯田修二,イイダシュウジ,シルバー会員,1966/9/1,53,1650021,東京都中野区丸山XX-XX,,090-0000-XXXX
105,宮本俊彦,ミヤモトトシヒコ,シルバー会員,1978/1/30,42,1800001,東京都武蔵野市吉祥寺北町XX-XX,,090-0000-XXXX
106,江川奈々子,エガワナナコ,ブロンズ会員,1990/8/3,30,2430007,神奈川県厚木市厚木XX-XX,リバーサイド厚木504,090-0000-XXXX
107,大久保愛,オオクボアイ,ゴールド会員,1971/11/14,48,1540012,東京都世田谷区駒沢XX-XX,パレス駒沢205,090-0000-XXXX
108,沢田吾郎,サワダゴロウ,プラチナ会員,1961/3/24,59,2600822,千葉県千葉市中央区蘇我XX-XX,,080-0000-XXXX
109,阿部敏也,アベトシヤ,ゴールド会員,1973/11/25,46,1130001,東京都文京区白山XX-XX,,090-0000-XXXX
110,加藤大也,カトウダイヤ,ブロンズ会員,1989/4/21,31,3310055,埼玉県さいたま市西区昭和XX-XX,,090-0000-XXXX
111,堀田里美,ホッタサトミ,ブロンズ会員,1992/2/26,28,1640014,東京都中野区南台XX-XX,栄アパート302,090-0000-XXXX
112,加藤すみれ,カトウスミレ,ブロンズ会員,1974/2/10,46,2760023,千葉県八千代市勝田台XX-XX,パークタワー702,080-0000-XXXX
113,尾形達也,オガタタツヤ,シルバー会員,1973/12/1,46,1430011,東京都大田区大森本町XX-XX,,090-0000-XXXX
114,上田正人,ウエダマサト,プラチナ会員,1975/9/9,44,2220002,神奈川県横浜市港北区師岡町XX-XX,,080-0000-XXXX
115,佐々木宏樹,ササキヒロキ,シルバー会員,1981/7/30,39,2070023,東京都東大和市上北台XX-XX,,090-0000-XXXX

1 <ファイル>タブの<開く>をクリックします。

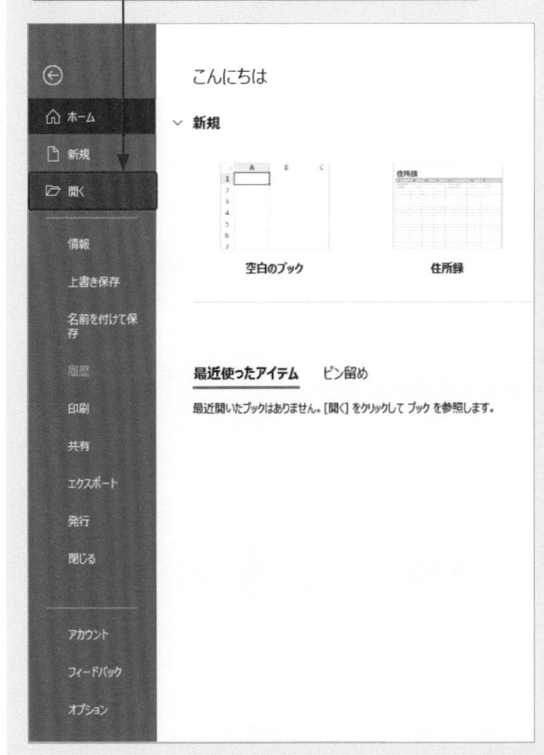

2 <参照>をクリックし、

3 <すべてのExcelファイル>をクリックして、

4 <すべてのファイル>をクリックします。

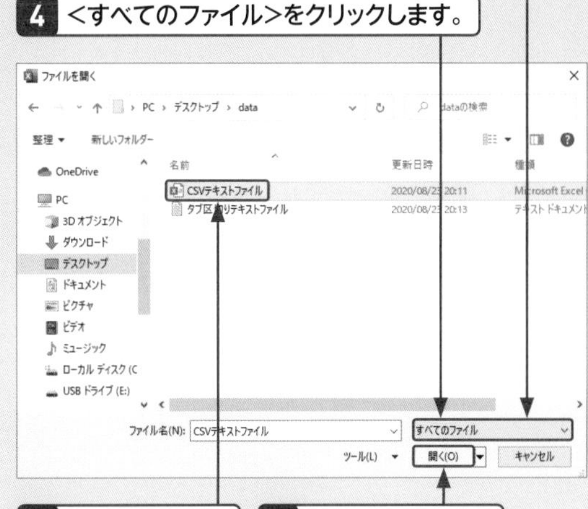

5 CSVファイルをクリックし、

6 <開く>をクリックすると、

7 Excelのワークシートに表示されます。

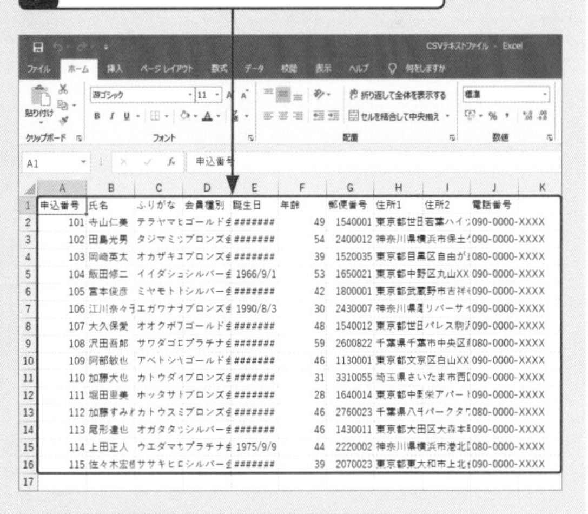

	A	B	C	D	E	F	G	H	I	J
1	申込番号	氏名	ふりがな	会員種別	誕生日	年齢	郵便番号	住所1	住所2	電話番号
2	101	寺山仁美	テラヤマヒ	ゴールド会	#######	49	1540001	東京都世田	若葉ハイツ	090-0000-XXXX
3	102	田島光男	タジマミツ	ブロンズ会	#######	54	2400012	神奈川県横浜市保土		090-0000-XXXX
4	103	岡崎英太	オカザキエ	ブロンズ会	#######	39	1520035	東京都目黒区自由が		080-0000-XXXX
5	104	飯田修二	イイダシュ	シルバー会	1966/9/1	53	1650021	東京都中野区丸山XX		090-0000-XXXX
6	105	宮本俊彦	ミヤモトト	シルバー会	#######	42	1800001	東京都武蔵野市吉祥		090-0000-XXXX
7	106	江川奈々子	エガワナナ	ブロンズ会	1990/8/3	30	2430007	神奈川県厚	リバーサイ	090-0000-XXXX
8	107	大久保愛	オオクボア	ゴールド会	#######	48	1540012	東京都世田	パレス駒沢	090-0000-XXXX
9	108	沢田吾郎	サワダゴロ	プラチナ会	#######	59	2600822	千葉県千葉市中央区		080-0000-XXXX
10	109	阿部敏也	アベトシヤ	ゴールド会	#######	46	1130001	東京都文京区白山XX		090-0000-XXXX
11	110	加藤大也	カトウダイ	ブロンズ会	#######	31	3310055	埼玉県さいたま市西		090-0000-XXXX
12	111	堀田里美	ホッタサト	ブロンズ会	#######	28	1640014	東京都中野	栄アパート	090-0000-XXXX
13	112	加藤すみれ	カトウスミ	ブロンズ会	#######	46	2760023	千葉県八千	パークタワ	080-0000-XXXX
14	113	尾形達也	オガタタツ	シルバー会	#######	46	1430011	東京都大田区大森本		090-0000-XXXX
15	114	上田正人	ウエダマサ	プラチナ会	1975/9/9	44	2220002	神奈川県横浜市港北		080-0000-XXXX
16	115	佐々木宏樹	ササキヒロ	シルバー会	#######	39	2070023	東京都東大和市上北		090-0000-XXXX
17										

列幅や書式を変更して表を整えます。

重要度 ★★★ 外部データの取り込み

Q 121 タブ区切りのテキストファイルを取り込みたい!

データが Tab を押して区切られているデータをExcelに取り込むには、<データ>タブの<テキストまたはCSV>から機能を使います。プレビュー画面で確認するだけでかんたんに取り込むことができます。

A テキストまたはCSVから機能を使って取り込みます。

タブ区切りのテキストファイルを確認します。

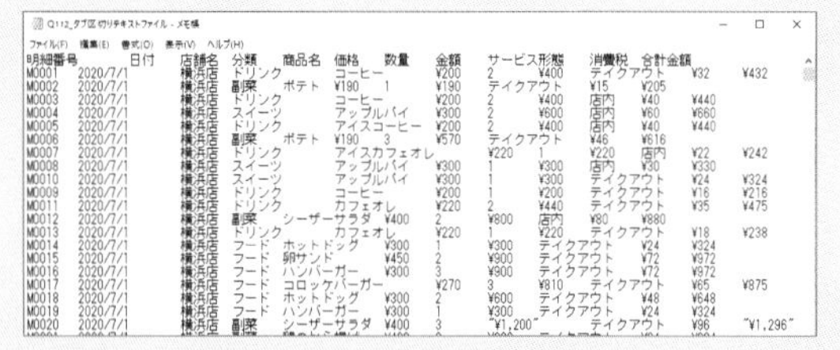

1 データの取り込み先のセル<A1>をクリックし、

2 <データ>タブをクリックして、

3 <テキストまたはCSVから>をクリックします。

4 テキストファイルをクリックし、

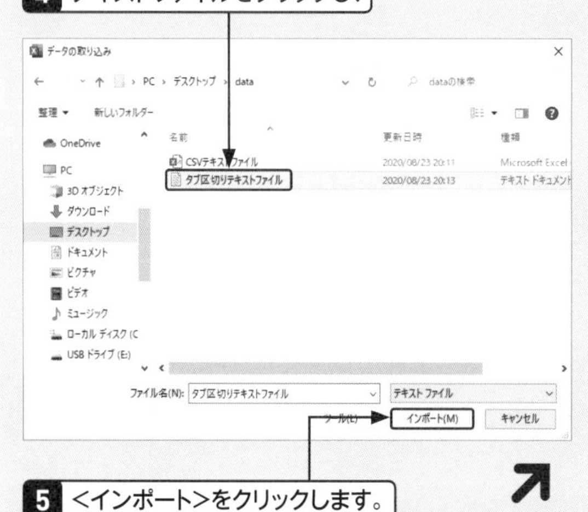

5 <インポート>をクリックします。

6 「区切り記号」が<タブ>になっていることを確認し、

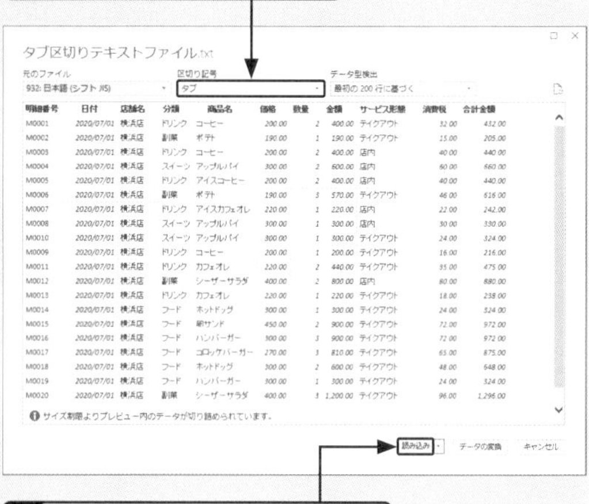

7 <読み込み>をクリックすると、

8 Excelのワークシートにテーブルとして表示されます。

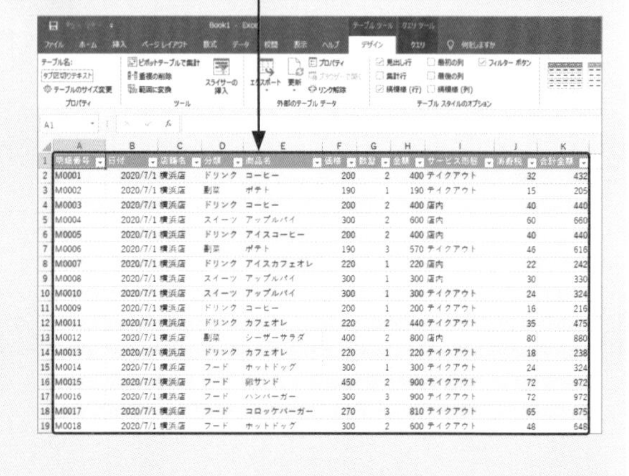

重要度 ★★★　外部データの取り込み

Q 122 Accessのデータを取り込みたい！

データベースソフトのAccessで作成済みのテーブルやクエリのデータをExcelに取り込むと、Excelのデータベース機能を使って集計や分析が行えます。ここでは、Accessの「売上管理」データベースファイルから「売上一覧」クエリのデータを取り込みます。

A データの取得先を<Microsoft Accessデータベースから>に設定します。

1 データの取り込み先のセル<A1>をクリックし、

2 <データ>タブをクリックして、

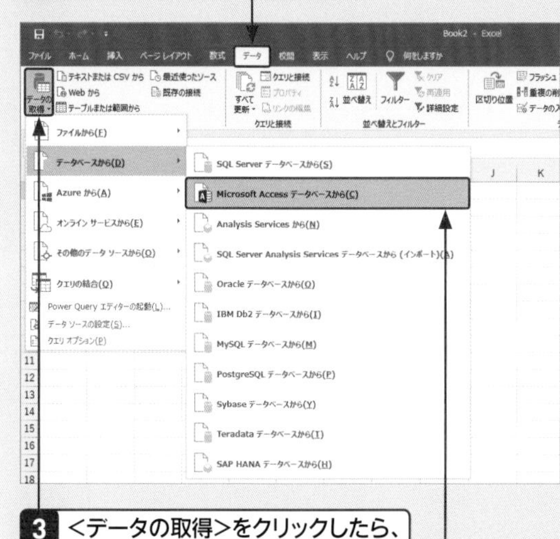

3 <データの取得>をクリックしたら、

4 <データベースから>-<Microsoft Accessデータベースから>をクリックします。

5 Accessのファイルをクリックし、

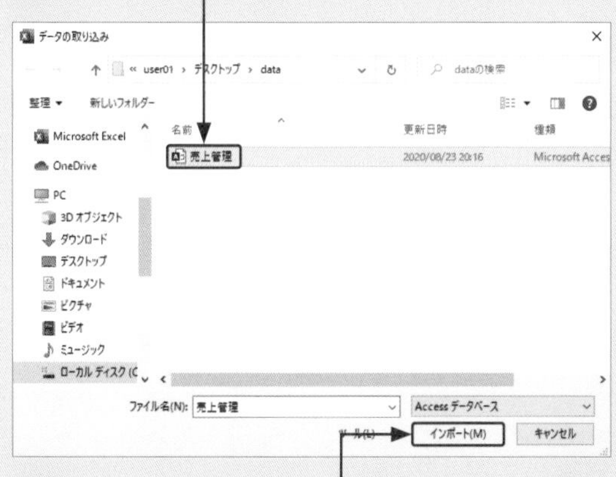

6 <インポート>をクリックします。

7 取り込みたいクエリをクリックし、

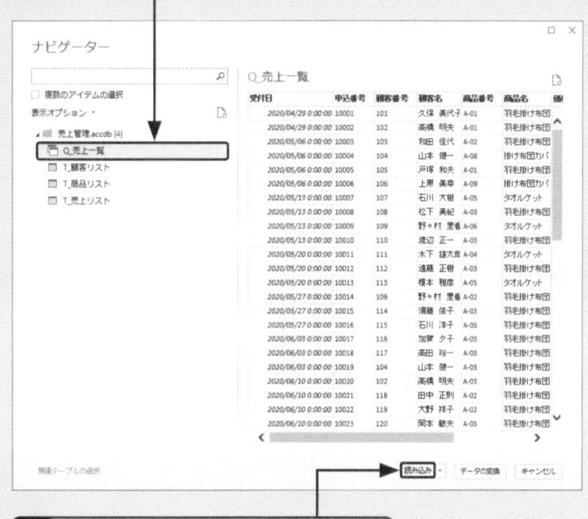

8 <読み込み>をクリックすると、

9 Excelのワークシートにテーブルとして表示されます。

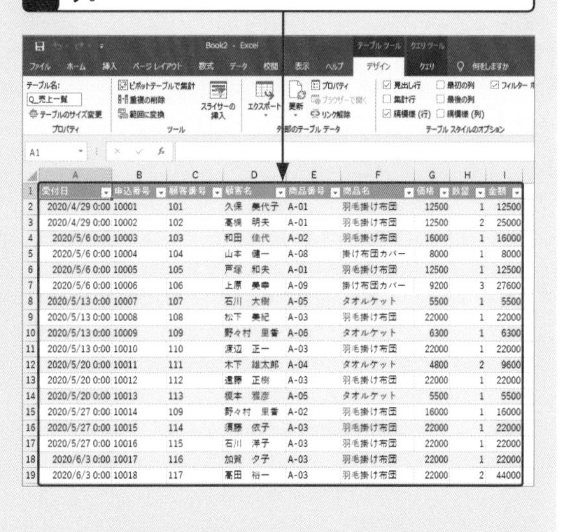

重要度★★★ 外部データの取り込み

Q 123 Accessから条件を指定してデータを取り込みたい!

A <データの変換>をクリック後に抽出条件を指定します。

Accessのテーブルやクエリのデータの一部をExcelに取り込むには、Excelに取り込む途中で<データの変換>をクリックします。すると、フィルターボタンを使って条件を指定し、条件に一致したデータだけを取り込むことができます。あらかじめ条件に一致したデータだけを取り込めば、Excelでデータを絞り込む手間を省けます。

1 データの取り込み先のセル<A1>をクリックし、

2 <データ>タブをクリックして、

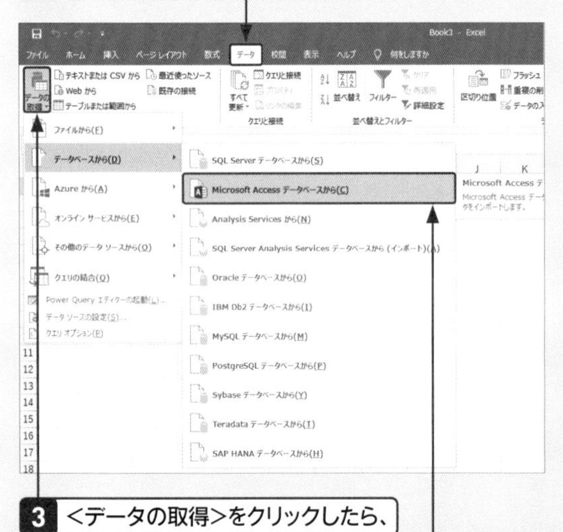

3 <データの取得>をクリックしたら、

4 <データベースから>-<Microsoft Accessデータベースから>をクリックします。

5 Accessのファイルをクリックし、

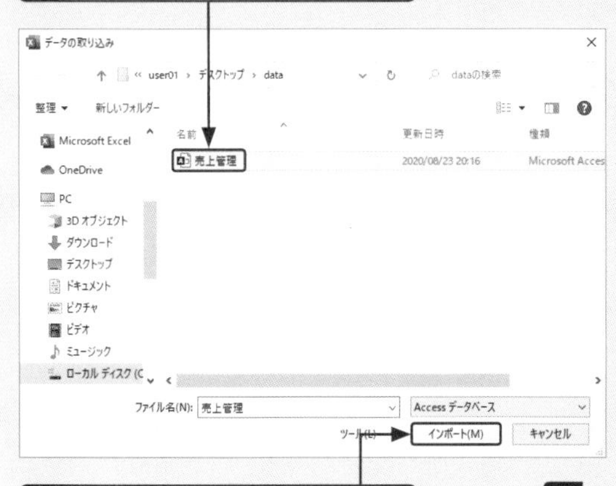

6 <インポート>をクリックします。

7 取り込みたいクエリをクリックし、

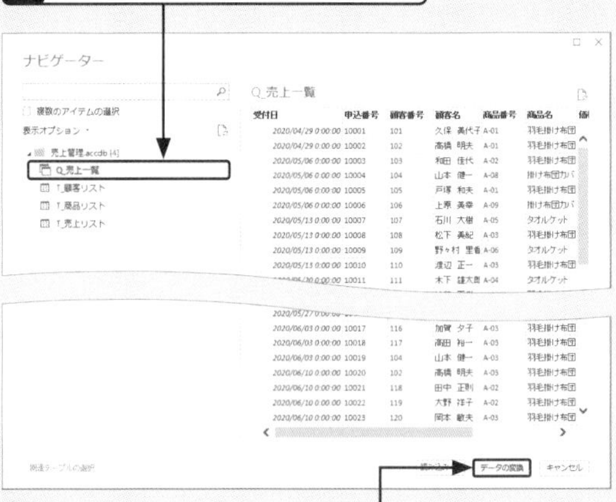

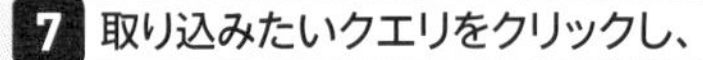

8 <データの変換>をクリックします。

9 「商品名」の▼をクリックし、

10 <(すべて選択)>をクリックしてチェックボックスをオフにし、

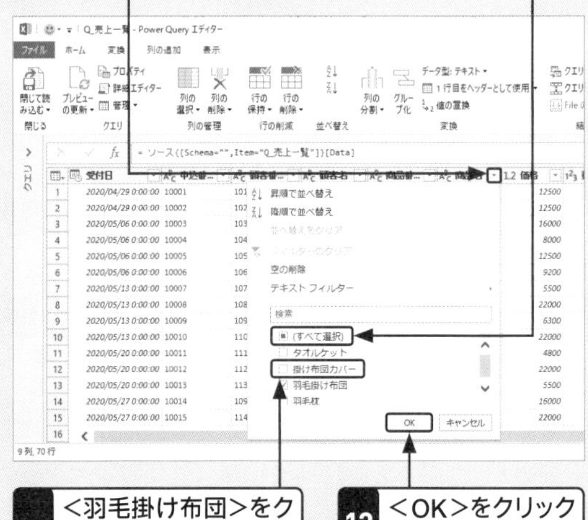

11 <羽毛掛け布団>をクリックしてチェックボックスをオンにして、

12 <OK>をクリックします。

13 条件に一致したデータが抽出されます。

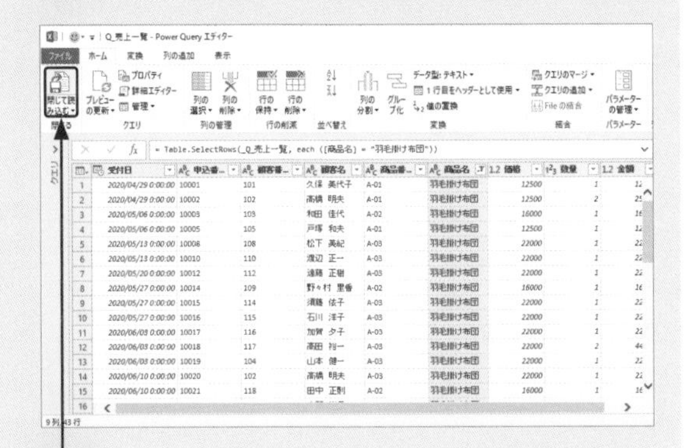

14 <ホーム>タブの<閉じて読み込む>をクリックすると、

15 条件に一致したデータだけがExcelのワークシートに表示されます。

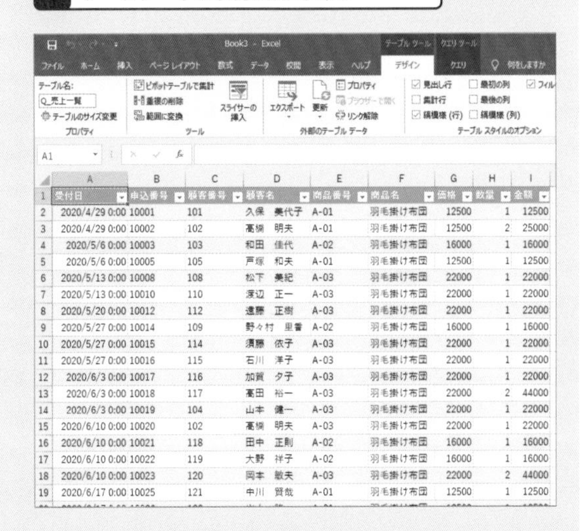

重要度 ★★★ 外部データの取り込み

Q 124 あとから取り込む条件を変更したい！

A <クエリツール>-<クエリ>タブの<編集>をクリックします。

Q.123の操作で、事前に条件を指定してAccessのデータを取り込んだ後で、条件を変更できます。<クエリツール>-<クエリ>タブの<編集>をクリックすると、条件を指定する画面が再表示されるので、条件を変更したり追加したりできます。Microsoft 365では<クエリ>タブを使います。

Q.123の操作でAccessのデータを取り込んでおきます。

1 <クエリツール>-<クエリ>タブをクリックし、

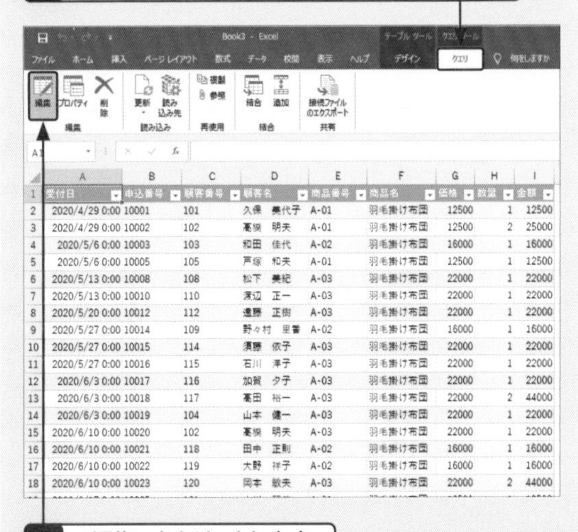

2 <編集>をクリックします。

3 条件を変更してから<閉じて読み込む>をクリックします。

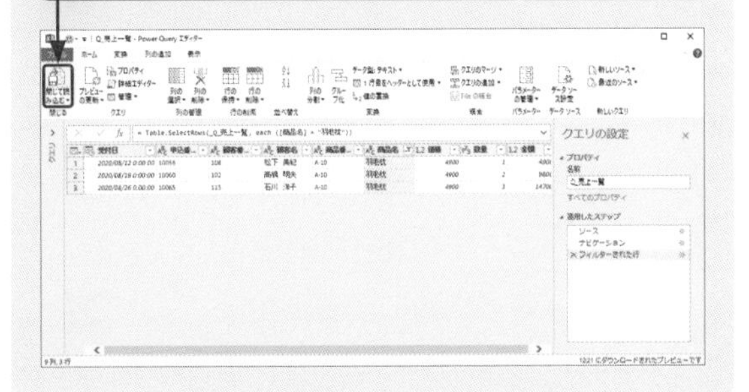

重要度 ★★★　外部データの取り込み

Q 125 PDFファイルのデータを取り込みたい！

A いったんWordで読み込んでからExcelにコピーします。

ExcelのデータベースI機能を使って利用したい表がPDFファイルとして提供されている場合があります。Excel側で直接PDFファイルを取り込むことはできませんが、いったんWordに読み込んでからExcelにコピーすることができます。

1 PDFファイルに名前を付けて保存しておきます。

社内ブラッシュアップ試験結果

社員番号	社員名	所属地区	筆記試験	実技試験	合計	合否判定
1001	塚本祐太郎	東京	80	82	162	合格
1002	瀬戸美弥子	東京	75	78	153	不合格
1003	大橋祐樹	品川	76	78	154	不合格
1004	戸山真司	品川	80	81	161	合格
1005	村田みなみ	東京	86	84	170	合格
1006	安田正一郎	横浜	89	84	173	合格
1007	坂本浩平	横浜	91	97	188	合格

2 Wordを起動し、<開く>をクリックします。

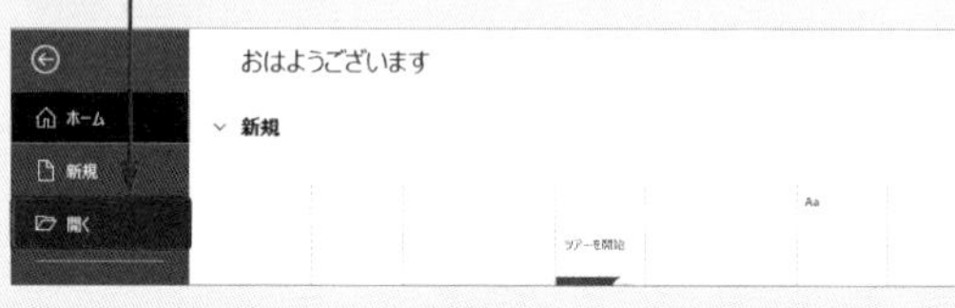

3 <参照>をクリックし、

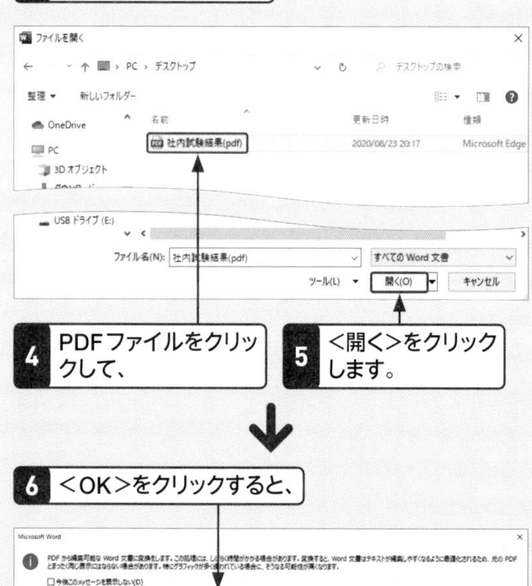

4 PDFファイルをクリックして、

5 <開く>をクリックします。

6 <OK>をクリックすると、

7 WordにPDFファイルが表示されます。

8 Excelに取り込みたい範囲をドラッグして選択し、

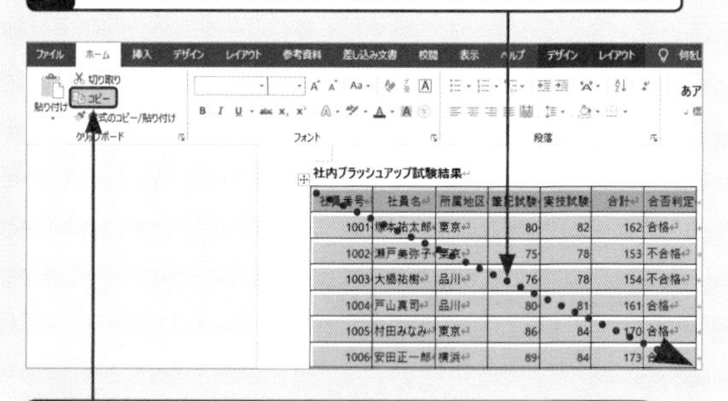

9 <ホーム>タブの<コピー>をクリックします。

10 Excelのワークシートに切り替えて、貼り付け先のセル<A1>をクリックし、

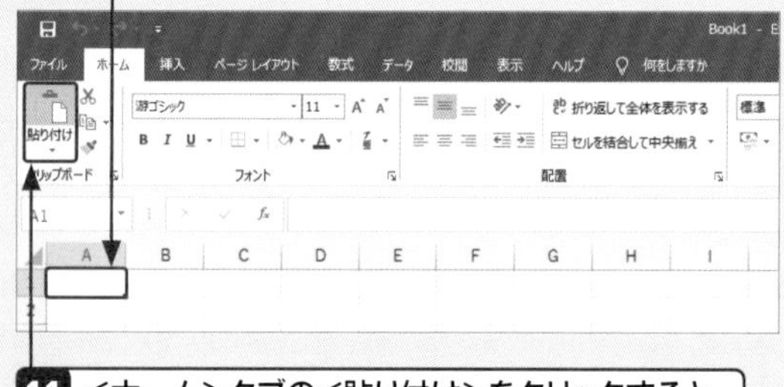

11 <ホーム>タブの<貼り付け>をクリックすると、

12 PDFの表が取り込まれます。

	A	B	C	D	E	F	G
1	社員番号	社員名	所属地区	筆記試験	実技試験	合計	合否判定
2	1001	塚本祐太郎	東京	80	82	162	合格
3	1002	瀬戸美弥子	東京	75	78	153	不合格
4	1003	大橋祐樹	品川	76	78	154	不合格
5	1004	戸山真司	品川	80	81	161	合格
6	1005	村田みなみ	東京	86	84	170	合格
7	1006	安田正一郎	横浜	89	84	173	合格
8	1007	坂本浩平	横浜	91	97	188	合格
9	1008	原島航	千葉	55	58	113	不合格
10	1009	大野千佳	千葉	62	80	142	不合格

列幅を調整して表を整えます。

第2章

データ抽出・集計の「こんなときどうする?」

重要度 ★★★ 並べ替え

Q 126 昇順・降順とは？

A リストを並べ替えるときの条件です。

並べ替え機能を使うと、リストのデータを五十音順や日付順、金額の高い順などの条件で自由に並べ替えることができます。このとき、昇順を指定すると小さいものから大きいものへ、降順を指定すると大きいものから小さいものへと並べ替わります。データの種類によって、昇順と降順を指定したときの並べ替えの順序は以下のようになります。

データの種類	並べ替えの順序
数値データ	昇順：小さいものから大きい順に並べ替える。 降順：大きいものから小さい順に並べ替える。
文字データ	昇順：あいうえお順／アルファベット順に並べ替える。 降順：あいうえお順の逆／アルファベット順の逆に並べ替える。
日付データ	昇順：古い日付から新しい日付順に並べ替える。 降順：新しい日付から古い日付順に並べ替える。

1 列「C」のふりがなを「昇順」に並べ替えると、

顧客番号	氏名	ふりがな	会員種別	郵便番号	住所1	住所2
100	荒井 直哉	アライ ナオヤ	ゴールド	1560052	東京都世田谷区経堂X-X-X	
101	林 龍之介	ハヤシ リュウノスケ	マスター	1920914	東京都八王子市片倉町X-X-X	片倉コート502
102	目黒 陽子	メグロ ヨウコ	レギュラー	3620063	埼玉県上尾市小泉X-X-X	
103	三浦 慎志	ミウラ サトシ	レギュラー	2990117	千葉県市原市青葉台X-X-X	
104	新倉 環	ニイクラ タマキ	レギュラー	2670055	千葉県千葉市緑区越智町X-X-X	
105	山下 美雪	ヤマシタ ミユキ	ゴールド	2220037	神奈川県横浜市港北区大倉山X-X-X	
106	岡崎 健太	オカザキ ケンタ	レギュラー	2510035	神奈川県藤沢市片瀬海岸X-X-X	片瀬第一マンション403
107	堂島 洋介	ドウジマ ヨウスケ	マスター	2500041	神奈川県小田原市池上X-X-X	
108	山田 清文	ヤマダ キヨフミ	ゴールド	1140002	東京都北区王子X-X-X	マンション大隈201
109	小島 勇太	コジマ ユウタ	ゴールド	3360974	埼玉県さいたま市緑区大崎X-X-X	
110	安藤 明憲	アンドウ アキノリ	レギュラー	2610004	千葉県千葉市美浜区高洲X-X-X	
111	森本 若菜	モリモト ワカナ	ゴールド	2160011	神奈川県川崎市宮前区犬蔵X-X-X	
112	遠藤 美紀	エンドウ ミキ	レギュラー	2390831	神奈川県横須賀市久里浜X-X-X	

2 ふりがなの五十音順にリスト全体が並べ替わります。

顧客番号	氏名	ふりがな	会員種別	郵便番号	住所1	住所2
100	荒井 直哉	アライ ナオヤ	ゴールド	1560052	東京都世田谷区経堂X-X-X	
110	安藤 明憲	アンドウ アキノリ	レギュラー	2610004	千葉県千葉市美浜区高洲X-X-X	
112	遠藤 美紀	エンドウ ミキ	レギュラー	2390831	神奈川県横須賀市久里浜X-X-X	
106	岡崎 健太	オカザキ ケンタ	レギュラー	2510035	神奈川県藤沢市片瀬海岸X-X-X	片瀬第一マンション403
113	小川 沙耶	オガワ サヤ	マスター	1940013	東京都町田市原町田X-X-X	
109	小島 勇太	コジマ ユウタ	ゴールド	3360974	埼玉県さいたま市緑区大崎X-X-X	
114	須田 幹夫	スダ ミキオ	レギュラー	2150011	神奈川県川崎市麻生区百合丘X-X-X	リリーハイツ1001
107	堂島 洋介	ドウジマ ヨウスケ	マスター	2500041	神奈川県小田原市池上X-X-X	
104	新倉 環	ニイクラ タマキ	レギュラー	2670055	千葉県千葉市緑区越智町X-X-X	
101	林 龍之介	ハヤシ リュウノスケ	マスター	1920914	東京都八王子市片倉町X-X-X	片倉コート502
115	松本 健二	マツモト ケンジ	レギュラー	2600852	千葉県千葉市中央区青葉町X-X-X	青葉スカイタワー1411
103	三浦 慎志	ミウラ サトシ	レギュラー	2990117	千葉県市原市青葉台X-X-X	
102	目黒 陽子	メグロ ヨウコ	レギュラー	3620063	埼玉県上尾市小泉X-X-X	

重要度 ★★★ 並べ替え

Q 127 1つの条件でデータを並べ替えたい！

A ＜データ＞タブの＜昇順＞や＜降順＞をクリックします。

並べ替えの条件が1つだけのときは、最初に並べ替えのキー（条件）となるフィールドのセルをクリックします。次に、＜データ＞タブの＜昇順＞や＜降順＞をクリックするだけでリスト全体が並べ替わります。なお、テーブルに変換したデータも同じ操作で並べ替えることができます。

列＜F＞の「合計」を大きい順に並べ替えます。

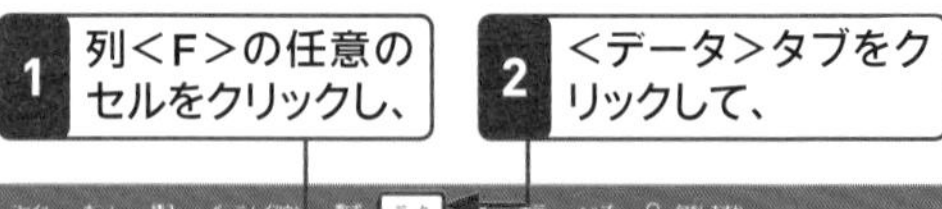

社員番号	社員名	所属地区	筆記試験	実技試験	合計	合否判定
1001	塚本祐太郎	東京	80	82	162	合格
1002	瀬戸美弥子	東京	75	78	153	不合格
1003	大槻祐樹	品川	76	78	154	不合格
1004	戸山真司	品川	80	81	161	合格
1005	村田みなみ	東京	86	84	170	合格
1006	安田正一郎	横浜	89	84	173	合格
1007	坂本浩平	横浜	91	97	188	合格
1008	原島航	千葉	55	58	113	不合格
1009	大野千佳	千葉	62	80	142	不合格
1010	多田俊一	横浜	60	84	144	不合格
1011	三石広志	千葉	87	87	174	合格
1012	上森由香	東京	88	94	182	合格
1013	中野正幸	品川	78	83	161	不合格
1014	星野容子	品川	99	81	180	合格

3 Z↓A をクリックすると、

4 「合計」の得点の高い順にリスト全体が並べ替わります。

社員番号	社員名	所属地区	筆記試験	実技試験	合計	合否判定
1007	坂本浩平	横浜	91	97	188	合格
1015	林早紀子	品川	100	84	184	合格
1012	上森由香	東京	88	94	182	合格
1014	星野容子	品川	99	81	180	合格
1011	三石広志	千葉	87	87	174	合格
1006	安田正一郎	横浜	89	84	173	合格
1005	村田みなみ	東京	86	84	170	合格
1001	塚本祐太郎	東京	80	82	162	合格
1004	戸山真司	品川	80	81	161	合格
1013	中野正幸	品川	78	83	161	不合格
1003	大槻祐樹	品川	76	78	154	不合格
1002	瀬戸美弥子	東京	75	78	153	不合格
1010	多田俊一	横浜	60	84	144	不合格
1009	大野千佳	千葉	62	80	142	不合格

重要度★★★　並べ替え

Q128 並べ替えを取り消したい！

A クイックアクセスツールバーの↶をクリックします。

並べ替えを実行した直後であれば、クイックアクセスツールバーの↶をクリックして取り消すことができます。ただし、いろいろな条件で並べ替えを実行したあとで並べ替えを取り消すには、Q.129の操作を行います。

1 Q.127の操作で並べ替えを実行します。

	A	B	C	D	E	F	G
1	社員番号	社員名	所属地区	筆記試験	実技試験	合計	合否判定
2	1007	坂本浩平	横浜	91	97	188	合格
3	1015	林早紀子	品川	100	84	184	合格
4	1012	上森由香	東京	88	94	182	合格
5	1014	星野容子	品川	99	81	180	合格
6	1011	三石広志	千葉	87	87	174	合格
7	1006	安田正一郎	横浜	89	84	173	合格
8	1005	村田みなみ	東京	86	84	170	合格
9	1001	塚本祐太郎	東京	80	82	162	合格
10	1004	戸山真司	品川	80	81	161	合格
11	1013	中野正幸	品川	78	83	161	不合格
12	1003	大槻祐樹	品川	76	78	154	不合格
13	1002	瀬戸美弥子	東京	75	78	153	不合格
14	1010	多田俊一	横浜	60	84	144	不合格
15	1009	大野千佳	千葉	62	80	142	不合格
16	1008	原島航	千葉	55	58	113	不合格

2 クイックアクセスツールバーの↶をクリックすると、

3 並べ替えを取り消してもとの順番に戻ります。

	A	B	C	D	E	F	G
1	社員番号	社員名	所属地区	筆記試験	実技試験	合計	合否判定
2	1001	塚本祐太郎	東京	80	82	162	合格
3	1002	瀬戸美弥子	東京	75	78	153	不合格
4	1003	大槻祐樹	品川	76	78	154	不合格
5	1004	戸山真司	品川	80	81	161	合格
6	1005	村田みなみ	東京	86	84	170	合格
7	1006	安田正一郎	横浜	89	84	173	合格
8	1007	坂本浩平	横浜	91	97	188	合格
9	1008	原島航	千葉	55	58	113	不合格
10	1009	大野千佳	千葉	62	80	142	不合格
11	1010	多田俊一	横浜	60	84	144	不合格
12	1011	三石広志	千葉	87	87	174	合格
13	1012	上森由香	東京	88	94	182	合格
14	1013	中野正幸	品川	78	83	161	不合格
15	1014	星野容子	品川	99	81	180	合格
16	1015	林早紀子	品川	100	84	184	合格

重要度★★★　並べ替え

Q129 もとの順番に戻したい！

A 連番のフィールドを用意しておきましょう。

いろいろな条件で並べ替えをしたあとで、手作業でもとの順番に戻すのは大変です。並べ替えを実行する前に、もとの状態に戻すためのフィールドを用意しておきましょう。たとえば「社員番号」や「受注番号」など、連番を入力したフィールドを作っておくと、そのフィールドの値を昇順に並べ替えることで、もとの状態に戻すことができます。

1 Q.127の操作で並べ替えを実行します。

2 列<A>の任意のセルをクリックし、

3 <データ>タブをクリックして、

	A	B	C	D	E	F	G
1	社員番号	社員名	所属地区	筆記試験	実技試験	合計	合否判定
2	1007	坂本浩平	横浜	91	97	188	合格
3	1015	林早紀子	品川	100	84	184	合格
4	1012	上森由香	東京	88	94	182	合格
5	1014	星野容子	品川	99	81	180	合格
6	1011	三石広志	千葉	87	87	174	合格
7	1006	安田正一郎	横浜	89	84	173	合格
8	1005	村田みなみ	東京	86	84	170	合格
9	1001	塚本祐太郎	東京	80	82	162	合格
10	1004	戸山真司	品川	80	81	161	合格
11	1013	中野正幸	品川	78	83	161	不合格
12	1003	大槻祐樹	品川	76	78	154	不合格
13	1002	瀬戸美弥子	東京	75	78	153	不合格
14	1010	多田俊一	横浜	60	84	144	不合格

4 A↓Zをクリックすると、

5 「社員番号」の小さい順（=もとの順番）にリスト全体が並べ替わります。

	A	B	C	D	E	F	G
1	社員番号	社員名	所属地区	筆記試験	実技試験	合計	合否判定
2	1001	塚本祐太郎	東京	80	82	162	合格
3	1002	瀬戸美弥子	東京	75	78	153	不合格
4	1003	大槻祐樹	品川	76	78	154	不合格
5	1004	戸山真司	品川	80	81	161	合格
6	1005	村田みなみ	東京	86	84	170	合格
7	1006	安田正一郎	横浜	89	84	173	合格
8	1007	坂本浩平	横浜	91	97	188	合格
9	1008	原島航	千葉	55	58	113	不合格
10	1009	大野千佳	千葉	62	80	142	不合格
11	1010	多田俊一	横浜	60	84	144	不合格
12	1011	三石広志	千葉	87	87	174	合格
13	1012	上森由香	東京	88	94	182	合格
14	1013	中野正幸	品川	78	83	161	不合格

重要度 ★★★ 並べ替え

Q 130 氏名を50音順に並べ替えたい!

A 氏名のフィールドを選択してから<昇順>をクリックします。

氏名のフィールドを50音順に並べ替えるときは、昇順で並べ替えを実行します。すると、氏名を変換したときの読みを使って並び替わります。なお、PHONETIC関数を使って別のセルにふりがなを表示しているときは、ふりがなのフィールドを使って並べ替えることもできます。

列<B>の「氏名」を五十音順に並べ替えます。

1 列<B>の任意のセルをクリックし、

2 <データ>タブをクリックして、

	A	B	C	D	E	F	G
1	社員番号	社員名	所属地区	筆記試験	実技試験	合計	合否判定
2	1001	塚本祐太郎	東京	80	82	162	合格
3	1002	瀬戸美弥子	東京	75	78	153	不合格
4	1003	大橋祐樹	品川	76	78	154	不合格
5	1004	戸山真司	品川	80	81	161	合格
6	1005	村田みなみ	東京	86	84	170	合格
7	1006	安田正一郎	横浜	89	84	173	合格
8	1007	坂本浩平	横浜	91	97	188	合格
9	1008	原島航	千葉	55	58	113	不合格
10	1009	大野千佳	千葉	62	80	142	不合格
11	1010	多田俊一	横浜	60	84	144	不合格
12	1011	三石広志	千葉	87	87	174	合格
13	1012	上森由香	東京	88	94	182	合格
14	1013	中野正幸	品川	78	83	161	不合格
15	1014	星野容子	品川	99	81	180	合格
16	1015	林早紀子	品川	100	84	184	合格

3 A↓Zをクリックすると、

4 「氏名」の五十音順にリスト全体が並べ替わります。

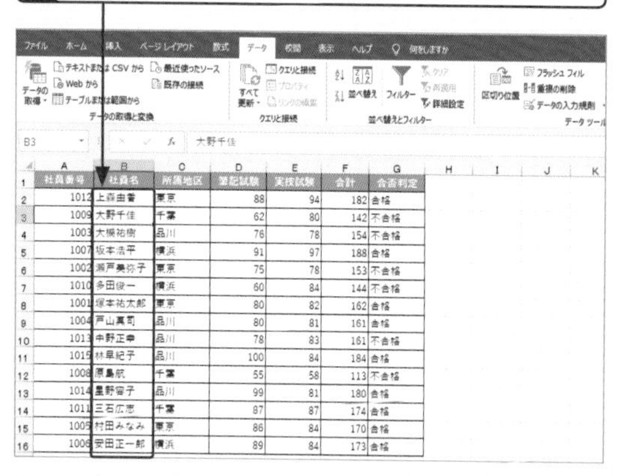

	A	B	C	D	E	F	G
1	社員番号	社員名	所属地区	筆記試験	実技試験	合計	合否判定
2	1012	上森由香	東京	88	94	182	合格
3	1009	大野千佳	千葉	62	80	142	不合格
4	1003	大橋祐樹	品川	76	78	154	不合格
5	1007	坂本浩平	横浜	91	97	188	合格
6	1002	瀬戸美弥子	東京	75	78	153	不合格
7	1010	多田俊一	横浜	60	84	144	不合格
8	1001	塚本祐太郎	東京	80	82	162	合格
9	1004	戸山真司	品川	80	81	161	合格
10	1013	中野正幸	品川	78	83	161	不合格
11	1015	林早紀子	品川	100	84	184	合格
12	1008	原島航	千葉	55	58	113	不合格
13	1014	星野容子	品川	99	81	180	合格
14	1011	三石広志	千葉	87	87	174	合格
15	1005	村田みなみ	東京	86	84	170	合格
16	1006	安田正一郎	横浜	89	84	173	合格

重要度 ★★★ 並べ替え

Q 131 氏名が50音順にならないのはどうして？

A 正しい読みで変換していない可能性があります。

Q.130の操作で正しく五十音順に並べ替わらないときは、氏名を変換したときの読みが間違っている可能性があります。Excelは変換時の読みを記憶しており、その順番で並べ替えを実行するためです。Q.027の操作で読みを修正してから並べ替えましょう。

1 Q.130の操作で並べ替えを実行すると、「上森由香（かみもりゆか）」が先頭に表示されます。

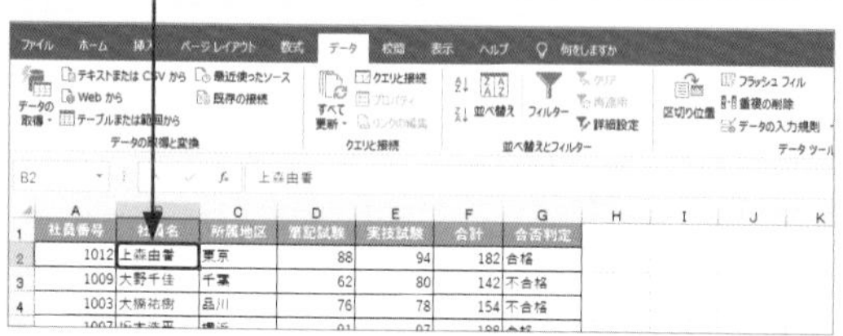

	A	B	C	D	E	F	G
1	社員番号	社員名	所属地区	筆記試験	実技試験	合計	合否判定
2	1012	上森由香	東京	88	94	182	合格
3	1009	大野千佳	千葉	62	80	142	不合格
4	1003	大橋祐樹	品川	76	78	154	不合格

2 列<B>の列番号をクリックし、

	A	B	C	D	E	F	G
1	社員番号	社員名	所属地区	筆記試験	実技試験	合計	合否判定
2	1012	上森由香	東京	88	94	182	合格

3 <ホーム>タブの亜をクリックすると、

4 セル内にフリガナが表示され、「上森由香」が「うえもりゆか」で変換されていることがわかります。

	A	B	C	D	E	F	G
1	社員番号	シャインメイ 社員名	所属地区	筆記試験	実技試験	合計	合否判定
2	1012	ウエモリユカ 上森由香	東京	88	94	182	合格
3	1009	オオノ チカ 大野千佳	千葉	62	80	142	不合格

Q.027の操作で読みを修正します。

Q 132 複数の条件でデータを並べ替えたい！

A ＜並べ替え＞ダイアログボックスを使って条件を指定します。

並べ替え機能を実行した結果、同じデータの中をどんな順番で並べ替えるかを指定するには、複数の条件を設定します。複数の条件を指定するときは、＜並べ替え＞ダイアログボックスを使って条件の優先順位を正しく設定することがポイントです。

列＜C＞の「所属地区」が同じ場合は、列＜F＞の「合計」の大きい順に並べ替えます。

1 リスト内の任意のセルをクリックし、

2 ＜データ＞タブをクリックして、

	A	B	C	D	E	F	G
1	社員番号	社員名	所属地区	筆記試験	実技試験	合計	合否判定
2	1003	大橋祐樹	品川	76	78	154	不合格
3	1004	戸山真司	品川	80	81	161	合格
4	1013	中野正幸	品川	78	83	161	不合格
5	1014	星野容子	品川	99	81	180	合格
6	1015	林早紀子	品川	100	84	184	合格
7	1008	原島航	千葉	55	58	113	不合格
8	1009	大野千佳	千葉	62	80	142	不合格
9	1011	三石広志	千葉	87	87	174	合格
10	1001	塚本祐太郎	東京	80	82	162	合格
11	1002	瀬戸美弥子	東京	75	78	153	不合格
12	1005	村田みなみ	東京	86	84	170	合格
13	1012	上森由香	東京	88	94	182	合格
14	1006	安田正一郎	横浜	89	84	173	合格
15	1007	坂本浩平	横浜	91	97	188	合格

3 ＜並べ替え＞をクリックします。

1つ目の条件を指定します。

4 「最優先されるキー」の「列」で＜所属地区＞を選択し、

5 ＜順序＞が＜昇順＞になっていることを確認して、

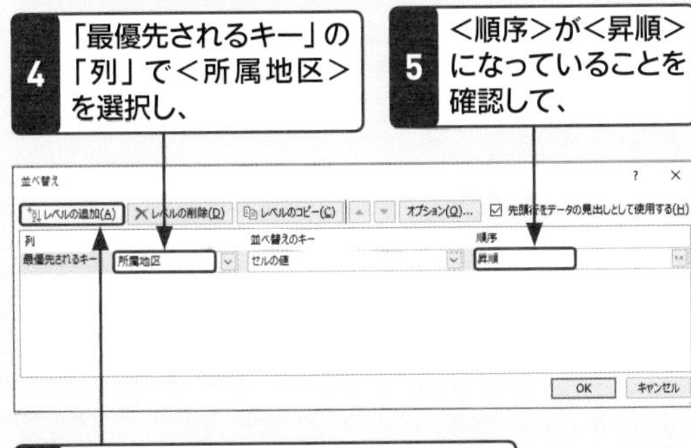

6 ＜レベルの追加＞をクリックします。

2つ目の条件を設定します。

7 「次に優先されるキー」の「列」で＜合計＞を選択し、

8 「順序」で＜大きい順＞を選択して、

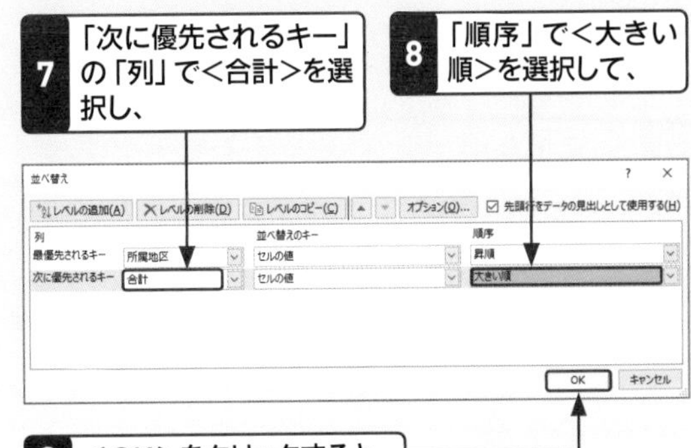

9 ＜OK＞をクリックすると、

10 2つの条件でリスト全体が並べ替わります。

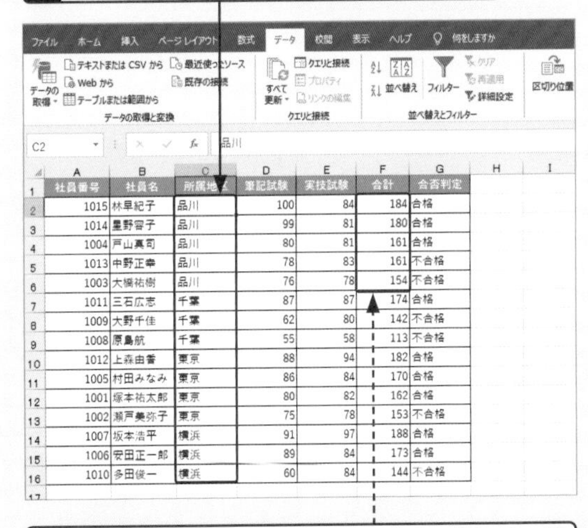

	A	B	C	D	E	F	G
1	社員番号	社員名	所属地区	筆記試験	実技試験	合計	合否判定
2	1015	林早紀子	品川	100	84	184	合格
3	1014	星野容子	品川	99	81	180	合格
4	1004	戸山真司	品川	80	81	161	合格
5	1013	中野正幸	品川	78	83	161	不合格
6	1003	大橋祐樹	品川	76	78	154	不合格
7	1011	三石広志	千葉	87	87	174	合格
8	1009	大野千佳	千葉	62	80	142	不合格
9	1008	原島航	千葉	55	58	113	不合格
10	1012	上森由香	東京	88	94	182	合格
11	1005	村田みなみ	東京	86	84	170	合格
12	1001	塚本祐太郎	東京	80	82	162	合格
13	1002	瀬戸美弥子	東京	75	78	153	不合格
14	1007	坂本浩平	横浜	91	97	188	合格
15	1006	安田正一郎	横浜	89	84	173	合格
16	1010	多田俊一	横浜	60	84	144	不合格

「所属地区」が同じ場合は「合計」の大きい順に並べ替わります。

Memo 並べ替え条件は64個まで

＜並べ替え＞ダイアログボックスで指定できるキーは最大64個です。＜レベルの追加＞をクリックするごとに、次々と条件を追加できます。

重要度 ★★★　並べ替え

Q 133 オリジナルの順番で並べ替えたい！

A <ユーザー設定リスト>に登録した順番で並べ替えます。

都道府県名を北から順番に表示するケースでは、<昇順>や<降順>では意図する順番にならないことがあります。オリジナルの順番でデータを並べ替えたいときは、あらかじめ<ユーザー設定リスト>に並べ替えたい順番を登録しておきます。

● オリジナルの順番を登録する

列<C>の「所属地区」が「東京」→「品川」→「横浜」→「千葉」の順番になるように登録します。

1 <ファイル>タブの<オプション>をクリックします。

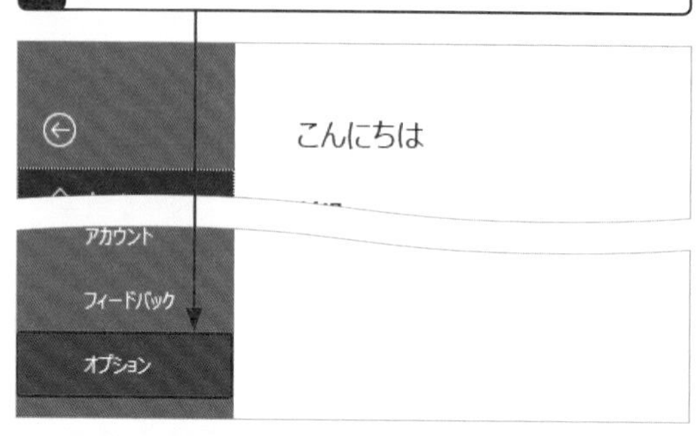

2 <詳細設定>をクリックし、

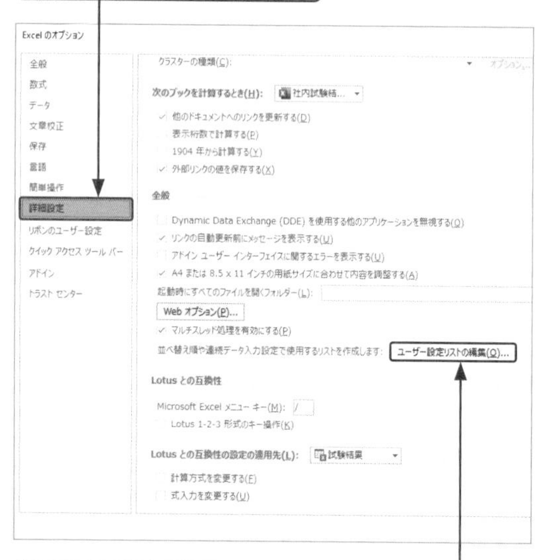

3 <ユーザー設定リストの編集>をクリックします。

4 「リストの項目」欄をクリックし、「東京」と入力して Enter を押します。

5 同様の操作で、「品川」→「横浜」→「千葉」の順番に入力し、

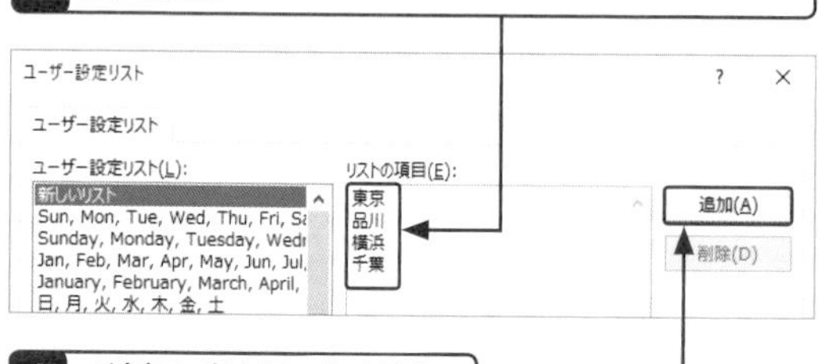

6 <追加>をクリックすると、

7 左側の<ユーザー設定リスト>の末尾に追加されます。

8 <OK>をクリックし、

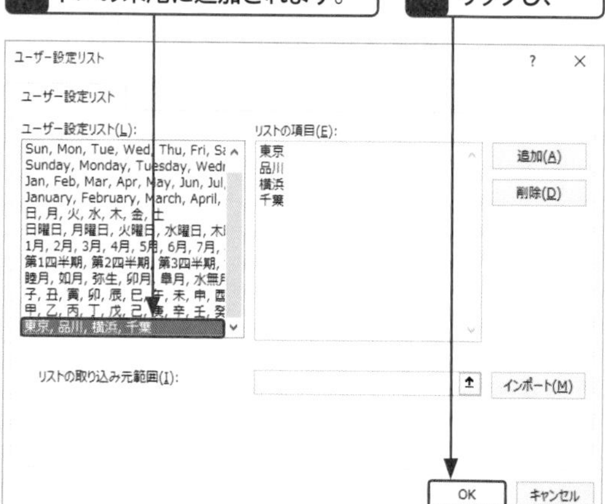

9 <Excelのオプション>ダイアログボックスに戻ったら<OK>をクリックします。

● オリジナルの順番で並べ替える

1 リスト内の任意のセルをクリックし、

2 <データ>タブをクリックして、

社員番号	社員名	所属地区	筆記試験	実技試験	合計	合否判定
1001	塚本祐太郎	東京	80	82	162	合格
1002	瀬戸美弥子	東京	75	78	153	不合格
1003	大槻祐樹	品川	76	78	154	不合格
1004	戸山真司	品川	80	81	161	合格
1005	村田みなみ	東京	86	84	170	合格
1006	安田正一郎	横浜	89	84	173	合格
1007	坂本浩平	横浜	91	97	188	合格
1008	原島航	千葉	55	58	113	不合格
1009	大野千佳	千葉	62	80	142	不合格
1010	多田俊一	横浜	60	84	144	不合格
1011	三石広志	千葉	87	87	174	合格
1012	上森由香	東京	88	94	182	合格
1013	中野正幸	品川	78	83	161	不合格
1014	星野容子	品川	99	81	180	合格
1015	林早紀子	品川	100	84	184	合格

3 <並べ替え>をクリックします。

4 「最優先されるキー」の「列」で<所属地区>を選択し、

5 <順序>の▼をクリックして、

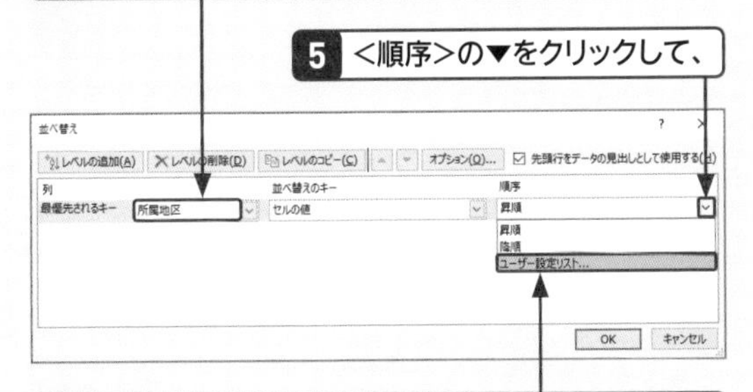

6 一覧から<ユーザー設定リスト>をクリックします。

7 「ユーザー設定リスト」の一覧から<東京,品川,横浜,千葉>をクリックし、

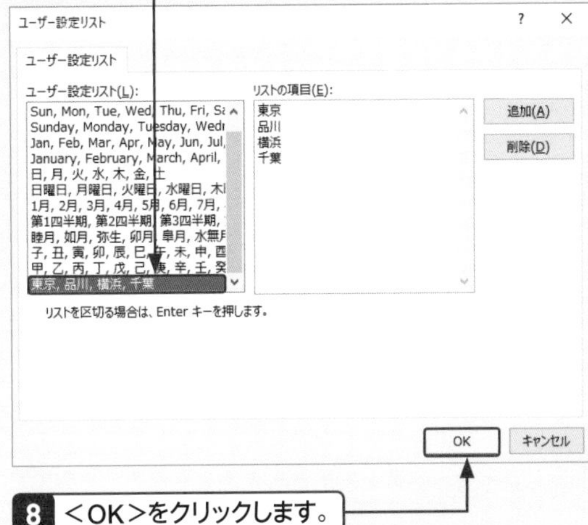

8 <OK>をクリックします。

9 「順序」に指定した順番が表示されていることを確認して、

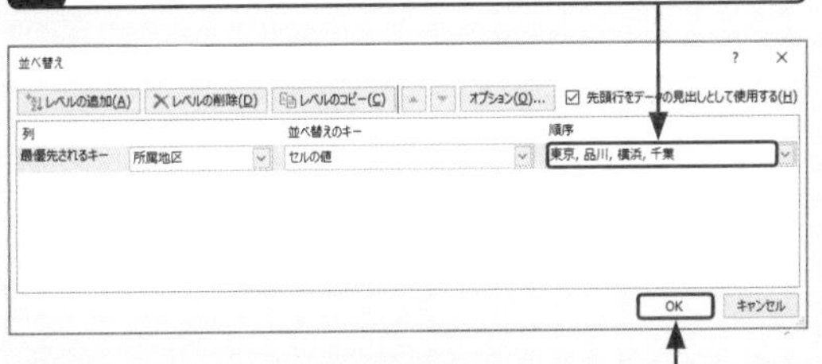

10 <OK>をクリックします。

11 オリジナルの順番でリスト全体が並べ替わります。

社員番号	社員名	所属地区	筆記試験	実技試験	合計	合否判定
1001	塚本祐太郎	東京	80	82	162	合格
1002	瀬戸美弥子	東京	75	78	153	不合格
1005	村田みなみ	東京	86	84	170	合格
1012	上森由香	東京	88	94	182	合格
1003	大槻祐樹	品川	76	78	154	不合格
1004	戸山真司	品川	80	81	161	合格
1013	中野正幸	品川	78	83	161	不合格
1014	星野容子	品川	99	81	180	合格
1015	林早紀子	品川	100	84	184	合格
1006	安田正一郎	横浜	89	84	173	合格
1007	坂本浩平	横浜	91	97	188	合格
1010	多田俊一	横浜	60	84	144	不合格
1008	原島航	千葉	55	58	113	不合格
1009	大野千佳	千葉	62	80	142	不合格
1011	三石広志	千葉	87	87	174	合格

重要度★★★　並べ替え

Q 134 並べ替えの優先順位を変更したい！

A ＜並べ替え＞ダイアログボックスで変更します。

複数の並べ替えの条件の優先順位をあとから変更するには、＜並べ替え＞ダイアログボックスを使います。順番を変更したいキーを選択してから、＜上へ移動＞や＜下へ移動＞をクリックして優先順位を変更します。＜最優先されるキー＞の優先度が常に一番高くなります。

1 リスト内の任意のセルをクリックし、＜データ＞タブの＜並べ替え＞をクリックします。

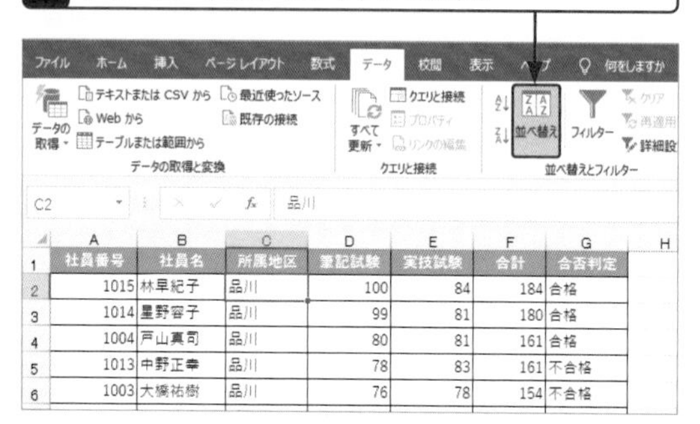

2 ＜次に優先されるキー＞をクリックし、

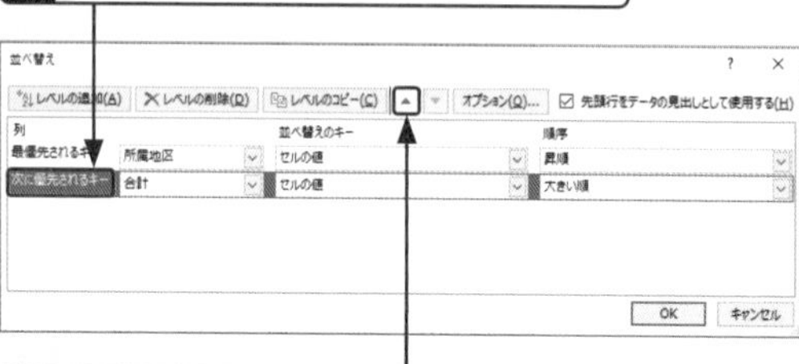

3 ▲をクリックすると、

4 優先順位が変更されます。

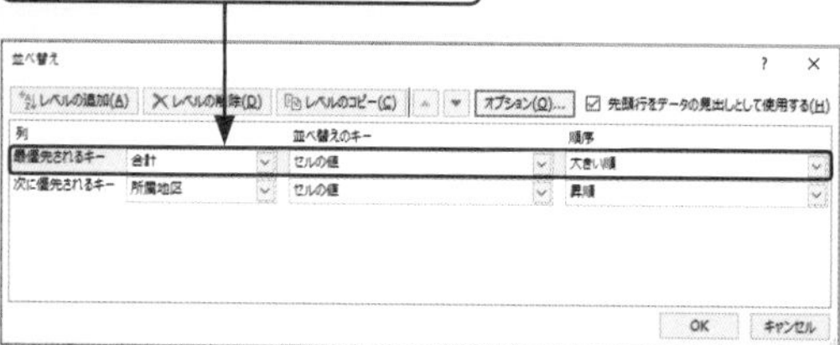

重要度★★★　並べ替え

Q 135 一部の並べ替えの条件を削除したい！

A ＜並べ替え＞ダイアログボックスで削除します。

複数の並べ替えの条件の一部をあとから削除するには、＜並べ替え＞ダイアログボックスを使います。削除したいキーを選択してから＜レベルの削除＞をクリックします。

1 リスト内の任意のセルをクリックし、＜データ＞タブの＜並べ替え＞をクリックします。

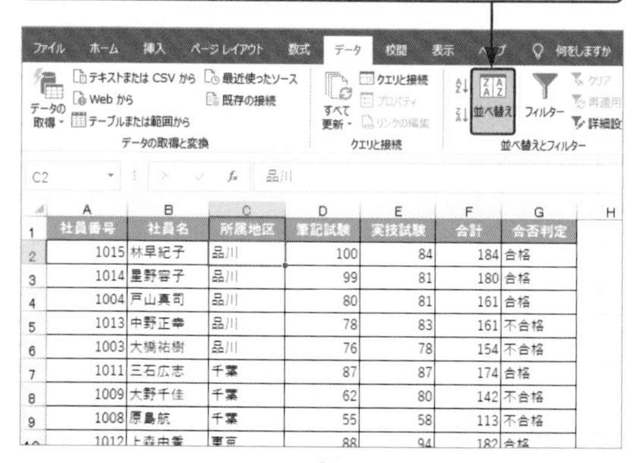

2 削除したいキーをクリックし、

3 ＜レベルの削除＞をクリックすると、

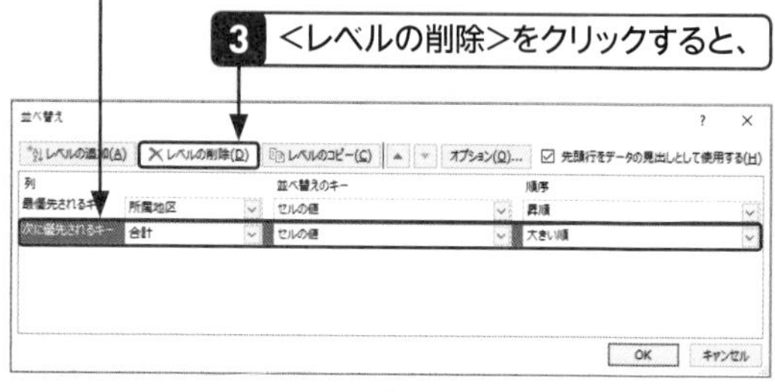

4 選択した条件だけを削除できます。

Q 136 セルの色で並べ替えたい！

＜ホーム＞タブの＜塗りつぶしの色＞で設定したセルの色を条件にして、データを並べ替えることができます。リスト内のデータを色で分類しているときは、色ごとに並べ替えることによって、同じ分類のデータが視覚的にまとまります。

A ＜並べ替えのキー＞を＜セルの色＞に変更します。

1 リスト内の任意のセルをクリックし、

2 ＜データ＞タブをクリックして、

	A	B	C	D	E	F	G
1	社員番号	社員名	所属地区	筆記試験	実技試験	合計	合否判定
2	1001	塚本祐太郎	東京	80	82	162	合格
3	1002	瀬戸美弥子	東京	75	78	153	不合格
4	1003	大槻祐樹	品川	76	78	154	不合格
5	1004	戸山真司	品川	80	81	161	合格
6	1005	村田みなみ	東京	86	84	170	合格
7	1006	安田正一郎	横浜	89	84	173	合格
8	1007	坂本浩平	横浜	91	97	188	合格
9	1008	原島航	千葉	55	58	113	不合格
10	1009	大野千佳	千葉	62	80	142	不合格
11	1010	多田俊一	横浜	60	84	144	不合格
12	1011	三石広志	千葉	87	87	174	合格
13	1012	上森由香	東京	88	94	182	合格
14	1013	中野正幸	品川	78	83	161	不合格
15	1014	星野容子	品川	99	81	180	合格
16	1015	林早紀子	品川	100	84	184	合格

3 ＜並べ替え＞をクリックします。

4 「最優先されるキー」の「列」で「社員名」を選択し、

5 「並べ替えのキー」の▼をクリックして、

6 一覧から＜セルの色＞をクリックします。

7 続けて、「順序」の▼をクリックし、

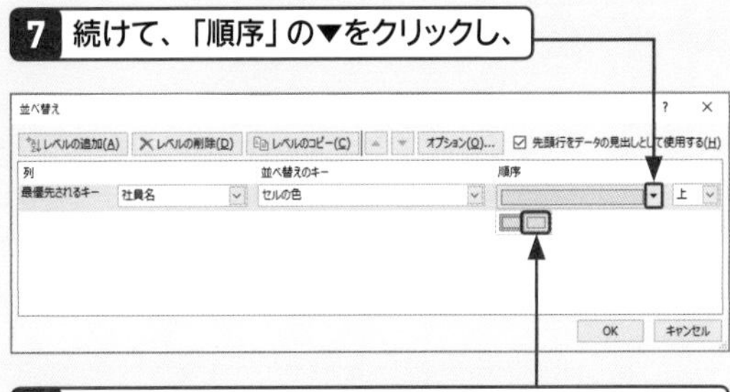

8 上側に表示したい色（ここは緑）をクリックします。

9 色の右側に＜上＞と表示されていることを確認して、

10 ＜OK＞をクリックすると、

11 列＜B＞のセルの色が「緑」→「オレンジ」の順に並べ替わります。

Memo 3色で塗り分けているときは

セルの色が３色以上で塗られているときは、一番上に表示したいセルの色を＜最優先されるキー＞として設定します。次に、＜レベルの追加＞をクリックして、２番目に表示したいセルの色を＜次に優先されるキー＞として設定します。同様に、複数の条件を設定すると、指定したセルの色の順番で並べ替えることができます。

重要度 ★★★　並べ替え

Q 137 文字の色で並べ替えたい！

＜ホーム＞タブの＜フォントの色＞で設定した文字の色を条件にして、データを並べ替えることができます。それには、＜並べ替え＞ダイアログボックスで＜並べ替えのキー＞を＜フォントの色＞に変更します。

A ＜並べ替えのキー＞を＜フォントの色＞に変更します。

1 リスト内の任意のセルをクリックし、

2 ＜データ＞タブをクリックして、

	A	B	C	D	E	F	G
1	社員番号	社員名	所属地区	筆記試験	実技試験	合計	合否判定
2	1001	塚本祐太郎	東京	80	82	162	合格
3	1002	瀬戸美弥子	東京	75	78	153	不合格
4	1003	大橋祐樹	品川	76	78	154	不合格
5	1004	戸山真司	品川	80	81	161	合格
6	1005	村田みなみ	東京	86	84	170	合格
7	1006	安田正一郎	横浜	89	84	173	合格
8	1007	坂本浩平	横浜	91	97	188	合格
9	1008	原島航	千葉	55	58	113	不合格
10	1009	大野千佳	千葉	62	80	142	不合格
11	1010	多田俊一	横浜	60	84	144	不合格
12	1011	三石広志	千葉	87	87	174	合格
13	1012	上森由香	東京	88	94	182	合格
14	1013	中野正幸	品川	78	83	161	不合格
15	1014	星野容子	品川	99	81	180	合格
16	1015	林早紀子	品川	100	84	184	合格

3 ＜並べ替え＞をクリックします。

4 「最優先されるキー」の「列」で＜合計＞を選択し、

5 「並べ替えのキー」の▼をクリックして、

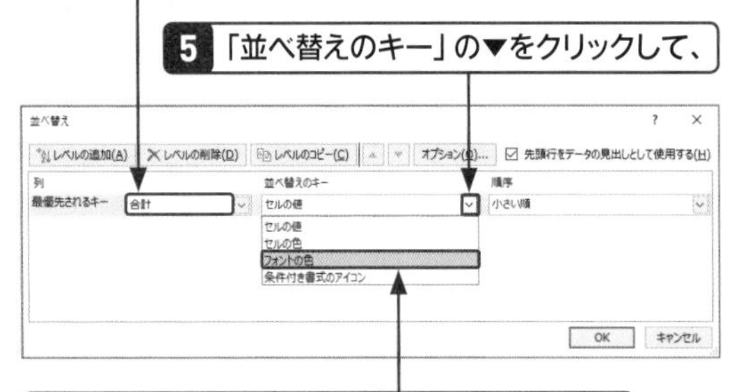

6 一覧から＜フォントの色＞をクリックします。

7 続けて、「順序」の▼をクリックし、

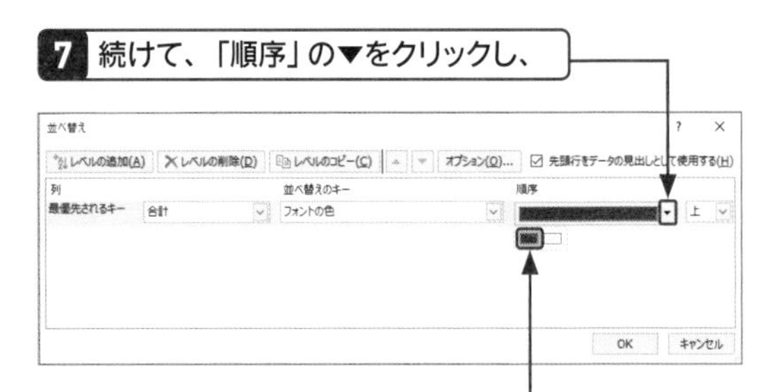

8 上側に表示したい色（ここは赤）をクリックします。

9 色の右側に＜上＞と表示されていることを確認して、

10 ＜OK＞をクリックすると、

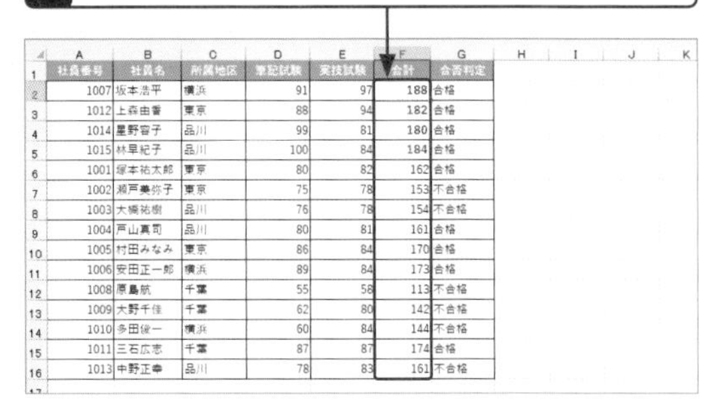

11 列＜F＞の文字の色が「赤」→「黒」の順に並べ替わります。

	A	B	C	D	E	F	G
1	社員番号	社員名	所属地区	筆記試験	実技試験	合計	合否判定
2	1007	坂本浩平	横浜	91	97	188	合格
3	1012	上森由香	東京	88	94	182	合格
4	1014	星野容子	品川	99	81	180	合格
5	1015	林早紀子	品川	100	84	184	合格
6	1001	塚本祐太郎	東京	80	82	162	合格
7	1002	瀬戸美弥子	東京	75	78	153	不合格
8	1003	大橋祐樹	品川	76	78	154	不合格
9	1004	戸山真司	品川	80	81	161	合格
10	1005	村田みなみ	東京	86	84	170	合格
11	1006	安田正一郎	横浜	89	84	173	合格
12	1008	原島航	千葉	55	58	113	不合格
13	1009	大野千佳	千葉	62	80	142	不合格
14	1010	多田俊一	横浜	60	84	144	不合格
15	1011	三石広志	千葉	87	87	174	合格
16	1013	中野正幸	品川	78	83	161	不合格

Memo 条件付き書式で設定した色も使える

フォントの色を基準に並べ替えを実行する際に、条件付き書式機能を使って指定した色を利用することもできます。

重要度 ★★★ 並べ替え

Q 138 特定の範囲のデータを並べ替えたい！

A 最初に並べ替えたいセル範囲を選択しておきます。

並べ替えを実行すると、リスト全体のデータが並べ替わります。リスト内の一部分のデータだけを並べ替えたいときは、最初に並べ替えを行う範囲を選択し、次に＜並べ替え＞ダイアログボックスで並べ替えの条件を指定します。

1 並べ替えたいセル範囲＜A11：G16＞をドラッグして選択し、

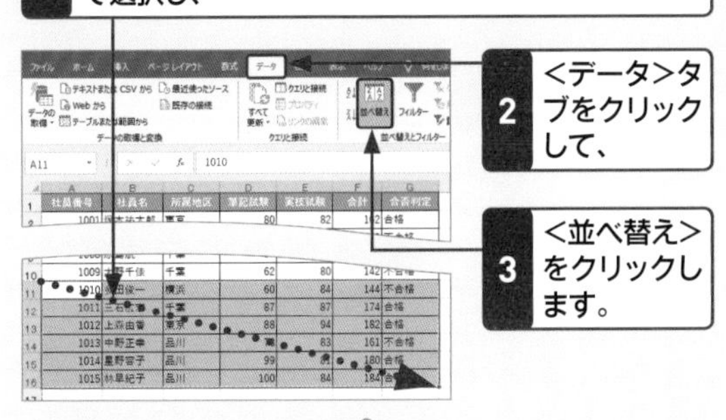

2 ＜データ＞タブをクリックして、

3 ＜並べ替え＞をクリックします。

4 ＜先頭行をデータの見出しとして使用する＞のチェックボックスがオフになっていることを確認し、

5 「最優先されるキー」の「列」で＜列F＞を選択して、

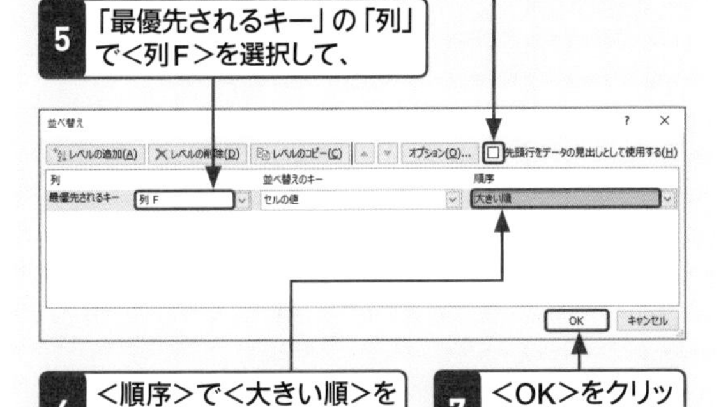

6 ＜順序＞で＜大きい順＞を選択して、

7 ＜OK＞をクリックすると、

8 最初にドラッグした範囲のデータだけが並べ替わります。

重要度 ★★★ 並べ替え

Q 139 見出しの行がない表を並べ替えたい！

A ＜先頭行をデータの見出しとして使用する＞のチェックボックスをオフにします。

Q.138のように、リストの一部分のデータを並べ替えるときや、見出し行のないリストのデータを並べ替えるときは、＜並べ替え＞ダイアログボックスで＜先頭行をデータの見出しとして使用する＞のチェックボックスをオフにします。そうすると、見出しの名前（フィールド名）ではなく列番号で条件を指定できます。

1 リスト内の任意のセルをクリックし、

2 ＜データ＞タブをクリックして、

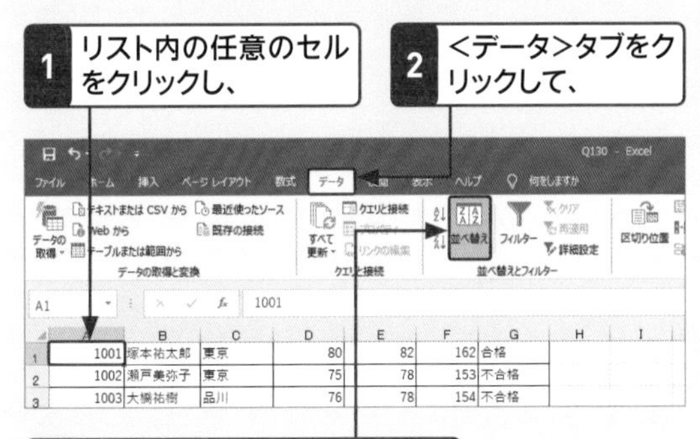

3 ＜並べ替え＞をクリックします。

4 ＜先頭行をデータの見出しとして使用する＞のチェックボックスがオフになっていることを確認し、

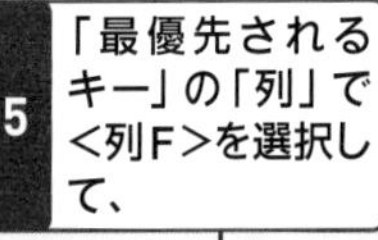

5 「最優先されるキー」の「列」で＜列F＞を選択して、

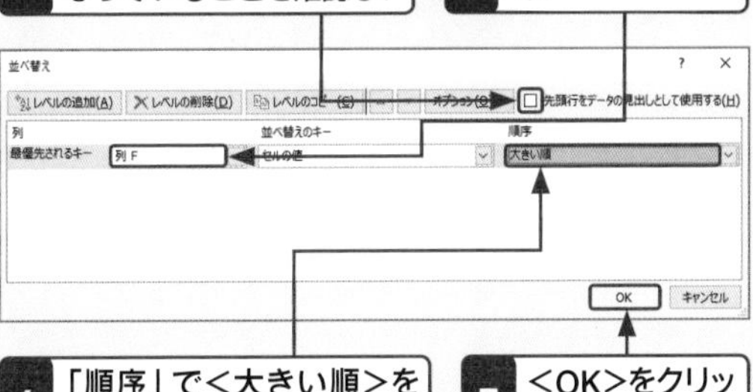

6 「順序」で＜大きい順＞を選択して、

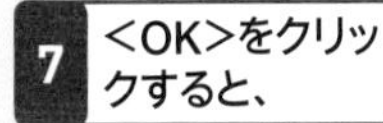

7 ＜OK＞をクリックすると、

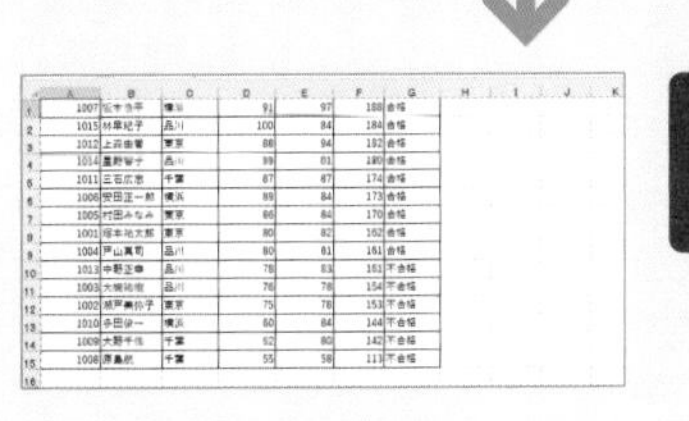

8 選択した条件で並べ替えができます。

重要度★★★ 並べ替え

Q 140 特定の文字列を除いたデータを並べ替えたい！

A 置換機能を使って不要な文字を空白に置き換えます。

会社名には先頭に「株式会社」が付く場合と、末尾に「株式会社」が付く場合があります。このまま並べ替えを実行すると、先頭に「株式会社」が付くデータがまとまって表示され、意図した並べ替え結果になりません。このようなときは、置換機能を使って「株式会社」の文字を削除してから並べ替えます。

1 列＜B＞の会社名を列＜C＞にコピーしておきます。

2 列＜C＞の列番号をクリックし、

3 ＜ホーム＞タブの＜検索と選択＞をクリックして、

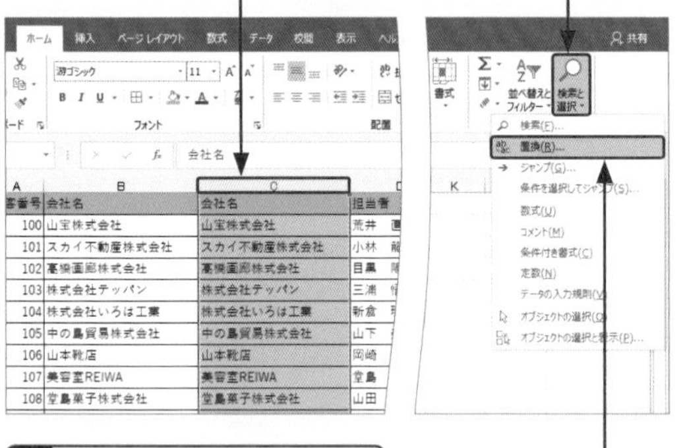

4 ＜置換＞をクリックします。

5 ＜検索する文字列＞に「株式会社」と入力し、

6 ＜置換後の文字列＞は空白のままにして、

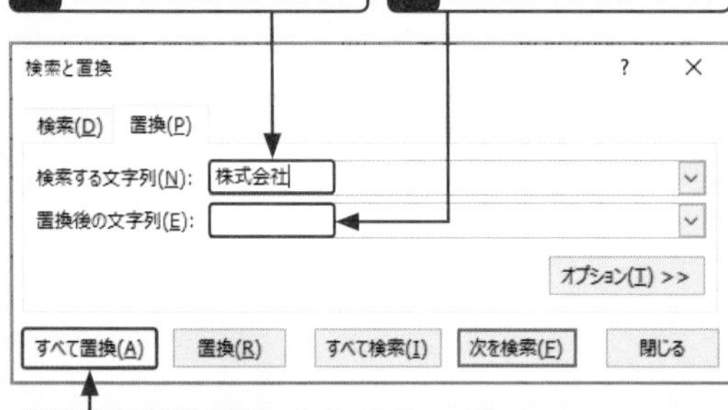

7 ＜すべて置換＞をクリックします。

8 ＜OK＞をクリックし、

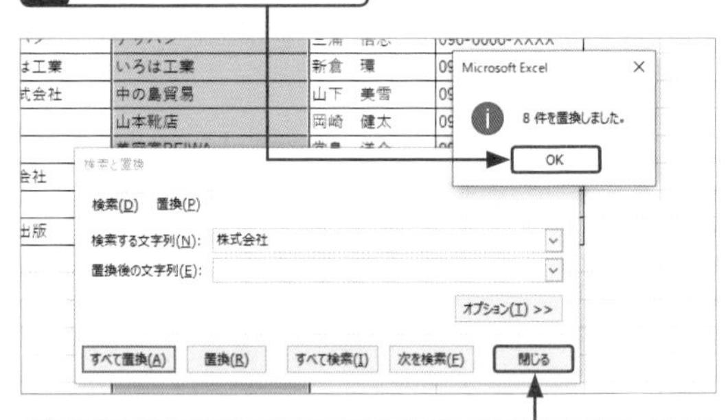

9 続けて＜検索と置換＞ダイアログボックスの＜閉じる＞をクリックすると、

10 列＜C＞の「会社名」から「株式会社」の文字が削除されます。

11 列＜C＞の任意のセルをクリックし、

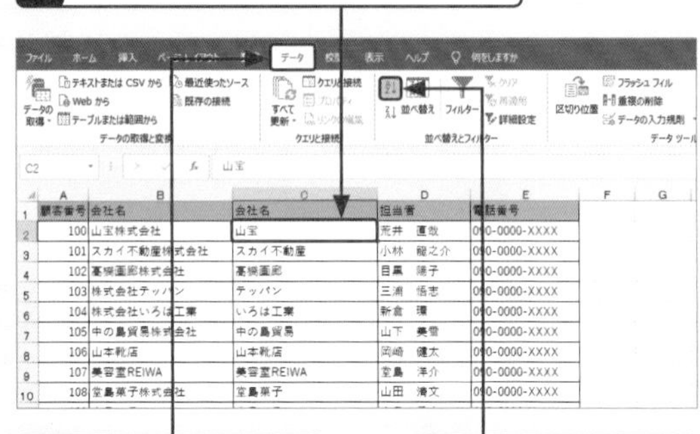

12 ＜データ＞タブをクリックして、

13 をクリックすると、

14 「株式会社」を除いた会社名が昇順で並べ替わります。

Q 141 オートフィルターって何？

A フィールド名の右横に表示される▼ボタンのことです。

オートフィルターとは、自動的に（オート）、絞り込む（フィルター）という意味で、リスト形式に集めたデータの中から目的のデータだけを抽出したり並べ替えたりする機能です。単純な条件であれば、＜オートフィルター＞をクリックして一覧から条件を選ぶだけで抽出できます。また、複雑な条件は＜オートフィルターオプション＞ダイアログボックスを開いて設定します。オートフィルターで設定できる抽出条件の指定方法には、次のようなものがあります。

並べ替え	条件の指定方法
昇順	小さい順に並べ替える。
降順	大きい順に並べ替える。
色で並べ替え	セルの色や文字の色で並べ替える。
データの種類	**条件の指定方法**
文字データ	指定した文字／指定した文字以外／指定した値ではじまる／指定した文字で終わる／指定した値を含む／指定した値を含まない／ユーザー設定フィルター
日付データ	指定した日付／指定した日付より前／指定した日付より後／指定した日付の範囲／明日／今日／昨日／来週／今週／先週／来月／今月／先月／来四半期／今四半期／前四半期／来年／今年／昨年／今年の初めから今日まで／○月／第○四半期／ユーザー設定フィルター
数値データ	指定した値／指定した値以外／指定した値より大きい／指定した値以上／指定した値より小さい／指定した値以下／指定した値の範囲／トップテン／平均より上／平均より下／ユーザー設定フィルター
書式	**条件の指定方法**
セルの色	セルの色が指定した色のデータを抽出する。
フォントの色	フォントの色が指定した色のデータを抽出する。
アイコン	指定したアイコンの形が表示されているデータを抽出する。

Q 142 オートフィルターを表示したい！

A ＜データ＞タブの＜フィルター＞をクリックします。

オートフィルター機能を使うには、＜データ＞タブの＜フィルター＞をクリックしてオートフィルターを表示するという前準備が必要です。フィールド名の右横に表示される＜▼＞がオートフィルターです。

1 リスト内の任意のセルクリックし、

2 ＜データ＞タブをクリックして、

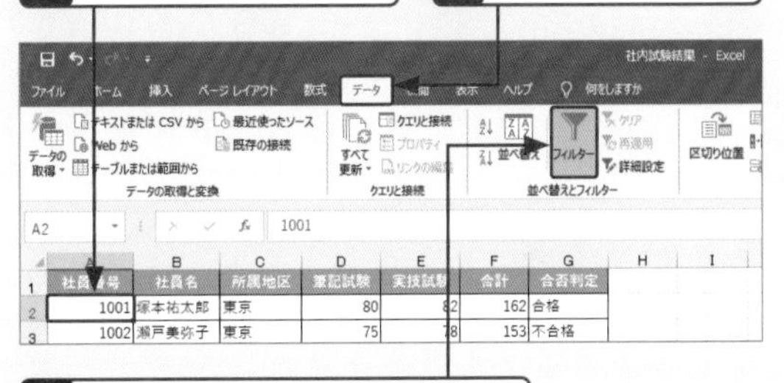

3 ＜フィルター＞をクリックすると、

4 1行目のフィールド名の右横に▼（オートフィルター）が表示されます。

5 再度＜フィルター＞をクリックすると、

6 ▼（オートフィルター）が非表示になります。

＜フィルター＞をクリックするごとに▼の表示と非表示が交互に切り替わります。

重要度★★★ 抽出

Q 143 オートフィルターを使ってデータを並べ替えたい！

A ＜オートフィルター＞をクリックして条件を指定します。

＜オートフィルター＞が表示されているときは、＜オートフィルター＞をクリックして表示されるメニューを使って、並べ替えの条件を指定できます。＜昇順＞や＜降順＞の条件をかんたんに指定できます。

列＜F＞の「合計」の降順にデータを並べ替えます。

1 Q.142の操作でオートフィルターを表示しておきます。

2 「合計」の▼をクリックし、

	A	B	C	D	E	F	G
1	社員番号	社員名	所属地区	筆記試験	実技試験	合計	合否判定
2	1001	塚本祐太郎	東京				合格
3	1002	瀬戸美弥子	東京				不合格
4	1003	大槻祐樹	品川				不合格
5	1004	戸山真司	品川				合格
6	1005	村田みなみ	東京				合格
7	1006	安田正一郎	横浜				合格
8	1007	坂本浩平	横浜				合格
9	1008	原島航	千葉				不合格
10	1009	大野千佳	千葉				不合格
11	1010	多田俊一	横浜				不合格
12	1011	三石広志	千葉				合格
13	1012	上森由香	東京				合格
14	1013	中野正幸	品川				不合格
15	1014	星野容子	品川				合格
16	1015	林早紀子	品川				合格

昇順(S)
降順(O)
色で並べ替え(T)
数値フィルター(F)
検索
(すべて選択)
113
142
144
153
154
161
162
170
OK キャンセル

3 ＜降順＞をクリックすると、

4 「合計」の降順にリスト全体が並べ替わります。

	A	B	C	D	E	F	G
1	社員番号	社員名	所属地区	筆記試験	実技試験	合計	合否判定
2	1007	坂本浩平	横浜	91	97	188	合格
3	1015	林早紀子	品川	100	84	184	合格
4	1012	上森由香	東京	88	94	182	合格
5	1014	星野容子	品川	99	81	180	合格
6	1011	三石広志	千葉	87	87	174	合格
7	1006	安田正一郎	横浜	89	84	173	合格
8	1005	村田みなみ	東京	86	84	170	合格
9	1001	塚本祐太郎	東京	80	82	162	合格
10	1004	戸山真司	品川	80	81	161	合格
11	1013	中野正幸	品川	78	83	161	不合格
12	1003	大槻祐樹	品川	76	78	154	不合格
13	1002	瀬戸美弥子	東京	75	78	153	不合格
14	1010	多田俊一	横浜	60	84	144	不合格
15	1009	大野千佳	千葉	62	80	142	不合格
16	1008	原島航	千葉	55	58	113	不合格

「合計」の▼の絵柄が変化します。

重要度★★★ 抽出

Q 144 オートフィルターの並べ替えで複数の条件を指定したい！

A オートフィルターでは複数の条件を指定できません。

オートフィルターを使った並べ替えはかんたんで便利ですが、条件を1つしか設定できません。複数の条件を設定するときは、Q.132の操作で＜並べ替え＞ダイアログボックスを使います。

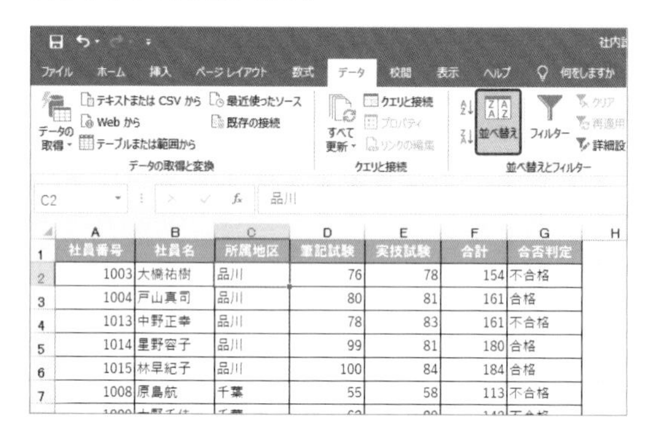

	A	B	C	D	E	F	G
1	社員番号	社員名	所属地区	筆記試験	実技試験	合計	合否判定
2	1003	大槻祐樹	品川	76	78	154	不合格
3	1004	戸山真司	品川	80	81	161	合格
4	1013	中野正幸	品川	78	83	161	不合格
5	1014	星野容子	品川	99	81	180	合格
6	1015	林早紀子	品川	100	84	184	合格
7	1008	原島航	千葉	55	58	113	不合格

重要度★★★ 抽出

Q 145 ＜クリア＞をクリックしてももとの順番に戻らない！

A ＜クリア＞は抽出条件を解除するときに使います。

オートフィルターを使って並べ替えを実行すると、▼が↓に変化します。これは、オートフィルターを使って何らかの作業中であることを表しています。＜データ＞タブの＜クリア＞をクリックすると▼に戻ります。ただし、並べ替えがもとに戻るわけではありません。

E	F	G
実技試験	合計	合否判定
97	188	合格
84	184	合格
94	182	合格
81	180	合格

重要度★★★ 抽出

Q 146 条件に一致したデータを抽出したい!

A <オートフィルター>をクリックして表示されるメニューで条件を指定します。

オートフィルターを使うと、抽出条件の設定はかんたんです。指定した条件に完全に一致したデータを抽出するには、<オートフィルター>をクリックして表示されるメニューから条件を選ぶだけです。マウス操作だけで、瞬時に条件を満たしたデータを抽出できます。

列<D>の「会員種別」が「マスター」のデータを抽出します。

1 Q.142の操作でオートフィルターを表示しておきます。

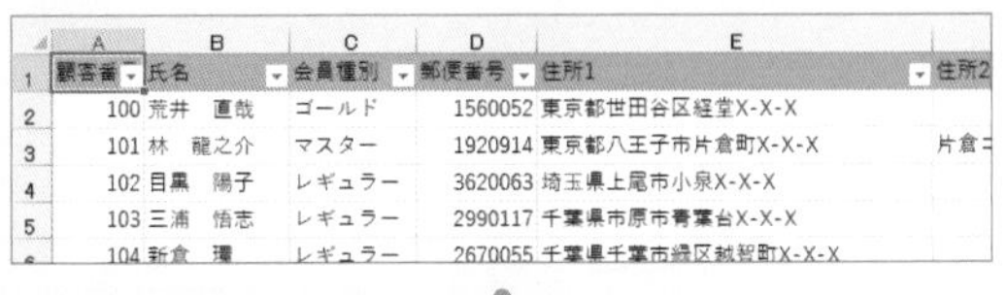

2 「会員種別」の▼をクリックし、

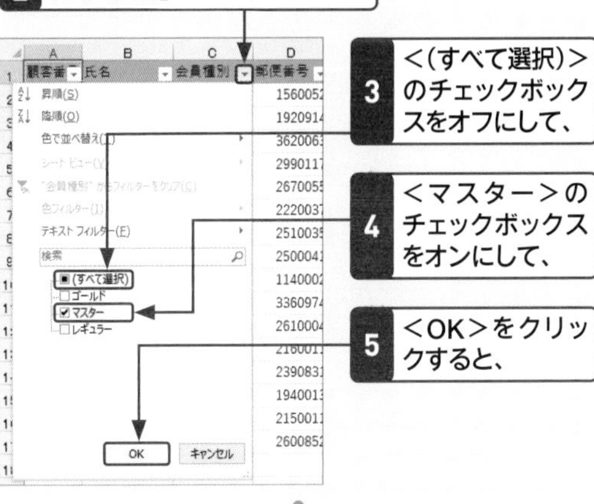

3 <(すべて選択)>のチェックボックスをオフにして、

4 <マスター>のチェックボックスをオンにして、

5 <OK>をクリックすると、

6 「会員種別」が「マスター」のデータが抽出されます。

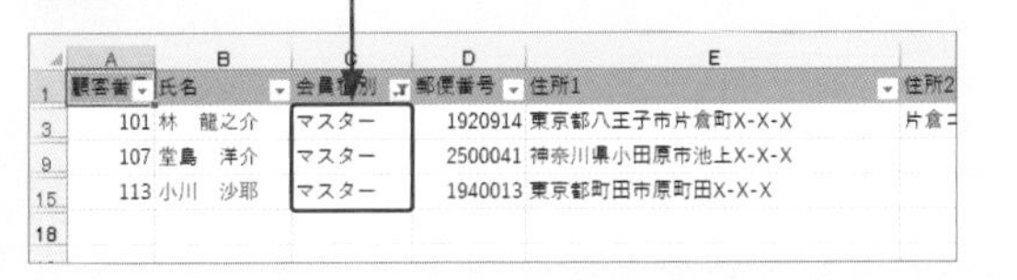

重要度★★★ 抽出

Q 147 データの抽出を解除したい!

A オートフィルターをクリックして<○○からフィルターをクリア>をクリックします。

オートフィルターを使って設定した抽出条件を解除するには、もう一度同じ<オートフィルター>をクリックして<○○からフィルターをクリア>をクリックします。<データ>タブの<クリア>をクリックして、条件を解除することもできます。ただし、複数の条件を設定しているときは、すべての条件がまとめて解除されるので注意しましょう。

1 抽出条件を設定した「会員種別」の▼をクリックし、

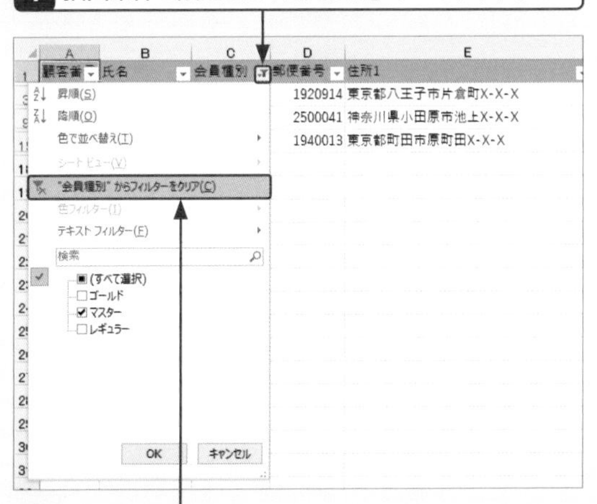

2 <"会員種別" からフィルターをクリア>をクリックすると、

3 抽出条件が解除されて、すべてのデータが表示されます。

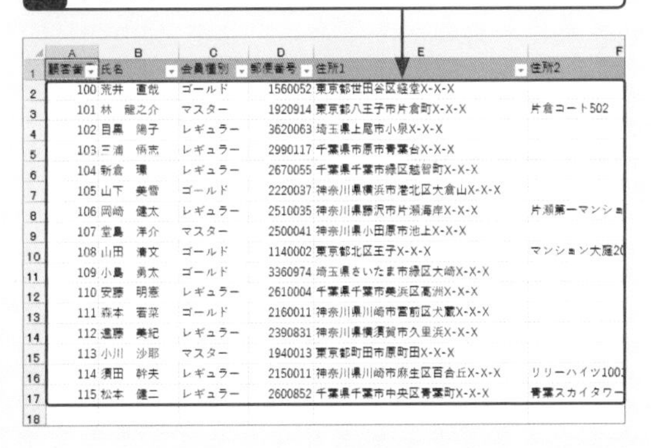

重要度★★★　抽出

Q 148 複数の条件でデータを抽出したい！(OR条件)

A 1つのフィールドに次々と条件を追加します。

オートフィルターを使うと、複数の抽出条件を指定できます。1つのフィールドに次々と条件を追加するとOR条件になり、いずれかの条件を満たすデータを抽出します。

1 Q.142の操作でオートフィルターを表示しておきます。

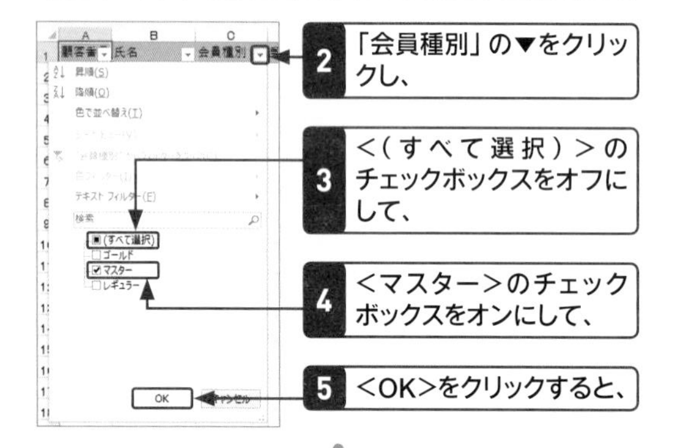

6 「会員種別」が「マスター」のデータが抽出されます。

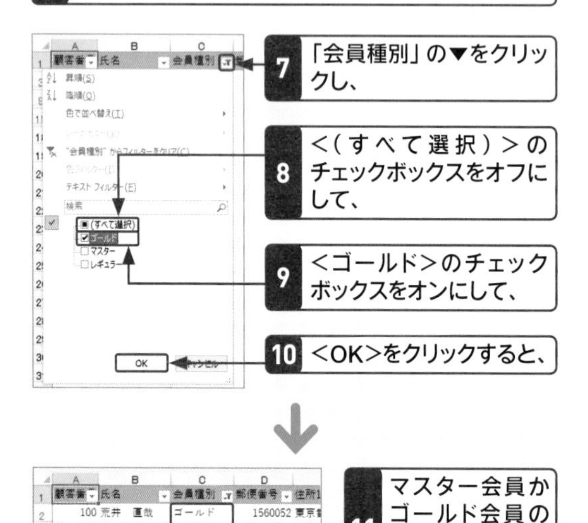

重要度★★★　抽出

Q 149 複数の条件でデータを抽出したい！(AND条件)

A 異なるフィールドに次々と条件を追加します。

オートフィルターを使うと、複数の抽出条件を指定できます。異なるフィールドに次々と条件を追加するとAND条件になり、すべての条件を満たすデータを抽出できます。

1 Q.142の操作でオートフィルターを表示しておきます。

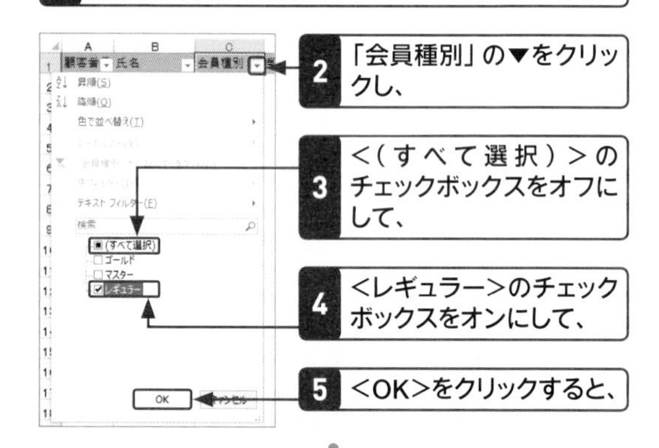

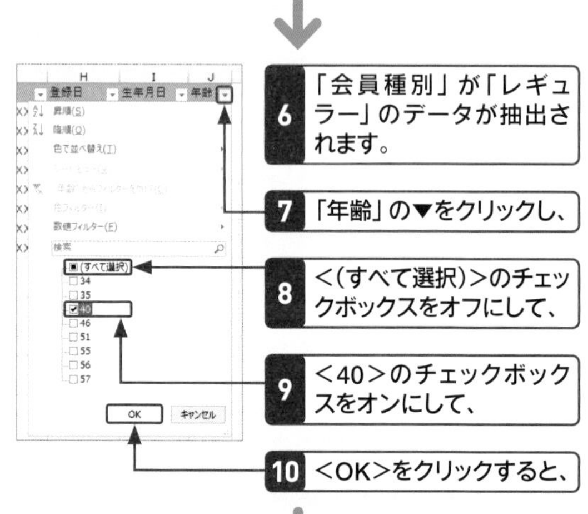

11 レギュラー会員でしかも40歳のデータが抽出されます。

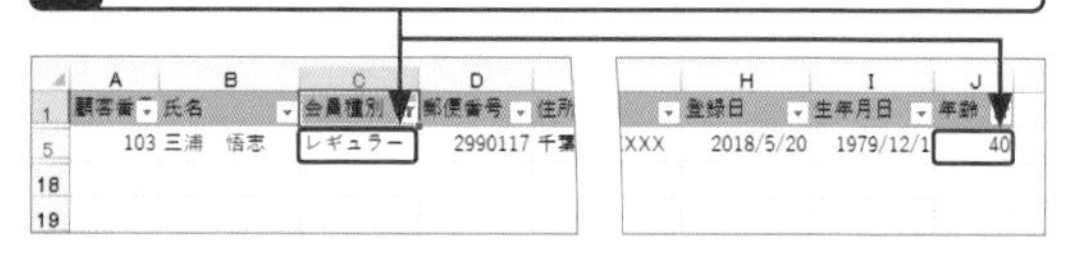

重要度 ★★★ 抽出

Q 150 すべての抽出条件をまとめて解除したい！

A ＜データ＞タブの＜クリア＞をクリックします。

複数の抽出条件をまとめて解除するには、＜データ＞タブの＜クリア＞をクリックします。抽出条件を指定したフィールドの▼をクリックして＜○○からフィルターをクリア＞を何度も行うよりも、スピーディーに解除できます。

1 Q.149の操作で複数の条件でデータを抽出しておきます。

2 ＜データ＞タブをクリックし、

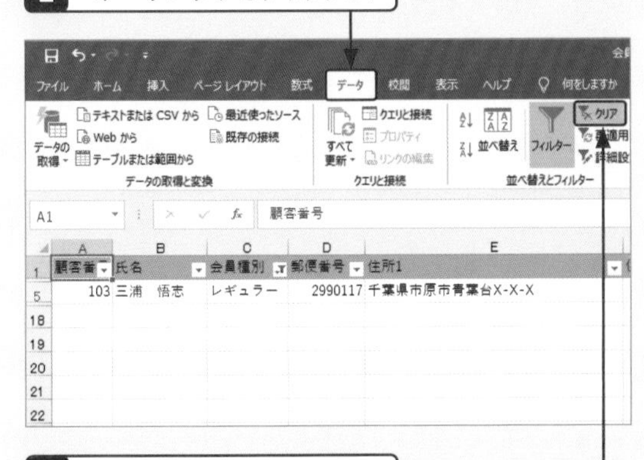

3 ＜クリア＞をクリックすると、

4 複数の条件が解除され、すべてのデータが表示されます。

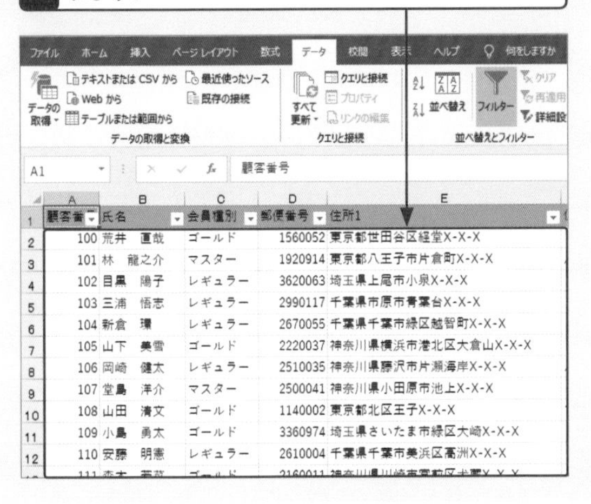

重要度 ★★★ 抽出

Q 151 指定した文字列を含むデータを抽出したい！

A ＜テキストフィルター＞を使って条件を指定します。

条件に指定した値を含むデータを抽出することでもきます。＜テキストフィルター＞には「指定の値を含む」、「指定の値で始まる」、「指定の値で終わる」、「指定の値を含まない」などが用意されており、続けて表示される＜オートフィルターオプション＞ダイアログボックスで条件を入力します。

列＜E＞の「住所1」が「東京都」から始まるデータを抽出します。

1 Q.142の操作でオートフィルターを表示しておきます。

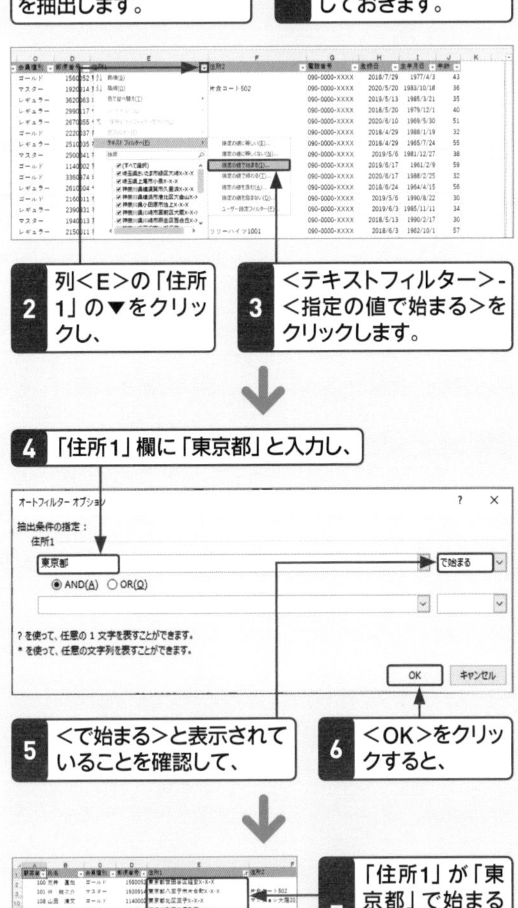

2 列＜E＞の「住所1」の▼をクリックし、

3 ＜テキストフィルター＞-＜指定の値で始まる＞をクリックします。

4 「住所1」欄に「東京都」と入力し、

5 ＜で始まる＞と表示されていることを確認して、

6 ＜OK＞をクリックすると、

7 「住所1」が「東京都」で始まるデータが抽出されます。

重要度★★★ 抽出

Q 152 あいまいな条件でデータを抽出したい！

A ワイルドカードを使って条件を指定します。

氏名の2文字目に「田」が付くデータや、住所の3文字目に「区」が付くデータなど、あいまいな条件を指定するにはワイルドカードの記号を使います。ワイルドカードとは「*」や「?」の半角の記号のことで、「*」は0文字以上の任意の文字列、「?」は任意の1文字を代用するときに使います。

列<B>の「氏名」の2文字目に「田」が付くデータを抽出します。

1 Q.142の操作でオートフィルターを表示しておきます。

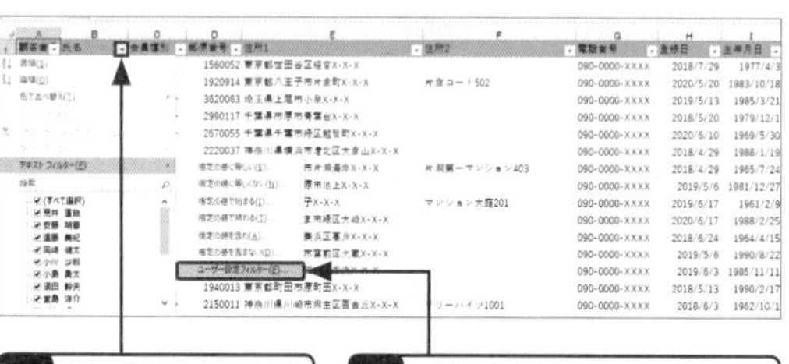

2 列<B>の「氏名」の▼をクリックし、

3 <テキストフィルター>-<ユーザー設定フィルター>をクリックします。

4 「氏名」欄に「?田*」と入力し、

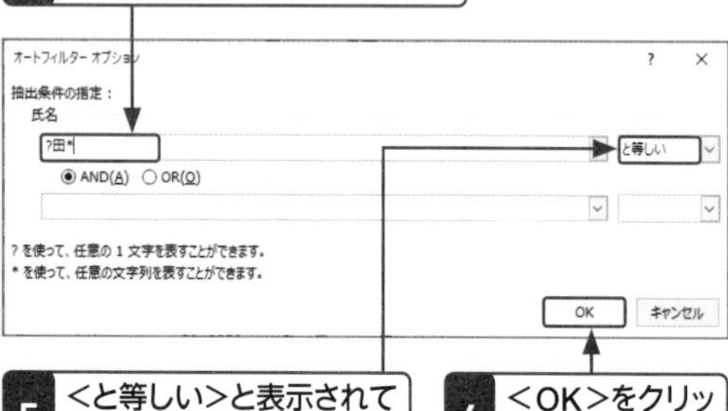

5 <と等しい>と表示されていることを確認して、

6 <OK>をクリックすると、

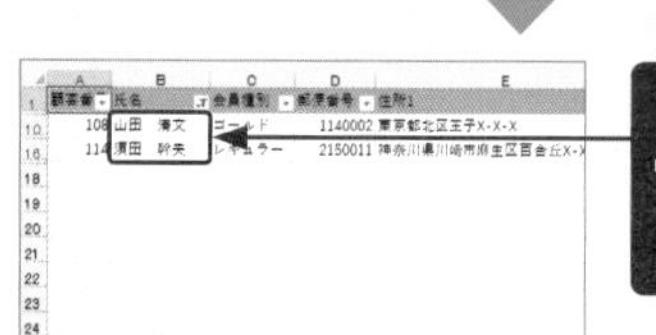

7 氏名の2文字目が「田」のデータが表示されます。

重要度★★★ 抽出

Q 153 指定した数値以上のデータを抽出したい！

A 日付なら<日付フィルター>の<指定の値より後>をクリックします。

「得点が85点以上」や「1985年以降の生まれ」といった具合に、数値や日付の範囲を指定してデータを抽出できます。<指定の値より後>を選んだあとに表示される<オートフィルターのオプション>ダイアログボックスで条件を指定します。

列<I>の「生年月日」が「1980年以降」のデータを抽出します。

1 Q.142の操作でオートフィルターを表示しておきます。

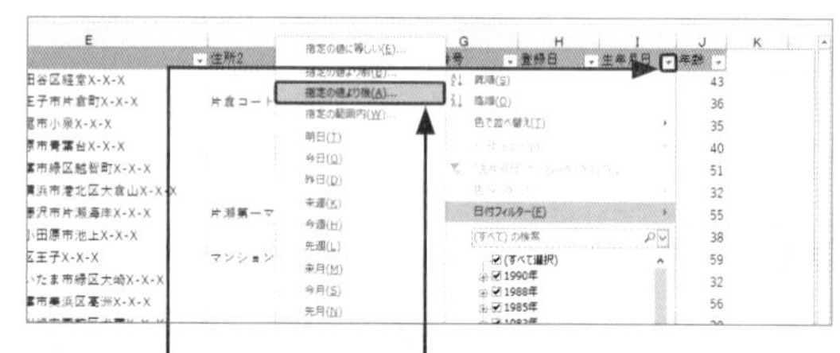

2 列<I>の「生年月日」の▼をクリックし、

3 <日付フィルター>-<指定の値より後>をクリックします。

4 「生年月日」の上の欄に「1980/1/1」と入力し、

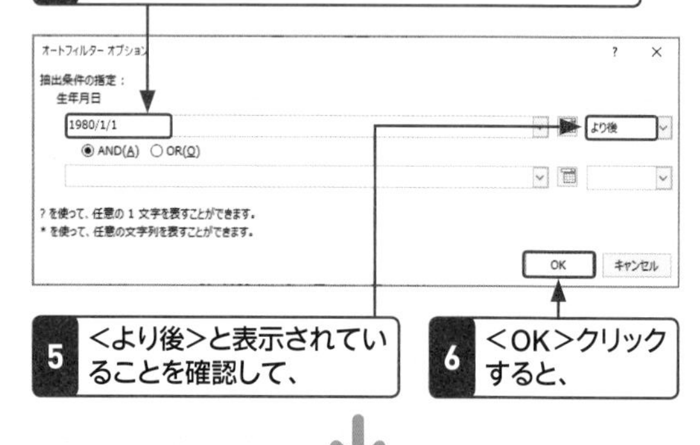

5 <より後>と表示されていることを確認して、

6 <OK>クリックすると、

7 1980年以降に生まれたデータが抽出されます。

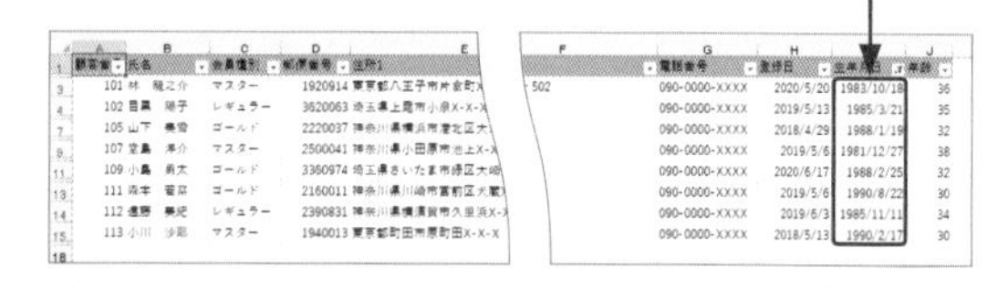

重要度★★★ 抽出

Q 154 指定した数値範囲内のデータを抽出したい！

A <数値フィルター>の<指定の範囲内>をクリックします。

「4月から6月までのデータ」や「100から150までのデータ」といった具合に、数値や日付の範囲を指定してデータを抽出できます。<指定の範囲内>を選んだあとに表示される<オートフィルターのオプション>ダイアログ ボックスで、始めと終わりの2つの条件を指定します。

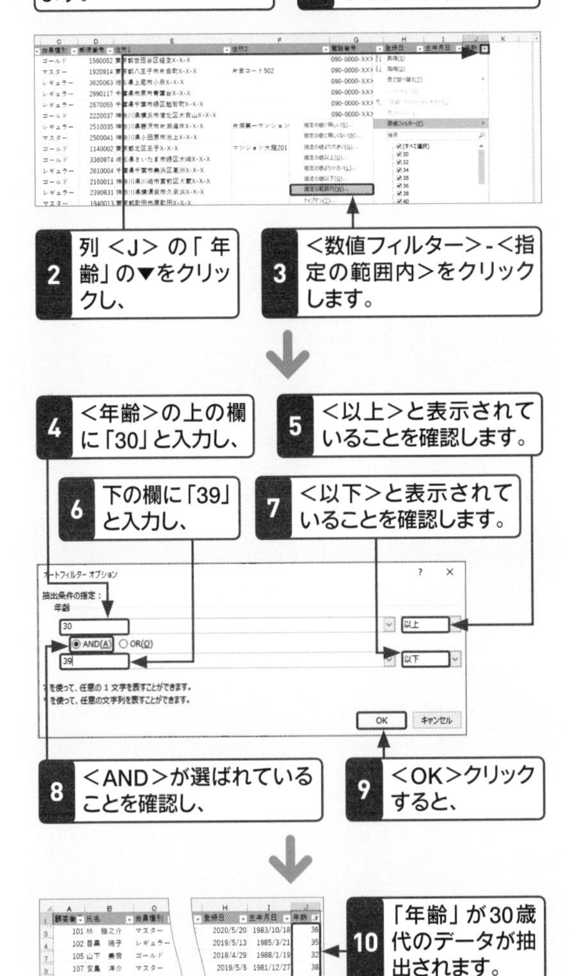

重要度★★★ 抽出

Q 155 数値が平均より上のデータを抽出したい！

A <数値フィルター>の<平均より上>をクリックします。

オートフィルターを使うと、数値フィールドに入力されたデータの平均値を基準にして<平均より上>や<平均より下>のデータを瞬時に抽出できます。この方法では、事前にAVERAGE関数などを使って平均値を計算しておく必要がないのでかんたんです。

列<F>の「合計」が<平均より上>のデータを抽出します。

1 Q.142の操作でオートフィルターを表示しておきます。

2 列<F>の「合計」の▼をクリックし、

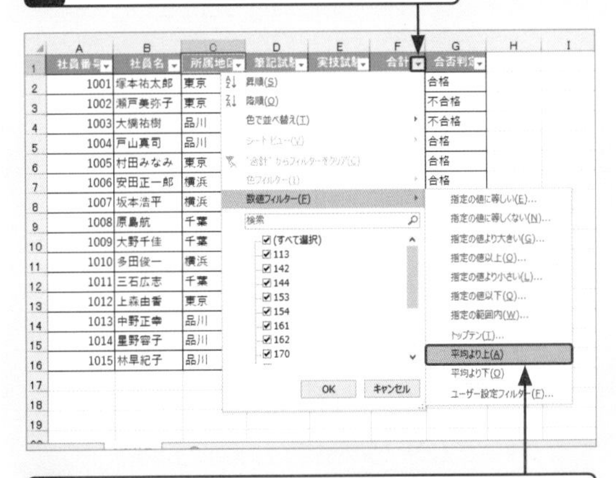

3 <数値フィルター>-<平均より上>をクリックすると、

4 「合計」が平均より上のデータが抽出されます。

社員番号	社員名	所属地区	筆記試験	実技試験	合計	合否判定
1005	村田みなみ	東京	86	84	170	合格
1006	安田正一郎	横浜	89	84	173	合格
1007	坂本浩平	横浜	91	97	188	合格
1011	三石広志	千葉	87	87	174	合格
1012	上森由香	東京	88	94	182	合格
1014	星野容子	品川	99	81	180	合格
1015	林早紀子	品川	100	84	184	合格

重要度★★★ 抽出

Q 156 指定したデータの平均値を確認したい！

A オートカルク機能を使うと数式を入力せずに平均を表示できます。

Q.155の操作を行うと平均値以上のデータを抽出できますが、実際の平均値はわかりません。平均値をかんたんに確認するには、オートカルク機能を使って、平均を求めたいセル範囲をドラッグします。わざわざAVERAGE関数を入力する必要はありません。

1 平均値を求めたいセル範囲<F2:F16>をドラッグして選択すると、

	A	B	C	D	E	F	G
1	社員番号	社員名	所属地区	筆記試験	実技試験	合計	合否判定
2	1001	塚本祐太郎	東京	80	82	162	合格
3	1002	瀬戸美弥子	東京	75	78	153	不合格
4	1003	大槻祐樹	品川	76	78	154	不合格
5	1004	戸山真司	品川	80	81	161	合格
6	1005	村田みなみ	東京	86	84	170	合格
7	1006	安田正一郎	横浜	89	84	173	合格
8	1007	坂本浩平	横浜	91	97	188	合格
9	1008	原島航	千葉	55	58	113	不合格
10	1009	大野千佳	千葉	62	80	142	不合格
11	1010	多田俊一	横浜	60	84	144	不合格
12	1011	三石広志	千葉	87	87	174	合格
13	1012	上森由香	東京	88	94	182	合格
14	1013	中野正幸	品川	78	83	161	不合格
15	1014	星野容子	品川	99	81	180	合格
16	1015	林早紀子	品川	100	84	184	合格

2 ステータスバーに平均値が表示されます。

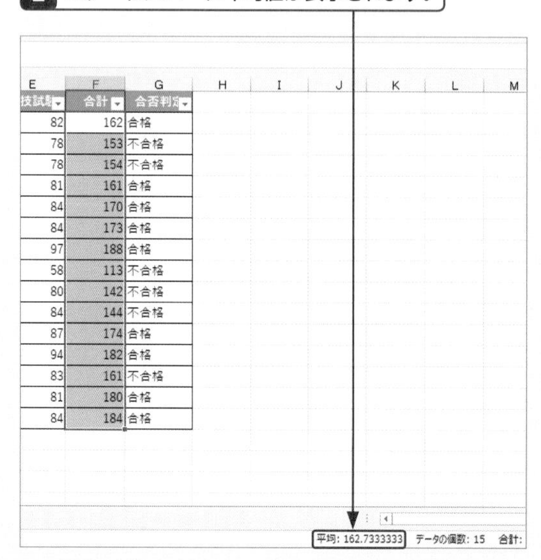

E	F	G
実技試験	合計	合否判定
82	162	合格
78	153	不合格
78	154	不合格
81	161	合格
84	170	合格
84	173	合格
97	188	合格
58	113	不合格
80	142	不合格
84	144	不合格
87	174	合格
94	182	合格
83	161	不合格
81	180	合格
84	184	合格

重要度★★★ 抽出

Q 157 セルに色が付いたデータを抽出したい！

A 色フィルターを使って条件を指定します。

重要なデータや気になるデータをほかのデータと区別するためにセルの色や文字の色を変更しているときは、セルの色や文字の色などの書式を条件にしてデータを抽出できます。これにより、重要なデータだけをピックアップしたり、備忘録として活用したりすることができます。

列<B>の「氏名」のセルの色がオレンジのデータを抽出します。

1 Q.142の操作でオートフィルターを表示しておきます。

	A	B	C	D	E	F	G
1	社員番号	社員名	所属地区	筆記試験	実技試験	合計	合否判定
2	1001	塚本祐太郎	東京	80	82	162	合格
3	1002	瀬戸美弥子	東京	75	78	153	不合格
4	1003	大槻祐樹	品川	76	78	154	不合格
5	1004	戸山真司	品川	80	81	161	合格

2 列<B>の「社員名」の▼をクリックし、

3 <色フィルター>をクリックして、

昇順(S)
降順(O)
色で並べ替え(T)
シート ビュー(V)
"社員名" からフィルターをクリア(C)
色フィルター(I)
テキスト フィルター(E)
検索
(すべて選択)
上森由香
大野千佳
セルの色でフィルター

4 オレンジ色をクリックすると、

5 セルの色がオレンジのデータが抽出されます。

	A	B	C	D	E	F	G
1	社員番号	社員名	所属地区	筆記試験	実技試験	合計	合否判定
3	1002	瀬戸美弥子	東京	75	78	153	不合格
6	1005	村田みなみ	東京	86	84	170	合格
10	1009	大野千佳	千葉	62	80	142	不合格
13	1012	上森由香	東京	88	94	182	合格
15	1014	星野容子	品川	99	81	180	合格
16	1015	林早紀子	品川	100	84	184	合格

重要度★★★ 抽出

Q 158 「今週」「先月」「昨年」のような期間でデータを抽出したい！

A 日付フィルターを使って条件を指定します。

先週の売上データを抽出したいときや、去年の新規登録者を抽出したいときに、複雑な条件を設定するのは大変です。日付フィルターには、「明日」「今日」「昨日」や「来週」「今週」「先週」、「来月」「今月」「先月」、「来四半期」「今四半期」「前四半期」、「来年」「今年」「昨年」のメニューが用意されており、選択するだけで指定した期間のデータを抽出できます。

列＜H＞の「登録日」が昨年のデータを抽出します。

1 Q.142の操作でオートフィルターを表示しておきます。

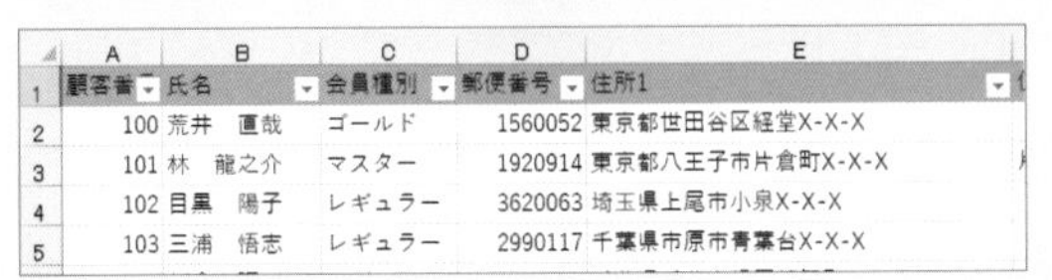

2 列＜H＞の「登録日」の▼をクリックし、

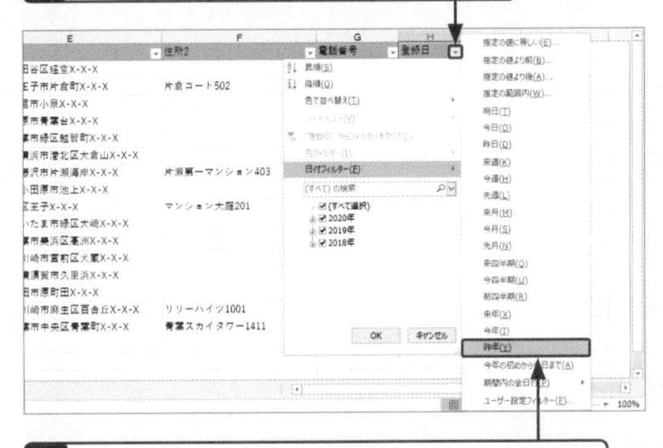

3 ＜日付フィルター＞-＜昨年＞をクリックすると、

4 「登録日」が昨年のデータが抽出されます。

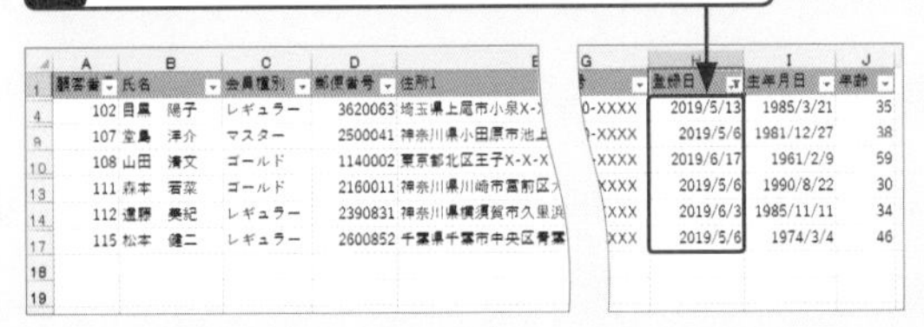

重要度★★★ 抽出

Q 159 指定した任意の期間でデータを抽出したい！

A ユーザー設定フィルターを使って条件を指定します。

Q.158の操作でメニューに用意されている期間のデータをかんたんに抽出できますが、「今年と昨年」や「今週と来週」など、メニューにない期間のデータを抽出することはできません。任意の期間のデータを抽出するには、「ユーザー設定フィルター」を使って条件を指定します。

列＜H＞の「登録日」が昨年と今年のデータを抽出します。

1 Q.142の操作でオートフィルターを表示しておきます。

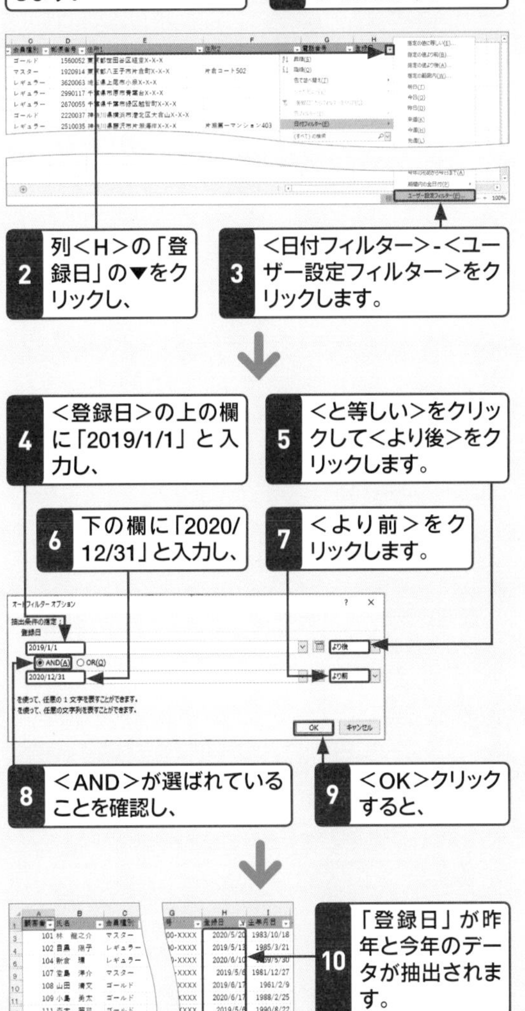

重要度★★★ 抽出

Q 160 複雑な条件を組み合わせてデータを抽出したい！

A 検索条件範囲を用意してから条件を指定します。

オートフィルター機能は手軽にデータを抽出できて便利ですが、AND条件とOR条件を組み合わせるなど、複雑な条件を指定することができません。複雑な条件を指定するには、検索条件を入力する専用の領域を用意して、<フィルターオプションの設定>ダイアログボックスを使います。

● <検索条件範囲>を用意する

1 行<1：4>の行番号をドラッグし、

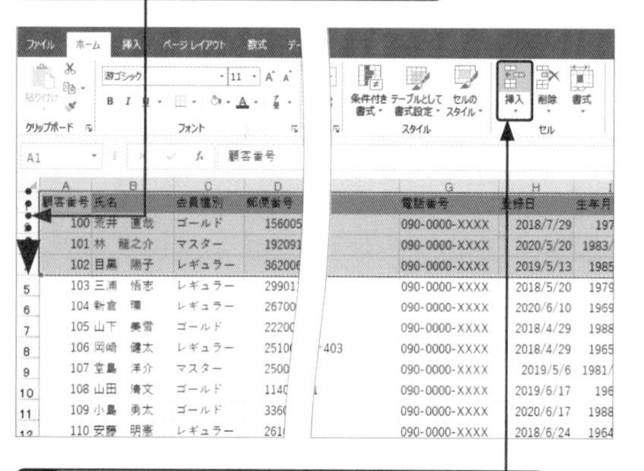

2 <ホーム>タブの<挿入>をクリックすると、

3 リストの上に4行分が挿入されます。

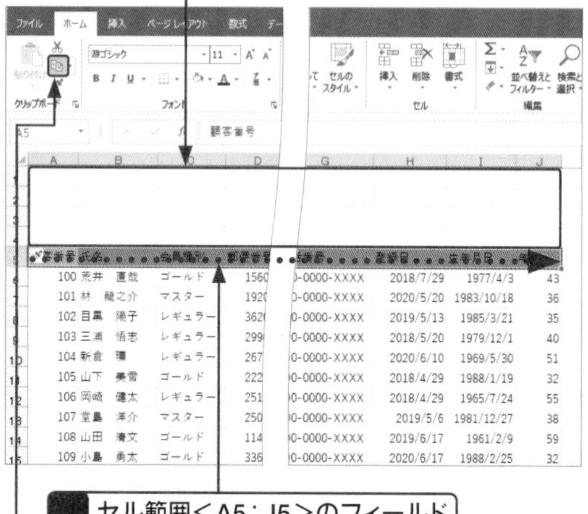

4 セル範囲<A5：J5>のフィールド名をドラッグし、

5 <ホーム>タブの をクリックします。

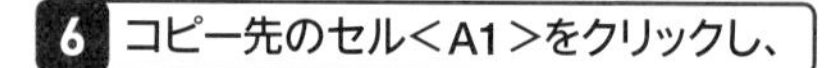

6 コピー先のセル<A1>をクリックし、

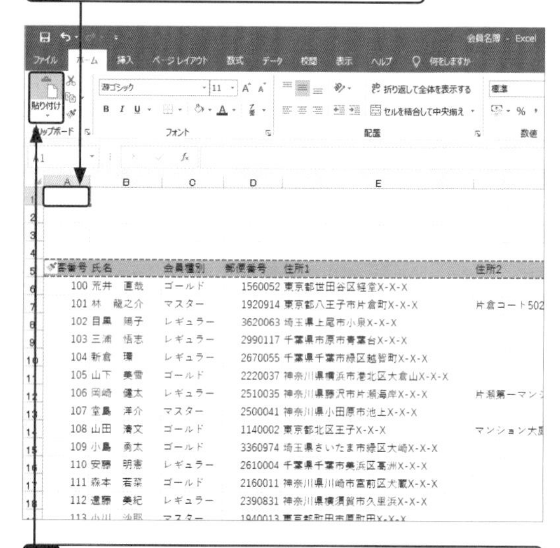

7 <ホーム>タブの<貼り付け>をクリックすると、

8 フィールド名をコピーできます。

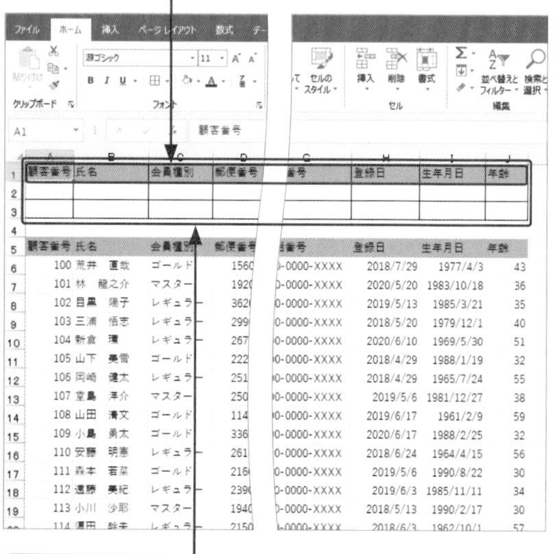

9 必要に応じて罫線を引いておきます。

● 抽出条件を入力する

レギュラー会員の神奈川県在住者か、ゴールド会員の東京都在住者のデータを抽出します。1つ目のAND条件を入力します。

1 セル<C2>をクリックして「レギュラー」と入力し、

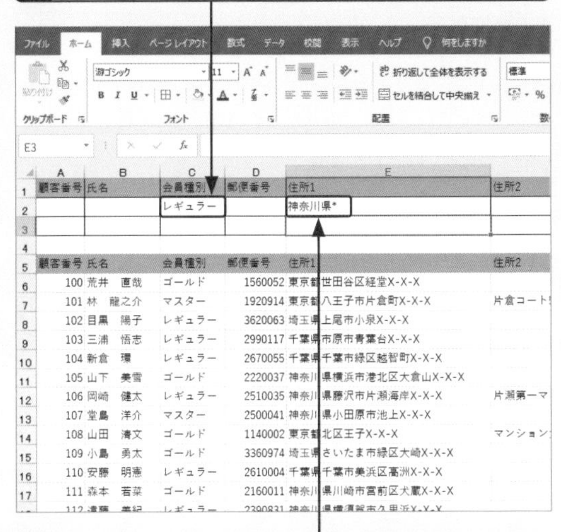

2 セル<E2>をクリックして、「神奈川県*」と入力します。

2つ目のAND条件を入力します。

3 セル<C3>をクリックして「ゴールド」と入力し、

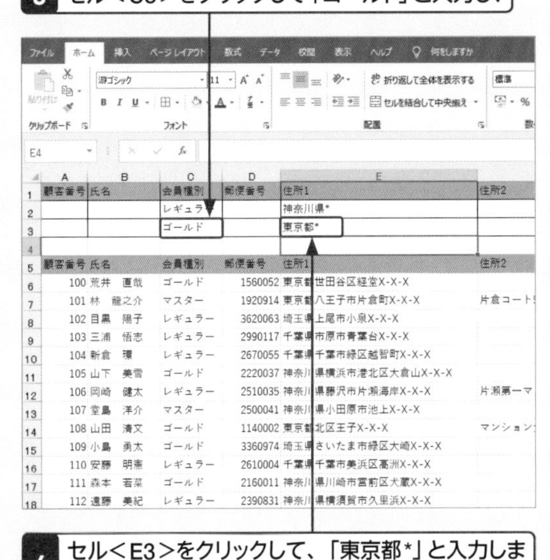

4 セル<E3>をクリックして、「東京都*」と入力します。

● データを抽出する

1 リスト内の任意のセルをクリックし、

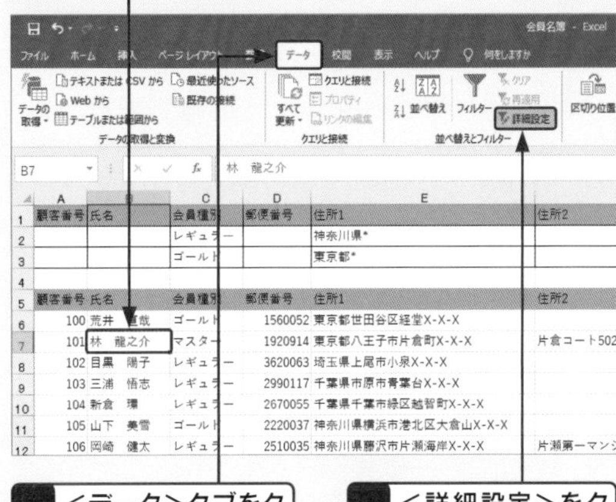

2 <データ>タブをクリックして、

3 <詳細設定>をクリックします。

4 「抽出先」の<選択範囲内>が選ばれていることを確認し、

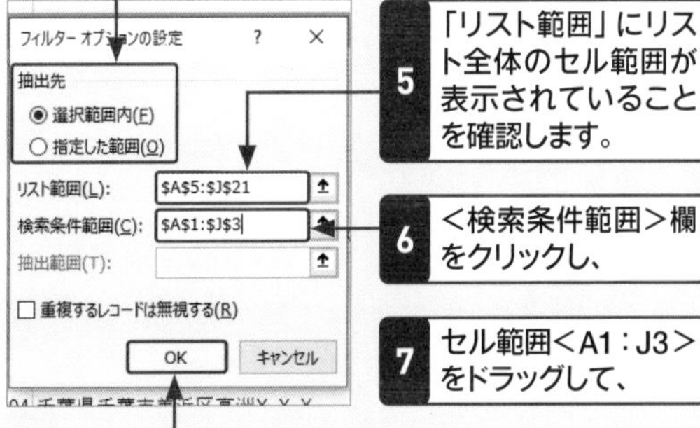

5 「リスト範囲」にリスト全体のセル範囲が表示されていることを確認します。

6 <検索条件範囲>欄をクリックし、

7 セル範囲<A1：J3>をドラッグして、

8 <OK>をクリックすると、

9 条件を満たしたデータが抽出されます。

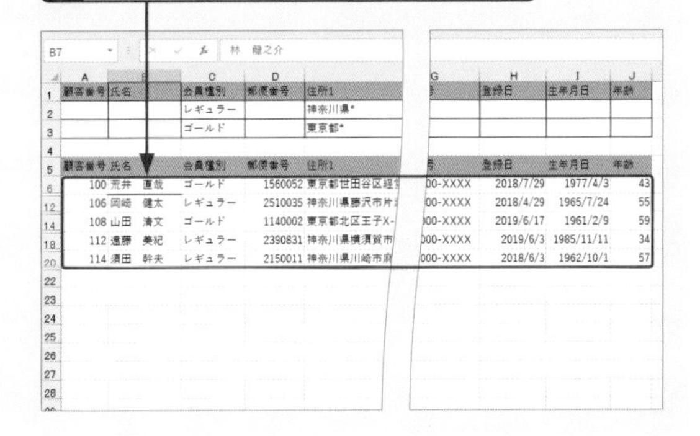

重要度 ★★★ 抽出

Q 161 検索条件範囲を用意するときに気を付けることは何？

A リストの上側に作り、リストと同じフィールド名を用意します。

検索条件範囲は、一般的にリストの上側に作成します。リストの右側に作成すると、条件に合わないデータが折りたたまれて非表示になったときに、連動して<検索条件範囲>も隠れてしまう可能性があるからです。

また、検索条件範囲とリストとの間には、1行以上の空白行を設けます。これは、検索条件範囲とリストが同じリストとして認識されてしまうのを防ぐためです。

さらに、抽出条件を入力するセルの上端には、フィールド名が入力されていることが条件です。検索条件範囲のフィールド名がリストのフィールド名と一致しないと、正しくデータを抽出することができません。入力ミスを防ぐためには、リストのフィールド名をそのままコピーして使うと確実です。このとき、すべてのフィールド名をコピーしなくても、条件の設定に必要なフィールド名だけをコピーしてもかまいません。

検索条件範囲

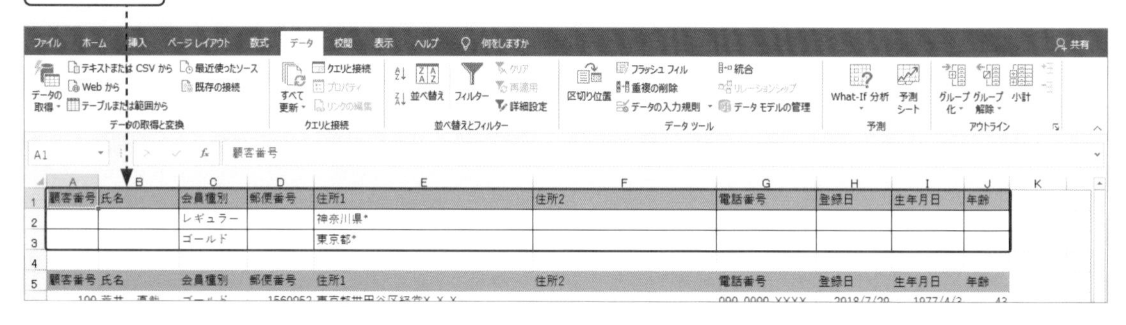

重要度 ★★★ 抽出

Q 162 条件式の入力方法が知りたい！

A 同じ行の条件がAND条件、異なる行の条件がOR条件です。

検索条件範囲に入力した条件は、同じ行に入力したものがAND条件となり、異なる行に入力したものがOR条件になります。AND条件とOR条件を組み合わせて指定することもできます。「東京都*」や「神奈川県*」の「*」は「ワイルドカード」と呼ばれる半角の記号で、前方一致や後方一致などのあいまいな検索をするときに利用します。

● AND条件

同じ行に条件を入力します。

会員種別	郵便番号	住所1
レギュラー		神奈川県*

● OR条件

異なる行に条件を入力します。

会員種別	郵便番号	住所1
レギュラー		
ゴールド		

● AND条件とOR条件の組み合わせ

同じ行と異なる行にそれぞれ条件を入力します。

会員種別	郵便番号	住所1
レギュラー		神奈川県*
ゴールド		東京都*

重要度★★★ 抽出

Q 163 同じフィールドでAND条件を設定したい!

A フィールドを2つ用意して条件を指定します。

下のリストで、「年齢」が30代のデータを抽出するには、30以上39以下というAND条件を指定します。最初に検索条件範囲用意したフィールド名が1つしかないときは、「年齢」のフィールドをコピーして2つ用意します。片方のセルに「>=30」、もう片方のセルに「<=39」と入力すると、同じ行に入力した条件がAND条件で結びつきます。

	住所2	電話番号	登録日	生年月日	年齢	年齢
					>=30	<=39

重要度★★★ 抽出

Q 164 文字列を抽出するときの条件式を知りたい!

A 完全一致や後方一致などの条件の指定方法を正しく理解しましょう。

検索条件範囲に文字列の条件を入力するときは注意が必要です。たとえば、「パソコン」と入力すると、「パソコンラック」や「パソコンケース」などのデータも抽出されます。これは、「パソコンから始まる文字列ならばあとに続く文字列はなんでもよい」というあいまいな条件が実行されるためです。完全に一致したデータを抽出するには、先頭に半角の「'」(アポストロフィー)記号を入力し、半角の「=」(イコール)記号に続けて文字列を入力します。目的のデータを正しく抽出するには、以下の表の条件式をしっかり理解しましょう。

種類	条件式の入力方法	内容
完全一致	'=パソコン	指定した文字列を完全に同じデータを抽出する
前方一致	パソコン*	指定した文字列から始まるデータを抽出する
後方一致	*パソコン	指定した文字列で終わるデータを抽出する
部分一致	*パソコン*	指定した文字列が含まれるデータを抽出する

重要度★★★ 抽出

Q 165 すべてのデータが抽出されるのはどうして?

A 検索条件範囲に空白行が含まれている可能性があります。

検索条件範囲に正しく条件を入力したのに、条件に一致するデータだけでなくすべてのデータが抽出される場合があります。これは、＜フィルターオプションの設定＞ダイアログボックスの＜検索条件範囲＞に空白行が含まれていることが原因です。空白セルが含まれても問題ありませんが、条件が未入力の空白行を含めると、すべてのデータが抽出されるので注意しましょう。

1 Q.160の操作で＜フィルターオプションの設定＞ダイアログボックスを表示します。

2 ＜検索条件範囲＞に3行目の空白行を含めて指定し、

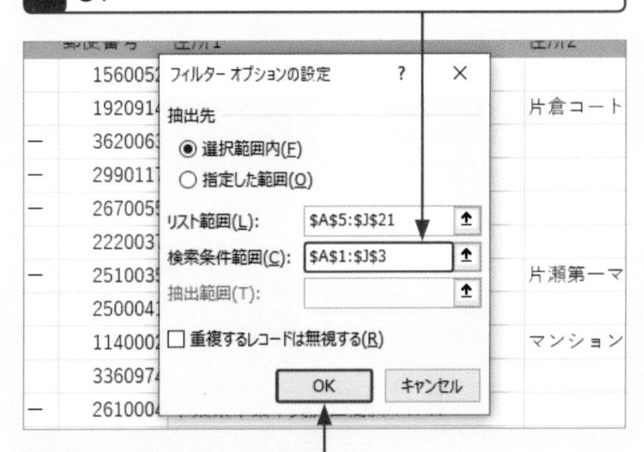

3 ＜OK＞をクリックすると、

4 すべてのデータが抽出されてしまいます。

重要度 ★★★　抽出

Q 166 抽出したデータを別のセルに表示したい！

A ＜抽出先＞を＜指定した範囲＞に変更します。

条件式を使って抽出したデータは、通常はリスト内のデータを折りたたんで表示します。抽出したデータを同じワークシートの別のセルに表示するには、＜フィルターオプションの設定＞ダイアログボックスで、＜抽出先＞の＜指定した範囲＞を選び、抽出先の左上角のセルを指定します。こうすれば、抽出結果のデータを使って計算したりグラフ化したりするなど、データを自由に加工できます。

1 Q.160の操作で＜フィルターオプションの設定＞ダイアログボックスを表示します。

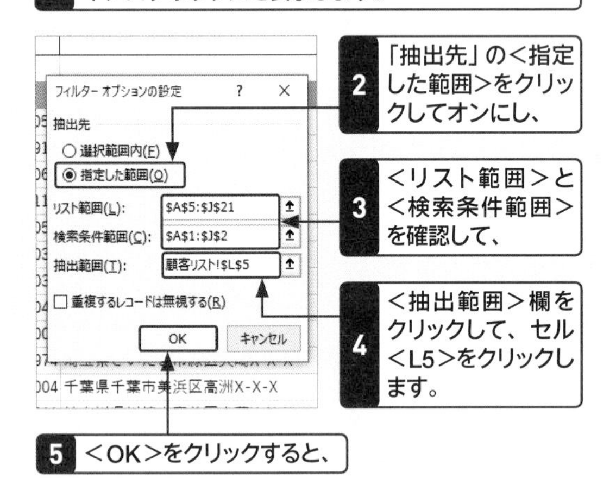

6 条件を満たしたデータが抽出されます。

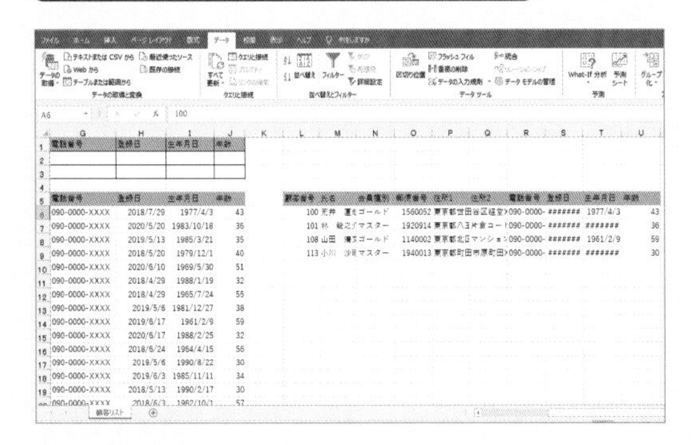

列幅を適宜調整します。

重要度 ★★★　抽出

Q 167 抽出したデータを別のワークシートに表示したい！

A 抽出用のワークシートを表示した状態で抽出を実行します。

Q.166のように抽出データをリストと同じワークシートのほかのセルに表示するのではなく、別のワークシートに表示することもできます。それには、最初に抽出結果を表示するワークシートを用意しておき、抽出用のシートを表示した状態でQ.160の抽出の操作を行います。

1 抽出結果を表示するシートを用意しておきます。

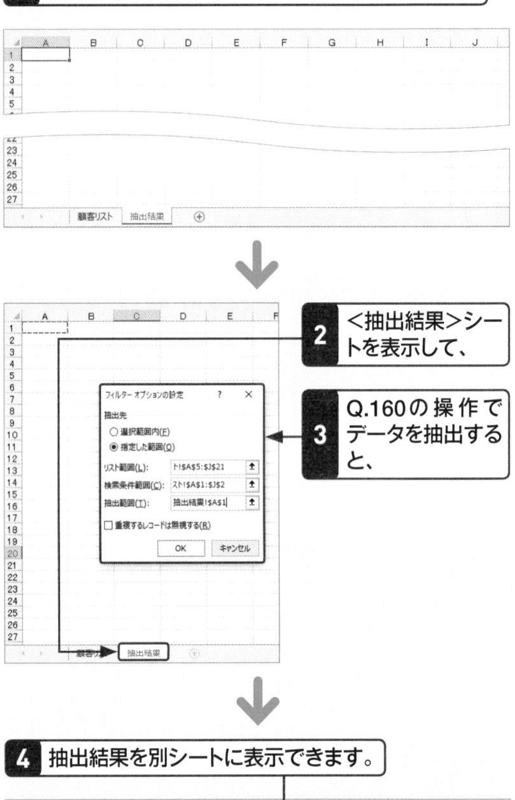

4 抽出結果を別シートに表示できます。

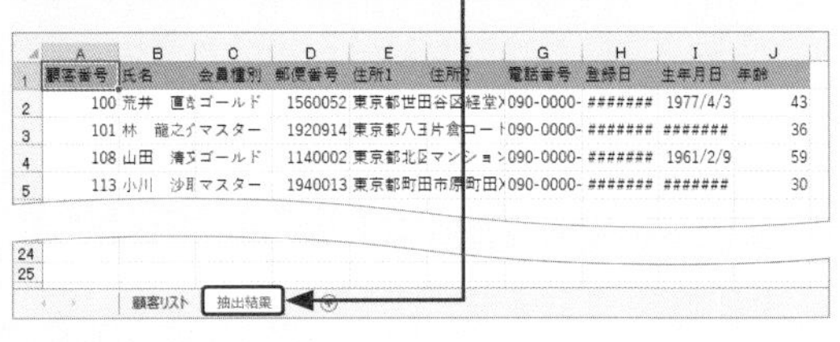

列幅を適宜調整します。

Q 168 スライサーでかんたんにデータを抽出したい！

A テーブルにスライサーを挿入します。

Q.104の操作でリストをテーブルに変換すると、スライサー機能を使ってかんたんにデータを抽出できます。スライサーとは、データ抽出用の専用の小さなウィンドウのことで、ウィンドウ内に表示される条件をクリックして指定するだけですばやくデータを抽出できます。Microsoft 365では、<テーブルデザイン>タブを使います。

1 Q.104の操作でリストをテーブルに変換しておきます。

2 テーブル内をクリックし、

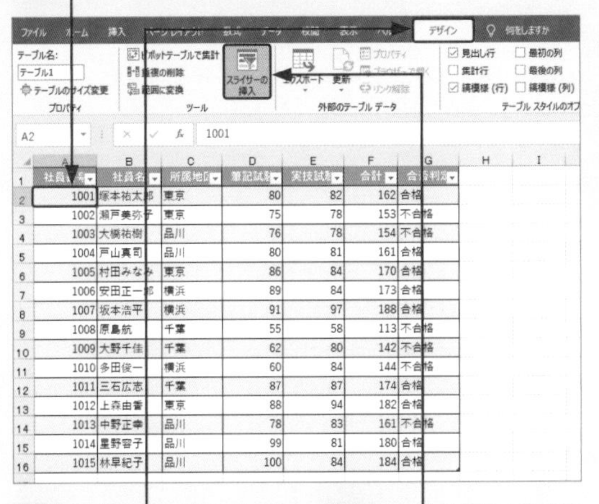

社員番号	社員名	所属地区	筆記試験	実技試験	合計	合否判定
1001	塚本祐太郎	東京	80	82	162	合格
1002	瀬戸美弥子	東京	75	78	153	不合格
1003	大槻祐樹	品川	76	78	154	不合格
1004	戸山真司	品川	80	81	161	合格
1005	村田みなみ	東京	86	84	170	合格
1006	安田正一郎	横浜	89	84	173	合格
1007	坂本浩平	横浜	91	97	188	合格
1008	原島航	千葉	55	58	113	不合格
1009	大野千佳	千葉	62	80	142	不合格
1010	多田俊一	横浜	60	84	144	不合格
1011	三石広志	千葉	87	87	174	合格
1012	上森由香	東京	88	94	182	合格
1013	中野正幸	品川	78	83	161	不合格
1014	星野容子	品川	99	81	180	合格
1015	林早紀子	品川	100	84	184	合格

3 <テーブルツール>-<デザイン>タブをクリックし、

4 <スライサーの挿入>をクリックすると、

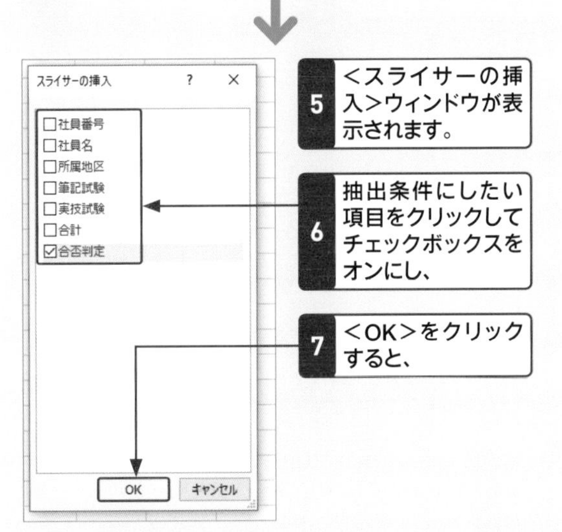

5 <スライサーの挿入>ウィンドウが表示されます。

6 抽出条件にしたい項目をクリックしてチェックボックスをオンにし、

7 <OK>をクリックすると、

8 スライサーが表示されます。

社員番号	社員名	所属地区	筆記試験	実技試験	合計	合否判定
1001	塚本祐太郎	東京	80	82	162	合格
1002	瀬戸美弥子	東京	75	78	153	不合格
1003	大槻祐樹	品川	76	78	154	不合格
1004	戸山真司	品川	80	81	161	合格
1005	村田みなみ	東京	86	84	170	合格
1006	安田正一郎	横浜	89	84	173	合格
1007	坂本浩平	横浜	91	97	188	合格
1008	原島航	千葉	55	58	113	不合格
1009	大野千佳	千葉	62	80	142	不合格
1010	多田俊一	横浜	60	84	144	不合格
1011	三石広志	千葉	87	87	174	合格
1012	上森由香	東京	88	94	182	合格
1013	中野正幸	品川	78	83	161	不合格
1014	星野容子	品川	99	81	180	合格
1015	林早紀子	品川	100	84	184	合格

合否判定
合格
不合格

9 抽出したい条件のボタン（ここでは<合格>）をクリックすると、

10 ボタンに色の付いた条件に一致したデータが抽出されます。

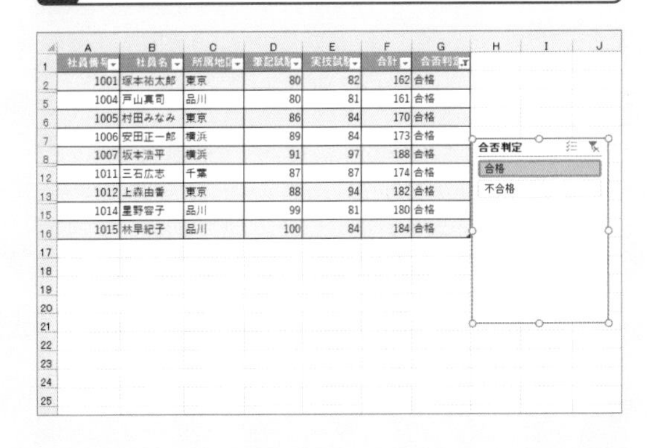

社員番号	社員名	所属地区	筆記試験	実技試験	合計	合否判定
1001	塚本祐太郎	東京	80	82	162	合格
1004	戸山真司	品川	80	81	161	合格
1005	村田みなみ	東京	86	84	170	合格
1006	安田正一郎	横浜	89	84	173	合格
1007	坂本浩平	横浜	91	97	188	合格
1011	三石広志	千葉	87	87	174	合格
1012	上森由香	東京	88	94	182	合格
1014	星野容子	品川	99	81	180	合格
1015	林早紀子	品川	100	84	184	合格

Memo スライサーの移動とサイズ変更

スライサーがテーブルと重なっているときは、スライサー内部にマウスポインターを移動し、四方向の黒い矢印の形状に変わった状態で移動先までドラッグします。また、スライサーの周囲の白いハンドルをドラッグして、スライサーのサイズを拡大縮小することもできます。

重要度 ★★★ 抽出

Q 169 1つのスライサーで複数のデータを抽出したい！

A ☰をクリックして条件を指定します。

スライサーを使って同じフィールド内の複数の条件に一致したデータを抽出するには、スライサーのウィンドウ内にある☰をクリックします。すると、条件のボタンを複数クリックすることができるようになります。このとき、複数の条件はOR条件となります。

1 Q.168の操作でスライサーを表示しておきます。

2 ☰をクリックし、

3 1つ目の条件のボタンをクリックして、

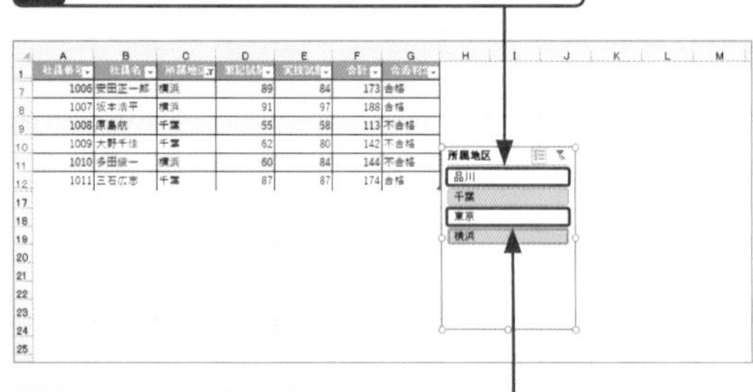

4 2つ目の条件のボタンをクリックすると、

5 ボタンに色の付いた条件に一致したデータが抽出されます。

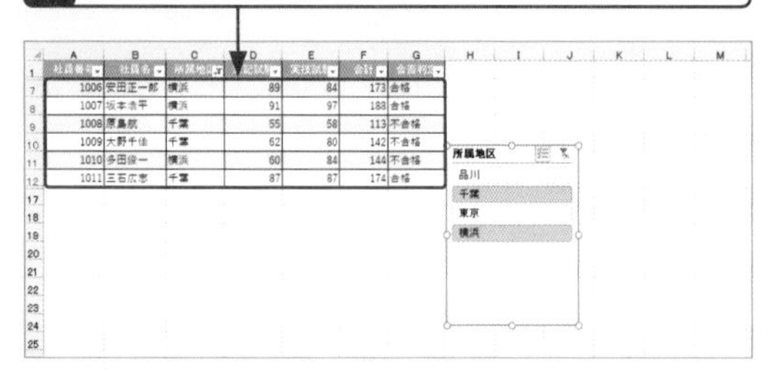

重要度 ★★★ 抽出

Q 170 スライサーを追加して複数のフィールドでデータを抽出したい！

A 複数のスライサーを表示してから条件を指定します。

スライサーを使って異なるフィールドを使って条件を指定するには、スライサーを必要な数だけ追加します。それぞれのスライサーの抽出ボタンをクリックすると、すべての条件に一致したデータが抽出されます。このとき、複数の条件はAND条件となります。

1 Q.168の操作で1つ目のスライサーを表示し、

2 もう一度、Q.168の操作で2つ目のスライサーを表示します。

3 1つ目の条件のボタンをクリックすると、

4 条件に一致したデータが抽出されます。

5 2つ目の条件のボタンをクリックすると、

6 条件に一致したデータに絞り込まれます。

重要度 ★★★ 抽出

Q 171 スライサーの見栄えを変更したい！

A ＜スライサースタイル＞の一覧から選択します。

スライサーの見栄えは、＜スライサーツール＞-＜オプション＞タブに用意されている「スライサースタイル」を使ってかんたんに変更できます。用意されているスタイルをクリックするだけで、スライサーの色あいが変化します。Microsoft 365では、＜スライサー＞タブを使います。

1 Q.168の操作でスライサーを表示しておきます。

2 スライサーをクリックし、

3 ＜スライサーツール＞-＜オプション＞タブをクリックして、

4 「スライサースタイル」の▼をクリックします。

5 変更後のスタイルをクリックすると、

6 スライサーの見栄えが変わります。

重要度 ★★★ 抽出

Q 172 スライサーで抽出を解除したい！

A スライサー内の をクリックします。

スライサーを使ってデータを抽出したあとで抽出条件を解除するには、スライサーのウィンドウ内にある をクリックします。＜データ＞タブの＜クリア＞をクリックして解除することもできます。

1 Q.168の操作でスライサーを表示しておきます。

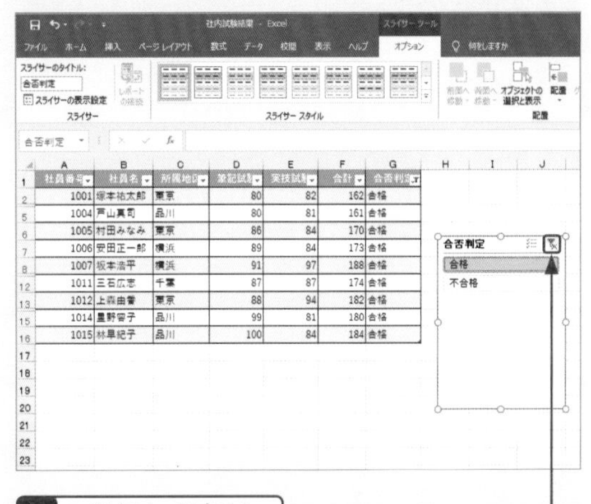

2 をクリックすると、

3 抽出条件が解除されてすべてのデータが表示されます。

社員番号	社員名	所属地区	筆記試験	実技試験	合計	合否判定
1001	塚本祐太郎	東京	80	82	162	合格
1002	瀬戸美弥子	東京	75	78	153	不合格
1003	大橋祐樹	品川	76	78	154	不合格
1004	戸山真司	品川	80	81	161	合格
1005	村田みなみ	東京	86	84	170	合格
1006	安田正一郎	横浜	89	84	173	合格
1007	坂本浩平	横浜	91	97	188	合格
1008	原島航	千葉	55	58	113	不合格
1009	大野千佳	千葉	62	80	142	不合格
1010	多田俊一	横浜	60	84	144	不合格
1011	三石広志	千葉	87	87	174	合格
1012	上森由香	東京	88	94	182	合格
1013	中野正幸	品川	78	83	161	不合格
1014	星野容子	品川	99	81	180	合格
1015	林早紀子	品川	100	84	184	合格

重要度★★★　抽出

Q173 スライサーを削除したい！

A スライサーの外枠をクリックしてから Delete を押します。

スライサーのウィンドウを削除するには、スライサーの外枠をクリックして選択してから Delete を押します。複数のスライサーを表示したときは、スライサーごとに削除します。ただし、スライサーを削除しても抽出条件が解除されるわけではないので注意しましょう。

1 Q.168の操作でスライサーを表示しておきます。

社員番号	社員名	所属地区	筆記試験	実技試験	合計	合否判定
1001	塚本祐太郎	東京	80	82	162	合格
1002	瀬戸美弥子	東京	75	78	153	不合格
1003	大槻祐樹	品川	76	78	154	不合格
1004	戸山真司	品川	80	81	161	合格
1005	村田みなみ	東京	86	84	170	合格
1006	安田正一郎	横浜	89	84	173	合格
1007	坂本浩平	横浜	91	97	188	合格
1008	原島航	千葉	55	58	113	不合格
1009	大野千佳	千葉	62	80	142	不合格
1010	多田俊一	横浜	60	84	144	不合格
1011	三石広志	千葉	87	87	174	合格
1012	上森由香	東京	88	94	182	合格
1013	中野正幸	品川	78	83	161	不合格
1014	星野容子	品川	99	81	180	合格
1015	林早紀子	品川	100	84	184	合格

合否判定
合格
不合格

2 スライサーの外枠をクリックして Delete を押すと、

3 スライサーが削除されます。

社員番号	社員名	所属地区	筆記試験	実技試験	合計	合否判定
1001	塚本祐太郎	東京	80	82	162	合格
1002	瀬戸美弥子	東京	75	78	153	不合格
1003	大槻祐樹	品川	76	78	154	不合格
1004	戸山真司	品川	80	81	161	合格
1005	村田みなみ	東京	86	84	170	合格
1006	安田正一郎	横浜	89	84	173	合格
1007	坂本浩平	横浜	91	97	188	合格
1008	原島航	千葉	55	58	113	不合格
1009	大野千佳	千葉	62	80	142	不合格
1010	多田俊一	横浜	60	84	144	不合格
1011	三石広志	千葉	87	87	174	合格
1012	上森由香	東京	88	94	182	合格
1013	中野正幸	品川	78	83	161	不合格
1014	星野容子	品川	99	81	180	合格
1015	林早紀子	品川	100	84	184	合格

重要度★★★　集計

Q174 数値の合計を表の一番下に表示したい！

A <集計行>のチェックボックスをオンにします。

Q.104の操作でリストをテーブルに変換すると、<テーブルツール>-<デザイン>タブにある<集計行>のチェックボックスをオンにするだけで、リストの最終行に集計行を表示できます。集計行には、最初は数値の「合計」が表示されます。Microsoft 365では<テーブルデザイン>タブを使います。

1 テーブル内の任意のセルをクリックし、

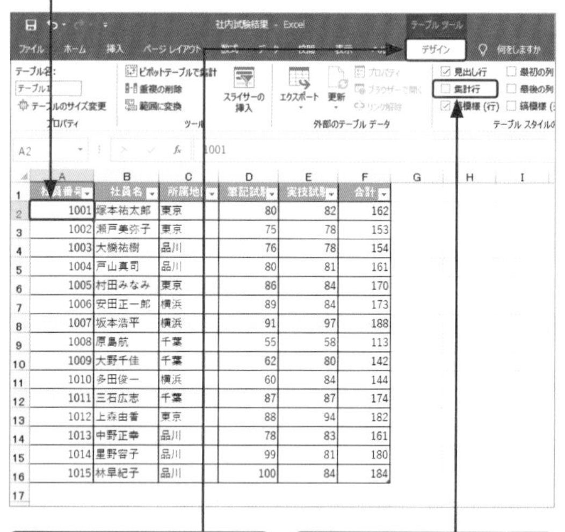

社員番号	社員名	所属地区	筆記試験	実技試験	合計
1001	塚本祐太郎	東京	80	82	162
1002	瀬戸美弥子	東京	75	78	153
1003	大槻祐樹	品川	76	78	154
1004	戸山真司	品川	80	81	161
1005	村田みなみ	東京	86	84	170
1006	安田正一郎	横浜	89	84	173
1007	坂本浩平	横浜	91	97	188
1008	原島航	千葉	55	58	113
1009	大野千佳	千葉	62	80	142
1010	多田俊一	横浜	60	84	144
1011	三石広志	千葉	87	87	174
1012	上森由香	東京	88	94	182
1013	中野正幸	品川	78	83	161
1014	星野容子	品川	99	81	180
1015	林早紀子	品川	100	84	184

2 <テーブルツール>-<デザイン>タブをクリックし、

3 <集計行>のチェックボックスをオンにすると、

4 テーブルの最終行に集計行が追加され、列<F>の合計が表示されます。

社員番号	社員名	所属地区	筆記試験	実技試験	合計
1001	塚本祐太郎	東京	80	82	162
1002	瀬戸美弥子	東京	75	78	153
1003	大槻祐樹	品川	76	78	154
1004	戸山真司	品川	80	81	161
1005	村田みなみ	東京	86	84	170
					173
1010	多田俊一	横浜			
1011	三石広志	千葉	87	87	174
1012	上森由香	東京	88	94	182
1013	中野正幸	品川	78	83	161
1014	星野容子	品川	99	81	180
1015	林早紀子	品川	100	84	184
集計					2441

重要度 ★★★　集計

Q 175 集計行に平均を表示したい！

A 集計結果の▼をクリックして<平均>を選びます。

Q.174の操作でテーブルに集計行を表示すると、最初は合計が表示されますが、あとから集計方法を変更できます。それには、集計結果のセルに表示されている▼をクリックし、表示されたメニューから<平均>をクリックします。

1 Q.174の操作でテーブルに集計行を追加しておきます。

2 集計行の▼をクリックし、

	A	B	C	D	E	F
1	社員番号	社員名	所属地区	筆記試験	実技試験	合計
2	1001	塚本祐太郎	東京	80	82	162
3	1002	瀬戸美弥子	東京	75	78	153
4	1003	大槻祐樹	品川	76	78	154
5	1004	戸山真司	品川	80	81	161
6	1005	村田みなみ	東京	86	84	170
7	1006	安田正一郎	横浜	89	84	173
8	1007	坂本浩平	横浜	91	97	188
9	1008	原島航	千葉	55	58	113
10	1009	大野千佳	千葉	62	80	142
11	1010	多田俊一	横浜	60	84	
12	1011	三石広志	千葉	87	87	
13	1012	上森由香	東京	88	94	
14	1013	中野正幸	品川	78	83	
15	1014	星野容子	品川	99	81	
16	1015	林早紀子	品川	100	84	
17	集計					2441

なし
平均
個数
数値の個数
最大
最小
合計
標本標準偏差
標本分散
その他の関数...

3 <平均>をクリックすると、

4 集計方法が平均に変更されます。

	A	B	C	D	E	F
1	社員番号	社員名	所属地区	筆記試験	実技試験	合計
2	1001	塚本祐太郎	東京	80	82	162
3	1002	瀬戸美弥子	東京	75	78	153
4	1003	大槻祐樹	品川	76	78	154
5	1004	戸山真司	品川	80	81	161
6	1005	村田みなみ	東京	86	84	170
7	1006	安田正一郎	横浜	89	84	173
8	1007	坂本浩平	横浜	91	97	188
9	1008	原島航	千葉	55	58	113
10	1009	大野千佳	千葉	62	80	142
11	1010	多田俊一	横浜	60	84	144
12	1011	三石広志	千葉	87	87	174
13	1012	上森由香	東京	88	94	182
14	1013	中野正幸	品川	78	83	161
15	1014	星野容子	品川	99	81	180
16	1015	林早紀子	品川	100	84	184
17	集計					162.733

重要度 ★★★　集計

Q 176 集計行にデータの件数を表示したい！

A 集計結果の▼をクリックして<個数>や<数値の個数>を選びます。

Q.174の操作で追加した集計行には、合計や平均以外にも個数や数値の個数、最大、最小などの集計方法が用意されています。フィールド内に数値がいくつあるかを集計したいときは<個数>もしくは<数値の個数>を選びます。また、フィールド内に文字列がいくつあるかを集計したいときは<個数>を選びます。

1 Q.174の操作でテーブルに集計行を追加しておきます。

2 集計行の▼をクリックし、

	A	B	C	D	E	F
1	社員番号	社員名	所属地区	筆記試験	実技試験	合計
2	1001	塚本祐太郎	東京	80	82	162
3	1002	瀬戸美弥子	東京	75	78	153
4	1003	大槻祐樹	品川	76	78	154
5	1004	戸山真司	品川	80	81	161
6	1005	村田みなみ	東京	86	84	170
7	1006	安田正一郎	横浜	89	84	173
8	1007	坂本浩平	横浜	91	97	188
9	1008	原島航	千葉	55	58	113
10	1009	大野千佳	千葉	62	80	142
11	1010	多田俊一	横浜	60	84	
12	1011	三石広志	千葉	87	87	
13	1012	上森由香	東京	88	94	
14	1013	中野正幸	品川	78	83	
15	1014	星野容子	品川	99	81	
16	1015	林早紀子	品川	100	84	
17	集計					162.733

なし
平均
個数
数値の個数
最大
最小
合計
標本標準偏差
標本分散
その他の関数...

3 <数値の個数>をクリックすると、

4 集計方法が数値の個数に変更されます。

	A	B	C	D	E	F
1	社員番号	社員名	所属地区	筆記試験	実技試験	合計
2	1001	塚本祐太郎	東京	80	82	162
3	1002	瀬戸美弥子	東京	75	78	153
4	1003	大槻祐樹	品川	76	78	154
5	1004	戸山真司	品川	80	81	161
6	1005	村田みなみ	東京	86	84	170
7	1006	安田正一郎	横浜	89	84	173
8	1007	坂本浩平	横浜	91	97	188
				55	58	113
12	1011	三石広志	千葉	87		
13	1012	上森由香	東京	88	94	182
14	1013	中野正幸	品川	78	83	161
15	1014	星野容子	品川	99	81	180
16	1015	林早紀子	品川	100	84	184
17	集計					15

重要度 ★★★ 集計

Q 177 集計行の対象になる列を変更したい！

A 集計したい列の集計行をクリックします。

Q.174の操作で集計行を追加すると、最初はリストの右端の列の集計結果が表示されます。ほかの列にも集計結果を表示したいときは、集計したい列の集計行をクリックして集計方法を選びます。この操作を行うと、リスト内の複数の列の集計結果を同時に表示できます。

1 Q.174の操作でテーブルに集計行を追加しておきます。

2 セル＜D17＞をクリックし、

	A	B	C	D	E	F	G
1	社員番号	社員名	所属地区	筆記試験	実技試験	合計	
2	1001	塚本祐太郎	東京	80	82	162	
				75	78	153	
15	1014	星野容子	品川				
16	1015	林早紀子	品川	100	84	184	
17	集計					15	

3 ▼をクリックします。

4 ＜平均＞をクリックすると、

	A	B	C	D	E	F
11	1010	多田俊一	横浜		84	144
12	1011	三石広志	千葉		87	174
13	1012	上森由香	東京		94	182
14	1013	中野正幸	品川		83	161
15	1014	星野容子	品川		81	180
16	1015	林早紀子	品川		84	184
17	集計					15

なし
平均
個数
数値の個数
最大
最小
合計
標本標準偏差
標本分散
その他の関数...

5 列＜D＞の「筆記試験」の平均が表示されます。

	A	B	C	D	E	F	G
1	社員番号	社員名	所属地区	筆記試験	実技試験	合計	
2	1001	塚本祐太郎	東京	80	82	162	
3	1002	瀬戸美弥子	東京	75	78	153	
4	1003	大橋祐樹	品川	76	78	154	
5	1004	戸山真司	品川	80	81	161	
11	1010	多田俊一	横浜				
12	1011	三石広志	千葉	87	87	174	
13	1012	上森由香	東京	88	94	182	
14	1013	中野正幸	品川	78	83	161	
15	1014	星野容子	品川	99	81	180	
16	1015	林早紀子	品川	100	84	184	
17	集計			80.4		15	
18							

重要度 ★★★ 集計

Q 178 集計行を削除したい！

A ＜集計行＞のチェックボックスをオフにします。

テーブルに追加した集計行を削除するには、＜テーブルツール＞-＜デザイン＞タブにある＜集計行＞のチェックボックスをオフにします。クリックするたびに、集計行の表示と非表示が交互に切り替わります。Microsoft 365では＜テーブルデザイン＞タブを使います。

1 Q.174の操作でテーブルに集計行を追加しておきます。

2 テーブル内の任意のセルをクリックし、

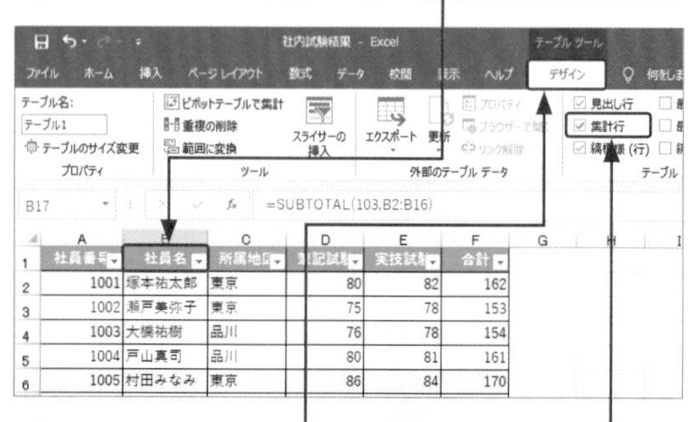

	A	B	C	D	E	F
1	社員番号	社員名	所属地区	筆記試験	実技試験	合計
2	1001	塚本祐太郎	東京	80	82	162
3	1002	瀬戸美弥子	東京	75	78	153
4	1003	大橋祐樹	品川	76	78	154
5	1004	戸山真司	品川	80	81	161
6	1005	村田みなみ	東京	86	84	170

3 ＜テーブルツール＞-＜デザイン＞タブをクリックし、

4 ＜集計行＞のチェックボックスをオフにすると、

5 集計行が削除されます。

	A	B	C	D	E	F	G
1	社員番号	社員名	所属地区	筆記試験	実技試験	合計	
2	1001	塚本祐太郎	東京	80	82	162	
3	1002	瀬戸美弥子	東京	75	78	153	
4	1003	大橋祐樹	品川	76	78	154	
5	1004	戸山真司	品川	80	81	161	
6	1005	村田みなみ	東京	86	84	170	
7	1006	安田正一郎	横浜	89	84	173	
8	1007	坂本浩平	横浜	91	97	188	
9	1008	原島航	千葉	55	58	113	
10	1009	大野千佳	千葉	62	80	142	
11	1010	多田俊一	横浜	60	84	144	
12	1011	三石広志	千葉	87	87	174	
13	1012	上森由香	東京	88	94	182	
14	1013	中野正幸	品川	78	83	161	
15	1014	星野容子	品川	99	81	180	
16	1015	林早紀子	品川	100	84	184	
17							
18							

重要度 ★★★　集計

Q 179 列の値ごとに合計を集計したい！

A 統合機能を使います。

「分類」の列の分類名ごとに売上金額の合計を集計したり、「会員種別」の列の種別ごとに会員の人数を集計したりするなど、リスト内の列の値ごとに集計するには統合機能を使います。難しい数式を組み立てなくても、列内の値をまとめて自動集計が行われるので便利です。

列＜C＞の「分類」ごとに列＜G＞の「金額」の合計を集計します。

1 集計結果を表示するセルに、必要なフィールドをコピーしておきます。

テイクアウト商品売上一覧

日付	商品番号	分類	商品名	価格	数量	金額
2020/4/20	B-001	弁当	お任せボックス	1,500	5	7,500
2020/4/20	S-003	惣菜	牛肉と野菜の串焼き	600	8	4,800
2020/4/20	S-004	惣菜	コールスロー	230	12	2,760
2020/4/20	B-001	弁当	お任せボックス	1,500	4	6,000
2020/4/20	B-002	弁当	本日のピザ	1,200	7	8,400

分類	金額

2 集計結果を表示するセル範囲＜I3:J10＞をドラッグして選択し、

3 ＜データ＞タブをクリックして、

テイクアウト商品売上一覧

日付	商品番号	分類	商品名	価格	数量	金額
2020/4/20	B-001	弁当	お任せボックス	1,500	5	7,500
2020/4/20	S-003	惣菜	牛肉と野菜の串焼き	600	8	4,800
2020/4/20	S-004	惣菜	コールスロー	230	12	2,760
2020/4/20	B-001	弁当	お任せボックス	1,500	4	6,000
2020/4/20	B-002	弁当	本日のピザ	1,200	7	8,400
2020/4/20	S-001	惣菜	鶏のから揚げ	480	8	3,840
2020/4/20	S-002	惣菜	オムレツ	500	5	2,500
2020/4/20	B-002	弁当	本日のピザ	1,200	9	10,800
2020/4/20	S-001	惣菜	鶏のから揚げ	480	11	5,280
2020/4/20	S-002	惣菜	オムレツ	500	6	3,000

分類	金額

4 ＜統合＞をクリックします。

手順2のセル範囲は多めに選択しておきます。

5 「集計の方法」に＜合計＞が選ばれていることを確認し、

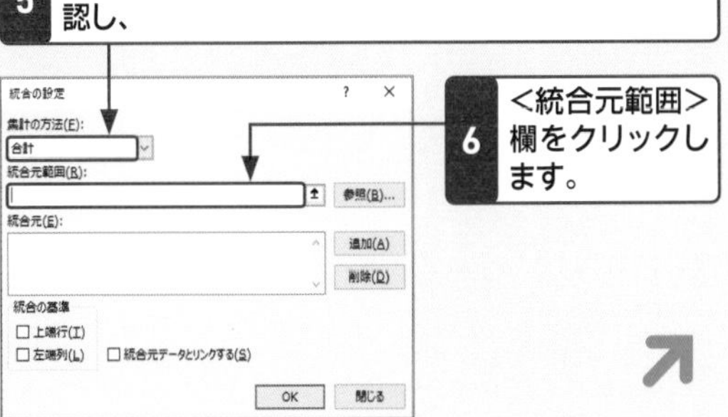

6 ＜統合元範囲＞欄をクリックします。

7 集計する列＜C＞が左端になるようにセル＜C3＞からリストの最終行のセル＜G75＞までをドラッグして選択し、

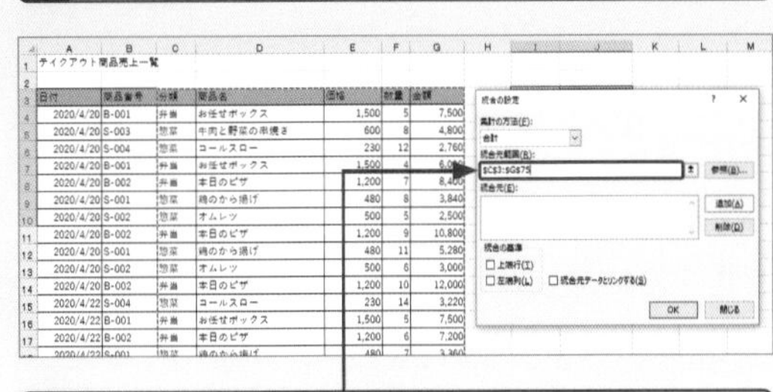

テイクアウト商品売上一覧

日付	商品番号	分類	商品名	価格	数量	金額
2020/4/20	B-001	弁当	お任せボックス	1,500	5	7,500
2020/4/20	S-003	惣菜	牛肉と野菜の串焼き	600	8	4,800
2020/4/20	S-004	惣菜	コールスロー	230	12	2,760
2020/4/20	B-001	弁当	お任せボックス	1,500	4	6,000
2020/4/20	B-002	弁当	本日のピザ	1,200	7	8,400
2020/4/20	S-001	惣菜	鶏のから揚げ	480	8	3,840
2020/4/20	S-002	惣菜	オムレツ	500	5	2,500
2020/4/20	B-002	弁当	本日のピザ	1,200	9	10,800
2020/4/20	S-001	惣菜	鶏のから揚げ	480	11	5,280
2020/4/20	S-002	惣菜	オムレツ	500	6	3,000
2020/4/20	B-002	弁当	本日のピザ	1,200	10	12,000
2020/4/22	S-004	惣菜	コールスロー	230	14	3,220
2020/4/22	B-001	弁当	お任せボックス	1,500	5	7,500
2020/4/22	B-002	弁当	本日のピザ	1,200	6	7,200

8 ＜統合元範囲＞に手順7のセル範囲が表示されたことを確認します。

9 ＜統合元＞にセル範囲が追加されたことを確認し、

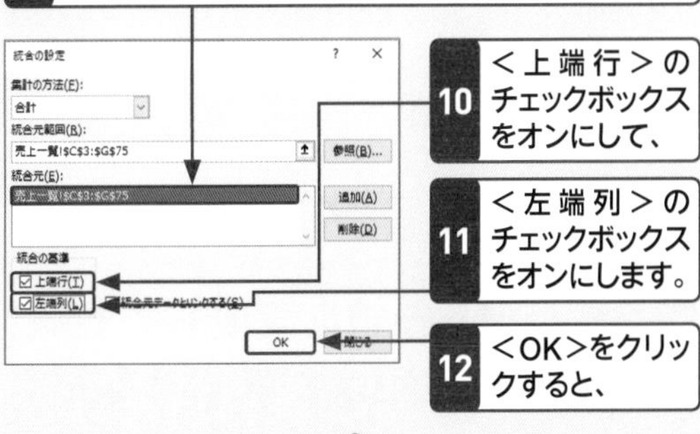

10 ＜上端行＞のチェックボックスをオンにして、

11 ＜左端列＞のチェックボックスをオンにします。

12 ＜OK＞をクリックすると、

13 「分類」ごとの「金額」の合計が集計されます。

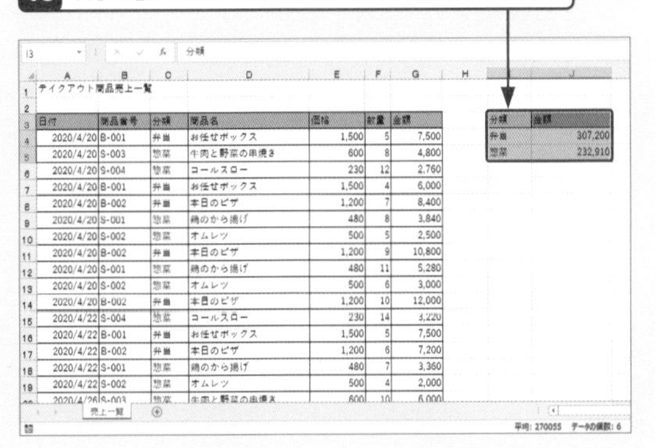

テイクアウト商品売上一覧

日付	商品番号	分類	商品名	価格	数量	金額
2020/4/20	B-001	弁当	お任せボックス	1,500	5	7,500
2020/4/20	S-003	惣菜	牛肉と野菜の串焼き	600	8	4,800
2020/4/20	S-004	惣菜	コールスロー	230	12	2,760
2020/4/20	B-001	弁当	お任せボックス	1,500	4	6,000
2020/4/20	B-002	弁当	本日のピザ	1,200	7	8,400
2020/4/20	S-001	惣菜	鶏のから揚げ	480	8	3,840
2020/4/20	S-002	惣菜	オムレツ	500	5	2,500
2020/4/20	B-002	弁当	本日のピザ	1,200	9	10,800
2020/4/20	S-001	惣菜	鶏のから揚げ	480	11	5,280
2020/4/20	S-002	惣菜	オムレツ	500	6	3,000
2020/4/20	B-002	弁当	本日のピザ	1,200	10	12,000
2020/4/22	S-004	惣菜	コールスロー	230	14	3,220
2020/4/22	B-001	弁当	お任せボックス	1,500	5	7,500
2020/4/22	B-002	弁当	本日のピザ	1,200	6	7,200
2020/4/22	S-001	惣菜	鶏のから揚げ	480	7	3,360
2020/4/22	S-002	惣菜	オムレツ	500	4	2,000
2020/4/26	S-003	惣菜	牛肉と野菜の串焼き	600	10	6,000

分類	金額
弁当	307,200
惣菜	232,910

重要度 ★★★　集計

Q 180 <統合元>の<上端行>や<左端列>って何？

A 集計する基準の行と列のことです。

Q.179の統合機能では、手順**10**と**11**で<上端行>と<左端列>のチェックボックスをオンにします。これは、統合元のセル範囲の左端列（Q.179では「分類」）と上端行（Q.179では「金額」）を集計の基準にすることで、左端列の値がまとめられ、上端行にあるフィールドで集計されます。

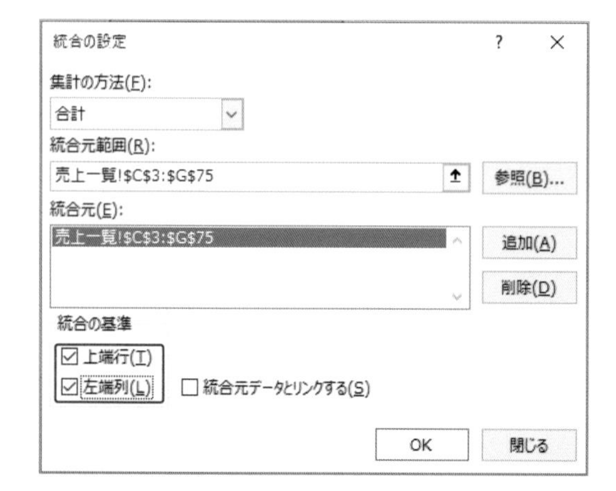

重要度 ★★★　集計

Q 181 リストの値を変更しても統合の集計結果が変わらない！

A もとの値を変更したら、統合機能をやり直します。

統合機能を使って求めた集計結果のセルには、数式が入力されているわけではありません。そのため、もとのリストのデータを修正したり追加したりしたときは、いちから<統合>の操作をやり直します。

重要度 ★★★　集計

Q 182 表内に小計行を挿入したい！

A 小計機能を使うと表内に自動的に小計行を挿入できます。

● リスト全体を並べ替える

列<C>の「分類」ごとの「数量」と「金額」の合計を集計します。

1 列<C>の「分類」の任意のセルをクリックし、

2 <データ>タブをクリックして、

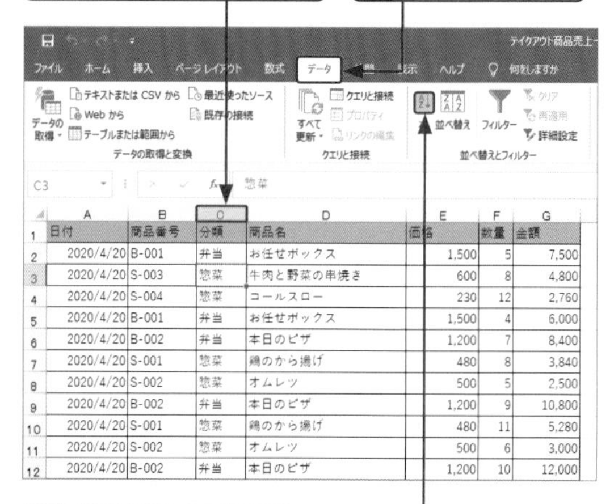

	A	B	C	D	E	F	G
1	日付	商品番号	分類	商品名	価格	数量	金額
2	2020/4/20	B-001	弁当	お任せボックス	1,500	5	7,500
3	2020/4/20	S-003	惣菜	牛肉と野菜の串焼き	600	8	4,800
4	2020/4/20	S-004	惣菜	コールスロー	230	12	2,760
5	2020/4/20	B-001	弁当	お任せボックス	1,500	4	6,000
6	2020/4/20	B-002	弁当	本日のピザ	1,200	7	8,400
7	2020/4/20	S-001	惣菜	鶏のから揚げ	480	8	3,840
8	2020/4/20	S-002	惣菜	オムレツ	500	5	2,500
9	2020/4/20	B-002	弁当	本日のピザ	1,200	9	10,800
10	2020/4/20	S-001	惣菜	鶏のから揚げ	480	11	5,280
11	2020/4/20	S-002	惣菜	オムレツ	500	6	3,000
12	2020/4/20	B-002	弁当	本日のピザ	1,200	10	12,000

3 A↓Zをクリックすると、

4 列<C>の「分類」ごとにリスト全体が並べ替わります。

	A	B	C	D	E	F	G
1	日付	商品番号	分類	商品名	価格	数量	金額
2	2020/4/20	S-003	惣菜	牛肉と野菜の串焼き	600	8	4,800
3	2020/4/20	S-004	惣菜	コールスロー	230	12	2,760
4	2020/4/20	S-001	惣菜	鶏のから揚げ	480	8	3,840
5	2020/4/20	S-002	惣菜	オムレツ	500	5	2,500
6	2020/4/20	S-001	惣菜	鶏のから揚げ	480	11	5,280
7	2020/4/20	S-002	惣菜	オムレツ	500	6	3,000
8	2020/4/22	S-004	惣菜	コールスロー	230	14	3,220
9	2020/4/22	S-001	惣菜	鶏のから揚げ	480	7	3,360
10	2020/4/22	S-002	惣菜	オムレツ	500	4	2,000
11	2020/4/26	S-003	惣菜	牛肉と野菜の串焼き	600	10	6,000
12	2020/4/26	S-001	惣菜	鶏のから揚げ	480	10	4,800
13	2020/4/26	S-003	惣菜	牛肉と野菜の串焼き	600	11	6,600
14	2020/4/26	S-001	惣菜	鶏のから揚げ	480	18	8,640
15	2020/4/28	S-002	惣菜	オムレツ	500	7	3,500
16	2020/4/28	S-003	惣菜	牛肉と野菜の串焼き	600	11	6,600
17	2020/4/28	S-004	惣菜	コールスロー	230	12	2,760
18	2020/4/20	B-001	弁当	お任せボックス	1,500	5	7,500
19	2020/4/20	B-001	弁当	お任せボックス	1,500	4	6,000
20	2020/4/20	B-002	弁当	本日のピザ	1,200	7	8,400

売上一覧

「分類別の売上金額の合計を集計する」操作を手動で行うと、最初に分類ごとにリスト全体を並べ替え、次に集計行を挿入し、最後に合計の関数を入力するという手順が発生します。小計機能を使うと、集計の基準となる列を並べ替えておくだけで、集計行や関数を挿入しなくても自動的に集計できます。

● 「分類」ごとの合計を集計する

1 <データ>タブをクリックし、

2 <小計>をクリックします。

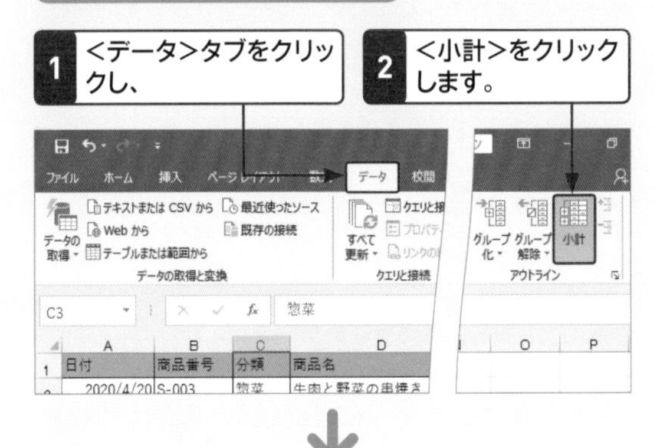

3 「グループの基準」で<分類>を選択し、

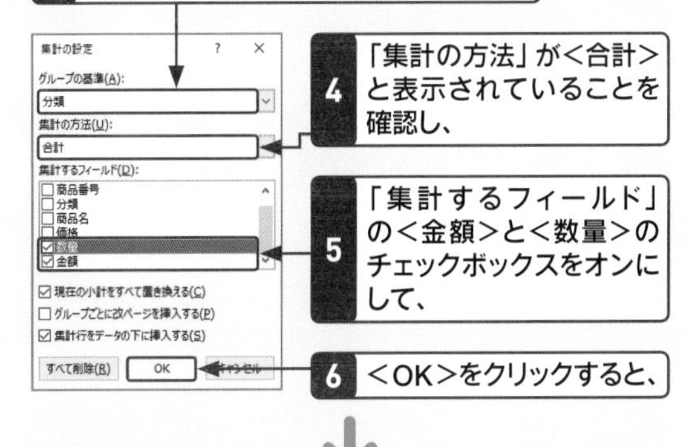

4 「集計の方法」が<合計>と表示されていることを確認し、

5 「集計するフィールド」の<金額>と<数量>のチェックボックスをオンにして、

6 <OK>をクリックすると、

7 「分類」ごとに「数量」と「金額」の合計が表示されます。

	A	B	C	D	E	F	G
1	日付	商品番号	分類	商品名	価格	数量	金額
14	2020/4/26	S-001	惣菜	鶏のから揚げ	480	18	8,640
15	2020/4/28	S-002	惣菜	オムレツ	500	7	3,500
16	2020/4/28	S-003	惣菜	牛肉と野菜の串焼き	600	11	6,600
17	2020/4/28	S-004	惣菜	コールスロー	230	12	2,760
18			惣菜 集計			154	69,660
19	2020/4/20	B-001	弁当	お任せボックス	1,500	5	7,500
20	2020/4/20	B-001	弁当	お任せボックス	1,500	4	6,000
21	2020/4/20	B-002	弁当	本日のピザ	1,200	7	8,400
22	2020/4/20	B-002	弁当	本日のピザ	1,200	9	10,800
23	2020/4/20	B-002	弁当	本日のピザ	1,200	10	12,000
24	2020/4/22	B-001	弁当	お任せボックス	1,500	5	7,500
25	2020/4/22	B-002	弁当	本日のピザ	1,200	6	7,200
26	2020/4/26	B-001	弁当	お任せボックス	1,500	8	12,000
			弁当 集計			54	71,400
28			総計			208	141,060

左端に自動的にアウトライン領域が表示されます。

重要度 ★★★ 集計

Q 183 小計が目的通りに表示されない!

A 最初に並べ替えができていない可能性があります。

Q.182の小計機能を使うポイントは、機能を実行する前に、集計の基準となる列を並べ替えておくことです。同じデータがかたまっていることが条件なので、<昇順><降順>どちらに並べ替えてもかまいません。並べ替えを実行しない状態で小計機能を使うと、目的通りの集計結果にならないので注意しましょう。

列<C>の「分類」ごとの「数量」と「金額」の合計を集計します。列<C>の「分類」のデータを並べ替えていません。

	A	B	C	D	E	F	G
1	日付	商品番号	分類	商品名	価格	数量	金額
2	2020/4/20	S-003	惣菜	牛肉と野菜の串焼き	600	8	4,800
3	2020/4/20	S-004	惣菜	コールスロー	230	12	2,760
4	2020/4/20	S-001	惣菜	鶏のから揚げ	480	8	3,840
5	2020/4/20	S-002	惣菜	オムレツ	500	5	2,500
6	2020/4/20	S-001	惣菜	鶏のから揚げ	480	11	5,280
7	2020/4/20	S-002	惣菜	オムレツ	500	6	3,000
8	2020/4/20	B-001	弁当	お任せボックス	1,500	5	7,500
9	2020/4/20	B-001	弁当	お任せボックス	1,500	4	6,000
10	2020/4/20	B-002	弁当	本日のピザ	1,200	7	8,400
11	2020/4/20	B-002	弁当	本日のピザ	1,200	9	10,800
12	2020/4/20	B-002	弁当	本日のピザ	1,200	10	12,000
13	2020/4/22	S-004	惣菜	コールスロー	230	14	3,220
14	2020/4/22	S-001	惣菜	鶏のから揚げ	480	7	3,360
15	2020/4/22	S-002	惣菜	オムレツ	500	4	2,000
16	2020/4/22	B-001	弁当	お任せボックス	1,500	5	7,500
17	2020/4/22	B-002	弁当	本日のピザ	1,200	6	7,200
18	2020/4/26	S-003	惣菜	牛肉と野菜の串焼き	600	10	6,000
19	2020/4/26	S-001	惣菜	鶏のから揚げ	480	10	4,800
	2020/4/26	S-003	惣菜	牛肉と野菜の串焼き	600	11	6,600

売上一覧

この状態で小計機能を実行すると、「分類」ごとの集計を表示できません。

	A	B	C	D	E	F	G
1	日付	商品番号	分類	商品名	価格	数量	金額
2	2020/4/20	S-003	惣菜	牛肉と野菜の串焼き	600	8	4,800
3	2020/4/20	S-004	惣菜	コールスロー	230	12	2,760
4	2020/4/20	S-001	惣菜	鶏のから揚げ	480	8	3,840
5	2020/4/20	S-002	惣菜	オムレツ	500	5	2,500
6	2020/4/20	S-001	惣菜	鶏のから揚げ	480	11	5,280
7	2020/4/20	S-002	惣菜	オムレツ	500	6	3,000
8			惣菜 集計			50	22,180
9	2020/4/20	B-001	弁当	お任せボックス	1,500	5	7,500
10	2020/4/20	B-001	弁当	お任せボックス	1,500	4	6,000
11	2020/4/20	B-002	弁当	本日のピザ	1,200	7	8,400
12	2020/4/20	B-002	弁当	本日のピザ	1,200	9	10,800
13	2020/4/20	B-002	弁当	本日のピザ	1,200	10	12,000
14			弁当 集計			35	44,700
15	2020/4/22	S-004	惣菜	コールスロー	230	14	3,220
16	2020/4/22	S-001	惣菜	鶏のから揚げ	480	7	3,360
17	2020/4/22	S-002	惣菜	オムレツ	500	4	2,000
18			惣菜 集計			25	8,580
19	2020/4/22	B-001	弁当	お任せボックス	1,500	5	7,500
	2020/4/22	B-002	弁当	本日のピザ	1,200	6	7,200

売上一覧

重要度 ★★★　集計

Q 184 左側に表示される数字は何？

A アウトラインを段階的に折りたたむボタンです。

Q.182の小計機能を使うと、自動的に左側にアウトライン領域が表示されます。アウトライン領域の数字をクリックすると、リストの明細データを折りたたんで集計結果だけを表示することができます。

1 Q.182の操作で「分類」ごとの「数量」と「金額」の合計を集計しておきます。

	A	B	C	D	E	F	G
1	日付	商品番号	分類	商品名	価格	数量	金額
2	2020/4/20	S-003	惣菜	牛肉と野菜の串焼き	600	8	4,800
3	2020/4/20	S-004	惣菜	コールスロー	230	12	2,760
4	2020/4/20	S-001	惣菜	鶏のから揚げ	480	8	3,840
5	2020/4/20	S-002	惣菜	オムレツ	500	5	2,500
6	2020/4/20	S-001	惣菜	鶏のから揚げ	480	11	5,280
7	2020/4/20	S-002	惣菜	オムレツ	500	6	3,000
8	2020/4/22	S-004	惣菜	コールスロー	230	14	3,220
9	2020/4/22	S-001	惣菜	鶏のから揚げ	480	7	3,360
10	2020/4/22	S-002	惣菜	オムレツ	500	4	2,000
11	2020/4/26	S-003	惣菜	牛肉と野菜の串焼き	600	10	6,000

2 アウトライン領域の＜2＞クリックすると、

3 明細データを折りたたんで、分類ごとの集計結果だけが表示されます。

	A	B	C	D	E	F	G
1	日付	商品番号	分類	商品名	価格	数量	金額
18			惣菜 集計			154	69,660
27			弁当 集計			54	71,400
28			総計			208	141,060
29							
30							
31							
32							
33							
34							

4 アウトライン領域の＜1＞クリックすると、

5 総計行だけが表示されます。

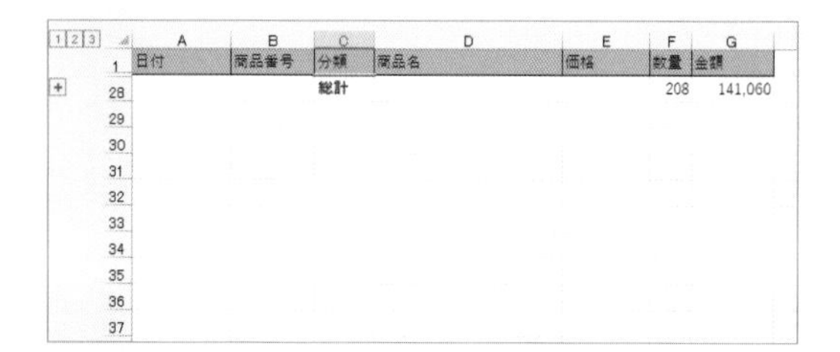

	A	B	C	D	E	F	G
1	日付	商品番号	分類	商品名	価格	数量	金額
28			総計			208	141,060
29							
30							
31							
32							
33							
34							
35							
36							
37							

重要度 ★★★　集計

Q 185 小計の集計方法を変更したい！

A 集計結果が表示されている状態で＜集計の設定＞ダイアログボックスを表示します。

小計の集計方法を「合計」から「個数」に変更したいときは、現在の集計表を削除する必要はありません。集計結果が表示されている状態で＜集計の設定＞ダイアログボックスを再表示します。集計方法を変更したら、＜現在の小計をすべて置き換える＞のチェックボックスがオンになっていることを確認します。

1 Q.182の操作で「分類」ごとの「数量」と「金額」の合計を集計しておきます。

2 リスト内の任意のセルをクリックし、

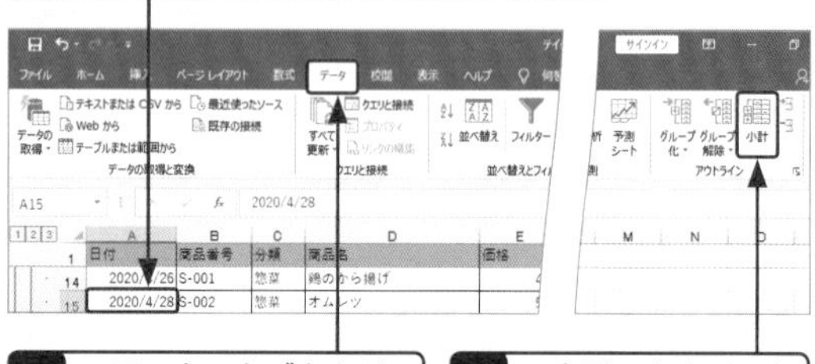

3 ＜データ＞タブをクリックして、

4 ＜小計＞をクリックします。

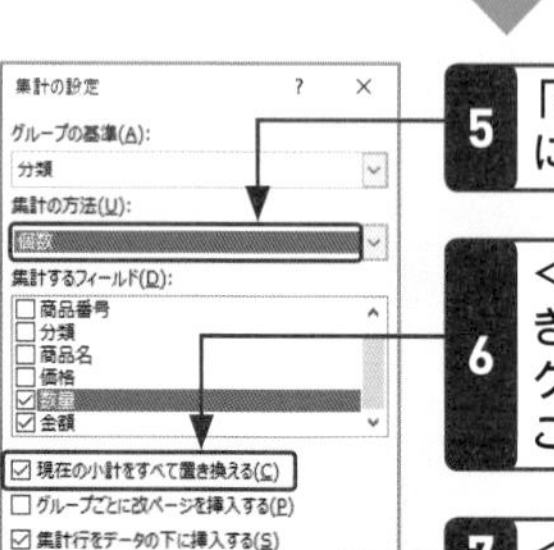

5 「集計の方法」を＜個数＞に変更し、

6 ＜現在の小計をすべて置き換える＞のチェックボックスがオンになっていることを確認して、

7 ＜OK＞をクリックすると、

8 「合計」から「個数」の集計表に変更されます。

	A	B	C	D	E	F	G
1	日付	商品番号	分類	商品名	価格	数量	金額
14	2020/4/26	S-001	惣菜	鶏のから揚げ	480	18	8,640
				オムレツ	500	7	3,500
26	2020/4/26	B-001	弁当	お任せボックス	1,500	8	12,000
27			弁当 個数			8	8
28			総合計			24	24

重要度★★★　集計

Q 186 小計機能を使って合計と個数を同時に集計したい!

A 小計機能を繰り返して実行します。

1 Q.182の操作で「分類」ごとの「数量」と「金額」の合計を集計しておきます。

2 リスト内の任意のセルをクリックし、

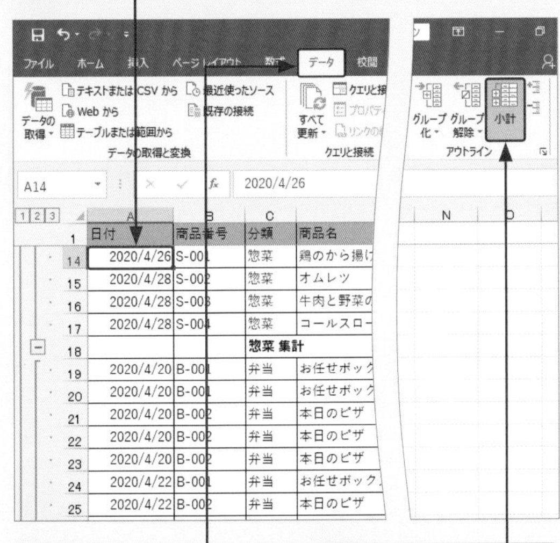

3 <データ>タブをクリックして、

4 <小計>をクリックします。

5 「グループの基準」で<分類>を選択し、

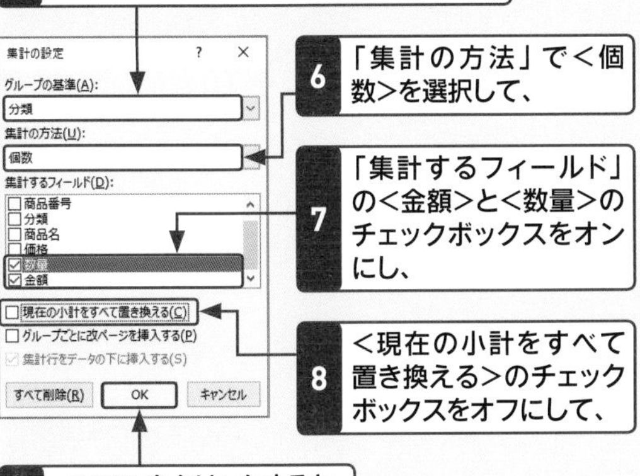

6 「集計の方法」で<個数>を選択して、

7 「集計するフィールド」の<金額>と<数量>のチェックボックスをオンにし、

8 <現在の小計をすべて置き換える>のチェックボックスをオフにして、

9 <OK>をクリックすると、

小計機能を使って「合計」と「個数」の集計結果を表示するには、最初に「合計」の集計を求めてから、次に「個数」の集計を追加します。このとき、「合計」の集計結果が破棄されないように、<集計の設定>ダイアログボックスで、<現在の小計をすべて置き換える>のチェックボックスをオフにするのがポイントです。

10 合計の集計結果に個数の集計結果が追加されます。

	A	B	C	D	E	F	G
1	日付	商品番号	分類	商品名	価格	数量	金額
14	2020/4/26	S-001	惣菜	鶏のから揚げ	480	18	8,640
15	2020/4/28	S-002	惣菜	オムレツ	500	7	3,500
16	2020/4/28	S-003	惣菜	牛肉と野菜の串焼き	600	11	6,600
17	2020/4/28	S-004	惣菜	コールスロー	230	12	2,760
18			惣菜 個数			16	16
19			惣菜 集計			154	69,660
20	2020/4/20	B-001	弁当	お任せボックス	1,500	5	7,500
21	2020/4/20	B-001	弁当	お任せボックス	1,500	4	6,000
22	2020/4/20	B-002	弁当	本日のピザ	1,200	7	8,400
23	2020/4/20	B-002	弁当	本日のピザ	1,200	9	10,800
24	2020/4/20	B-002	弁当	本日のピザ	1,200	10	12,000
25	2020/4/22	B-001	弁当	お任せボックス	1,500	5	7,500
26	2020/4/22	B-002	弁当	本日のピザ	1,200	6	7,200
27	2020/4/26	B-001	弁当	お任せボックス	1,500	8	12,000
28			弁当 個数			8	8
29			弁当 集計			54	71,400
30			総合計			24	24
31			総計			208	141,060

手順**2**から**9**の操作を繰り返すと、複数の集計結果を同時に表示できます。下の例では、手順**10**のあとに「分類」ごとの「数量」と「金額」の平均を追加しています。

	A	B	C	D	E	F	G
1	日付	商品番号	分類	商品名	価格	数量	金額
17	2020/4/28	S-004	惣菜	コールスロー	230	12	2,760
18			惣菜 平均			9.63	4,354
19			惣菜 個数			16	16
20			惣菜 集計			154	69,660
21	2020/4/20	B-001	弁当	お任せボックス	1,500	5	7,500
22	2020/4/20	B-001	弁当	お任せボックス	1,500	4	6,000
23	2020/4/20	B-002	弁当	本日のピザ	1,200	7	8,400
24	2020/4/20	B-002	弁当	本日のピザ	1,200	9	10,800
25	2020/4/20	B-002	弁当	本日のピザ	1,200	10	12,000
26	2020/4/22	B-001	弁当	お任せボックス	1,500	5	7,500
27	2020/4/22	B-002	弁当	本日のピザ	1,200	6	7,200
28	2020/4/26	B-001	弁当	お任せボックス	1,500	8	12,000
29			弁当 平均			6.75	8,925
30			弁当 個数			8	8
31			弁当 集計			54	71,400
32			全体の平均			8.67	5,878
33			総合計			24	24
34			総計			208	141,060

重要度★★★　集計

Q 187 <クイック分析>ツールで平均を表示したい!

A 集計したいセル範囲を選択して ⊞をクリックします。

<クイック分析>ツールを使うと、集計したいセル範囲をドラッグしたときの右下に表示されるボタンをクリックするだけで、合計や平均、比率、累計などを集計できます。数式や関数を組み立てる必要はありません。集計以外にも、選択したセル範囲をグラフ化したり、条件に一致したデータに書式を付けたりするなど、リストのデータをかんたんに集計・分析できます。

1 集計したいセル範囲<D2:F16>をドラッグして選択すると、

	A	B	C	D	E	F
1	社員番号	社員名	所属地区	筆記試験	実技試験	合計
2	1001	塚本祐太郎	東京	80	82	162
3	1002	瀬戸美弥子	東京	75	78	153
4	1003	大橋祐樹	品川	76	78	154
5	1004	戸山真司	品川	80	81	161
6	1005	村田みなみ	東京	86	84	170
7	1006	安田正一郎	横浜	89	84	173
8	1007	坂本浩平	横浜	91	97	188
9	1008	原島航	千葉	55	58	113
10	1009	大野千佳	千葉	62	80	142
11	1010	多田俊一	横浜	60	84	144
12	1011	三石広志	千葉	87	87	174
13	1012	上森由香	東京	88	94	182
14	1013	中野正幸	品川	78	83	161
15	1014	星野容子	品川	99	81	180
16	1015	林早紀子	品川	100	84	184

2 ⊞が表示されます。

3 ⊞をクリックし、

書式設定(F)　グラフ(C)　合計(O)　テーブル(T)　スパークライン(S)

データ バー　カラー　アイコン　指定の値　上位　クリア...

条件付き書式では、目的のデータを強調表示するルールが使用されます。

4 <合計>をクリックします。

5 <平均>をクリックすると、

書式設定(F)　グラフ(C)　合計(O)　テーブル(T)　スパークライン(S)

合計　平均　個数　合計　累計　合計

式を使って、合計を自動的に計算します。

6 手順**1**で選択したセル範囲の平均が表示されます。

	A	B	C	D	E	F
1	社員番号	社員名	所属地区	筆記試験	実技試験	合計
2	1001	塚本祐太郎	東京	80	82	162
3	1002	瀬戸美弥子	東京	75	78	153
4	1003	大橋祐樹	品川	76	78	154
5	1004	戸山真司	品川	80	81	161
6	1005	村田みなみ	東京	86	84	170
7	1006	安田正一郎	横浜	89	84	173
8	1007	坂本浩平	横浜	91	97	188
9	1008	原島航	千葉	55	58	113
10	1009	大野千佳	千葉	62	80	142
11	1010	多田俊一	横浜	60	84	144
12	1011	三石広志	千葉	87	87	174
13	1012	上森由香	東京	88	94	182
14	1013	中野正幸	品川	78	83	161
15	1014	星野容子	品川	99	81	180
16	1015	林早紀子	品川	100	84	184
17				80.4	82.33333	162.733

Memo ⊞が表示されないときは

セル範囲をドラッグしても⊞が表示されないときは、<ファイル>タブから<オプション>をクリックして<Excelのオプション>ダイアログボックスを表示します。左側の<全般>をクリックし、右側の<選択時にクイック分析オプションを表示する>をクリックしてオンにします。

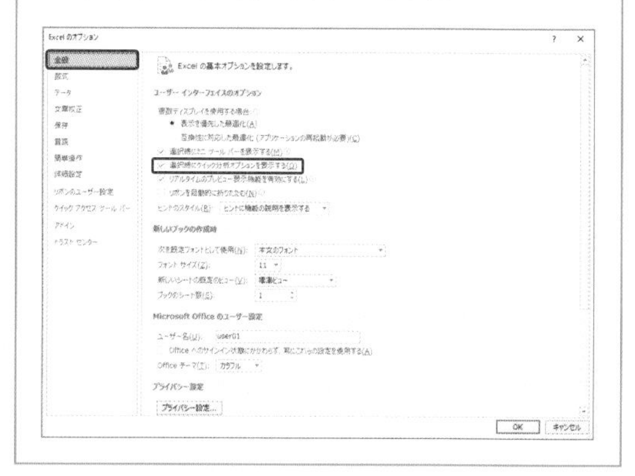

重要度 ★★★　集計

Q 188 小計を解除したい！

A <集計の設定>ダイアログボックスの<すべて削除>をクリックします。

小計機能で表示した集計結果を削除してもとのリストに戻すには、<集計の設定>ダイアログボックスの<すべて削除>をクリックします。小計を解除すると、連動してアウトラインも解除されます。

1 Q.182の操作で「分類」ごとの「数量」と「金額」の合計を集計しておきます。

2 リスト内の任意のセルをクリックし、

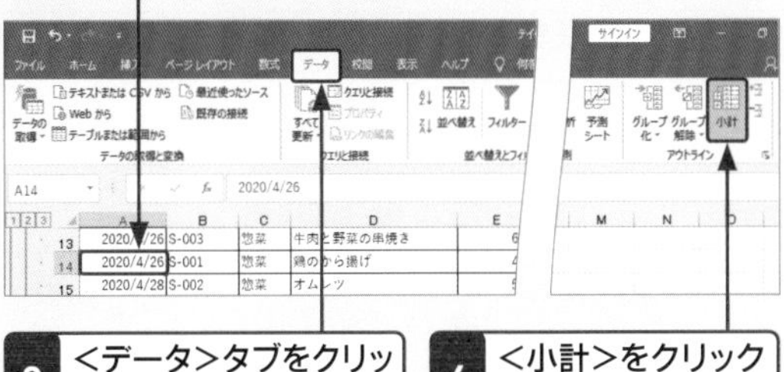

3 <データ>タブをクリックして、

4 <小計>をクリックします。

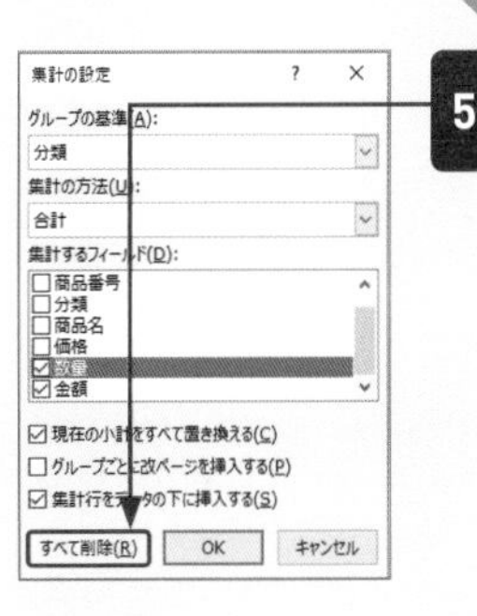

5 <すべて削除>をクリックすると、

6 小計を解除できます。

	A	B	C	D	E	F	G	H
1	日付	商品番号	分類	商品名	価格	数量	金額	
2	2020/4/20	S-003	惣菜	牛肉と野菜の串焼き	600	8	4,800	
3	2020/4/20	S-004	惣菜	コールスロー	230	12	2,760	
4	2020/4/20	S-001	惣菜	鶏のから揚げ	480	8	3,840	
5	2020/4/20	S-002	惣菜	オムレツ	500	5	2,500	
6	2020/4/20	S-001	惣菜	鶏のから揚げ	480	11	5,280	
7	2020/4/20	S-002	惣菜	オムレツ	500	6	3,000	
8	2020/4/22	S-004	惣菜	コールスロー	230	14	3,220	
9	2020/4/22	S-001	惣菜	鶏のから揚げ	480	7	3,360	
10	2020/4/22	S-002	惣菜	オムレツ	500	4	2,000	
11	2020/4/26	S-003	惣菜	牛肉と野菜の串焼き	600	10	6,000	
12	2020/4/26	S-001	惣菜	鶏のから揚げ	480	10	4,800	

重要度 ★★★　条件付き書式

Q 189 特定の値のセルに色を付けたい！

A 条件付き書式機能の<指定の値に等しい>を設定します。

大量のデータから目的のデータを探すのは大変です。注目している商品や購入金額の高い顧客など、常にマークしておきたいデータはひと目でわかるような書式を付けておくと便利です。条件付き書式機能を使うと、条件を満たしたデータに指定した書式を付けられます。

列<D>と列<E>の点数が「100」のセルを赤で塗りつぶします。

1 列<D>と列<E>の列番号をドラッグし、

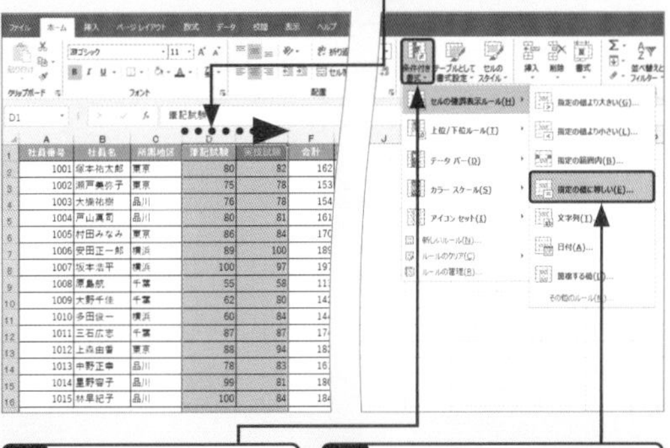

2 <ホーム>タブの<条件付き書式>をクリックして、

3 <セルの強調表示ルール>-<指定の値に等しい>をクリックします。

4 左の入力欄に「100」と入力し、

5 右側の「書式」の▼をクリックし、

指定の値に等しい
次の値に等しいセルを書式設定:
100　書式: 濃い赤の文字、明るい赤の背景
OK

6 <濃い赤の文字、明るい赤の背景>をクリックして、

7 <OK>をクリックすると、

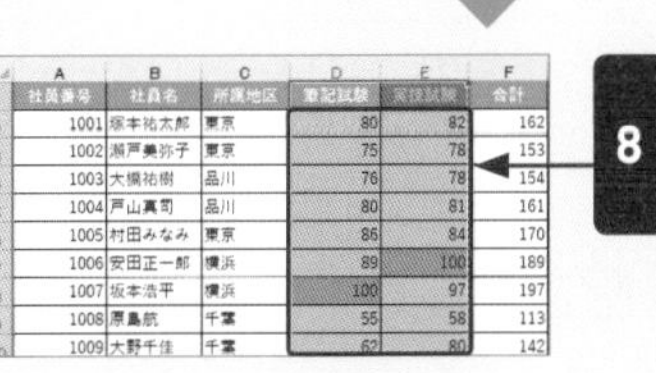

	A	B	C	D	E	F
1	社員番号	社員名	所属地区	筆記試験	[illegible]	合計
2	1001	塚本祐太郎	東京	80	82	162
3	1002	瀬戸美弥子	東京	75	78	153
4	1003	大槻祐樹	品川	76	78	154
5	1004	戸山真司	品川	80	81	161
6	1005	村田みなみ	東京	86	84	170
7	1006	安田正一郎	横浜	89	100	189
8	1007	坂本浩平	横浜	100	97	197
9	1008	原島航	千葉	55	58	113
10	1009	大野千佳	千葉	62	80	142

8 「100」のセルに指定した書式が付きます。

重要度★★★　条件付き書式

Q 190 特定の値以外のセルに色を付けたい！

A 条件付き書式機能の<その他のルール>を設定します。

「東京以外のデータに色を付けて強調したい」というように、指定した値以外のセルを指定するときは、条件付き書式機能の<その他のルール>を選びます。<新しい書式ルール>ダイアログボックスで<次の値に等しくない>という条件を指定します。

列<C>の「所属地区」が「東京」以外のセルを黄色で塗りつぶします。

1 列<C>の列番号をクリックし、

2 <ホーム>タブの<条件付き書式>をクリックして、

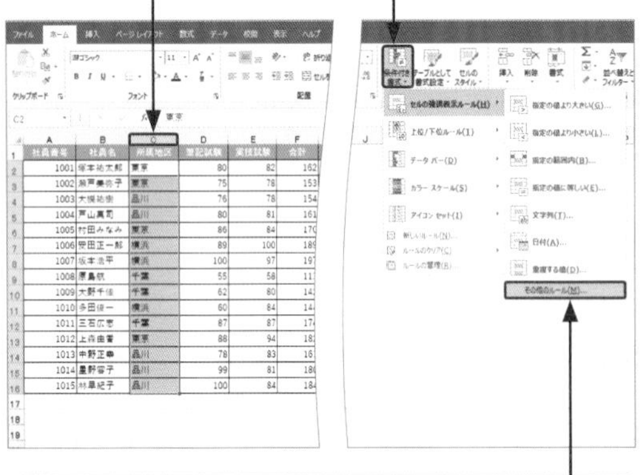

3 <セルの強調表示ルール>-<その他のルール>をクリックします。

4 <セルの値><次の値に等しくない><東京>の順に指定し、

5 <書式>をクリックして、<セルの書式設定>ダイアログボックスで書式を指定します。

新しい書式ルール

ルールの種類を選択してください(S):
- セルの値に基づいてすべてのセルを書式設定
- 指定の値を含むセルだけを書式設定
- 上位または下位に入る値だけを書式設定
- 平均より上または下の値だけを書式設定
- 一意の値または重複する値だけを書式設定
- 数式を使用して、書式設定するセルを決定

ルールの内容を編集してください(E):

次のセルのみを書式設定(O):

セルの値　次の値に等しくない　東京

プレビュー：Aaあぁアァ亜宇　書式(F)...

OK　キャンセル

6 <OK>をクリックすると、

7 「東京」以外のセルに指定した書式が付きます。

	A	B	C	D
1	社員番号	社員名	所属地区	筆記試験
2	1001	塚本祐太郎	東京	80
3	1002	瀬戸美弥子	東京	75
4	1003	大橋祐樹	品川	76
5	1004	戸山真司	品川	80
6	1005	村田みなみ	東京	86
7	1006	安田正一郎	横浜	89
8	1007	坂本浩平	横浜	100
9	1008	原島航	千葉	55
10	1009	大野千佳	千葉	62
11	1010	多田俊一	横浜	60
12	1011	三石広志	千葉	87
13	1012	上森由香	東京	88
14	1013	中野正幸	品川	78
15	1014	星野容子	品川	99
16	1015	林早紀子	品川	100

試験結果

Memo 最初に選択するセル範囲

手順1では、将来的にデータが追加されることを想定して列全体を選択していますが、入力済みのデータのセル範囲をドラッグして選択してもかまいません。

重要度 ★★★　条件付き書式

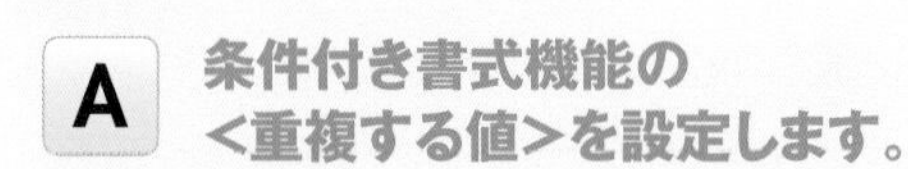

Q 191 重複する値のセルに色を付けたい！

A 条件付き書式機能の＜重複する値＞を設定します。

条件付き書式機能を使うと、リスト内に重複するデータがあるかどうかをチェックできます。重複したデータに付ける書式を設定すると、重複データを目立たせることができます。重複データを削除するときの確認作業として利用するとよいでしょう。

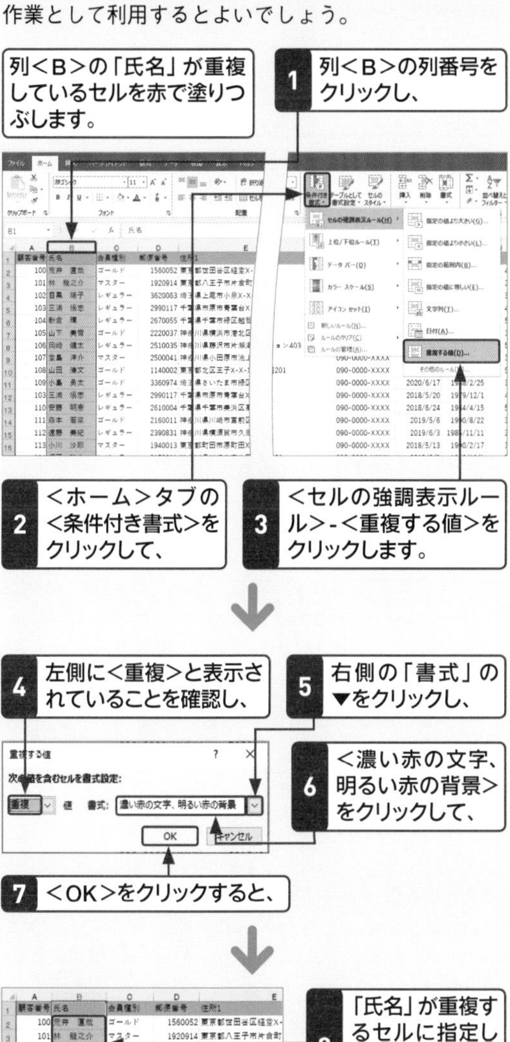

列＜B＞の「氏名」が重複しているセルを赤で塗りつぶします。

1 列＜B＞の列番号をクリックし、

2 ＜ホーム＞タブの＜条件付き書式＞をクリックして、

3 ＜セルの強調表示ルール＞-＜重複する値＞をクリックします。

4 左側に＜重複＞と表示されていることを確認し、

5 右側の「書式」の▼をクリックし、

6 ＜濃い赤の文字、明るい赤の背景＞をクリックして、

7 ＜OK＞をクリックすると、

8 「氏名」が重複するセルに指定した書式が付きます。

重要度 ★★★　条件付き書式

Q 192 指定した値より大きいセルに色を付けたい！

A 条件付き書式機能の＜指定の値より大きい＞を設定します。

「試験の点数が90点より大きい」とか「年齢が30歳より大きい」データを探すには、条件付き書式機能の＜指定の値より大きい＞を設定します。「より大きい」の条件を指定すると、指定した値そのものは含まれないので注意しましょう。

列＜D＞の「合計」が「180」より大きいセルを黄色く塗りつぶします。

1 列＜F＞の列番号をクリックし、

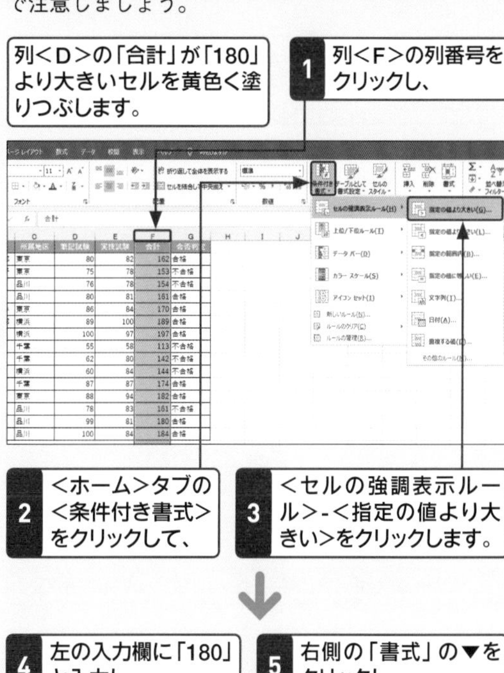

2 ＜ホーム＞タブの＜条件付き書式＞をクリックして、

3 ＜セルの強調表示ルール＞-＜指定の値より大きい＞をクリックします。

4 左の入力欄に「180」と入力し、

5 右側の「書式」の▼をクリックし、

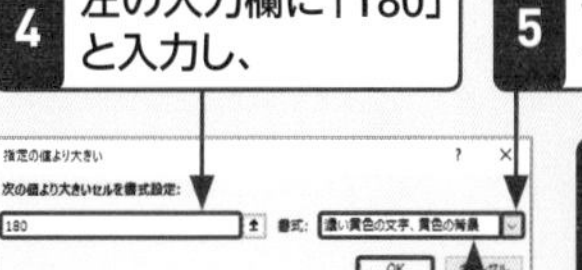

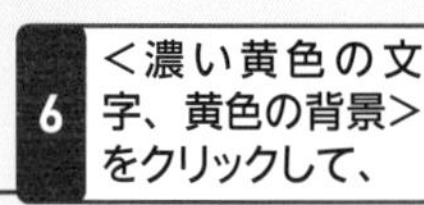

6 ＜濃い黄色の文字、黄色の背景＞をクリックして、

7 ＜OK＞をクリックすると、

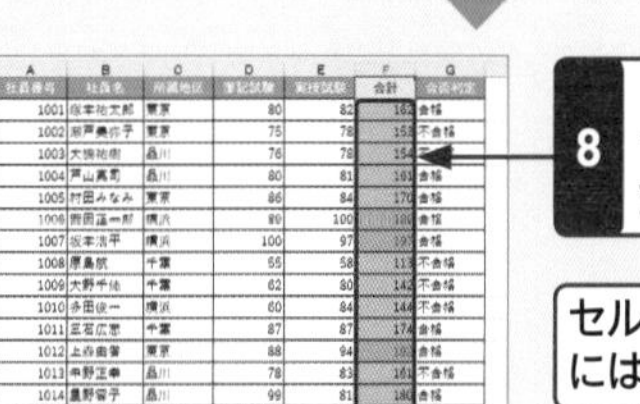

8 「180」より大きいセルに指定した書式が付きます。

セル＜F15＞の「180」には色が付きません。

重要度 ★★★ 条件付き書式

Q 193 指定した値以上のセルに色を付けたい！

A 条件付き書式機能の<その他のルール>を設定します。

「試験の点数が90点以上」とか「年齢が30歳以上」のデータを探すには、条件付き書式機能の<その他のルール>を設定します。<新しい書式ルール>ダイアログボックスで<次の値以上>という条件を指定します。

列<F>の「合計」が「180」以上のセルを緑色で塗りつぶします。

1 列<F>の列番号をクリックし、

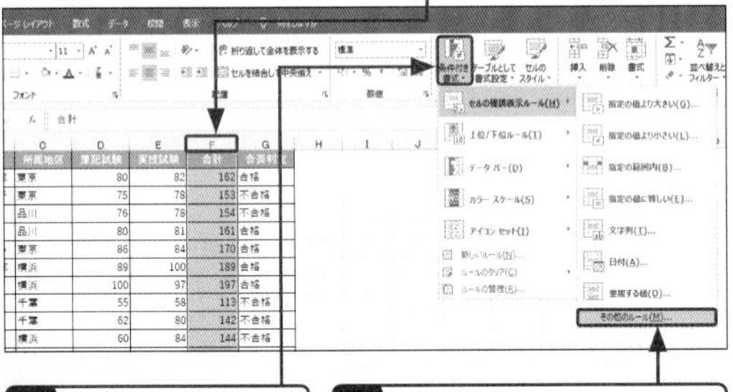

2 <ホーム>タブの<条件付き書式>をクリックして、

3 <セルの強調表示ルール>-<その他のルール>をクリックします。

4 <セルの値><次の値以上><180>の順に指定し、

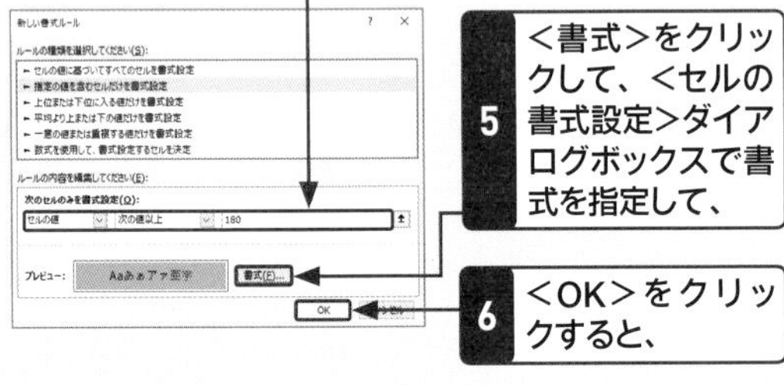

5 <書式>をクリックして、<セルの書式設定>ダイアログボックスで書式を指定して、

6 <OK>をクリックすると、

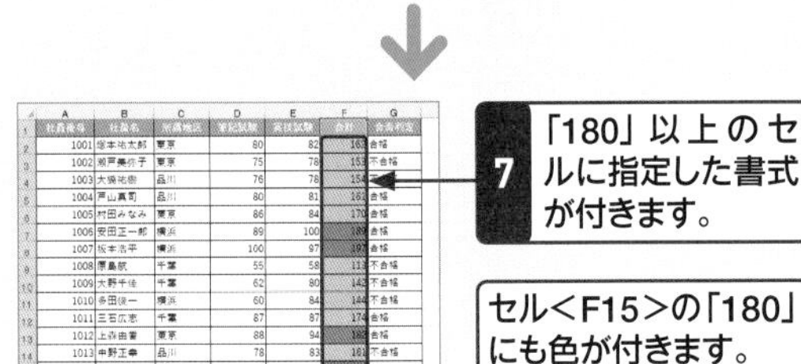

7 「180」以上のセルに指定した書式が付きます。

セル<F15>の「180」にも色が付きます。

重要度 ★★★ 条件付き書式

Q 194 平均値より上のセルに色を付けたい！

A 条件付き書式機能の<平均より上>を設定します。

「試験結果が平均点より大きい」とか「平均年齢より大きい」など、数値の平均より大きいデータを探すときは、条件付き書式機能の<平均より上>を設定します。事前に平均を求める数式を作らなくても、かんたんに平均より上のセルを強調できます。

列<F>の「合計」が平均より上のセルを赤く塗りつぶします。

1 列<F>の列番号をクリックし、

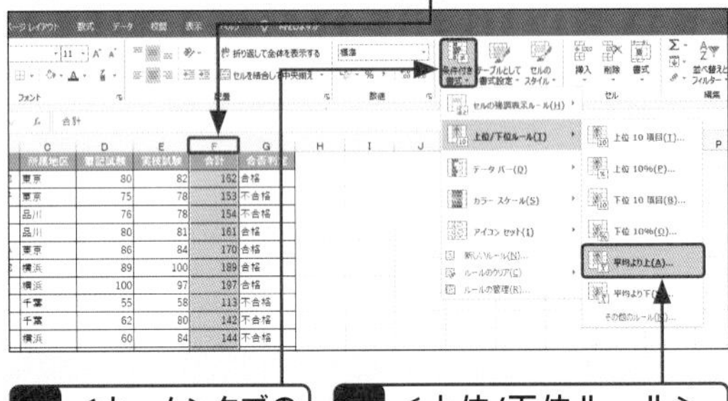

2 <ホーム>タブの<条件付き書式>をクリックして、

3 <上位/下位ルール>-<平均より上>をクリックします。

4 「選択範囲内での書式」の▼をクリックし、

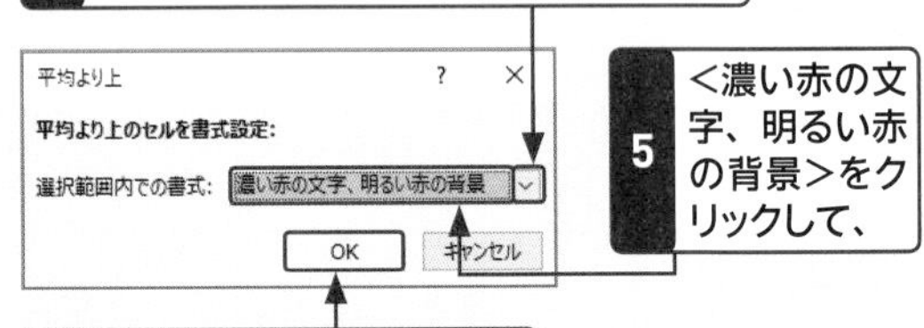

5 <濃い赤の文字、明るい赤の背景>をクリックして、

6 <OK>をクリックすると、

7 平均より上のセルに指定した書式が付きます。

重要度 ★★★ 条件付き書式

Q195 特定の文字を含むセルに色を付けたい！

A 条件付き書式機能の<文字列>を設定します。

「ピザ」が含まれる商品を探すといったように、特定の文字列を含むデータを探すには、条件付き書式機能の<文字列>を設定します。すると、指定した文字列が含まれるデータに書式が付きます。

列<D>の「商品名」に「ピザ」を含むセルを黄色く塗りつぶします。

1 列<D>の列番号をクリックし、

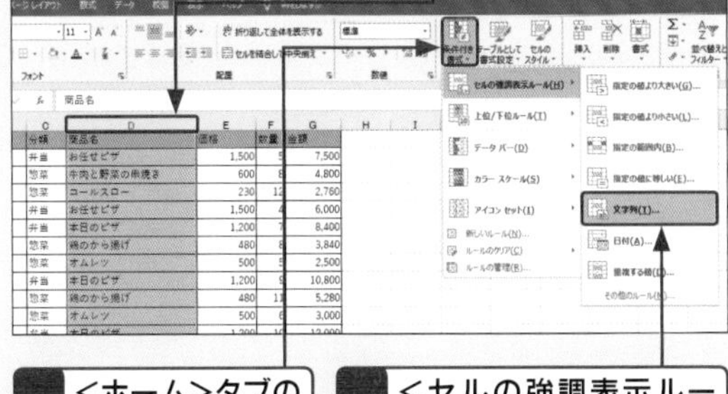

2 <ホーム>タブの<条件付き書式>をクリックして、

3 <セルの強調表示ルール>-<文字列>をクリックします。

4 左の入力欄に「ピザ」と入力し、

5 右側の「書式」の▼をクリックし、

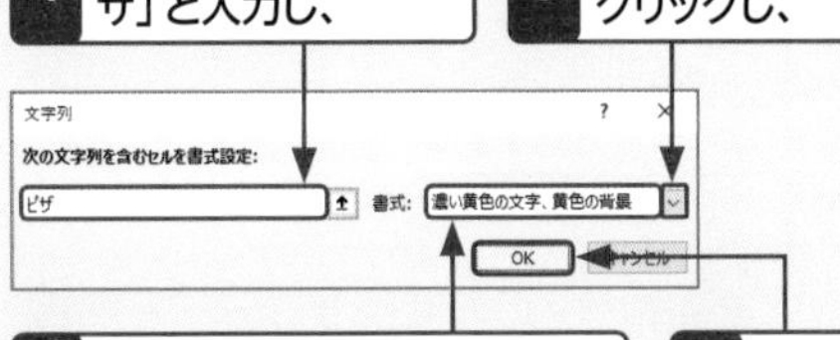

6 <濃い黄色の文字、黄色の背景>をクリックして、

7 <OK>をクリックすると、

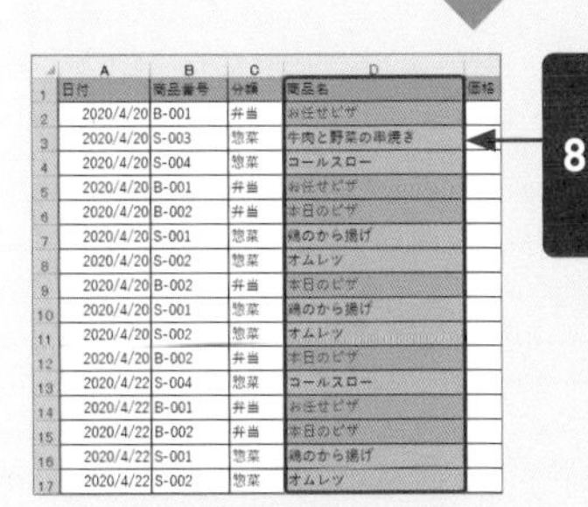

8 「商品名」に「ピザ」を含むセルに指定した書式が付きます。

重要度 ★★★ 条件付き書式

Q196 特定の文字列で終わるセルに色を付けたい！

A 条件付き書式機能の<その他のルール>を設定します。

特定の文字列を含むデータではなく、特定の文字列で終わるデータや特定の文字列で始まるデータを探すときは、条件付き書式機能の<その他のルール>を設定します。<セルの値>を<特定の文字列>に変更すると、<次の値で終わる>や<次の値で始まる>などの条件が選べるようになります。

列<D>の「商品名」が「ボックス」で終わるセルをオレンジ色で塗りつぶします。

1 列<D>の列番号をクリックし、

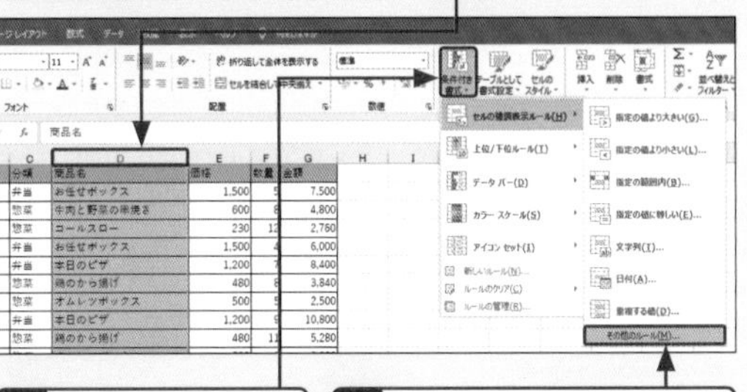

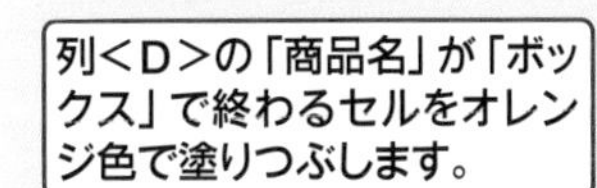

2 <ホーム>タブの<条件付き書式>をクリックして、

3 <セルの強調表示ルール>-<その他のルール>をクリックします。

4 <特定の文字列><次の値で終わる><ボックス>の順に指定し、

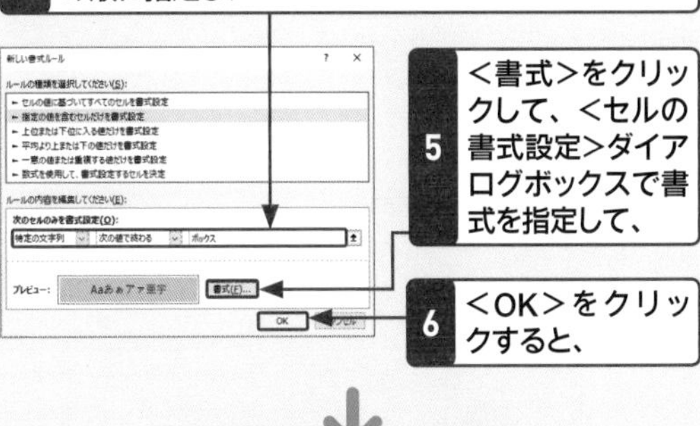

5 <書式>をクリックして、<セルの書式設定>ダイアログボックスで書式を指定して、

6 <OK>をクリックすると、

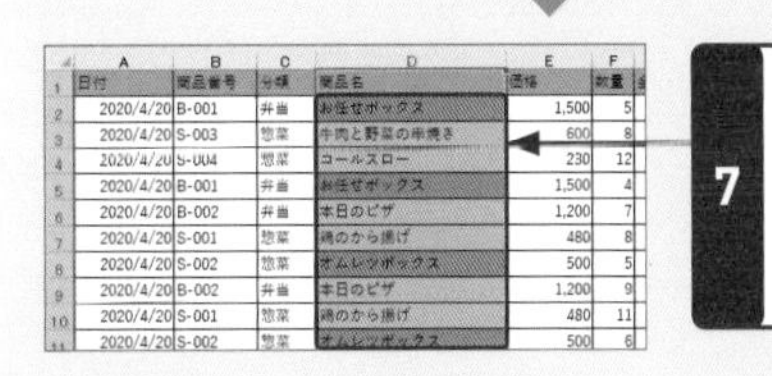

7 「商品名」が「ボックス」で終わるセルに指定した書式が付きます。

重要度 ★★★ 条件付き書式

Q 197 土曜と日曜の行に色を付けたい！

A 数式を利用した条件付き書式を2つ設定します。

売上表のように日付フィールドがあるリストでは、土曜日と日曜日の行全体に色を付けて平日のデータと区別することができます。TEXT関数を使って日付データから曜日を別の列に表示しておくと、条件付き書式の中で曜日ごとに条件を設定できます。TEXT関数の詳細はQ.218で解説しています。

● 列<B>に曜日の列を作る

1 セル<B2>に「=TEXT(A2,"aaa")」の数式を入力して Enter を押すと、

	A	B	C	D	E	F	G	H
1	日付	曜日	商品番号	分類	商品名	価格	数量	金額
2	=TEXT(A2,"aaa")			弁当	お任せボックス	1,500	8	12,0
3	2020/5/1		S-001	惣菜	鶏のから揚げ	480	15	7,2
4	2020/5/6		S-002	惣菜	オムレツ	500	12	6,0
5	2020/5/7		B-002	弁当	本日のピザ	1,200	21	25,2
6	2020/5/7		B-001	弁当	お任せボックス	1,500	10	15,0
7	2020/5/9		S-003	惣菜	牛肉と野菜の串焼き	600	15	9,0
8	2020/5/9		S-001	惣菜	鶏のから揚げ	480	13	6,2
9	2020/5/10		S-002	惣菜	オムレツ	500	13	6,5
10	2020/5/11		S-003	惣菜	牛肉と野菜の串焼き	600	18	10,8
11	2020/5/11		B-001	弁当	お任せボックス	1,500	2	3,0

2 セル<A2>の日付の曜日が表示されます。

	A	B	C	D	E	F	G	H
1	日付	曜日	商品番号	分類	商品名	価格	数量	金額
2	2020/5/1	金	B-001	弁当	お任せボックス	1,500	8	12,0
3	2020/5/1		S-001	惣菜	鶏のから揚げ	480	15	7,2
4	2020/5/6		S-002	惣菜	オムレツ	500	12	6,0
5	2020/5/7		B-002	弁当	本日のピザ	1,200	21	25,2
6	2020/5/7		B-001	弁当	お任せボックス	1,500	10	15,0
7	2020/5/9		S-003	惣菜	牛肉と野菜の串焼き	600	15	9,0
8	2020/5/9		S-001	惣菜	鶏のから揚げ	480	13	6,2
9	2020/5/10		S-002	惣菜	オムレツ	500	13	6,5
10	2020/5/11		S-003	惣菜	牛肉と野菜の串焼き	600	18	10,8
11	2020/5/11		B-001	弁当	お任せボックス	1,500	2	3,0

3 セル<B2>の数式をセル<B34>までコピーしておきます。

	A	B	C	D	E	F	G	H
1	日付	曜日	商品番号	分類	商品名	価格	数量	金額
2	2020/5/1	金	B-001	弁当	お任せボックス	1,500	8	12,0
3	2020/5/1	金	S-001	惣菜	鶏のから揚げ	480	15	7,2
4	2020/5/6	水	S-002	惣菜	オムレツ	500	12	6,0
5	2020/5/7	木	B-002	弁当	本日のピザ	1,200	21	25,2
6	2020/5/7	木	B-001	弁当	お任せボックス	1,500	10	15,0
7	2020/5/9	土	S-003	惣菜	牛肉と野菜の串焼き	600	15	9,0
8	2020/5/9	土	S-001	惣菜	鶏のから揚げ	480	13	6,2
9	2020/5/10	日	S-002	惣菜	オムレツ	500	13	6,5
10	2020/5/11	月	S-003	惣菜	牛肉と野菜の串焼き	600	18	10,8
11	2020/5/11	月	B-001	弁当	お任せボックス	1,500	2	3,0
12	2020/5/12	火	S-003	惣菜	牛肉と野菜の串焼き	600	5	3,0
13	2020/5/14	木	S-001	惣菜	鶏のから揚げ	480	5	2,4
14	2020/5/15	金	B-002	弁当	本日のピザ	1,200	20	24,0
15	2020/5/15	金	S-001	惣菜	鶏のから揚げ	480	3	1,4
16	2020/5/16	土	S-002	惣菜	オムレツ	500	12	6,0
17	2020/5/16	土	B-002	弁当	本日のピザ	1,200	10	12,0
18	2020/5/16	土	S-004	惣菜	コールスロー	230	3	6
19	2020/5/17	日	S-003	惣菜	牛肉と野菜の串焼き	600	13	7,8

● 土曜と日曜の行を色で塗り分ける

列<A>の「日付」が土曜日なら青、日曜日なら赤で行全体を塗りつぶします。

1 リスト全体のセル範囲<A2：H34>をドラッグし、

2 <ホーム>タブの<条件付き書式>をクリックして、

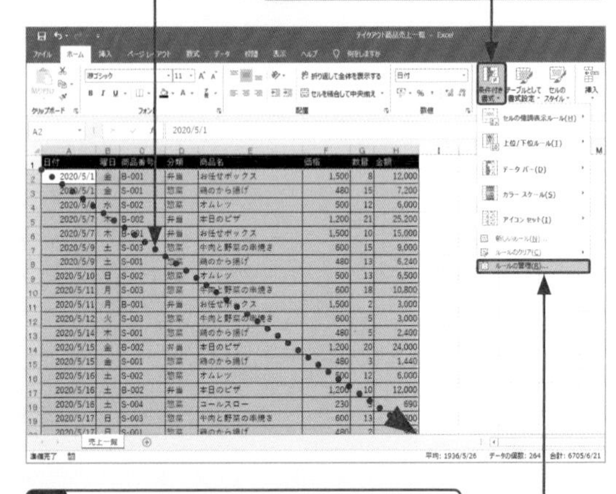

3 <ルールの管理>をクリックします。

4 <新規ルール>をクリックします。

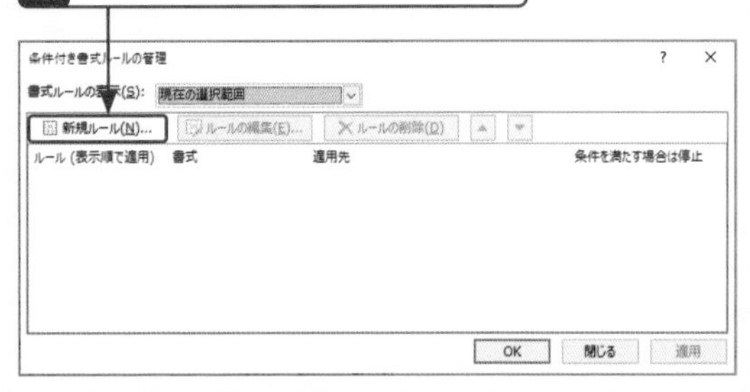

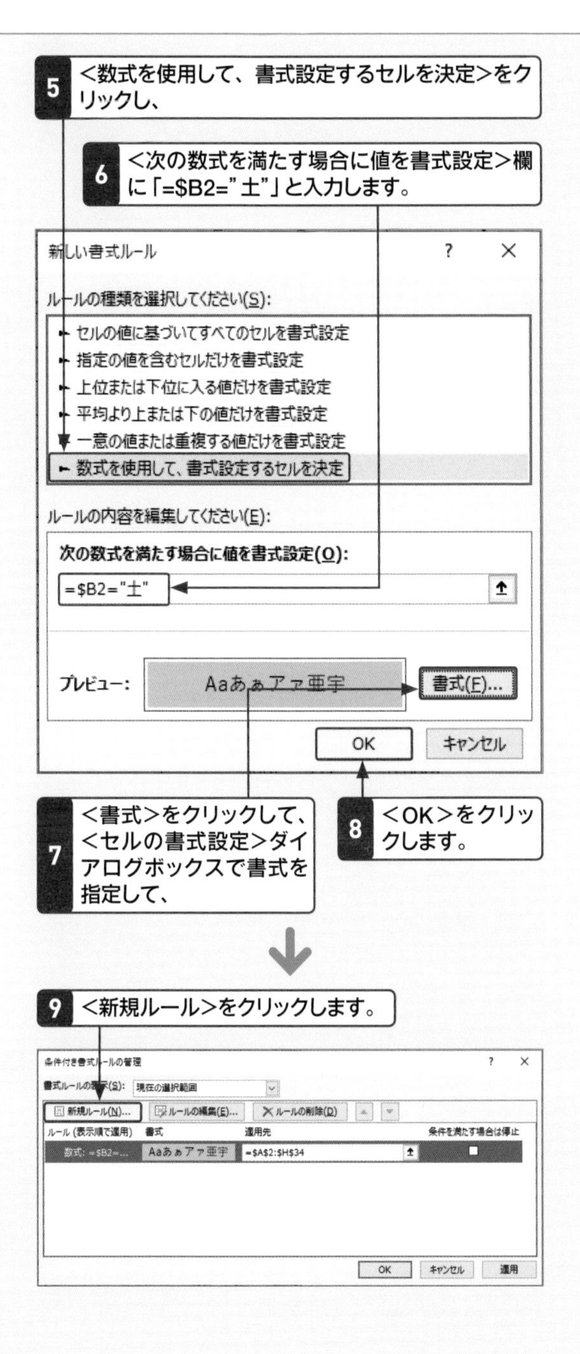
5 <数式を使用して、書式設定するセルを決定>をクリックし、
6 <次の数式を満たす場合に値を書式設定>欄に「=$B2="土"」と入力します。
新しい書式ルール
ルールの種類を選択してください(S):
► セルの値に基づいてすべてのセルを書式設定
► 指定の値を含むセルだけを書式設定
► 上位または下位に入る値だけを書式設定
► 平均より上または下の値だけを書式設定
► 一意の値または重複する値だけを書式設定
► 数式を使用して、書式設定するセルを決定
ルールの内容を編集してください(E):
次の数式を満たす場合に値を書式設定(O):
=$B2="土"
プレビュー:
Aaあぁアァ亜宇
書式(F)...
OK
キャンセル
7 <書式>をクリックして、<セルの書式設定>ダイアログボックスで書式を指定して、
8 <OK>をクリックします。
9 <新規ルール>をクリックします。
条件付き書式ルールの管理
書式ルールの表示(S): 現在の選択範囲
新規ルール(N)...
ルールの編集(E)...
ルールの削除(D)
ルール (表示順で適用)
書式
適用先
条件を満たす場合は停止
数式: =$B2=...
Aaあぁアァ亜宇
=$A$2:$H$34
OK
キャンセル
適用

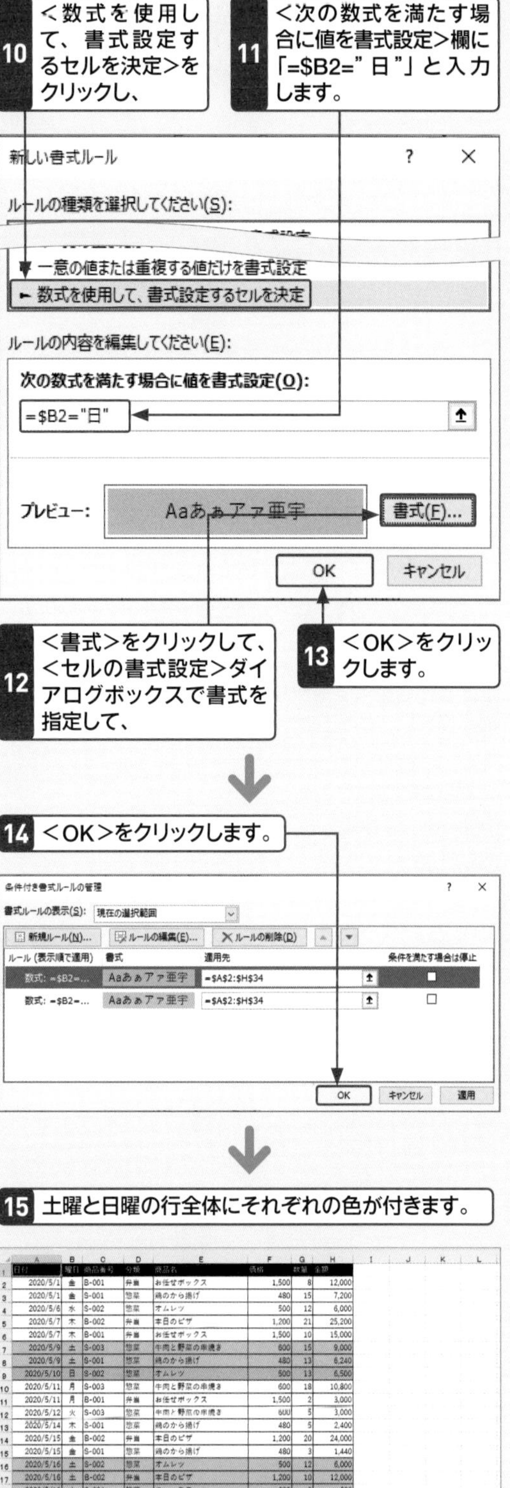
10 <数式を使用して、書式設定するセルを決定>をクリックし、
11 <次の数式を満たす場合に値を書式設定>欄に「=$B2="日"」と入力します。
新しい書式ルール
ルールの種類を選択してください(S):
► 一意の値または重複する値だけを書式設定
► 数式を使用して、書式設定するセルを決定
ルールの内容を編集してください(E):
次の数式を満たす場合に値を書式設定(O):
=$B2="日"
プレビュー:
Aaあぁアァ亜宇
書式(F)...
OK
キャンセル
12 <書式>をクリックして、<セルの書式設定>ダイアログボックスで書式を指定して、
13 <OK>をクリックします。
14 <OK>をクリックします。
条件付き書式ルールの管理
書式ルールの表示(S): 現在の選択範囲
新規ルール(N)...
ルールの編集(E)...
ルールの削除(D)
ルール (表示順で適用)
書式
適用先
条件を満たす場合は停止
数式: =$B2=...
Aaあぁアァ亜宇
=$A$2:$H$34
数式: =$B2=...
Aaあぁアァ亜宇
=$A$2:$H$34
OK
キャンセル
適用
15 土曜と日曜の行全体にそれぞれの色が付きます。

重要度 ★★★　条件付き書式

Q 198 条件を満たすセルの値がある行に色を付けたい！

条件付き書式機能を使うと、条件に一致するセルに書式が付きます。該当するセルだけでなくその行全体に書式を付けるには、＜新しい書式ルール＞ダイアログボックスで数式を利用した条件を設定します。

A 数式を利用した条件付き書式を設定します。

列＜F＞の「合計」が「180」以上の行全体をオレンジ色で塗りつぶします。

1 リスト全体のセル範囲＜A2：G16＞をドラッグし、

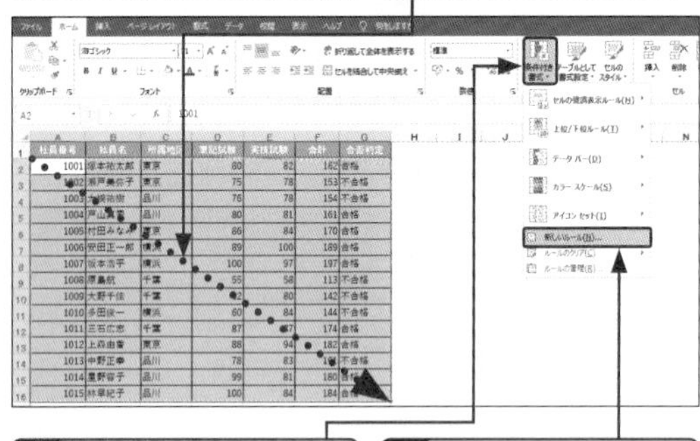

2 ＜ホーム＞タブの＜条件付き書式＞をクリックして、

3 ＜新しいルール＞をクリックします。

4 ＜数式を使用して、書式設定するセルを決定＞をクリックし、

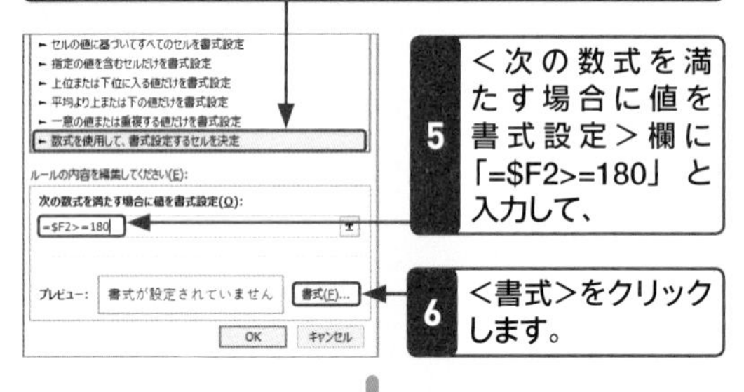

5 ＜次の数式を満たす場合に値を書式設定＞欄に「=$F2>=180」と入力して、

6 ＜書式＞をクリックします。

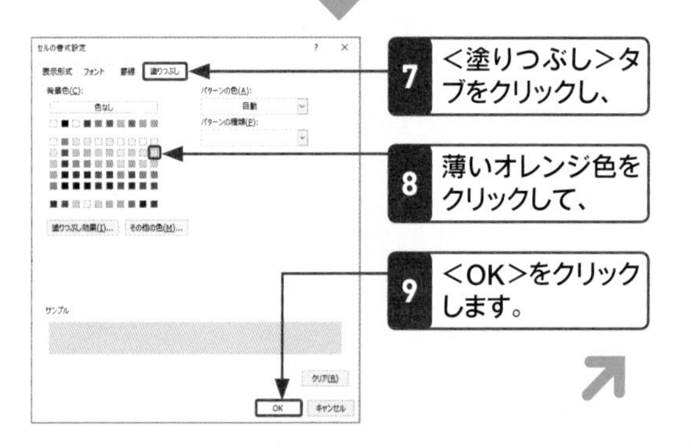

7 ＜塗りつぶし＞タブをクリックし、

8 薄いオレンジ色をクリックして、

9 ＜OK＞をクリックします。

10 ＜OK＞をクリックすると、

11 「合計」が180点以上の行全体がオレンジ色で塗りつぶされます。

	A	B	C	D	E	F	G
1	社員番号	社員名	所属地区	筆記試験	実技試験	合計	合否判定
2	1001	塚本祐太郎	東京	80	82	162	合格
3	1002	瀬戸美弥子	東京	75	78	153	不合格
4	1003	大槻祐樹	品川	76	78	154	不合格
5	1004	戸山真司	品川	80	81	161	合格
6	1005	村田みなみ	東京	86	84	170	合格
7	1006	安田正一郎	横浜	89	100	189	合格
8	1007	坂本浩平	横浜	100	97	197	合格
9	1008	原島航	千葉	55	58	113	不合格
10	1009	大野千佳	千葉	62	80	142	不合格
11	1010	多田俊一	横浜	60	84	144	不合格
12	1011	三石広志	千葉	87	87	174	合格
13	1012	上森由香	東京	88	94	182	合格
14	1013	中野正幸	品川	78	83	161	不合格
15	1014	星野容子	品川	99	81	180	合格
16	1015	林早紀子	品川	100	84	184	合格
17							
18							
19							

Memo 「=$F2>=180」の意味

「=$F2>=180」の「=$F2」は複合参照を表しています。「$」記号の付いているF列は絶対参照で、「2」の行は相対参照という意味です。条件を満たすかどうかを判断するために必ず列［F］を参照したいので、「$F2」という複合参照にしています。「=$F2」を入力するには、セル F2 をクリックしたあとで F4 を何度か押します。F4 を押すたびに、「=$F$2」→「=F$2」→「=$F2」→「=F2」と変化します。

Q 199 条件付き書式を編集したい！

A <条件付き書式ルールの管理>ダイアログボックスで編集したい項目を選びます。

条件付き書式の内容を修正するには、<ホーム>タブの<条件付き書式>ボタンから<ルールの管理>をクリックします。<条件付き書式ルールの管理>ダイアログボックスが表示されたら、一覧から修正したいルールを選択して<ルールの編集>をクリックします。

1 条件付き書式を設定したセルをクリックし、

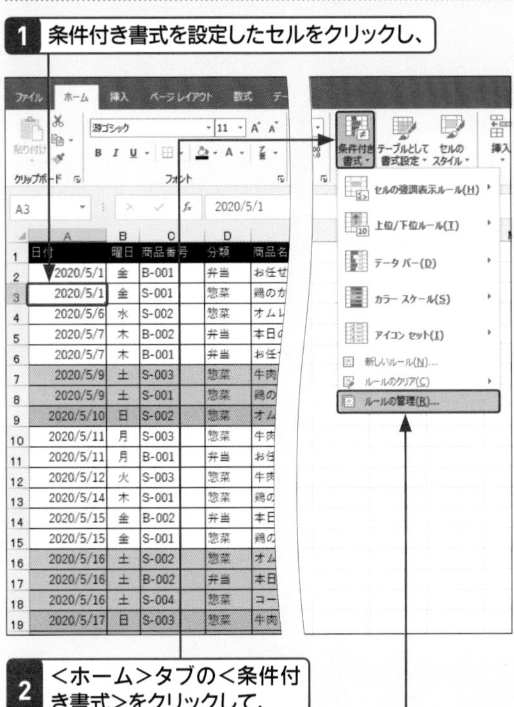

2 <ホーム>タブの<条件付き書式>をクリックして、

3 <ルールの管理>をクリックします。

4 編集したいルールをクリックし、

5 <ルールの編集>をクリックします。

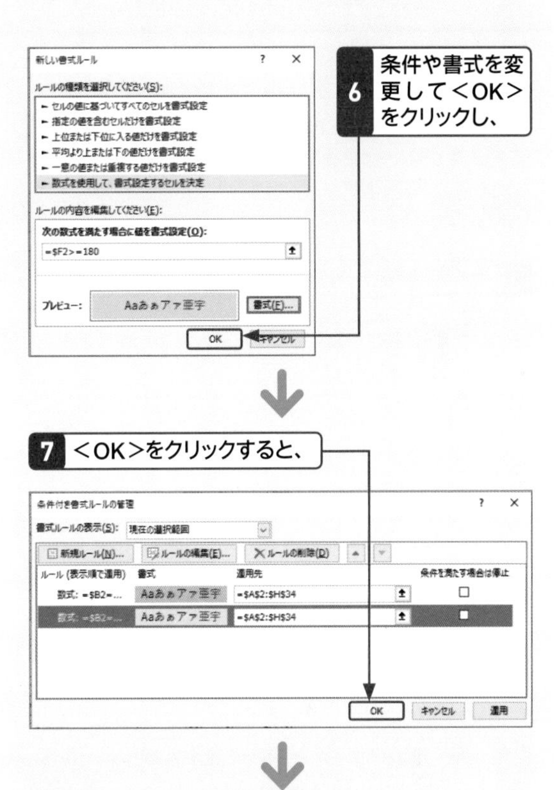

6 条件や書式を変更して<OK>をクリックし、

7 <OK>をクリックすると、

8 修正した結果が反映されます。

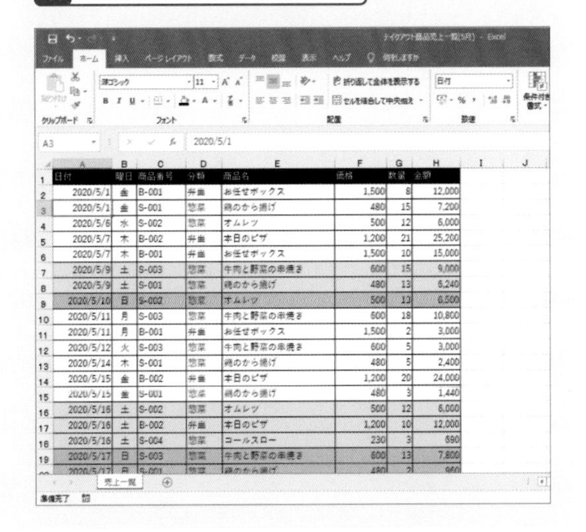

重要度 ★★★　条件付き書式

Q 200 条件付き書式を解除したい！

A ＜条件付き書式＞ボタンから＜ルールのクリア＞を実行します。

条件付き書式を解除して書式の付いていない状態に戻すには、＜ホーム＞タブの＜条件付き書式＞から＜ルールのクリア＞-＜選択したセルからルールをクリア＞をクリックします。ワークシート全体の条件付き書式を解除するときは、＜シート全体からルールをクリア＞をクリックします。

1 セル範囲＜A2：H34＞をドラッグし、

2 ＜ホーム＞タブの＜条件付き書式＞をクリックして、

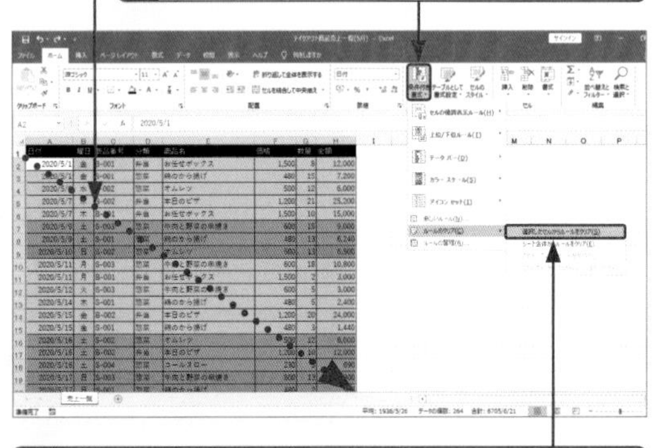

3 ＜ルールのクリア＞-＜選択したセルからルールをクリア＞をクリックすると、

4 条件付き書式が解除されます。

A2　2020/5/1

	A	B	C	D	E	F	G	H
1	日付	曜日	商品番号	分類	商品名	価格	数量	金額
2	2020/5/1	金	B-001	弁当	お任せボックス	1,500	8	12,000
3	2020/5/1	金	S-001	惣菜	鶏のから揚げ	480	15	7,200
4	2020/5/6	水	S-002	惣菜	オムレツ	500	12	6,000
5	2020/5/7	木	B-002	弁当	本日のピザ	1,200	21	25,200
6	2020/5/7	木	B-001	弁当	お任せボックス	1,500	10	15,000
7	2020/5/9	土	S-003	惣菜	牛肉と野菜の串焼き	600	15	9,000
8	2020/5/9	土	S-001	惣菜	鶏のから揚げ	480	13	6,240
9	2020/5/10	日	S-002	惣菜	オムレツ	500	13	6,500
10	2020/5/11	月	S-003	惣菜	牛肉と野菜の串焼き	600	18	10,800
11	2020/5/11	月	B-001	弁当	お任せボックス	1,500	2	3,000
12	2020/5/12	火	S-003	惣菜	牛肉と野菜の串焼き	600	5	3,000
13	2020/5/14	木	S-001	惣菜	鶏のから揚げ	480	5	2,400
14	2020/5/15	金	B-002	弁当	本日のピザ	1,200	20	24,000
15	2020/5/15	金	S-001	惣菜	鶏のから揚げ	480	3	1,440
16	2020/5/16	土	S-002	惣菜	オムレツ	500	12	6,000
17	2020/5/16	土	B-002	弁当	本日のピザ	1,200	10	12,000
18	2020/5/16	土	S-004	惣菜	コールスロー	230	3	690
19	2020/5/17	日	S-003	惣菜	牛肉と野菜の串焼き	600	13	7,800
20	2020/5/17	日	S-001	惣菜	鶏のから揚げ	480	2	960

重要度 ★★★　条件付き書式

Q 201 数値の大小をデータバーで表示したい！

A 条件付き書式機能の＜データバー＞を設定します。

＜データバー＞は、数値の大きさをバー(横棒)の長さで示したもので、バーの長さを見るだけで数値の大小がひとめでわかります。データバーを設定した直後は、最短のデータバーの長さは選択したセル内の最小値、最長のデータバーの長さは選択したセル内の最大値に設定されています。

列＜J＞の「金額」の大小を＜データバー＞で表します。

1 セル範囲＜J2：J7＞をドラッグし、

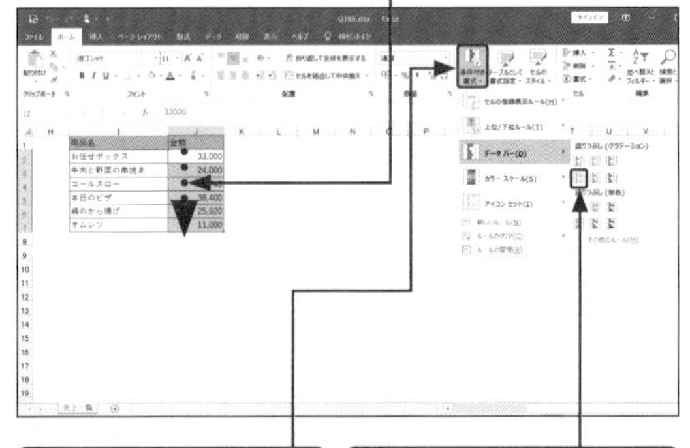

2 ＜ホーム＞タブの＜条件付き書式＞をクリックして、

3 ＜データバー＞-＜オレンジのデータバー＞をクリックすると、

4 列＜J＞のセル内にオレンジ色のバーが表示されます。

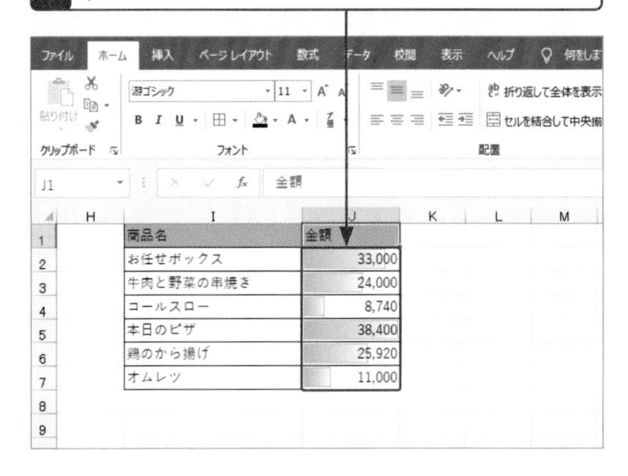

重要度 ★★★ 条件付き書式

Q 202 数値の大小を色分けして表示したい！

A 条件付き書式機能の<カラースケール>を設定します。

<カラースケール>は、最大値と最小値のセルに表示する色を決め、そのほかのセルを色の濃淡で表すもので、分布状況を把握したいときに使います。ここでは、最小値のセルを「赤」、中間値のセルを「黄色」、最大値のセルを「緑」で塗りつぶしています。そのため、最小値から中間値までの間にあるセルには、数値の大きさによって赤から黄色へのグラデーションの濃淡が付きます。最小値寄りのセルは赤が強く、中間値寄りのセルは黄色が強くなるというわけです。

列<J>の「金額」の分布状況を<カラースケール>で表します。

1 セル範囲<J2：J7>をドラッグし、

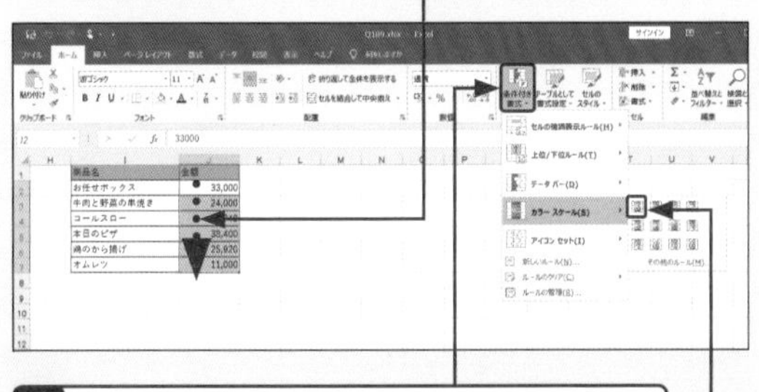

2 <ホーム>タブの<条件付き書式>をクリックして、

3 <カラースケール>-<緑、黄、赤のカラースケール>をクリックすると、

4 列<J>のセルが3色に分類されます。

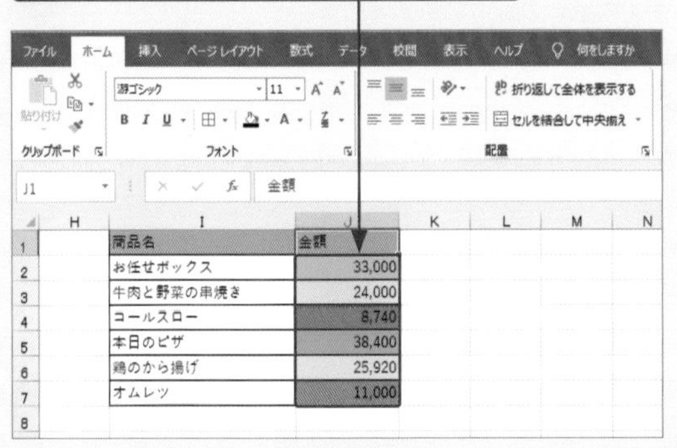

重要度 ★★★ 条件付き書式

Q 203 数値の大小をアイコンで表示したい！

A 条件付き書式機能の<アイコンセット>を設定します。

<アイコンセット>は、全体の中で数値が位置するランクを何種類かのアイコン(絵柄)で示したものです。ここでは、列<J>の「金額」が全体の75％以上なら「緑」、50％以上70％以下なら「黄色」、25％以上50％以下なら「赤」、25％以下なら「黒」の図形で表示されます。これにより、アイコンの種類を見ただけで、売上金額の上位にあるかどうかを判断できます。

列<J>の「金額」のランクを<アイコンセット>で表します。

1 セル範囲<J2：J7>をドラッグし、

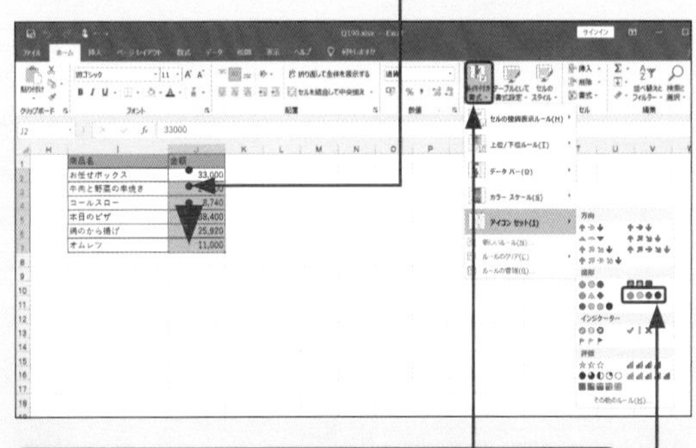

2 <ホーム>タブの<条件付き書式>をクリックして、

3 <アイコンセット>-<4つの信号>をクリックすると、

4 列<J>のセルに4種類のアイコンが表示されます。

商品名	金額
お任せボックス	33,000
牛肉と野菜の串焼き	24,000
コールスロー	8,740
本日のピザ	38,400
鶏のから揚げ	25,920
オムレツ	11,000

重要度★★★　予測分析

Q 204 将来のデータを予測したい！

A 予測シート機能を使います。

リストのデータを分析して仕入れを検討したり人員を配置したり売上予算を作ったりするなど、将来のデータを予測することはビジネス戦略に欠かせません。予測シート機能を使うと、時系列に並んだ数値をもとにかんたんにデータを予測できます。日付や時刻が入力された列と、それに対応する数値が入力された列が必要です。

1 もとになる表を作成しておきます。

日付	売上金額
2020/9/1	66,880
2020/9/2	23,280
2020/9/3	38,040
2020/9/4	25,600
2020/9/5	27,000
2020/9/6	33,100
2020/9/7	40,200
2020/9/8	30,400
2020/9/9	24,800
2020/9/10	34,200
2020/9/11	33,000
2020/9/12	32,400
2020/9/13	44,400
2020/9/14	51,550
2020/9/15	51,930
2020/9/16	73,360
2020/9/17	62,800

時系列の列と対応する数値の列が必要です。

2 リスト内の任意のセルをクリックし、

3 <データ>タブをクリックして、

4 <予測シート>をクリックします。

5 「予測終了」のをクリックし、

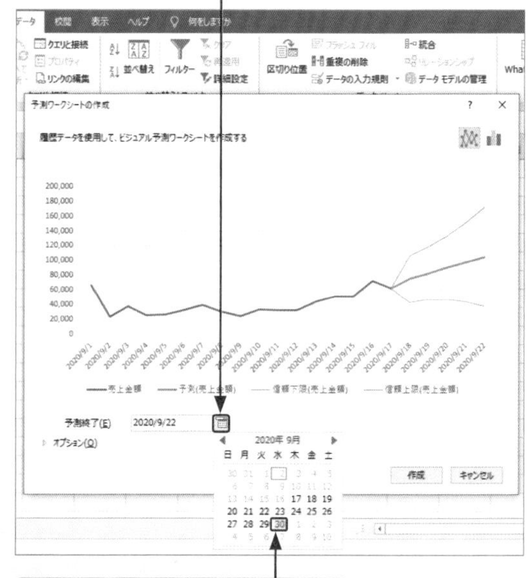

6 予測期間最終日を指定すると、

7 予測期間が延びます。

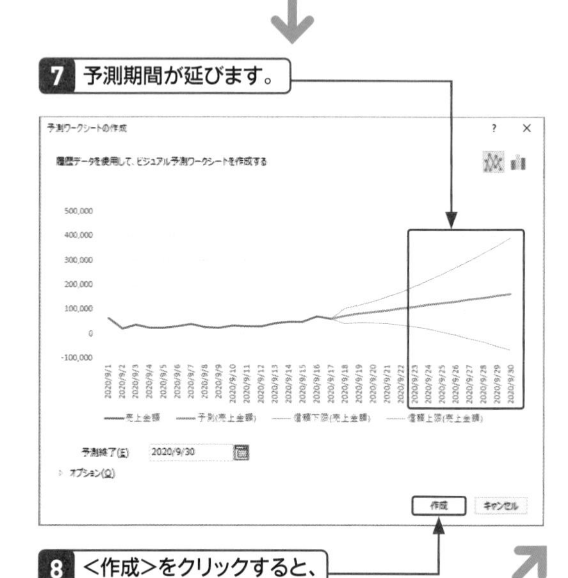

8 <作成>をクリックすると、

9 新しいシートにテーブルに変換された表とグラフが表示されます。

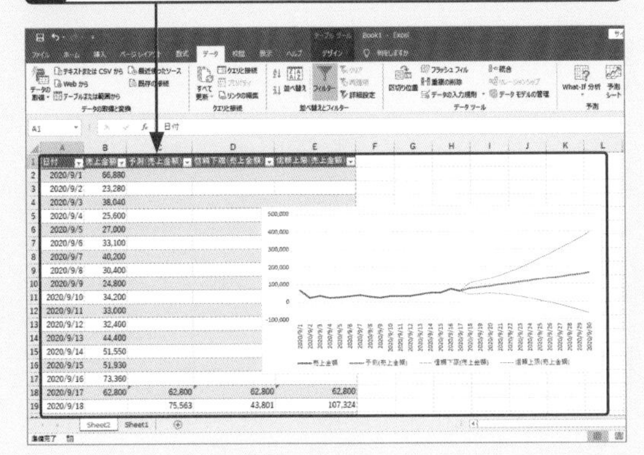

Memo 予測開始日を指定する

手順**5**の画面で<オプション>をクリックすると、「予測開始」の日付を指定することもできます。

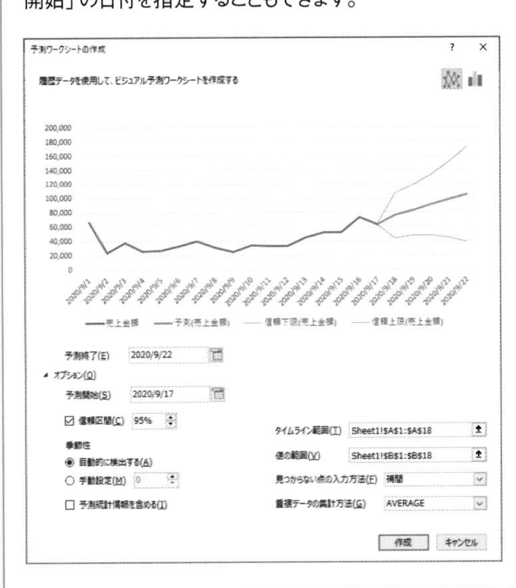

重要度 ★★★ 予測分析

Q 205 予測シートの見方を教えて！

A 3本の線が予測の範囲を示しています。

Q.204の操作で作成した折れ線グラフには、予測の線が3本あります。真ん中の線は「予測」で、上側の線は「信頼上限」、下側に線は「信頼下限」です。この信頼区間内が、今後の売上を予測したものになります。

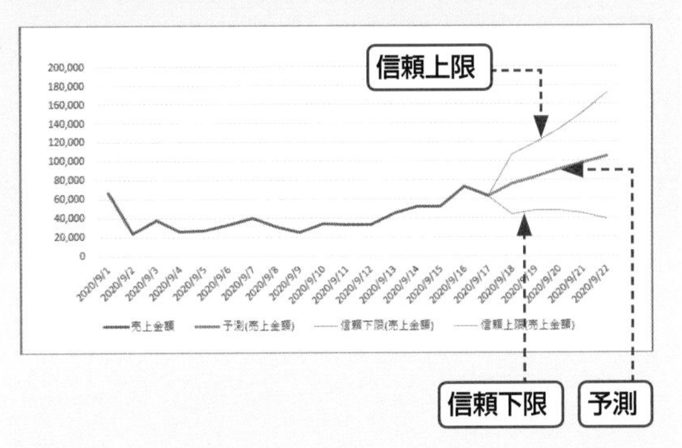

重要度 ★★★ 予測分析

Q 206 あとから予測シートの条件を変更したい！

A もういちど予測シート機能を実行し直します。

予測シート機能を使ってワークシートに貼り付けたグラフは、<グラフツール>タブを使ってあとから自由に編集できます。ただし、作成済みのグラフの予測開始日や予測終了日など条件を修正することはできません。もう一度、新しい条件で予測シート機能を実行し直しましょう。

Memo ExcelとAccessの違い

データベースソフトというと、マイクロソフト社の「Access」が有名ですが、高度なデータベースを構築できる半面、専門的なスキルが求められる局面もあります。そのため少々敷居が高いと感じている人も多いでしょう。
その点、Excelのデータベース機能はExcelの操作経験がある人であれば、慣れた操作でデータベースの作成や管理が行えます。個人でデータベースを管理したり、小規模なデータベースを作成・活用したりするときは、Excelのデータベース機能で十分対応できます。

	Excel	Access
扱えるデータの量	1枚のシートで扱えるデータが基本。ただし、データ件数が多くなると動作が遅くなる。Excel 2019やMicrosoft 365では、シートの行数と同じ104万8576件のデータを扱うことができる。	何百万件（1データベースあたりのデータ量2GBまで）といった大量のデータを高速に処理できる。
操作性	Excelの操作に慣れていれば、戸惑うことはない。	「テーブル」をしっかり設計しないと使えない。
並べ替え・抽出・集計	Excelの機能を使って操作できる。	「クエリ」の設計を理解する必要がある。
カスタマイズ	関数やピボットテーブルなどを使って自由に加工できる。 マクロを利用した入力画面やメニュー画面の作成も可能。	「フォーム」機能を使って、オリジナルの入力画面が作成できる。
複数のデータベースの連携	VLOOKUP関数で、別のデータベースからデータを参照することができる。	複数のデータベースを連携したリレーショナルデータベースを構築できる。

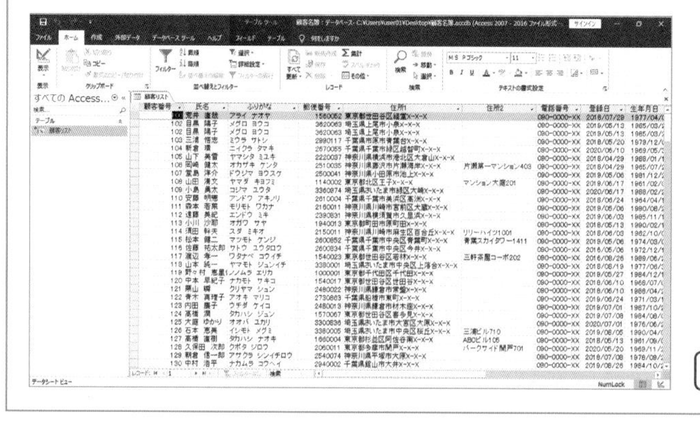

Excelの画面

Accessの画面

第3章

関数を使ったデータ抽出・集計の「こんなときどうする?」

重要度 ★★★　合計

Q 207 非表示のデータを除いた値の合計を求めたい！

A SUBTOTAL（サブトータル）関数を使います。

Q.146で解説したオートフィルター機能を使って抽出したデータを集計するときは、SUBTOTAL関数を使います。すると、折りたたまれたデータを除いて、表示されているデータだけを集計できます。

列<E>の「コース名」が「マネジメント研修」の人数の合計を集計します。Q.146の操作で、列<E>の「コース名」が「マネジメント研修」のデータを抽出しておきます。

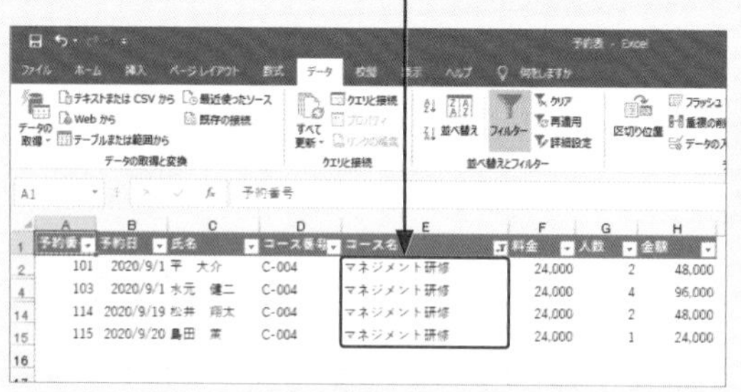

1 セル<G16>に「=SUBTOTAL(9,G2:G15)」と入力して、

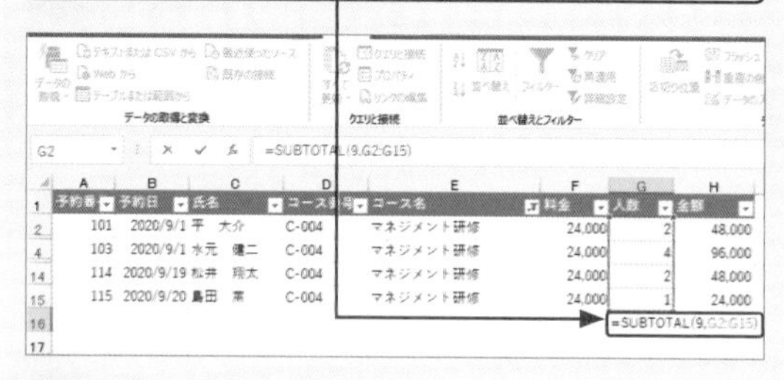

2 Enter を押すと、

3 「コース名」が「マネジメント研修」の人数の合計が表示されます。

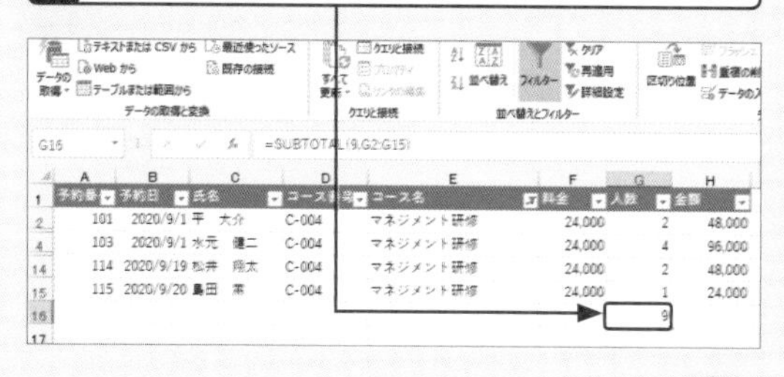

4 「コース名」の▼をクリックし、

5 <マネジメント研修>のチェックボックスをオフにして、

6 <コーチング研修>のチェックボックスをオンにして、

7 <OK>をクリックすると、

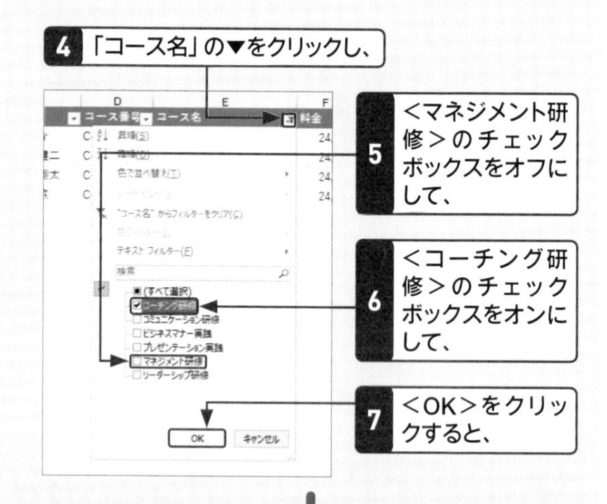

8 「コース名」が「コーチング研修」の人数の合計が表示されます。

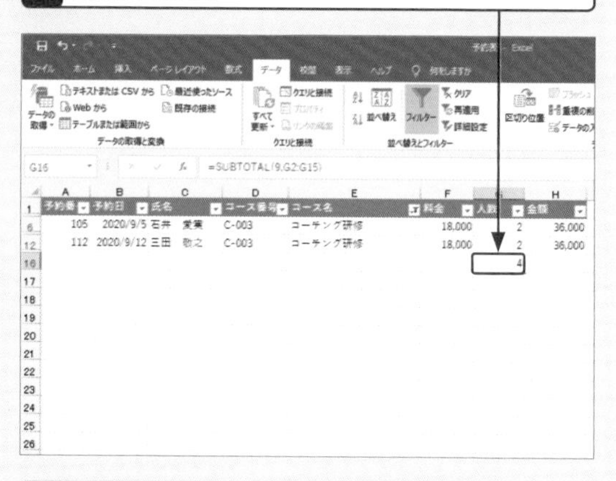

変更した条件に連動して集計結果が変化します。

関数の書式	=SUBTOTAL(集計方法,参照1,…)

リスト内の表示されたデータだけを集計する関数です。引数の「集計方法」には、「1」から「11」の番号を指定します。それぞれの番号の意味はQ.209を参照してください。

Q 208 数値の累計を集計したい！

A SUM（サム）関数を使います。

累計は1件（1レコード）ごとの小計を順番に加算して合計を出すことです。日々の売上数量や売上金額の累計を集計したいときは、SUM関数を使います。SUM関数は合計を求める関数ですが、引数のセル範囲の始点を絶対参照にすることで、累計を求める関数としても利用できます。下の例では、累計の始点となるセル<G2>を絶対参照にしています。

列<G>の「金額」の累計を集計します。

1 セル<H2>をクリックし、

2 <ホーム>タブの Σ をクリックすると、

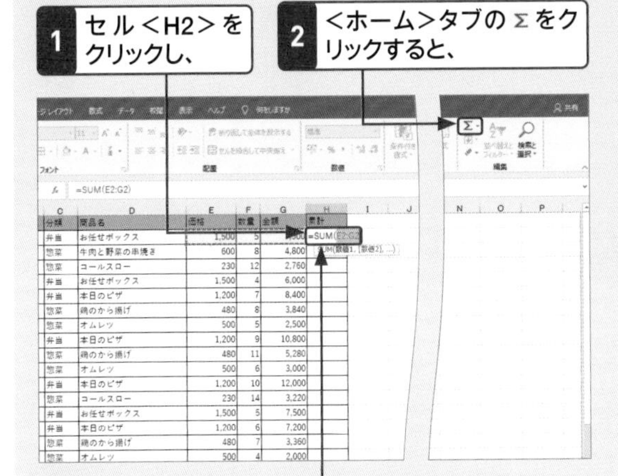

3 「=SUM(E2:G2)」の数式が表示されます。

4 数式を「=SUM(G2:G2)」に修正します。

	A	B	C	D	E	F	G	H
1	日付	商品番号	分類	商品名	価格	数量	金額	累計
2	2020/4/20	B-001	弁当	お任せボックス	1,500	5	7,500	=SUM(G2:G2)
3	2020/4/20	S-003	惣菜	牛肉と野菜の串焼き	600	8	4,800	
4	2020/4/20	S-004	惣菜	コールスロー	230	12	2,760	
5	2020/4/20	B-001	弁当	お任せボックス	1,500	4	6,000	
6	2020/4/20	B-002	弁当	本日のピザ	1,200	7	8,400	
7	2020/4/20	S-001	惣菜	鶏のから揚げ	480	8	3,840	
8	2020/4/20	S-002	惣菜	オムレツ	500	5	2,500	

5 数式の最初の<G2>をクリックして F4 を押し、

6 「=SUM($G$2:G2)」に変わったら、

SUM =SUM($G$2:G2)

	A	B	C	D	E	F	G	H
1	日付	商品番号	分類	商品名	価格	数量	金額	累計
2	2020/4/20	B-001	弁当	お任せボックス	1,500	5	7,500	=SUM($G$2:G2)
3	2020/4/20	S-003	惣菜	牛肉と野菜の串焼き	600	8	4,800	
4	2020/4/20	S-004	惣菜	コールスロー	230	12	2,760	
5	2020/4/20	B-001	弁当	お任せボックス	1,500	4	6,000	
6	2020/4/20	B-002	弁当	本日のピザ	1,200	7	8,400	
7	2020/4/20	S-001	惣菜	鶏のから揚げ	480	8	3,840	
8	2020/4/20	S-002	惣菜	オムレツ	500	5	2,500	

7 Enter を押すと、

8 1件目の累計が表示されます。

H2 =SUM($G$2:G2)

	A	B	C	D	E	F	G	H
1	日付	商品番号	分類	商品名	価格	数量	金額	累計
2	2020/4/20	B-001	弁当	お任せボックス	1,500	5	7,500	7,500
3	2020/4/20	S-003	惣菜	牛肉と野菜の串焼き	600	8	4,800	
4	2020/4/20	S-004	惣菜	コールスロー	230	12	2,760	
5	2020/4/20	B-001	弁当	お任せボックス	1,500	4	6,000	
6	2020/4/20	B-002	弁当	本日のピザ	1,200	7	8,400	
7	2020/4/20	S-001	惣菜	鶏のから揚げ	480	8	3,840	
8	2020/4/20	S-002	惣菜	オムレツ	500	5	2,500	
9	2020/4/20	B-002	弁当	本日のピザ	1,200	9	10,800	
10	2020/4/20	S-001	惣菜	鶏のから揚げ	480	11	5,280	
11	2020/4/20	S-002	惣菜	オムレツ	500	6	3,000	
12	2020/4/20	B-002	弁当	本日のピザ	1,200	10	12,000	
13	2020/4/22	S-004	惣菜	コールスロー	230	14	3,220	
14	2020/4/22	B-001	弁当	お任せボックス	1,500	5	7,500	

9 セル<H2>の右下の■にマウスポインターを移動してダブルクリックすると、

10 数式が最終行までコピーされて累計が表示されます。

H2 =SUM($G$2:G2)

	A	B	C	D	E	F	G	H
1	日付	商品番号	分類	商品名	価格	数量	金額	累計
2	2020/4/20	B-001	弁当	お任せボックス	1,500	5	7,500	7,500
3	2020/4/20	S-003	惣菜	牛肉と野菜の串焼き	600	8	4,800	12,300
4	2020/4/20	S-004	惣菜	コールスロー	230	12	2,760	15,060
5	2020/4/20	B-001	弁当	お任せボックス	1,500	4	6,000	21,060
6	2020/4/20	B-002	弁当	本日のピザ	1,200	7	8,400	29,460
7	2020/4/20	S-001	惣菜	鶏のから揚げ	480	8	3,840	33,300
8	2020/4/20	S-002	惣菜	オムレツ	500	5	2,500	35,800
9	2020/4/20	B-002	弁当	本日のピザ	1,200	9	10,800	46,600
10	2020/4/20	S-001	惣菜	鶏のから揚げ	480	11	5,280	51,880
11	2020/4/20	S-002	惣菜	オムレツ	500	6	3,000	54,880
12	2020/4/20	B-002	弁当	本日のピザ	1,200	10	12,000	66,880
13	2020/4/22	S-004	惣菜	コールスロー	230	14	3,220	70,100
14	2020/4/22	B-001	弁当	お任せボックス	1,500	5	7,500	77,600
15	2020/4/22	B-002	弁当	本日のピザ	1,200	6	7,200	84,800
16	2020/4/22	S-001	惣菜	鶏のから揚げ	480	7	3,360	88,160
17	2020/4/22	S-002	惣菜	オムレツ	500	4	2,000	90,160
18	2020/4/26	S-003	惣菜	牛肉と野菜の串焼き	600	10	6,000	96,160
19	2020/4/26	S-001	惣菜	鶏のから揚げ	480	10	4,800	100,960
20	2020/4/26	B-001	弁当	お任せボックス	1,500	8	12,000	112,960

関数の書式	=SUM（数値1,［数値2］,…）
引数で指定した数値やセル範囲の合計を求める関数です。	

重要度★★★ 合計

Q 209 SUBTOTAL関数の集計方法には何があるの？

A 11種類の集計方法が用意されています。

Q.207のSUBTOTAL関数は、「=SUBTOTAL(集計方法, 参照1, …)」の引数の集計方法を指定することで、合計や平均など、全部で11種類の集計結果を表示できます。合計なら「9」、平均なら「1」といった具合に、引数の集計方法には右の表の左端の数字を入力します。

集計方法	相当する関数	内容
1	AVERAGE	平均
2	COUNT	データの個数
3	COUNTA	文字列の個数
4	MAX	最大値
5	MIN	最小値
6	PRODUCT	積
7	STDEV	偏差
8	STDEVP	標準偏差
9	SUM	合計
10	VAR	不偏分散
11	VARP	分散

重要度★★★ 合計

Q 210 絶対参照って何？

A 数式内で参照するセル番地を固定することです。

絶対参照は、数式をコピーしたときにセルを固定してずれないようにすることです。絶対参照を設定したセル番地には「$」記号が付きます。「$」記号は手動で入力してもかまいませんが、F4 を押すごとに「$G$2」→「G$2」→「$G2」→「G2」と変化し、列と行を同時に固定したり、列だけ、行だけを固定したりできます。

Q.208で累計を求めるには、先頭のセルから目的のセルまでの値を加算します。先頭のセルは常に同じなので、絶対参照で固定しています。たとえば、「$G$2:G2」はセル＜G2＞を始点として、G2セルまでを合計するという意味です。SUM関数をコピーしたセルの内容は右の表の通りです。

セル	数式の内容関数	意味
セル＜H2＞	=SUM($G$2:G2)	始点のセル＜G2＞からセル＜G2＞までを合計する
セル＜H3＞	=SUM($G$2:G3)	始点のセル＜G2＞からセル＜G3＞までを合計する
セル＜H4＞	=SUM($G$2:G4)	始点のセル＜G2＞からセル＜G4＞までを合計する
・ ・ ・		
セル＜H25＞	=SUM($G$2:G25)	始点のセル＜G2＞からセル＜G25＞までを合計する

1つの条件に一致したデータを集計したい!

A SUMIF(サムイフ)関数を使います。

列<B>の「商品番号」が「B-001」の「数量」の合計を集計します。リストとは別のセルに抽出条件を入力するセルを用意しておきます。

抽出条件を入力します。

1 セル<I2>に「B-001」と入力します。

リストの中から条件に一致したデータだけを合計するときは、SUMIF関数を使います。下の例では別のセルに入力した条件を使って数式を組み立てていますが、条件を引数の中で指定するときは、「=SUMIF(B2:B73,"B-001",F2:F73)」のように、半角の「"」(引用符)で文字列の前後を囲みます。なお、SUMIF関数で指定できる条件は1つだけです。条件が複数の場合はQ.222のSUMIFS関数を使います。

2 セル<J3>に「=SUMIF(B2:B73,I2,F2:F73)」と入力して、

3 Enter を押すと、

4 「商品番号」が「B-001」の「数量」の合計が集計されます。

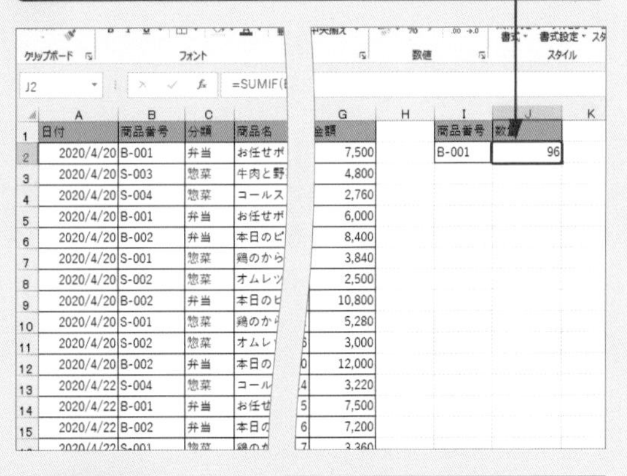

関数の書式 =SUMIF(範囲,検索条件,[合計範囲])

引数で指定した「検索条件」を満たすデータを「範囲」の中から抽出し、「合計範囲」のデータを合計する関数です。

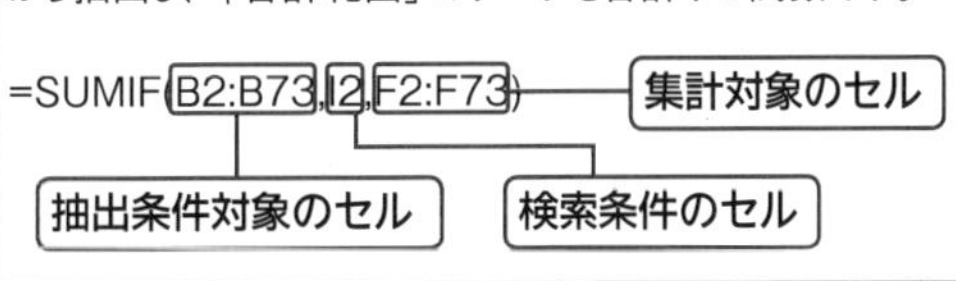

重要度 ★★★　合計

Q 212 今日の売上だけを合計したい！

A SUMIF関数とTODAY（トゥデイ）関数を組み合わせます。

日単位に入力されているリストから、今日のデータの合計を集計するには、SUMIF関数とTODAY関数を組み合わせます。下の例では、列＜A＞の「日付」から TODAY関数で求めた今日の日付と一致するデータを検索し、列＜G＞の「金額」の合計を求めています。TODAY関数はパソコンが管理している今日の日付を求める関数で、「=TODAY()」と入力します。

列＜A＞の「日付」が今日の「金額」の合計を集計します。

1 セル＜I2＞に「=SUMIF(A2:A73,TODAY(),G2:G73)」と入力して、

G2　=SUMIF(

	A	B	C			H	I	J	K
1	日付	商品番号	分類	商品名			今日の売上金額		
2	2020/8/20	B-001	弁当	お任せボ	0		=SUMIF(A2:A73,TODAY(),G2:G73)		
3	2020/8/20	S-003	惣菜	牛肉と野	0				
4	2020/8/20	S-004	惣菜	コールス	0				
5	2020/8/20	B-001	弁当	お任せボ	0				
6	2020/8/20	B-002	弁当	本日のピ	0				
7	2020/8/20	S-001	惣菜	鶏のから	0				
8	2020/8/20	S-002	惣菜	オムレツ	00				
9	2020/8/20	B-002	弁当	本日のピ	00				
10	2020/8/20	S-001	惣菜	鶏のから	80				
11	2020/8/20	S-002	惣菜	オムレツ	00				
12	2020/8/20	B-002	弁当	本日のピ	000				

2 Enter を押すと、

3 今日（2020/9/5）の売上金額の合計が集計されます。

	A	B	C		F	G	H	I	J
1	日付	商品番号	分類	商品名	量	金額		今日の売上金額	
2	2020/8/20	B-001	弁当	お任せボ	5	7,500		¥69,240	
3	2020/8/20	S-003	惣菜	牛肉と野	8	4,800			
4	2020/8/20	S-004	惣菜	コールス	12	2,760			
5	2020/8/20	B-001	弁当	お任せボ	4	6,000			
6	2020/8/20	B-002	弁当	本日のピ	7	8,400			
7	2020/8/20	S-001	惣菜	鶏のから	8	3,840			
8	2020/8/20	S-002	惣菜	オムレツ	5	2,500			
9	2020/8/20	B-002	弁当	本日のピ	9	10,800			
10	2020/8/20	S-001	惣菜	鶏のから	11	5,280			
11	2020/8/20	S-002	惣菜	オムレツ	6	3,000			
12	2020/8/20	B-002	弁当	本日のピ	10	12,000			
13	2020/8/22	S-004	惣菜	コールス	14	3,220			
14	2020/8/22	B-001	弁当	お任せボ	5	7,500			
15	2020/8/22	B-002	弁当	本日の	6	7,200			
16	2020/8/22	S-001	惣菜	鶏のか	7	3,360			
17	2020/8/22	S-002	惣菜	オムレ	4	2,000			
18	2020/8/26	S-003	惣菜	牛肉と	10	6,000			
19	2020/8/26	S-001	惣菜	鶏のか	10	4,800			

重要度 ★★★　合計

Q 213 曜日別の値を合計したい！

A SUMIF関数とTEXT（テキスト）関数を組み合わせます。

日単位に入力されているリストから、曜日別のデータの合計を集計するには、SUMIF関数とTEXT関数（Q.218参照）を組み合わせます。あらかじめ、TEXT関数を使って日付から曜日の情報を別のセルに取り出しておき、SUMIF関数の引数の「検索条件」に指定します。

● 日付から曜日を取り出す

1 セル＜H2＞に「=TEXT(A2,"aaa")」と入力して、

H2　=TEXT(A

	A	B	C			H	I	J	K
1	日付	商品番号	分類	商品名		曜日		曜日	売上金額
2	2020/8/20	B-001	弁当	お任せボ		=TEXT(A2,"aaa")			
3	2020/8/20	S-003	惣菜	牛肉と野	,800			月	
4	2020/8/20	S-004	惣菜	コールス	,760			火	
5	2020/8/20	B-001	弁当	お任せボ	,000			水	
6	2020/8/20	B-002	弁当	本日のピ	,400			木	
7	2020/8/20	S-001	惣菜	鶏のから	,840			金	
8	2020/8/20	S-002	惣菜	オムレツ	,500			土	
9	2020/8/20	B-002	弁当	本日のピ	0,800				
10	2020/8/20	S-001	惣菜	鶏のから	5,280				
11	2020/8/20	S-002	惣菜	オムレツ	3,000				
12	2020/8/20	B-002	弁当	本日のピ	12,000				

2 Enter を押すと、

3 セル＜A2＞の曜日が表示されます。

	A	B	C		F	G	H	I	J	K
1	日付	商品番号	分類	商品名	量	金額	曜日		曜日	売上金額
2	2020/8/20	B-001	弁当	お任せボ	5	7,500	木		日	
3	2020/8/20	S-003	惣菜	牛肉と野	8	4,800			月	
4	2020/8/20	S-004	惣菜	コールス	12	2,760			火	
5	2020/8/20	B-001	弁当	お任せボ	4	6,000			水	
6	2020/8/20	B-002	弁当	本日のピ	7	8,400			木	
7	2020/8/20	S-001	惣菜	鶏のから	8	3,840			金	
8	2020/8/20	S-002	惣菜	オムレツ	5	2,500			土	
9	2020/8/20	B-002	弁当	本日のピ	9	10,800				
10	2020/8/20	S-001	惣菜	鶏のから	11	5,280				
11	2020/8/20	S-002	惣菜	オムレツ	6	3,000				
12	2020/8/20	B-002	弁当	本日のピ	10	12,000				
13	2020/8/22	S-004	惣菜	コールス	14	3,220				
14	2020/8/22	B-001	弁当	お任せボ	5	7,500				
15	2020/8/22	B-002	弁当	本日の	6	7,200				
16	2020/8/22	S-001	惣菜	鶏のか	7	3,360				
17	2020/8/22	S-002	惣菜	オムレ	4	2,000				
18	2020/8/26	S-003	惣菜	牛肉と	10	6,000				
19	2020/8/26	S-001	惣菜	鶏のか	10	4,800				
20	2020/8/26	B-001	弁当	お任せ	8	12,000				

4 セル＜H2＞の右下の■にマウスポインターを移動してダブルクリックすると、

↗

5 数式が最終行までコピーされて曜日が表示されます。

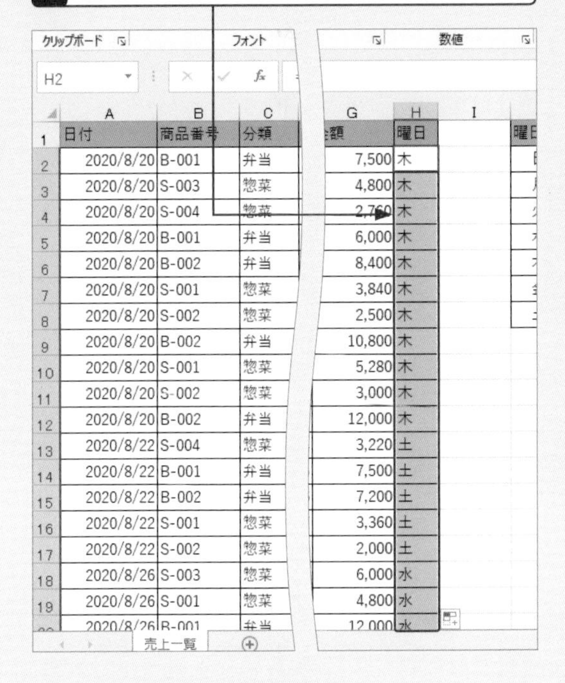

● 曜日別の売上金額を合計する

1 セル＜K2＞に「=SUMIF($H$2:$H$73,J2,$G$2:$G$73)」と入力して、

2 Enter を押すと、

3 日曜日の売上金額の合計が表示されます。

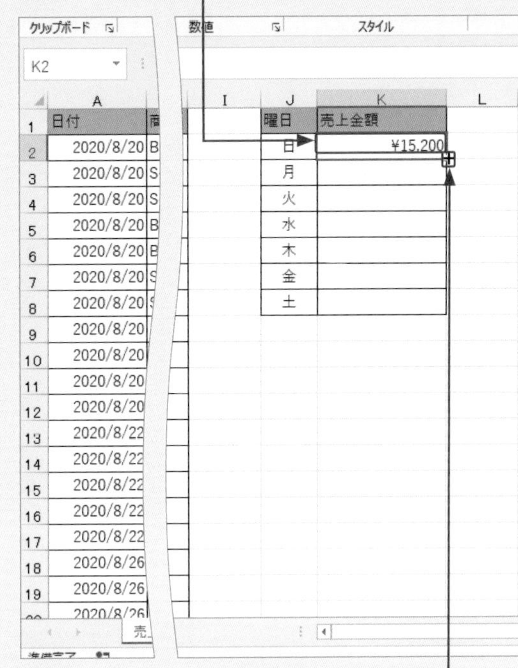

4 セル＜K2＞の右下の■にマウスポインターを合わせてダブルクリックすると、

5 曜日別の売上金額の合計が表示されます。

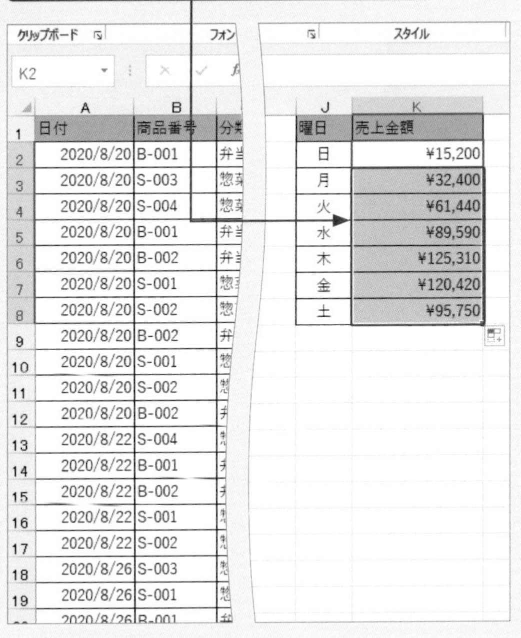

重要度★★★　合計

Q 214 今月の売上を合計したい！

A SUMIF関数とMONTH(マンス)関数を組み合わせます。

日単位に入力されているリストから、今月のデータの合計を集計するには、SUMIF関数とMONTH関数を組み合わせます。あらかじめ、MONTH関数を使って日付から月の情報を別のセルに取り出しておき、SUMIF関数の引数の「検索条件」に指定します。

3 関数

● 日付から月を取り出す

1 セル<H2>に「=MONTH(A2)」と入力して、

A2　=MONTH

	A	B	C	D	E	F	G	H
1	日付	商品番号	分類	商品名	価格	数量	金額	月
2	2020/8/20	B-001	弁当	お任せボ	1,500	5	7,500	=MONTH(A2)
3	2020/8/20	S-003	惣菜	牛肉と野	600	8	4,800	
4	2020/8/20	S-004	惣菜	コールス	230	12	2,760	
5	2020/8/20	B-001	弁当	お任せボ	1,500	4	6,000	
6	2020/8/20	B-002	弁当	本日のピ	1,200	7	8,400	
7	2020/8/20	S-001	惣菜	鶏のから	480	8	3,840	
8	2020/8/20	S-002	惣菜	オムレツ	500	5	2,500	
9	2020/8/20	B-002	弁当	本日のピ	1,200	9	10,800	
10	2020/8/20	S-001	惣菜	鶏のから	480	11	5,280	
11	2020/8/20	S-002	惣菜	オムレツ	500	6	3,000	
12	2020/8/20	B-002	弁当	本日の	1,200	10	12,000	
13	2020/8/22	S-004	惣菜	コール	230	14	3,220	
14	2020/8/22	B-001	弁当	お任せ	1,500	5	7,500	
15	2020/8/22	B-002	弁当	本日の	1,200	6	7,200	
16	2020/8/22	S-001	惣菜	鶏のか	480	7	3,360	
17	2020/8/22	S-002	惣菜	オムレ	500	4	2,000	
18	2020/8/26	S-003	惣菜	牛肉と	600	10	6,000	
19	2020/8/26	S-001	惣菜	鶏のか	480	10	4,800	

2 Enter を押すと、

3 セル<A2>の月が表示されます。

H2　=MONTH

	A	B	C	D	E	F	G	H
1	日付	商品番号	分類	商品名	価格	数量	金額	月
2	2020/8/20	B-001	弁当	お任せボ	1,500	5	7,500	8
3	2020/8/20	S-003	惣菜	牛肉と野	600	8	4,800	
4	2020/8/20	S-004	惣菜	コールス	230	12	2,760	
5	2020/8/20	B-001	弁当	お任せボ	1,500	4	6,000	
6	2020/8/20	B-002	弁当	本日のピ	1,200	7	8,400	
7	2020/8/20	S-001	惣菜	鶏のから	480	8	3,840	
8	2020/8/20	S-002	惣菜	オムレツ	500	5	2,500	
9	2020/8/20	B-002	弁当	本日のピ	1,200	9	10,800	
10	2020/8/20	S-001	惣菜	鶏のから	480	11	5,280	
11	2020/8/20	S-002	惣菜	オムレツ	500	6	3,000	
12	2020/8/20	B-002	弁当	本日の	1,200	10	12,000	
13	2020/8/22	S-004	惣菜	コール	230	14	3,220	
14	2020/8/22	B-001	弁当	お任せ	1,500	5	7,500	
15	2020/8/22	B-002	弁当	本日の	1,200	6	7,200	
16	2020/8/22	S-001	惣菜	鶏のか	480	7	3,360	
17	2020/8/22	S-002	惣菜	オムレ	500	4	2,000	
18	2020/8/26	S-003	惣菜	牛肉と	600	10	6,000	
19	2020/8/26	S-001	惣菜	鶏のか	480	10	4,800	

4 セル<H2>の右下の■にマウスポインターを移動してダブルクリックすると、

5 数式が最終行までコピーされて月が表示されます。

	A	B	C	D	E	F	G	H
1	日付	商品番号	分類	商品名	価格	数量	金額	月
2	2020/8/20	B-001	弁当	お任せボックス	1,500	5	7,500	8
3	2020/8/20	S-003	惣菜	牛肉と野菜の串焼き	600	8	4,800	8
4	2020/8/20	S-004	惣菜	コールスロー	230	12	2,760	8
5	2020/8/20	B-001	弁当	お任せボックス	1,500	4	6,000	8
6	2020/8/20	B-002	弁当	本日のピザ	1,200	7	8,400	8
7	2020/8/20	S-001	惣菜	鶏のから揚げ	480	8	3,840	8
8	2020/8/20	S-002	惣菜	オムレツ	500	5	2,500	8
9	2020/8/20	B-002	弁当	本日のピザ	1,200	9	10,800	8
10	2020/8/20	S-001	惣菜	鶏のから揚げ	480	11	5,280	8
11	2020/8/20	S-002	惣菜	オムレツ	500	6	3,000	8
12	2020/8/20	B-002	弁当	本日のピザ	1,200	10	12,000	8
13	2020/8/22	S-004	惣菜	コールスロー	230	14	3,220	8
14	2020/8/22	B-001	弁当	お任せボックス	1,500	5	7,500	8

● 今月の売上金額を合計する

1 セル<J2>に「=SUMIF(H2:H73,MONTH(TODAY()),G2:G73)」と入力して、

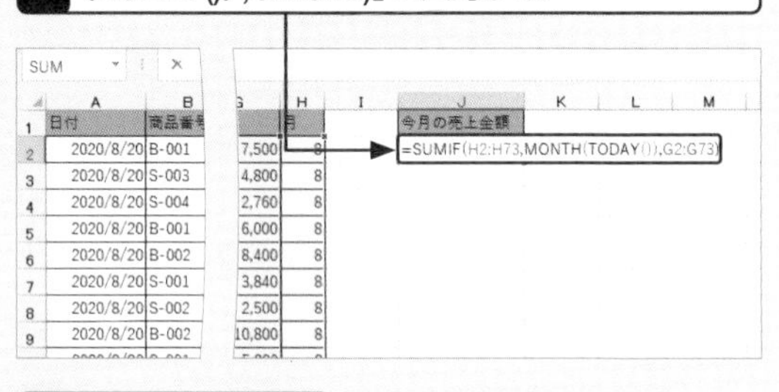

	A	B	G	H	I	J
1	日付	商品番号		月		今月の売上金額
2	2020/8/20	B-001	7,500	8		=SUMIF(H2:H73,MONTH(TODAY()),G2:G73)
3	2020/8/20	S-003	4,800	8		
4	2020/8/20	S-004	2,760	8		
5	2020/8/20	B-001	6,000	8		
6	2020/8/20	B-002	8,400	8		
7	2020/8/20	S-001	3,840	8		
8	2020/8/20	S-002	2,500	8		
9	2020/8/20	B-002	10,800	8		

2 Enter を押すと、

3 今月（2020年9月）の売上金額の合計が集計されます。

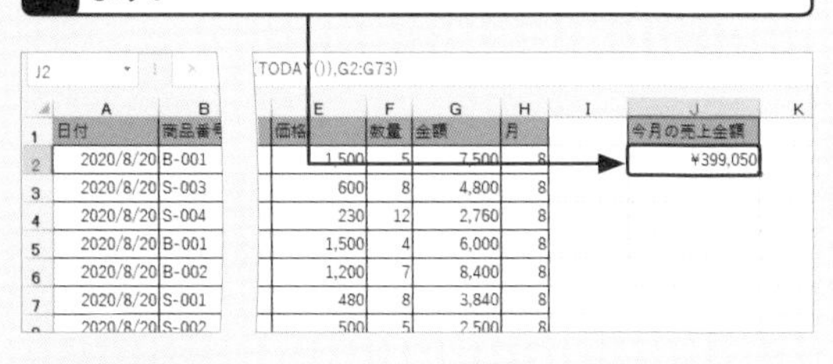

J2　(TODAY(),G2:G73)

	A	B	E	F	G	H	I	J
1	日付	商品番号	価格	数量	金額	月		今月の売上金額
2	2020/8/20	B-001	1,500	5	7,500	8		¥399,050
3	2020/8/20	S-003	600	8	4,800	8		
4	2020/8/20	S-004	230	12	2,760	8		
5	2020/8/20	B-001	1,500	4	6,000	8		
6	2020/8/20	B-002	1,200	7	8,400	8		
7	2020/8/20	S-001	480	8	3,840	8		

関数の書式	=MONTH(シリアル値)
引数の「シリアル値」の月を「1」から「12」の整数で表示する関数です。	

Q 215 月別の売上を合計したい！

リストから月別の売上金額を合計する方法はいろいろありますが、ここでは、SUMIF関数を使います。Q.214のように、MONTH関数を使って日付から「月」を取り出す作業用の列を用意しておくと、リスト以外のセルに月別の集計結果を表示できます。

A SUMIF関数を使います。

1 Q.214の操作で、列<H>に列<A>の「日付」から「月」を取り出しておきます。

	A	B	C	F	G	H
1	日付	商品番号	分類	数量	金額	月
2	2020/8/20	B-001	弁当	5	7,500	8
3	2020/8/20	S-003	惣菜	8	4,800	8
4	2020/8/20	S-004	惣菜	12	2,760	8
5	2020/8/20	B-001	弁当	4	6,000	8
6	2020/8/20	B-002	弁当	7	8,400	8
7	2020/8/20	S-001	惣菜	8	3,840	8
8	2020/8/20	S-002	惣菜	5	2,500	8
9	2020/8/20	B-002	弁当	9	10,800	8
10	2020/8/20	S-001	惣菜	11	5,280	8
11	2020/8/20	S-002	惣菜	6	3,000	8
12	2020/8/20	B-002	弁当	10	12,000	8
13	2020/8/22	S-004	惣菜	14	3,220	8
14	2020/8/22	B-001	弁当	5	7,500	8

2 セル<K2>に「=SUMIF($H$2:$H$73,J2,$G$2:$G$73)」と入力して、

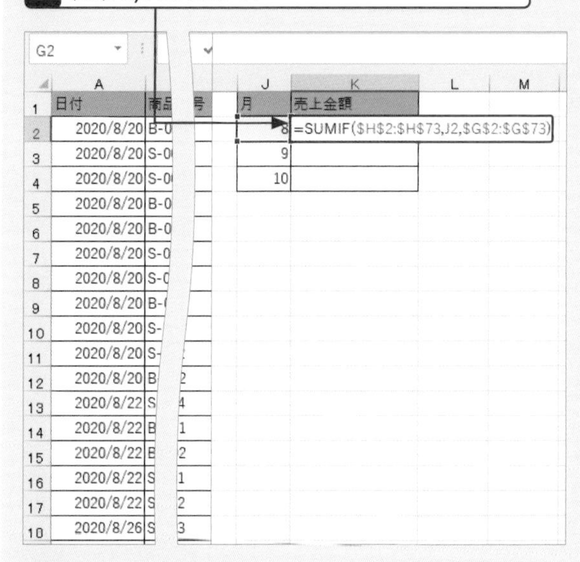

	A	J	K
1	日付	月	売上金額
2	2020/8/20	8	=SUMIF($H$2:$H$73,J2,$G$2:$G$73)
3	2020/8/20	9	
4	2020/8/20	10	
5	2020/8/20		
6	2020/8/20		
7	2020/8/20		
8	2020/8/20		
9	2020/8/20		
10	2020/8/20		
11	2020/8/20		
12	2020/8/20		
13	2020/8/22		
14	2020/8/22		
15	2020/8/22		
16	2020/8/22		
17	2020/8/22		
18	2020/8/26		

3 Enter を押すと、

4 8月の売上金額の合計が表示されます。

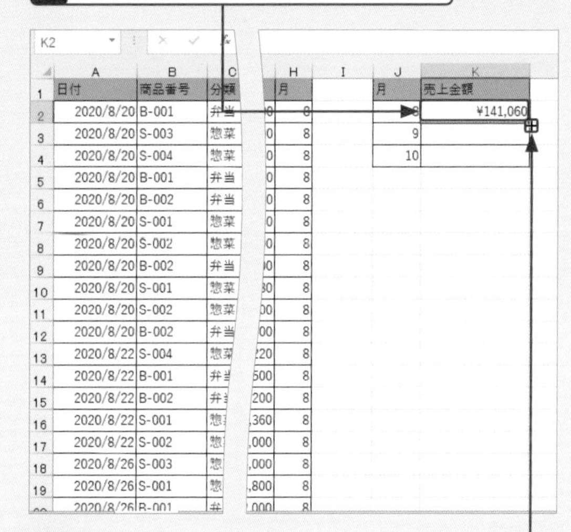

	A	B	C	H	J	K
1	日付	商品番号	分類	月	月	売上金額
2	2020/8/20	B-001	弁当	8	8	¥141,060
3	2020/8/20	S-003	惣菜	8	9	
4	2020/8/20	S-004	惣菜	8	10	
5	2020/8/20	B-001	弁当	8		
6	2020/8/20	B-002	弁当	8		
7	2020/8/20	S-001	惣菜	8		
8	2020/8/20	S-002	惣菜	8		
9	2020/8/20	B-002	弁当	8		
10	2020/8/20	S-001	惣菜	8		
11	2020/8/20	S-002	惣菜	8		
12	2020/8/20	B-002	弁当	8		
13	2020/8/22	S-004	惣菜	8		
14	2020/8/22	B-001	弁当	8		
15	2020/8/22	B-002	弁当	8		
16	2020/8/22	S-001	惣菜	8		
17	2020/8/22	S-002	惣菜	8		
18	2020/8/26	S-003	惣菜	8		
19	2020/8/26	S-001	惣菜	8		

5 セル<K2>の右下の■にマウスポインターを合わせてダブルクリックすると、

6 月別の売上金額の合計が表示されます。

	A	B	C	H	J	K
1	日付	商品番号	分類	月	月	売上金額
2	2020/8/20	B-001	弁当	8	8	¥141,060
3	2020/8/20	S-003	惣菜	8	9	¥393,050
4	2020/8/20	S-004	惣菜	8	10	¥6,000
5	2020/8/20	B-001	弁当	8		
6	2020/8/20	B-002	弁当	8		
7	2020/8/20	S-001	惣菜	8		
8	2020/8/20	S-002	惣菜	8		
9	2020/8/20	B-002	弁当	8		
10	2020/8/20	S-001	惣菜	8		
11	2020/8/20	S-002	惣菜	8		
12	2020/8/20	B-002	弁当	8		
13	2020/8/22	S-004	惣菜	8		
14	2020/8/22	B-001	弁当	8		
15	2020/8/22	B-002	弁当	8		
16	2020/8/22	S-001	惣菜	8		
17	2020/8/22	S-002	惣菜	8		
18	2020/8/26	S-003	惣菜	8		
19	2020/8/26	S-001	惣菜	8		

重要度★★★　合計

Q 216 週別の値を合計したい！

A SUMIF関数とWEEKNUM(ウィークナム)関数を組み合わせます。

日単位に入力されているリストから、週別のデータの合計を集計するには、SUMIF関数とWEEKNUM関数を組み合わせます。あらかじめ、WEEKNUM関数を使って日付から週数を別のセルに取り出しておき、SUMIF関数の引数の「検索条件」に指定します。ただし、WEELNUM関数は年初からの週数しか計算できません。下の例では、年初からの週数から当該月の1日が何週目に当たるかを計算して除算し、最後に1を加えるという方法で、当該月の週数を求めています。

● 日付から週数を取り出す

1 セル<H2>に「=WEEKNUM(A2)」と入力して、

A2　=WEEKN

	A	B	C	D	F	G	H	I	J	K
1	日付	商品番号	分類	商品名	数量	金額	週		週	売上金額
2	2020/8/20	B-001	弁当	お任せボ	5	7,500	=WEEKNUM(A2)			
3	2020/8/20	S-003	惣菜	牛肉と野	8	4,800			2	
4	2020/8/20	S-004	惣菜	コールス	12	2,760			3	
5	2020/8/20	B-001	弁当	お任せボ	4	6,000			4	
6	2020/8/20	B-002	弁当	本日のピ	7	8,400			5	
7	2020/8/20	S-001	惣菜	鶏のから	8	3,840				
8	2020/8/20	S-002	惣菜	オムレツ	5	2,500				
9	2020/8/20	B-002	弁当	本日のピ	9	10,800				
10	2020/8/20	S-001	惣菜	鶏のから	11	5,280				
11	2020/8/20	S-002	惣菜	オムレツ	6	3,000				
12	2020/8/20	B-002	弁当	本日のピ	10	12,000				
13	2020/8/22	S-004	惣菜	コール	14	3,220				
14	2020/8/22	B-001	弁当	お任せ	5	7,500				
15	2020/8/22	B-002	弁当	本日の	6	7,200				
16	2020/8/22	S-001	惣菜	鶏のか	7	3,360				
17	2020/8/22	S-002	惣菜	オムレ	4	2,000				
18	2020/8/26	S-003	惣菜	牛肉と	10	6,000				
19	2020/8/26	S-001	惣菜	鶏のか	10	4,800				
20	2020/8/26	B-001	弁当	お任せ	8	12,000				

2 Enter を押すと、

3 セル<A2>の週数が表示されます。

H2　=WEEKN

	A	B	C	D	E	F	G	H	I	J
1	日付	商品番号	分類	商品名	価格	数量	金額	週		週
2	2020/8/20	B-001	弁当	お任せボ	1,500	5	7,500	34		1
3	2020/8/20	S-003	惣菜	牛肉と野	600	8	4,800			2
4	2020/8/20	S-004	惣菜	コールス	230	12	2,760			3
5	2020/8/20	B-001	弁当	お任せボ	1,500	4	6,000			4
6	2020/8/20	B-002	弁当	本日のピ	1,200	7	8,400			5
7	2020/8/20	S-001	惣菜	鶏のから	480	8	3,840			
8	2020/8/20	S-002	惣菜	オムレツ	500	5	2,500			
9	2020/8/20	B-002	弁当	本日のピ	1,200	9	10,800			
10	2020/8/20	S-001	惣菜	鶏のから	480	11	5,280			
11	2020/8/20	S-002	惣菜	オムレツ	500	6	3,000			
12	2020/8/20	B-002	弁当	本日のピ	1,200	10	12,000			
13	2020/8/22	S-004	惣菜	コール	230	14	3,220			
14	2020/8/22	B-001	弁当	お任せ	1,500	5	7,500			
15	2020/8/22	B-002	弁当	本日の	1,200	6	7,200			
16	2020/8/22	S-001	惣菜	鶏のか	480	7	3,360			
17	2020/8/22	S-002	惣菜	オムレ	500	4	2,000			
18	2020/8/26	S-003	惣菜	牛肉と	600	10	6,000			
19	2020/8/26	S-001	惣菜	鶏のか	480	10	4,800			
20	2020/8/26	B-001	弁当	お任せ	1,500	8	12,000			

売上一覧

4 セル<H2>の右下の■にマウスポインターを移動してダブルクリックすると、

5 数式が最終行までコピーされて週数が表示されます。

H2　=WEEKN

	A	B	C	D	E	F	G	H	I	J
1	日付	商品番号	分類	商品名	価格	数量	金額	週		週
2	2020/8/20	B-001	弁当	お任せボ	1,500	5	7,500	34		1
3	2020/8/20	S-003	惣菜	牛肉と野	600	8	4,800	34		2
4	2020/8/20	S-004	惣菜	コールス	230	12	2,760	34		3
5	2020/8/20	B-001	弁当	お任せボ	1,500	4	6,000	34		4
6	2020/8/20	B-002	弁当	本日のピ	1,200	7	8,400	34		5
7	2020/8/20	S-001	惣菜	鶏のから	480	8	3,840	34		
8	2020/8/20	S-002	惣菜	オムレツ	500	5	2,500	34		
9	2020/8/20	B-002	弁当	本日のピ	1,200	9	10,800	34		
10	2020/8/20	S-001	惣菜	鶏のから	480	11	5,280	34		
11	2020/8/20	S-002	惣菜	オムレツ	500	6	3,000	34		
12	2020/8/20	B-002	弁当	本日のピ	1,200	10	12,000	34		
13	2020/8/22	S-004	惣菜	コール	230	14	3,220	34		
14	2020/8/22	B-001	弁当	お任せ	1,500	5	7,500	34		
15	2020/8/22	B-002	弁当	本日の	1,200	6	7,200	34		
16	2020/8/22	S-001	惣菜	鶏のか	480	7	3,360	34		
17	2020/8/22	S-002	惣菜	オムレ	500	4	2,000	34		
18	2020/8/26	S-003	惣菜	牛肉と	600	10	6,000	35		
19	2020/8/26	S-001	惣菜	鶏のか	480	10	4,800	35		
20	2020/8/26	B-001	弁当	お任せ	1,500	8	12,000	35		

売上一覧

年初からの週数が表示されます。

● 今月の週数に修正する

1 セル<H2>をクリックし、

SUM　=WEEKNUM(A2)-WEEKNUM(DATE(YEAR(A2),MONTH(A2),1))+1

	A	D	E	F	G	H	I	J
1	日付	商品名	価格	数量	金額	週		週
2	2020/8/2	お任せボックス	1,500	5	7,500	1))+1		1
3	2020/8/2	牛肉と野菜の串焼き	600	8	4,800	34		2
4	2020/8/2	コールスロー	230	12	2,760	34		3
5	2020/8/2	お任せボックス	1,500	4	6,000	34		4
6	2020/8/2	本日のピザ	1,200	7	8,400	34		5
7	2020/8/2	鶏のから揚げ	480	8	3,840	34		
8	2020/8/	オムレツ	500	5	2,500	34		
9	2020/8/	本日のピザ	1,200	9	10,800	34		

2 数式バーで「=WEEKNUM(A2)-WEEKNUM(DATE(YEAR(A2),MONTH(A2,1))+1」と数式を修正して、

3 Enter を押すと、

4 当該月の週数が表示されます。

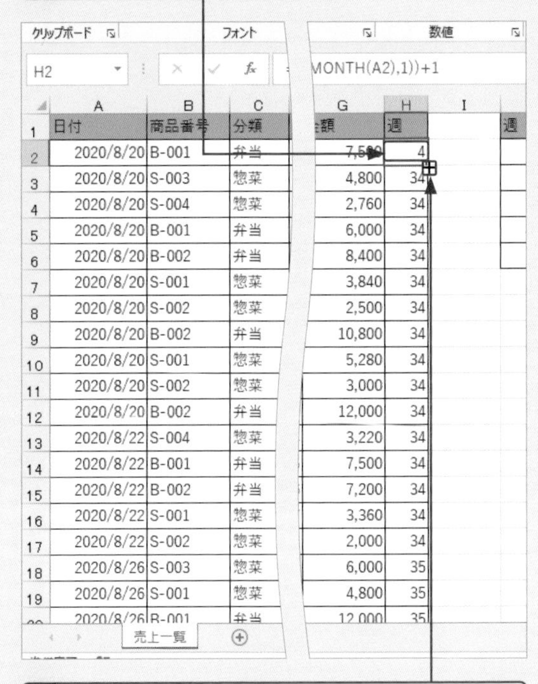

H2 =…MONTH(A2),1))+1

	A	B	C	G	H	I
1	日付	商品番号	分類	金額	週	週
2	2020/8/20	B-001	弁当	7,500	4	
3	2020/8/20	S-003	惣菜	4,800	34	
4	2020/8/20	S-004	惣菜	2,760	34	
5	2020/8/20	B-001	弁当	6,000	34	
6	2020/8/20	B-002	弁当	8,400	34	
7	2020/8/20	S-001	惣菜	3,840	34	
8	2020/8/20	S-002	惣菜	2,500	34	
9	2020/8/20	B-002	弁当	10,800	34	
10	2020/8/20	S-001	惣菜	5,280	34	
11	2020/8/20	S-002	惣菜	3,000	34	
12	2020/8/20	B-002	弁当	12,000	34	
13	2020/8/22	S-004	惣菜	3,220	34	
14	2020/8/22	B-001	弁当	7,500	34	
15	2020/8/22	B-002	弁当	7,200	34	
16	2020/8/22	S-001	惣菜	3,360	34	
17	2020/8/22	S-002	惣菜	2,000	34	
18	2020/8/26	S-003	惣菜	6,000	35	
19	2020/8/26	S-001	惣菜	4,800	35	
20	2020/8/26	B-001	弁当	12,000	35	

売上一覧

5 セル＜H2＞の右下の■にマウスポインターを移動してダブルクリックすると、

6 数式が最終行までコピーされて週数が表示されます。

	A	B	E	F	G	H
1	日付	商品	価格	数量	金額	週
2	2020/8/20	B-0	1,500	5	7,500	4
3	2020/8/20	S-0	600	8	4,800	4
4	2020/8/20	S-0	230	12	2,760	4
5	2020/8/20	B-0	1,500	4	6,000	4
6	2020/8/20	B-0	1,200	7	8,400	4
7	2020/8/20	S-0	480	8	3,840	4
8	2020/8/20	S-0	500	5	2,500	4
9	2020/8/20	B-	1,200	9	10,800	4
10	2020/8/20	S-	480	11	5,280	4
11	2020/8/20	S-	500	6	3,000	4
12	2020/8/20	B	1,200	10	12,000	4
13	2020/8/22	S	230	14	3,220	4
14	2020/8/22	B	1,500	5	7,500	4
15	2020/8/22	B	1,200	6	7,200	4
16	2020/8/22	S	480	7	3,360	4
17	2020/8/22	S	500	4	2,000	4
18	2020/8/26	S	600	10	6,000	5
19	2020/8/26	S	480	10	4,800	5
20	2020/8/26	B	1,500	8	12,000	5

当該月の週数が表示されます。

● 週別の売上金額を合計する

1 セル＜K2＞に「=SUMIF($H$2:$H$73,J2,$G$2:$G$73)」と入力して、

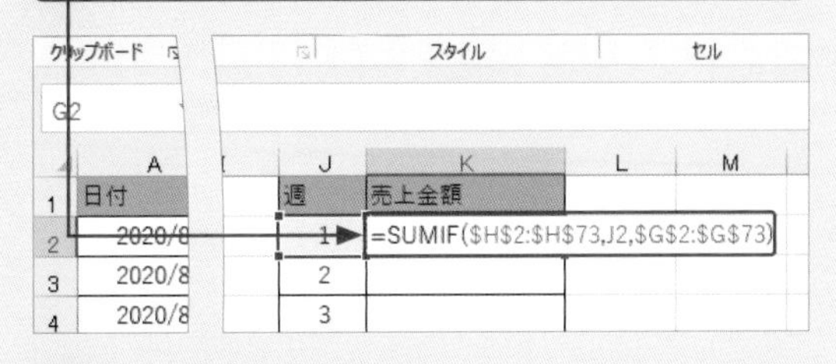

	A	J	K	L	M
1	日付	週	売上金額		
2	2020/8	1	=SUMIF($H$2:$H$73,J2,$G$2:$G$73)		
3	2020/8	2			
4	2020/8	3			

2 Enter を押すと、

3 第1週目の売上金額の合計が表示されます。

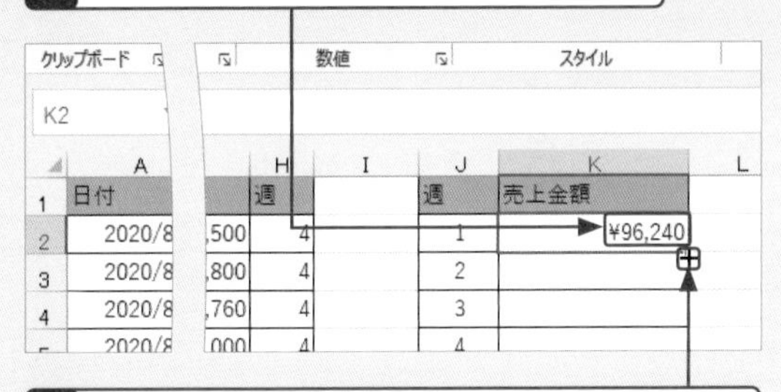

	A	H	I	J	K	L
1	日付	週		週	売上金額	
2	2020/8	4		1	¥96,240	
3	2020/8	4		2		
4	2020/8	4		3		
5	2020/8	4		4		

4 セル＜K2＞の右下の■にマウスポインターを合わせてダブルクリックすると、

5 週別の売上金額の合計が表示されます。

	A	B	H	I	J	K	L
1	日付	商品	週		週	売上金額	
2	2020/8/20	B-0	4		1	¥96,240	
3	2020/8/20	S-0	4		2	¥43,930	
4	2020/8/20	S-0	4		3	¥243,680	
5	2020/8/20	B-0	4		4	¥105,360	
6	2020/8/20	B-0	4		5	¥50,900	
7	2020/8/20	S-0	4				
8	2020/8/20	S-(	4				
9	2020/8/20	B-	4				
10	2020/8/20	S-	4				

関数の書式 =WEEKNUM(シリアル値,[週の基準])

引数の「シリアル値」の日付が年初から数えて第何週目に当たるかを求める関数です。「週の基準」を省略すると、日曜日を週の始まりとして計算します。

重要度 ★★★　合計

Q 217 平日や土日の値を合計したい!

SUMIF関数とWEEKDAY（ウィークデイ）関数を組み合わせます。

平日と土日の売上金額を比較したいときは、SUMIF関数とWEEKDAY関数を組み合わせます。あらかじめ、WEEKDAY関数を使って日付から曜日を示す番号を別のセルに取り出しておき、SUMIF関数の引数の「検索条件」に指定します。下の例では、SUMIF関数の「検索条件」に「<6」とすることで月曜の「1」から金曜の「5」までの平日、「>=6」とすることで土曜の「6」と日曜の「7」の土日を指定しています。

● 日付から曜日の番号を取り出す

1 セル<H2>に「=WEEKDAY(A2,2)」と入力して、

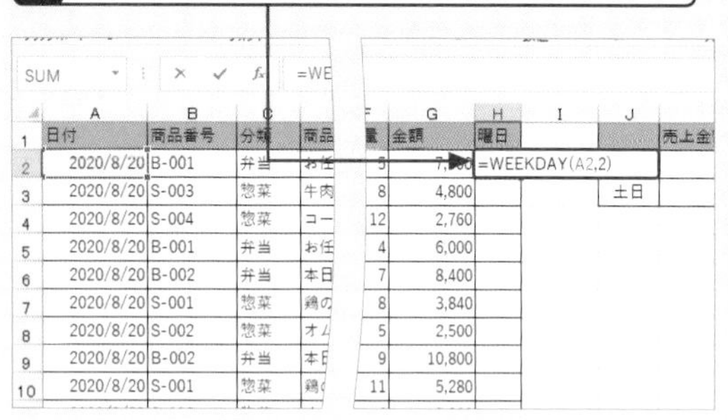

2 Enter を押すと、

3 セル<A2>の曜日番号が表示されます。

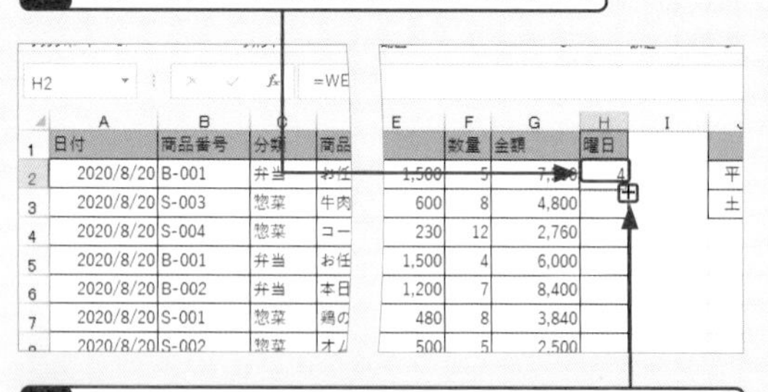

4 セル<H2>の右下の■にマウスポインターを移動してダブルクリックすると、

5 数式が最終行までコピーされて曜日の番号が表示されます。

	A	B	C		F	G	H	I	J	
1	日付	商品番号	分類	商品	数量	金額	曜日			売上金
2	2020/8/20	B-001	弁当	お任	5	7,500	4		平日	
3	2020/8/20	S-003	惣菜	牛肉	8	4,800	4		土日	
4	2020/8/20	S-004	惣菜	コー	12	2,760	4			
5	2020/8/20	B-001	弁当	お任	4	6,000	4			
6	2020/8/20	B-002	弁当	本日	7	8,400	4			
7	2020/8/20	S-001	惣菜	鶏の	8	3,840	4			
8	2020/8/20	S-002	惣菜	オム	5	2,500	4			
9	2020/8/20	B-002	弁当	本日	9	10,800	4			
10	2020/8/20	S-001	惣菜	鶏の	11	5,280	4			
11	2020/8/20	S-002	惣菜	オム	6	3,000	4			

● 曜日別の売上金額を合計する

1 セル<K2>に「=SUMIF(H2:H73,"<6",G2:G73)」と入力して、

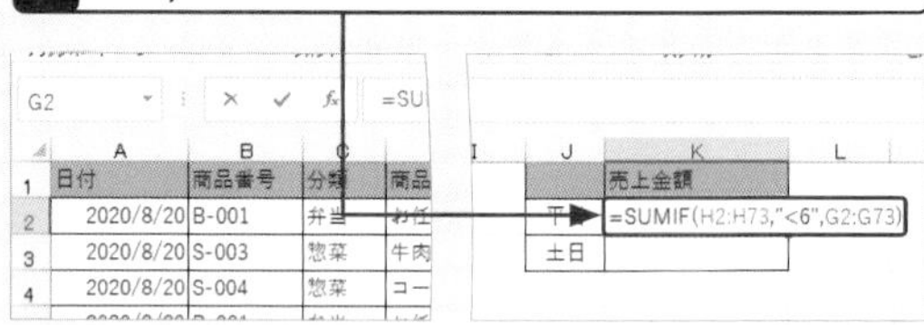

2 Enter を押すと、

3 平日の売上金額の合計が表示されます。

4 セル<K3>に「=SUMIF(H2:H73,">=6",G2:G73)」と入力して、

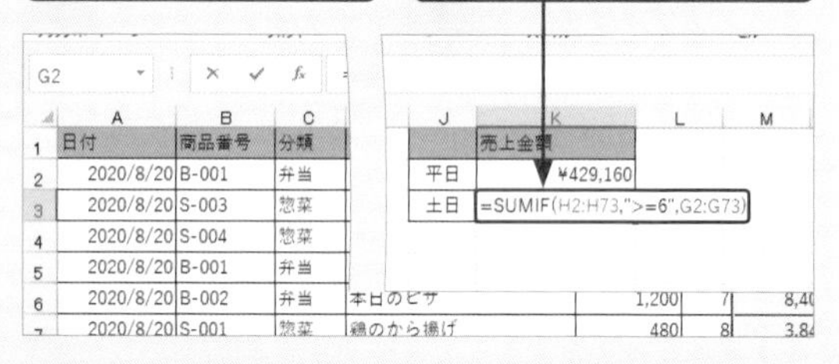

5 Enter を押すと、

6 土日の売上金額の合計が表示されます。

	A	B	C		H	I	J	K
1	日付	商品番号	分類	商品	曜日			売上金額
2	2020/8/20	B-001	弁当	お任	4		平日	¥429,160
3	2020/8/20	S-003	惣菜	牛肉	4		土日	¥110,950
4	2020/8/20	S-004	惣菜	コー	4			
5	2020/8/20	B-001	弁当	お任	4			
6	2020/8/20	B-002	弁当	本日	4			
7	2020/8/20	S-001	惣菜	鶏の	4			

関数の書式　=WEEKDAY（シリアル値,[種類]）

引数の<シリアル値>で指定した日付に対応する曜日を番号で求める関数です。<種類>を「2」にすると、月曜を「1」として日曜を「7」とする整数が求められます。

重要度★★★ 合計

Q 218 TEXT関数の表示形式で利用する記号を知りたい！

A 数値や日付などの種類によって書式記号が用意されています。

TEXT関数を使うと、数値や日付、時刻に表示形式を設定できます。たとえば、日付を曜日で表示したり、数値を指定した桁数で表示したりするといったことが可能です。TEXT関数の引数の中で表示形式を設定するときは、「書式記号」と呼ばれる決められた記号を使って指定します。主な書式記号は以下のとおりです。

種類	書式記号	意味
数値	#	1桁の数字を表示する。数値の桁数が指定した桁数より少ない場合は、余分な0は表示しない
	0	1桁の数字を表示する数値の桁数が指定した桁数より少ない場合は、先頭に0を表示する
	?	小数点以下の桁数が「?」の位置に満たない場合は、半角の空白文字を入れる
	.（ピリオド）	小数点を付ける
	,（カンマ）	桁区切りの記号を付けたり、千単位で表示する
	%	パーセント表示にする
	¥	円記号を付ける
	$	ドル記号を付ける
	/	分数で表示する
日付	yyyy	西暦を4桁で表示する
	yy	西暦を下2桁で表示する
	e	和暦の年を表示する
	ggg	和暦の元号を表示する
	m	月を数値で表示する
	mmmm	月を英語で表示する
	mmm	月を英語の短縮形で表示する
	dd	日付を2桁の数値で表示する
	aaaa	曜日を表示する
	aaa	曜日を短縮形で表示する
	dddd	曜日を英語で表示する
	ddd	曜日を英語の短縮形で表示する
時刻	hh	時刻の「時」の部分を表わす。2桁に満たない場合は1桁目に0を補う
	mm	時刻の「分」の部分を表わす。2桁に満たない場合は1桁目に0を補う
	ss	時刻の「秒」の部分を表わす。2桁に満たない場合は1桁目に0を補う
	AM/PM	午前0時～正午前までは「AM」、正午～午前0時前までは「PM」を付ける
	[]	経過時間を表わす（24時間を超える時間を表示する

重要度★★★ 合計

Q 219 シリアル値って何？

A 1900年1月1日を「1」とした連番（シリアル値）のことです。

シリアル値とは、Excelで日付や時間を計算するために格納されている数値のことです。1900年1月1日を「1」として1日増えるごとに「2」「3」と連番で増え、整数部が日付、小数部が時刻を表します。セルに「2020/9/10」のような日付を入力するとExcel内部ではシリアル値に置き換わり、このシリアル値を使って計算を実行します。

● 日付のシリアル値を確認する

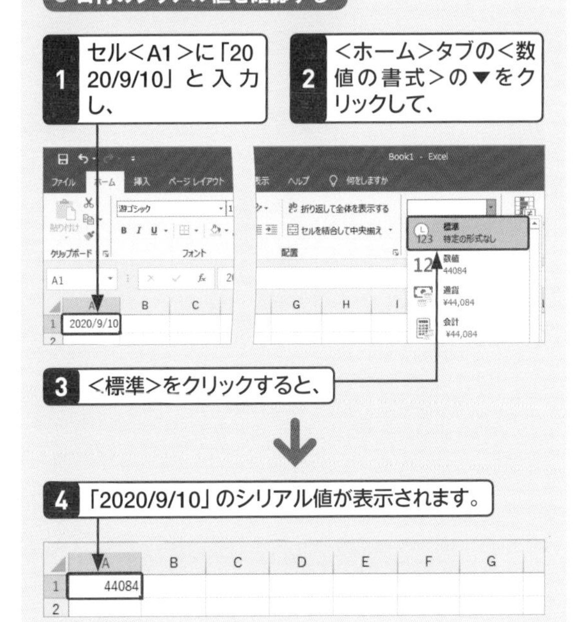

重要度 ★★★ 合計

Q 220 「○○」で始まるデータの値を合計したい！

A SUMIF関数の<条件>にワイルドカードを使います。

SUMIF関数を使って特定の文字で始まるデータの値を合計するには、条件を入力する際にワイルドカードを使います。「パソコン*」のように指定すると、「パソコン」から始まる文字列ならばあとに続く文字列は何文字も何でもかまわない、という意味になります。ワイルドカードは必ず半角で入力します。

列<D>の「商品名」が「本日」で始まるデータの数量を合計します。

1 セル<J2>に「=SUMIF(D2:D73,"本日*",F2:F73)」と入力して、

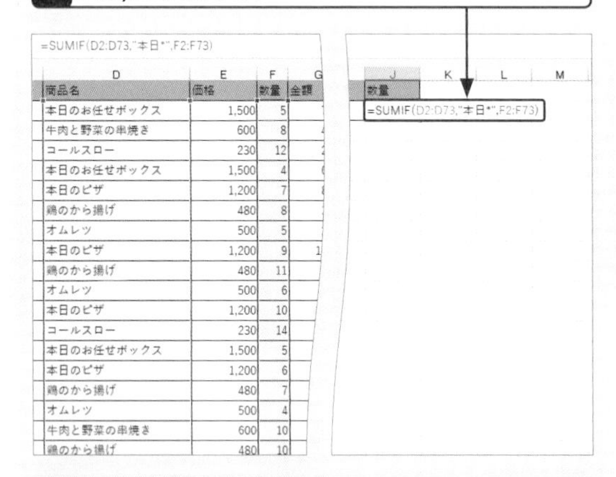

2 Enter を押すと、

3 「本日」で始まる商品の売上数量が合計されます。

商品名	価格	数量
本日のお任せボックス	1,500	5
牛肉と野菜の串焼き	600	8
コールスロー	230	12
本日のお任せボックス	1,500	4
本日のピザ	1,200	7
鶏のから揚げ	480	8
オムレツ	500	5
本日のピザ	1,200	9
鶏のから揚げ	480	11
オムレツ	500	6
本日のピザ	1,200	10
コールスロー	230	14
本日のお任せボックス	1,500	5
本日のピザ	1,200	6
鶏のから揚げ	480	7
オムレツ	500	4

商品名	数量
「本日」で始まる商品	232

重要度 ★★★ 合計

Q 221 「○○」で終わるデータの値を合計したい！

A SUMIF関数の<条件>にワイルドカードを使います。

SUMIF関数を使って特定の文字で終わるデータの値を合計するには、条件を入力する際にワイルドカードを使います。「*パソコン」のように指定すると、「パソコン」で終わる文字列ならば前の文字列は何文字でも何でもかまわない、という意味になります。

列<D>の「商品名」が「ピザ」で終わるデータの数量を合計します。

1 セル<J2>に「=SUMIF(D2:D73,"*ピザ",F2:F73)」と入力して、

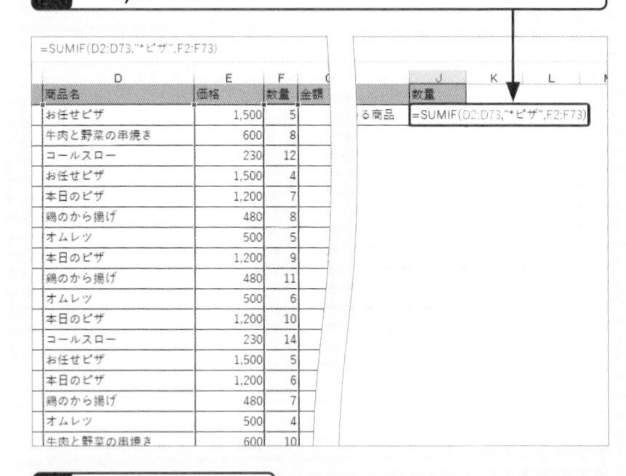

2 Enter を押すと、

3 「ピザ」で終わる商品の売上数量が合計されます。

商品名	価格	数量
お任せピザ	1,500	5
牛肉と野菜の串焼き	600	8
コールスロー	230	12
お任せピザ	1,500	4
本日のピザ	1,200	7
鶏のから揚げ	480	8
オムレツ	500	5
本日のピザ	1,200	9
鶏のから揚げ	480	11
オムレツ	500	6
本日のピザ	1,200	10
コールスロー	230	14
お任せピザ	1,500	5
本日のピザ	1,200	6
鶏のから揚げ	480	7
オムレツ	500	4
牛肉と野菜の串焼き	600	10
鶏のから揚げ	480	10
お任せピザ	1,500	8

商品名	数量
「ピザ」で終わる商品	232

重要度 ★★★　合計

Q 222 複数の条件を満たすデータの値を合計したい！

A SUMIFS（サムイフズ）関数を使います。

SUMIF関数は条件を1つしか設定できません。複数の条件を満たすデータの合計を集計するにはSUMIFS関数を使います。複数の条件を指定すると、すべての条件を満たす（AND条件）データが集計されます。下の例では、列＜A＞の「日付」が2020年4月20日で、列＜B＞の「商品番号」が「B-002」の2つの条件を満たす合計金額を集計します。

1つ目の条件を入力します。

1 セル＜J1＞に「2020/4/20」と入力します。

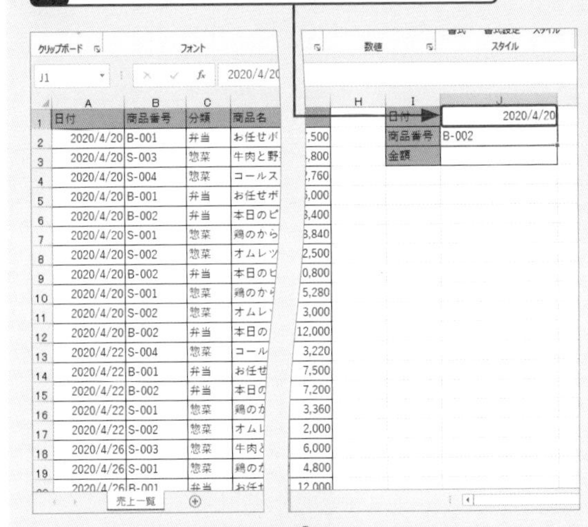

2つ目の条件を入力します。

2 セル＜J2＞に「B-002」と入力します。

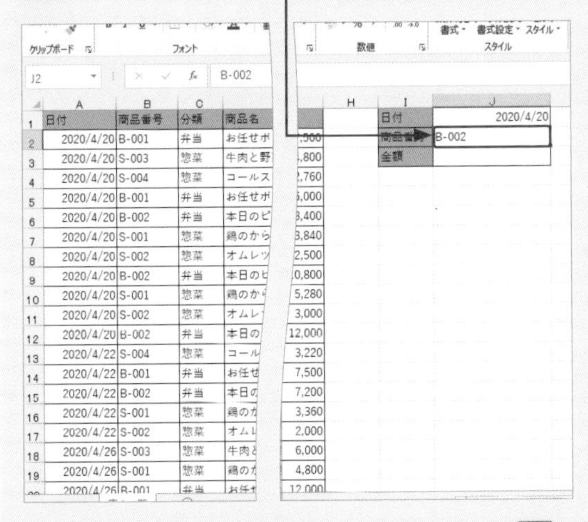

3 セル＜J3＞に「=SUMIFS(G2:G73,A2:A73,J1,B2:B73,J2)」と入力して、

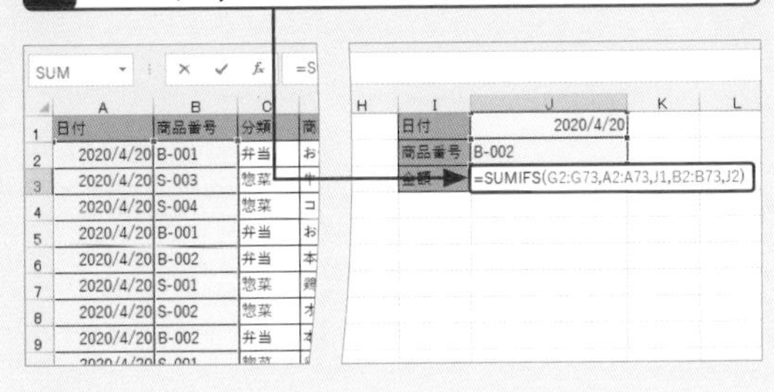

4 Enter を押すと、

5 2020年4月20日の「商品番号」が「B-002」の「金額」の合計が集計されます。

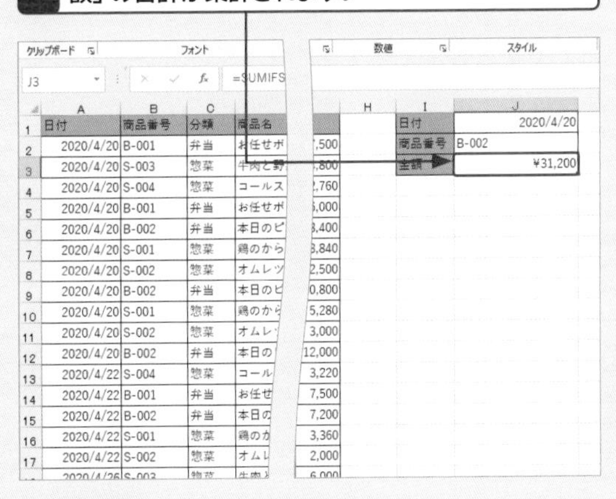

関数の書式　=SUMIFS(合計対象範囲, 条件範囲1,条件1,[条件範囲2,条件2],…)

引数の「条件範囲1,条件1」や「条件範囲2,条件2」で指定した、複数の条件を満たすデータを抽出し、引数の「合計対象範囲」のデータを合計する関数です。条件は、「条件範囲」と「条件」をセットにして使います。最大127個まで指定できます。

=SUMIFS(G2:G73,A2:A73,J1,B2:B73,J2)

- G2:G73 … 集計対象のセル
- A2:A73,J1 … 1つ目の条件
- B2:B73,J2 … 2つ目の条件

重要度★★★ 合計

Q 223 一定期間の値を合計したい！

A SUMIFS関数を使います。

2020年5月の売上金額を集計したいとか、2020年4月1日から4月15日までの売上数量を集計したいといったように、一定期間の値を合計するときはSUMIFS関数を使います。開始日以降と終了日前の2つの条件を比較演算子を使って指定します。以下の例では、列<A>の「日付」が2020年5月の「金額」の合計を集計します。

1つ目の条件を入力します。

1 セル<J1>に「>=2020/5/1」と入力します。

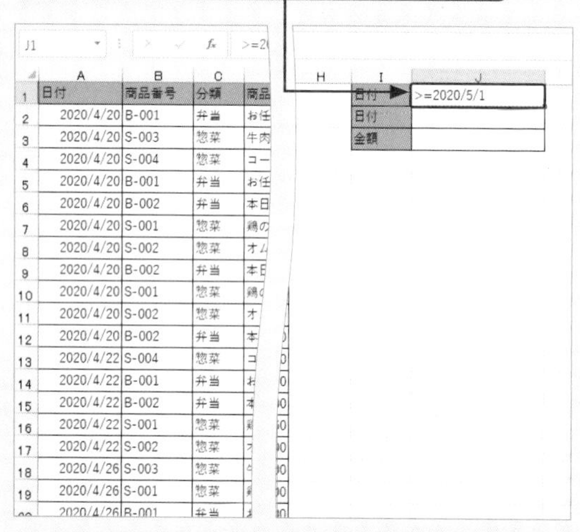

2つ目の条件を入力します。

2 セル<J2>に「<=2020/5/31」と入力します。

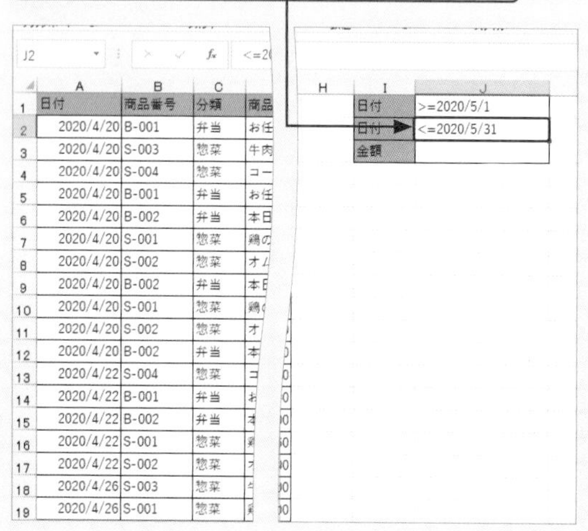

3 セル<J3>に「=SUMIFS(G2:G73,A2:A73,J1,A2:A73,J2)」と入力して、

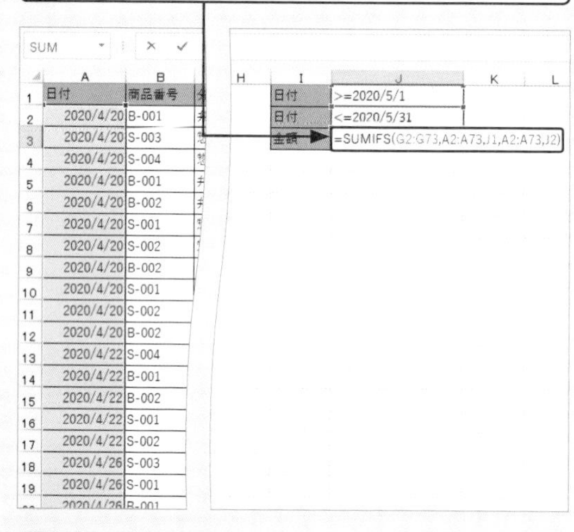

4 Enter を押すと、

5 2020年5月の「金額」の合計が集計されます。

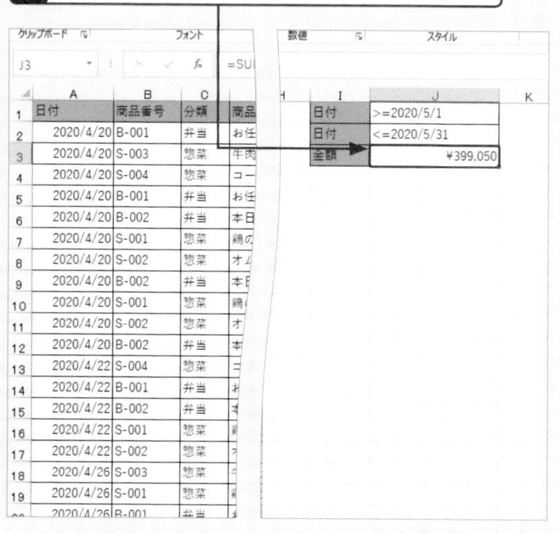

重要度 ★★★　合計

Q 224 2つの条件のいずれかを満たすデータの値を合計したい！

A DSUM（ディーサム）関数を使います。

SUMIFS関数は、AND条件を満たすデータの集計しかできません。OR条件を満たすデータを集計するときは、データベース関数の1つであるDSUM関数を使います。DSUM関数を使うときは、前準備としてリストとは別に条件を入力するセルを用意し、リストと同じフィールド名を用意します。条件を異なる行に入力するとOR条件になります。

● 条件入力用のセルを用意する

1 リストの上側に条件を入力する行を用意しておきます。

2 条件を入力する表の上端に、リストのフィールド名をコピーしておきます。

必要に応じて罫線を引いておきます。

● OR条件で集計する

列＜B＞の「商品番号」が「S-001」か「S-003」の「金額」の合計を集計します。

1 セル＜B2＞に「S-001」と入力し、

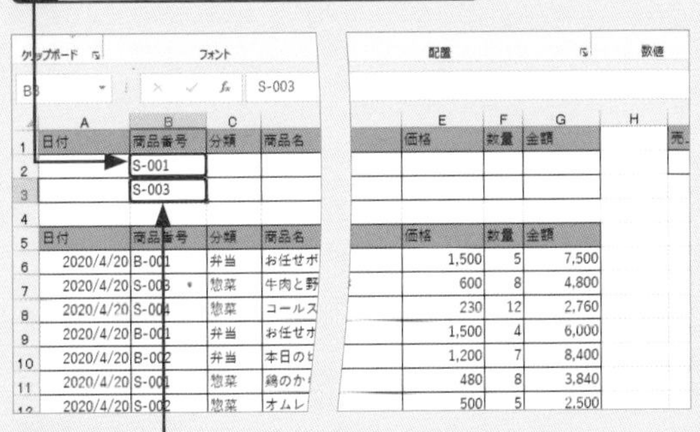

2 セル＜B3＞に「S-003」と入力します。

3 セル＜I2＞に「=DSUM(A5:G77,7,A1:G3)」と入力して、

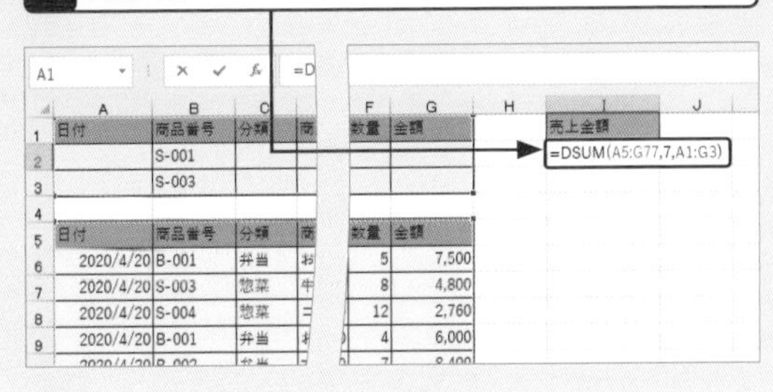

4 Enter を押すと、

5 「商品番号」が「S-001」か「S-003」の「金額」の合計が集計されます。

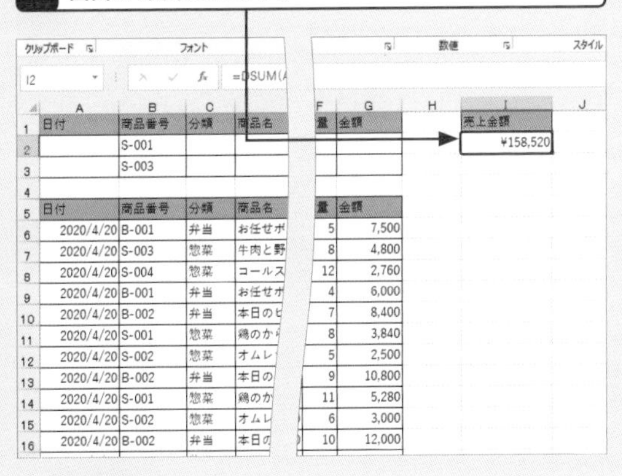

関数の書式　=DSUM(データベース,フィールド,条件)

DSUM関数は、引数で指定した「データベース」(リスト全体)から、「条件」で指定した条件を満たすデータを抽出し、「フィールド」で指定した列のデータを合計する関数です。

「フィールド」は、集計したい列がリストの左から何列目にあるかを数値で指定します。ここでは、「金額」の合計を求めるので、リストの左から7列目の「金額」を指定しています。

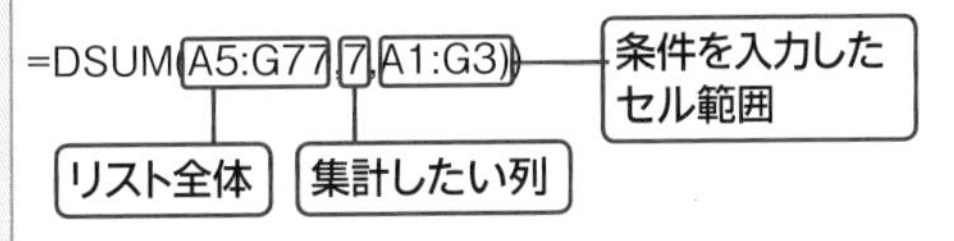

重要度 ★★★ 合計

Q 225 2つの条件のどちらも満たすデータの値を合計したい！

A DSUM関数を使います。

DSUM関数を使って複数の条件をすべて満たすデータの値を合計するには、条件入力用のセルの同じ行に条件を入力します。すると、その行に入力された条件がAND条件と見なされます。下の例では、列＜A＞の「日付」が「2017年5月以降」で、列＜C＞の「分類」が「弁当」の「金額」の合計を集計しています。

1 セル＜A2＞に「>=2020/5/1」と入力し、

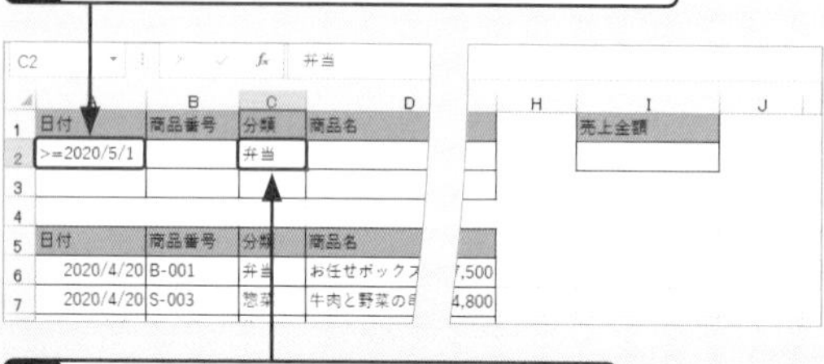

2 セル＜C2＞に「弁当」と入力します。

3 セル＜I2＞に「=DSUM(A5:G77,7,A1:G2)」と入力して、

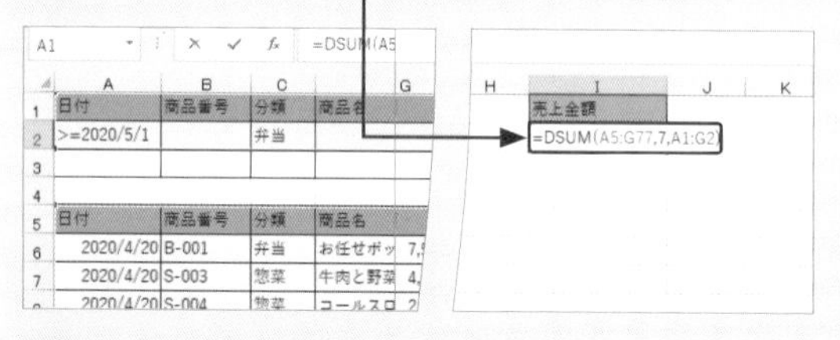

4 Enter を押すと、

5 2017年5月以降の「弁当」の「金額」の合計が集計されます。

	A	B	C	D	G	H	I	J
1	日付	商品番号	分類	商品名	金額		売上金額	
2	>=2020/5/1		弁当				¥235,800	
3								
4								
5	日付	商品番号	分類	商品名	金額			
6	2020/4/20	B-001	弁当	お任せボ	7,500			
7	2020/4/20	S-003	惣菜	牛肉と野	4,800			
8	2020/4/20	S-004	惣菜	コールス	2,760			
9	2020/4/20	B-001	弁当	お任せボ	6,000			
10	2020/4/20	B-002	弁当	本日のビ	8,400			
11	2020/4/20	S-001	惣菜	鶏のから	3,840			

重要度 ★★★ 合計

Q 226 AND条件とOR条件を組み合わせてデータの値を合計したい！

A DSUM関数を使います。

DSUM関数を使うと、AND条件とOR条件を組み合わせた複雑な条件を満たすデータの値を合計できます。条件を入力するセルの同じ行にAND条件、異なる行にOR条件を入力するのがポイントです。下の例では、列＜A＞の「日付」が「2017年4月20日」で列＜C＞の「分類」が「弁当」か、「2017年5月20日」で「弁当」の「金額」の合計を集計しています。

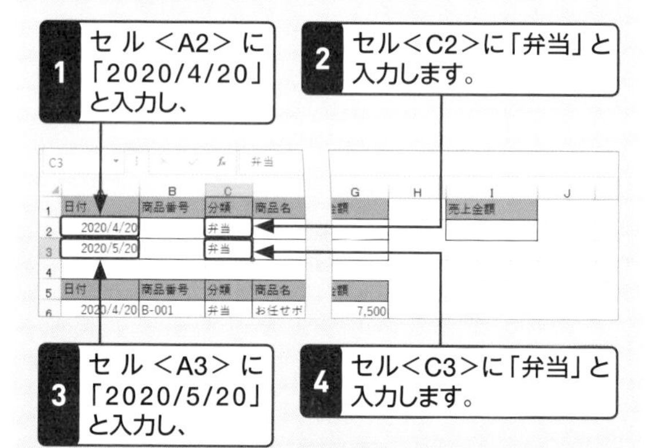

5 セル＜I2＞に「=DSUM(A5:G77,7,A1:G3)」と入力して、

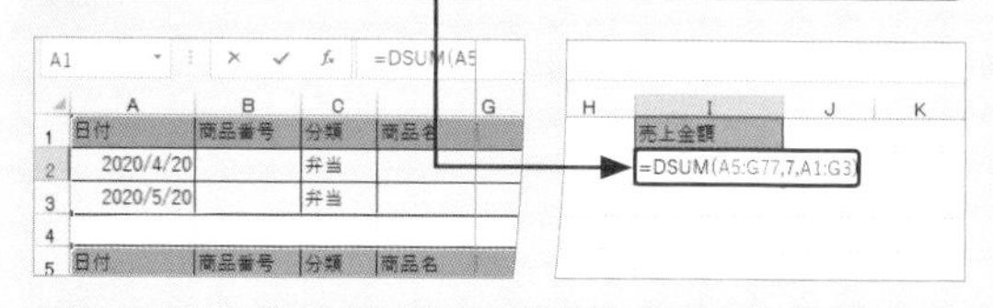

6 Enter を押すと、

7 AND条件とOR条件を満たす「金額」の合計が集計されます。

	A	B	C	F	G	H	I	J
1	日付	商品番号	分類	商品名	金額		売上金額	
2	2020/4/20		弁当				¥50,700	
3	2020/5/20		弁当					
4								
5	日付	商品番号	分類	商品名	金額			
6	2020/4/20	B-001	弁当	お任せボ	7,500			
7	2020/4/20	S-003	惣菜	牛肉と野	4,800			

重要度 ★★★ 件数

Q 227 数値データの件数を求めたい!

A COUNT(カウント)関数を使います。

リスト内の数値データが入力されているセルの件数を集計するときは、COUNT関数を使います。<ホーム>タブのΣの▼をクリックして表示されるメニューからCOUNT関数をクリックするだけで、かんたんに数式を組み立てられます。COUNT関数では、文字列や空白セルは対象外になるので注意しましょう。

1 セル<F17>をクリックし、

2 <ホーム>タブのΣの▼をクリックして、

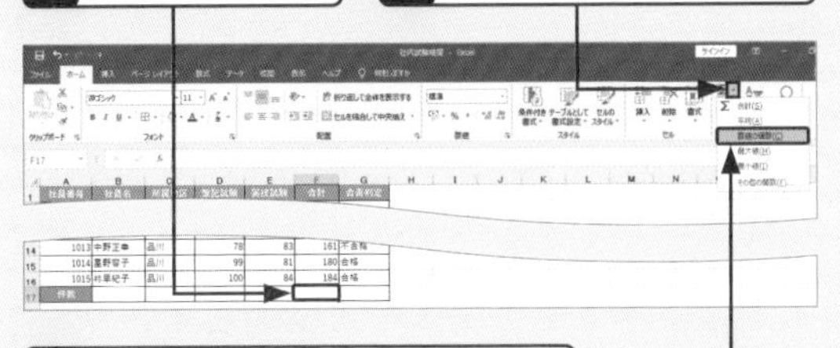

3 <数値の個数>をクリックすると、

4 COUNT関数が表示されます。

	A	B	C	D	E	F	G
1	社員番号	社員名	所属地区	筆記試験	実技試験	合計	合否判定
2	1001	塚本祐太郎	東京	80	82	162	合格
16	1015	林早紀子	品川	100			
17	件数					=COUNT(F2:F16)	
18							

COUNT(値1, [値2], ...)

5 引数のセル範囲を確認して Enter を押すと、

6 数値データの件数が表示されます。

	A	B	C	D	E	F	G
1	社員番号	社員名	所属地区	筆記試験	実技試験	合計	合否判定
2	1001	塚本祐太郎	東京	80	82	162	合格
14	1013	中野正幸	品川				
15	1014	星野容子	品川	99	81	180	合格
16	1015	林早紀子	品川	100	84	184	合格
17	件数					15	

関数の書式	=COUNT(値1,[値2],…)
引数の「値」で指定した数値の個数を数える関数です。	

重要度 ★★★ 件数

Q 228 空白以外のデータ件数を求めたい!

A COUNTA(カウントエー)関数を使います。

欠席者のセルを空白にしているようなときは、COUNTA関数を使って、空白セル以外の件数を求められます。一見、空白のセルに見えてもスペースキーなどで空白文字が入力されている場合もあるので注意しましょう。空白セルとは、何も入力されていないセルのことです。

1 セル<G17>に「=COUNTA(G2:G16)」と入力して、

	A	B	C	D	E	F	G	H
1	社員番号	社員名	所属地区	筆記試験	実技試験	合計	合否判定	
2	1001	塚本祐太郎	東京	80	82	162	合格	
3	1002	瀬戸美弥子	東京	75	78	153	不合格	
4	1003	大橋祐樹	品川	76	78	154	不合格	
5	1004	戸山真司	品川					
					84	170	合格	
11	1010	多田俊一	横浜					
12	1011	三石広志	千葉	87	87	174	合格	
13	1012	上森由香	東京	88	94	182	合格	
14	1013	中野正幸	品川	78	83	161	不合格	
15	1014	星野容子	品川	99	81	180	合格	
16	1015	林早紀子	品川	100	84	184	合格	
17	件数						=COUNTA(G2:G16)	
18								

2 Enter を押すと、

3 空白以外のセルの件数が表示されます。

	A	B	C	D	E	F	G
1	社員番号	社員名	所属地区	筆記試験	実技試験	合計	合否判定
2	1001	塚本祐太郎	東京	80	82	162	合格
3	1002	瀬戸美弥子	東京	75	78	153	不合格
4	1003	大橋祐樹	品川	76	78	154	不合格
5	1004	戸山真司	品川				
6	1005	村田みなみ	東京	86	84	170	合格
7	1006	安田正一郎	横浜	89	100	189	合格
8	1007	坂本浩平	横浜	100	97	197	合格
9	1008	[illegible]	千葉	55	58	113	不合格
11	1010	多田俊一	横浜				
12	1011	三石広志	千葉	87	87	174	合格
13	1012	上森由香	東京	88	94	182	合格
14	1013	中野正幸	品川	78	83	161	不合格
15	1014	星野容子	品川	99	81	180	合格
16	1015	林早紀子	品川	100	84	184	合格
17	件数						13
18							

関数の書式	=COUNTA(値1,[値2],…)
引数の「値」で指定した空白以外のセルの個数を数える関数です。	

重要度 ★★★　件数

Q 229 空白セルの件数を求めたい！

A COUNTBLANK（カウントブランク）関数を使います。

COUNTBLANK関数を使うと、Q.228とは反対に空白のセルの件数を数えることができます。すると、リストの中で未入力のセルの件数を求めたり、欠席者のセルを空白にしていれば、欠席者の件数を求めたりすることもできます。

1 セル<G17>に「=COUNTBLANK（G2:G16)」と入力して、

	A	B	C	D	E	F	G
1	社員番号	社員名	所属地区	筆記試験	実技試験	合計	合否判定
2	1001	塚本祐太郎	東京	80	82	162	合格
3	1002	瀬戸美弥子	東京	75	78	153	不合格
4	1003	大槻祐樹	品川	76	78	154	不合格
5	1004	戸山真司	品川				
6	1005	村田みなみ	東京	86	84	170	合格
				89	100	189	合格
10	1009	大野千佳	千葉	62			
11	1010	多田俊一	横浜				
12	1011	三石広志	千葉	87	87	174	合格
13	1012	上森由香	東京	88	94	182	合格
14	1013	中野正幸	品川	78	83	161	不合格
15	1014	星野容子	品川	99	81	180	合格
16	1015	林早紀子	品川	100	84	184	合格
17	件数						=COUNTBLANK(G2:G16)
18							
19							

2  Enter を押すと、

3 空白セルの件数が表示されます。

	A	B	C	D	E	F	G
1	社員番号	社員名	所属地区	筆記試験	実技試験	合計	合否判定
2	1001	塚本祐太郎	東京	80	82	162	合格
3	1002	瀬戸美弥子	東京	75	78	153	不合格
4	1003	大槻祐樹	品川	76	78	154	不合格
10	1009	大野千佳	千葉	62			
11	1010	多田俊一	横浜				
12	1011	三石広志	千葉	87	87	174	合格
13	1012	上森由香	東京	88	94	182	合格
14	1013	中野正幸	品川	78	83	161	不合格
15	1014	星野容子	品川	99	81	180	合格
16	1015	林早紀子	品川	100	84	184	合格
17	件数						2
18							
19							

関数の書式	=COUNTBLANK(範囲)
引数の「範囲」で指定した空白セルの個数を数える関数です。	

重要度 ★★★　件数

Q 230 条件に一致するデータの件数を求めたい！

A COUNTIF（カウントイフ）関数を使います。

リストの中から条件に一致したデータだけの件数を求めるときは、COUNTIF関数を使います。下の例では別のセルに入力した条件を使っていますが、引数の中で抽出条件を指定するときは、「=COUNTIF(B2:B73,"B-001")」のように文字列の前後を半角の「"」(引用符)で囲みます。なお、COUNTIF関数で指定できる条件は1つだけです。条件が複数の場合はQ.232のCOUNTIFS関数を使います。

列<B>の「商品番号」が「B-001」の件数を集計します。

1 セル<I2>に「B-001」と入力します。

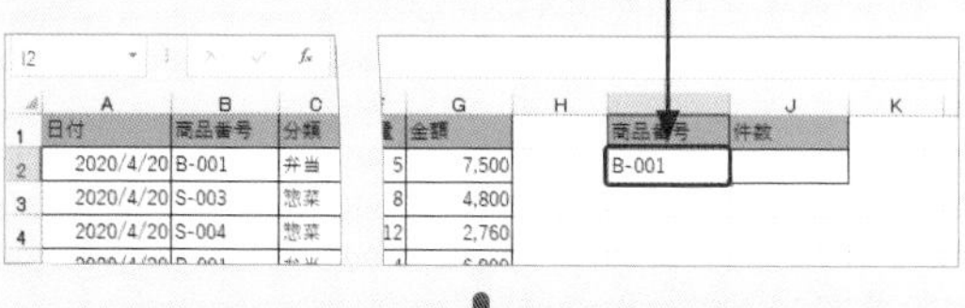

	A	B	C	F	G	H	I	J
1	日付	商品番号	分類	量	金額		商品番号	件数
2	2020/4/20	B-001	弁当	5	7,500		B-001	
3	2020/4/20	S-003	惣菜	8	4,800			
4	2020/4/20	S-004	惣菜	12	2,760			

2 セル<J2>に「=COUNTIF(B2:B73,I2)」と入力して、

3 Enter を押すと、

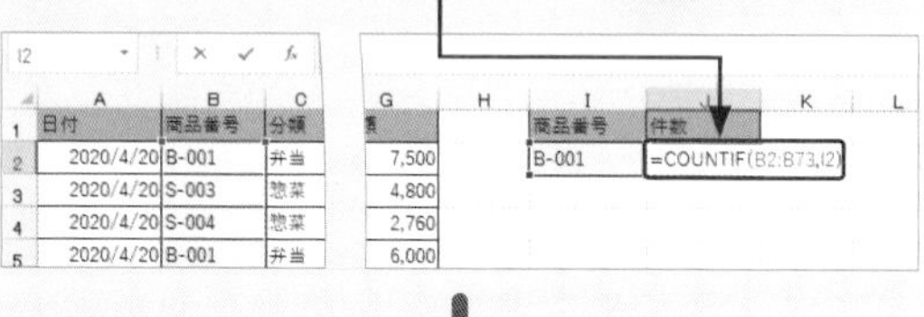

	A	B	C	G	H	I	J
1	日付	商品番号	分類			商品番号	件数
2	2020/4/20	B-001	弁当	7,500		B-001	=COUNTIF(B2:B73,I2)
3	2020/4/20	S-003	惣菜	4,800			
4	2020/4/20	S-004	惣菜	2,760			
5	2020/4/20	B-001	弁当	6,000			

4 「商品番号」が「B-001」の個数が集計されます。

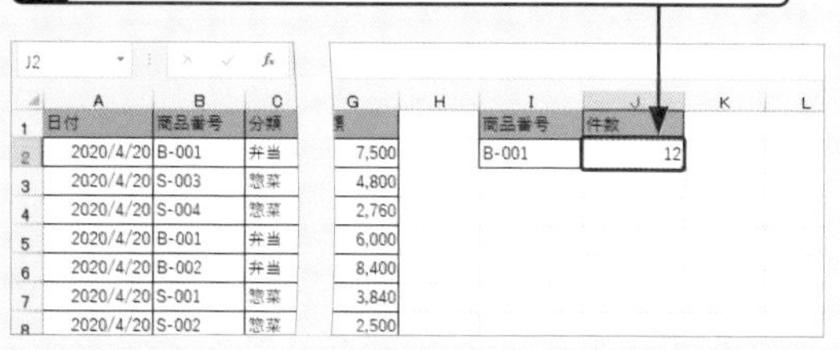

	A	B	C	G	H	I	J
1	日付	商品番号	分類			商品番号	件数
2	2020/4/20	B-001	弁当	7,500		B-001	12
3	2020/4/20	S-003	惣菜	4,800			
4	2020/4/20	S-004	惣菜	2,760			
5	2020/4/20	B-001	弁当	6,000			
6	2020/4/20	B-002	弁当	8,400			
7	2020/4/20	S-001	惣菜	3,840			
8	2020/4/20	S-002	惣菜	2,500			

関数の書式	=COUNTIF（範囲,検索条件）
引数で指定した「検索条件」を満たすデータを、「範囲」の中から抽出してデータの個数を数える関数です。	

重要度★★★ 件数

Q 231 非表示のデータを除いた件数を求めたい！

A SUBTOTAL関数を使います。

Q.207と同じように、オートフィルター機能を使って抽出したデータの件数を集計するときは、SUBTOTAL関数を使います。引数の「集計方法」に「2」を指定すると表示されている数値データだけの件数、「3」を指定すると空白以外のセルの件数が求められます。

列<D>の「会員種別」が「レギュラー」のデータ個数を集計します。Q.146の操作で、列<D>の「会員種別」が「レギュラー」のデータを抽出しておきます。

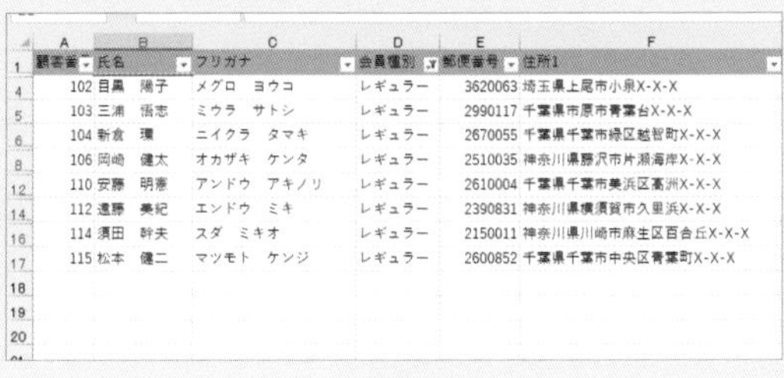

1 セル<D18>をに「=SUBTOTAL(3,D4:D17)」と入力して、

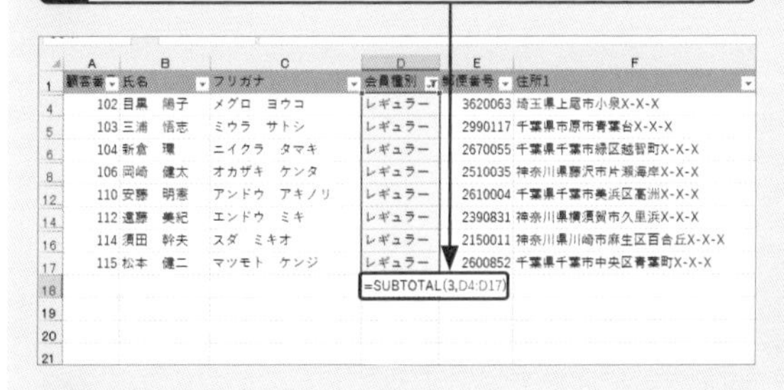

2 Enter を押すと、

3 「会員種別」が「レギュラー」のデータ個数が表示されます。

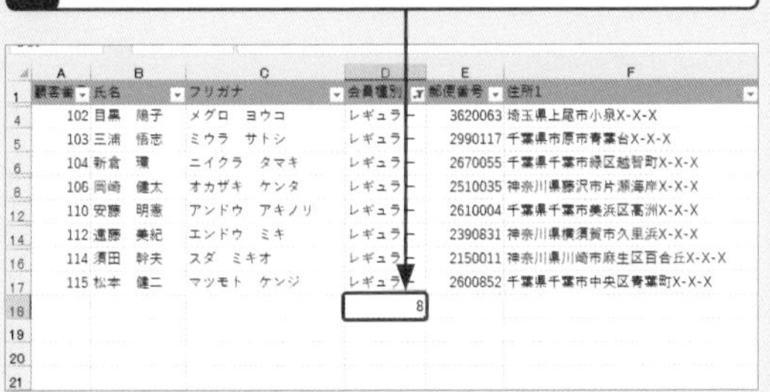

4 「会員種別」の▼をクリックし、

5 <レギュラー>のチェックボックスをオフにし、

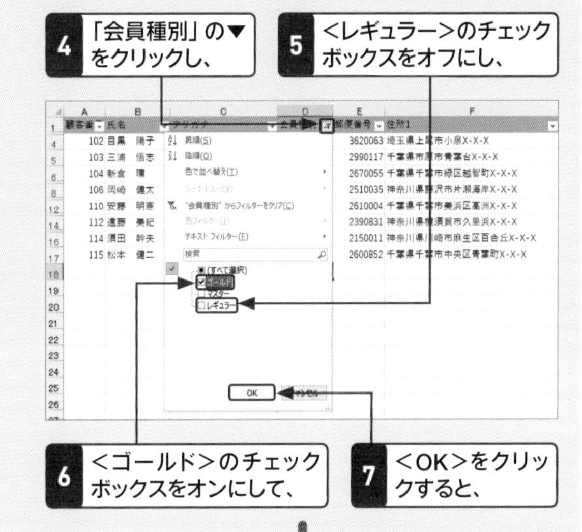

6 <ゴールド>のチェックボックスをオンにして、

7 <OK>をクリックすると、

8 「会員種別」が「ゴールド」のデータ個数が表示されます。

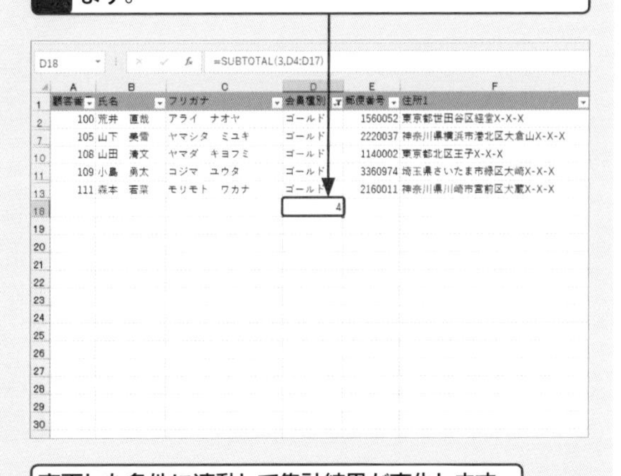

変更した条件に連動して集計結果が変化します。

重要度 ★★★　件数

Q 232 指定した値以上のデータの件数を求めたい！

A COUNTIF関数を使います。

売上数が10以上とか試験の得点が85点以上、といったように指定した値以上のデータの件数を求めるにはCOUNTIF関数を使います。引数の「条件」に、比較演算子の「>=」を入力して、「以上」の条件を指定します。

列<F>の「合計」が「180」以上のデータの件数を集計します。

1 セル<J2>に「=COUNTIF(F2:F16,I2)」と入力して、

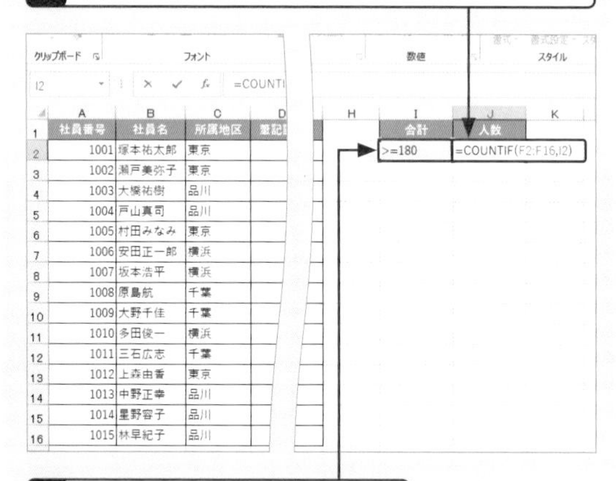

	A 社員番号	B 社員名	C 所属地区	I 合計	J 人数
2	1001	塚本祐太郎	東京	>=180	=COUNTIF(F2:F16,I2)
3	1002	瀬戸美弥子	東京		
4	1003	大槻祐樹	品川		
5	1004	戸山真司	品川		
6	1005	村田みなみ	東京		
7	1006	安田正一郎	横浜		
8	1007	坂本浩平	横浜		
9	1008	原島航	千葉		
10	1009	大野千佳	千葉		
11	1010	多田俊一	横浜		
12	1011	三石広志	千葉		
13	1012	上森由香	東京		
14	1013	中野正幸	品川		
15	1014	星野容子	品川		
16	1015	林早紀子	品川		

2 セル<I2>に「=180」と入力し、

3 Enter を押すと、

4 「合計」が「180以上」の件数が表示されます。

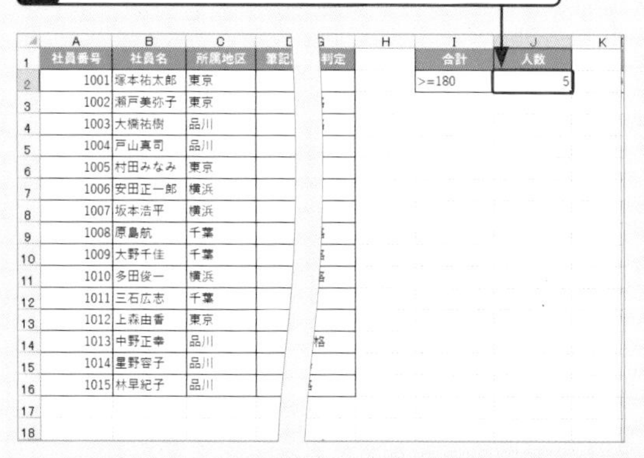

	A 社員番号	B 社員名	C 所属地区	I 合計	J 人数
2	1001	塚本祐太郎	東京	>=180	5
3	1002	瀬戸美弥子	東京		
4	1003	大槻祐樹	品川		
5	1004	戸山真司	品川		
6	1005	村田みなみ	東京		
7	1006	安田正一郎	横浜		
8	1007	坂本浩平	横浜		
9	1008	原島航	千葉		
10	1009	大野千佳	千葉		
11	1010	多田俊一	横浜		
12	1011	三石広志	千葉		
13	1012	上森由香	東京		
14	1013	中野正幸	品川		
15	1014	星野容子	品川		
16	1015	林早紀子	品川		

重要度 ★★★　件数

Q 233 「○○」で始まるデータの件数を求めたい！

A COUNTIF関数の<条件>にワイルドカードを使います。

COUNTIF関数を使って特定の文字で始まるデータの件数を求めるには、条件を入力する際にワイルドカードを使います。「パソコン*」のように指定すると、「パソコン」から始まる文字列ならばあとに続く文字列は何文字もなんでもかまわない、という意味になります。下の例では、列<D>の「商品名」が「本日」で始まるデータの数量を合計しています。

1 セル<J2>に「=COUNTIF(D2:D73,"本日*")」と入力して、

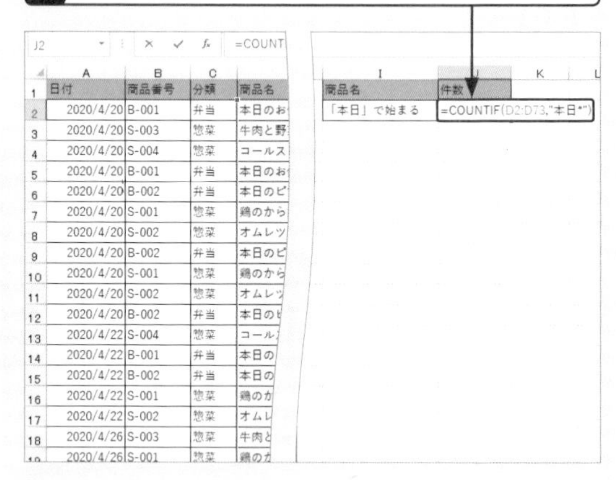

	A 日付	B 商品番号	C 分類	D 商品名	I 商品名	J 件数
2	2020/4/20	B-001	弁当	本日のお	「本日」で始まる	=COUNTIF(D2:D73,"本日*")
3	2020/4/20	S-003	惣菜	牛肉と野		
4	2020/4/20	S-004	惣菜	コールス		
5	2020/4/20	B-001	弁当	本日のお		
6	2020/4/20	B-002	弁当	本日のビ		
7	2020/4/20	S-001	惣菜	鶏のから		
8	2020/4/20	S-002	惣菜	オムレツ		
9	2020/4/20	B-002	弁当	本日のビ		
10	2020/4/20	S-001	惣菜	鶏のから		
11	2020/4/20	S-002	惣菜	オムレツ		
12	2020/4/20	B-002	弁当	本日のビ		
13	2020/4/22	S-004	惣菜	コールス		
14	2020/4/22	B-001	弁当	本日の		
15	2020/4/22	B-002	弁当	本日の		
16	2020/4/22	S-001	惣菜	鶏のか		
17	2020/4/22	S-002	惣菜	オムレ		
18	2020/4/26	S-003	惣菜	牛肉と		
19	2020/4/26	S-001	惣菜	鶏のか		

2 Enter を押すと、

3 「本日」で始まる商品の件数が表示されます。

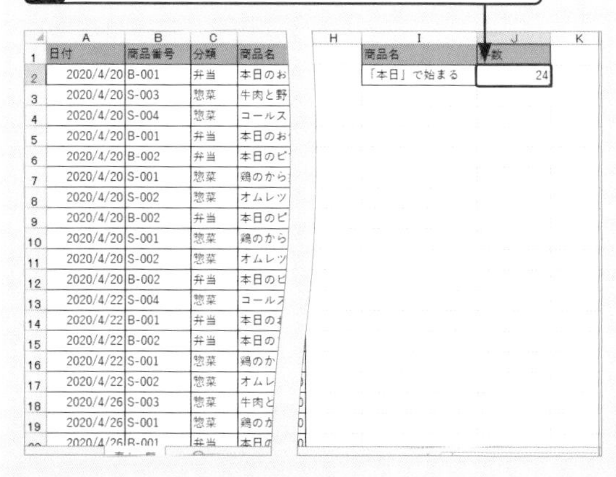

	A 日付	B 商品番号	C 分類	D 商品名	I 商品名	J 件数
2	2020/4/20	B-001	弁当	本日のお	「本日」で始まる	24
3	2020/4/20	S-003	惣菜	牛肉と野		
4	2020/4/20	S-004	惣菜	コールス		
5	2020/4/20	B-001	弁当	本日のお		
6	2020/4/20	B-002	弁当	本日のビ		
7	2020/4/20	S-001	惣菜	鶏のから		
8	2020/4/20	S-002	惣菜	オムレツ		
9	2020/4/20	B-002	弁当	本日のビ		
10	2020/4/20	S-001	惣菜	鶏のから		
11	2020/4/20	S-002	惣菜	オムレツ		
12	2020/4/20	B-002	弁当	本日のビ		
13	2020/4/22	S-004	惣菜	コールス		
14	2020/4/22	B-001	弁当	本日の		
15	2020/4/22	B-002	弁当	本日の		
16	2020/4/22	S-001	惣菜	鶏のか		
17	2020/4/22	S-002	惣菜	オムレ		
18	2020/4/26	S-003	惣菜	牛肉と		
19	2020/4/26	S-001	惣菜	鶏のか		

Q 234 複数の条件を満たすデータの件数を求めたい！

A COUNTIFS（カウントイフズ）関数を使います。

COUNTIF関数は条件を1つしか設定できません。複数の条件を満たすデータの件数を集計するには、COUNTIFS関数を使います。複数の条件を指定すると、すべての条件を満たす(AND条件)データが集計されます。下の例では、列＜A＞の「日付」が2020年4月20日で、列＜B＞の「商品番号」が「B-002」の件数を集計しています。

1つ目の条件を入力します。

1 セル＜J1＞に「2020/4/20」と入力します。

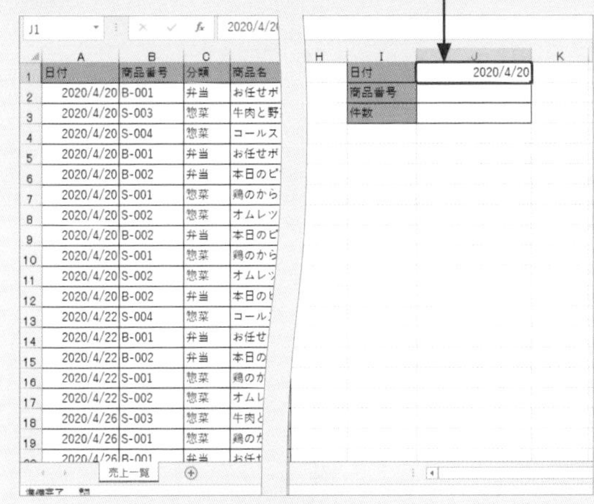

2つ目の条件を入力します。

2 セル＜J2＞に「B-002」と入力します。

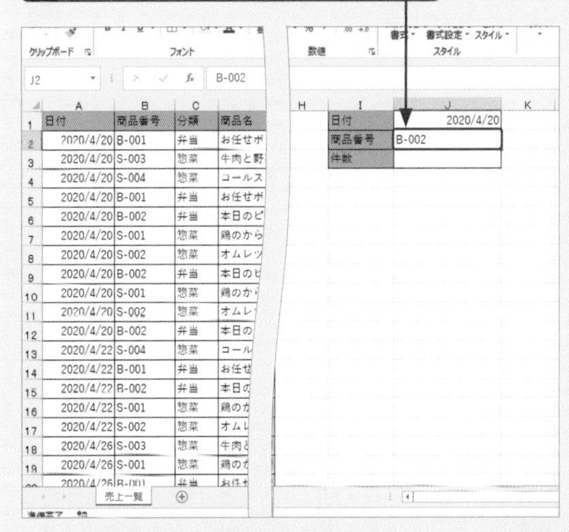

3 セル＜J3＞に「=COUNTIFS(A2:A73,J1,B2:B73,J2)」と入力して、

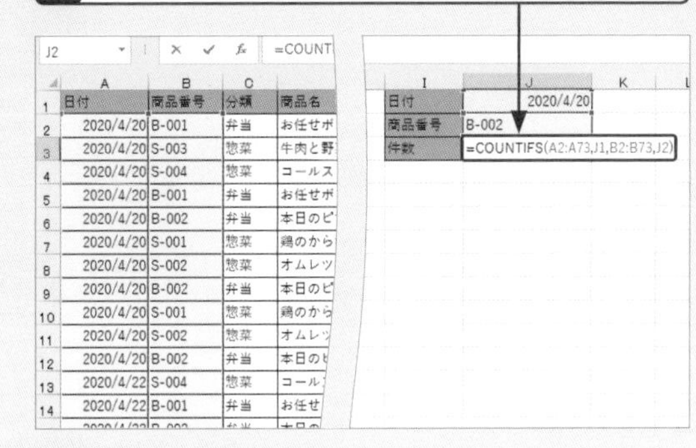

4 Enter を押すと、

5 2020年4月20日の「商品番号」が「B-002」の件数が表示されます。

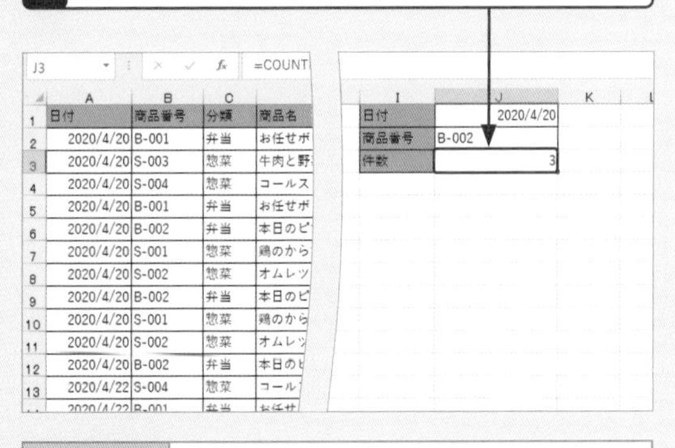

関数の書式	=COUNTIFS (検索条件範囲1,検索条件1,[検索条件範囲2,検索条件2],…)

COUNTIFS関数は、引数の「検索条件範囲1,検索条件1」や「検索条件範囲2,検索条件2」で指定した複数の条件を満たすデータを抽出し、データの個数を求める関数です。条件は、「検索条件範囲」と「検索条件」をセットにして使います。最大127個まで指定できます。

=COUNTIFS(A2:A73,J1,B2:B73,J2)

1つ目の条件（A2:A73,J1）　2つ目の条件（B2:B73,J2）

重要度 ★★★ 件数

Q 235 条件を入力する表を作ってデータの件数を求めたい！

A DCOUNT（ディーカウント）関数を使います。

COUNTIFS関数は、AND条件を満たすデータの集計しかできません。OR条件やAND条件とOR条件を組み合わせた条件を満たしたデータを集計するときは、データベース関数の1つであるDCOUNT関数を使います。リストとは別に条件を入力する表を作っておくと、条件を入れ替えるだけで集計結果も連動して変化します。

● 条件入力用のセルを用意する

1 リストの上側に条件を入力する行を用意しておきます。

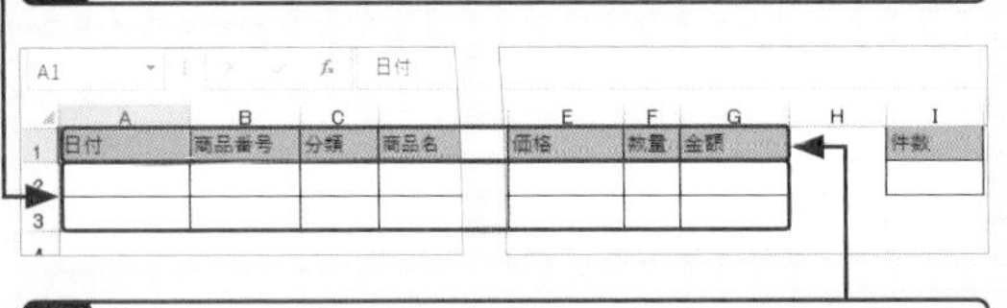

2 条件を入力する表の上端に、リストのフィールド名をコピーしておきます。

● AND条件とOR条件で集計する

列<A>の「日付」が「2020/4/20」か「2020/5/20」で、列<C>の「分類」が「弁当」の件数を集計します。

1 セル<A2>に「2020/4/20」と入力し、

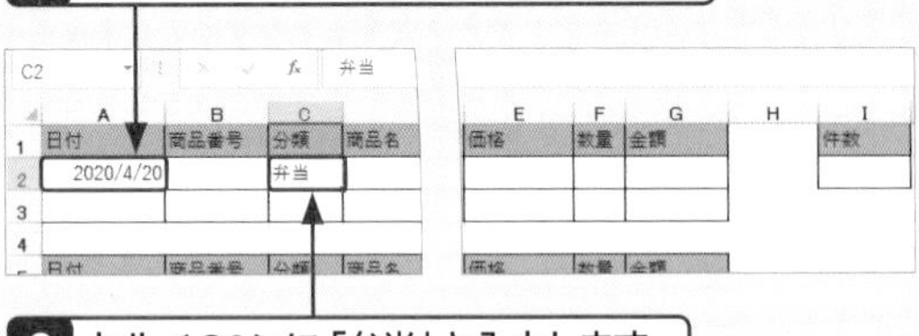

2 セル<C2>に「弁当」と入力します。

同じ行に入力した条件はAND条件になります。

3 セル<A3>に「2020/5/20」と入力し、

4 セル<C3>に「弁当」と入力します。

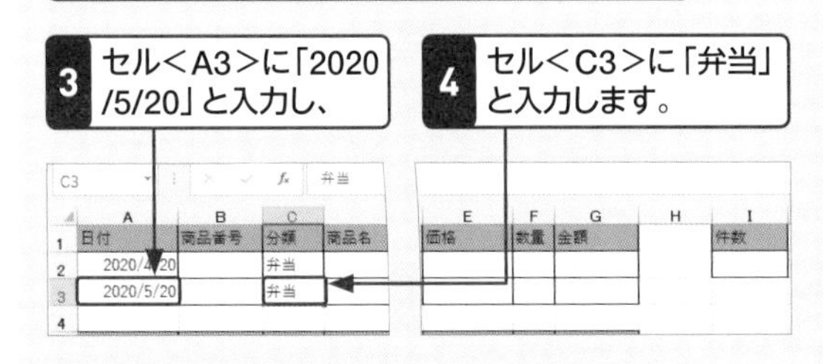

異なる行に入力した条件はOR条件になります。

5 セル<I2>に「=DCOUNT(A5:G77,7,A1:G3)」と入力して、

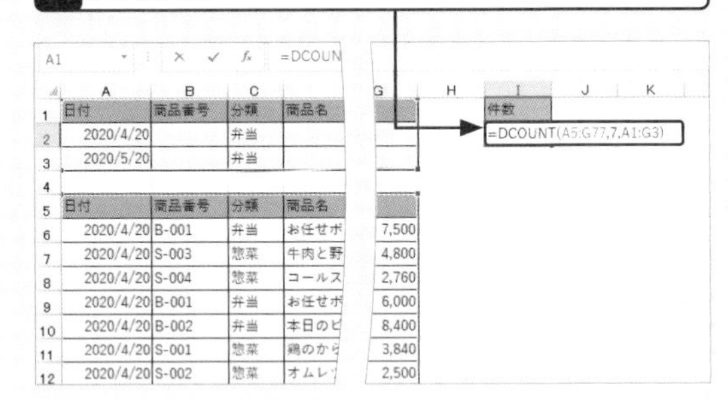

6 Enter を押すと、

7 AND条件とOR条件を満たした件数が表示されます。

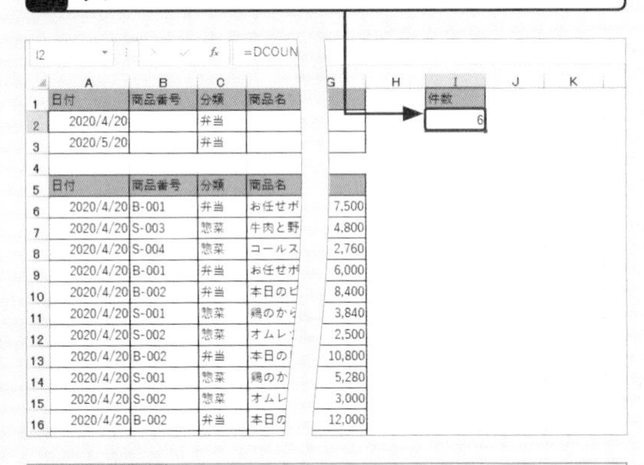

関数の書式 =DCOUNT(データベース,フィールド,条件)

DCOUNT関数は、引数で指定した「データベース」リスト全体）から、「条件」で指定した条件を満たすデータを抽出し、「フィールド」で指定した列のデータの件数を求める関数です。
「フィールド」は、集計したい列がリストの左から何列目にあるかを数値で指定します。ここでは、リストの左から7列目の「金額」を指定しましたが、ほかの列を指定してもかまいません。

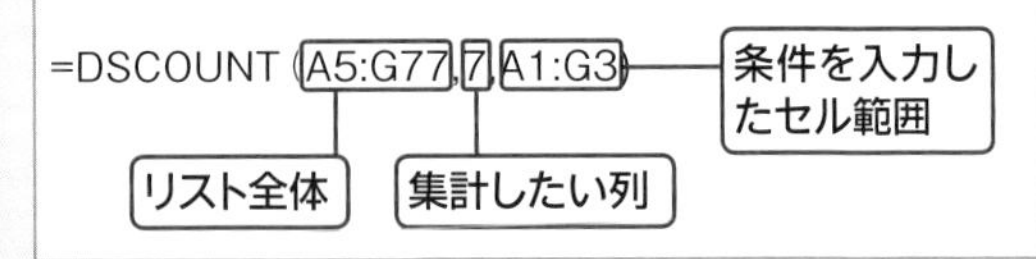

重要度 ★★★　平均

Q 236 条件に一致するデータの値の平均を求めたい！

A AVERAGEIF（アベレージイフ）関数を使います。

「男性の年齢の平均」や「東京支店の売上数の平均」といったように、条件に一致するデータの平均を集計するにはAVERAGEIF関数を使います。下の例では別のセルに入力した条件を使っていますが、引数の中で条件を指定するときは、「=AVERAGEIF(C2:C16,"東京",D2:D16)」のように文字列の前後を半角の「"」(引用符）で囲みます。なお、AVERAGEIF関数で指定できる条件は1つだけです。条件が複数の場合はQ.239のAVERAGEIFS関数を使います。

列<C>の「所属」が「東京」の「筆記試験」の平均を集計します。リストとは別のセルに抽出条件を入力するセルを用意しておきます。

	A	B	C	D		I	J
1	社員番号	社員名	所属地区	筆記		所属地区	筆記試験の平均
2	1001	塚本祐太郎	東京				
3	1002	瀬戸美弥子	東京				
4	1003	大槻祐樹	品川				
5	1004	戸山真司	品川				
6	1005	村田みなみ	東京				
7	1006	安田正一郎	横浜				
8	1007	坂本浩平	横浜				
9	1008	原島航	千葉				
10	1009	大野千佳	千葉				
11	1010	多田俊一	横浜				
12	1011	三石広志	千葉				
13	1012	上森由香	東京				
14	1013	中野正幸	品川				
15	1014	星野容子	品川				
16	1015	林早紀子	品川				

試験結果　準備完了

抽出条件を入力します。

1 セル<I2>に「東京」と入力します。

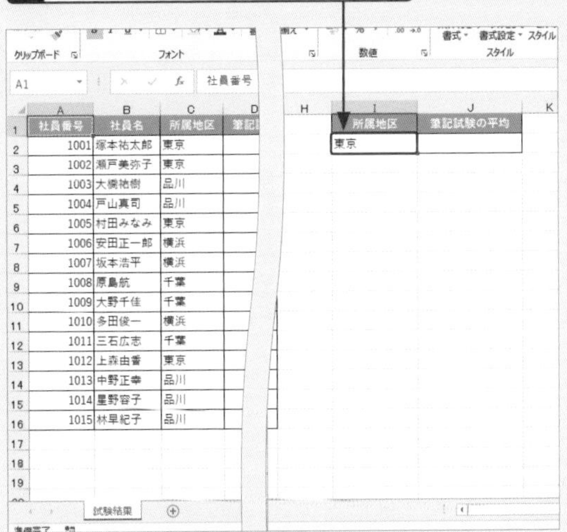

	A	B	C	D		I	J
1	社員番号	社員名	所属地区	筆記		所属地区	筆記試験の平均
2	1001	塚本祐太郎	東京			東京	
3	1002	瀬戸美弥子	東京				
4	1003	大槻祐樹	品川				
5	1004	戸山真司	品川				
6	1005	村田みなみ	東京				
7	1006	安田正一郎	横浜				
8	1007	坂本浩平	横浜				
9	1008	原島航	千葉				
10	1009	大野千佳	千葉				
11	1010	多田俊一	横浜				
12	1011	三石広志	千葉				
13	1012	上森由香	東京				
14	1013	中野正幸	品川				
15	1014	星野容子	品川				
16	1015	林早紀子	品川				

2 セル<J2>に「=AVERAGEIF(C2:C16,I2,D2:D16)」と入力して、

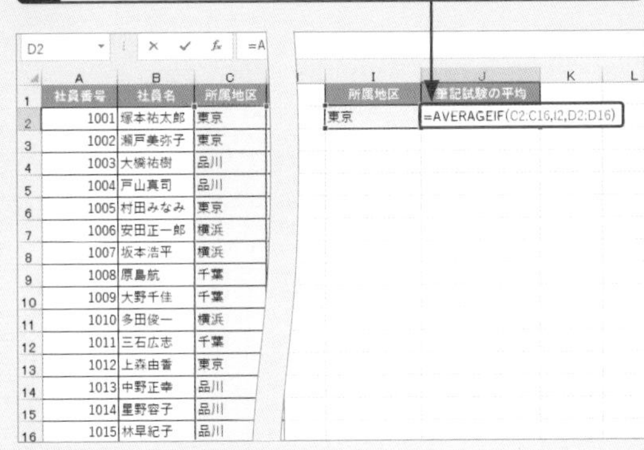

	A	B	C		I	J
1	社員番号	社員名	所属地区		所属地区	筆記試験の平均
2	1001	塚本祐太郎	東京		東京	=AVERAGEIF(C2:C16,I2,D2:D16)
3	1002	瀬戸美弥子	東京			
4	1003	大槻祐樹	品川			
5	1004	戸山真司	品川			
6	1005	村田みなみ	東京			
7	1006	安田正一郎	横浜			
8	1007	坂本浩平	横浜			
9	1008	原島航	千葉			
10	1009	大野千佳	千葉			
11	1010	多田俊一	横浜			
12	1011	三石広志	千葉			
13	1012	上森由香	東京			
14	1013	中野正幸	品川			
15	1014	星野容子	品川			
16	1015	林早紀子	品川			

3 Enter を押すと、

4 「所属」が「東京」の筆記試験の平均点が表示されます。

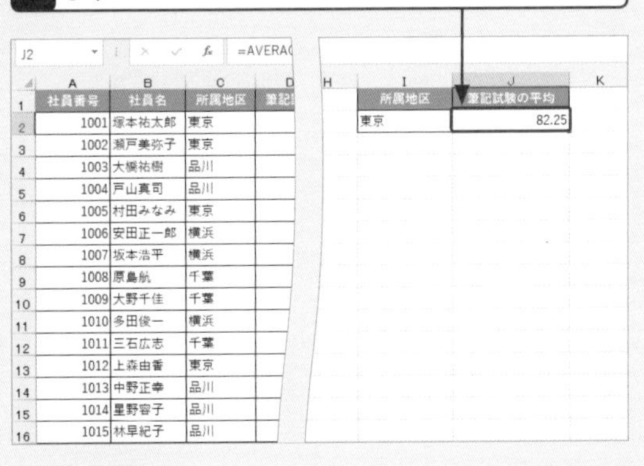

	A	B	C	D		I	J
1	社員番号	社員名	所属地区	筆記		所属地区	筆記試験の平均
2	1001	塚本祐太郎	東京			東京	82.25
3	1002	瀬戸美弥子	東京				
4	1003	大槻祐樹	品川				
5	1004	戸山真司	品川				
6	1005	村田みなみ	東京				
7	1006	安田正一郎	横浜				
8	1007	坂本浩平	横浜				
9	1008	原島航	千葉				
10	1009	大野千佳	千葉				
11	1010	多田俊一	横浜				
12	1011	三石広志	千葉				
13	1012	上森由香	東京				
14	1013	中野正幸	品川				
15	1014	星野容子	品川				
16	1015	林早紀子	品川				

関数の書式	= AVERAGEIF (範囲,条件,[平均対象範囲])

引数で指定した「条件」を満たすデータを「範囲」の中から抽出してデータの平均を求める関数です。

重要度★★★ 平均

Q 237 0を除いて平均を求めたい！

A AVERAGEIF関数を使います。

AVERGE関数で平均を求めると、リスト内に「0」の値があったときに「0」も平均の対象に含まれてしまいます。「0」を無視して平均を求めるには、AVERAGEIF関数を使い、引数の<条件>に「<>0」(0以外) と指定します。

「筆記試験」が「0」以外の平均を集計します。

1 セル<D18>に「=AVERAGEIF(D2:D16,"<>0")」と入力して、

	A	B	C	D	E	F	G
1	社員番号	社員名	所属地区	筆記試験	実技試験	合計	合否判定
2	1001	塚本祐太郎	東京	80	82	162	合格
3	1002	瀬戸美弥子	東京	75	78	153	不合格
4	1003	大槻祐樹	品川	76	78	154	不合格
5	1004	戸山真司	品川	0	0	0	不合格
				86	84	170	合格
11	1010	多田俊一	横浜	60	84	144	不合格
12	1011	三石広志	千葉	87	87	174	合格
13	1012	上森由香	東京	88	94	182	合格
14	1013	中野正幸	品川	78	83	161	不合格
15	1014	星野容子	品川	99	81	180	合格
16	1015	林早紀子	品川	100	84	184	合格
17	平均			75.666667			
18	平均(0以外)			=AVERAGEIF(D2:D16,"<>0")			

2 Enter を押すと、

3 「筆記試験」が「0」以外の平均点が表示されます。

	A	B	C	D	E	F	G
1	社員番号	社員名	所属地区	筆記試験	実技試験	合計	合否判定
2	1001	塚本祐太郎	東京	80	82	162	合格
3	1002	瀬戸美弥子	東京	75	78	153	不合格
4	1003	大槻祐樹	品川	76	78	154	不合格
5	1004	戸山真司	品川	0	0	0	不合格
6	1005	村田みなみ	東京	86	84	170	合格
7	1006	安田正一郎	横浜	89	100	189	合格
				100	97	197	合格
10	1009	大野千佳	千葉	62			
11	1010	多田俊一	横浜	60	84	144	不合格
12	1011	三石広志	千葉	87	87	174	合格
13	1012	上森由香	東京	88	94	182	合格
14	1013	中野正幸	品川	78	83	161	不合格
15	1014	星野容子	品川	99	81	180	合格
16	1015	林早紀子	品川	100	84	184	合格
17	平均			75.666667			
18	平均(0以外)			81.071429			

重要度★★★ 平均

Q 238 曜日別に平均を求めたい！

A AVERAGEIF関数とTEXT関数を組み合わせます。

日単位に入力されているリストから、曜日別のデータの平均を集計するには、AVERAGEIF関数とTEXT関数を組み合わせます。あらかじめ、TEXT関数を使って日付から曜日の情報を別のセルに取り出しておき、AVERAGEIF関数の引数の<条件>に指定します。

Q.213の操作で、列<H>に曜日を表示しておきます。

1 セル<K2>に「=AVERAGEIF($H$2:$H$73,J2,$G$2:$G$73)」と入力して、

	A	B	C	…	J	K
1	日付	商品番号	分類		曜日	売上金額平均
2	2020/4/20	B-001	弁当		日	=AVERAGEIF($H$2:$H$73,J2,$G$2:$G$73)
3	2020/4/20	S-003	惣菜		月	
4	2020/4/20	S-004	惣菜		火	
5	2020/4/20	B-001	弁当		水	
6	2020/4/20	B-002	弁当		木	

2 Enter を押すと、

3 日曜日の売上金額の平均が表示されます。

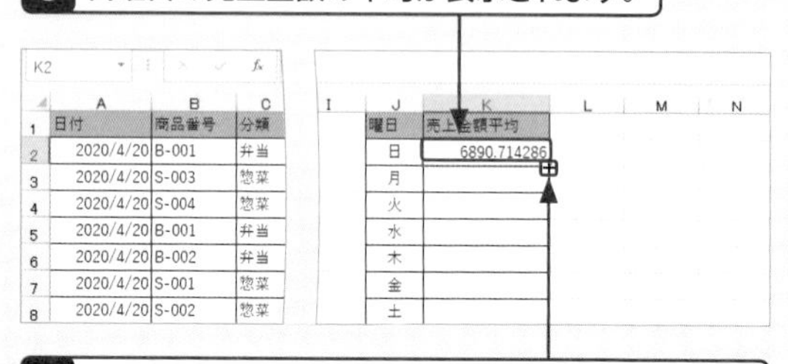

	A	B	C	…	J	K
1	日付	商品番号	分類		曜日	売上金額平均
2	2020/4/20	B-001	弁当		日	6890.714286
3	2020/4/20	S-003	惣菜		月	
4	2020/4/20	S-004	惣菜		火	
5	2020/4/20	B-001	弁当		水	
6	2020/4/20	B-002	弁当		木	
7	2020/4/20	S-001	惣菜		金	
8	2020/4/20	S-002	惣菜		土	

4 セル<K2>の右下の■にマウスポインターを合わせてダブルクリックすると、

5 曜日別の売上金額の平均が表示されます。

	A	B	C	…	J	K
1	日付	商品番号	分類		曜日	売上金額平均
2	2020/4/20	B-001	弁当		日	6890.714286
3	2020/4/20	S-003	惣菜		月	7584.347826
4	2020/4/20	S-004	惣菜		火	3218
5	2020/4/20	B-001	弁当		水	5228
6	2020/4/20	B-002	弁当		木	14520
7	2020/4/20	S-001	惣菜		金	10240
8	2020/4/20	S-002	惣菜		土	7421.111111
9	2020/4/20	B-002	弁当			

重要度 ★★★　平均

Q 239 複数の条件に一致するデータの値の平均を求めたい！

A AVERAGEIFS（アベレージイフズ）関数を使います。

AVERAGEIF関数は条件を1つしか設定できません。複数の条件を満たすデータの平均を集計するにはAVERAGEIFS関数を使います。複数の条件を指定すると、すべての条件を満たす(AND条件)データが集計されます。下の例では、列＜A＞の「日付」が2020年4月20日で、列＜B＞の「商品番号」が「B-002」の売上金額の平均を集計しています。

1つ目の条件を入力します。

1 セル＜J1＞に「2020/4/20」と入力します。

2つ目の条件を入力します。

2 セル＜J2＞に「B-002」と入力します。

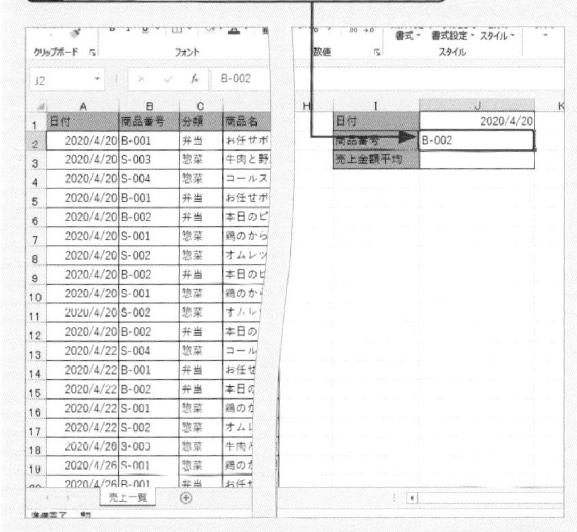

3 セル＜J3＞に「=AVERAGEIFS(G2:G73,A2:A73,J1,B2:B73,J2)」と入力して、

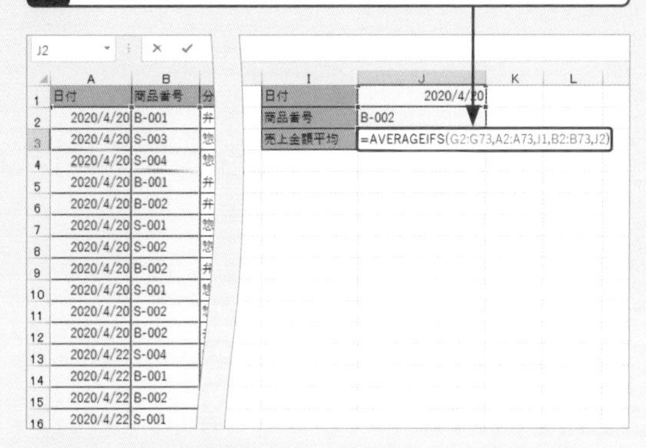

4 Enter を押すと、

5 2020年4月20日の「商品番号」が「B-002」の売上金額の平均が表示されます。

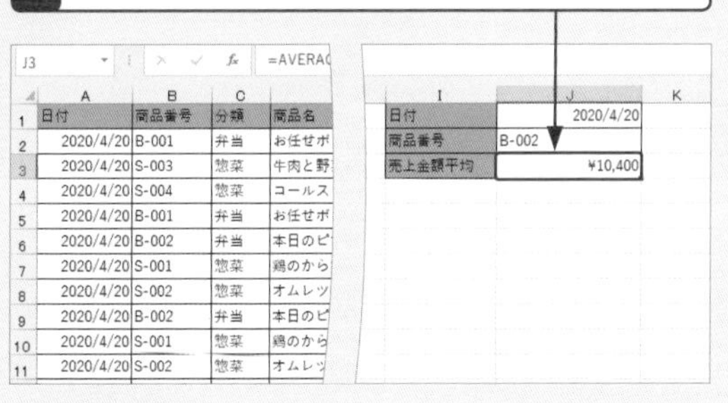

関数の書式　=AVERAGEIFS（平均対象範囲,条件範囲1,条件1,[条件範囲2,条件2],…)

AVERAGEIFS関数は、引数の「条件範囲1,条件1」や「条件範囲2,条件2」で指定した複数の条件を満たすデータを抽出し、データの平均を求める関数です。条件は、「条件範囲」と「条件」をセットにして使います。最大127個まで指定できます。

=AVERAGEIFS(G2:G73,A2:A73,J1,B2:B73,J2)

- G2:G73：平均を求めるセル範囲
- A2:A73,J1：1つ目の条件
- B2:B73,J2：2つ目の条件

重要度★★★ 順位

Q 240 一番大きなデータを取り出したい！

A MAX（マックス）関数を使います。

成績表や売上表から一番大きな値を取り出すには、MAX関数を使います。すると、引数で指定したセル範囲の中にある最大値を求めることができます。<ホーム>タブの Σ の▼をクリックして表示されるメニューから<最大値>を選ぶだけで、自動的にMAX関数が表示されます。

列<D>の筆記試験の最高点を求めます。

1 セル<D17>をクリックし、

2 <ホーム>タブの Σ の▼をクリックして、

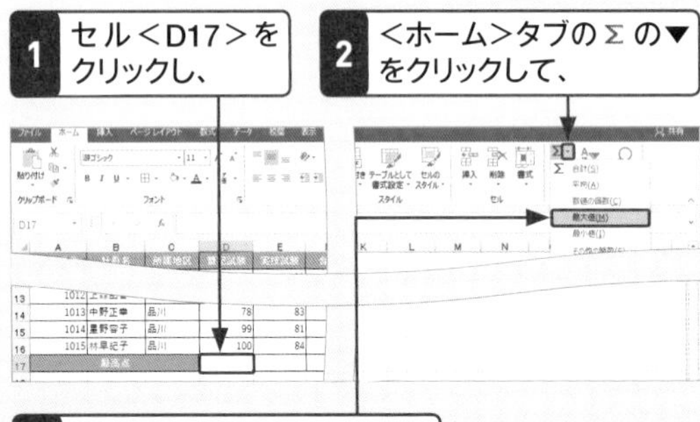

3 <最大値>をクリックします。

4 引数のセル範囲を確認して Enter を押すと、

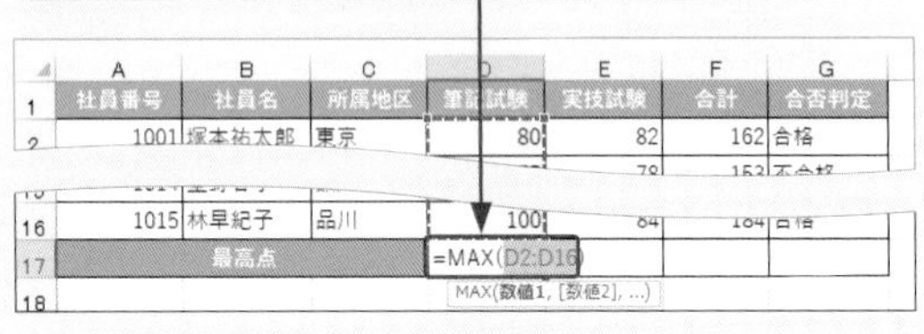

5 筆記試験の最高点が表示されます。

関数の書式	=MAX（数値1,[数値2],…）
引数で指定した数値やセル範囲の中の最大値を求める関数です。	

重要度★★★ 順位

Q 241 一番小さいデータを取り出したい！

A MIN(ミニマム)関数を使います。

成績表や売上表から一番小さな値を取り出すには、MIN関数を使います。すると、引数で指定したセル範囲の中にある最小値を求めることができます。<ホーム>タブの Σ の▼をクリックして表示されるメニューから<最小値>を選ぶだけで、自動的にMIN関数が表示されます。

列<D>の筆記試験の最低点を求めます。

1 セル<D17>をクリックし、

2 <ホーム>タブの Σ の▼をクリックして、

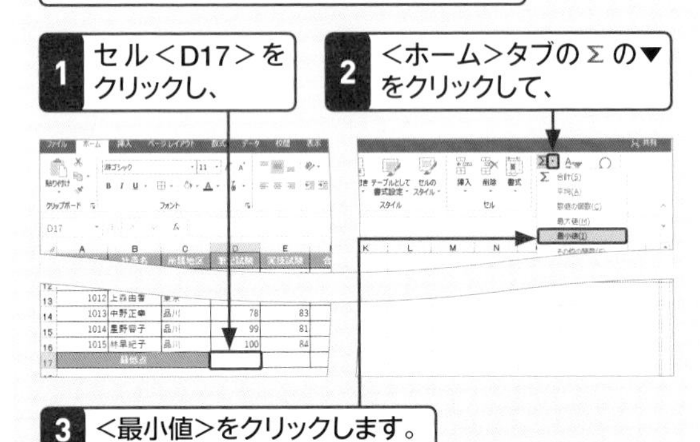

3 <最小値>をクリックします。

4 引数のセル範囲を確認して Enter を押すと、

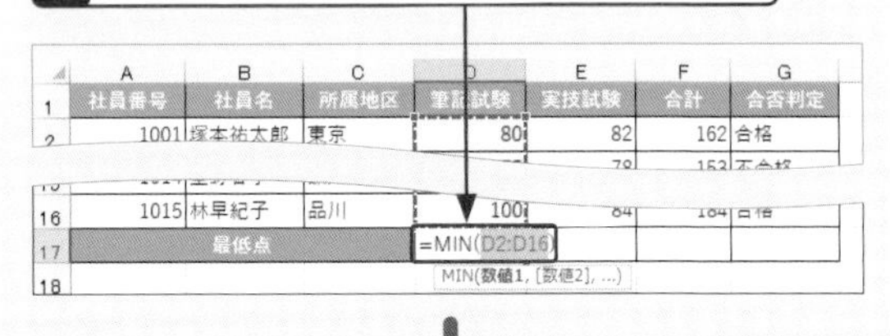

5 筆記試験の最低点が表示されます。

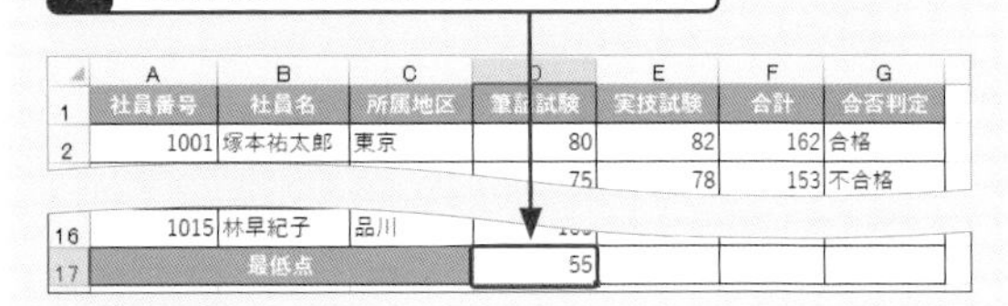

関数の書式	=MIN（数値1,[数値2],…）
引数で指定した数値やセル範囲の中の最小値を求める関数です。	

重要度 ★★★ 順位

Q 242 取り出したデータに対応する名前を表示したい！

A INDEX（インデックス）関数とMATCH(マッチ)関数を組み合わせます。

Q.240のMAX関数やQ.241のMIN関数を使うと、それぞれ最大値と最小値を取り出すことができますが、その数値が誰のデータなのかがわかりません。対応するデータを取り出すには、INDEX関数とMATCH関数を組み合わせます。INDEX関数の引数の1つ目に最終的に取り出したいデータの列を指定し、引数の2つ目にMATCH関数を指定します。下の例では、最終的に社員名を取り出したいので、INDEX関数の引数の1つ目に列＜B＞のセル範囲を指定しています。また、MATCH関数では、引数の1つ目に検索条件、2つ目に条件を検索する列、3つ目に照合の種類を指定します。条件と完全に一致するデータを検索するには「0」を指定します。

列＜D＞の「実技試験」の最高点が誰なのかを求めます。

1 Q.240の操作で、セル＜J2＞にMAX関数で実技試験の最高点を表示しておきます。

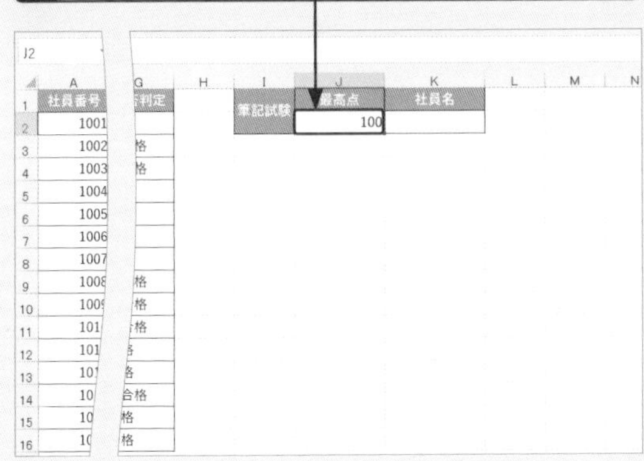

2 セル＜K2＞に「=INDEX(B2:B16,MATCH(J2,D2:D16,0))」と入力して、

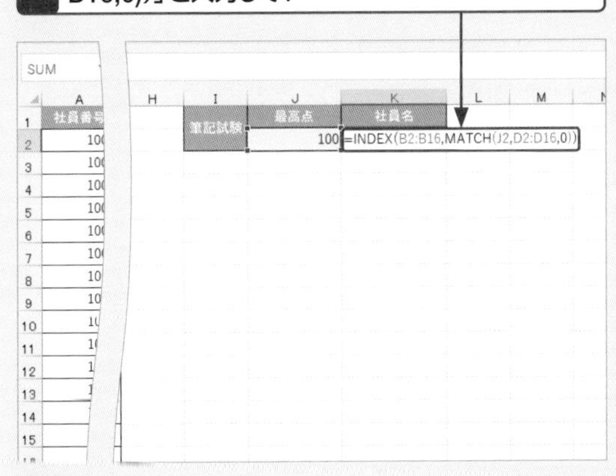

3 Enter を押すと、

4 セル＜J2＞の最高点に対応した氏名が表示されます。

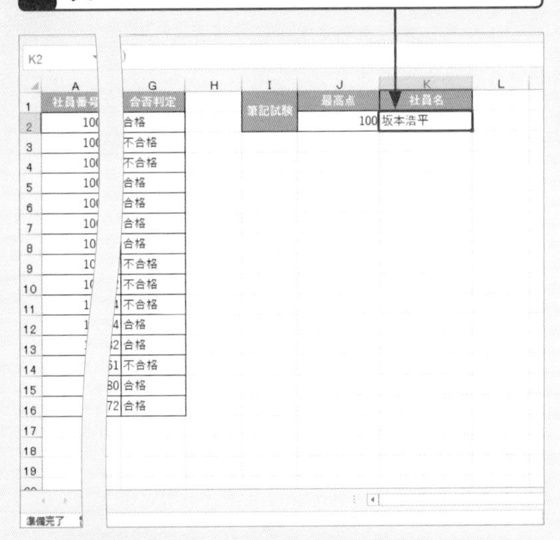

関数の書式	=INDEX（配列,行番号,[列番号]）

引数の「配列」で指定した配列から「行番号」と「列番号」が交差する位置にある値を求めます。

関数の書式	=MATCH（検索値,検索範囲,[照合の種類]）

引数の「検索範囲」から「照合の種類」に基づいて「検索値」を探し、見つかったセルの位置を表示します。

重要度 ★★★　順位

Q 243 〇番目に大きいデータを取り出したい！

A LARGE(ラージ)関数を使います。

成績表や売上表から2番目や3番目に大きな値を取り出すには、LARGE関数を使います。引数の「順位」に、何番目に大きいデータを取り出したいのかを整数で指定します。このとき、もとのリストに同じ値があると、異なる順位として取り出されます。

列<F>の合計が2番目に大きい値を求めます。

1 セル<J3>に「=LARGE(F2:F16,2)」と入力して、

	A	B	C	D	E	F	G	H	I	J
1	社員番号	社員名	所属地区	筆記試験	実技試験	合計	合否判定		合計	点数
2	1001	塚本祐太郎	東京	80	82	162	合格		1	197
3	1002	瀬戸美弥子	東京	75	78	153	不合格		2	=LARGE(F2:F16,2)
4	1003	大槻祐樹	品川	76	78	154	不合格		3	
5	1004	戸山真司	品川	80	81	161	合格			
6	1005	村田みなみ	東京	86	84	170	合格			
7	1006	安田正一郎	横浜	89	100	189	合格			
8	1007	坂本浩平	横浜	100	97	197	合格			
9	1008	原島航	千葉	55	58	113	不合格			
10	1009	大野千佳	千葉	62	80	142	不合格			
11	1010	多田俊一	横浜	60	84	144	不合格			
12	1011	三石広志	千葉	87	87	174	合格			
13	1012	上森由香	東京	88	94	182	合格			
14	1013	中野正幸	品川	78	83	161	不合格			
15	1014	星野容子	品川	99	81	180	合格			
16	1015	林早紀子	品川	100	84	184	合格			

2 Enter を押すと、

3 2番目に大きい合計点が表示されます。

	A	B	C	D	E	F	G	H	I	J
1	社員番号	社員名	所属地区	筆記試験	実技試験	合計	合否判定		合計	点数
2	1001	塚本祐太郎	東京	80	82	162	合格		1	197
3	1002	瀬戸美弥子	東京	75	78	153	不合格		2	189
4	1003	大槻祐樹	品川	76	78	154	不合格		3	
5	1004	戸山真司	品川	80	81	161	合格			
6	1005	村田みなみ	東京	86	84	170	合格			
7	1006	安田正一郎	横浜	89	100	189	合格			
8	1007	坂本浩平	横浜	100	97	197	合格			
9	1008	原島航	千葉	55	58	113	不合格			
10	1009	大野千佳	千葉	62	80	142	不合格			
11	1010	多田俊一	横浜	60	84	144	不合格			
12	1011	三石広志	千葉	87	87	174	合格			
13	1012	上森由香	東京	88	94	182	合格			
14	1013	中野正幸	品川	78	83	161	不合格			
15	1014	星野容子	品川	99	81	180	合格			
16	1015	林早紀子	品川	100	84	184	合格			

試験結果

関数の書式	=LARGE (配列, 順位)

引数で指定した数値やセル範囲の中で、大きいほうから数えたときの「順位」に指定した順番の数値を求める関数です。

重要度 ★★★　順位

Q 244 〇番目に小さいデータを取り出したい！

A SMALL(スモール)関数を使います。

成績表や売上表から2番目や3番目に小さな値を取り出すには、SMALL関数を使います。引数の「順位」に、何番目に小さいデータを取り出したいのかを整数で指定します。このとき、もとのリストに同じ値があると、異なる順位として取り出されます。

列<F>の合計が2番目に小さい値を求めます。

1 セル<J3>に「=SMALL(F2:F16,2)」と入力して、

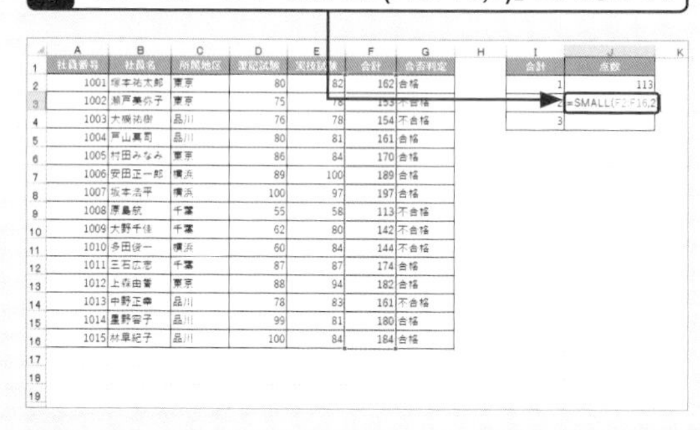

	A	B	C	D	E	F	G	H	I	J
1	社員番号	社員名	所属地区	筆記試験	実技試験	合計	合否判定		合計	点数
2	1001	塚本祐太郎	東京	80	82	162	合格		1	113
3	1002	瀬戸美弥子	東京	75	78	153	不合格		2	=SMALL(F2:F16,2
4	1003	大槻祐樹	品川	76	78	154	不合格		3	
5	1004	戸山真司	品川	80	81	161	合格			
6	1005	村田みなみ	東京	86	84	170	合格			
7	1006	安田正一郎	横浜	89	100	189	合格			
8	1007	坂本浩平	横浜	100	97	197	合格			
9	1008	原島航	千葉	55	58	113	不合格			
10	1009	大野千佳	千葉	62	80	142	不合格			
11	1010	多田俊一	横浜	60	84	144	不合格			
12	1011	三石広志	千葉	87	87	174	合格			
13	1012	上森由香	東京	88	94	182	合格			
14	1013	中野正幸	品川	78	83	161	不合格			
15	1014	星野容子	品川	99	81	180	合格			
16	1015	林早紀子	品川	100	84	184	合格			

2 Enter を押すと、

3 2番目に小さい合計点が表示されます。

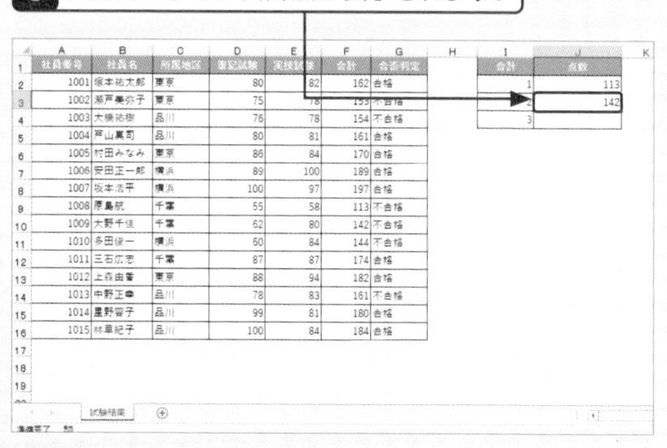

	A	B	C	D	E	F	G	H	I	J
1	社員番号	社員名	所属地区	筆記試験	実技試験	合計	合否判定		合計	点数
2	1001	塚本祐太郎	東京	80	82	162	合格		1	113
3	1002	瀬戸美弥子	東京	75	78	153	不合格		2	142
4	1003	大槻祐樹	品川	76	78	154	不合格		3	
5	1004	戸山真司	品川	80	81	161	合格			
6	1005	村田みなみ	東京	86	84	170	合格			
7	1006	安田正一郎	横浜	89	100	189	合格			
8	1007	坂本浩平	横浜	100	97	197	合格			
9	1008	原島航	千葉	55	58	113	不合格			
10	1009	大野千佳	千葉	62	80	142	不合格			
11	1010	多田俊一	横浜	60	84	144	不合格			
12	1011	三石広志	千葉	87	87	174	合格			
13	1012	上森由香	東京	88	94	182	合格			
14	1013	中野正幸	品川	78	83	161	不合格			
15	1014	星野容子	品川	99	81	180	合格			
16	1015	林早紀子	品川	100	84	184	合格			

試験結果

関数の書式	=SMALL (配列, 順位)

引数で指定した数値やセル範囲の中で、小さいほうから数えたときの「順位」に指定した順番の数値を求める関数です。

重要度★★★　順位

Q 245 値の順位を表示したい！

A RANK（ランク）関数を使います。

成績表や売上表などで順位を付けるときはRANK関数を使います。数値の大きいほうから順番に「1」「2」と順位を付けるときは、引数の「順序」に「0」を指定します、反対に数値の小さいほうから順位を付けるときは、引数の「順序」に「1」を指定します。数式をコピーすることを想定して、引数の「範囲」は絶対参照で指定します。

列＜F＞の「合計」の大きい順に順位を表示します。

1 セル＜G2＞に「=RANK（F2,$F$2:f16,0)」と入力して、

	A	B	C	D	E	F	G	H	I
1	社員番号	社員名	所属地区	筆記試験	実技試験	合計	順位		
2	1001	塚本祐太郎	東京	80	82	162	=RANK(F2,$F$2:$F$16,0)		
3	1002	瀬戸美弥子	東京	75	78	153			
4	1003	大槻祐樹	品川	76	78	154			
5	1004	戸山真司	品川	80	81	161			

2 Enter を押すと、

3 順位が表示されます。

	A	B	C	D	E	F	G	H	I
1	社員番号	社員名	所属地区	筆記試験	実技試験	合計	順位		
2	1001	塚本祐太郎	東京	80	82	162	8		
3	1002	瀬戸美弥子	東京	75	78	153			
4	1003	大槻祐樹	品川	76	78	154			

4 セル＜G2＞の右下の■にマウスポインターを移動してダブルクリックすると、

5 「合計」の大きい順に順位が表示されます。

	A	B	C	D	E	F	G	H
1	社員番号	社員名	所属地区	筆記試験	実技試験	合計	順位	
2	1001	塚本祐太郎	東京	80	82	162	8	
3	1002	瀬戸美弥子	東京	75	78	153	12	
4	1003	大槻祐樹	品川	76	78	154	11	
5	1004	戸山真司	品川	80	81	161	9	
6	1005	村田みなみ	東京	86	84	170	7	

関数の書式　=RANK（数値，参照，[順位]）

引数で指定した「数値」が「参照」で指定したセル範囲の中で何番目に位置するかを求める関数です。「順位」に「0」を指定すると降順、「1」を指定すると昇順になります。「順位」を省略すると「0」が指定されます。

重要度★★★　順位

Q 246 RANK関数とRANK.EQ関数って何が違うの？

A RANK.EQ関数はExcel2010以降で使える関数です。

順位やランキングを求める関数にはRANK関数とRANK.EQ関数の2種類があります。RANK.EQ関数のEQは「イコール」の意味で、Excel2010以降で使える関数で、関数の書式や使い方はRANK関数と同じです。Excel2007以前のバージョンで利用する可能性があるときはRANK関数を使いましょう。なお、RANK関数はExcel2010以降でも利用できます。

● RANK関数で順位を求めた結果

	A	B	C	D	E	F	G	H
1	社員番号	社員名	所属地区	筆記試験	実技試験	合計	順位	
2	1001	塚本祐太郎	東京	80	82	162	8	
3	1002	瀬戸美弥子	東京	75	78	153	12	
4	1003	大槻祐樹	品川	76	78	154	11	
5	1004	戸山真司	品川	80	81	161	9	
6	1005	村田みなみ	東京	86	84	170	7	
7	1006	安田正一郎	横浜	89	100	189	2	
8	1007	坂本浩平	横浜	100	97	197	1	
9	1008	原島航	千葉	55	58	113	15	
10	1009	大野千佳	千葉	62	80	142	14	
11	1010	多田俊一	横浜	60	84	144	13	
12	1011	三石広志	千葉	87	87	174	6	
13	1012	上森由香	東京	88	94	182	4	

「=RANK（F2,$F$2:$F$16,0)」

● RANK.EQ関数で順位を求めた場合

	A	B	C	D	E	F	G	H
1	社員番号	社員名	所属地区	筆記試験	実技試験	合計	順位	
2	1001	塚本祐太郎	東京	80	82	162	8	
3	1002	瀬戸美弥子	東京	75	78	153	12	
4	1003	大槻祐樹	品川	76	78	154	11	
5	1004	戸山真司	品川	80	81	161	9	
6	1005	村田みなみ	東京	86	84	170	7	
7	1006	安田正一郎	横浜	89	100	189	2	
8	1007	坂本浩平	横浜	100	97	197	1	
9	1008	原島航	千葉	55	58	113	15	
10	1009	大野千佳	千葉	62	80	142	14	
11	1010	多田俊一	横浜	60	84	144	13	
12	1011	三石広志	千葉	87	87	174	6	

「=RANK.EQ（F2,$F$2:$F$16,0)」

関数の書式　=RANK.EQ（数値，参照，[順位]）

引数で指定した「数値」が「参照」で指定したセル範囲の中で何番目に位置するかを求める関数です。「順位」に「0」を指定すると降順、「1」を指定すると昇順になります。「順位」を省略すると「0」が指定されます。

重要度★★★　順位

Q247 同順位の値を持つ行で上の行を上位にしたい！

A RANK関数とCOUNTIF関数を組み合わせます。

RANK関数を使って順位を付けると、同じ数値には同じ順位が表示されます。同順位を差別化してリストの上の行にある順位を上位にするには、COUNTIF関数を使って順位を求めたいセルより上に同順位があるかどうかを調べ、同順位があったときはその件数分を加算します。下の例では、セル範囲<F2:F6>に「170」の数値が2つあります。つまり、セル<F6>から見ると、自分より上のセルに同じ数値が1つあることになります。セル<F6>の順位に「1」を加算することで、RANK関数で「7」の順位が「8」になります。

1 Q.245の操作で列<F>の「合計」の大きい順に順位を表示すると、順位「7」が2件表示されます。

G2　=RANK(F2,$F$2:$F$16,0)

社員番号	社員名	所属地区	筆記試験	実技試験	合計	順位 同順位あり	順位 同順位なし
1001	塚本祐太郎	東京	80	82	162	9	
1002	瀬戸美弥子	東京	75	78	153	12	
1003	大槻祐樹	品川	76	78	154	11	
1004	戸山真司	品川	89	81	170	7	
1005	村田みなみ	東京	86	84	170	7	
1006	安田正一郎	横浜	89	100	189	2	
1007	坂本浩平	横浜	100	97	197	1	
1008	原島航	千葉	55	58	113	15	
1009	大野千佳	千葉	62	80	142	14	
1010	多田俊一	横浜	60	84	144	13	
1011	三石広志	千葉	87	87	174	6	
1012	上森由香	東京	88	94	182	4	
1013	中野正幸	品川	78	83	161	10	
1014	星野容子	品川	99	81	180	5	
1015	林早紀子	品川	100	84	184	3	

2 セル<H2>に「=RANK(F2,$F$2:$F$16,0)+COUNTIF($F$2:F2,F2)-1」と入力して、

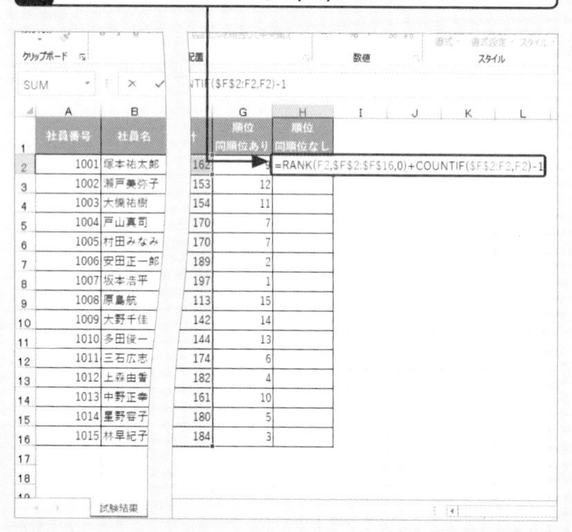

SUM　=RANK(F2,$F$2:$F$16,0)+COUNTIF($F$2:F2,F2)-1

社員番号	社員名	合計	順位 同順位あり	順位 同順位なし
1001	塚本祐太郎	162	9	=RANK(F2,$F$2:$F$16,0)+COUNTIF($F$2:F2,F2)-1
1002	瀬戸美弥子	153	12	
1003	大槻祐樹	154	11	
1004	戸山真司	170	7	
1005	村田みなみ	170	7	
1006	安田正一郎	189	2	
1007	坂本浩平	197	1	
1008	原島航	113	15	
1009	大野千佳	142	14	
1010	多田俊一	144	13	
1011	三石広志	174	6	
1012	上森由香	182	4	
1013	中野正幸	161	10	
1014	星野容子	180	5	
1015	林早紀子	184	3	

3 Enter を押すと、

4 順位が表示されます。

H2　=RANK(F2,$F$2:$F$16,0)+COUNTIF($F$2:F2,F2)-1

社員番号	社員名	所属地区	筆記試験	実技試験	合計	順位 同順位あり	順位 同順位なし
1001	塚本祐太郎	東京	80	82	162	9	9
1002	瀬戸美弥子	東京	75	78	153	12	
1003	大槻祐樹	品川	76	78	154	11	
1004	戸山真司	品川	89	81	170	7	
1005	村田みなみ	東京	86	84	170	7	
1006	安田正一郎	横浜	89	100	189	2	
1007	坂本浩平	横浜	100	97	197	1	
1008	原島航	千葉	55	58	113	15	
1009	大野千佳	千葉	62	80	142	14	
1010	多田俊一	横浜	60	84	144	13	
1011	三石広志	千葉	87	87	174	6	
1012	上森由香	東京	88	94	182	4	
1013	中野正幸	品川	78	83	161	10	
1014	星野容子	品川	99	81	180	5	
1015	林早紀子	品川	100	84	184	3	

5 セル<H2>の右下の■にマウスポインターを移動してダブルクリックすると、

6 同順位のない順位が表示されます。

社員番号	社員名	所属地区	筆記試験	実技試験	合計	順位 同順位あり	順位 同順位なし
1001	塚本祐太郎	東京	80	82	162	9	9
1002	瀬戸美弥子	東京	75	78	153	12	12
1003	大槻祐樹	品川	76	78	154	11	11
1004	戸山真司	品川	89	81	170	7	7
1005	村田みなみ	東京	86	84	170	7	8
1006	安田正一郎	横浜	89	100	189	2	2
1007	坂本浩平	横浜	100	97	197	1	1
1008	原島航	千葉	55	58	113	15	15
1009	大野千佳	千葉	62	80	142	14	14
1010	多田俊一	横浜	60	84	144	13	13
1011	三石広志	千葉	87	87	174	6	6
1012	上森由香	東京	88	94	182	4	4
1013	中野正幸	品川	78	83	161	10	10
1014	星野容子	品川	99	81	180	5	5
1015	林早紀子	品川	100	84	184	3	3

重要度 ★★★　抽出

Q 248 複数の表からデータを取り出したい！

A INDIRECT（インダイレクト）関数を使います。

支店別や月別、年度別にシートを分けて売上表を管理しているときは、VLOOKUP関数の引数にINDIRECT関数を組み合わせることで、複数の表を切り替えながら対応するデータを取り出すことができます。下の例では、「9月」シートと「10月」シートの予約表から誰がどんなコースを予約しているのかを取り出しています。あらかじめもとのリストに「名前」を付けておくと、スムーズに操作できます。

1 「9月」シートのセル範囲＜C2:H15＞に「sep」という名前を付けておきます。

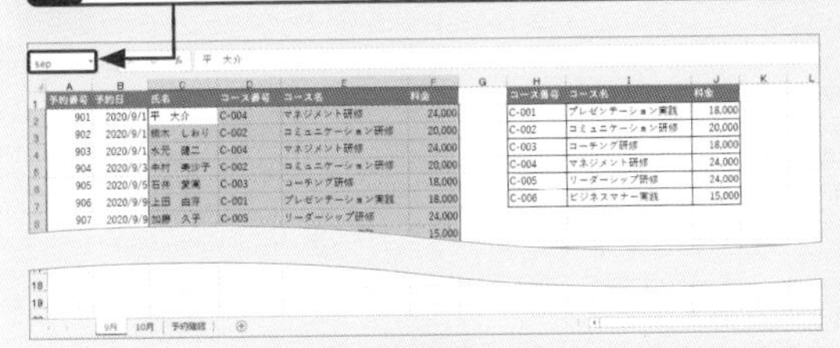

2 同様に、「10月」シートのセル範囲＜C2:H15＞に「oct」という名前を付けておきます。

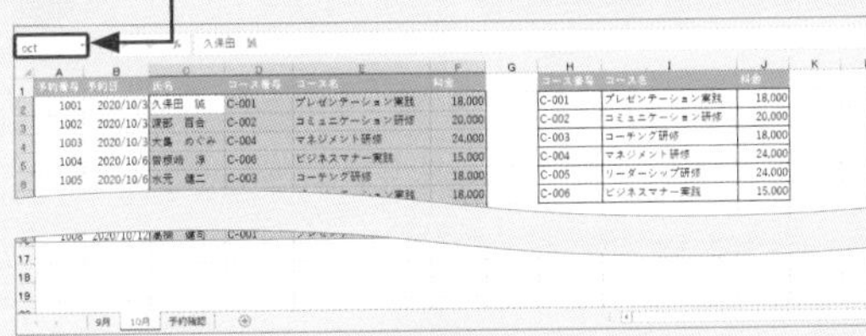

3 ＜予約確認＞シートをクリックし、

4 セル＜B3＞に検索したい氏名を入力します。

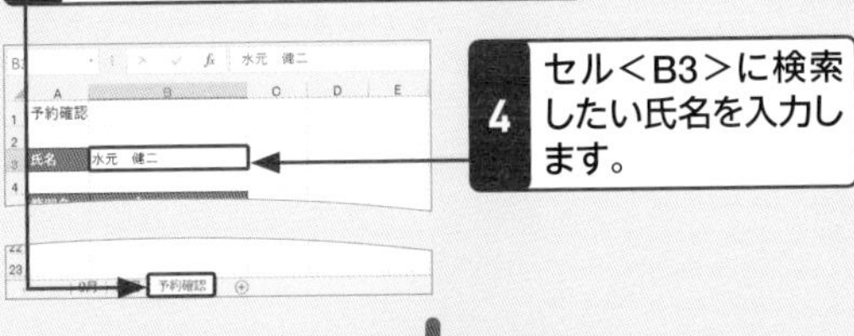

5 セル＜B6＞に「=VLOOKUP($B$3,INDIRECT(A6),3,FALSE」を入力して、

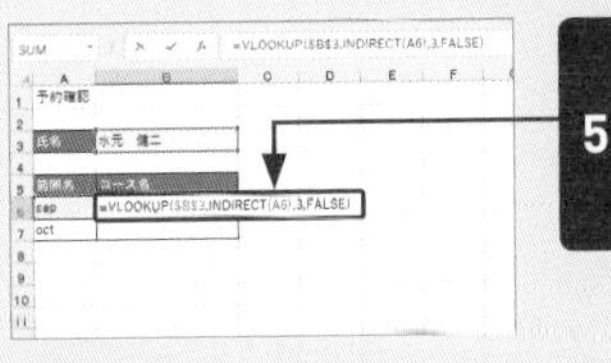

6 Enter を押すと、

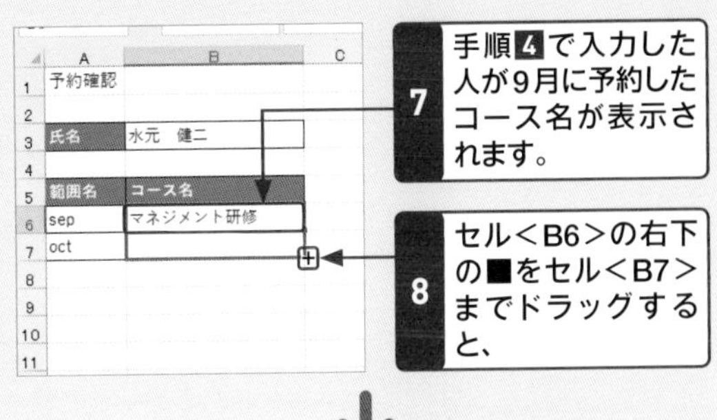

7 手順4で入力した人が9月に予約したコース名が表示されます。

8 セル＜B6＞の右下の■をセル＜B7＞までドラッグすると、

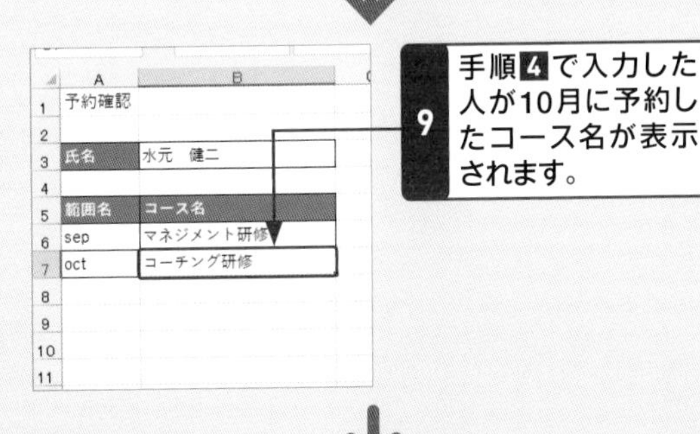

9 手順4で入力した人が10月に予約したコース名が表示されます。

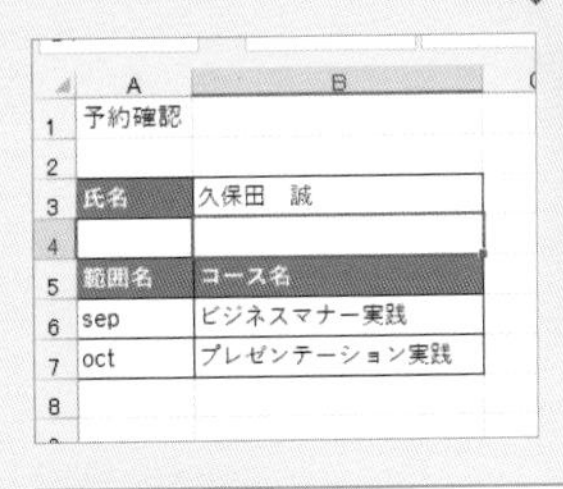

10 セル＜B3＞の氏名を変更すると、連動して計算結果も変化します。

関数の書式　=INDIRECT（参照文字列，［参照形式］）

引数で指定した参照文字列をExcelが計算に使えるようにセル範囲に変換してくれる関数です。ここでは、参照文字列「sep」や「oct」の名前を指定したので、INDIRECT関数は「sep」の場合は「9月」シートのセル範囲＜C2:F15＞に変換し、VLOOKUP関数の引数の範囲して利用しています。

Q 249 値の偏差値を求めたい！

A AVERAGE関数とSTDEV.P（スタンダード・ディービエーション・ピー）関数を使います。

成績を管理するときの1つの方法に「偏差値」があります。偏差値とは、点数が全体の中のどの位置にいるのかを数値で表すもので、「(点数-平均)*10/標準偏差+50」の数式で求められます。平均点を取ると偏差値は50になり、平均点より高い点数を取れば偏差値は50より大きくなります。Excelで偏差値を求めるには、平均を求めるAVERAGE関数と標準偏差を求めるSTDEV.P関数を使います。

1 セル<C17>に「=AVERAGE(C2:C16)」を入力して Enter を押すと、

	A	B	C	D	E	F	G
1	社員番号	社員名	点数	偏差値			
2	1001	塚本祐太郎	162				
3	1002	瀬戸美弥子	153				
4	1003	大槻祐樹	154				
5	1004	戸山真司	161				
6	1005	村田みなみ	170				
11	1010	多田俊一	144				
12	1011	三石広志	174				
13	1012	上森由香	182				
14	1013	中野正幸	161				
15	1014	星野容子	180				
16	1015	林早紀子	184				
17	平均		164.4				
18	標準偏差						
19							

2 平均点が表示されます。

3 セル<C18>に「=STDEV.P(C2:C16)」を入力して Enter を押すと、

	A	B	C	D	E	F	G
1	社員番号	社員名	点数	偏差値			
2	1001	塚本祐太郎	162				
3	1002	瀬戸美弥子	153				
4	1003	大槻祐樹	154				
5	1004	戸山真司	161				
6	1005	村田みなみ	170				
7	1006	安田正一郎	189				
8	1007	坂本浩平	197				
9	1008	原島航	113				
10	1009	大野千佳	142				
11	1010	多田俊一	144				
12	1011	三石広志	174				
13	1012	上森由香	182				
14	1013	中野正幸	161				
15	1014	星野容子	180				
16	1015	林早紀子	184				
17	平均		164.4				
18	標準偏差		20.905502				
19							

4 標準偏差が表示されます。

5 セル<D2>に「=(C2-$C$17)*10/$C$18+50」を入力して Enter を押すと、

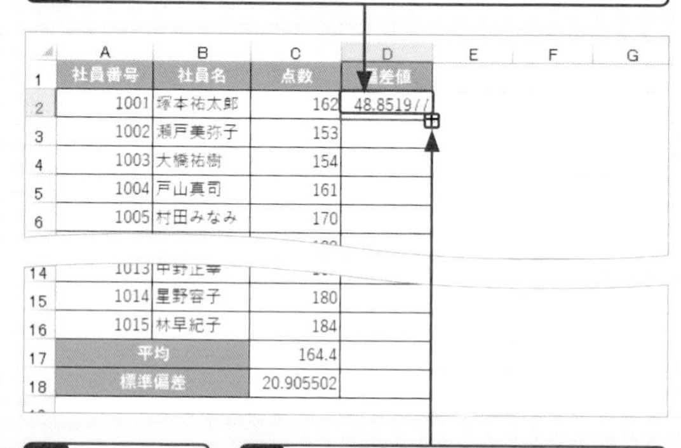

	A	B	C	D	E	F	G
1	社員番号	社員名	点数	偏差値			
2	1001	塚本祐太郎	162	48.8519			
3	1002	瀬戸美弥子	153				
4	1003	大槻祐樹	154				
5	1004	戸山真司	161				
6	1005	村田みなみ	170				
15	1014	星野容子	180				
16	1015	林早紀子	184				
17	平均		164.4				
18	標準偏差		20.905502				

6 偏差値が表示されます。

7 セル<D2>の右下の■にマウスポインターを移動してセル<D16>までドラッグすると、

8 全員分の偏差値が表示されます。

	A	B	C	D	E	F	G
1	社員番号	社員名	点数	偏差値			
2	1001	塚本祐太郎	162	48.851977			
3	1002	瀬戸美弥子	153	44.54689			
4	1003	大槻祐樹	154	45.025233			
5			161	48.373634			
11	1010	多田俊一	144	[illegible]			
12	1011	三石広志	174	54.592093			
13	1012	上森由香	182	58.418836			
14	1013	中野正幸	161	48.373634			
15	1014	星野容子	180	57.462151			
16	1015	林早紀子	184	59.375522			
17	平均		164.4				
18	標準偏差		20.905502				

関数の書式 =STDEV.P(数値1,[数値2],…)

引数で指定した数値がその平均からどれだけ広い範囲に分布しているか（標準偏差）を求める関数です。STDEV.P関数は、引数を母集団全体と見なします。引数が母集団の標本のときはSTDEV関数を使います。

第4章

ピボットテーブルを使ったデータ抽出・集計の「こんなときどうする?」

重要度 ★★★　作成

Q 250 ピボットテーブルとは？

A リストからクロス集計を行う機能です。

ピボットテーブルは、売上データやアンケート調査記録など、一定のルールで集められた「リスト（ピボットテーブルのもとになる表）」をもとに、クロス集計表を作成する機能です。リストのデータをいろいろな角度から集計すると、全体の傾向や問題点などを分析できます。ピボットテーブルを使うと、難しい数式を作らなくてもドラッグ操作で集計したい項目を選択するだけで、かんたんにクロス集計表を作成できます。

売上明細リストには、日々の膨大なデータが蓄積されています。ただし、リストのデータを見ても、何がどのくらい売れているのかはわかりません。

明細番号	日付	店舗名	分類	商品名	価格	数量	金額	サービス形態	消費税
M0001	2020/7/1	目黒店	ドリンク	コーヒー	¥200	2	¥400	テイクアウト	¥32
M0002	2020/7/1	目黒店	副菜	フライドポテト	¥190	1	¥190	テイクアウト	¥15
M0003	2020/7/1	目黒店	ドリンク	コーヒー	¥200	2	¥400	店内	¥40
M0004	2020/7/1	目黒店	スイーツ	アップルパイ	¥300	2	¥600	店内	¥60
M0005	2020/7/1	目黒店	ドリンク	アイスコーヒー	¥200	2	¥400	店内	¥40
M0006	2020/7/1	目黒店	副菜	フライドポテト	¥190	3	¥570	テイクアウト	¥46
M0007	2020/7/1	目黒店	ドリンク	アイスコーラ	¥220	1	¥220	店内	¥22
M0008	2020/7/1	目黒店	スイーツ	アップルパイ	¥300	1	¥300	店内	¥30
M0010	2020/7/1	目黒店	スイーツ	アップルパイ	¥300	1	¥300	テイクアウト	¥24
M0009	2020/7/1	目黒店	ドリンク	コーヒー	¥200	1	¥200	テイクアウト	¥16
M0011	2020/7/1	目黒店	ドリンク	コーラ	¥220	2	¥440	テイクアウト	¥35
M0012	2020/7/1	目黒店	副菜	シーザーサラダ	¥400	2	¥800	店内	¥80
M0013	2020/7/1	目黒店	ドリンク	コーラ	¥220	1	¥220	テイクアウト	¥18
M0014	2020/7/1	目黒店	フード	チーズバーガー	¥300	1	¥300	テイクアウト	¥24
M0015	2020/7/1	目黒店	フード	ダブルチーズバーガー	¥450	2	¥900	テイクアウト	¥72
M0016	2020/7/1	目黒店	フード	ハンバーガー	¥300	3	¥900	テイクアウト	¥72
M0017	2020/7/1	目黒店	フード	アボガドバーガー	¥270	3	¥810	テイクアウト	¥65
M0018	2020/7/1	目黒店	フード	チーズバーガー	¥300	2	¥600	テイクアウト	¥48
M0019	2020/7/1	目黒店	フード	ハンバーガー	¥300	1	¥300	テイクアウト	¥24

リストをもとにピボットテーブルを作成すると、「いつ」「何が」「いくら」売れているかを瞬時にクロス集計できます。

合計 / 金額	列ラベル						
行ラベル	7月	8月	9月	10月	11月	12月	総計
アイスコーヒー	38,400	58,200	63,400	68,400	62,200	68,800	359,400
アイスコーラ	14,960	24,200	21,120	23,760	21,120	21,780	126,940
アップルパイ	56,100	84,000	84,900	84,300	82,800	84,300	476,400
アボガドバーガー	34,290	34,290	32,130	33,480	32,400	34,560	201,150
いかのリングフライ	151,600	240,000	213,200	256,400	251,600	241,600	1,354,400
コーヒー	82,800	127,400	122,400	137,000	128,000	138,200	735,800
コーラ	15,840	28,820	26,400	27,500	26,180	27,060	151,800
シーザーサラダ	372,400	535,200	484,400	543,600	569,600	580,000	3,085,200
ダブルチーズバーガー	59,400	86,850	80,550	87,750	81,000	86,850	482,400
チーズケーキ	51,480	96,800	62,260	69,080	66,220	61,820	407,660
チーズバーガー	95,400	139,500	134,400	139,800	138,600	141,300	789,000
ハンバーガー	58,500	87,000	81,300	84,000	81,600	84,600	477,000
フライドポテト	36,480	55,100	52,440	54,720	52,630	54,340	305,710
総計	1,067,650	1,597,360	1,458,900	1,609,790	1,593,950	1,625,210	8,952,860

重要度 ★★★　作成

Q 251 ピボットテーブルで何ができるの？

A 集計・並べ替え・分析・グラフ作成などができます。

ピボットテーブルは、集計表を作ってその結果を確認するだけでなく、集計項目を並べ替えたり入れ替えたりしながら異なる視点でデータを分析できます。ここでは、ピボットテーブルでどんなことができるかを知りましょう。

● 項目を入れ替えて集計する

ピボットテーブルの醍醐味は、作成した集計表をあとからドラッグ操作だけで変更できることです。もとのリストが同じでも、どの項目をどこに配置するかで、さまざまな集計表に変化します。

● 比率や累計も集計できる

合計や平均、個数以外にも、比率や累計などの集計もマウス操作だけで行えます。また、オリジナルの数式を作成して独自の集計を行うこともできます。

● 並べ替える

ピボットテーブルの集計結果を並べ替えると、売れ筋商品や売上が低迷している商品を分析できます。

● 分析する

ピボットテーブルの集計結果に気になる商品があれば、階層を掘り下げて詳細データを追いかけることができます。これにより、売上アップや低迷の原因などを探ることができます。

● グラフ化する

ピボットテーブルからピボットグラフを作成すると、数値の大きさや推移、割合など、数値の全体的な傾向を把握しやすくなります。

重要度 ★★★　作成

Q 252 ピボットテーブルの土台を作りたい！

A リストをもとにしてピボットテーブルを作成します。

ピボットテーブルは、売上データなどのリストをもとに作成します。すると、リストとは別の新しいシートに集計用の空の枠が表示されます。これがピボットテーブルの土台になります。テーブルに変換したリストからピボットテーブルを作成することもできます。

ピボットテーブルのもとのリストがあるワークシート（ここでは「売上明細」シート）を開いておきます。

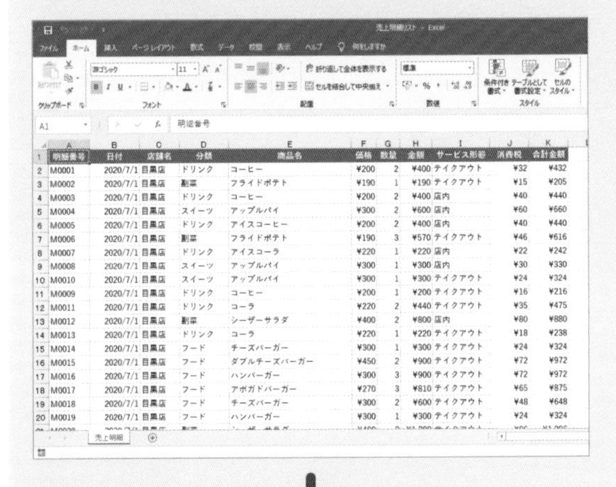

1 リスト内の任意のセルをクリックし、

2 ＜挿入＞タブをクリックして、

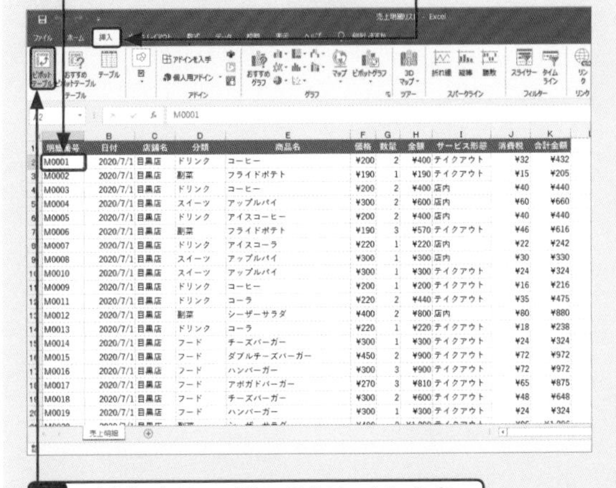

3 ＜ピボットテーブル＞をクリックします。

4 テーブル範囲を確認し、

5 ピボットテーブルの作成場所（ここでは＜新規ワークシート＞）を選択して、

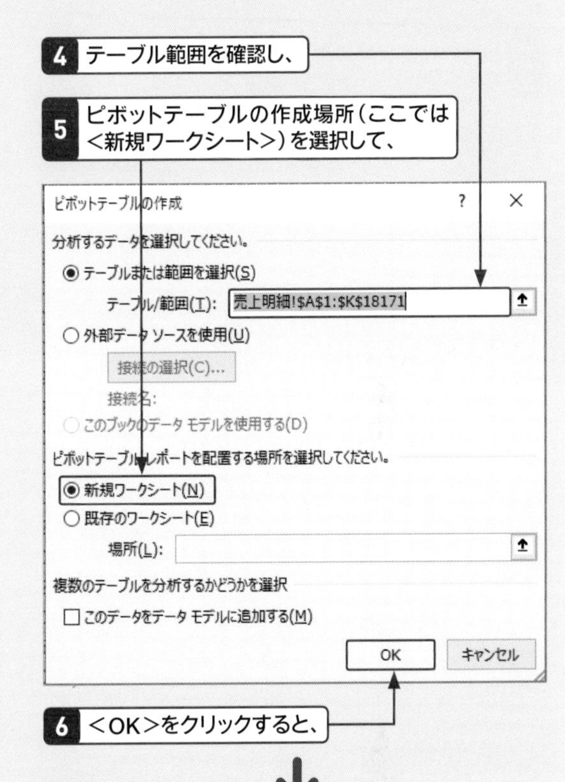

6 ＜OK＞をクリックすると、

7 新規シートにピボットテーブルの土台が表示されます。

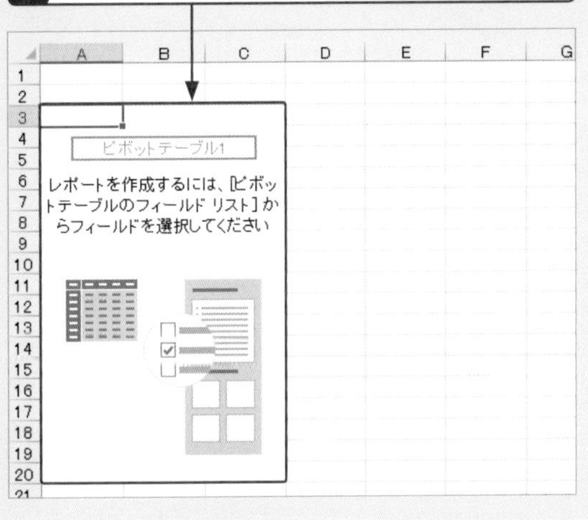

重要度★★★　作成

Q 253 もっとかんたんにピボットテーブルを作りたい!

A おすすめピボットテーブル機能を使います。

Q.252の操作よりももっとかんたんにピボットテーブルを作成するには、おすすめピボットテーブル機能を使います。すると、フィールドを配置済みの集計表の一覧からクリックするだけで、かんたんにピボットテーブルを作成できます。そのため、空の集計表にフィールドを追加する操作を省略できます。

1 リスト内の任意のセルをクリックし、

2 <挿入>タブをクリックして、

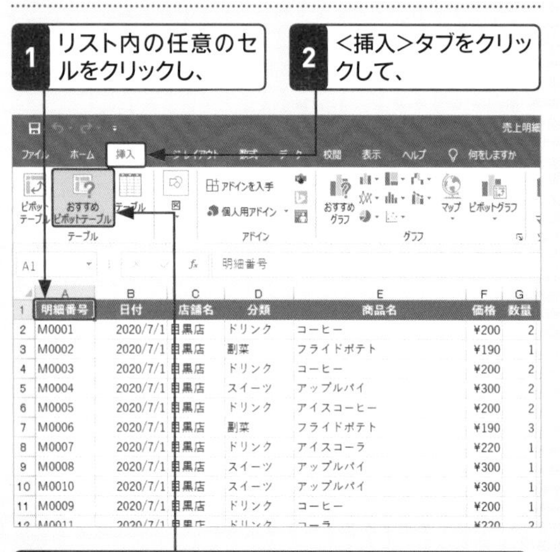

3 <おすすめピボットテーブル>をクリックします。

4 左側のピボットテーブルをクリックすると、

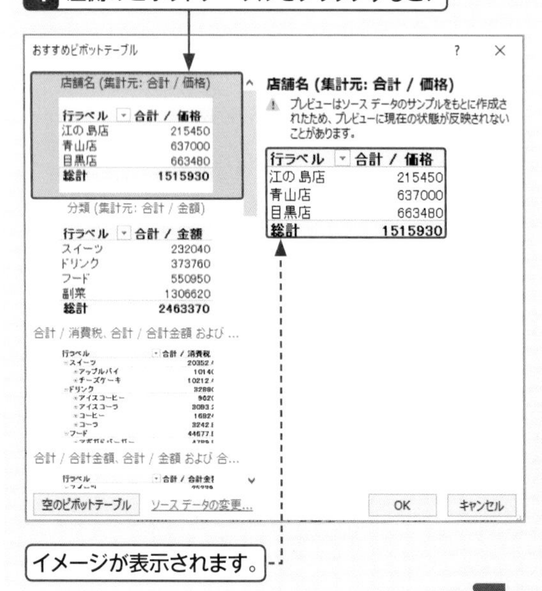

イメージが表示されます。

5 目的のピボットテーブルをクリックし、

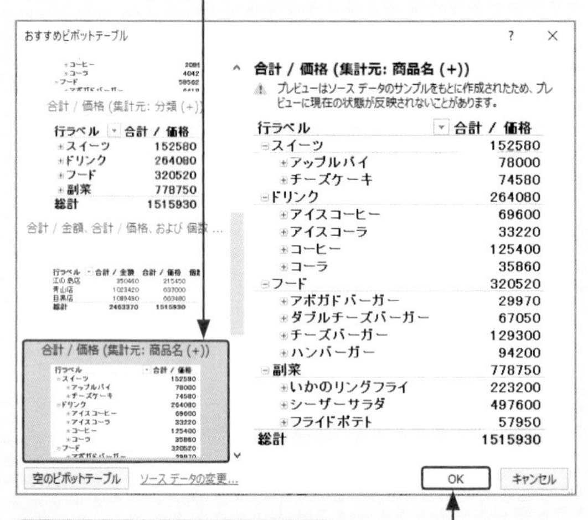

6 <OK>をクリックすると、

7 新規シートにピボットテーブルの集計結果が表示されます。

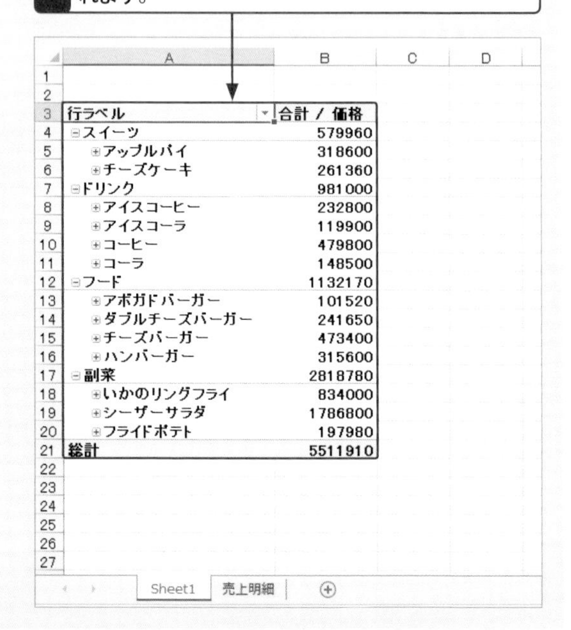

重要度 ★★★　作成

Q 254 「テーブル範囲」欄にテーブル名ではなくセル範囲が表示された！

A テーブルに変換していないリストはセル範囲が表示されます。

Q.252の操作でピボットテーブルを作成すると、<ピボットテーブルの作成>ダイアログボックスの<テーブルまたは範囲を選択>欄に自動的にテーブル名やセル範囲が表示されます。テーブルに変換したリストからピボットテーブルを作成したときはテーブル名が、通常のリストからピボットテーブルを作成したときはリストのセル範囲が表示されます。

● テーブルに変換したリストからピボットテーブルを作成したとき

ピボットテーブルの作成
分析するデータを選択してください。
◉ テーブルまたは範囲を選択(S)
テーブル/範囲(T): テーブル1
○ 外部データ ソースを使用(U)
接続の選択(C)...
接続名:
○ このブックのデータ モデルを使用する(D)
ピボットテーブル レポートを配置する場所を選択してください。
◉ 新規ワークシート(N)
○ 既存のワークシート(E)
場所(L):
複数のテーブルを分析するかどうかを選択
☐ このデータをデータ モデルに追加する(M)
OK　キャンセル

● リストからピボットテーブルを作成したとき

ピボットテーブルの作成
分析するデータを選択してください。
◉ テーブルまたは範囲を選択(S)
テーブル/範囲(T): 売上明細!$A$1:$K$18171
○ 外部データ ソースを使用(U)
接続の選択(C)...
接続名:
○ このブックのデータ モデルを使用する(D)
ピボットテーブル レポートを配置する場所を選択してください。
◉ 新規ワークシート(N)
○ 既存のワークシート(E)
場所(L):
複数のテーブルを分析するかどうかを選択
☐ このデータをデータ モデルに追加する(M)
OK　キャンセル

重要度 ★★★　作成

Q 255 「そのピボットテーブルのフィールド名は正しくありません」と表示された！

A もとになるリストがルールに沿って作られていない可能性があります。

リストをもとにピボットテーブルを作成しようとすると、「そのピボットテーブルのフィールドは正しくありません」と表示される場合があります。これは、リストの先頭行の見出しのセルが部分的に空白になっていたりセルが結合されていたりすることが原因です。このようなときは、Q.008のルールに沿うようにリストを作成・修正してからピボットテーブルを作り直します。

リストの見出しの一部のセル（C1セル）が空白のままピボットテーブルを作成すると…

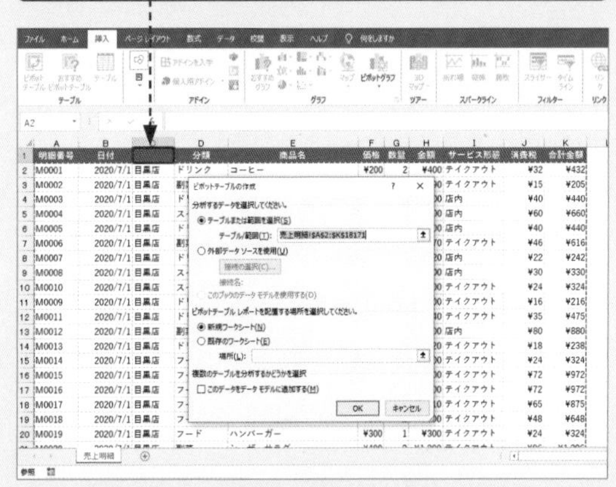

「そのピボットテーブルのフィールドは正しくありません（略）」と表示されます。

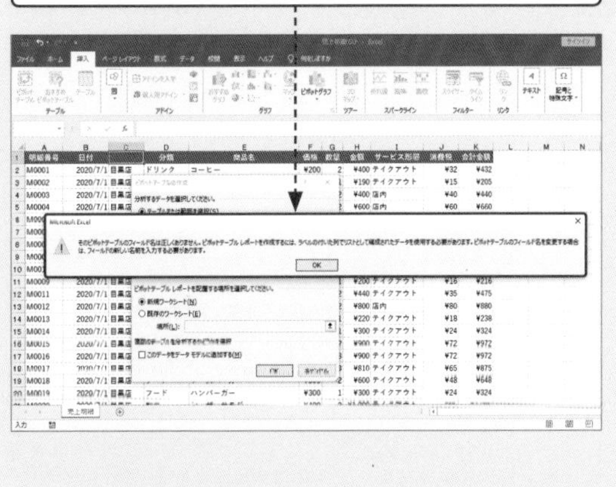

重要度 ★★★ 作成

Q 256 「データソースの参照が正しくありません」と表示された！

A もとのリスト範囲が空欄だったりセル範囲が間違っていたりする可能性があります。

リストをもとにピボットテーブルを作成しようとしたときやあとから更新したときに、「データソースの参照が正しくありません」と表示される場合があります。これは、元リスト以外のセルをクリックしてピボットテーブルを作り始めたり、ピボットテーブルのもとのリスト範囲が空欄だったり間違っていたりすることが原因です。このようなときは、リスト範囲を正しく指定してから操作を続けます。あとからリストの範囲を確認・修正するには、Q.307の操作で<ピボットテーブルツール>-<分析>タブの<データソースの変更>をクリックします。

ピボットテーブルを作ろうとすると、「データソースの参照が正しくありません。」と表示されます。

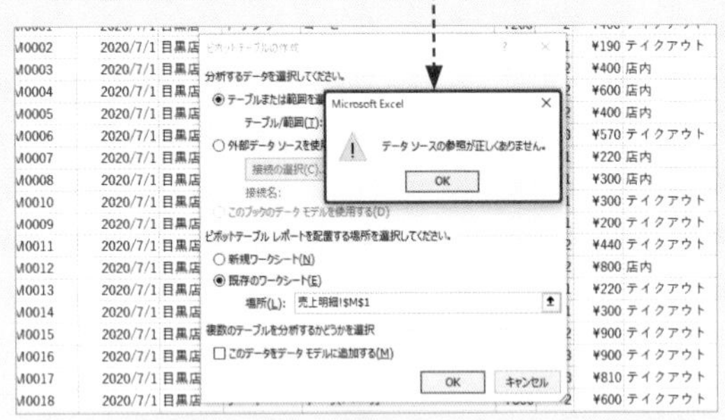

ピボットテーブルのもとになるリストの範囲が空欄になっているのが原因です。

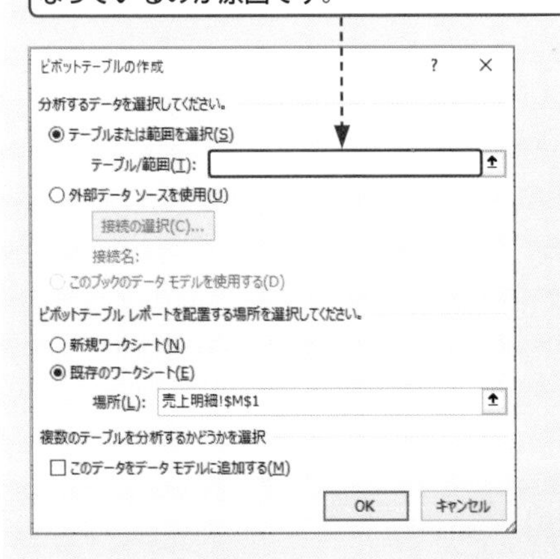

重要度 ★★★ 作成

Q 257 「現在選択されている部分は変更できません」と表示された！

A ピボットテーブルの集計結果に直接データを入力することはできません。

ピボットテーブルの集計表のセルを編集しようとすると、「現在選択されている部分は変更できません」と表示されます。これは、ピボットテーブルの集計結果に直接データを入力・修正していることが原因です。ピボットテーブルのデータを修正するときは、必ず、もとのリストのデータを修正しましょう。

ピボットテーブルの集計結果を直接修正しようとすると…。

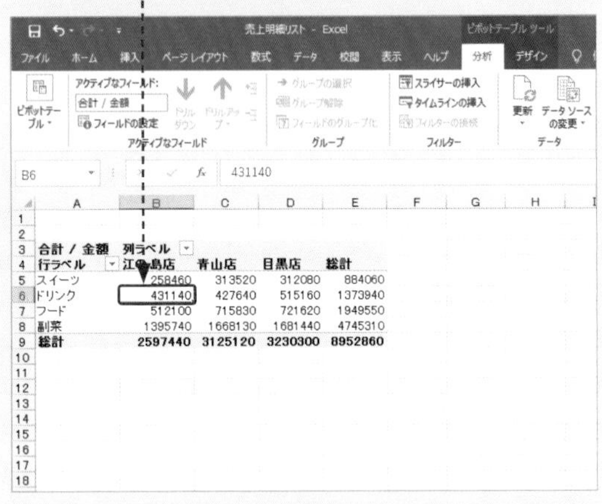

「ピボットテーブルで現在選択されている部分は変更できません。」と表示されます。

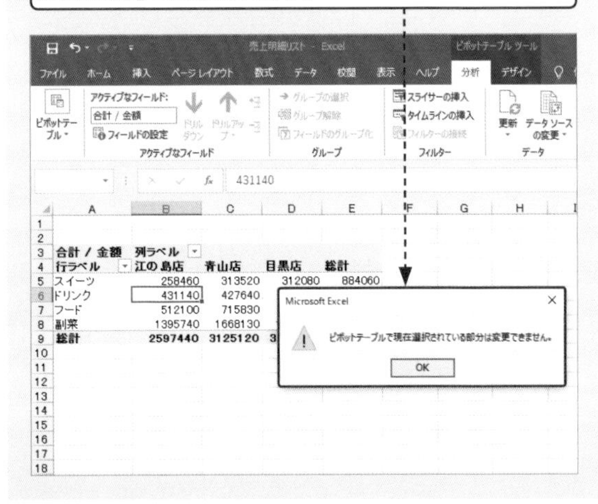

Q 258 ピボットテーブルの画面の見かたを知りたい！

ピボットテーブルの画面は、集計表が表示される左側の<ピボットテーブル>と、フィールドを配置する右側の<フィールドリスト>に大別できます。ピボットテーブル画面の各部の名称と役割は以下の通りです。

A <ピボットテーブル>と<フィールドリスト>に分かれます。

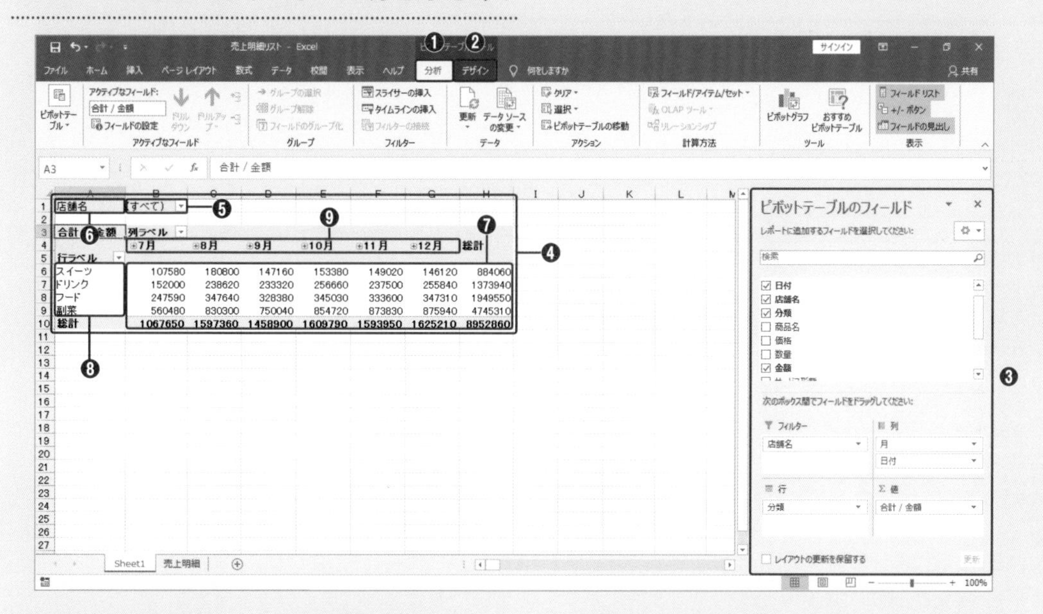

❶ <ピボットテーブルツール> - <分析>タブ

ピボットテーブルをクリックしたときに表示されるタブです。集計結果の絞り込みや集計方法の変更、ピボットグラフの作成など、ピボットテーブルを詳細に分析する機能が集まっています。Microsoft 365では、<ピボットテーブル分析>タブ使います。

❷ <ピボットテーブルツール> - <デザイン>タブ

ピボットテーブルをクリックしたときに表示されるタブです。ピボットテーブルのデザインや小計や総計の表示/非表示など、ピボットテーブルの外観などを変更する機能が集まっています。Microsoft 365では、<デザイン>タブ使います。

❸ <フィールドリスト>ウィンドウ

ピボットテーブルのもとになるリストの1行目に入力された項目が一覧表示されます。詳細はQ.259を参照してください。

❹ ピボットテーブル

<フィールドリスト>ウィンドウに配置したフィールドを使って集計した結果が表示されます。

❺ フィルターボタン

フィールドの項目を絞り込むときに使います。値フィールド以外のフィールドで利用できます。

❻ フィルターフィールド

「フィルター」エリアに配置したフィールドが表示されます。

❼ 値フィールド

「値」エリアに配置したフィールドが表示されます。

❽ 行フィールド

「行」エリアに配置したフィールドが表示されます。

❾ 列フィールド

「列」エリアに配置したフィールドが表示されます。

Q 259 <フィールドリスト>ウィンドウの見かたが知りたい!

A もとになるリストのフィールド名とエリア名が表示されます。

ピボットテーブルは、右側の<フィールドリスト>ウィンドウでフィールドを配置した通りに集計されます。<フィールドリスト>ウィンドウは、ピボットテーブルの操作の「肝」になる場所です。各部の名称と役割を理解しましょう。

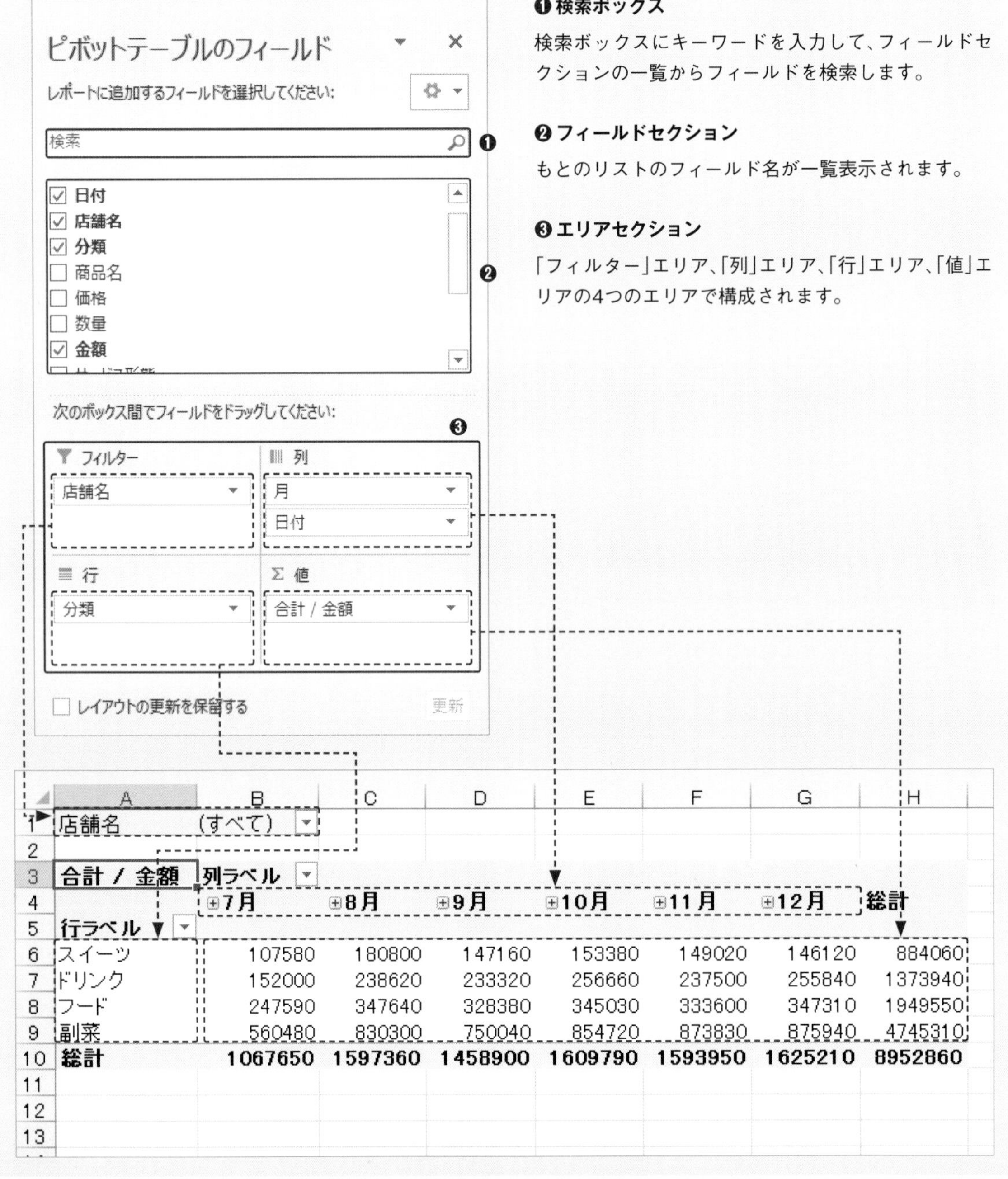

	A	B	C	D	E	F	G	H
1	店舗名	(すべて)						
2								
3	合計 / 金額	列ラベル						
4		⊞7月	⊞8月	⊞9月	⊞10月	⊞11月	⊞12月	総計
5	行ラベル							
6	スイーツ	107580	180800	147160	153380	149020	146120	884060
7	ドリンク	152000	238620	233320	256660	237500	255840	1373940
8	フード	247590	347640	328380	345030	333600	347310	1949550
9	副菜	560480	830300	750040	854720	873830	875940	4745310
10	総計	1067650	1597360	1458900	1609790	1593950	1625210	8952860
11								
12								
13								

❶ 検索ボックス

検索ボックスにキーワードを入力して、フィールドセクションの一覧からフィールドを検索します。

❷ フィールドセクション

もとのリストのフィールド名が一覧表示されます。

❸ エリアセクション

「フィルター」エリア、「列」エリア、「行」エリア、「値」エリアの4つのエリアで構成されます。

重要度★★★　作成

Q 260 <フィールドリスト>ウィンドウが表示されない！

A <ピボットテーブルツール>-<分析>タブの<フィールドリスト>をクリックします。

<フィールドリスト>ウィンドウが表示されていない場合は、ピボットテーブルをクリックし、<ピボットテーブルツール>-<分析>タブの<フィールドリスト>をクリックします。また、ピボットテーブル以外のセルをクリックすると、一時的に<フィールドリスト>ウィンドウが非表示になります。このようなときは、ピボットテーブル内の任意のセルをクリックして表示します。

1 ピボットテーブルの任意のセルをクリックし、

2 <ピボットテーブルツール>-<分析>タブをクリックして、

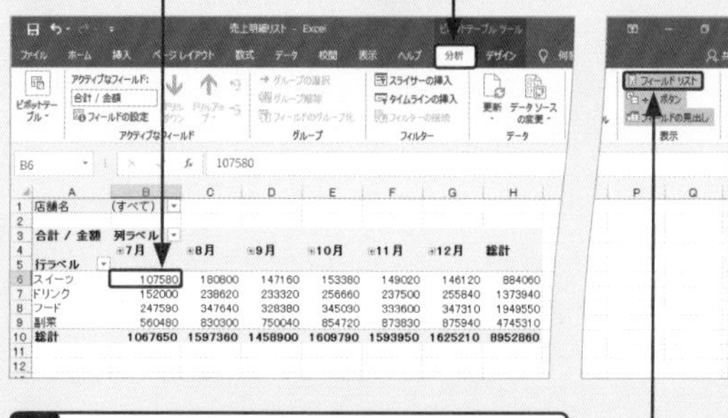

3 <フィールドリスト>をクリックすると、

4 <フィールドリスト>ウィンドウが表示されます。

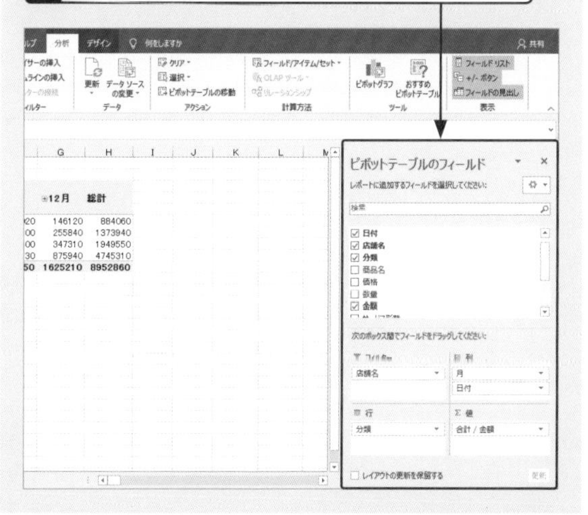

重要度★★★　作成

Q 261 ピボットテーブルを作り直したい！

A ピボットテーブルのシートを削除します。

何らかの事情でいちからピボットテーブルを作り直すときは、ピボットテーブルが作成されたシートを丸ごと削除します。ピボットテーブルの集計結果だけを削除してもピボットテーブルの土台が残ってしまうからです。

1 ピボットテーブルのシート見出しを右クリックし、

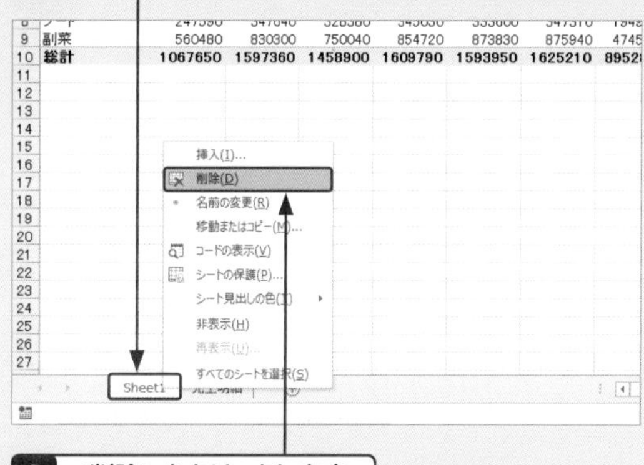

2 <削除>をクリックします。

3 <削除>をクリックすると、

4 ピボットテーブルのシートが削除されます。

9	M0008	2020/7/1	目黒店	スイーツ	アップルパイ	¥300
10	M0010	2020/7/1	目黒店	スイーツ	アップルパイ	¥300
11	M0009	2020/7/1	目黒店	ドリンク	コーヒー	¥200
12	M0011	2020/7/1	目黒店	ドリンク	コーラ	¥220
13	M0012	2020/7/1	目黒店	副菜	シーザーサラダ	¥400
14	M0013	2020/7/1	目黒店	ドリンク	コーラ	¥220
15	M0014	2020/7/1	目黒店	フード	チーズバーガー	¥300
16	M0015	2020/7/1	目黒店	フード	ダブルチーズバーガー	¥450
17	M0016	2020/7/1	目黒店	フード	ハンバーガー	¥300
18	M0017	2020/7/1	目黒店	フード	アボガドバーガー	¥270
19	M0018	2020/7/1	目黒店	フード	チーズバーガー	¥300
20	M0019	2020/7/1	目黒店	フード	ハンバーガー	¥300

売上明細

重要度 ★★★ 作成

Q 262 フィールドを検索したい！

A <フィールドリスト>ウィンドウの検索ボックスを使います。

もとのリストのフィールド数が多いと、<フィールドリスト>ウィンドウの<フィールドセクション>にすべてのフィールド名が表示されず、何度も上下にスクロールすることになります。利用するフィールド名がわかっているときは、<フィールドリスト>ウィンドウの検索ボックスに直接フィールド名を入力して検索できます。

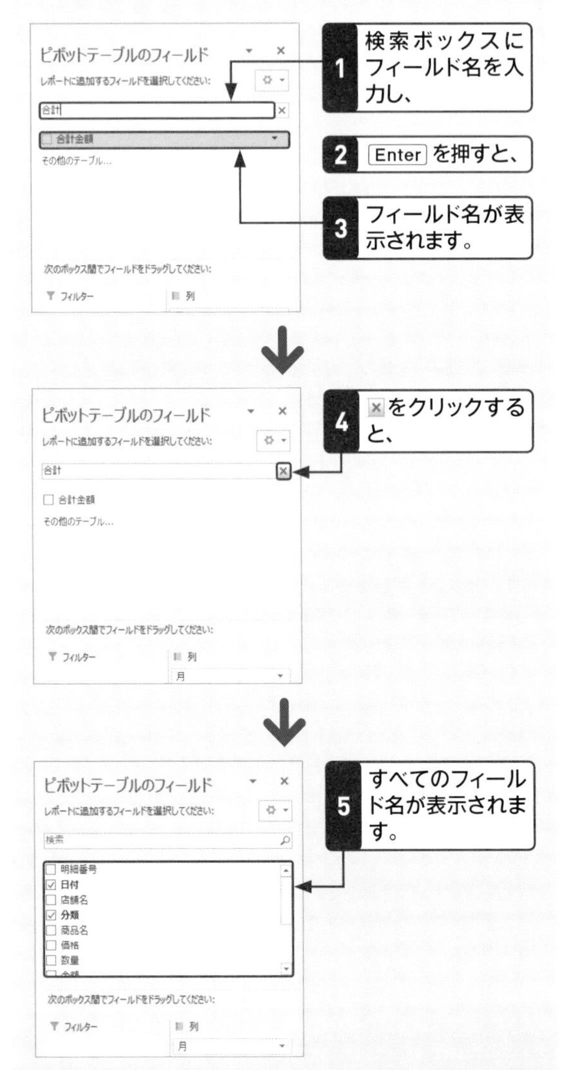

重要度 ★★★ 作成

Q 263 「行」エリアにフィールドを追加したい！

A フィールド名を「行」エリアにドラッグします。

Q.252で作成したピボットテーブルの土台に、レイアウトを指定してピボットテーブルを作ります。まずは、<フィールドリスト>ウィンドウにあるフィールドを行エリアにドラッグして追加します。下の例では、<フィールドリスト>ウィンドウの「行」エリアに<分類>フィールドを配置しています。すると、左側の空の枠内に、分類名が縦方向に一覧表示されます。

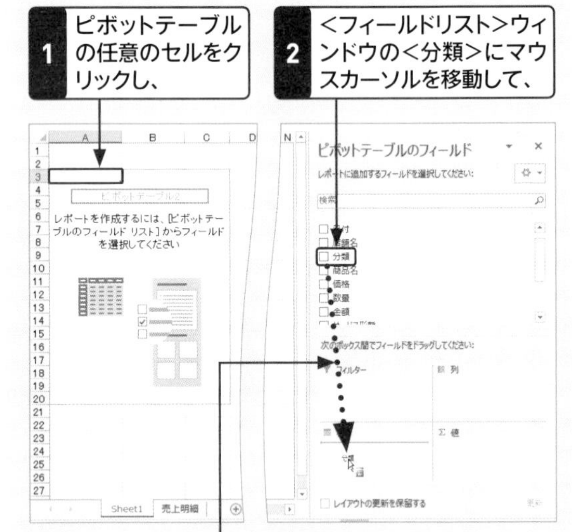

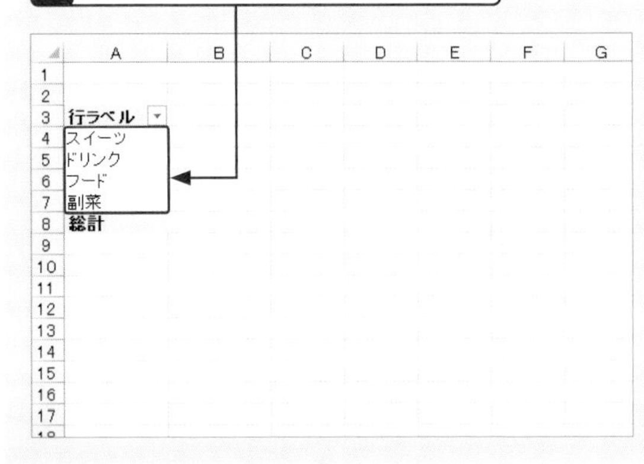

重要度 ★★★　作成

Q 264 「値」エリアにフィールドを追加したい！

A フィールド名を「値」エリアにドラッグします。

Q.263の操作で「行」エリアにフィールドを配置しただけでは集計結果は表示されません。ピボットテーブルで集計するには、「値」エリアにフィールドをドラッグして配置します。下の例では、「値」エリアに<金額>フィールドを追加しています。すると、分類ごとの売上金額の合計が瞬時に集計されます。なお、数値データのフィールドを「値」エリアに配置すると、「合計」が集計されます。また、数値データ以外のフィールドを「値」エリアに配置すると<データの個数>が集計されます。

1 ピボットテーブルの任意のセルをクリックし、

2 <フィールドリスト>ウィンドウの<金額>にマウスカーソルを移動して、

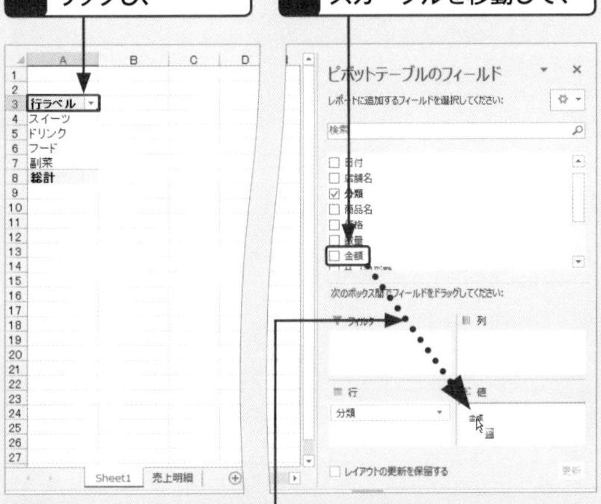

3 「値」エリアまでドラッグすると、

4 「値」エリアに金額の集計結果が表示されます。

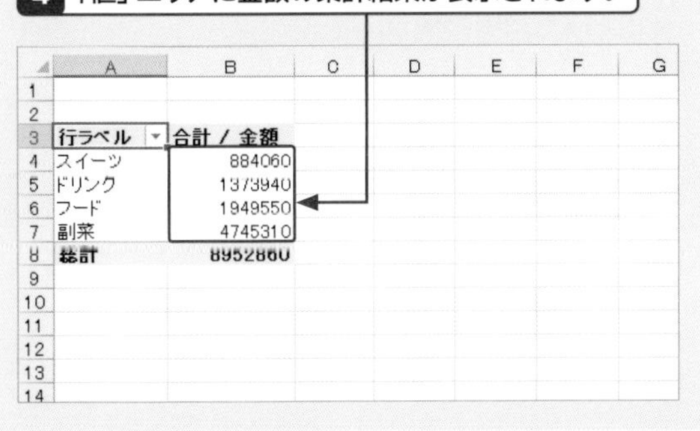

	A	B
3	行ラベル	合計 / 金額
4	スイーツ	884060
5	ドリンク	1373940
6	フード	1949550
7	副菜	4745310
8	総計	8952860

重要度 ★★★　作成

Q 265 「列」エリアにフィールドを追加したい！

A フィールド名を「列」エリアにドラッグします。

Q.264で作成したピボットテーブルに、「列」エリアを追加します。「列」エリアに配置したフィールドは、ピボットテーブルの上部の項目になります。すると、「行」エリアに配置したフィールドと「列」エリアに配置したフィールドが交差する位置の金額を合計するクロス集計表になります。下の例では、「列」エリアに<店舗名>フィールドを追加しています。

1 ピボットテーブルの任意のセルをクリックし、

2 <フィールドリスト>ウィンドウの<店舗名>にマウスカーソルを移動して、

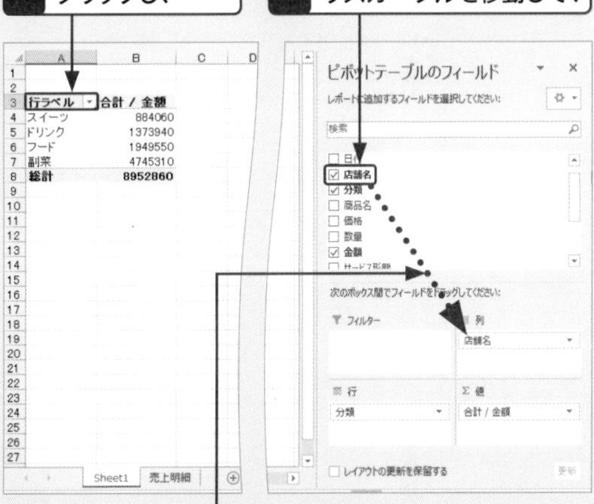

3 「列」エリアまでドラッグすると、

4 「列」エリアに店舗名が表示され、クロス集計表になります。

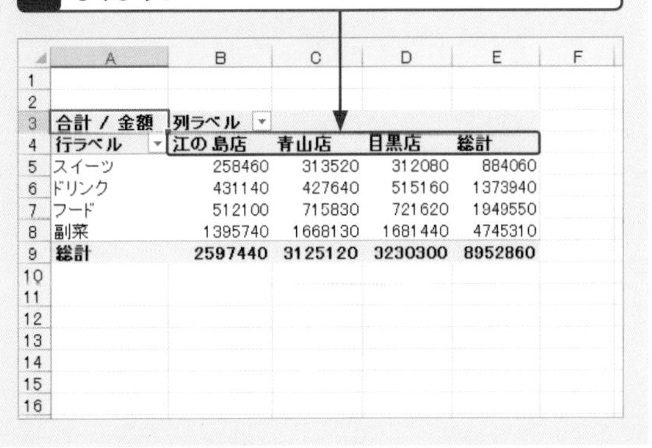

	A	B	C	D	E
3	合計 / 金額	列ラベル			
4	行ラベル	江の島店	青山店	目黒店	総計
5	スイーツ	258460	313520	312080	884060
6	ドリンク	431140	427640	515160	1373940
7	フード	512100	715830	721620	1949550
8	副菜	1395740	1668130	1681440	4745310
9	総計	2597440	3125120	3230300	8952860

重要度 ★★★ 作成

Q 266 クロス集計表って何？

A 「行」エリア、「列」エリア、「値」エリアの3つのエリアを使った集計表です。

ピボットテーブルでクロス集計表を作るには、「行」エリア、「列」エリア、「値」エリアの3つのエリアを使います。分類ごとの店舗別の売上金額を集計するには、「列」エリアに<店舗名>、「行」エリアに<分類>、「値」エリアに<金額>フィールドをそれぞれ追加します。

	A	B	C	D	E	F
1						
2						
3	合計 / 金額	列ラベル				
4	行ラベル	江の島店	青山店	目黒店	総計	
5	スイーツ	258460	313520	312080	884060	
6	ドリンク	431140	427640	515160	1373940	
7	フード	512100	715830	721620	1949550	
8	副菜	1395740	1668130	1681440	4745310	
9	総計	2597440	3125120	3230300	8952860	

重要度 ★★★ 作成

Q 267 Σ値って何？

A 「値」エリアで集計している内容を表す項目名のことです。

もとのリストには「Σ値」というフィールド名が存在しないにも関わらず、「列」エリアに自動的にΣ値が表示されることがあります。Σ値は「値」エリアに複数のフィールドを配置すると表示されるもので、「値」エリアで集計しているのは何かを表す項目名のことです。

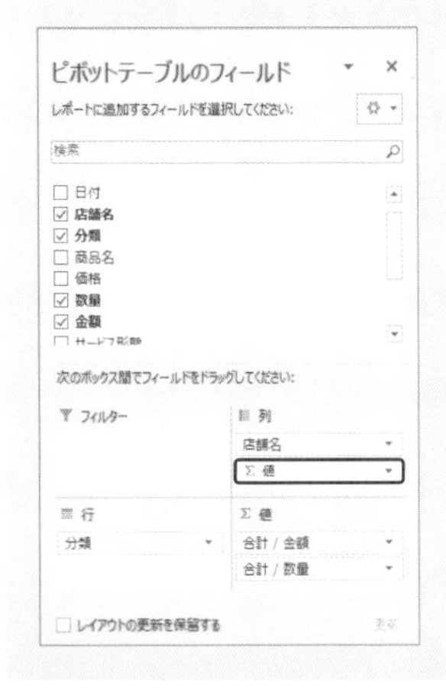

重要度 ★★★ 作成

Q 268 フィールドを削除したい！

A フィールド名を<フィールドリスト>ウィンドウの外側にドラッグします。

「行」エリア、「列」エリア、「値」エリア、「フィルター」エリアに追加したフィールドは、あとからかんたんに削除できます。それには、削除したいフィールド名を<フィールドリスト>ウィンドウの外側にドラッグします。このとき、マウスポインターに「×」記号が付くのが目印です。

1 削除したいフィールド名にマウスポインターを移動し、

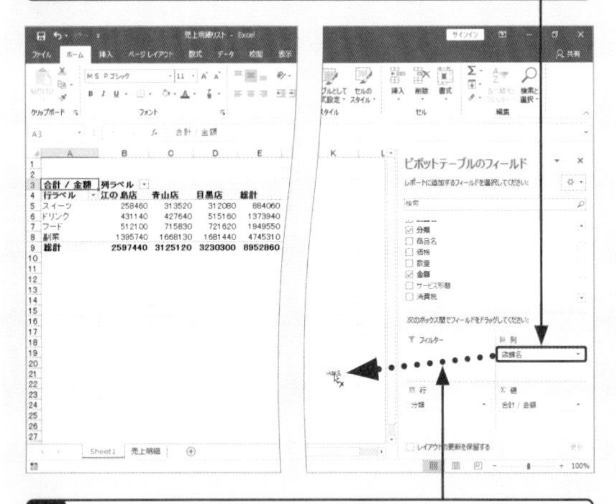

2 <フィールドリスト>ウィンドウの外側にドラッグすると、

3 「列」エリアのフィールドが削除されます。

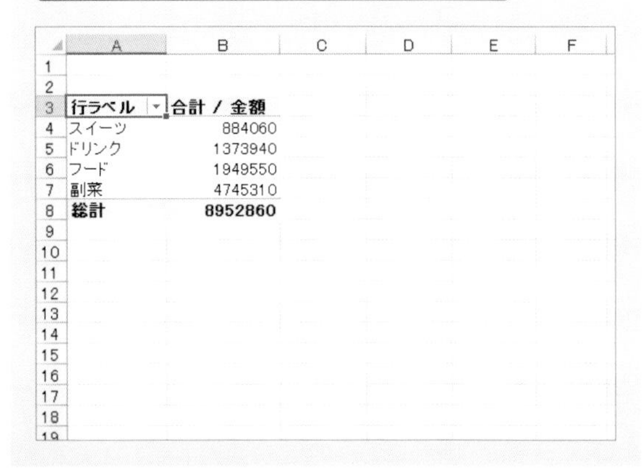

	A	B	C	D	E	F
1						
2						
3	行ラベル	合計 / 金額				
4	スイーツ	884060				
5	ドリンク	1373940				
6	フード	1949550				
7	副菜	4745310				
8	総計	8952860				

重要度★★★　作成

Q269 もっとかんたんにフィールドを追加・削除したい！

A フィールド名のチェックボックスをオン/オフします。

マウスのドラッグ操作でフィールドを追加したり削除したりする以外に、フィールド名の先頭のチェックボックスを使う方法もあります。チェックボックスをオンにすると、数値データのフィールドは自動的に「値」エリアへ、それ以外のフィールドは「行」エリアへ追加されます。また、チェックボックスをオフにすると、そのフィールドが削除されます。

● フィールドの追加

1 追加したいフィールドのチェックボックスをオンにすると、

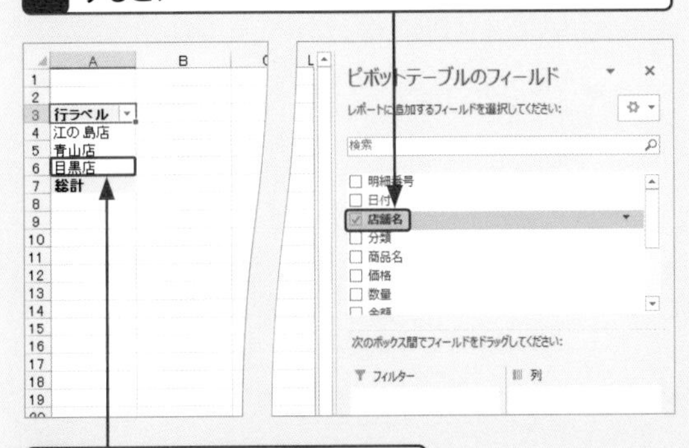

2 「行」エリアに追加されます。

● フィールドの削除

1 削除したいフィールドのチェックボックスをオフにすると、

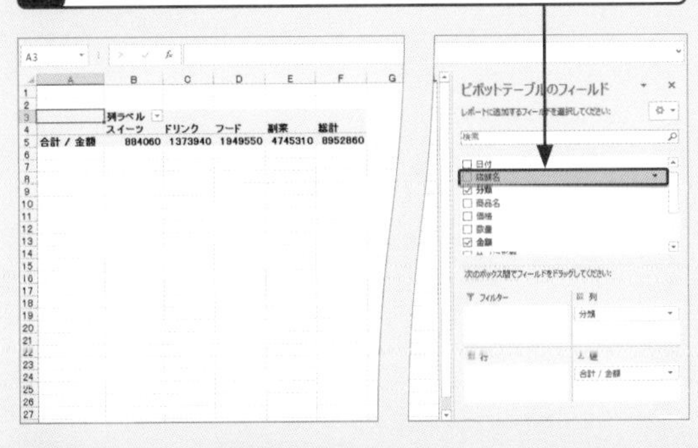

2 フィールドが削除されます。

重要度★★★　作成

Q270 「ホーム」タブで「¥」や「,」を付けたらどうなるの？

A ピボットテーブルを変更したときに正しく表示されない場合があります。

<ホーム>タブのや , を使って、数値に¥記号やカンマ記号を付けることもできます。ただし、あとからピボットテーブルのレイアウトを変更すると、設定した書式が解除されることがあります。これを避けるために、数値に書式を設定するときは必ずQ.271の操作を行いましょう。

1 セル範囲<B5:F9>をドラッグし、

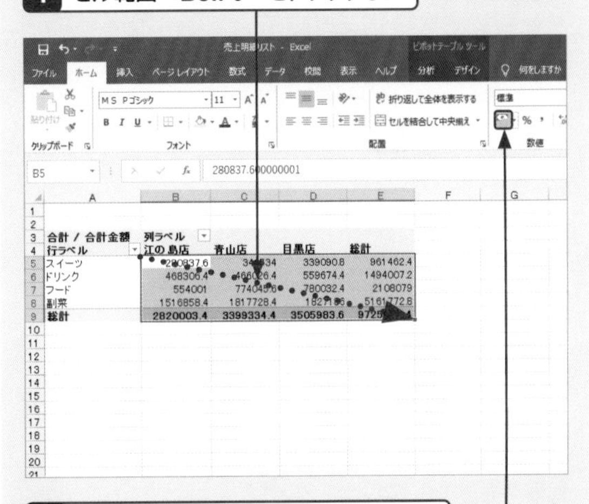

2 <ホーム>タブの通貨表示形式をクリックすると、

3 ¥記号とカンマ記号が表示されます。

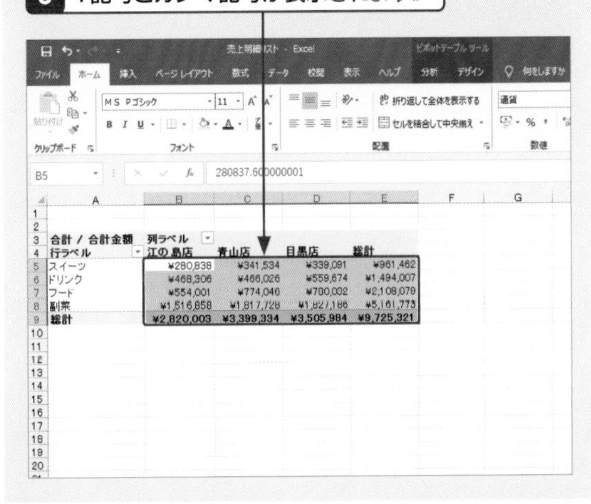

重要度 ★★★　作成

Q 271 数字に「¥」や「,」を付けたい!

A <値フィールドの設定>ダイアログボックスで表示形式を指定します。

もとのリストの数値に3桁ごとのカンマが付いていても、ピボットテーブルには反映されません。ピボットテーブルの集計結果に¥記号やカンマ記号を付けるには、記号を付けたいフィールドの<値フィールドの設定>ダイアログボックスで表示形式を指定します。<通貨>をクリックしてオンにすると、数値に¥などの通貨記号とカンマを同時に付けることができます。

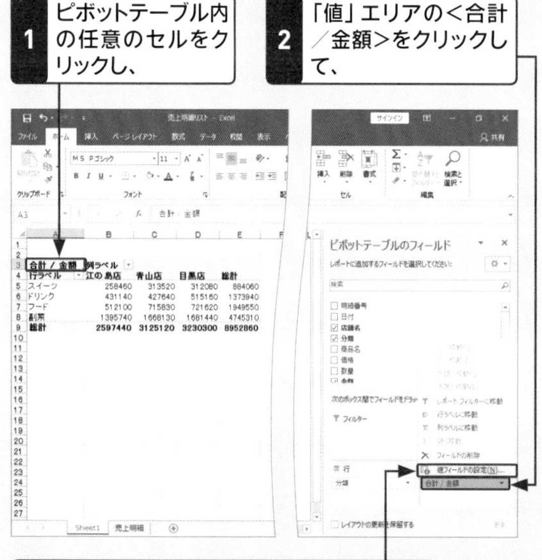

3 <値フィールドの設定>をクリックします。

4 <表示形式>をクリックします。

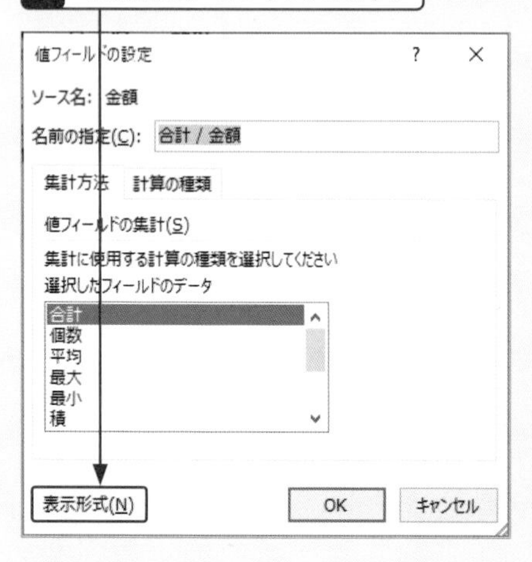

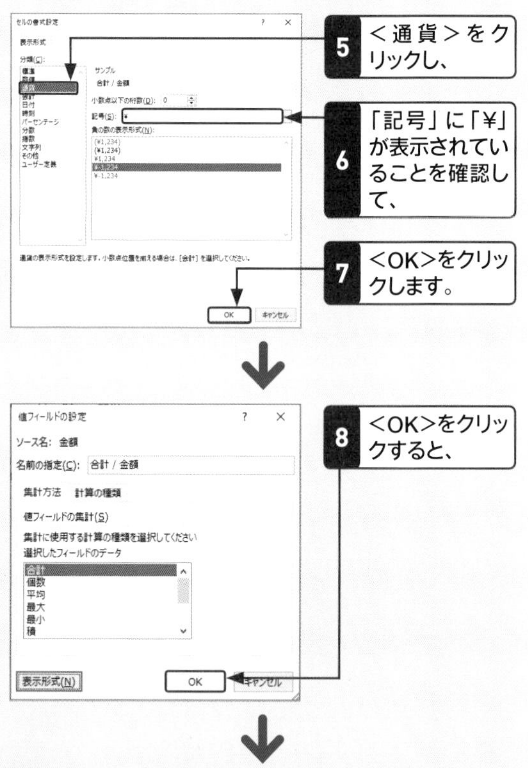

9 「値」エリアの数値に¥記号とカンマ記号が付きます。

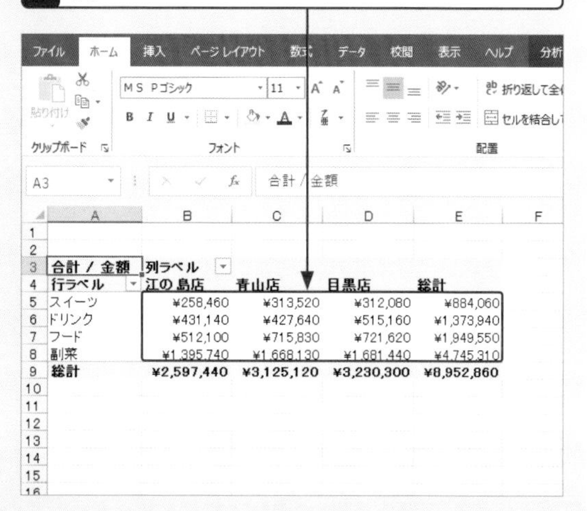

重要度★★★　作成

Q 272 「行」エリアに複数のフィールドを追加したい！

A 「行」エリアにフィールド名をドラッグします。

<エリアセクション>にある4つのエリアには、それぞれ複数のフィールドを追加できます。複数のフィールドを配置するときは、フィールドの中でより大きな分類を上に配置するのがポイントです。下の例では、「行」エリアに配置した<分類>の下に<商品名>を追加しています。すると、分類や商品名ごとの階層のある集計結果が表示されます。

1 ピボットテーブル内の任意のセルをクリックし、

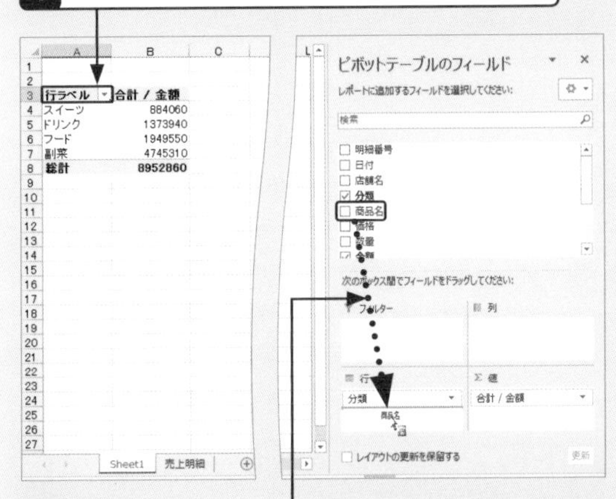

2 <商品名>を「行」エリアの<分類>の下にドラッグすると、

3 <分類><商品名>の順に2階層で整理された集計結果が表示されます。

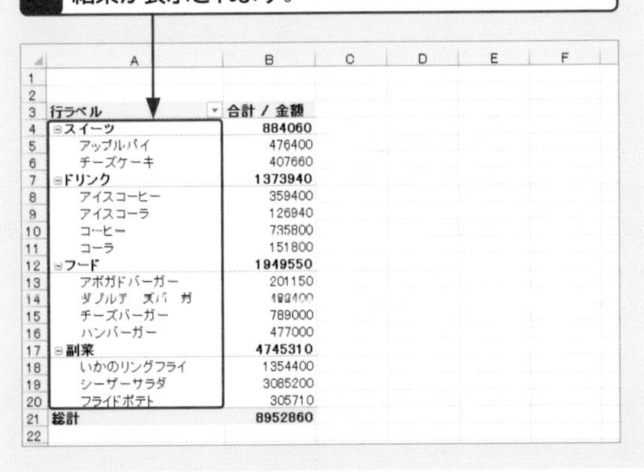

行ラベル	合計 / 金額
⊟スイーツ	884060
アップルパイ	476400
チーズケーキ	407660
⊟ドリンク	1373940
アイスコーヒー	359400
アイスコーラ	126940
コーヒー	735800
コーラ	151800
⊟フード	1949550
アボガドバーガー	201150
ダブルチーズバーガー	482400
チーズバーガー	789000
ハンバーガー	477000
⊟副菜	4745310
いかのリングフライ	1354400
シーザーサラダ	3085200
フライドポテト	305710
総計	8952860

重要度★★★　作成

Q 273 下の階層を折りたたみたい！

A フィールド名の先頭の<−>をクリックします。

Q.272の操作で「行」エリアに複数のフィールドを配置すると、フィールド名の先頭に<−>が表示されます。<−>をクリックすると、下の階層を一時的に折りたたんで非表示にすることができます。特定の項目を注目したいときに、ほかの項目を折りたたんでおくと便利です。反対に、フィールド名の先頭の<+>をクリックすると、下の階層が再表示されます。

1 <ドリンク>の先頭の<−>をクリックすると、

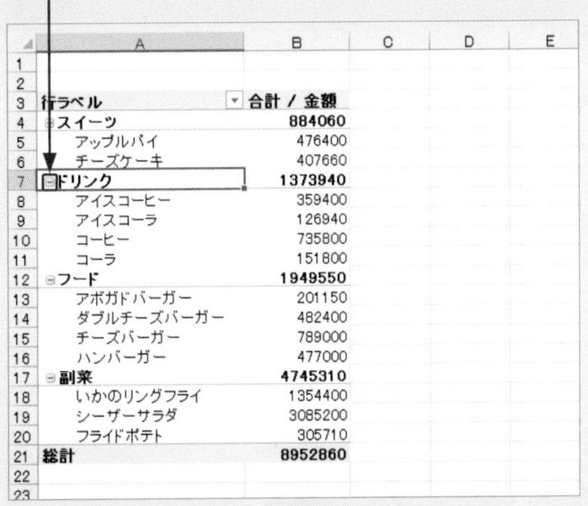

行ラベル	合計 / 金額
⊟スイーツ	884060
アップルパイ	476400
チーズケーキ	407660
⊟ドリンク	1373940
アイスコーヒー	359400
アイスコーラ	126940
コーヒー	735800
コーラ	151800
⊟フード	1949550
アボガドバーガー	201150
ダブルチーズバーガー	482400
チーズバーガー	789000
ハンバーガー	477000
⊟副菜	4745310
いかのリングフライ	1354400
シーザーサラダ	3085200
フライドポテト	305710
総計	8952860

2 <ドリンク>の下の階層が折りたたまれます。

行ラベル	合計 / 金額
⊟スイーツ	884060
アップルパイ	476400
チーズケーキ	407660
⊞ドリンク	1373940
⊟フード	1949550
アボガドバーガー	201150
ダブルチーズバーガー	482400
チーズバーガー	789000
ハンバーガー	477000
⊟副菜	4745310
いかのリングフライ	1354400
シーザーサラダ	3085200
フライドポテト	305710
総計	8952860

重要度 ★★★　作成

Q 274 フィールドを入れ替えたい！

A フィールド名を移動先までドラッグします。

分類ごとの店舗別の集計表を、店舗ごとのサービス形態別の集計表に変更します。

1 <分類>のチェックボックスをオフにすると、

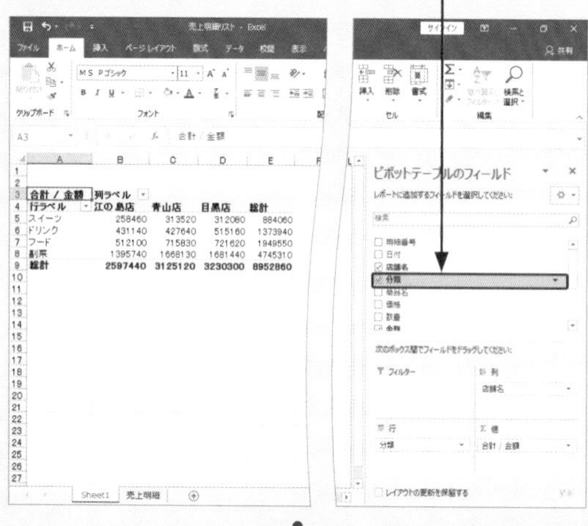

2 <分類>フィールドが削除されます。

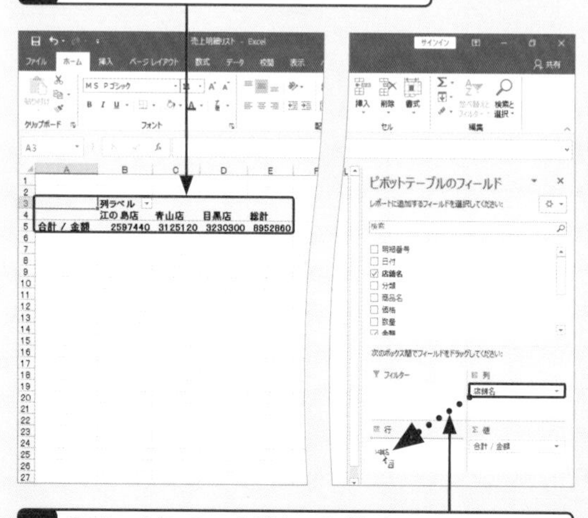

3 「列」エリアの<店舗名>を「行」エリアにドラッグすると、

作成したピボットテーブルは、エリアセクションの各エリアに配置するフィールドをあとから入れ替えることができます。フィールドを入れ替えるたびに、集計表がダイナミックに変化します。ピボットテーブルの「ピボット」には、「軸回転する」という意味があります。そのため「行」エリアや「列」エリアなどを軸に見立て、フィールドを回転するように自由に入れ替えることができます。

4 <店舗名>が「行」エリアに移動します。

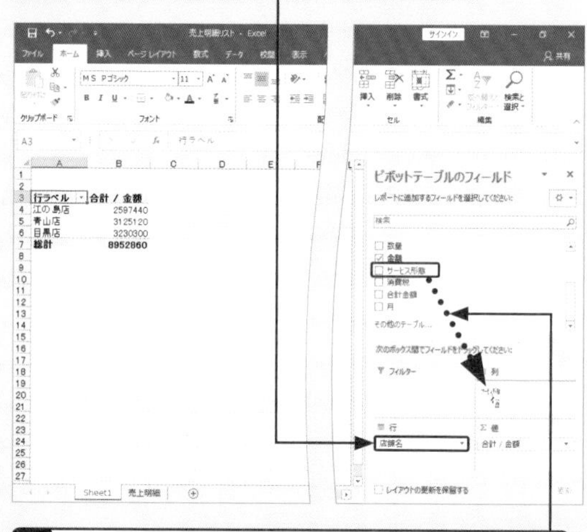

5 <サービス形態>を「列」エリアにドラッグすると、

6 <サービス形態>を「列」エリアに追加され、集計表の形が変わります。

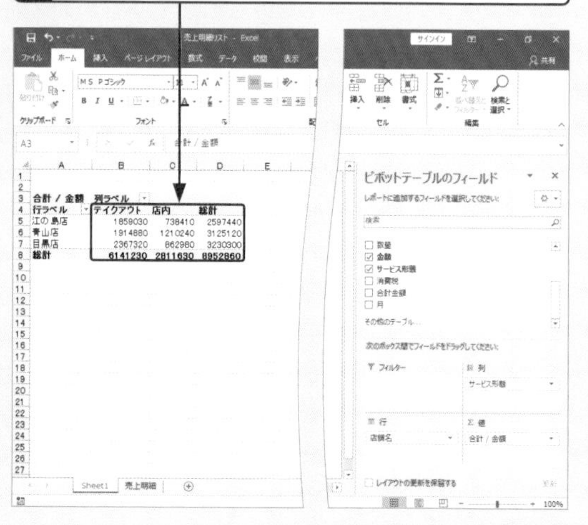

重要度 ★★★ 作成

Q 275 リストに追加したデータを集計結果に反映したい！

ピボットテーブルは、最初に<ピボットテーブルの作成>ダイアログボックスで設定したセル範囲のデータを使って集計しています。そのため、あとからもとのリストにデータを追加した場合は、リストの範囲を指定し直す操作が必要です。この操作を忘れると、正しい集計結果にならないので注意しましょう。

A <分析>タブの<データソースの変更>をクリックします。

1 もとのリストのシート(ここでは「売上明細」シート)をクリックし、

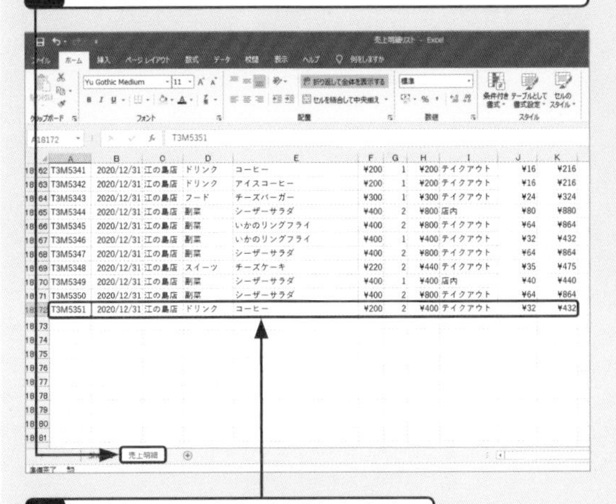

2 最終行にデータを1件追加します。

3 ピボットテーブルのシート(ここでは「Sheet1」シート)をクリックし、

4 追加したデータが反映されていないことを確認します。

5 ピボットテーブル内の任意のセルをクリックし、

6 <ピボットテーブルツール>-<分析>タブをクリックして、

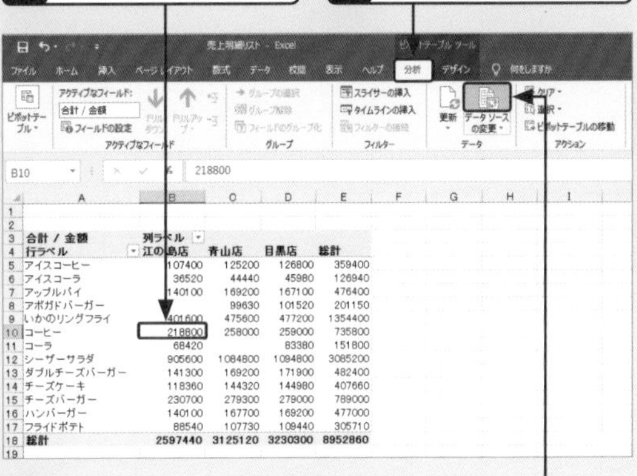

7 <データソースの変更>の上の部分をクリックします。

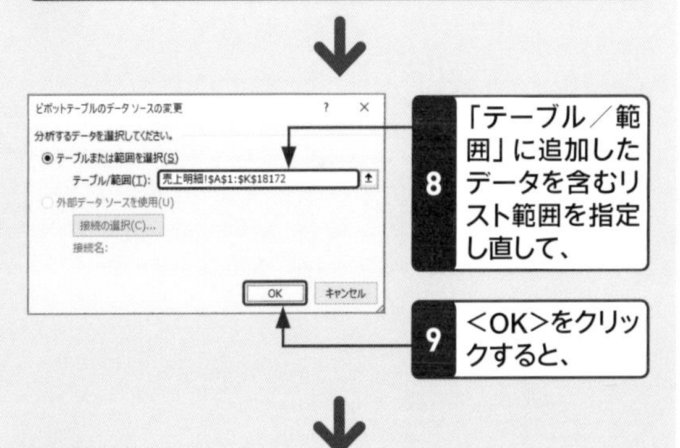

8 「テーブル／範囲」に追加したデータを含むリスト範囲を指定し直して、

9 <OK>をクリックすると、

10 リストに追加したデータが集計結果に反映されます。

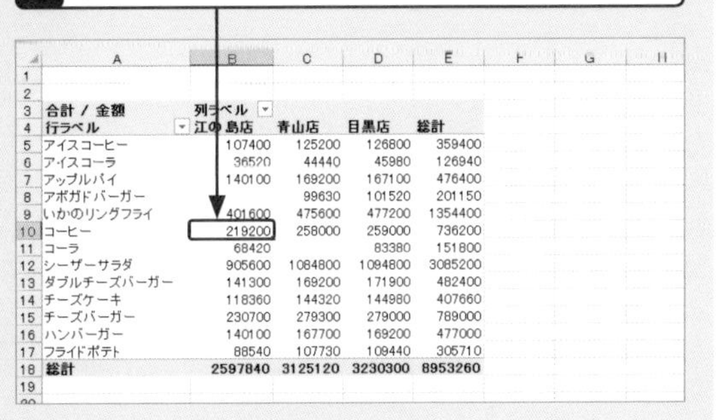

Q 276 テーブルに追加したデータを集計結果に反映したい!

テーブルからピボットテーブルを作成している場合は、最終行にデータを追加すると、自動的にリストの範囲が広がります。そのため、手動でテーブルのセル範囲を修正する必要はありません。追加したデータを集計結果に反映させるには、<ピボットテーブルツール>-<分析>タブの<更新>をクリックします。

A <分析>タブの<更新>をクリックします。

1 テーブルに変換したシート(ここでは「売上明細」シート)をクリックし、

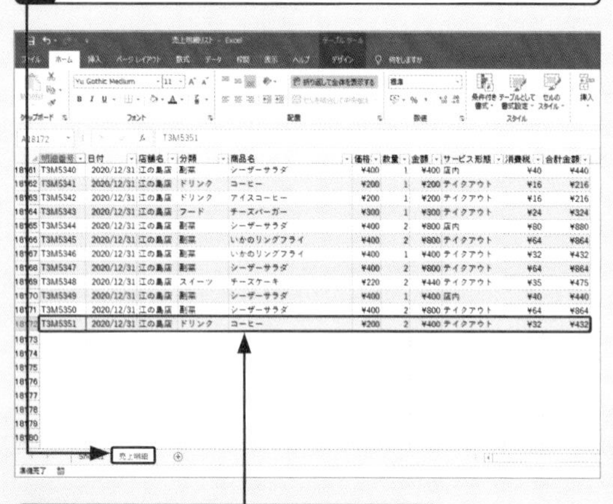

2 最終行にデータを1件追加します。

3 ピボットテーブルのシート(ここでは「Sheet1」シート)をクリックし、

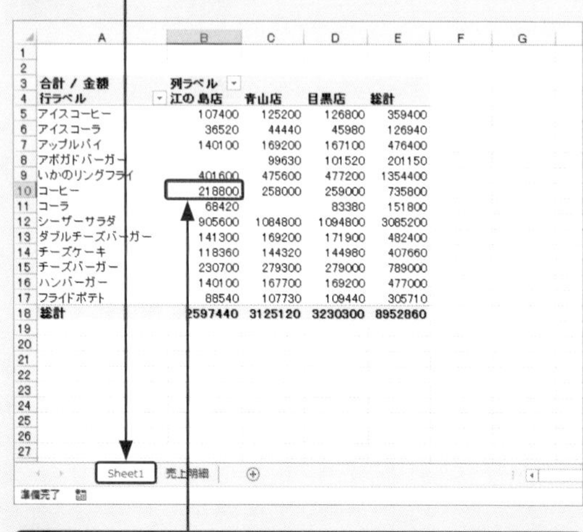

合計 / 金額	列ラベル			
行ラベル	江の島店	青山店	目黒店	総計
アイスコーヒー	107400	125200	126800	359400
アイスコーラ	36520	44440	45980	126940
アップルパイ	140100	169200	167100	476400
アボガドバーガー		99630	101520	201150
いかのリングフライ	401600	475600	477200	1354400
コーヒー	218800	258000	259000	735800
コーラ	68420		83380	151800
シーザーサラダ	905600	1084800	1094800	3085200
ダブルチーズバーガー	141300	169200	171900	482400
チーズケーキ	118360	144320	144980	407660
チーズバーガー	230700	279300	279000	789000
ハンバーガー	140100	167700	169200	477000
フライドポテト	88540	107730	109440	305710
総計	2597440	3125120	3230300	8952860

4 追加したデータが反映されていないことを確認します。

5 ピボットテーブル内の任意のセルをクリックし、

6 <ピボットテーブルツール>-<分析>タブをクリックして、

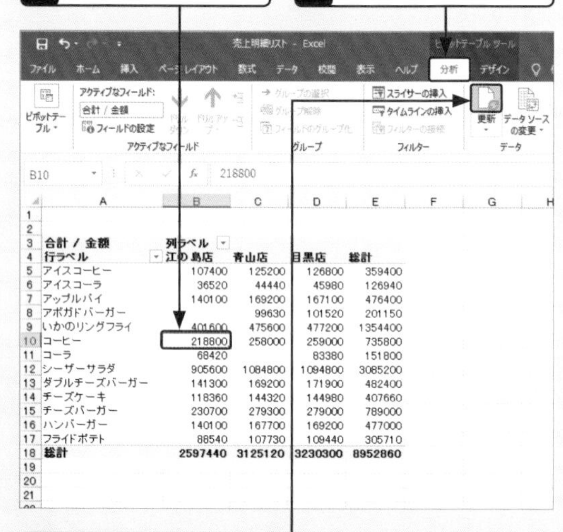

7 <更新>をクリックすると、

8 テーブルに追加したデータが集計結果に反映されます。

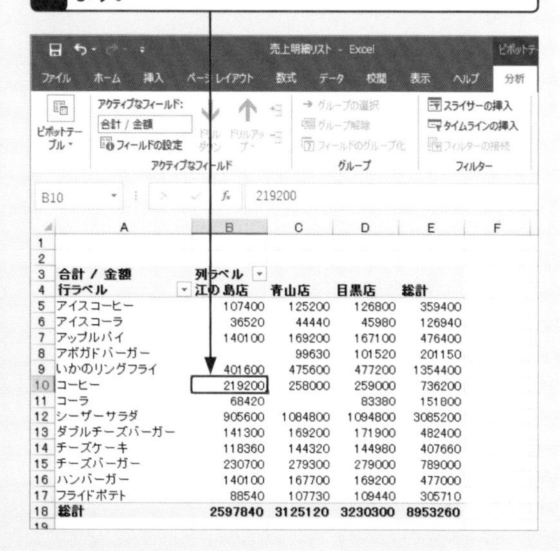

合計 / 金額	列ラベル			
行ラベル	江の島店	青山店	目黒店	総計
アイスコーヒー	107400	125200	126800	359400
アイスコーラ	36520	44440	45980	126940
アップルパイ	140100	169200	167100	476400
アボガドバーガー		99630	101520	201150
いかのリングフライ	401600	475600	477200	1354400
コーヒー	219200	258000	259000	736200
コーラ	68420		83380	151800
シーザーサラダ	905600	1084800	1094800	3085200
ダブルチーズバーガー	141300	169200	171900	482400
チーズケーキ	118360	144320	144980	407660
チーズバーガー	230700	279300	279000	789000
ハンバーガー	140100	167700	169200	477000
フライドポテト	88540	107730	109440	305710
総計	2597840	3125120	3230300	8953260

Q 277 集計元のデータの変更が反映されない！

A <分析>タブの<更新>をクリックします。

ピボットテーブルのもとのリストやテーブルのデータを修正しても、ピボットテーブルには反映されません。もとのリストやテーブルのデータを集計結果に反映するには、<ピボットテーブルツール>-<分析>タブの<更新>をクリックします。すると、瞬時に修正内容がピボットテーブルに反映されます。下の例では、目黒店のアイスコーヒーの売上数を変更して、ピボットテーブルに反映させています。

1 もとのリストのシート（ここでは「売上明細」シート）をクリックし、

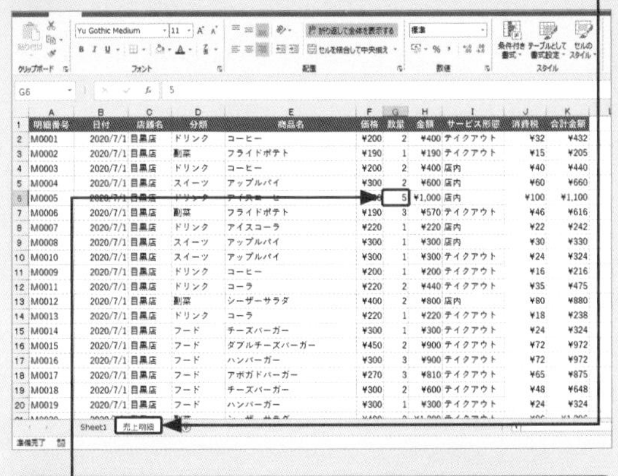

	A	B	C	D	E	F	G	H	I	J	K
1	明細番号	日付	店舗名	分類	商品名	価格	数量	金額	サービス形態	消費税	合計金額
2	M0001	2020/7/1	目黒店	ドリンク	コーヒー	¥200	2	¥400	テイクアウト	¥32	¥432
3	M0002	2020/7/1	目黒店	副菜	フライドポテト	¥190	1	¥190	テイクアウト	¥15	¥205
4	M0003	2020/7/1	目黒店	ドリンク	コーヒー	¥200	2	¥400	店内	¥40	¥440
5	M0004	2020/7/1	目黒店	スイーツ	アップルパイ	¥300	2	¥600	店内	¥60	¥660
6	M0005	2020/7/1	目黒店	ドリンク	アイスコーヒー	[illegible]	5	¥1,000	店内	¥100	¥1,100
7	M0006	2020/7/1	目黒店	副菜	フライドポテト	¥190	3	¥570	テイクアウト	¥46	¥616
8	M0007	2020/7/1	目黒店	ドリンク	アイスコーラ	¥220	1	¥220	店内	¥22	¥242
9	M0008	2020/7/1	目黒店	スイーツ	アップルパイ	¥300	1	¥300	店内	¥30	¥330
10	M0010	2020/7/1	目黒店	スイーツ	アップルパイ	¥300	1	¥300	テイクアウト	¥24	¥324
11	M0009	2020/7/1	目黒店	ドリンク	コーヒー	¥200	1	¥200	テイクアウト	¥16	¥216
12	M0011	2020/7/1	目黒店	ドリンク	コーラ	¥220	2	¥440	テイクアウト	¥35	¥475
13	M0012	2020/7/1	目黒店	副菜	シーザーサラダ	¥400	2	¥800	店内	¥80	¥880
14	M0013	2020/7/1	目黒店	ドリンク	コーラ	¥220	1	¥220	テイクアウト	¥18	¥238
15	M0014	2020/7/1	目黒店	フード	チーズバーガー	¥300	1	¥300	テイクアウト	¥24	¥324
16	M0015	2020/7/1	目黒店	フード	ダブルチーズバーガー	¥450	2	¥900	テイクアウト	¥72	¥972
17	M0016	2020/7/1	目黒店	フード	ハンバーガー	¥300	3	¥900	テイクアウト	¥72	¥972
18	M0017	2020/7/1	目黒店	フード	アボガドバーガー	¥270	3	¥810	テイクアウト	¥65	¥875
19	M0018	2020/7/1	目黒店	フード	チーズバーガー	¥300	2	¥600	テイクアウト	¥48	¥648
20	M0019	2020/7/1	目黒店	フード	ハンバーガー	¥300	1	¥300	テイクアウト	¥24	¥324

2 目黒店のアイスコーヒーの売上数を変更します。

セル<G6>を「2」から「5」に変更します。

3 ピボットテーブルのシート（ここでは「Sheet1」シート）をクリックして、目黒店のアイスコーヒーの金額を確認しておきます。

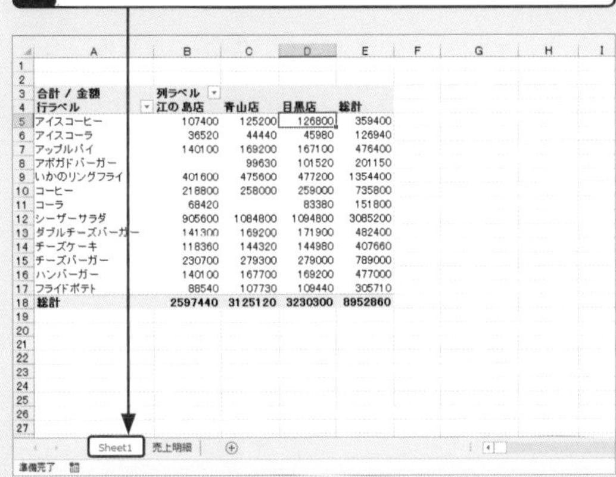

	A	B	C	D	E
3	合計 / 金額	列ラベル			
4	行ラベル	江の島店	青山店	目黒店	総計
5	アイスコーヒー	107400	125200	126800	359400
6	アイスコーラ	36520	44440	45980	126940
7	アップルパイ	140100	169200	167100	476400
8	アボガドバーガー		99630	101520	201150
9	いかのリングフライ	401600	475600	477200	1354400
10	コーヒー	218800	258000	259000	735800
11	コーラ	68420		83380	151800
12	シーザーサラダ	905600	1084800	1094800	3085200
13	ダブルチーズバーガー	141300	169200	171900	482400
14	チーズケーキ	118360	144320	144980	407660
15	チーズバーガー	230700	279300	279000	789000
16	ハンバーガー	140100	167700	169200	477000
17	フライドポテト	88540	107730	109440	305710
18	総計	2597440	3125120	3230300	8952860

修正したデータは反映されていません。

4 ピボットテーブル内の任意のセルをクリックし、

5 <ピボットテーブルツール>-<分析>タブをクリックして、

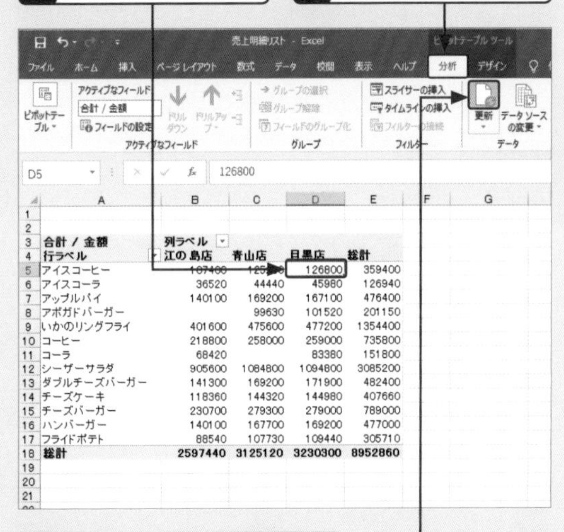

	A	B	C	D	E
3	合計 / 金額	列ラベル			
4	行ラベル	江の島店	青山店	目黒店	総計
5	アイスコーヒー	107400	125200	126800	359400
6	アイスコーラ	36520	44440	45980	126940
7	アップルパイ	140100	169200	167100	476400
8	アボガドバーガー		99630	101520	201150
9	いかのリングフライ	401600	475600	477200	1354400
10	コーヒー	218800	258000	259000	735800
11	コーラ	68420		83380	151800
12	シーザーサラダ	905600	1084800	1094800	3085200
13	ダブルチーズバーガー	141300	169200	171900	482400
14	チーズケーキ	118360	144320	144980	407660
15	チーズバーガー	230700	279300	279000	789000
16	ハンバーガー	140100	167700	169200	477000
17	フライドポテト	88540	107730	109440	305710
18	総計	2597440	3125120	3230300	8952860

6 <更新>をクリックすると、

7 リストを修正した結果が集計表に反映されます。

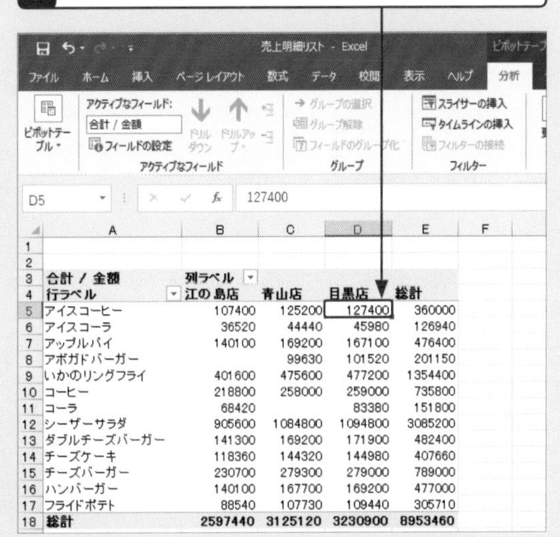

	A	B	C	D	E
3	合計 / 金額	列ラベル			
4	行ラベル	江の島店	青山店	目黒店	総計
5	アイスコーヒー	107400	125200	127400	360000
6	アイスコーラ	36520	44440	45980	126940
7	アップルパイ	140100	169200	167100	476400
8	アボガドバーガー		99630	101520	201150
9	いかのリングフライ	401600	475600	477200	1354400
10	コーヒー	218800	258000	259000	735800
11	コーラ	68420		83380	151800
12	シーザーサラダ	905600	1084800	1094800	3085200
13	ダブルチーズバーガー	141300	169200	171900	482400
14	チーズケーキ	118360	144320	144980	407660
15	チーズバーガー	230700	279300	279000	789000
16	ハンバーガー	140100	167700	169200	477000
17	フライドポテト	88540	107730	109440	305710
18	総計	2597440	3125120	3230900	8953460

重要度 ★★★　作成

Q 278 複数のシートからピボットテーブルを作成したい！

A ピボットテーブル/ピボットテーブルグラフウィザード機能を使います。

店舗ごとや年度ごとに別々のシートでリストを管理している場合は、複数のシートからピボットテーブルを作成できます。前準備として、<ピボットテーブル/ピボットテーブルグラフウィザード>ボタンをクイックアクセスツールバーに追加します。次に、複数のシートのセル範囲を追加しながらピボットテーブルを作成します。ただし、使える機能が限定されるので、できるだけ1つのシートにデータをまとめてからピボットテーブルを作成したほうがよいでしょう。下の例では、「4月」と「5月」の2つのシートからピボットテーブルを作成します。

● <ピボットテーブル/ピボットテーブルグラフウィザード>ボタンを追加する

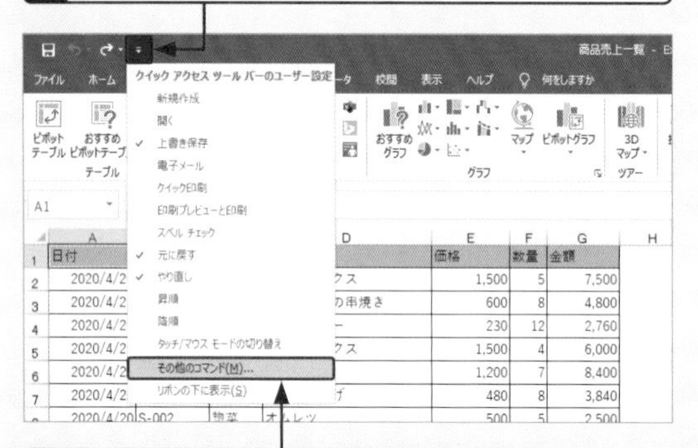

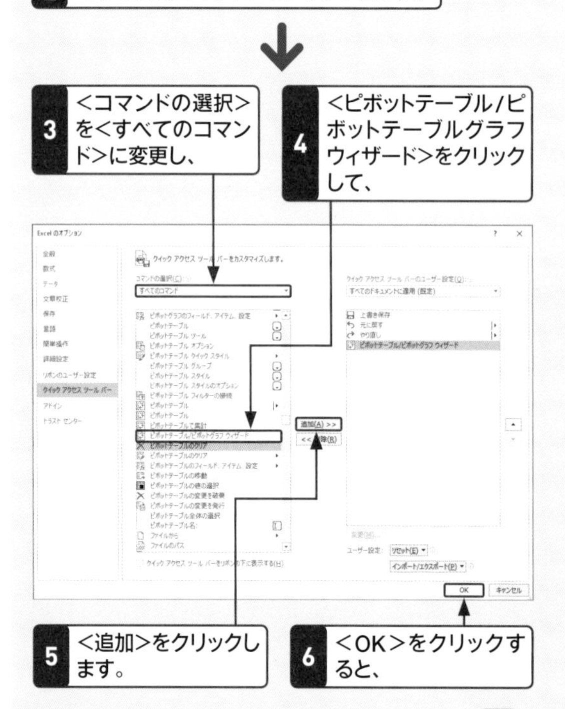

● 複数シートからピボットテーブルを作る

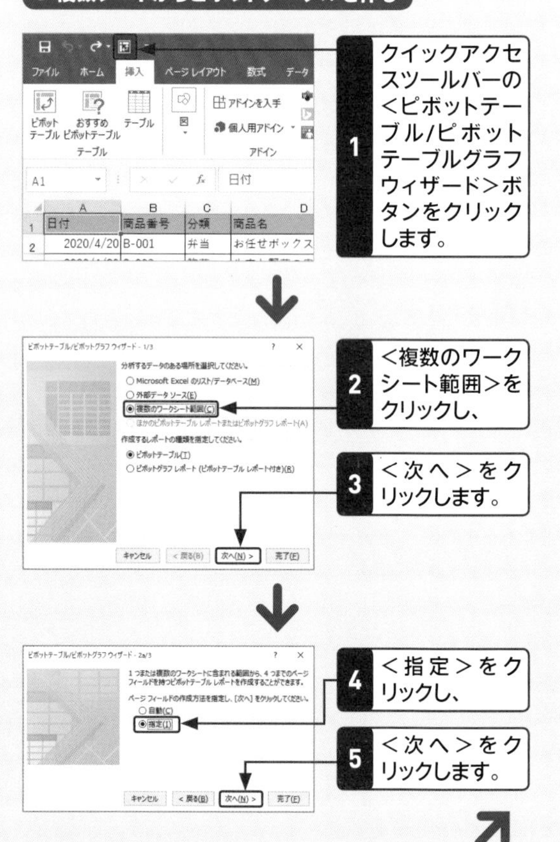

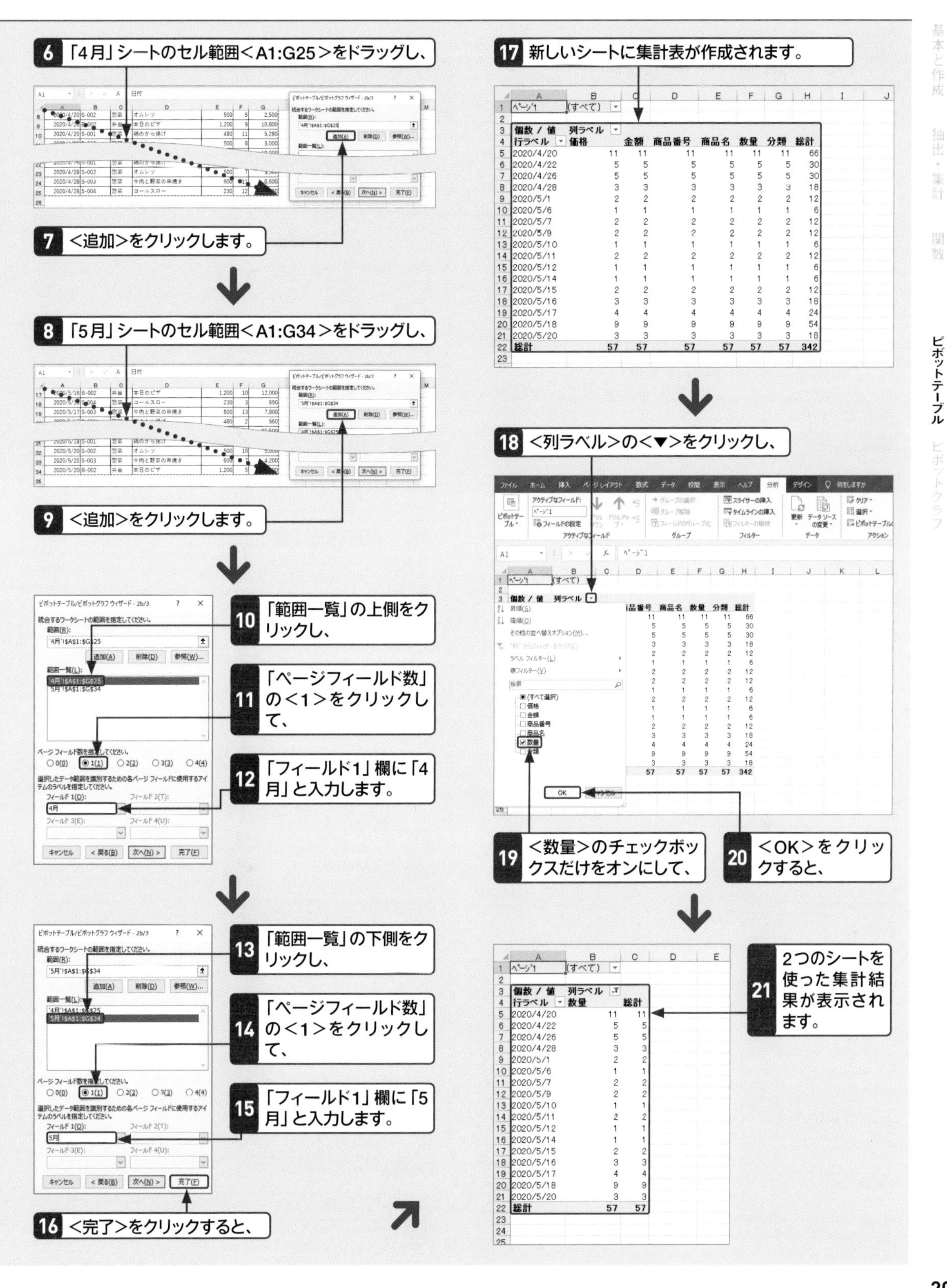

6 「4月」シートのセル範囲＜A1:G25＞をドラッグし、
7 ＜追加＞をクリックします。
8 「5月」シートのセル範囲＜A1:G34＞をドラッグし、
9 ＜追加＞をクリックします。
10 「範囲一覧」の上側をクリックし、
11 「ページフィールド数」の＜1＞をクリックして、
12 「フィールド1」欄に「4月」と入力します。
13 「範囲一覧」の下側をクリックし、
14 「ページフィールド数」の＜1＞をクリックして、
15 「フィールド1」欄に「5月」と入力します。
16 ＜完了＞をクリックすると、
17 新しいシートに集計表が作成されます。
18 ＜列ラベル＞の＜▼＞をクリックし、
19 ＜数量＞のチェックボックスだけをオンにして、
20 ＜OK＞をクリックすると、
21 2つのシートを使った集計結果が表示されます。
1 基本と作成
2 抽出・集計
3 関数
4 ピボットテーブル
5 ピボットグラフ

重要度 ★★★　作成

Q 279 ピボットテーブルを保存したい！

A ブックとして保存します。

ピボットテーブルで作成した集計表を残しておきたいときはブックごと保存します。ピボットテーブルを単独で保存することはできません。＜ファイル＞タブの＜名前を付けて保存＞をクリックして保存先とファイル名を指定すると、もとのリストとピボットテーブルの集計結果をまとめて保存できます。

1 ＜ファイル＞タブをクリックして＜名前を付けて保存＞をクリックします。

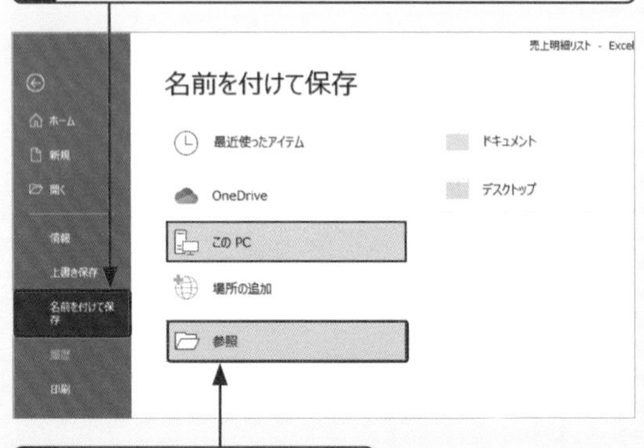

2 ＜参照＞をクリックします。

3 保存先（ここでは「＜ドキュメント＞）を選択し、

4 ファイル名を入力して、

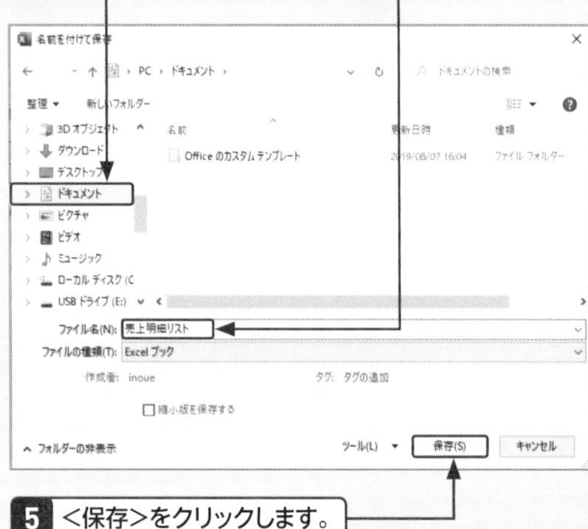

5 ＜保存＞をクリックします。

重要度 ★★★　作成

Q 280 ピボットテーブルのデータをコピーしたい！

A 総計以外のセル範囲をコピーして貼り付けます。

ピボットテーブルの集計表を通常の表として利用するには、集計表のデータをコピーします。このとき、集計表の総計以外のセル範囲を選択してコピーするのがポイントです。すると、ピボットテーブルの集計結果を直接修正したり、関数などを使って独自の分析を行ったりすることも可能です。ただし、コピーした時点でもとのリストとの関係性は失われるので、もとのリストのデータを追加・修正してもコピーした表には反映されません。

1 セル範囲＜A4:D8＞をドラッグして選択し、

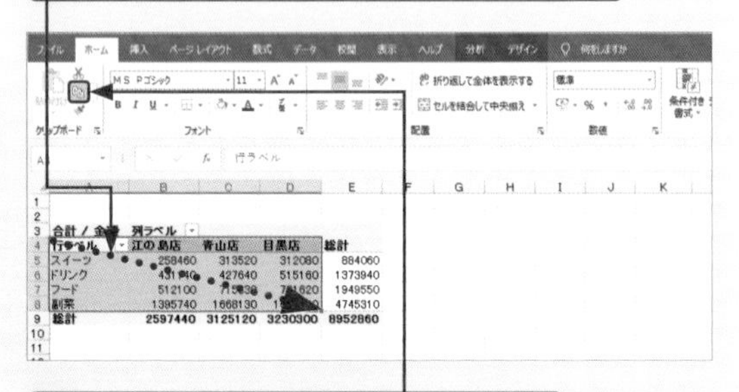

2 ＜ホーム＞タブの をクリックします。

3 コピー先のセルをクリックし、

4 ＜ホーム＞タブの＜貼り付け＞をクリックすると、

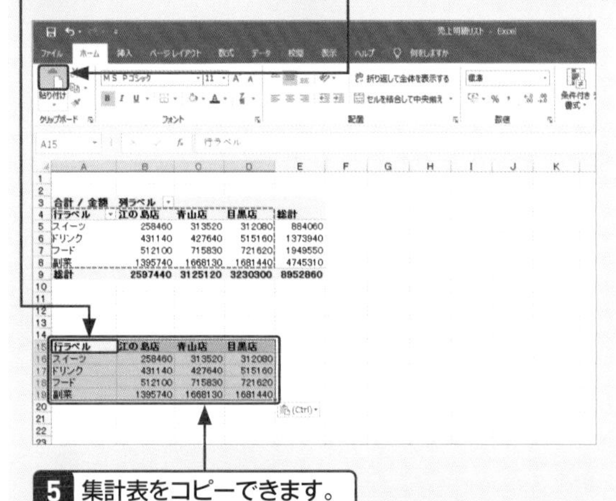

5 集計表をコピーできます。

重要度★★★　作成

Q 281 ピボットテーブルを白紙にしたい！

A ＜すべてクリア＞をクリックします。

ピボットテーブルに配置したフィールドをすべて削除して白紙のピボットテーブルに戻すには、＜ピボットテーブルツール＞-＜分析＞タブをクリックし、＜クリア＞-＜すべてクリア＞をクリックします。手動でひとずつ各エリアからフィールドを削除するよりも、まとめて削除できるのでかんたんです。

1 ピボットテーブル内の任意のセルをクリックし、

2 ＜ピボットテーブルツール＞-＜分析＞タブをクリックします。

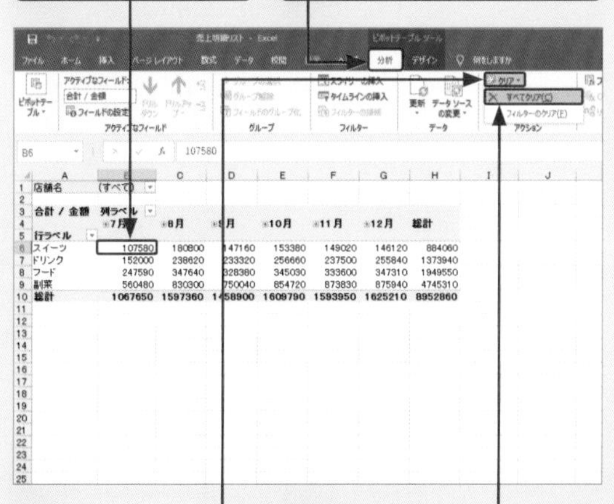

3 ＜クリア＞をクリックし、

4 ＜すべてクリア＞をクリックすると、

5 白紙のピボットテーブルが表示されます。

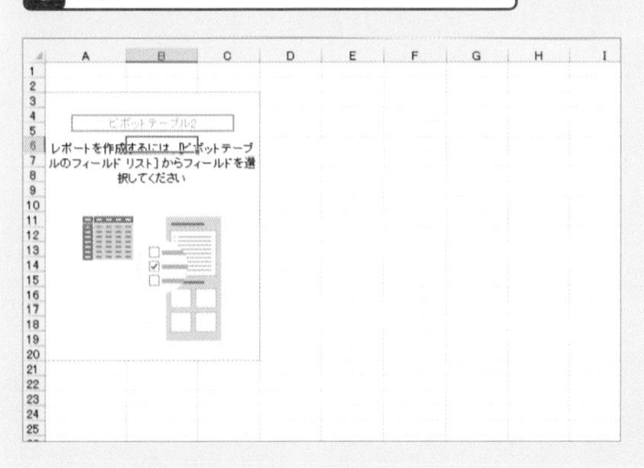

重要度★★★　作成

Q 282 ピボットテーブルを削除したい！

A ピボットテーブル全体を選択してから Delete を押します。

ピボットテーブル自体を丸ごと削除するには、まず、＜ピボットテーブルツール＞-＜分析＞タブの＜選択＞-＜ピボットテーブル全体＞をクリックしてピボットテーブル全体を選択します。次に、Delete を押して削除します。

1 ピボットテーブル内の任意のセルをクリックし、

2 ＜ピボットテーブルツール＞-＜分析＞タブをクリックします。

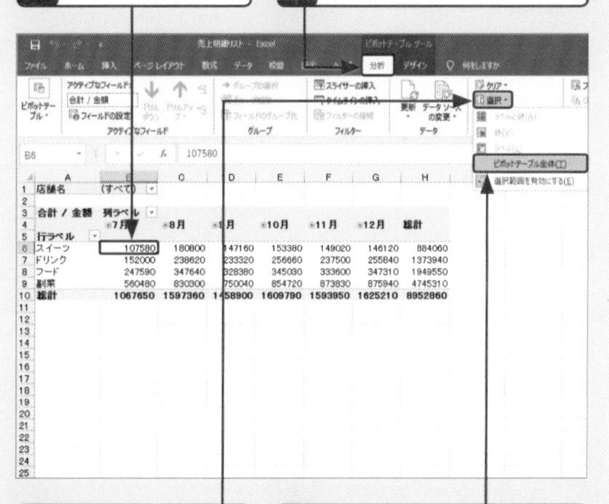

3 ＜選択＞をクリックし、

4 ＜ピボットテーブル全体＞をクリックします。

5 Delete を押すと、ピボットテーブルが削除されます。

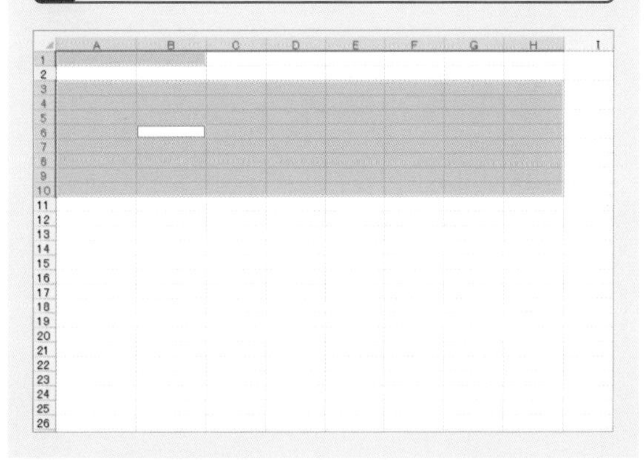

重要度★★★ 集計

Q 283 複数の集計結果を同時に表示したい!

A 「値」エリアに複数のフィールドを配置します。

「値」エリアに複数のフィールドを配置すると、合計と平均、合計と個数といった具合に複数の集計を同時に行えます。下の例では、売上数の合計と売上金額の合計を集計しています。

1 ピボットテーブル内の任意のセルをクリックし、

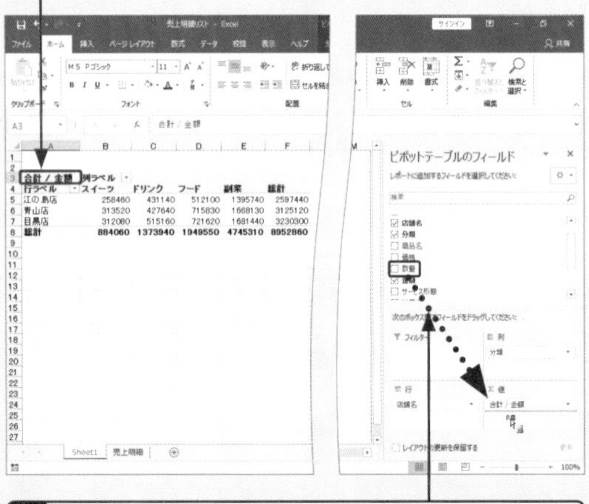

2 <フィールドリスト>ウィンドウの<数量>を「値」エリアの<合計/金額>の下にドラッグすると、

3 売上数の合計が金額の合計の右側に表示されます。

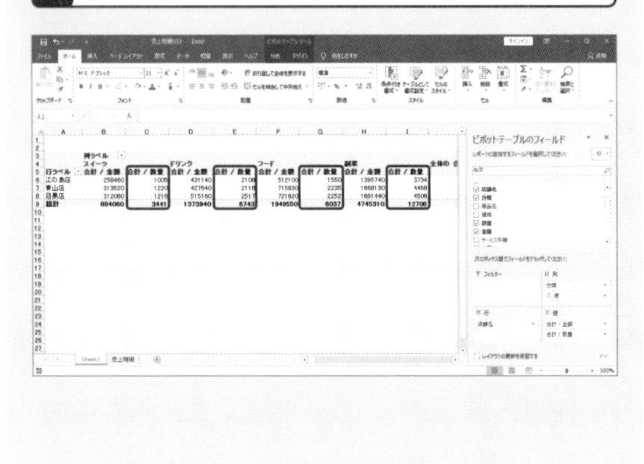

重要度★★★ 集計

Q 284 集計結果のフィールド名を変更したい!

A <値フィールドの設定>ダイアログボックスで変更します。

「値」エリアに配置したフィールドには、自動的に「合計/数量」や「合計/金額」の名前が付き、集計表にも同じ名前が表示されます。もっと簡潔でわかりやすい名前に変更するには、<値フィールドの設定>ダイアログボックスを開いて「名前の指定」欄を変更します。

「合計/金額」を「金額合計」に変更します。

1 「値」エリアのセル<合計/金額>をクリックし、

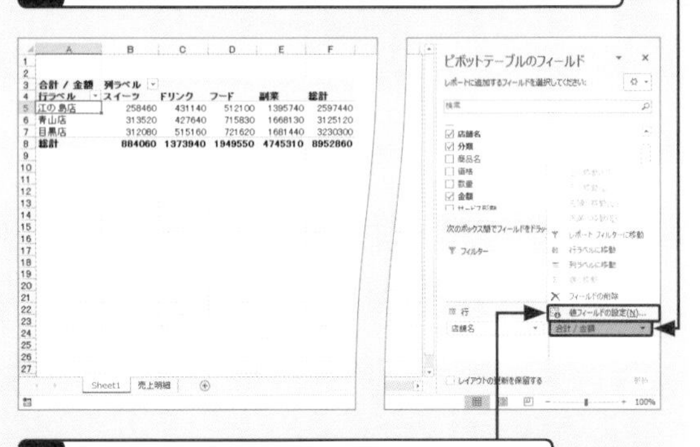

2 <値フィールドの設定>をクリックします。

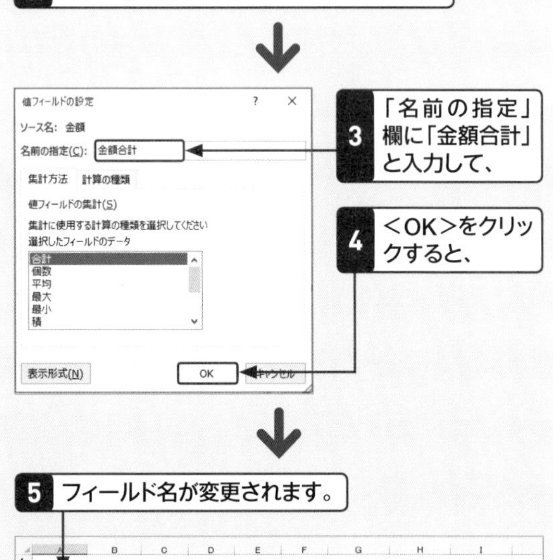

3 「名前の指定」欄に「金額合計」と入力して、

4 <OK>をクリックすると、

5 フィールド名が変更されます。

	A	B	C	D	E	F
3	金額合計	列ラベル				
4	行ラベル	スイーツ	ドリンク	フード	副菜	総計
5	江の島店	258460	431140	512100	1395740	2597440
6	青山店	313520	427640	715830	1668130	3125120
7	目黒店	312080	515160	721620	1681440	3230300
8	総計	884060	1373940	1949550	4745310	8952860

重要度 ★★★　集計

Q 285 集計結果の並び順を変更したい！

A 「値」エリアのフィールド名を上下にドラッグします。

「値」エリアに複数のフィールドを配置すると、上側にあるフィールドが集計表の左側に表示されます。集計表のフィールドの並び順を変更するには、「値」エリアのフィールド名を移動先まで上下にドラッグします。下の例では、集計表の売上数の合計を金額の合計の左側に配置します。

1 「値」エリアの<合計/数量>を<合計/金額>の上にドラッグすると、

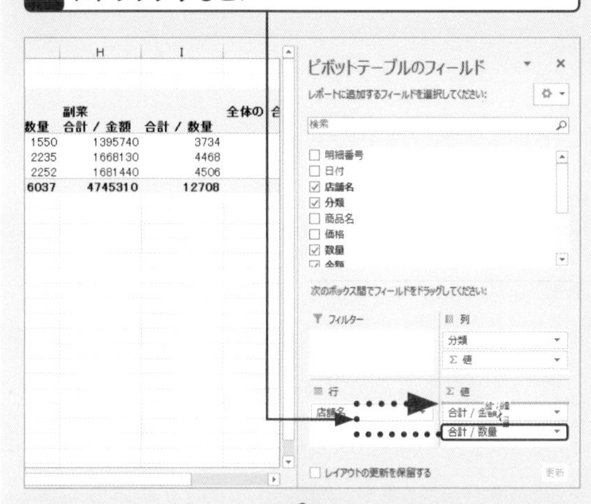

2 売上数の合計が金額の合計の左側に移動し、集計表の並び順も変化します。

重要度 ★★★　集計

Q 286 集計結果のレイアウトを変更したい！

A <Σ値>フィールドを「行」エリアに移動します。

「値」エリアに複数のフィールドを配置すると、最初はそれぞれの集計結果が左右に並んで表示されるため、横方向に長い集計表になります。複数の集計結果を上下に並べて表示するには、「列」エリアの<Σ値>フィールドを「行」エリアにドラッグして移動します。下の例では、売上数の合計と金額の合計を上下に並べて表示します。

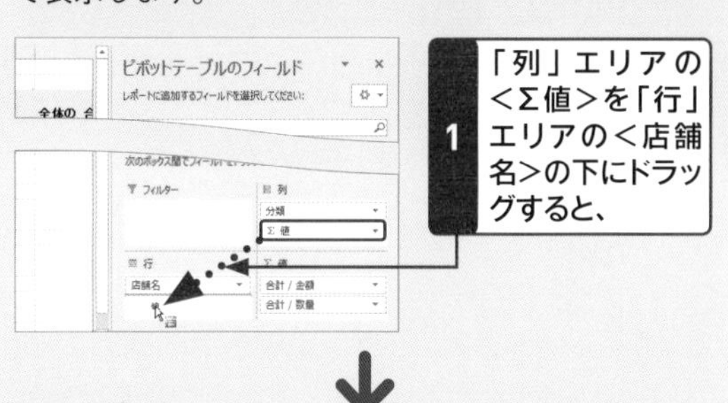

1 「列」エリアの<Σ値>を「行」エリアの<店舗名>の下にドラッグすると、

2 店舗ごとに売上数の合計と金額の合計が上下に並んで表示されます。

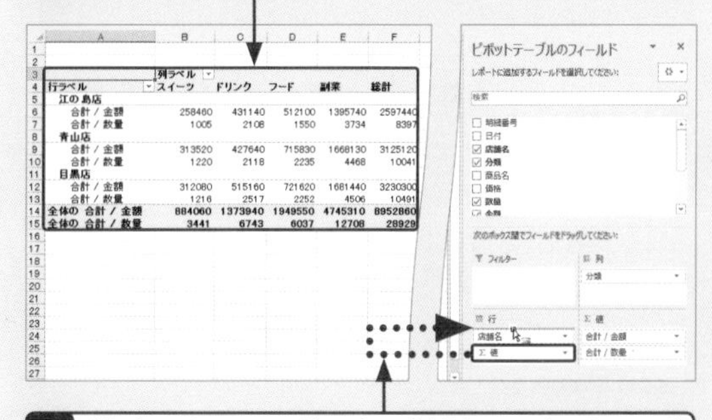

3 「行」エリアの<Σ値>を<店舗名>の上にドラッグすると、

4 売上数の合計と金額の合計が上下に分かれて表示されます。

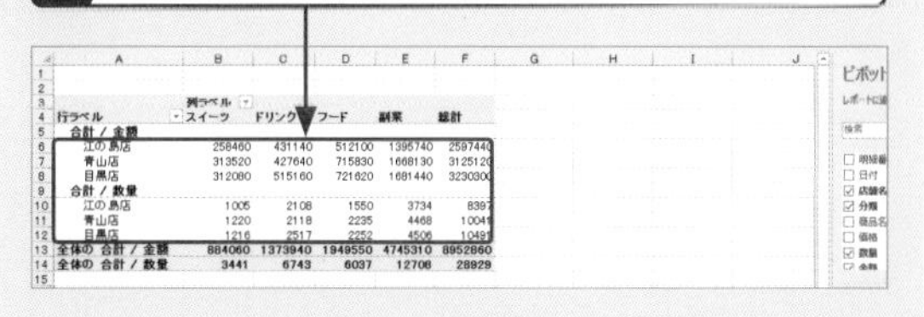

重要度 ★★★　集計

Q 287 データの個数を集計したい!

A ＜値フィールドの設定＞ダイアログボックスで集計方法を変更します。

「値」エリアに数値フィールドを配置すると「合計」、数値以外のフィールドを配置すると「個数」が集計されます。あとから集計方法を変更するには、＜値フィールドの設定＞ダイアログボックスで指定します。

1 ピボットテーブル内の任意のセルをクリックし、

2 「値」エリアの＜合計/金額＞をクリックして、

3 ＜値フィールドの設定＞をクリックします。

4 ＜集計方法＞タブの＜個数＞をクリックし、

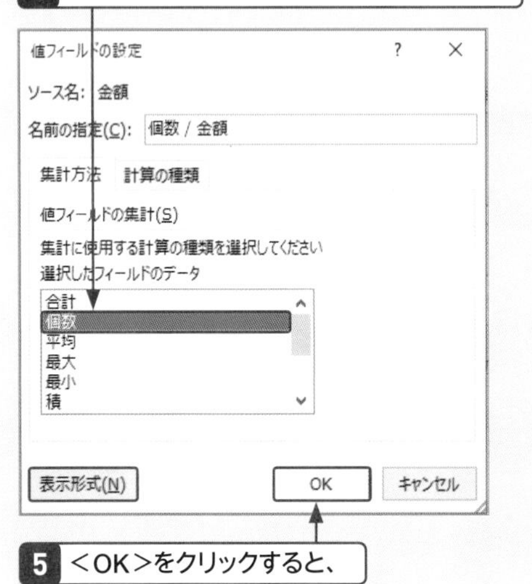

5 ＜OK＞をクリックすると、

6 集計方法をデータの個数に変更できます。

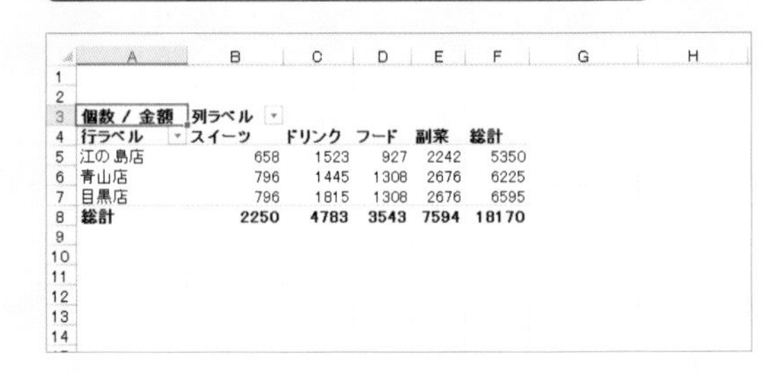

	A	B	C	D	E	F
1						
2						
3	個数 / 金額	列ラベル				
4	行ラベル	スイーツ	ドリンク	フード	副菜	総計
5	江の島店	658	1523	927	2242	5350
6	青山店	796	1445	1308	2676	6225
7	目黒店	796	1815	1308	2676	6595
8	総計	2250	4783	3543	7594	18170

重要度 ★★★　集計

Q 288 集計方法には何があるの?

A 11種類の集計方法が用意されています。

＜値フィールドの設定＞ダイアログボックスの＜集計方法＞タブには、合計、個数、平均、最大、最小、積、数値の個数、標本標準偏差、標準偏差、標本分散、分散の11種類の集計方法が用意されています。また、＜計算の種類＞タブを使うと、比率や累計、順位などを求めることもできます。

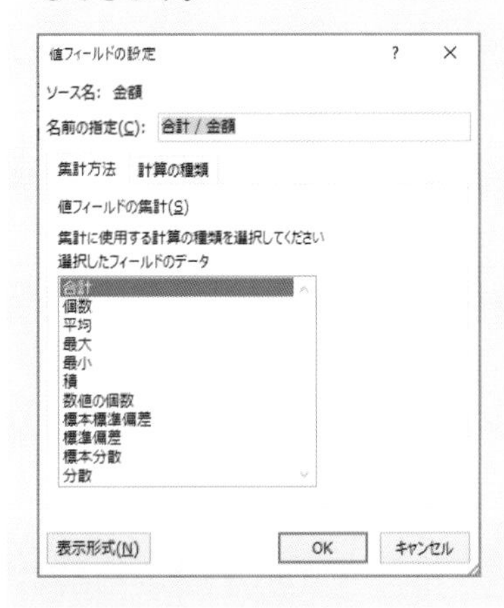

重要度 ★★★　集計

Q 289 全体に対する構成比を表示したい！

数値の構成比を集計すると、全体の中で占める割合が明確になります。ピボットテーブルで構成比を集計するには、<値フィールドの設定>ダイアログボックスの<計算の種類>を変更します。集計表の縦横の総計に対する行と列のそれぞれの構成比を表示するには、<総計に対する比率>を選びます。

A <計算の種類>から<総計に対する比率>を選びます。

1 「値」エリアの<合計 / 金額>をクリックし、

2 <値フィールドの設定>をクリックします。

3 「名前の指定」欄に任意の名前（ここでは「構成比」）を入力し、

4 <計算の種類>タブをクリックします。

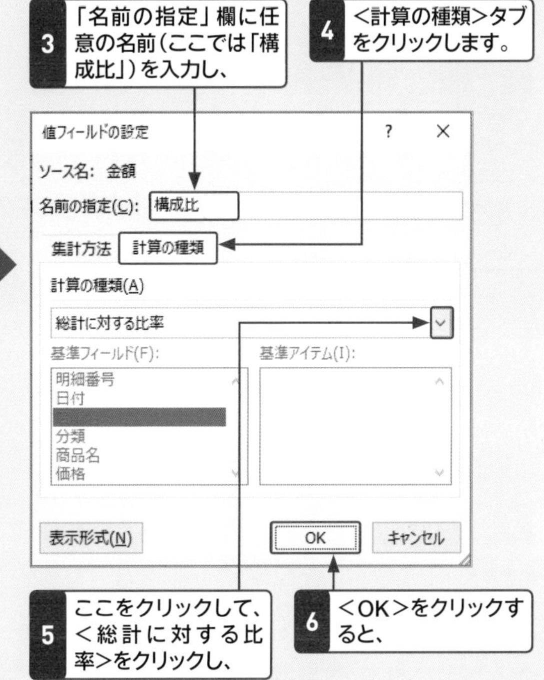

5 ここをクリックして、<総計に対する比率>をクリックし、

6 <OK>をクリックすると、

7 セル<F8>の総計に対する行と列の構成比が表示されます。

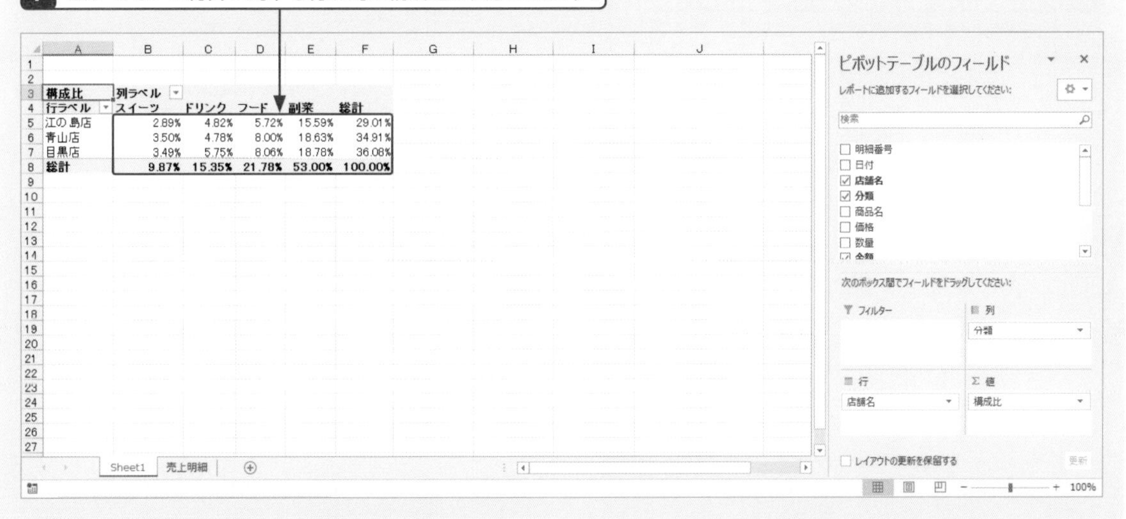

重要度 ★★★ 集計

Q 290 列集計に対する構成比を表示したい!

A <計算の種類>から<列集計に対する比率>を選びます。

Q.289と同じ操作で、列集計に対する構成比を求めることもできます。たとえば、「行」エリアに配置した店舗別の構成比を表示するには、列の総計が100%になるように各行の比率を表示する<列集計に対する比率>を選びます。

1 「値」エリアの<合計/金額>をクリックし、

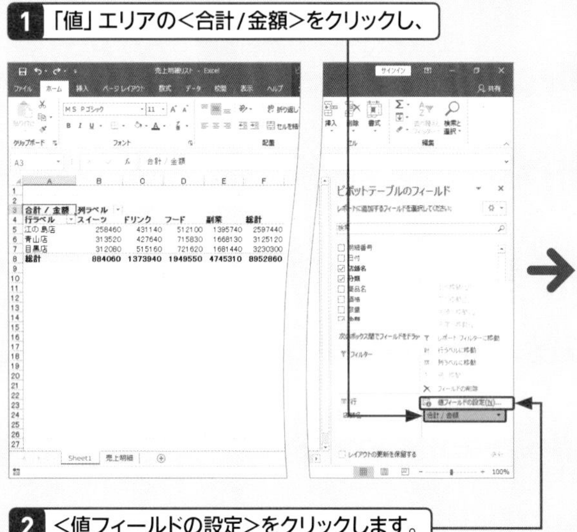

2 <値フィールドの設定>をクリックします。

3 「名前の指定」欄に任意の名前(ここでは「構成比」)を入力し、

4 <計算の種類>タブをクリックします。

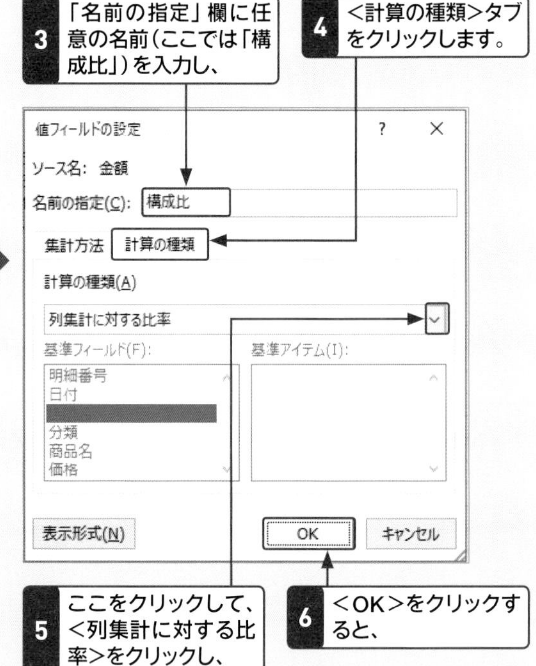

5 ここをクリックして、<列集計に対する比率>をクリックし、

6 <OK>をクリックすると、

7 8行目の総計に対する構成比が表示されます。

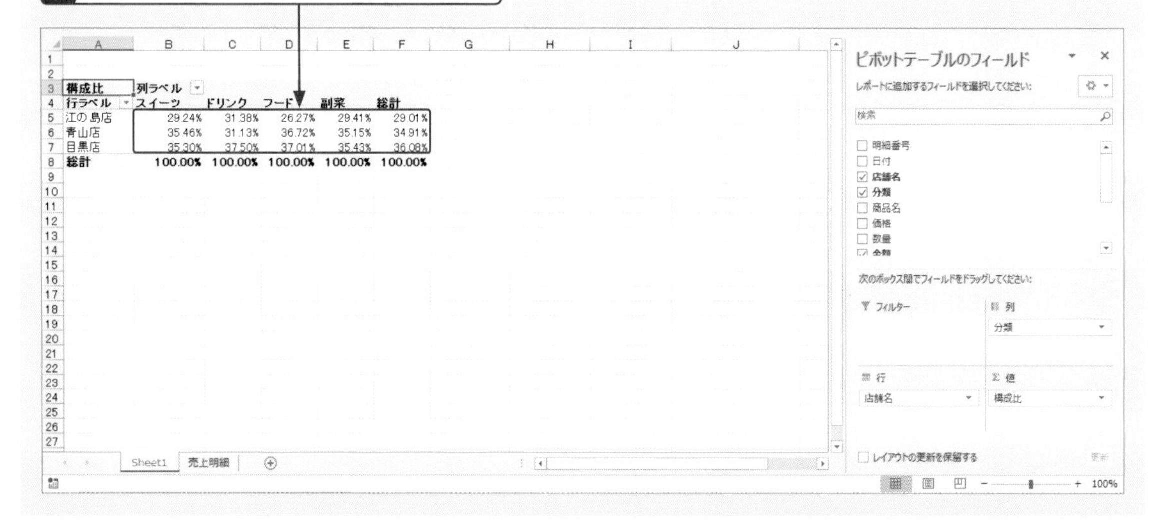

構成比	列ラベル				
行ラベル	スイーツ	ドリンク	フード	副菜	総計
江の島店	29.24%	31.38%	26.27%	29.41%	29.01%
青山店	35.46%	31.13%	36.72%	35.15%	34.91%
目黒店	35.30%	37.50%	37.01%	35.43%	36.08%
総計	100.00%	100.00%	100.00%	100.00%	100.00%

重要度 ★★★　集計

Q 291 行集計に対する構成比を表示したい！

Q.290と同じ操作で、行集計に対する構成比を求めることもできます。たとえば、「列」エリアに配置した月ごとの構成比を表示するには、行の総計が100%になるように各列の比率を表示する<行集計に対する比率>を選びます。

A <計算の種類>から<列集計に対する比率>を選びます。

1 「値」エリアの<合計 / 金額>をクリックし、

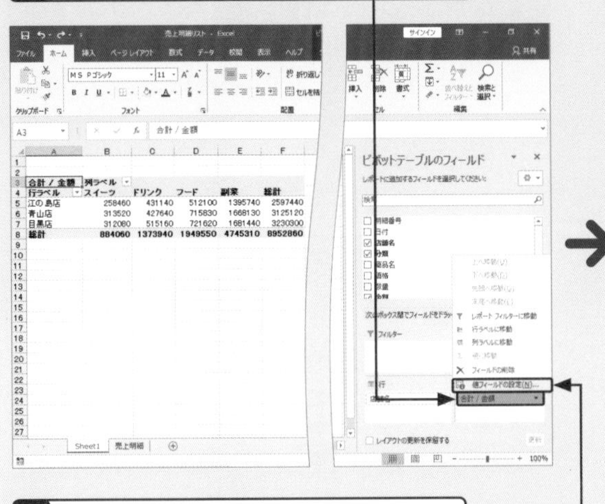

2 <値フィールドの設定>をクリックします。

3 「名前の指定」欄に任意の名前（ここでは「構成比」）を入力し、

4 <計算の種類>タブをクリックします。

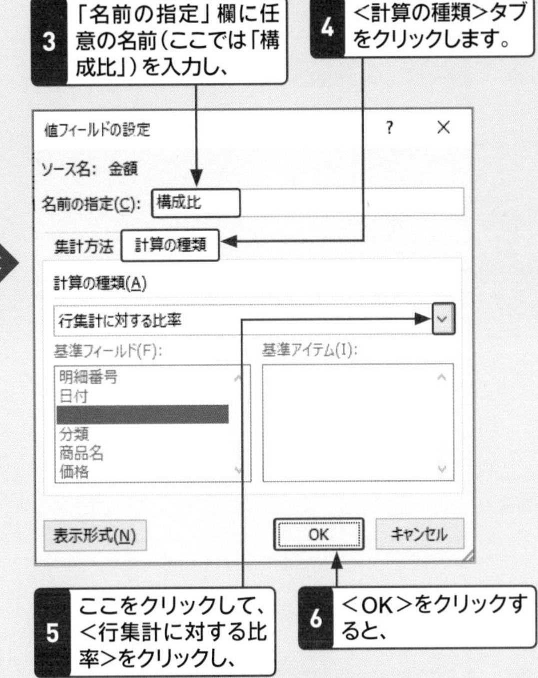

5 ここをクリックして、<行集計に対する比率>をクリックし、

6 <OK>をクリックすると、

7 列<F>の総計に対する構成比が表示されます。

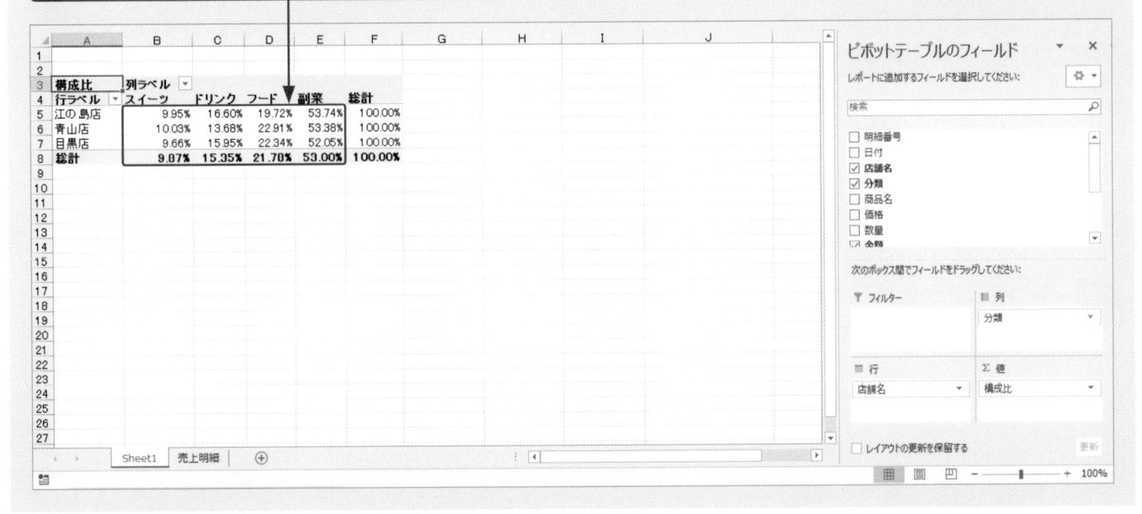

構成比	列ラベル				
行ラベル	スイーツ	ドリンク	フード	副菜	総計
江の島店	9.95%	16.60%	19.72%	53.74%	100.00%
青山店	10.03%	13.68%	22.91%	53.38%	100.00%
目黒店	9.66%	15.95%	22.34%	52.05%	100.00%
総計	9.87%	15.35%	21.78%	53.00%	100.00%

重要度★★★ 集計

Q 292 前月比を集計したい！

A <計算の種類>から<基準値に対する比率>を選びます。

ピボットテーブルで前月比を集計するには、最初に「値」エリアに配置した数値フィールドの<計算の種類>を<基準値に対する比率>に指定します。次に、<基準フィールド>に<日付>、<基準アイテム>に<(前の値)>を指定します。すると、前の値＝前月となって前月比を求められます。

1 ピボットテーブル内の任意のセルをクリックし、

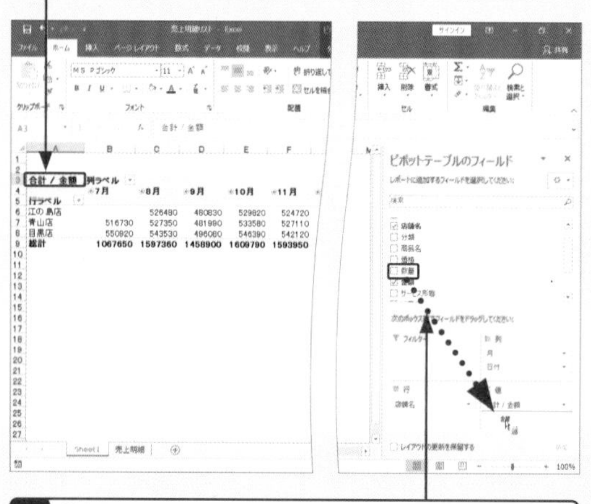

2 「値」エリアに<金額>をドラッグして追加します。

3 「値」エリアの<合計/金額2>をクリックし、

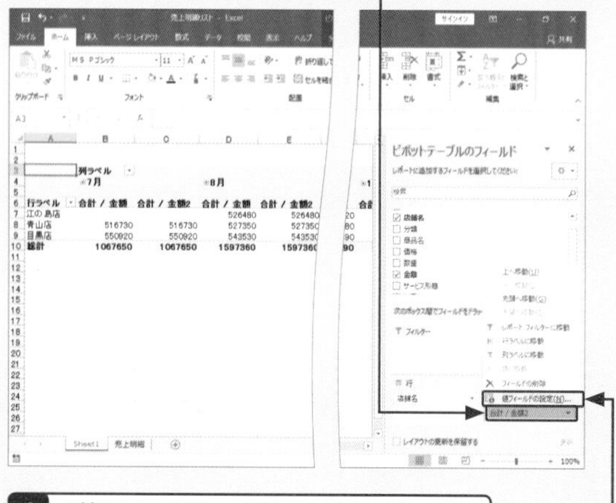

4 <値フィールドの設定>をクリックします。

5 「名前の指定」欄に任意の名前（ここでは「前月比」）を入力し、

6 <計算の種類>タブをクリックします。

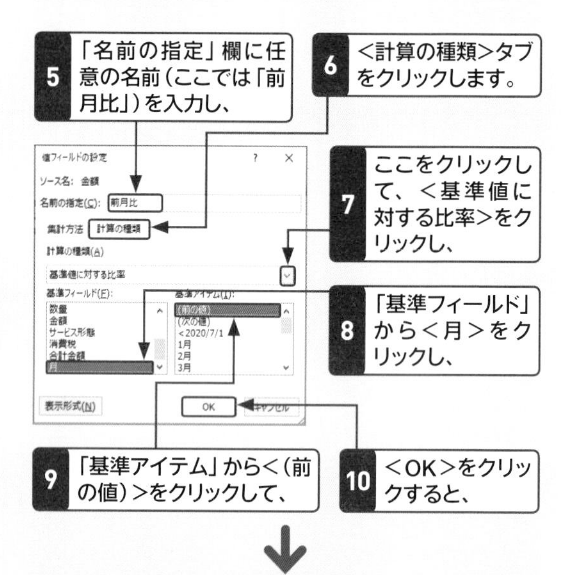

7 ここをクリックして、<基準値に対する比率>をクリックし、

8 「基準フィールド」から<月>をクリックし、

9 「基準アイテム」から<(前の値)>をクリックして、

10 <OK>をクリックすると、

11 売上金額の前月比が表示されます。

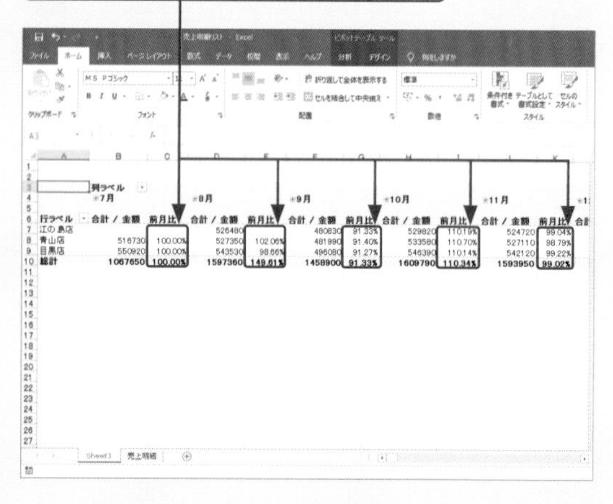

重要度 ★★★　集計

Q 293 累計を集計したい！

ピボットテーブルで累計を集計するには、最初に「値」エリアに配置した数値フィールドの「計算の種類」を＜累計＞に指定します。次に、＜基準フィールド＞に＜日付＞を指定すると、日付ごと（ここでは月ごと）の累計が集計されます。

A ＜計算の種類＞から＜累計＞を選びます。

1 ピボットテーブル内の任意のセルをクリックし、

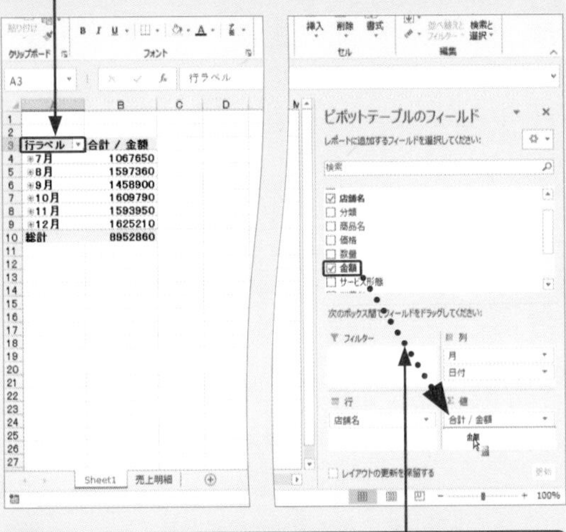

2 「値」エリアに＜金額＞をドラッグして追加します。

3 「値」エリアの＜合計 / 金額2＞をクリックし、

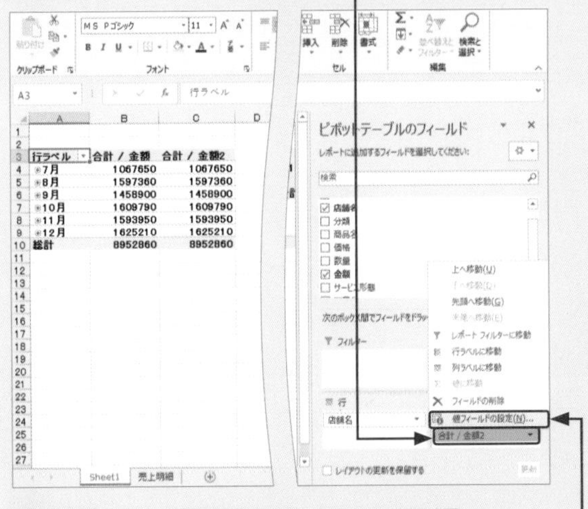

4 ＜値フィールドの設定＞をクリックします。

5 「名前の指定」欄に任意の名前（ここでは「累計」）を入力し、

6 ＜計算の種類＞タブをクリックします。

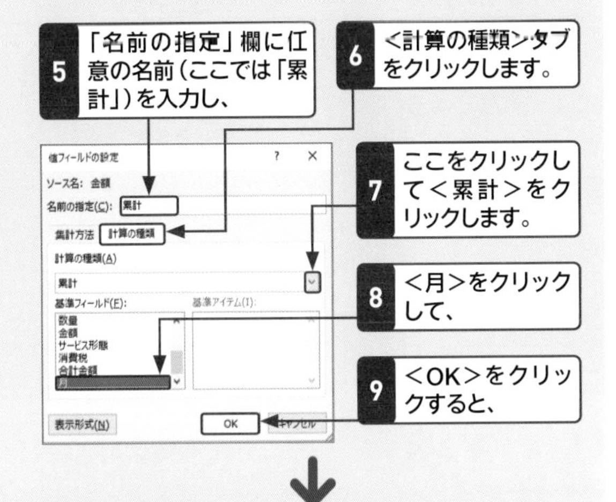

7 ここをクリックして＜累計＞をクリックします。

8 ＜月＞をクリックして、

9 ＜OK＞をクリックすると、

10 売上金額の累計が表示されます。

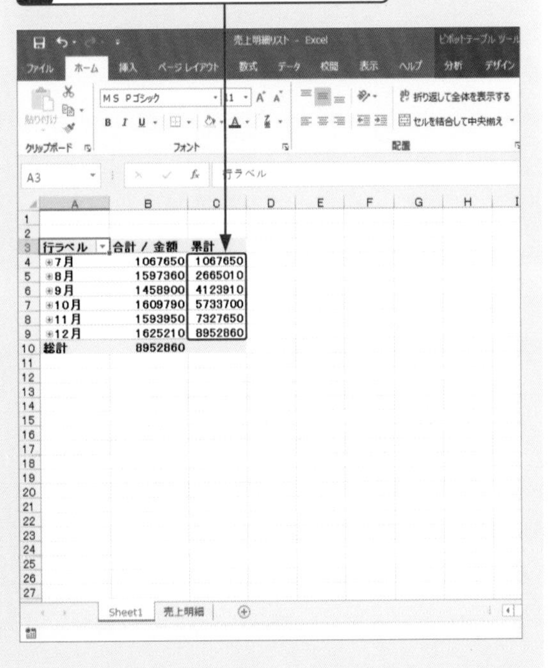

重要度★★★ 集計

Q 294 順位を表示したい!

A <計算の種類>から<順位>を選びます。

数値の大きさで順位を求めるときに、わざわざRANK関数を使う必要はありません。ピボットテーブルでは、「計算の種類」を<順位>に変更するだけで求められます。順位には<昇順での順位>と<降順での順位>があり、数値が大きい順に順位を付けるときは<降順の順位>を選びます。

1 ピボットテーブル内の任意のセルをクリックし、

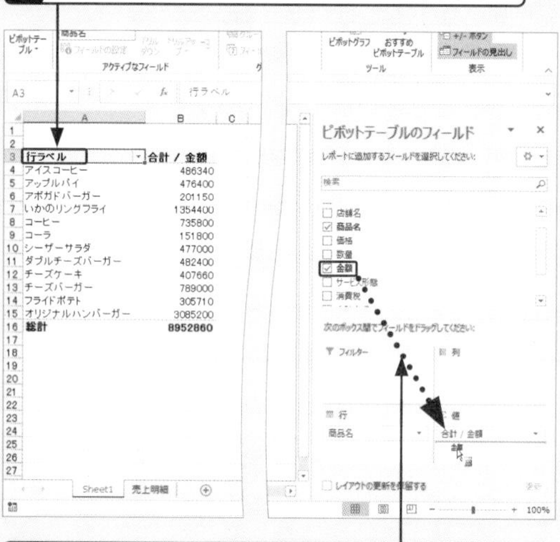

2 「値」エリアに<金額>をドラッグして追加します。

3 「値」エリアの<合計/金額2>をクリックし、

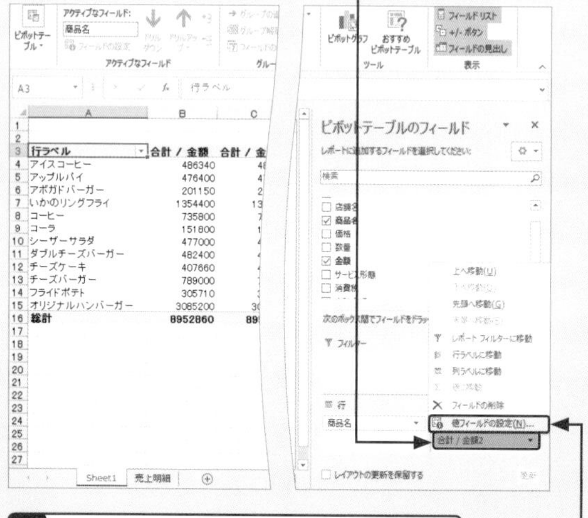

4 <値フィールドの設定>をクリックします。

5 「名前の指定」欄に任意の名前(ここでは「順位」)を入力し、

6 <計算の種類>タブをクリックします。

7 ここをクリックして<降順での順位>をクリックし、

8 <商品名>が選択されていることを確認して、

9 <OK>をクリックすると、

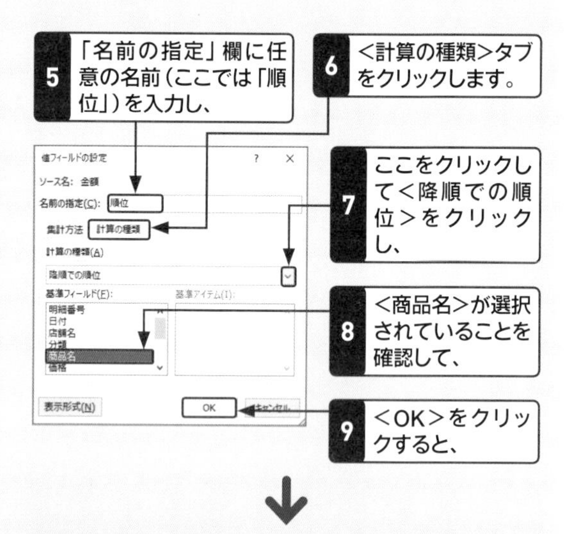

10 売上金額の順位が表示されます。

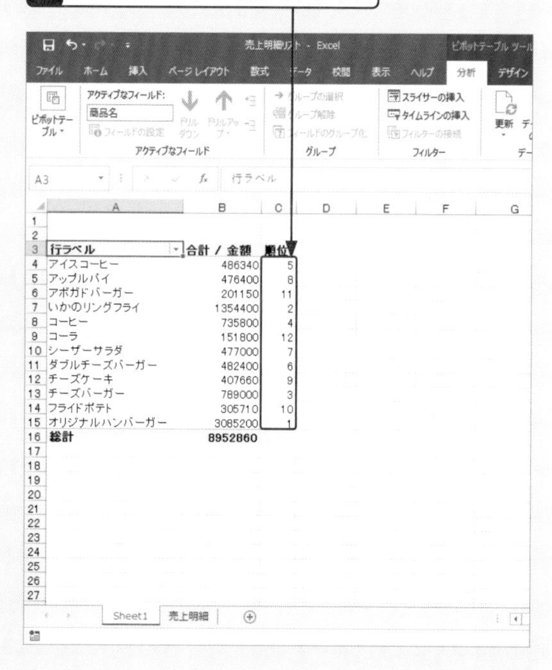

重要度★★★　集計

Q 295 「集計フィールド」って何？

A オリジナルの計算式で計算するためのフィールドです。

集計フィールドとは、ピボットテーブルでオリジナルの計算式を作成して計算した結果を表示するときに追加するフィールドです。既存のフィールドの値を利用して計算式を作成します。「集計フィールド」を使った計算式の作り方は、Q.298で解説しています。

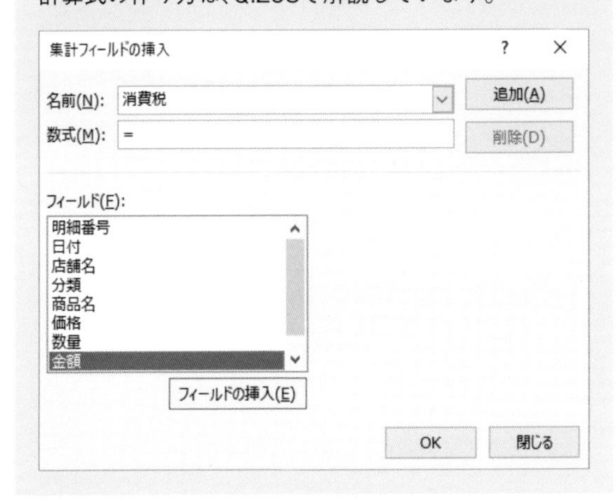

重要度★★★　集計

Q 296 「集計アイテム」って何？

A オリジナルの分類で集計するためのものです。

集計アイテムとは、既存のフィールドの項目とは別に、オリジナルの項目を追加して集計するものです。集計アイテムを使うと、ピボットテーブルの集計表から「売れ筋商品」や「SALE品」など、特定の項目をピックアップして集計できます。「集計アイテム」を使った計算式の作り方は、Q.299で解説しています。

重要度★★★　集計

Q 297 日単位で集計したい！

A 「列」エリアの<月>フィールドを削除します。

Q.300の操作で日付フィールドを「列」エリアや「行」エリアにドラッグすると、自動的に月単位に集計され、「列」エリアには「月」と「注文日」の2つのフィールドが表示されます。<月>フィールドをエリアから削除すると、日単位の集計表に変更されます。

1 「行」エリアの<月>フィールドを<フィールドリスト>ウィンドウの外側にドラッグすると、

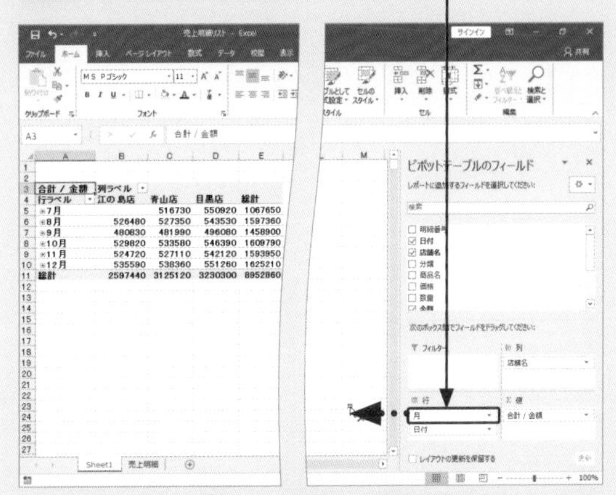

2 日単位の集計表が表示されます。

	A	B	C	D	E	F	G
1							
2							
3	合計 / 金額	列ラベル					
4	行ラベル	江の島店	青山店	目黒店	総計		
5	7月1日		15990	18190	34180		
6	7月2日		15590	17690	33280		
7	7月3日		15890	17350	33240		
8	7月4日		16840	18480	35320		
9	7月5日		16590	17690	34280		
10	7月6日		15790	21180	36970		
11	7月7日		16090	18870	34960		
12	7月8日		14450	15180	29630		
13	7月9日		14790	17420	32210		
14	7月10日		16450	17670	34120		
15	7月11日		17190	18770	35960		
16	7月12日		18760	19200	37960		
17	7月13日		15790	16230	32020		
18	7月14日		15690	16430	32120		
19	7月15日		16650	17090	33740		
20	7月16日		16390	16830	33220		
21	7月17日		18790	19230	38020		
22	7月18日		21230	21670	42900		
23	7月19日		18390	18830	37220		
24	7月20日		16590	17030	33620		
25	7月21日		16430	16870	33300		
26	7月22日		16590	17430	34020		
27	7月23日		15990	16430	32420		

Sheet1　売上明細

Q 298 オリジナルの計算式で集計したい！

A ＜集計フィールド＞を追加して数式を入力します。

「集計方法」や「計算の種類」を指定して集計する以外に、オリジナルの計算式を作成して集計できます。オリジナルの計算式は、新しいフィールド（＜集計フィールド＞）を追加して作成します。ここでは、店内飲食10％の「消費税」と「合計金額」の2つの集計フィールドを追加し、＜金額＞フィールドを利用して消費税を求めます。さらに、金額と消費税を加算して合計金額を求めます。

● 消費税を計算する

1 ピボットテーブル内の任意のセルをクリックします。

2 ＜ピボットテーブルツール＞-＜分析＞タブをクリックし、

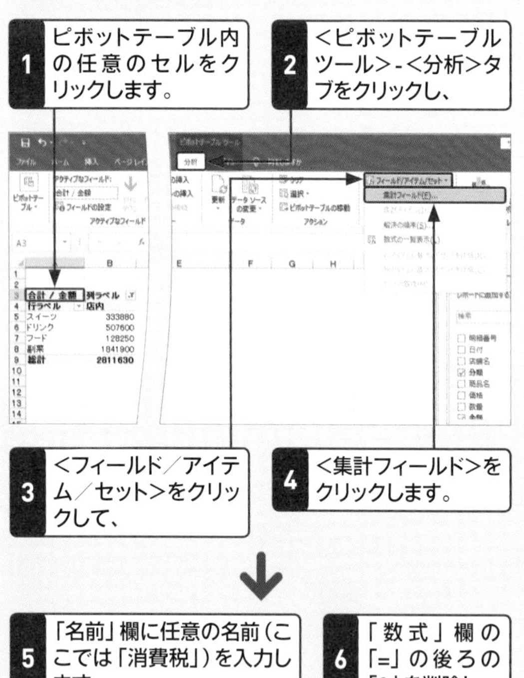

3 ＜フィールド／アイテム／セット＞をクリックして、

4 ＜集計フィールド＞をクリックします。

5 「名前」欄に任意の名前（ここでは「消費税」）を入力します。

6 「数式」欄の「=」の後ろの「0」を削除し、

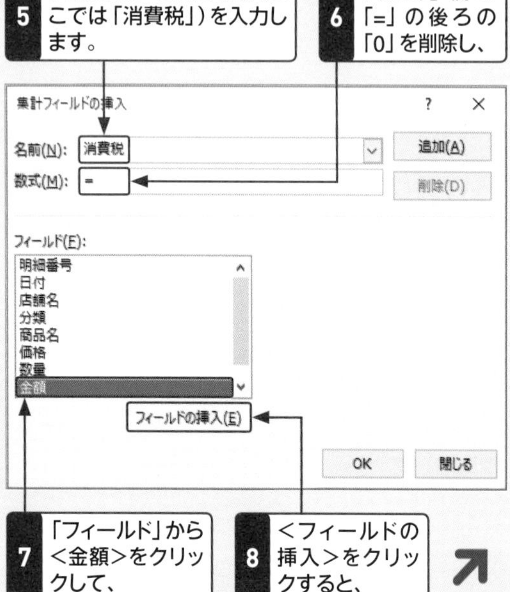

7 「フィールド」から＜金額＞をクリックして、

8 ＜フィールドの挿入＞をクリックすると、

9 「=金額」と表示されます。

10 「*0.1」を入力し、

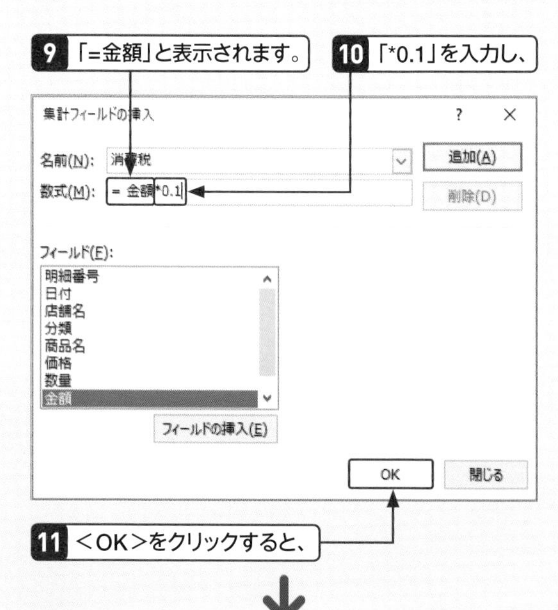

11 ＜OK＞をクリックすると、

12 新しいフィールドが追加されて、消費税の金額が表示されます。

● 合計金額を計算する

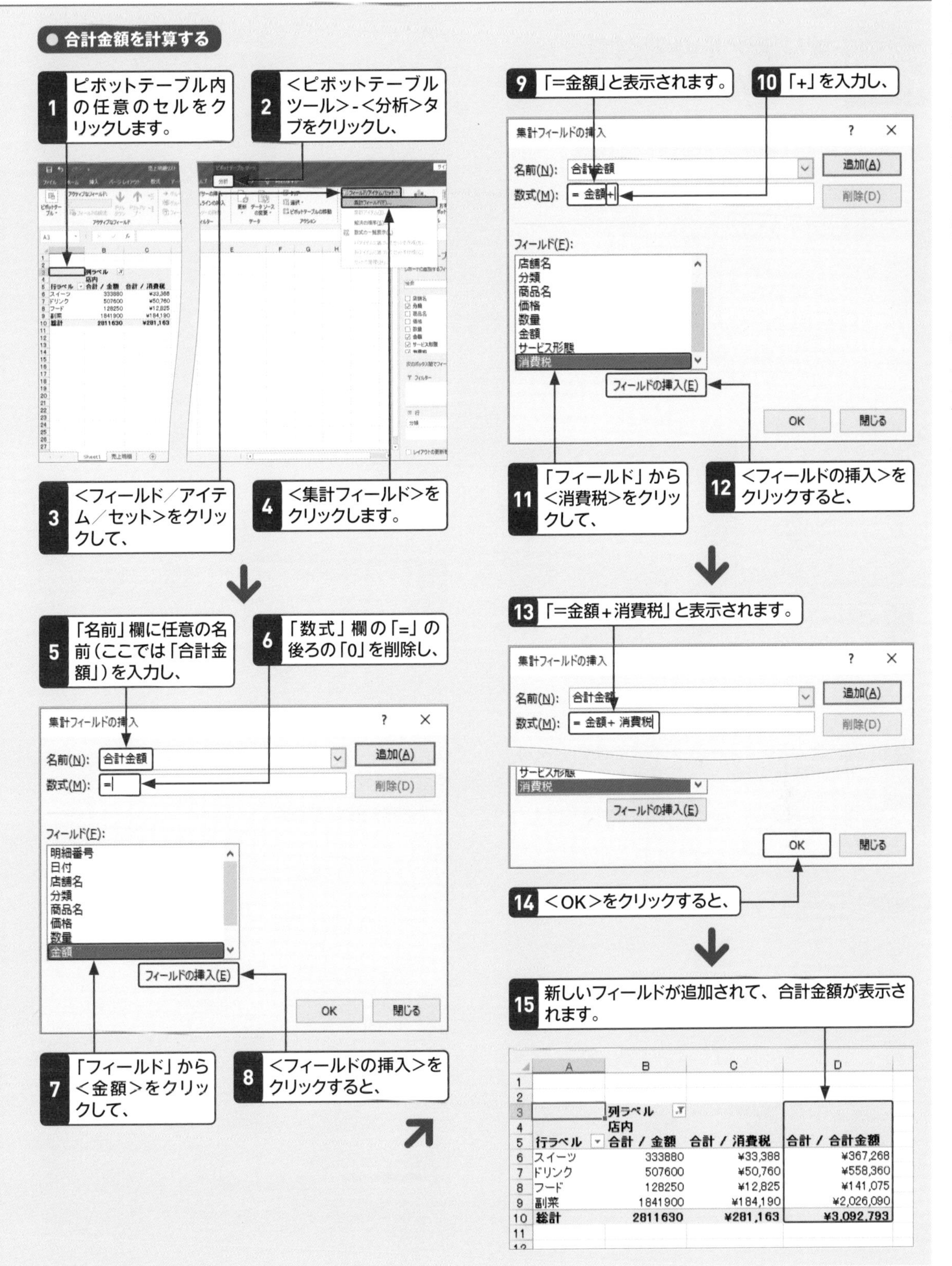

1 ピボットテーブル内の任意のセルをクリックします。
2 ＜ピボットテーブルツール＞-＜分析＞タブをクリックし、
3 ＜フィールド／アイテム／セット＞をクリックして、
4 ＜集計フィールド＞をクリックします。
5 「名前」欄に任意の名前（ここでは「合計金額」）を入力し、
6 「数式」欄の「=」の後ろの「0」を削除し、
集計フィールドの挿入
名前(N): 合計金額
数式(M): =
追加(A)
削除(D)
フィールド(F):
明細番号
日付
店舗名
分類
商品名
価格
数量
金額
フィールドの挿入(E)
OK
閉じる
7 「フィールド」から＜金額＞をクリックして、
8 ＜フィールドの挿入＞をクリックすると、
9 「=金額」と表示されます。
10 「+」を入力し、
集計フィールドの挿入
名前(N): 合計金額
数式(M): = 金額+
フィールド(F):
店舗名
分類
商品名
価格
数量
金額
サービス形態
消費税
11 「フィールド」から＜消費税＞をクリックして、
12 ＜フィールドの挿入＞をクリックすると、
13 「=金額+消費税」と表示されます。
数式(M): = 金額+ 消費税
14 ＜OK＞をクリックすると、
15 新しいフィールドが追加されて、合計金額が表示されます。
列ラベル
店内
行ラベル
合計 / 金額
合計 / 消費税
合計 / 合計金額
スイーツ 333880 ¥33,388 ¥367,268
ドリンク 507600 ¥50,760 ¥558,360
フード 128250 ¥12,825 ¥141,075
副菜 1841900 ¥184,190 ¥2,026,090
総計 2811630 ¥281,163 ¥3,092,793

重要度 ★★★ 集計

Q 299 オリジナルの分類で集計したい！

A ＜集計アイテム＞を追加して数式を入力します。

「集計アイテム」を使うと、ピボットテーブルの集計表から、特定の項目をピックアップして集計できます。売上明細リストの中から特定の商品だけを「集計アイテム」として指定すると、商品名の一番下に新しいアイテムが追加されます。ここでは、「ハンバーガー」「チーズバーガー」「ダブルチーズバーガー」「アボガドバーガー」の4つの商品の売上数の平均を求めます。

● 4つの商品の売上数の平均を求める

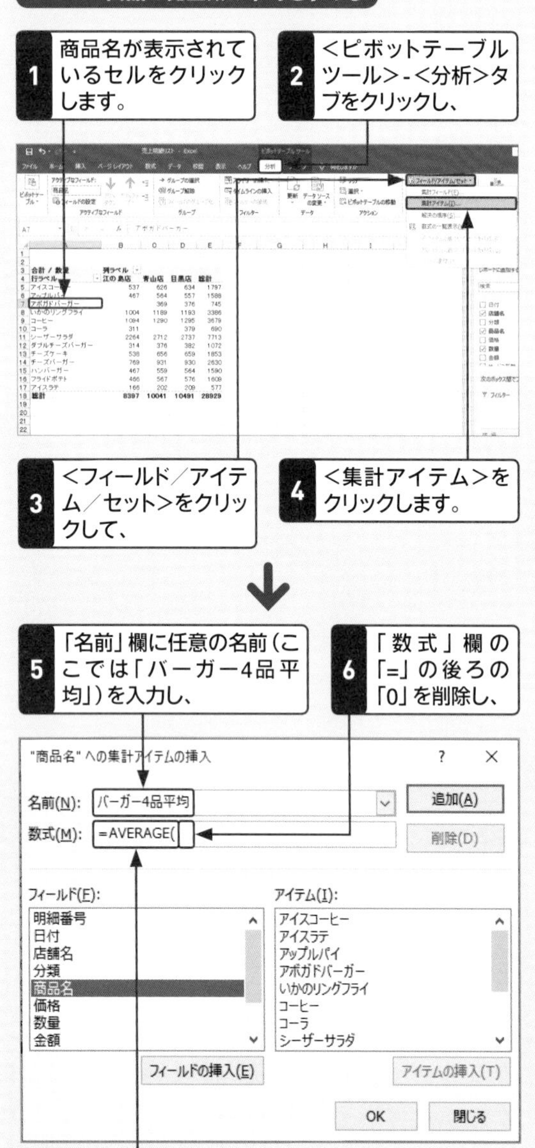

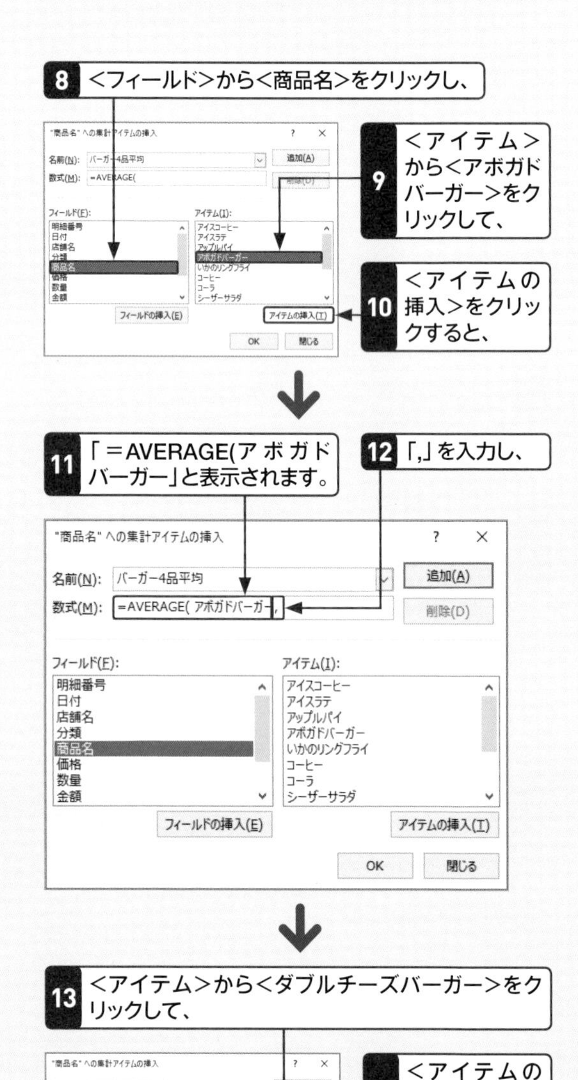

15 「=AVERAGE(アボガドバーガー,ダブルチーズバーガー」が表示されます。

16 「,」を入力し、

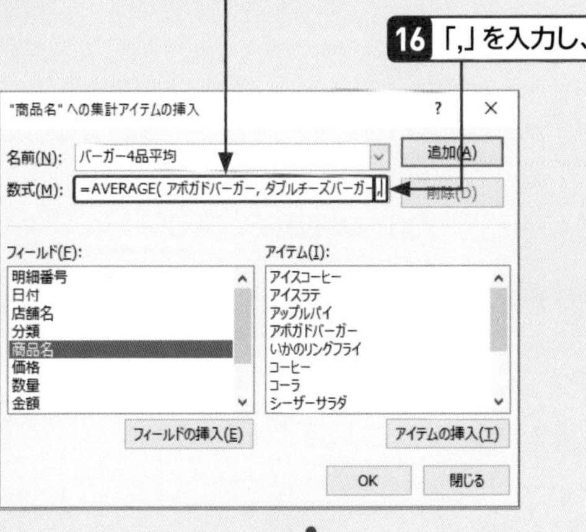

17 <アイテム>から<チーズバーガー>をクリックして、

18 <アイテムの挿入>をクリックすると、

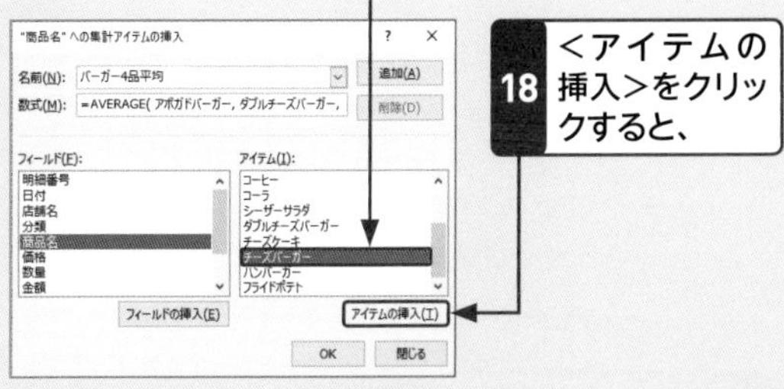

19 「=AVERAGE(アボガドバーガー,ダブルチーズバーガー,チーズバーガー」が表示されます。

20 「,」を入力し、

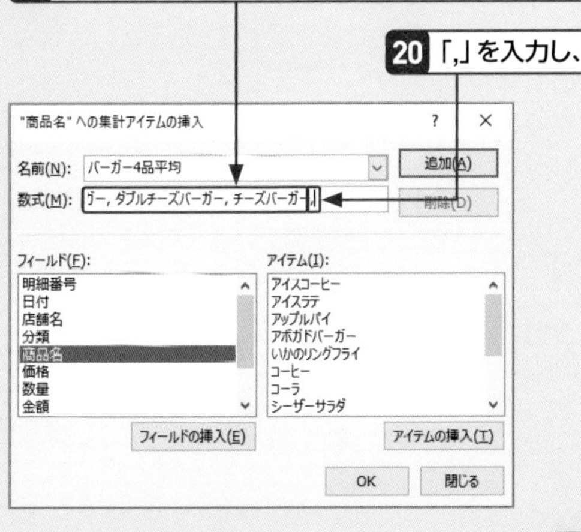

21 <アイテム>から<ハンバーガー>をクリックして、

22 <アイテムの挿入>をクリックすると、

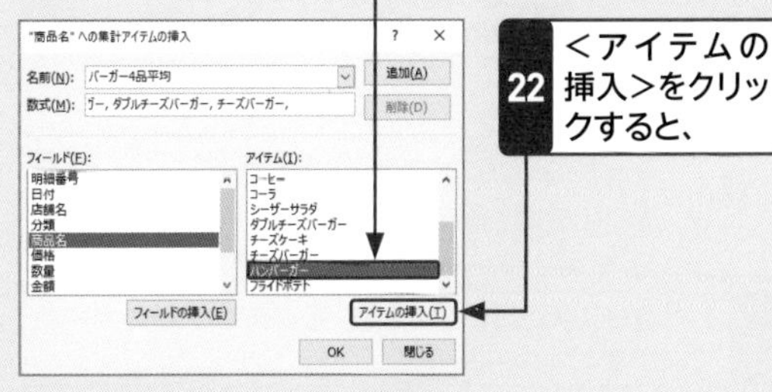

23 「=AVERAGE(アボガドバーガー,ダブルチーズバーガー,チーズバーガー,ハンバーガー」が表示されます。

24 「)」を入力し、

25 <OK>をクリックすると、

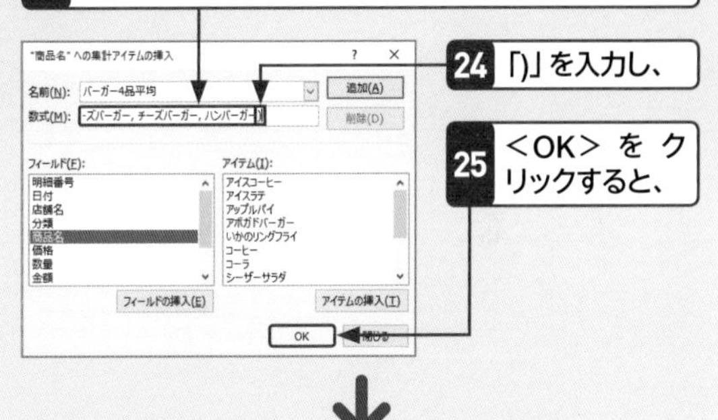

26 商品名の一番下に集計アイテムが表示されて、4品の売上数の平均が表示されます。

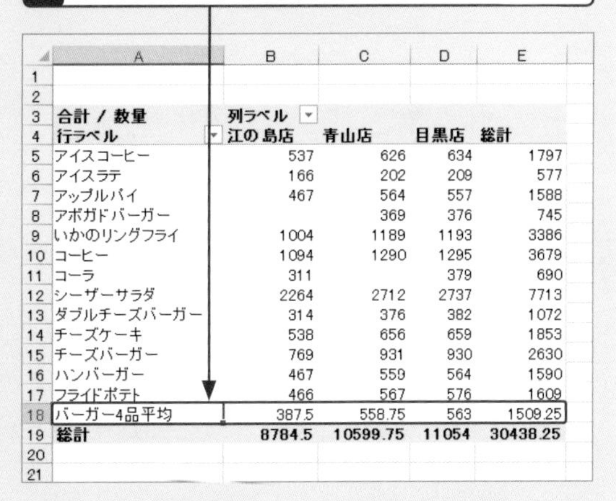

	A	B	C	D	E
1					
2					
3	合計 / 数量	列ラベル			
4	行ラベル	江の島店	青山店	目黒店	総計
5	アイスコーヒー	537	626	634	1797
6	アイスラテ	166	202	209	577
7	アップルパイ	467	564	557	1588
8	アボガドバーガー		369	376	745
9	いかのリングフライ	1004	1189	1193	3386
10	コーヒー	1094	1290	1295	3679
11	コーラ	311		379	690
12	シーザーサラダ	2264	2712	2737	7713
13	ダブルチーズバーガー	314	376	382	1072
14	チーズケーキ	538	656	659	1853
15	チーズバーガー	769	931	930	2630
16	ハンバーガー	467	559	564	1590
17	フライドポテト	466	567	576	1609
18	バーガー4品平均	387.5	558.75	563	1509.25
19	総計	8784.5	10599.75	11054	30438.25
20					
21					

集計アイテムを追加すると、一番下の行の総計は、全項目の合計+集計アイテムの結果となるので、Q.339の操作で総計を非表示にしておきましょう。

重要度★★★ 集計

月単位で集計したい!

日単位のデータを自動的に月単位に集計します。

もとのリストに入力された日付データが日単位でも、ピボットテーブルで月単位にまとめて集計したほうが全体の傾向がわかりやすくなります。Excel2019やMicrosoft 365では、日付のフィールドを「行」エリアや「列」エリアに配置するだけで、自動的に日単位のデータが月単位にまとめられます。

1 もとのリストには、日単位で売上データが入力されています。

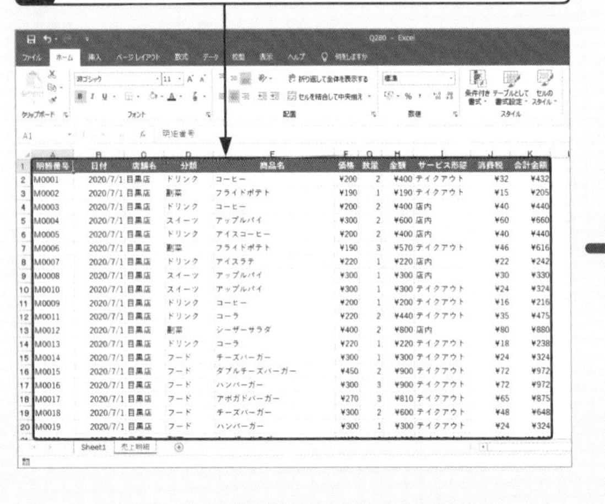

明細番号	日付	店舗名	分類	商品名	価格	数量	金額	サービス形態	消費税	合計金額
M0001	2020/7/1	目黒店	ドリンク	コーヒー	¥200	2	¥400	テイクアウト	¥32	¥432
M0002	2020/7/1	目黒店	副菜	フライドポテト	¥190	1	¥190	テイクアウト	¥15	¥205
M0003	2020/7/1	目黒店	ドリンク	コーヒー	¥200	2	¥400	店内	¥40	¥440
M0004	2020/7/1	目黒店	スイーツ	アップルパイ	¥300	2	¥600	店内	¥60	¥660
M0005	2020/7/1	目黒店	ドリンク	アイスコーヒー	¥200	2	¥400	店内	¥40	¥440
M0006	2020/7/1	目黒店	副菜	フライドポテト	¥190	3	¥570	テイクアウト	¥46	¥616
M0007	2020/7/1	目黒店	ドリンク	アイスラテ	¥220	1	¥220	店内	¥22	¥242
M0008	2020/7/1	目黒店	スイーツ	アップルパイ	¥300	1	¥300	店内	¥30	¥330
M0010	2020/7/1	目黒店	スイーツ	アップルパイ	¥300	1	¥300	テイクアウト	¥24	¥324
M0009	2020/7/1	目黒店	ドリンク	コーヒー	¥200	1	¥200	テイクアウト	¥16	¥216
M0011	2020/7/1	目黒店	ドリンク	コーラ	¥220	2	¥440	テイクアウト	¥35	¥475
M0012	2020/7/1	目黒店	副菜	シーザーサラダ	¥400	2	¥800	店内	¥80	¥880
M0013	2020/7/1	目黒店	ドリンク	コーラ	¥220	1	¥220	テイクアウト	¥18	¥238
M0014	2020/7/1	目黒店	フード	チーズバーガー	¥300	1	¥300	テイクアウト	¥24	¥324
M0015	2020/7/1	目黒店	フード	ダブルチーズバーガー	¥450	2	¥900	テイクアウト	¥72	¥972
M0016	2020/7/1	目黒店	フード	ハンバーガー	¥300	3	¥900	テイクアウト	¥72	¥972
M0017	2020/7/1	目黒店	フード	アボガドバーガー	¥270	3	¥810	テイクアウト	¥65	¥875
M0018	2020/7/1	目黒店	フード	チーズバーガー	¥300	2	¥600	テイクアウト	¥48	¥648
M0019	2020/7/1	目黒店	フード	ハンバーガー	¥300	1	¥300	テイクアウト	¥24	¥324

2 ピボットテーブル内の任意のセルをクリックし、

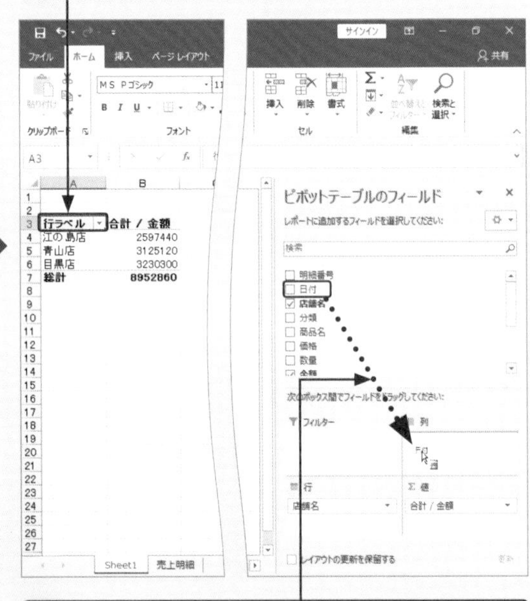

3 <フィールドリスト>ウィンドウの<日付>を「列」エリアまでドラッグすると、

4 日単位のデータが月単位にまとめて集計されます。

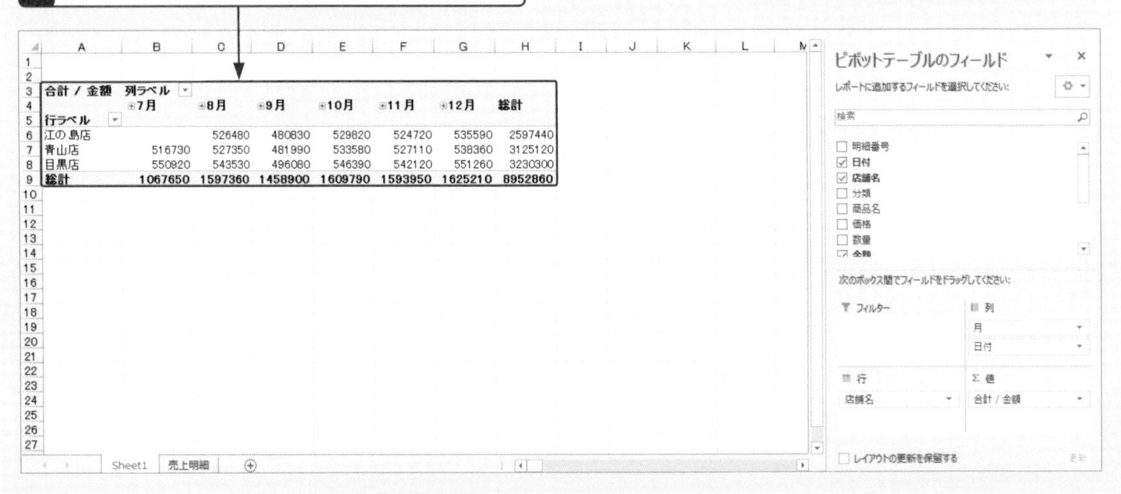

合計 / 金額	列ラベル						
	7月	8月	9月	10月	11月	12月	総計
行ラベル							
江の島店		526480	480830	529820	524720	535590	2597440
青山店	516730	527350	481990	533580	527110	538360	3125120
目黒店	550920	543530	496080	546390	542120	551260	3230300
総計	1067650	1597360	1458900	1609790	1593950	1625210	8952860

Q 301 四半期単位で集計したい!

A 日付の単位を<四半期>に変更します。

ピボットテーブルでは、「行」エリアや「列」エリアに配置した日付フィールドをグループにまとめて集計できます。日付データはあとから<秒><分><時><日><月><四半期><年>の単位にまとめられるため、もとのリストが日単位であっても、四半期単位の集計表に変更することができます。

1 日付が表示されているセルを選択し、

2 <ピボットテーブルツール>-<分析>タブをクリックして、

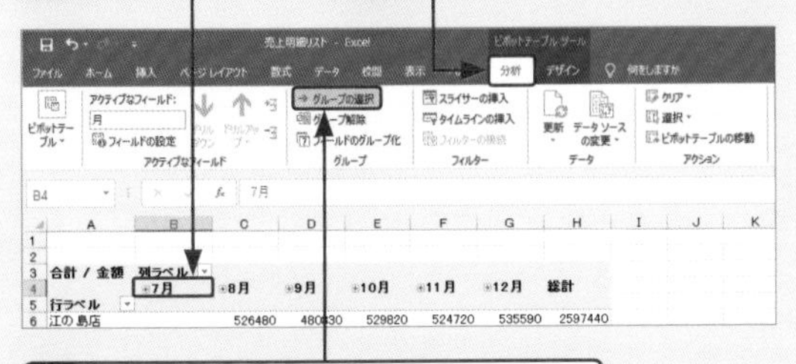

3 <グループの選択>をクリックします。

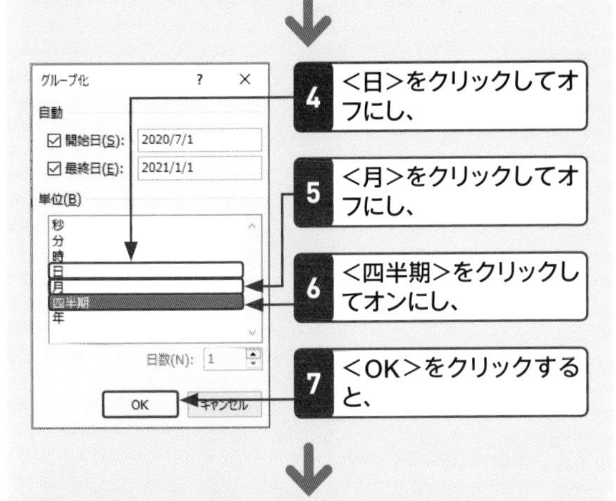

4 <日>をクリックしてオフにし、

5 <月>をクリックしてオフにし、

6 <四半期>をクリックしてオンにし、

7 <OK>をクリックすると、

8 四半期単位の集計結果が表示されます。

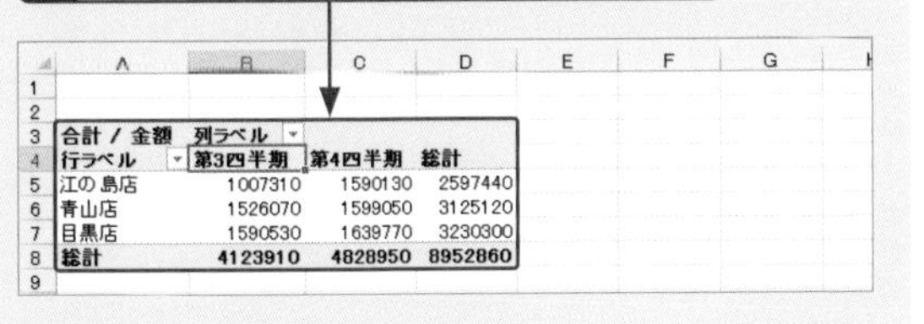

合計 / 金額	列ラベル		
行ラベル	第3四半期	第4四半期	総計
江の島店	1007310	1590130	2597440
青山店	1526070	1599050	3125120
目黒店	1590530	1639770	3230300
総計	4123910	4828950	8952860

Q 302 週単位で集計したい!

A <開始日>と<終了日>の間隔を7日に変更します。

<グループ化>ダイアログボックスの<単位>には週単位がありません。週単位にグループ化するには、<開始日>にもとのリストの<日付>フィールドの最初の日付を含む週の日曜日の日付を入力し、<最終日>に、最後の日付を含む週の土曜日の日付を入力します。続けて<日数>を「7」に指定します。

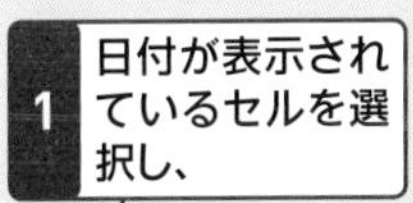

1 日付が表示されているセルを選択し、

2 <ピボットテーブルツール>-<分析>タブをクリックして、

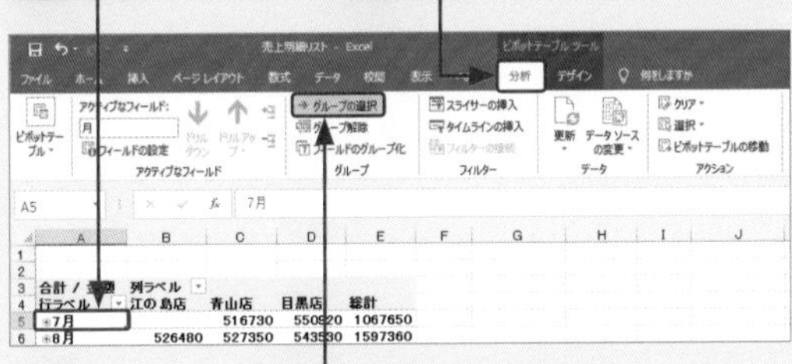

3 <グループの選択>をクリックします。

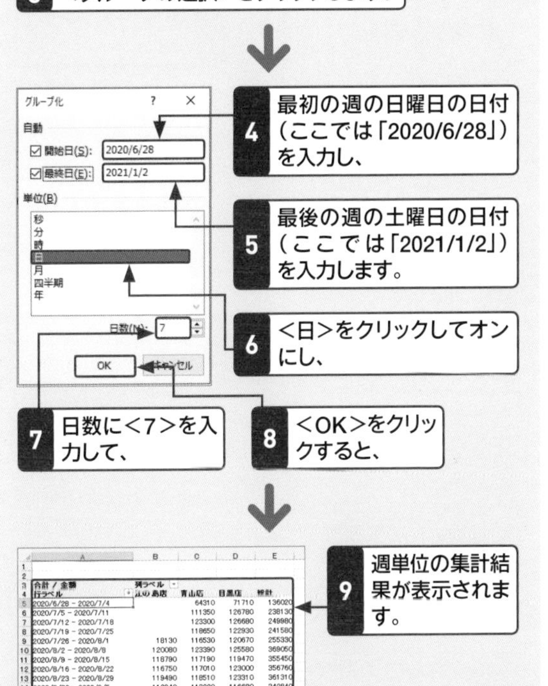

4 最初の週の日曜日の日付(ここでは「2020/6/28」)を入力し、

5 最後の週の土曜日の日付(ここでは「2021/1/2」)を入力します。

6 <日>をクリックしてオンにし、

7 日数に<7>を入力して、

8 <OK>をクリックすると、

9 週単位の集計結果が表示されます。

合計 / 金額	列ラベル			
行ラベル	江の島店	青山店	目黒店	総計
2020/6/28 - 2020/7/4		64310	71710	136020
2020/7/5 - 2020/7/11		111350	126780	238130
2020/7/12 - 2020/7/18		123300	126680	249980
2020/7/19 - 2020/7/25		118650	122930	241580
2020/7/26 - 2020/8/1	18130	116530	120670	255330
2020/8/2 - 2020/8/8	120080	123390	125580	369050
2020/8/9 - 2020/8/15	118790	117190	119470	355450
2020/8/16 - 2020/8/22	116750	117010	123000	356760
2020/8/23 - 2020/8/29	119490	118510	123310	361310
2020/8/30 - 2020/9/5	112940	113220	116680	342840
2020/9/6 - 2020/9/12	111130	110410	113810	335350

Q 303 文字データをグループ化して集計したい!

A グループ化機能を使って文字データをまとめます。

グループ化とは、関連するデータをまとめて集計することです。下の例では、商品名を「飲み物」と「食べ物」の2つのグループに分けて集計します。グループ化の機能を利用すれば、ピボットテーブルのもとのリストに、商品名の分類を示すフィールドがなくても、オリジナルの分類を作成して集計ができます。

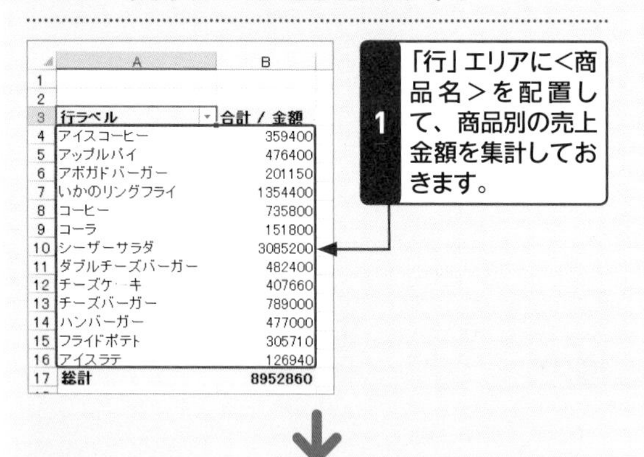

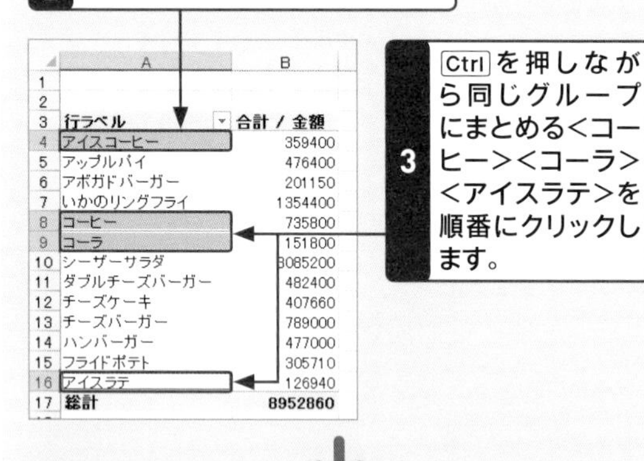

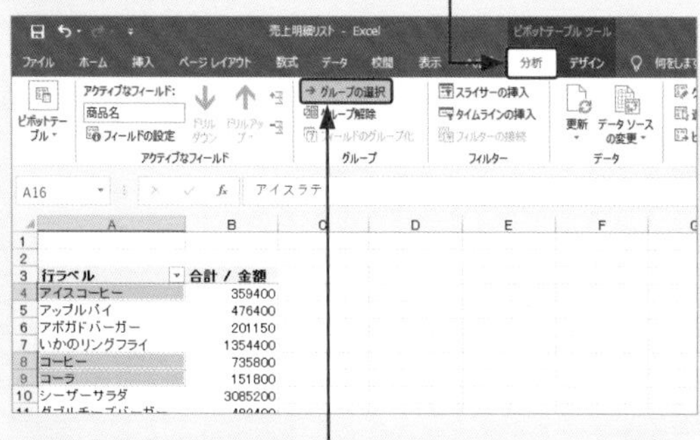

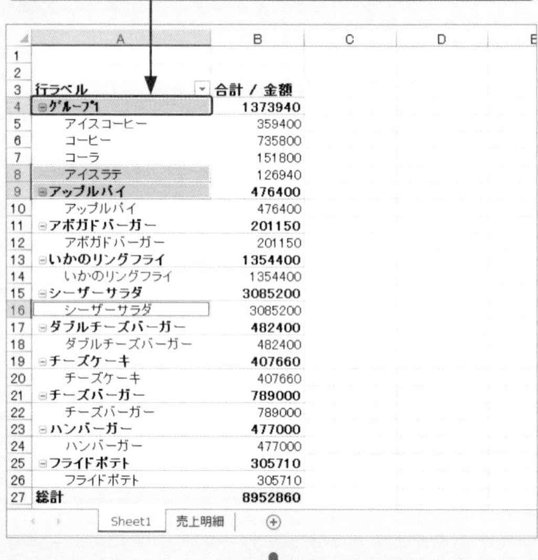

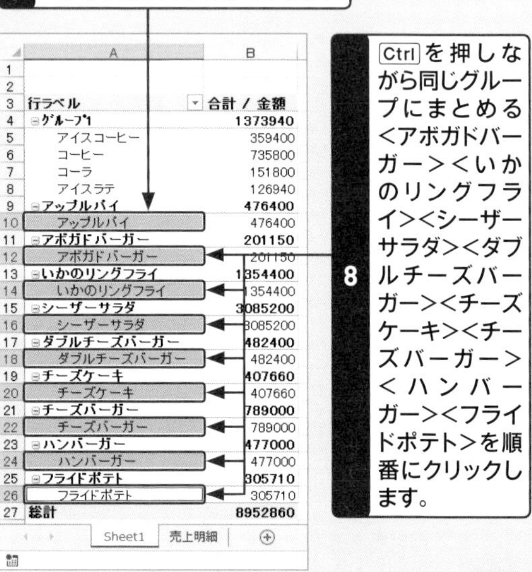

9 ＜ピボットテーブルツール＞-＜分析＞タブをクリックし、

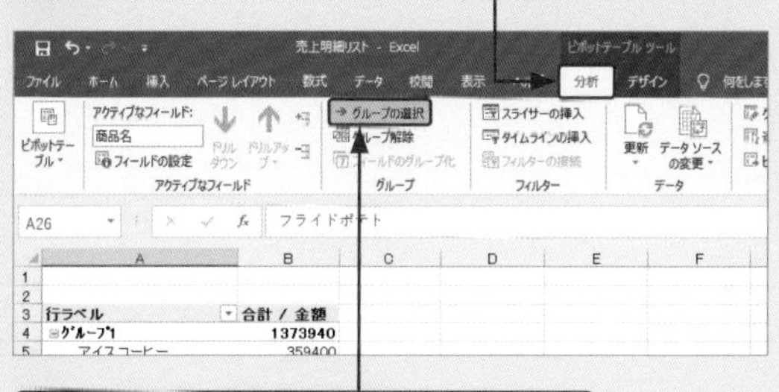

10 ＜グループの選択＞をクリックすると、

11 選択した項目が1つのグループにまとまり、「グループ2」という仮の名前で表示されます。

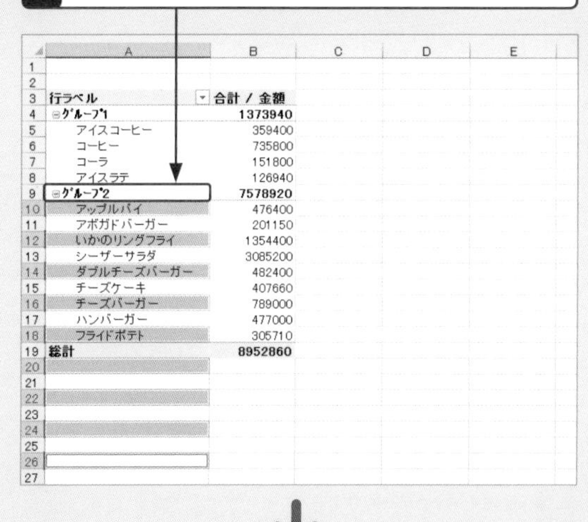

	A	B
3	行ラベル	合計 / 金額
4	⊟グループ1	1373940
5	アイスコーヒー	359400
6	コーヒー	735800
7	コーラ	151800
8	アイスラテ	126940
9	⊟グループ2	7578920
10	アップルパイ	476400
11	アボガドバーガー	201150
12	いかのリングフライ	1354400
13	シーザーサラダ	3085200
14	ダブルチーズバーガー	482400
15	チーズケーキ	407660
16	チーズバーガー	789000
17	ハンバーガー	477000
18	フライドポテト	305710
19	総計	8952860

12 グループ名（ここでは「グループ1」）のセルをクリックし、

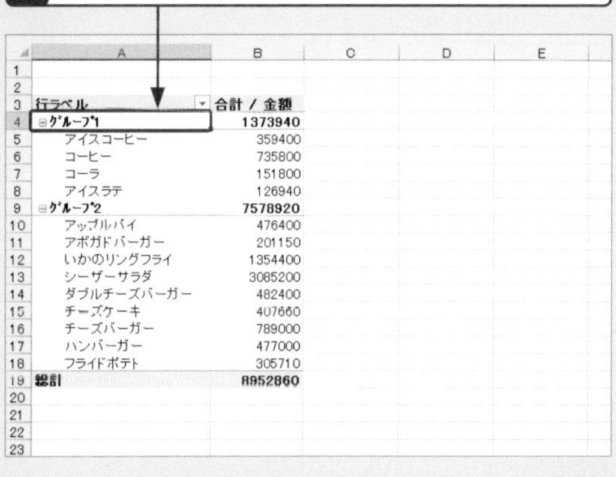

	A	B
3	行ラベル	合計 / 金額
4	⊟グループ1	1373940
5	アイスコーヒー	359400
6	コーヒー	735800
7	コーラ	151800
8	アイスラテ	126940
9	⊟グループ2	7578920
10	アップルパイ	476400
11	アボガドバーガー	201150
12	いかのリングフライ	1354400
13	シーザーサラダ	3085200
14	ダブルチーズバーガー	482400
15	チーズケーキ	407660
16	チーズバーガー	789000
17	ハンバーガー	477000
18	フライドポテト	305710
19	総計	8952860

13 「飲み物」と入力します。

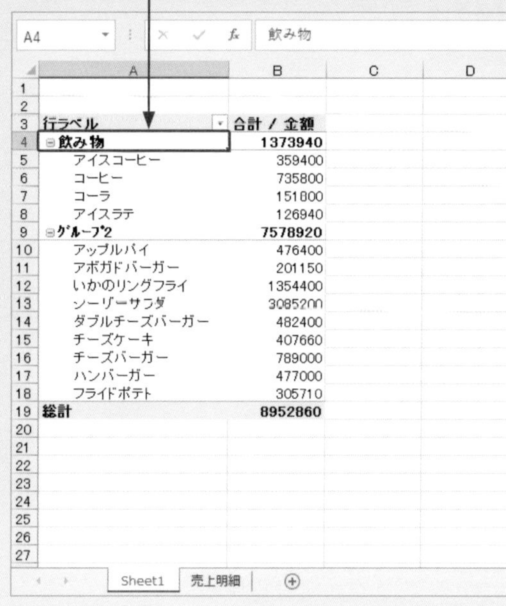

	A	B
3	行ラベル	合計 / 金額
4	⊟飲み物	1373940
5	アイスコーヒー	359400
6	コーヒー	735800
7	コーラ	151800
8	アイスラテ	126940
9	⊟グループ2	7578920
10	アップルパイ	476400
11	アボガドバーガー	201150
12	いかのリングフライ	1354400
13	シーザーサラダ	3085200
14	ダブルチーズバーガー	482400
15	チーズケーキ	407660
16	チーズバーガー	789000
17	ハンバーガー	477000
18	フライドポテト	305710
19	総計	8952860

14 同様の操作で、「グループ2」の名前を「食べ物」に変更すると、

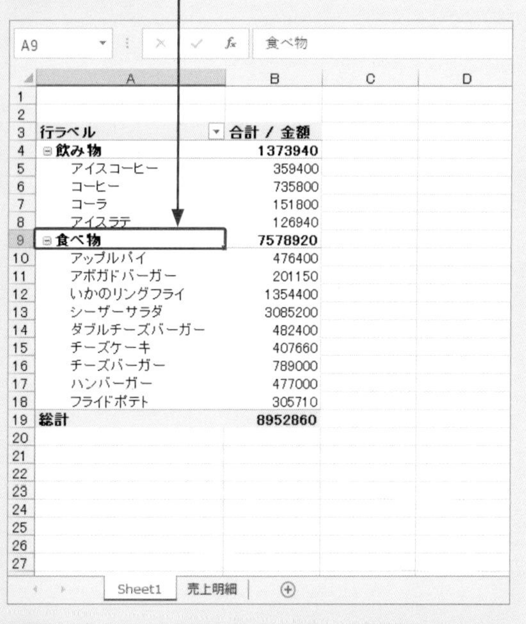

	A	B
3	行ラベル	合計 / 金額
4	⊟飲み物	1373940
5	アイスコーヒー	359400
6	コーヒー	735800
7	コーラ	151800
8	アイスラテ	126940
9	⊟食べ物	7578920
10	アップルパイ	476400
11	アボガドバーガー	201150
12	いかのリングフライ	1354400
13	シーザーサラダ	3085200
14	ダブルチーズバーガー	482400
15	チーズケーキ	407660
16	チーズバーガー	789000
17	ハンバーガー	477000
18	フライドポテト	305710
19	総計	8952860

15 オリジナルの分類での集計結果が表示されます。

重要度★★★ 集計

Q 304 数値データをグループ化して集計したい!

A グループ化機能を使って数値データをまとめる単位を指定します。

数値データをグループ化するときは、<先頭の値>と<末尾の値>と<単位>の3つを指定して、100ごとや1,000ごとのように指定した間隔でデータをまとめます。下の例では、商品の価格を100円台、200円台のようにグループ化して、売上数を集計します。

1 「行」エリアに<価格>、「値」エリアに<数量>を配置して、価格ごとの売上数を集計しておきます。

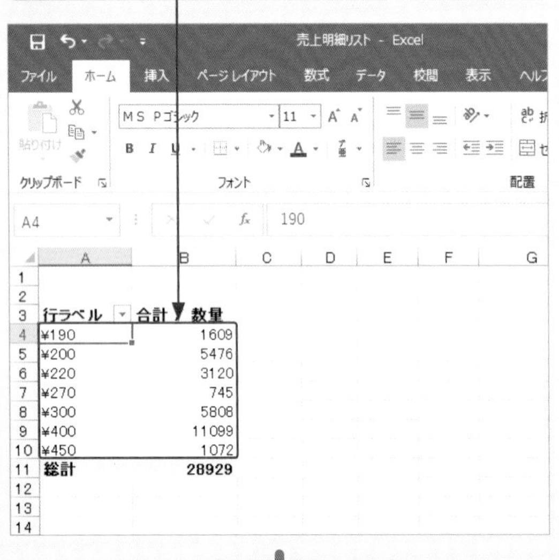

2 価格が表示されているセルをクリックし、

3 <ピボットテーブルツール>-<分析>タブをクリックして、

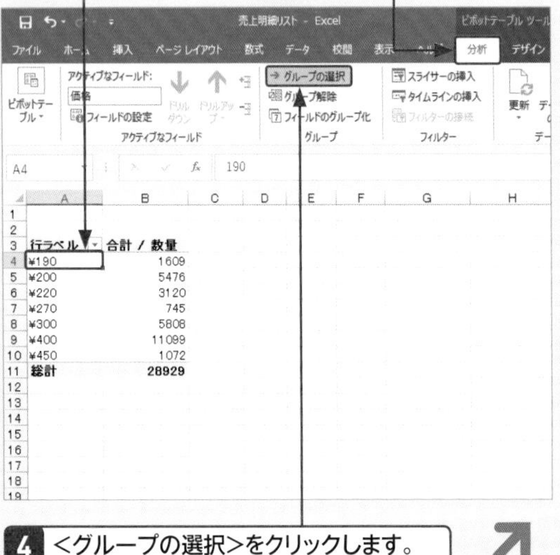

4 <グループの選択>をクリックします。

5 <先頭の値>に「100」を入力し、

6 <末尾の値>に「500」と入力し、

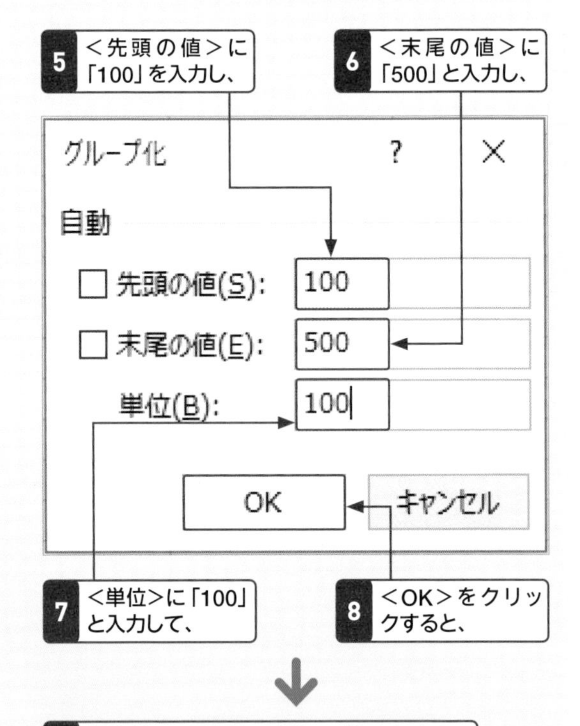

7 <単位>に「100」と入力して、

8 <OK>をクリックすると、

9 価格が100円単位でグループ化されます。

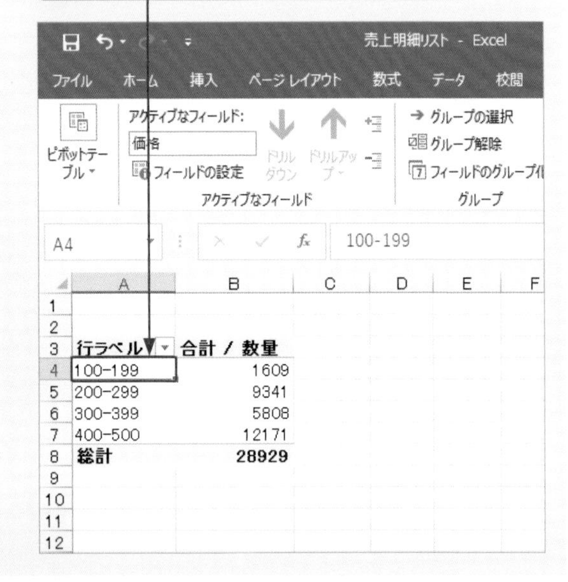

重要度★★★ 集計

Q 305 グループ化を解除したい！

A <グループ解除>をクリックします。

日付や文字、数値をグループ化したあとでグループ化を解除するには、<ピボットテーブルツール>-<分析>タブの<グループ解除>をクリックします。

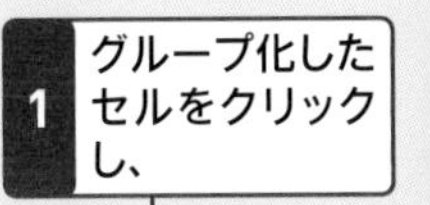

2 <ピボットテーブルツール>-<分析>タブをクリックして、

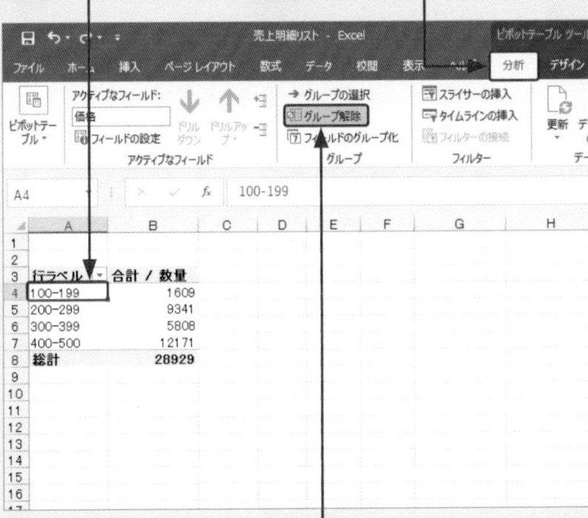

3 <グループ解除>をクリックすると、

4 グループ化が解除されます。

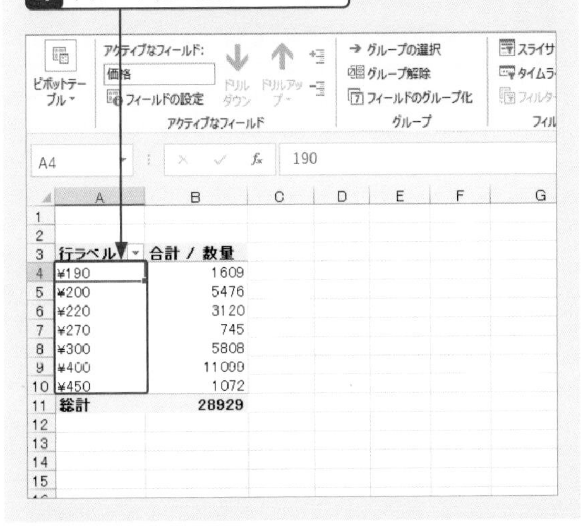

重要度★★★ 集計

Q 306 「選択対象をグループ化することはできません」と表示された！

A 日付データがルール通りに入力されているかを確認しましょう。

日付データをグループ化しようとしたときに、「選択対象をグループ化することはできません」のメッセージが表示される場合があります。主な原因は日付フィールドに空白セルが含まれていたり、日付フィールドに日付以外のセルが含まれていたりするためです。原因のセルを修正したら<ピボットテーブルツール>-<分析>タブの<更新>をクリックして最新のデータに更新しましょう。

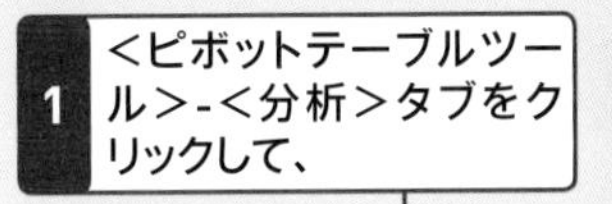

2 <グループの選択>をクリックすると、

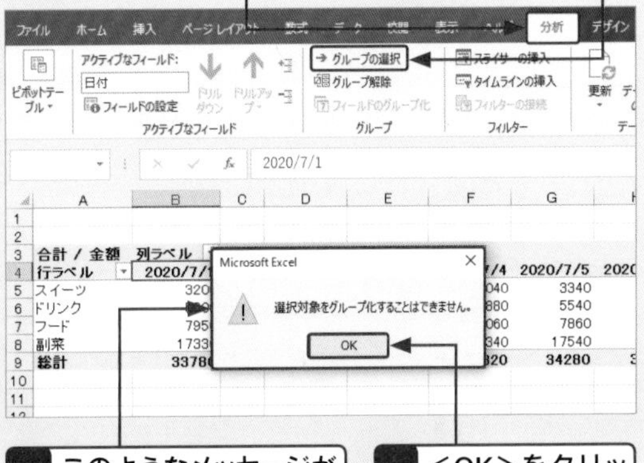

3 このようなメッセージが表示されます。

4 <OK>をクリックし、

5 原因となるセルを修正します。

セル<B32>の「副菜」を日付データに修正します。

重要度 ★★★ 集計

Q 307 集計元のデータの範囲を変更したい!

A <データソースの変更>をクリックしてリストの範囲を修正します。

もとのリストの一部のデータを対象にしてピボットテーブルの集計を行うには、<データソースの変更>をクリックして表示されるダイアログボックスで、リストの範囲を修正します。すると、連動してピボットテーブルの集計表が変化します。

1 ピボットテーブル内の任意のセルをクリックし、

2 <ピボットテーブルツール>-<分析>タブをクリックして、

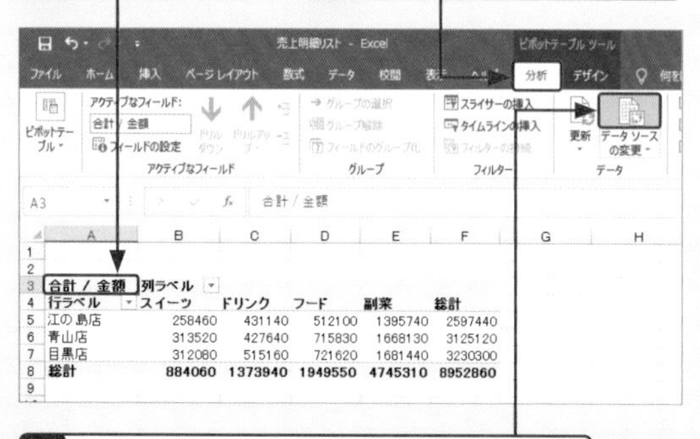

3 <データソースの変更>をクリックします。

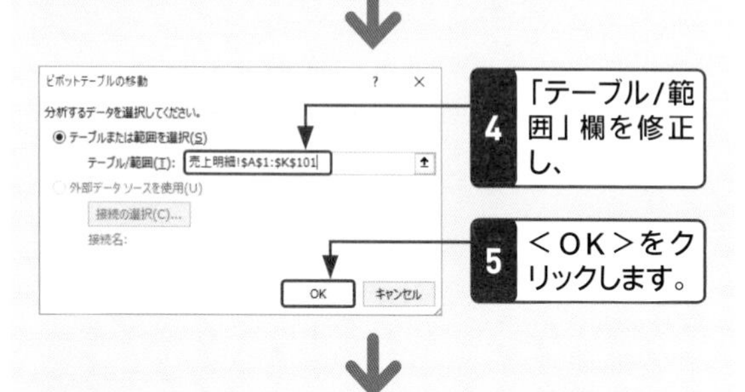

4 「テーブル/範囲」欄を修正し、

5 <OK>をクリックします。

6 集計表が変化します。

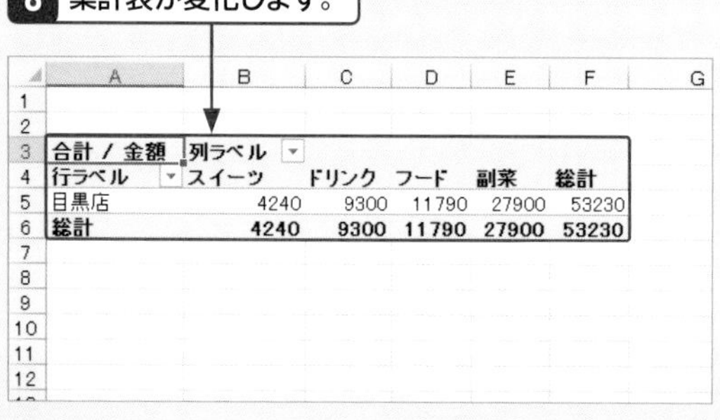

重要度 ★★★ 集計

Q 308 集計フィールドを削除したい!

A <集計フィールドの挿入>ダイアログボックスで削除します。

Q.298の操作で作成した集計フィールドはいつでも削除できます。集計フィールドを作成したときと同じ手順で<集計フィールドの挿入>ダイアログボックスを開き、登録されているフィード名から削除したい集計フィールドを選択して<削除>をクリックします。

1 Q.298の操作で「消費税」と「合計金額」の集計フィールドを作成しておきます。

2 ピボットテーブル内の任意のセルをクリックし、

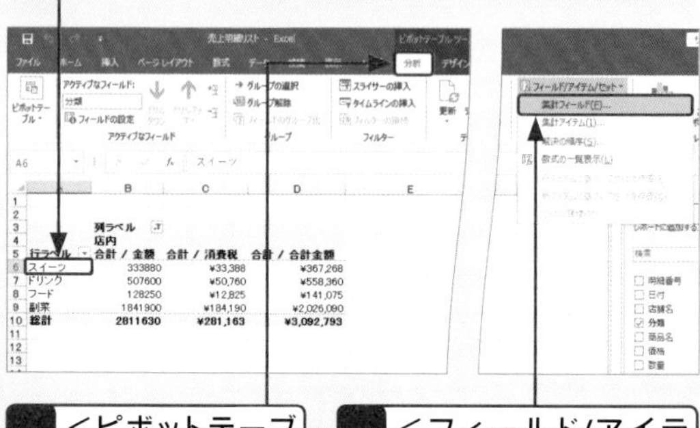

3 <ピボットテーブルツール>-<分析>タブをクリックして、

4 <フィールド/アイテム/セット>から<集計フィールド>をクリックします。

5 「名前」の▼をクリックし、

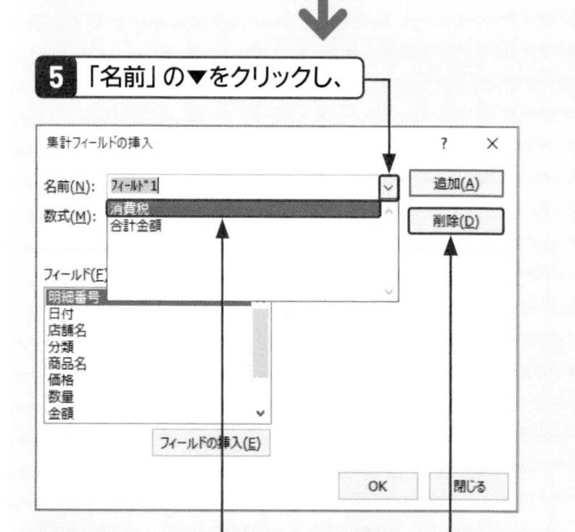

6 削除したい集計フィールドをクリックして、

7 <削除>をクリックします。

重要度★★★　並べ替え

Q 309 値の大小順に並べたい！

A ＜データ＞タブの＜昇順＞や＜降順＞をクリックします。

1 「分類」の集計結果が表示されているセルをクリックし、

2 ＜データ＞タブをクリックして、

合計 / 金額	列ラベル			
行ラベル	江の島店	青山店	目黒店	総計
⊟スイーツ	258460	313520	312080	884060
アップルパイ	140100	169200	167100	476400
チーズケーキ	118360	144320	144980	407660
⊟ドリンク	431140	427640	515160	1373940
アイスコーヒー	107400	125200	126800	359400
コーヒー	218800	258000	259000	735800
コーラ	68420		83380	151800
アイスラテ	36520	44440	45980	126940
⊟フード	512100	715830	721620	1949550
アボガドバーガー		99630	101520	201150
ダブルチーズバーガー	141300	169200	171900	482400
チーズバーガー	230700	279300	279000	789000
ハンバーガー	140100	167700	169200	477000
⊟副菜	1395740	1668130	1681440	4745310
いかのリングフライ	401600	475600	477200	1354400
シーザーサラダ	905600	1084800	1094800	3085200
フライドポテト	88540	107730	109440	305710
総計	2597440	3125120	3230300	8952860

3 Z↓A をクリックすると、

4 「分類」ごとに売上金額の大きい順にデータが並べ替えられました。

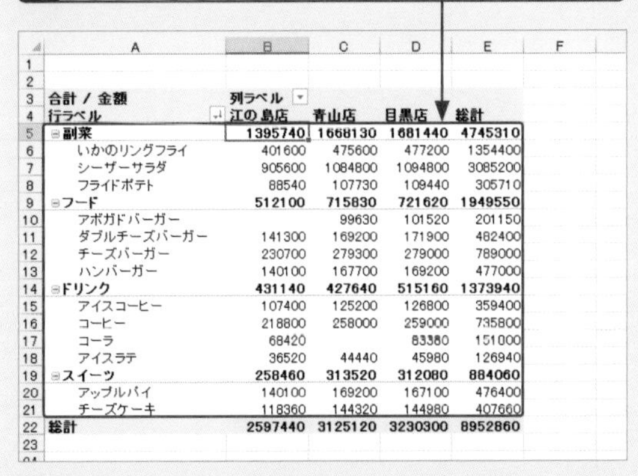

合計 / 金額	列ラベル			
行ラベル	江の島店	青山店	目黒店	総計
⊟副菜	1395740	1668130	1681440	4745310
いかのリングフライ	401600	475600	477200	1354400
シーザーサラダ	905600	1084800	1094800	3085200
フライドポテト	88540	107730	109440	305710
⊟フード	512100	715830	721620	1949550
アボガドバーガー		99630	101520	201150
ダブルチーズバーガー	141300	169200	171900	482400
チーズバーガー	230700	279300	279000	789000
ハンバーガー	140100	167700	169200	477000
⊟ドリンク	431140	427640	515160	1373940
アイスコーヒー	107400	125200	126800	359400
コーヒー	218800	258000	259000	735800
コーラ	68420		83380	151800
アイスラテ	36520	44440	45980	126940
⊟スイーツ	258460	313520	312080	884060
アップルパイ	140100	169200	167100	476400
チーズケーキ	118360	144320	144980	407660
総計	2597440	3125120	3230300	8952860

ピボットテーブルの集計結果を並べ替えると売れ筋商品がわかります。データを並べ替える条件は「昇順」と「降順」の2つです。下の例では、最初に「分類」の集計値が表示されているセルを使って降順に並べ替え、次に「商品名」の集計値が表示されているセルを使って降順に並べ替えます。これにより、「分類」の売れ筋順と分類の中での売れ筋商品がわかります。

5 分類内の「商品名」の集計結果が表示されているセルをクリックし、

6 ＜データ＞タブをクリックして、

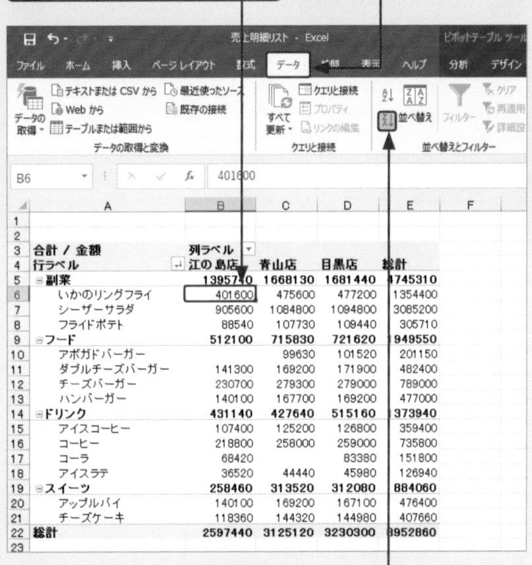

合計 / 金額	列ラベル			
行ラベル	江の島店	青山店	目黒店	総計
⊟副菜	1395740	1668130	1681440	4745310
いかのリングフライ	401600	475600	477200	1354400
シーザーサラダ	905600	1084800	1094800	3085200
フライドポテト	88540	107730	109440	305710
⊟フード	512100	715830	721620	1949550
アボガドバーガー		99630	101520	201150
ダブルチーズバーガー	141300	169200	171900	482400
チーズバーガー	230700	279300	279000	789000
ハンバーガー	140100	167700	169200	477000
⊟ドリンク	431140	427640	515160	1373940
アイスコーヒー	107400	125200	126800	359400
コーヒー	218800	258000	259000	735800
コーラ	68420		83380	151800
アイスラテ	36520	44440	45980	126940
⊟スイーツ	258460	313520	312080	884060
アップルパイ	140100	169200	167100	476400
チーズケーキ	118360	144320	144980	407660
総計	2597440	3125120	3230300	8952860

7 Z↓A をクリックすると、

8 それぞれの分類内で、商品の売上金額が大きい順にデータが並べ替えられます。

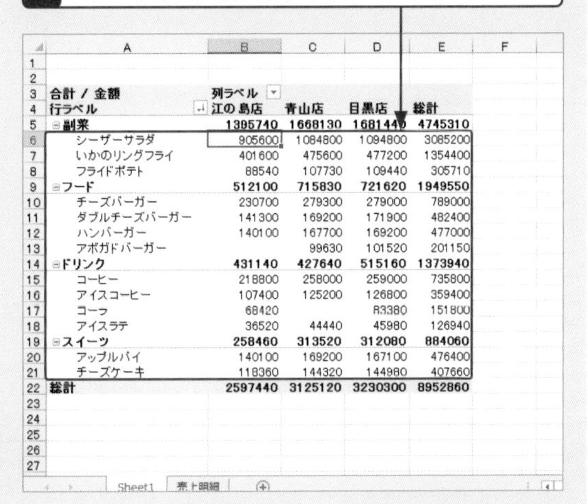

合計 / 金額	列ラベル			
行ラベル	江の島店	青山店	目黒店	総計
⊟副菜	1395740	1668130	1681440	4745310
シーザーサラダ	905600	1084800	1094800	3085200
いかのリングフライ	401600	475600	477200	1354400
フライドポテト	88540	107730	109440	305710
⊟フード	512100	715830	721620	1949550
チーズバーガー	230700	279300	279000	789000
ダブルチーズバーガー	141300	169200	171900	482400
ハンバーガー	140100	167700	169200	477000
アボガドバーガー		99630	101520	201150
⊟ドリンク	431140	427640	515160	1373940
コーヒー	218800	258000	259000	735800
アイスコーヒー	107400	125200	126800	359400
コーラ	68420		83380	151800
アイスラテ	36520	44440	45980	126940
⊟スイーツ	258460	313520	312080	884060
アップルパイ	140100	169200	167100	476400
チーズケーキ	118360	144320	144980	407660
総計	2597440	3125120	3230300	8952860

Q 310 オリジナルの順番で並べ替えたい！

A オリジナルの順番を＜ユーザー設定リスト＞に登録します。

ピボットテーブルの集計結果をオリジナルの順番で並べ替えるときは、＜ユーザー設定リスト＞にあらかじめ別シートに入力した並べ替えの順番を登録します。商品名や支店名、担当者名などをいつも決まった順番で表示するときは登録しておくとよいでしょう。2回目以降は、登録した順番を指定するだけでだけで並べ替わります。

● オリジナルの順番を登録する

1 ＜ファイル＞タブをクリックして＜その他＞-＜オプション＞をクリックします。

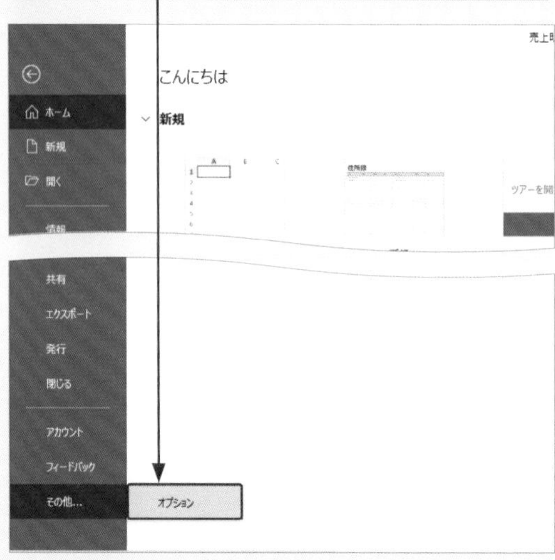

2 ＜詳細設定＞をクリックし、

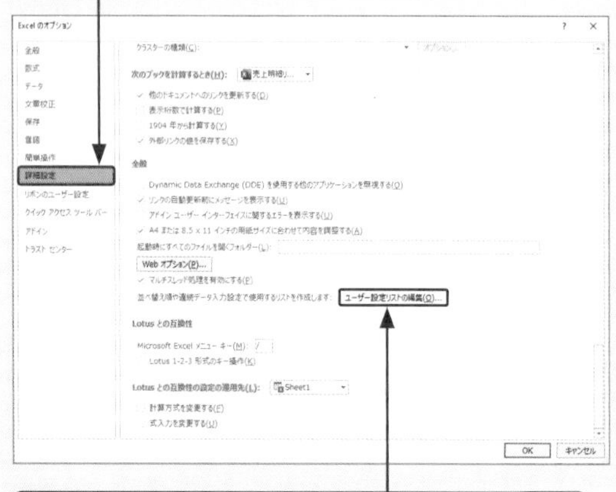

3 ＜ユーザー設定リストの編集＞をクリックします。

4 ＜ユーザー設定＞ダイアログボックスのここをクリックし、

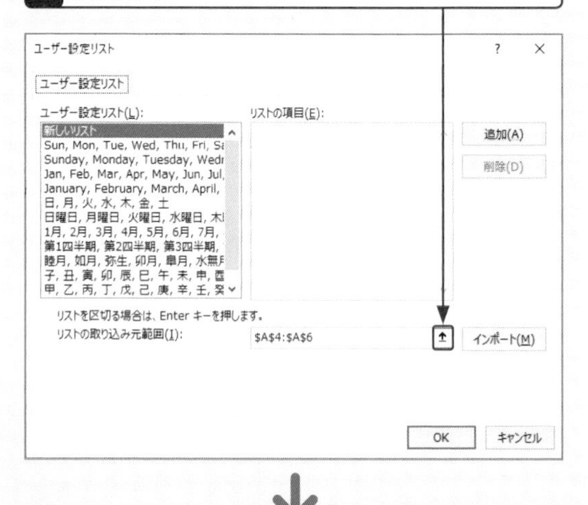

5 ＜店舗名＞シートをクリックして、

6 店舗名の並び順が入力されているセルをドラッグして選択して、

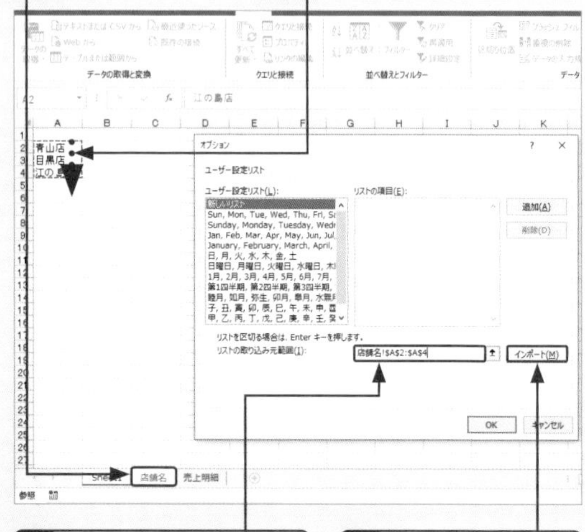

7 「リストの取り込み元範囲」の欄を確認して、

8 ＜インポート＞をクリックすると、

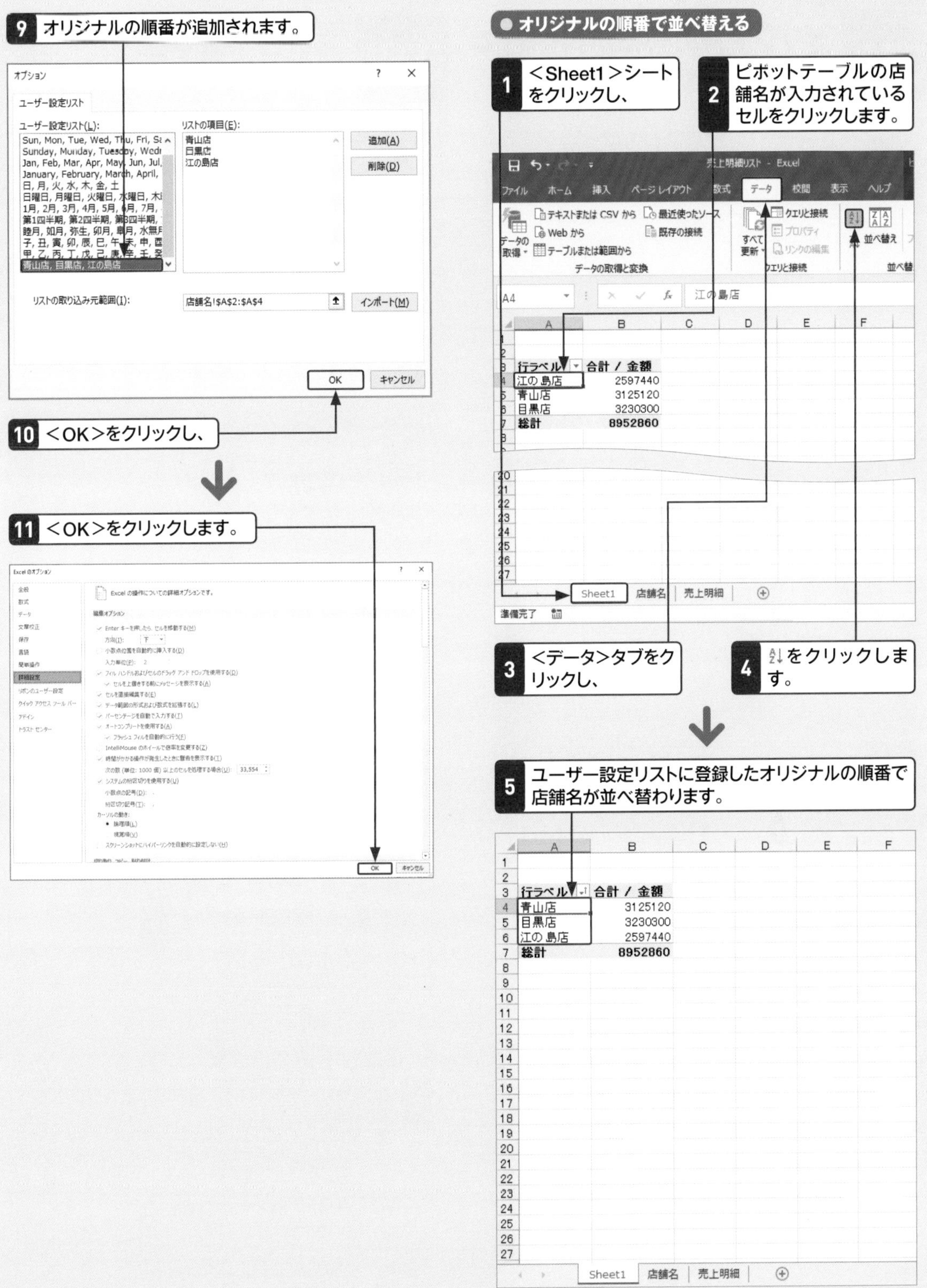

9 オリジナルの順番が追加されます。
オプション
ユーザー設定リスト
ユーザー設定リスト(L):
リストの項目(E):
青山店
目黒店
江の島店
追加(A)
削除(D)
青山店, 目黒店, 江の島店
リストの取り込み元範囲(I):
店舗名!$A$2:$A$4
インポート(M)
OK
キャンセル
10 <OK>をクリックし、
11 <OK>をクリックします。
オリジナルの順番で並べ替える
1 <Sheet1>シートをクリックし、
2 ピボットテーブルの店舗名が入力されているセルをクリックします。
3 <データ>タブをクリックし、
4 をクリックします。
5 ユーザー設定リストに登録したオリジナルの順番で店舗名が並べ替わります。
行ラベル
合計 / 金額
江の島店
2597440
青山店
3125120
目黒店
3230300
総計
8952860
Sheet1
店舗名
売上明細

1 基本と作成
2 抽出・集計
3 関数
4 ピボットテーブル
5 ピボットグラフ

重要度 ★★★　並べ替え

Q 311 オリジナルの順番が「昇順」で並べ替わるのはどうして？

A ユーザー設定リストを使った並べ替えが優先されるためです。

ピボットテーブルでは、初期設定でユーザー設定リストを使って並べ替える方法が優先されます。そのためQ.310では、<昇順>ボタンをクリックするだけでオリジナルの順番で並べ替わります。以下の操作で設定内容を確認しおきましょう。

1 ピボットテーブル内の任意のセルをクリックし、

2 <ピボットテーブルツール>-<分析>タブをクリックして、

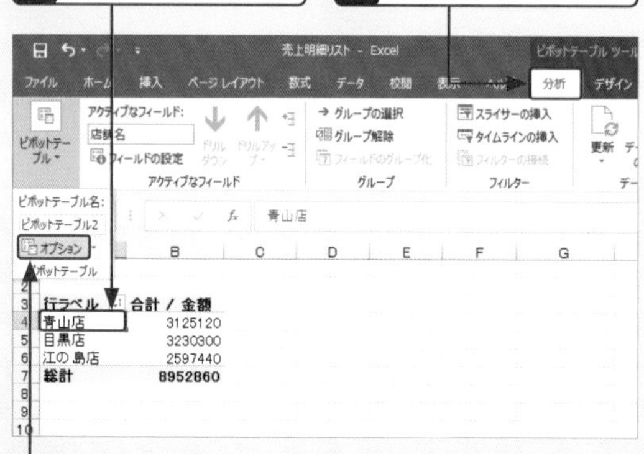

3 <ピボットテーブル>-<オプション>をクリックします。

4 <集計とフィルター>タブをクリックし、

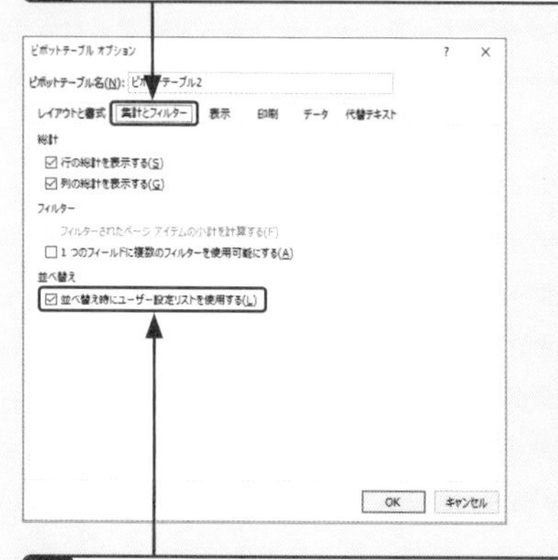

5 <並べ替え時にユーザー設定リストを使用する>がオンになっていることを確認します。

重要度 ★★★　並べ替え

Q 312 列を並べ替えたい！

A <並べ替えの方向>を<列単位>に変更します。

通常、並べ替えは行単位で実行されます。列単位で横方向の並べ替えを行うには、<並べ替え>ダイアログボックスで<並べ替えの方向>を<列単位>に変更します。

1 集計結果の任意のセルをクリックし、

2 <データ>タブをクリックして、

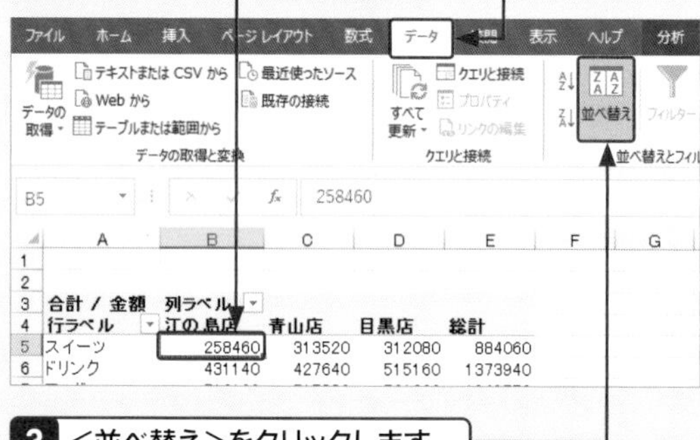

3 <並べ替え>をクリックします。

4 <降順>をクリックしてオンにし、

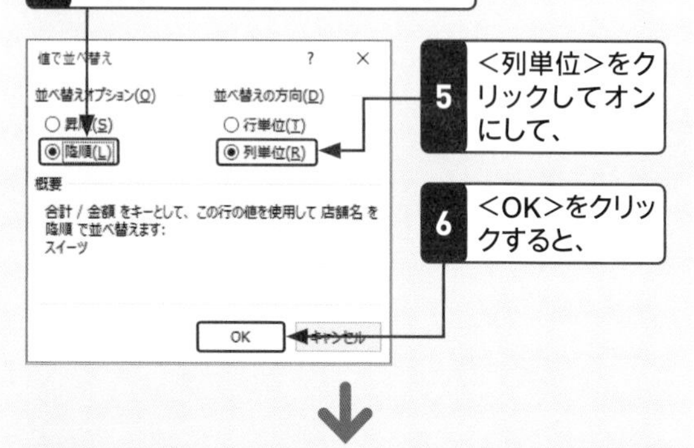

5 <列単位>をクリックしてオンにして、

6 <OK>をクリックすると、

7 売上金額が大きい順に、店舗名が左から右へ並べ替わります。

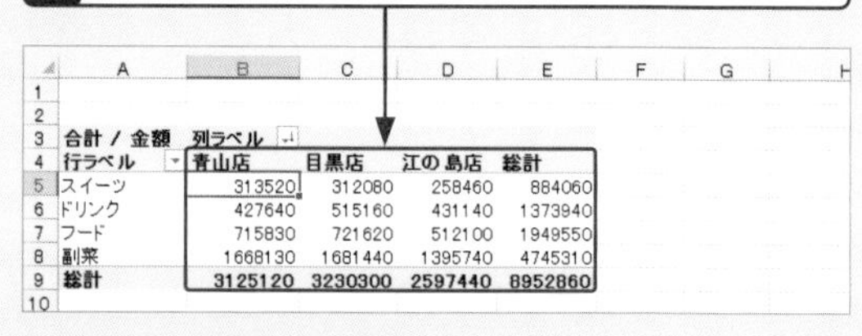

重要度 ★★★　並べ替え

Q 313 もっとかんたんに並べ替えたい！

A 項目名をドラッグして並べ替えます。

ピボットテーブルの項目名は、ドラッグ操作で並べ替えることもできます。ここでは、「行」エリアに配置した店舗名が＜青山店＞＜目黒店＞＜江の島店＞の順番になるようにドラッグします。移動先を示す線を目安にするとよいでしょう。

1 ＜江の島店＞のセルをクリックし、

2 マウスカーソルの形が になるようにセルの外枠に合わせて、

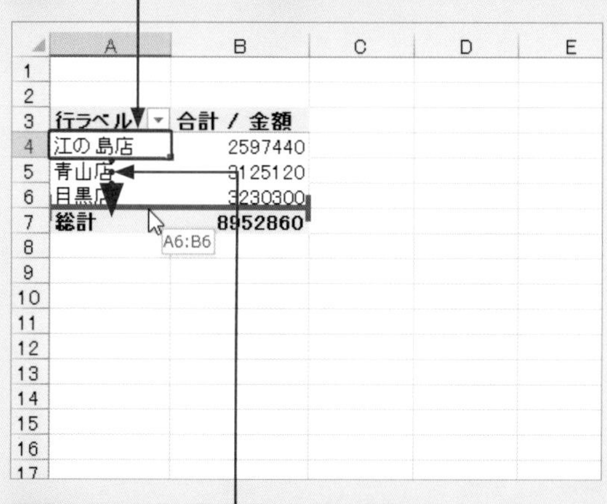

3 移動先を示す線を目安に＜目黒店＞の下にドラッグすると、

4 店舗名の並び順が変更されます。

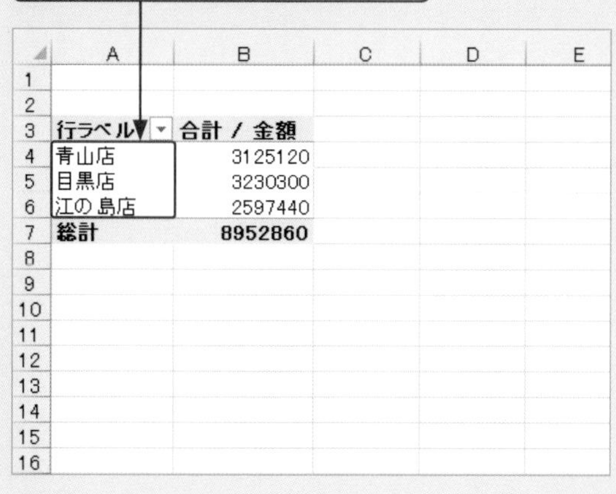

重要度 ★★★　抽出

Q 314 集計表から特定のデータを抽出したい！

A ラベル右横の＜フィルターボタン＞をクリックします。

ピボットテーブルの集計結果から特定のデータを抽出するには、「行」エリアや「列」エリアに配置したフィールド名の横にある＜▼＞（フィルターボタン）を使います。フィルターボタンをクリックしたときに表示される分類名や店舗名の一覧から、抽出したい項目だけをクリックしてオンにします。

1 ＜列ラベル＞の横の＜フィルターボタン＞をクリックします。

2 ＜（すべて選択）＞をクリックしてオフにし、

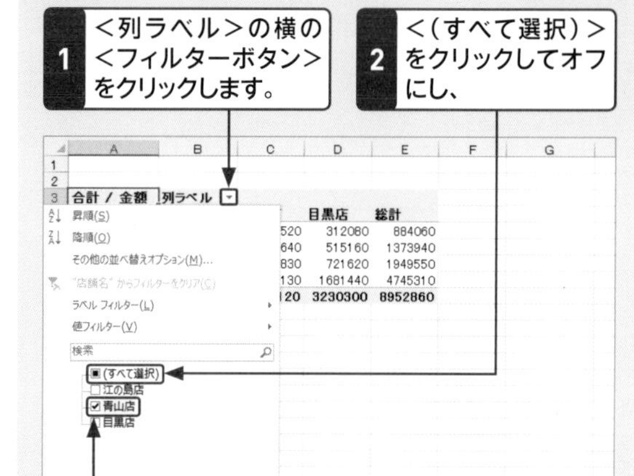

3 ＜青山店＞をクリックしてオンにして、

4 ＜OK＞をクリックすると、

5 「青山店」の集計結果だけが抽出されます。

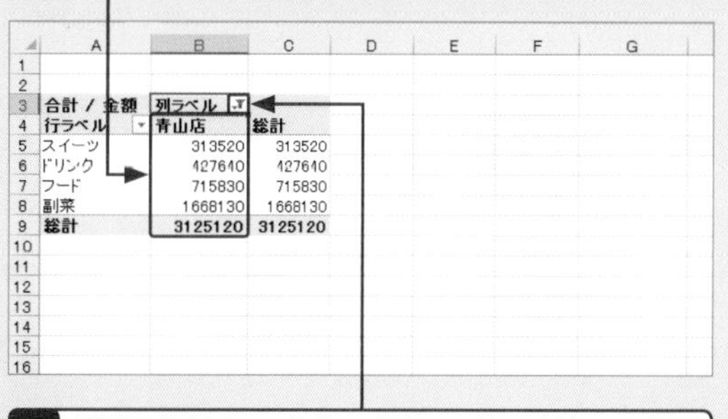

6 絞り込んだ＜フィルターボタン＞は、ボタンの表示が変わります。

Q 315 複数の条件でデータを抽出したい!

＜行ラベル＞と＜列ラベル＞のそれぞれの＜▼＞(フィルターボタン)を使って条件を設定すると、複数の条件に一致したデータを抽出できます。このとき、条件はAND条件で絞り込まれます。

A ＜行＞と＜列＞のそれぞれのフィルターボタンを使います。

1 ＜行ラベル＞の横の＜フィルターボタン＞をクリックします。

2 ＜(すべて選択)＞をクリックしてオフにし、

3 ＜江の島店＞をクリックしてオンにして、

4 ＜OK＞をクリックすると、

5 ＜江の島店＞の集計結果だけが抽出されます。

6 絞り込んだ＜フィルターボタン＞は、ボタンの表示が変わります。

7 ＜列ラベル＞の横の＜フィルターボタン＞をクリックします。

8 ＜(すべて選択)＞をクリックしてオフにし、

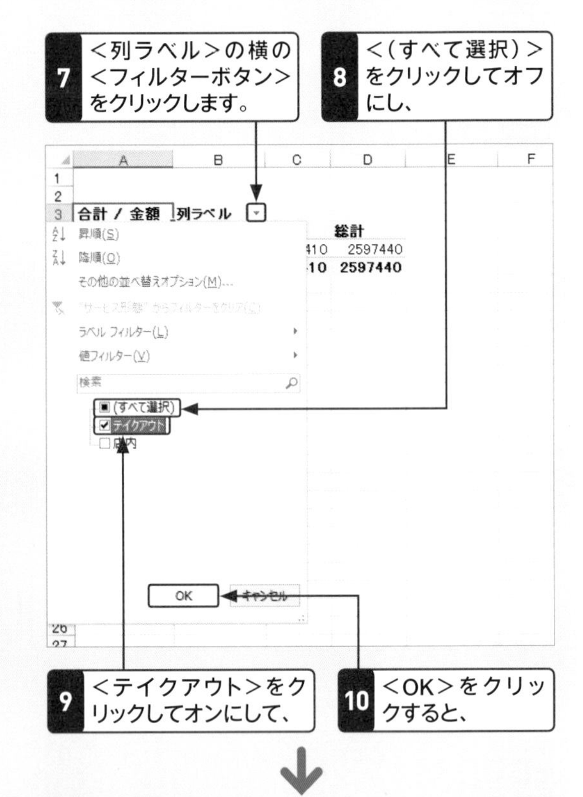

9 ＜テイクアウト＞をクリックしてオンにして、

10 ＜OK＞をクリックすると、

11 ＜江の島店＞の中で＜テイクアウト＞の集計結果だけが抽出されます。

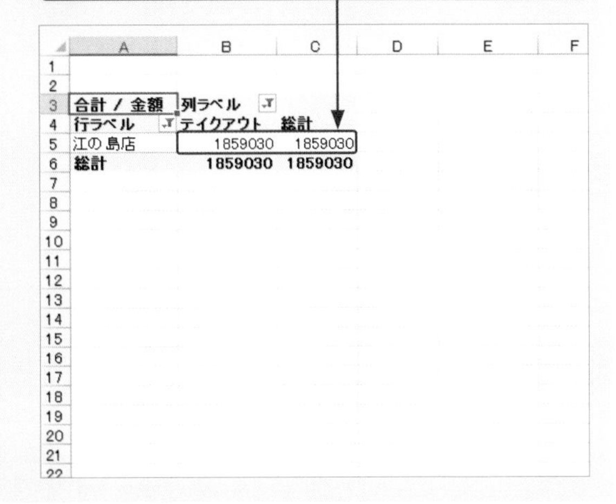

重要度 ★★★　抽出

Q 316 抽出条件を解除したい！

A ＜○○からフィルターをクリア＞をクリックします。

＜▼＞(フィルターボタン)を使って複数のデータを抽出すると、絞り込んだ＜フィルターボタン＞はボタンの表示が変わります。抽出条件を解除するには、表示が変わったフィルターボタンをクリックして＜○○からフィルターをクリア＞をクリックします。

1 ＜行ラベル＞の横の＜フィルターボタン＞をクリックします。

2 ＜"店舗名" からフィルターをクリア＞をクリックすると、

3 抽出条件が解除され、＜フィルターボタン＞の表示が変わります。

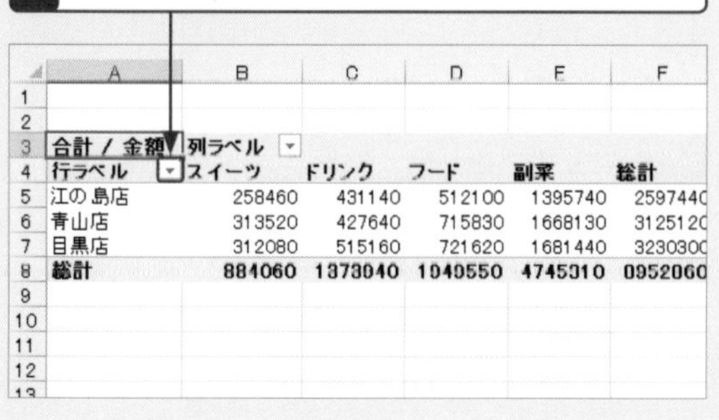

行ラベル	スイーツ	ドリンク	フード	副菜	総計
江の島店	258460	431140	512100	1395740	2597440
青山店	313520	427640	715830	1668130	3125120
目黒店	312080	515160	721620	1681440	3230300
総計	884060	1373940	1949550	4745310	8952860

重要度 ★★★　抽出

Q 317 複数の条件をまとめて解除したい！

A ＜データ＞タブの＜クリア＞をクリックします。

複数の抽出条件を設定しているときは、1つずつフィルターをクリアすると手間がかかります。＜データ＞タブの＜クリア＞をクリックすると、複数の条件をまとめて解除できます。下の例では、＜行ラベル＞と＜列ラベル＞に設定した2つの抽出条件を解除します。

1 ピボットテーブル内の任意のセルをクリックし、

2 ＜データ＞タブをクリックして、

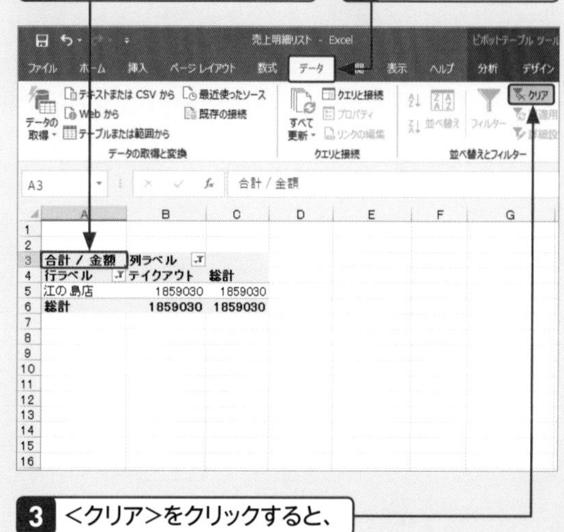

3 ＜クリア＞をクリックすると、

4 複数の条件がまとめて解除されます。

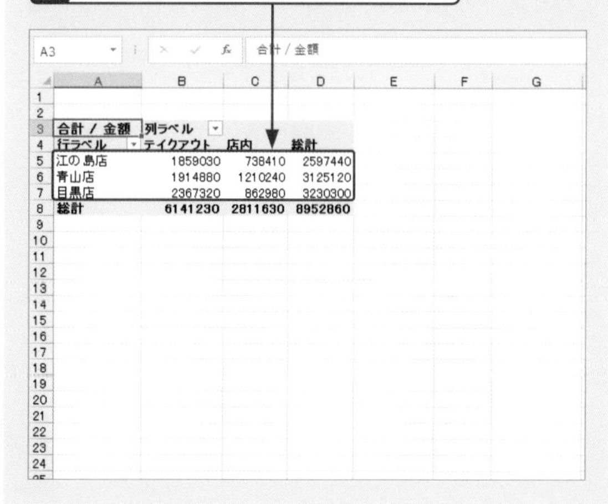

行ラベル	テイクアウト	店内	総計
江の島店	1859030	738410	2597440
青山店	1914880	1210240	3125120
目黒店	2367320	862980	3230300
総計	6141230	2811630	8952860

重要度 ★★★ 抽出

Q 318 キーワードに一致するデータを抽出したい！

A <ラベルフィルター>を使って条件を指定します。

<ラベルフィルター>を使うと、指定したキーワードに一致したデータを抽出できます。ラベルフィルターの<指定した値で始まる>や<指定の値を含む>などを選ぶと、あいまいな条件で抽出できます。一方、<指定した値に等しい>を選ぶと、キーワードと完全に一致したデータを抽出します。下の例では、商品名に「バーガー」を含む商品を抽出します。

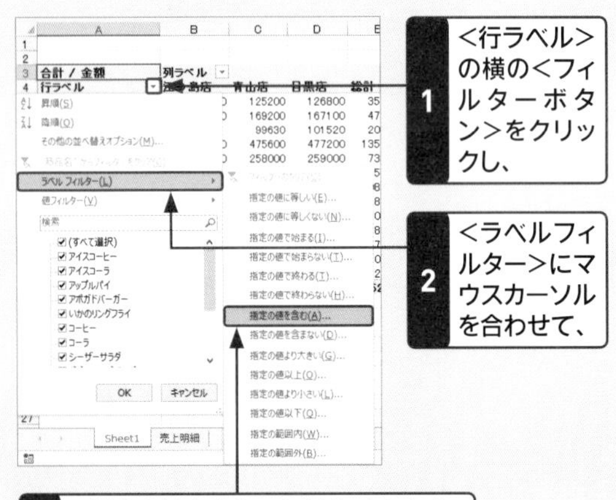

3 <指定の値を含む>をクリックします。

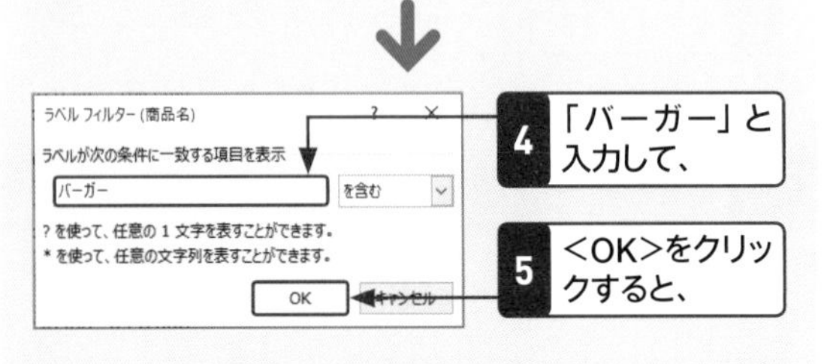

6 「バーガー」の文字を含む商品が抽出されます。

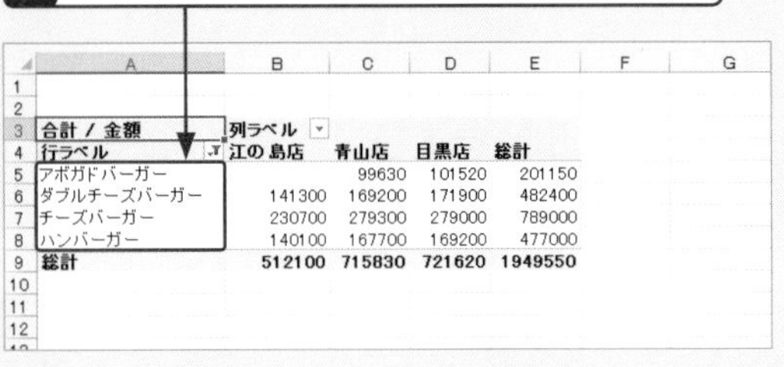

合計 / 金額	列ラベル			
行ラベル	江の島店	青山店	目黒店	総計
アボガドバーガー		99630	101520	201150
ダブルチーズバーガー	141300	169200	171900	482400
チーズバーガー	230700	279300	279000	789000
ハンバーガー	140100	167700	169200	477000
総計	512100	715830	721620	1949550

重要度 ★★★ 抽出

Q 319 上位の○つのデータを抽出したい！

A <トップテンフィルター>を使います。

フィルターのメニューに用意されている<トップテンフィルター>を使うと、トップ3やトップ5のように、上位の項目をいくつ抽出するかを指定できます。下の例では、売上金額の高い5つの商品を抽出します。

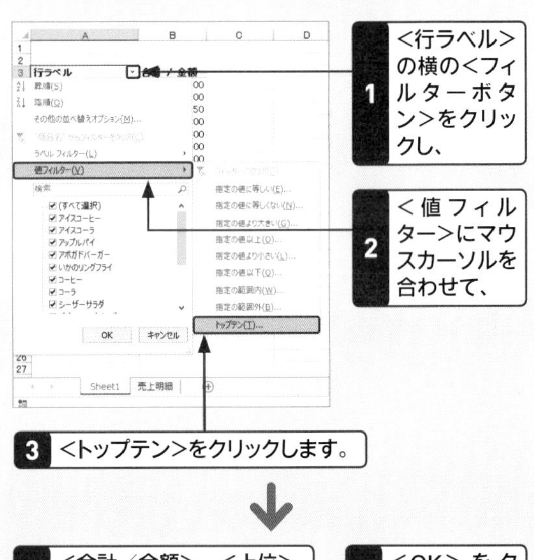

3 <トップテン>をクリックします。

4 <合計／金額>、<上位>、<5>、<項目>と指定して、

5 <OK>をクリックすると、

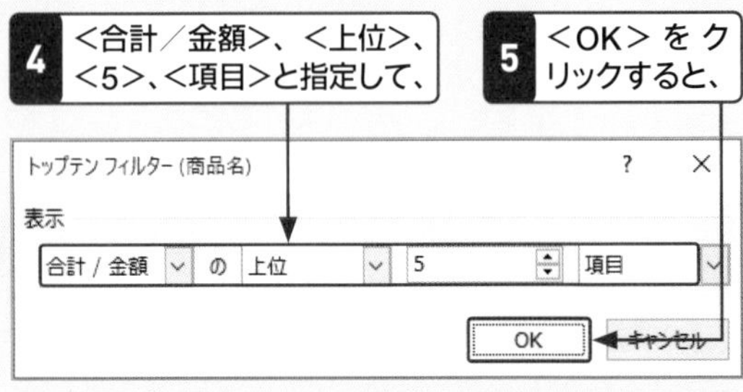

6 売上金額の高い5つの商品が抽出されます。

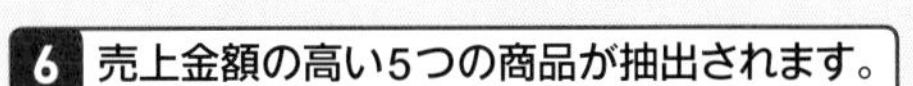

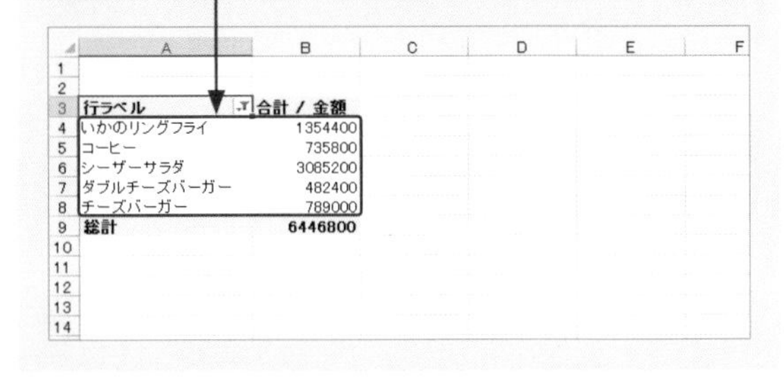

行ラベル	合計 / 金額
いかのリングフライ	1354400
コーヒー	735800
シーザーサラダ	3085200
ダブルチーズバーガー	482400
チーズバーガー	789000
総計	6446800

重要度 ★★★ 抽出

下位の○つのデータを抽出したい！

A <トップテンフィルター>を使います。

フィルターのメニューに用意されている<トップテンフィルター>を使うと、ワースト3やワースト5のように、下位の項目をいくつ抽出するかを指定できます。下の例では、売上金額の低い3つの商品を抽出します。

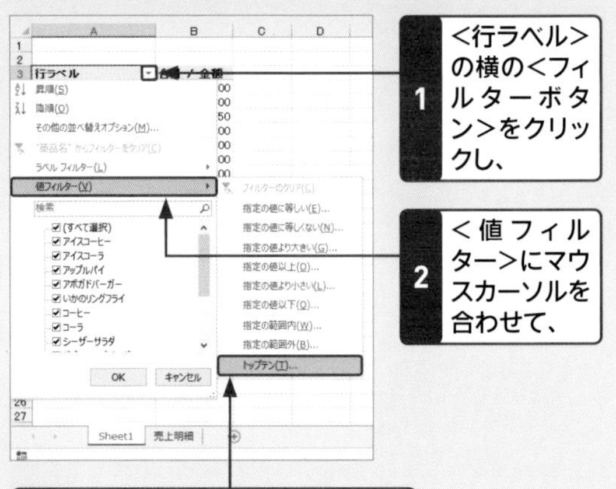

1 <行ラベル>の横の<フィルターボタン>をクリックし、

2 <値フィルター>にマウスカーソルを合わせて、

3 <トップテン>をクリックします。

4 <合計／金額>、<下位>、<3>、<項目>と指定して、

5 <OK>をクリックすると、

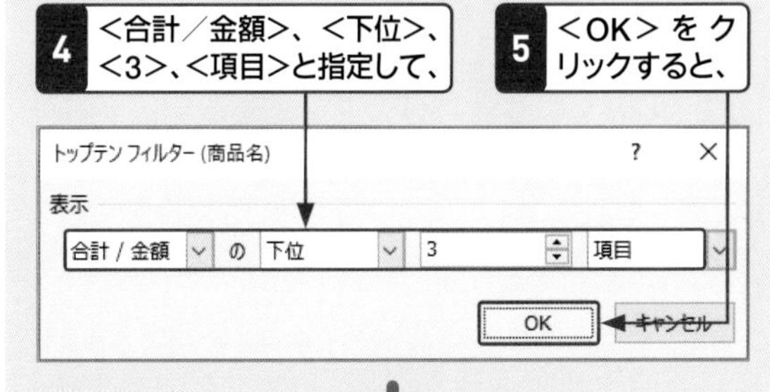

6 売上金額の低い3つの商品が抽出されます。

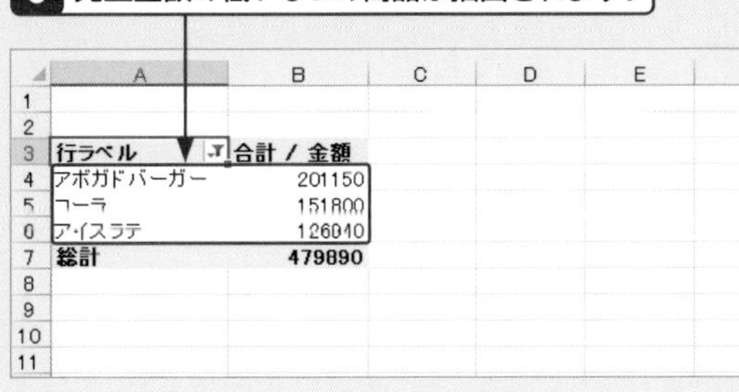

重要度 ★★★ 抽出

Q 321

上位○パーセントのデータを抽出したい！

A <トップテンフィルター>を使います。

フィルターのメニューに用意されている<トップテンフィルター>を使うと、上位20パーセントや下位20パーセントというようにパーセンテージで指定することも可能です。下の例では、売上金額の上位10％の商品を抽出します。

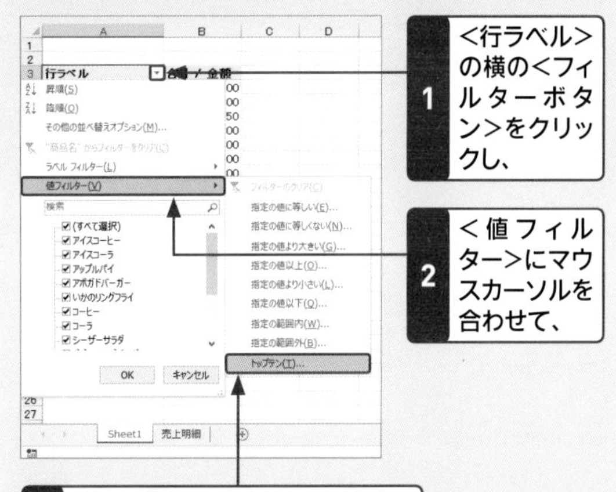

1 <行ラベル>の横の<フィルターボタン>をクリックし、

2 <値フィルター>にマウスカーソルを合わせて、

3 <トップテン>をクリックします。

4 <合計／金額>、<上位>、<10>、<パーセント>と指定して、

5 <OK>をクリックすると、

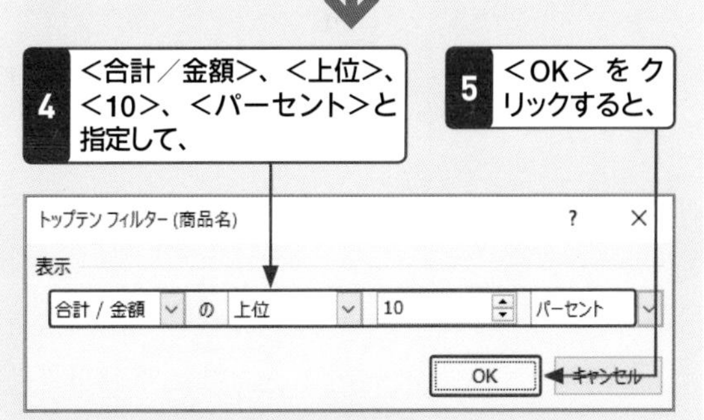

6 売上金額の上位10%の商品が抽出されます。

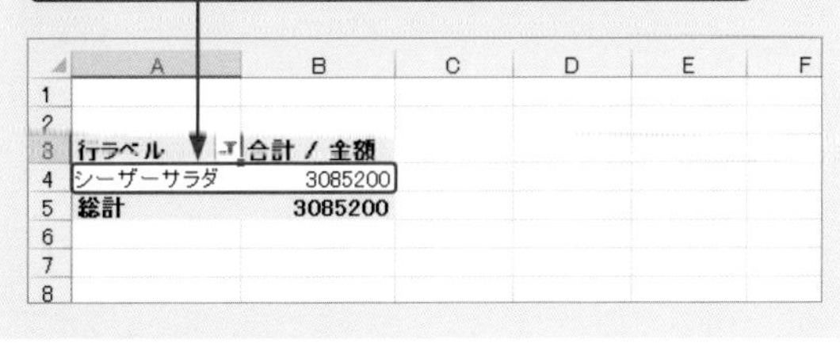

Q 322 指定の値以上のデータを抽出したい!

A <値フィルター>の<指定の値以上>を設定します。

<値フィルター>を使うと、数値の大きさを条件に指定できます。値フィルターの<指定した値以上>を選ぶと、条件の値以上のデータを抽出します。また、<指定した値に等しい>や<指定の値以下>などを選んでデータを抽出することもできます。下の例では、売上数の合計が3,000個以上の商品を抽出します。

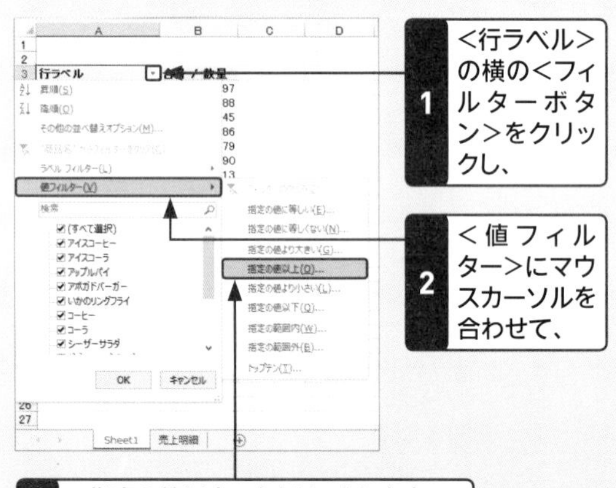

3 <指定の値以上>をクリックします。

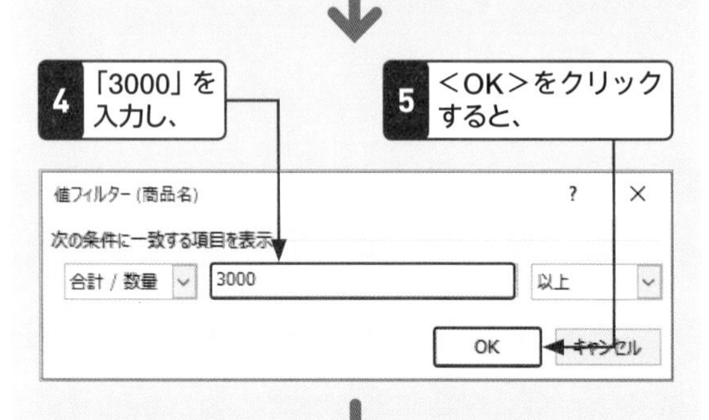

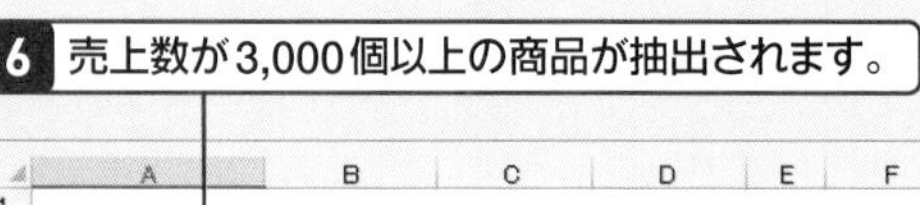

Q 323 指定の範囲内のデータを抽出したい!

A <値フィルター>の<指定の値の範囲>を設定します。

売上数が1,000個から2,000個の間というように、数値の範囲を指定するには、<値フィルター>の<指定の値の範囲>を使います。続いて表示される<値フィルター>ダイアログボックスで、範囲の最初の値と最後の値を指定します。下の例では、売上数の合計が500個から1,000個の商品を抽出します。

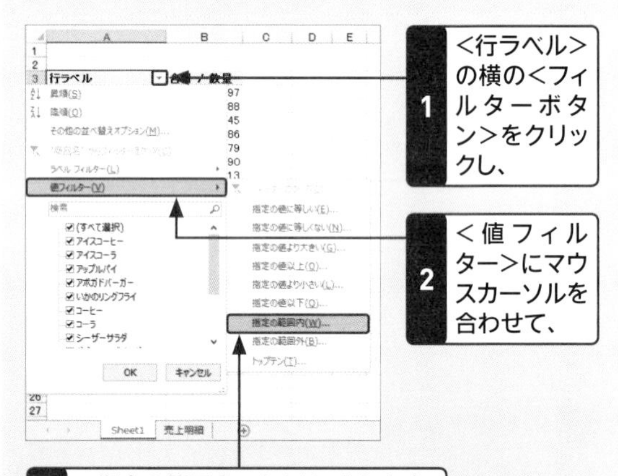

3 <指定の範囲内>をクリックします。

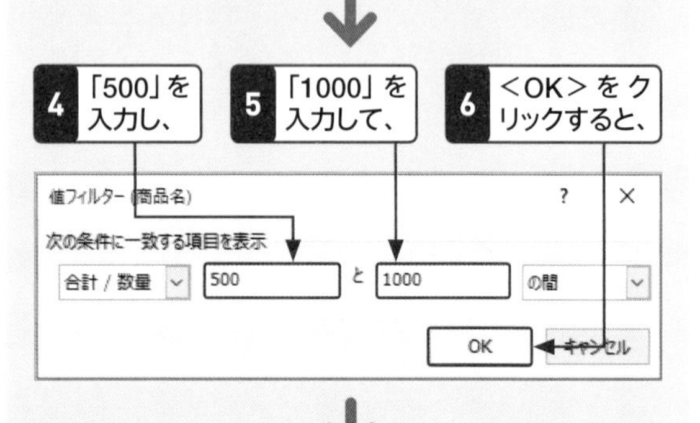

7 売上数が500個から1,000個の商品が抽出されます。

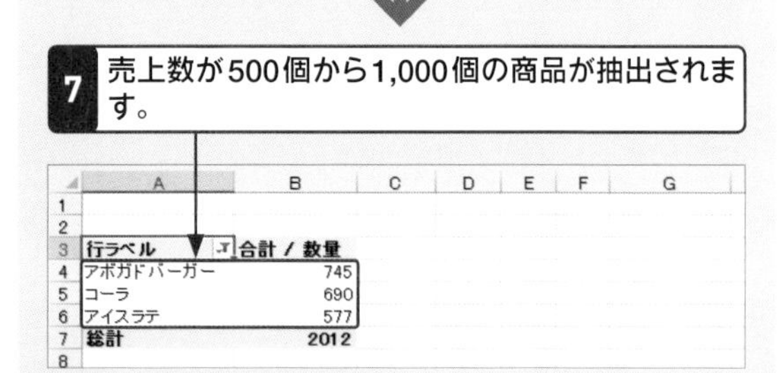

Q 324 「フィルター」エリアを使ってデータを抽出したい！

A 「フィルター」エリアにフィールドを配置します。

「フィルター」エリアは、ピボットテーブルの上側にあります。つまり、ページを切り替えるようにピボットテーブル全体を抽出するときに使うエリアです。たとえば、「フィルター」エリアに<店舗名>を配置して<青山店>を選ぶと、ピボットテーブル全体が青山店の集計表に丸ごと切り替わります。

●①「フィルター」エリアにフィールドを追加する

1 ピボットテーブル内の任意のセルをクリックし、

2 <フィールドリスト>ウィンドウの<店舗名>にマウスカーソルを合わせて、

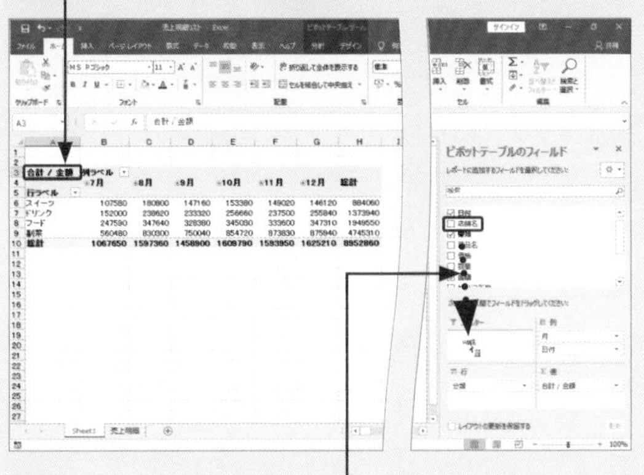

3 「フィルター」エリアにドラッグすると、

4 「フィルター」エリアに<店舗名>が追加されます。

	店舗名	(すべて)					
合計 / 金額	列ラベル						
行ラベル	7月	8月	9月	10月	11月	12月	総計
スイーツ	107580	180800	147160	153380	149020	146120	884060
ドリンク	152000	238620	233320	256660	237500	255840	1373940
フード	247590	347640	328380	345030	333600	347310	1949550
副菜	560480	830300	750040	854720	873830	875940	4745310
総計	1067650	1597360	1458900	1609790	1593950	1625210	8952860

●②抽出条件を指定する

1 <店舗名>の<フィルターボタン>をクリックし、

2 <青山店>をクリックして、

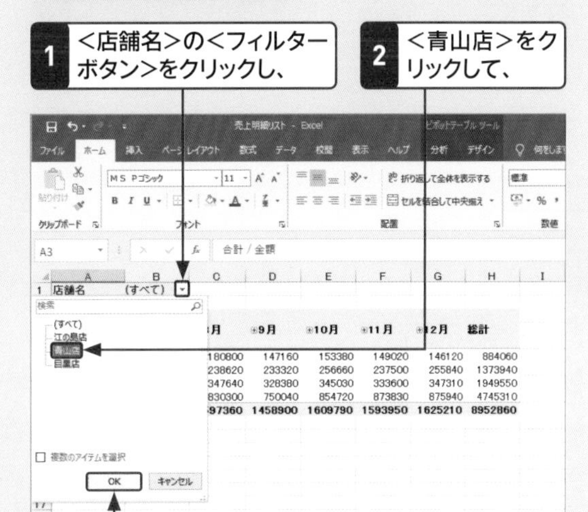

3 <OK>をクリックすると、

4 「青山店」の集計表に切り替わります。

	店舗名	青山店					
合計 / 金額	列ラベル						
行ラベル	7月	8月	9月	10月	11月	12月	総計
スイーツ	53800	60240	49480	51000	50340	48660	313520
ドリンク	66040	69500	69040	76560	70440	76060	427640
フード	122040	121560	114180	120390	115650	122010	715830
副菜	274850	276050	249290	285630	290680	291630	1668130
総計	516730	527350	481990	533580	527110	538360	3125120

重要度 ★★★　抽出

Q 325 「フィルター」エリアで複数の項目を選びたい！

A 最初に<複数のアイテムを選択>をクリックします。

「フィルター」エリアに配置したフィールドで複数の項目を指定するときは、最初に<複数のアイテムを選択>をクリックします。次に、抽出したい項目を順番にクリックしてオンにします。

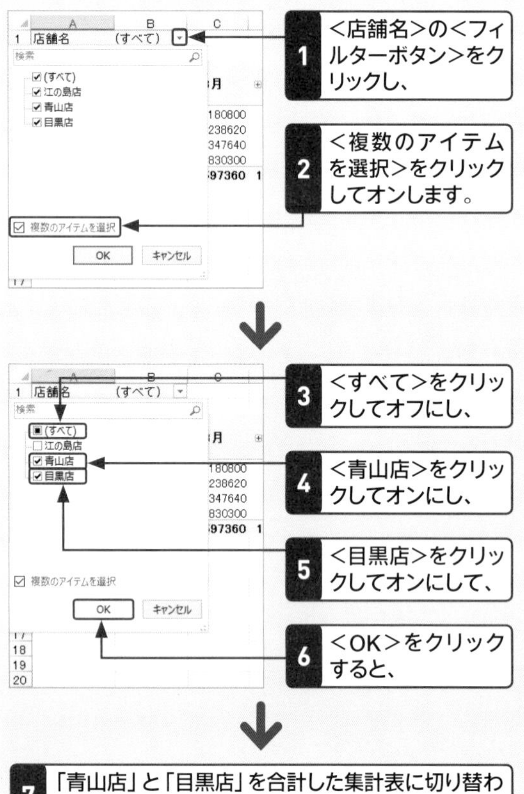

7 「青山店」と「目黒店」を合計した集計表に切り替わります。

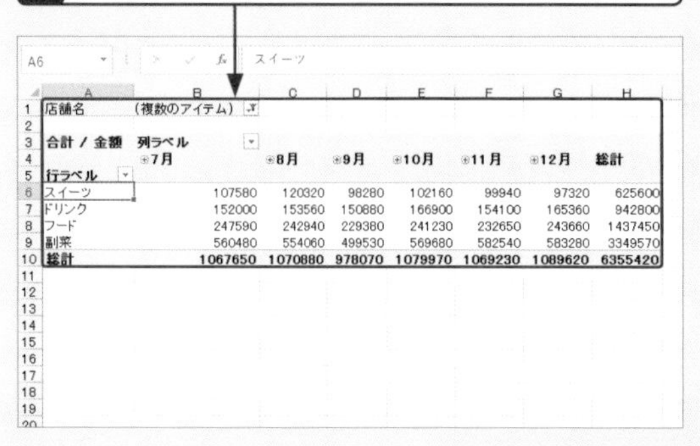

店舗名	(複数のアイテム)						
合計 / 金額	列ラベル						
	7月	8月	9月	10月	11月	12月	総計
行ラベル							
スイーツ	107580	120320	98280	102160	99940	97320	625600
ドリンク	152000	153560	150880	166900	154100	165360	942800
フード	247590	242940	229380	241230	232650	243660	1437450
副菜	560480	554060	499530	569680	582540	583280	3349570
総計	1067650	1070880	978070	1079970	1069230	1089620	6355420

重要度 ★★★　抽出

Q 326 「フィルター」エリアの条件を解除したい！

A <(すべて)>をクリックします。

「フィルター」エリアで設定した抽出条件を解除するには、<フィルターボタン>をクリックしたときに表示されるメニューの<(すべて)>をクリックします。ほかのエリアのフィルターボタンのように<○○からフィルターをクリア>のメニューは表示されないので注意しましょう。

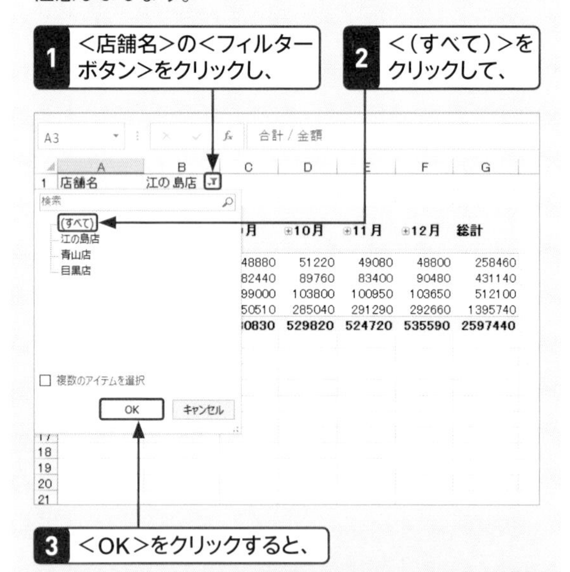

4 「フィルター」エリアの条件が解除されます。

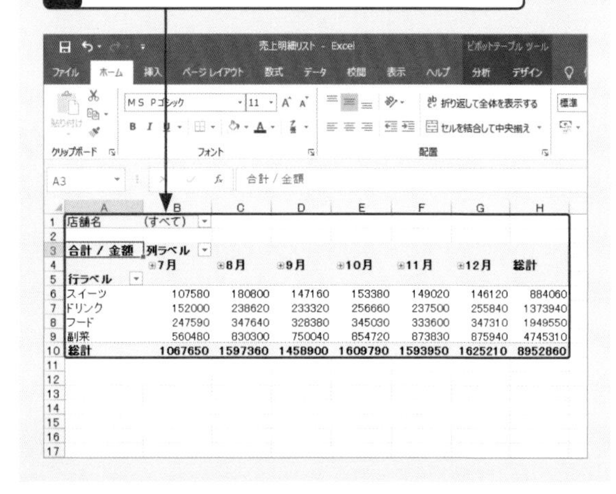

店舗名	(すべて)						
合計 / 金額	列ラベル						
	7月	8月	9月	10月	11月	12月	総計
行ラベル							
スイーツ	107580	180800	147160	153380	149020	146120	884060
ドリンク	152000	238620	233320	256660	237500	255840	1373940
フード	247590	347640	328380	345030	333600	347310	1949550
副菜	560480	830300	750040	854720	873830	875940	4745310
総計	1067650	1597360	1458900	1609790	1593950	1625210	8952860

Q 327 集計対象ごとに別シートに表示したい！

A レポートフィルターページの表示機能を使います。

1 ピボットテーブル内の任意のセルをクリックします。

2 <ピボットテーブルツール>-<分析>タブをクリックし、

3 <ピボットテーブル>-<オプション>のここをクリックして、

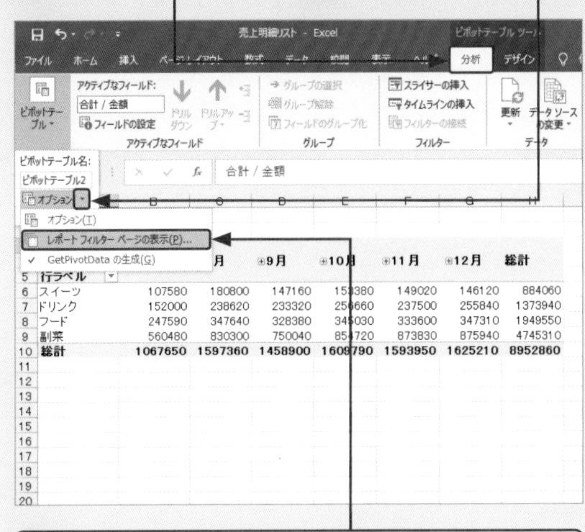

4 <レポートフィルターページの表示>をクリックします。

5 <店舗名>をクリックし、

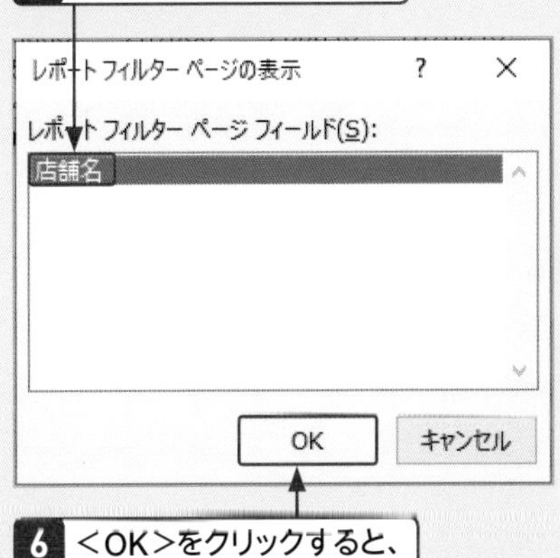

6 <OK>をクリックすると、

「フィルター」エリアに配置したフィールドごとに、集計結果を別々のシートに表示することができます。それには、「フィルター」エリアの条件を解除した状態で、レポートフィルターページの表示機能を使います。下の例では、「フィルター」エリアに配置した店舗名ごとに、「江の島店」「青山店」「目黒店」の3つのシートを作成します。

7 店舗ごとのシートが追加され、それぞれの店舗の集計結果を表示するピボットテーブルが作成されます。

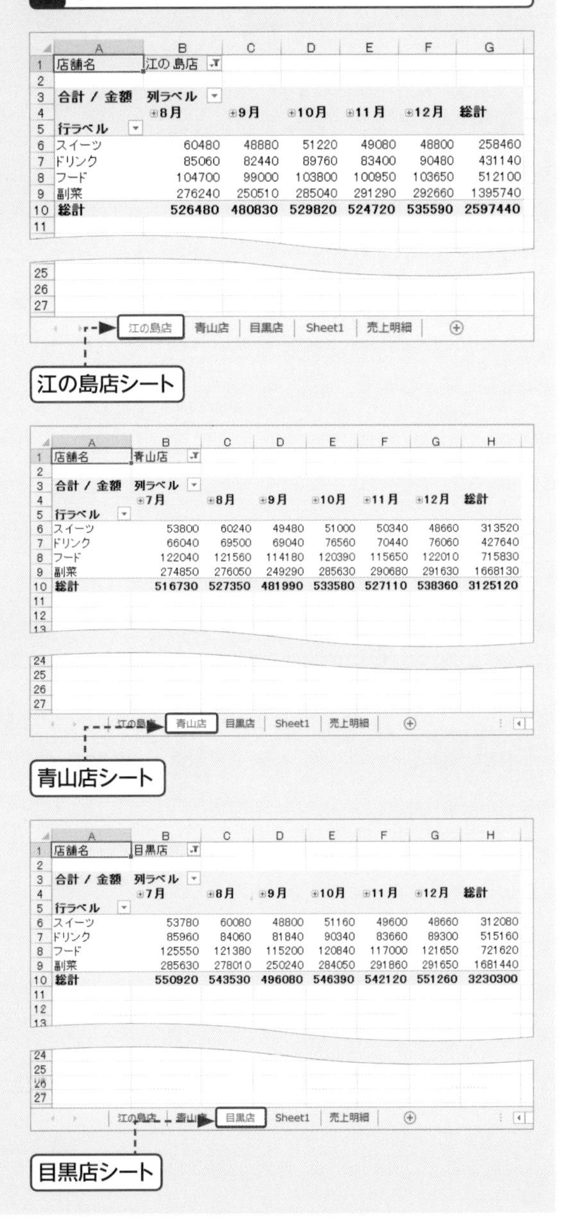

店舗名: 江の島店

合計 / 金額 行ラベル	8月	9月	10月	11月	12月	総計
スイーツ	60480	48880	51220	49080	48800	258460
ドリンク	85060	82440	89760	83400	90480	431140
フード	104700	99000	103800	100950	103650	512100
副菜	276240	250510	285040	291290	292660	1395740
総計	526480	480830	529820	524720	535590	2597440

江の島店シート

店舗名: 青山店

合計 / 金額 行ラベル	7月	8月	9月	10月	11月	12月	総計
スイーツ	53800	60240	49480	51000	50340	48660	313520
ドリンク	66040	69500	69040	76560	70440	76060	427640
フード	122040	121560	114180	120390	115650	122010	715830
副菜	274850	276050	249290	285630	290680	291630	1668130
総計	516730	527350	481990	533580	527110	538360	3125120

青山店シート

店舗名: 目黒店

合計 / 金額 行ラベル	7月	8月	9月	10月	11月	12月	総計
スイーツ	53780	60080	48800	51160	49600	48660	312080
ドリンク	85960	84060	81840	90340	83660	89300	515160
フード	125550	121380	115200	120840	117000	121650	721620
副菜	285630	278010	250240	284050	291860	291650	1681440
総計	550920	543530	496080	546390	542120	551260	3230300

目黒店シート

重要度 ★★★ 抽出

Q 328 タイムラインを使ってデータを抽出したい！

A タイムラインを追加して集計したい期間をドラッグします。

タイムラインとは、集計期間を指定する専用のツールの名称です。タイムラインを使用すると、ピボットテーブルで集計したい期間をマウスでドラッグするだけでかんたんに指定できます。下の例では、タイムラインを追加して、2020年の10月～11月の店舗別の売上金額を集計します。

①タイムラインを追加する

1 ピボットテーブル内の任意のセルをクリックし、

2 <ピボットテーブルツール>-<分析>タブをクリックして、

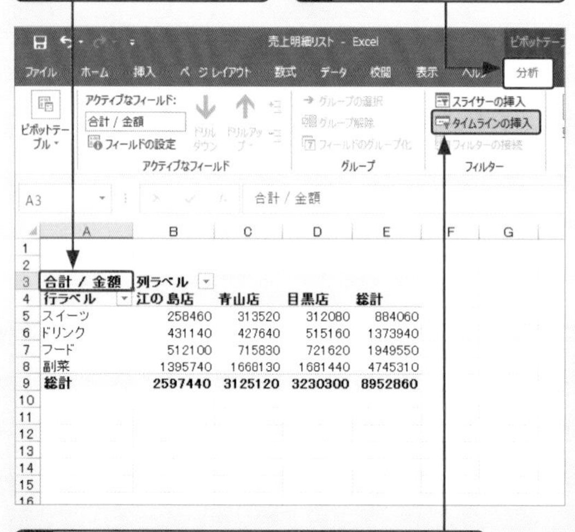

3 <タイムラインの挿入>をクリックします。

4 タイムラインに表示するフィールド（ここでは<日付>）をクリックしてオンにし、

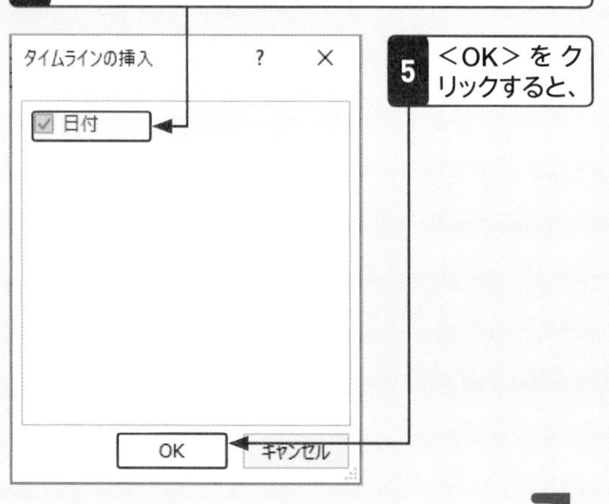

5 <OK>をクリックすると、

6 タイムラインが追加されます。

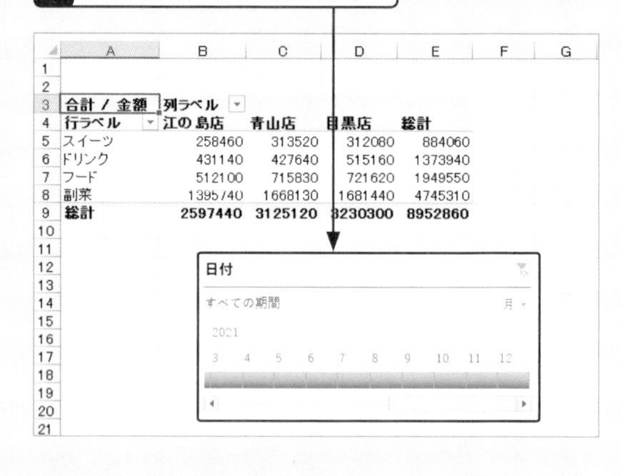

②抽出条件を指定する

1 タイムライン下部のスクロールバーをドラッグして集計する期間の日付を表示し、

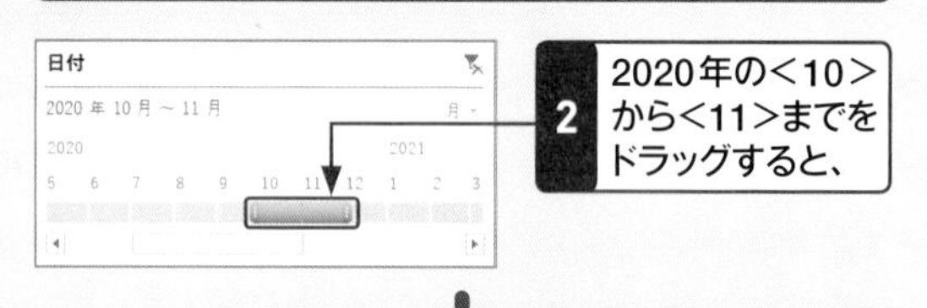

2 2020年の<10>から<11>までをドラッグすると、

3 2020年の10月～11月の集計結果が表示されます。

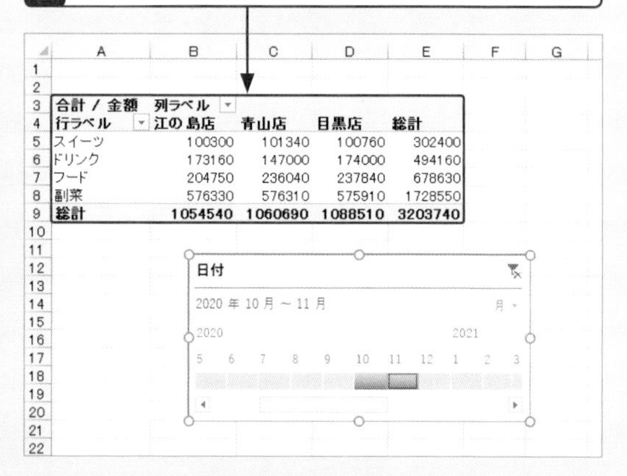

Q 329 タイムラインの条件を変更したい！

A ＜月＞をクリックして時間の単位を変更します。

タイムラインは最初は月単位に表示されますが、あとから四半期単位や年単位などに変更することもできます。以下の例では、集計する単位を「月」から「四半期」に変更します。

1 ＜月＞をクリックし、

2 ＜四半期＞をクリックすると、

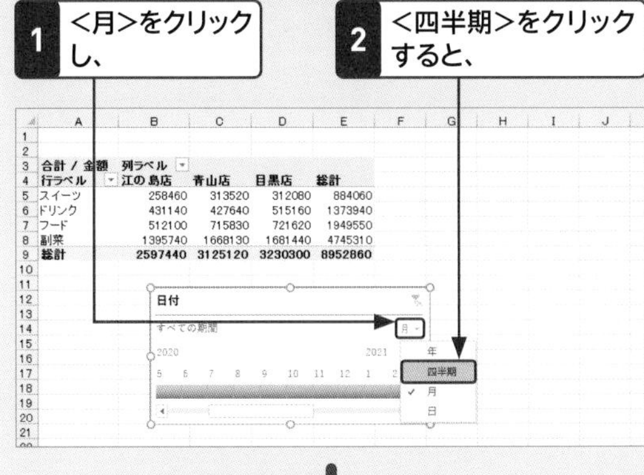

3 日付の単位を四半期に変更できます。

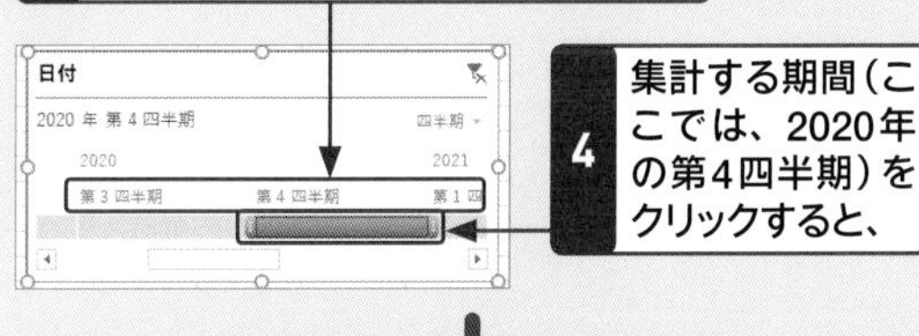

4 集計する期間（ここでは、2020年の第4四半期）をクリックすると、

5 指定した期間の集計結果が表示されます。

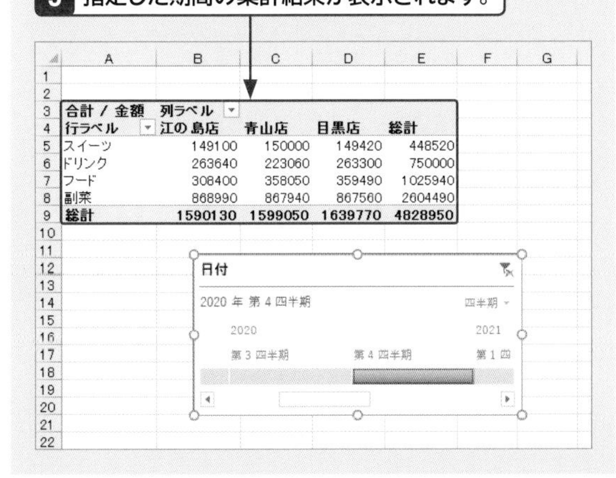

Q 330 タイムラインの条件を解除したい！

A ＜フィルターのクリア＞をクリックします。

タイムラインで指定した期間を解除するには、タイムラインの右上にある＜フィルターのクリア＞をクリックします。すると、もとのリストに入力されている全期間の集計結果が表示されます。

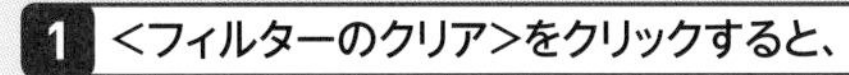

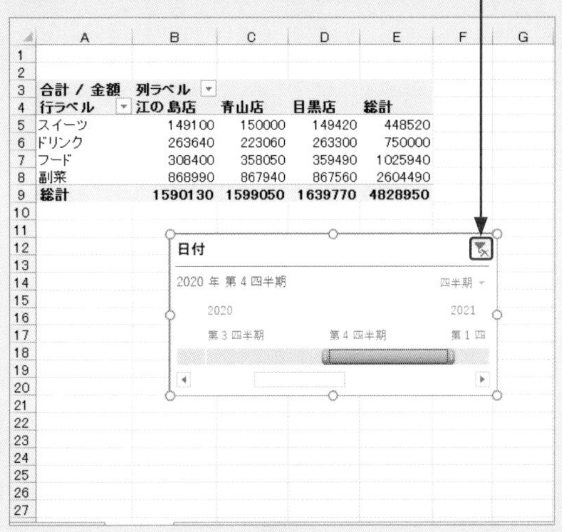

2 全期間の集計結果が表示されます。

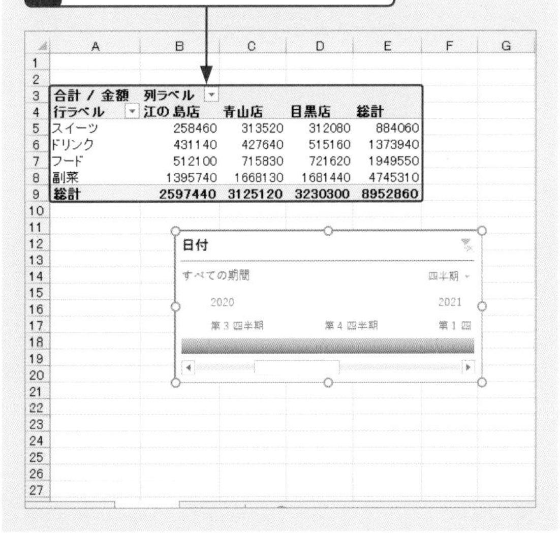

重要度★★★　抽出

Q 331 タイムラインの色あいを変更したい!

A <タイムラインのスタイル>の一覧から選びます。

タイムラインを追加した直後は、タイムライン全体が青系の色で表示されます。<タイムラインのスタイル>にはデザインのパターンが登録されており、一覧からクリックするだけでタイムラインの色あいを変更できます。

1 タイムラインの外枠をクリックし、

2 <タイムラインツール>-<オプション>をクリックして、

3 <タイムラインのスタイル>の▼クリックします。

4 変更後のスタイルをクリックすると、

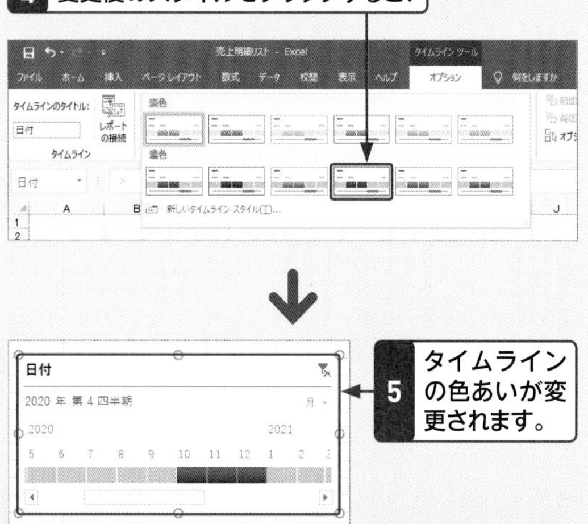

5 タイムラインの色あいが変更されます。

重要度★★★　抽出

Q 332 タイムラインを削除したい!

A タイムラインの外枠をクリックして Delete を押します。

タイムラインを丸ごと削除するには、タイムラインの外枠をクリックして選択してから Delete を押します。タイムラインの作業が終ったら、タイムラインを削除しておきましょう。

1 タイムラインの外枠をクリックし、

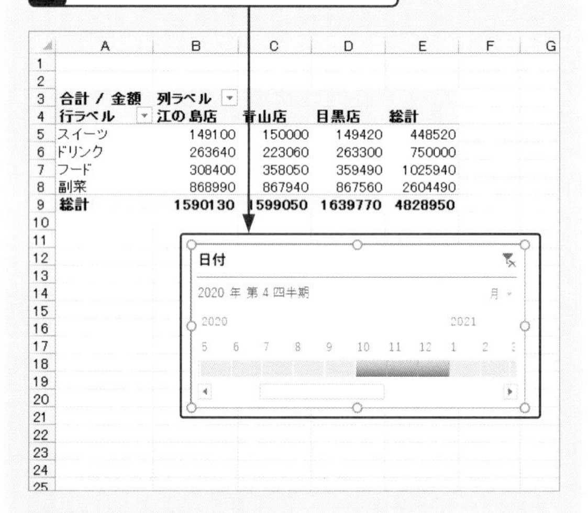

2 Delete を押すと、

3 タイムラインが削除されます。

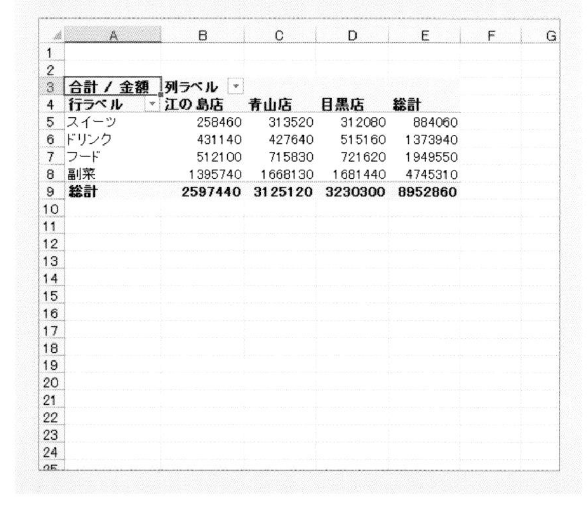

重要度 ★★★　抽出

Q 333 スライサーを使ってデータを抽出したい!

A スライサーを追加して条件のボタンをクリックします。

スライサーとは、「フィルター」エリアと同じように集計表全体を切り替えるときに使います。スライサーを使うと、ピボットテーブルとは別に、集計対象を絞り込むための専用のボタンが表示され、クリックするだけで瞬時に集計表全体を切り替えることができます。以下の例では、スライサーに<店舗名>を指定して、青山店の集計結果を抽出します。なお、スライサーの操作はQ.156からQ.161で解説しているリストのスライサーと同じです。

● ①スライサーを追加する

1 ピボットテーブル内の任意のセルをクリックし、

2 <ピボットテーブルツール>-<分析>タブをクリックして、

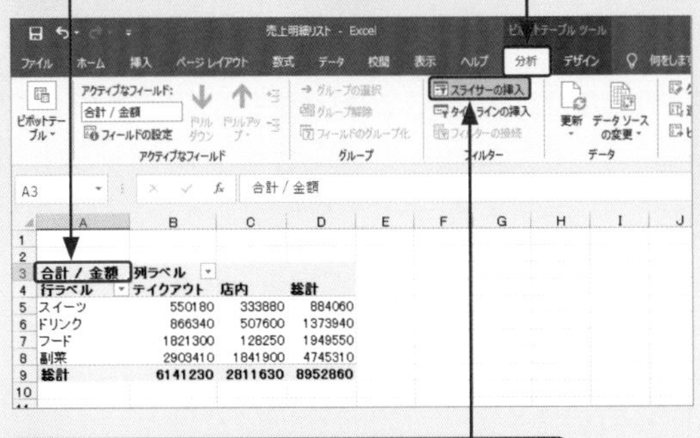

3 <スライサーの挿入>をクリックします。

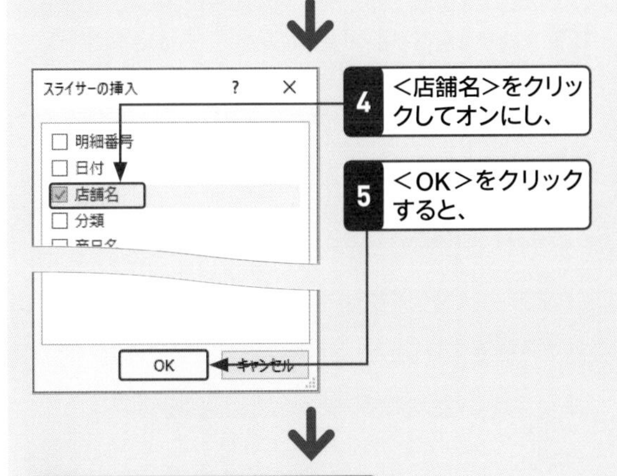

4 <店舗名>をクリックしてオンにし、

5 <OK>をクリックすると、

6 スライサーが表示されます。

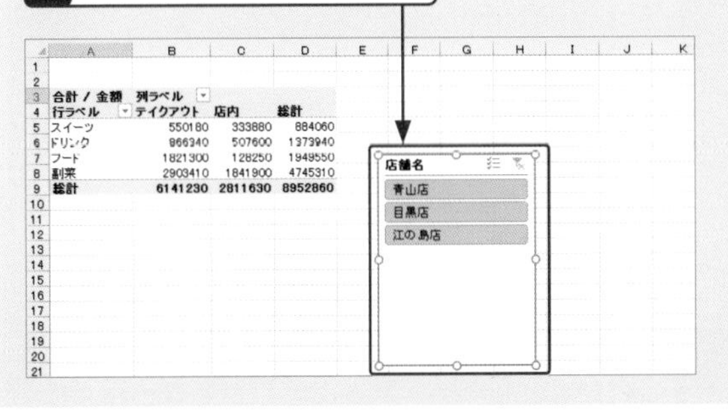

● ②抽出条件を指定する

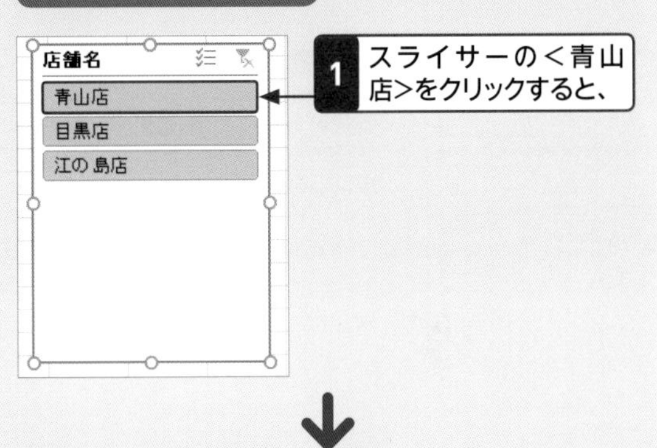

1 スライサーの<青山店>をクリックすると、

2 <青山店>の集計結果が表示されます。

3 <フィルターのクリア>をクリックすると、

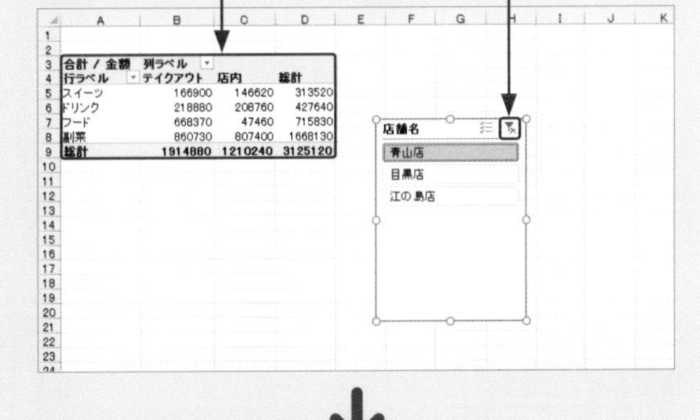

4 全店舗の集計結果が表示されます。

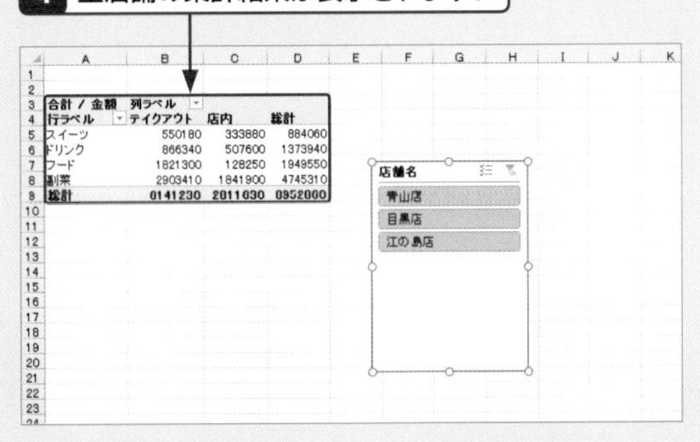

重要度 ★★★ 分析

Q 334 ドリルダウンでデータを深堀したい!

A 注目したいデータを順番にダブルクリックします。

ドリルダウンとは、大分類→中分類→小分類と順にデータを掘り下げながら問題点などを発見していくデータ分析の手法の1つです。たとえば、売上金額に大きい数値があるときに、どの商品が売上に貢献しているかを探るといった場合に使います。下の例では、青山店に注目し、売れ筋の商品を探し出します。

1 <青山店>をダブルクリックします。

	A	B	C	D
1				
2				
3	行ラベル	合計 / 金額		
4	江の島店	2597440		
5	青山店	3125120		
6	目黒店	3230300		
7	総計	8952860		
8				
9				
10				
11				
12				
13				
14				
15				
16				
17				
18				
19				
20				

2 内訳として表示する<分類>をクリックし、

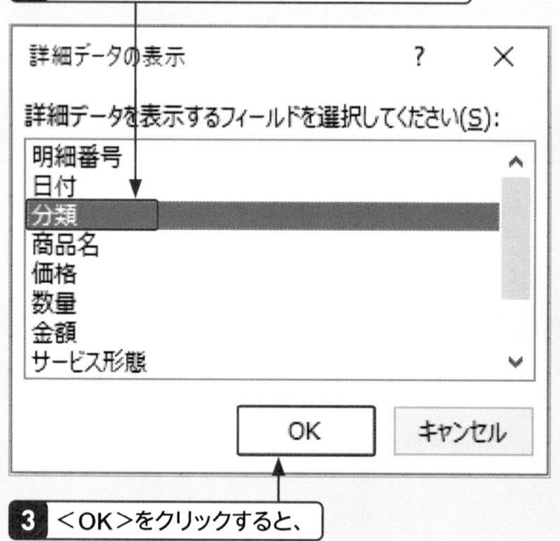

3 <OK>をクリックすると、

4 「青山店」の内訳として<分類>の集計結果が表示されます。「副菜」の売上金額が大きいことがわかります。

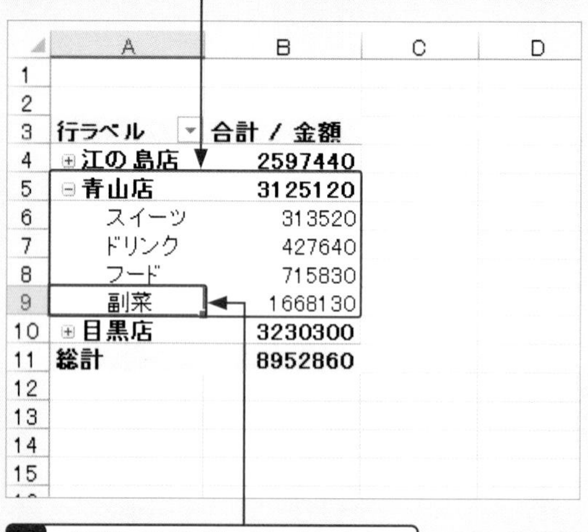

	A	B	C	D
1				
2				
3	行ラベル	合計 / 金額		
4	⊞江の島店	2597440		
5	⊟青山店	3125120		
6	スイーツ	313520		
7	ドリンク	427640		
8	フード	715830		
9	副菜	1668130		
10	⊞目黒店	3230300		
11	総計	8952860		
12				
13				
14				
15				

5 <副菜>をダブルクリックします。

6 内訳として表示する<商品名>をクリックし、

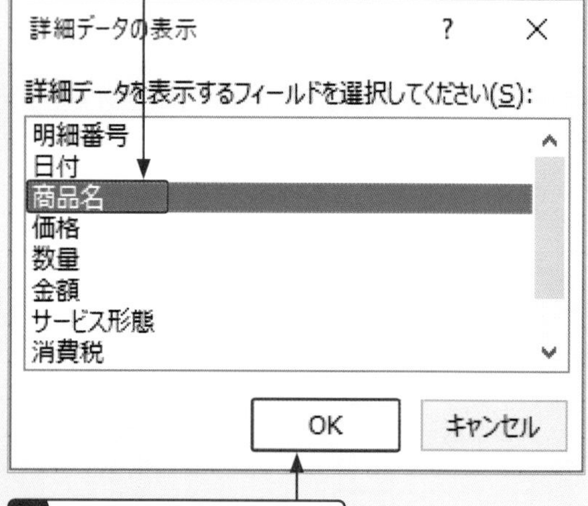

7 <OK>をクリックすると、

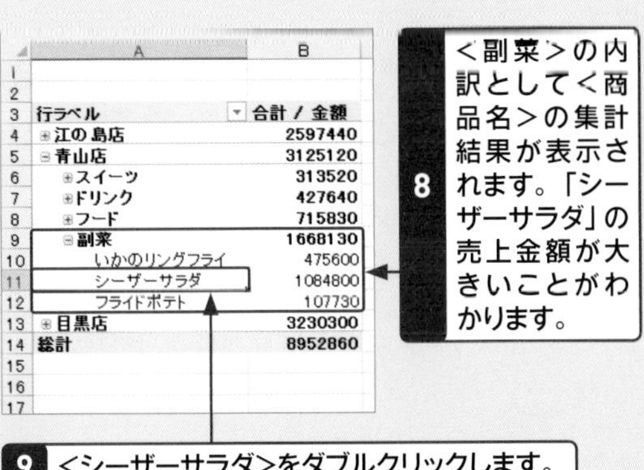

	A	B
1		
2		
3	行ラベル	合計 / 金額
4	⊞江の島店	2597440
5	⊟青山店	3125120
6	⊞スイーツ	313520
7	⊞ドリンク	427640
8	⊞フード	715830
9	⊟副菜	1668130
10	いかのリングフライ	475600
11	シーザーサラダ	1084800
12	フライドポテト	107730
13	⊞目黒店	3230300
14	総計	8952860

8 <副菜>の内訳として<商品名>の集計結果が表示されます。「シーザーサラダ」の売上金額が大きいことがわかります。

9 <シーザーサラダ>をダブルクリックします。

10 内訳として表示する<サービス形態>をクリックし、

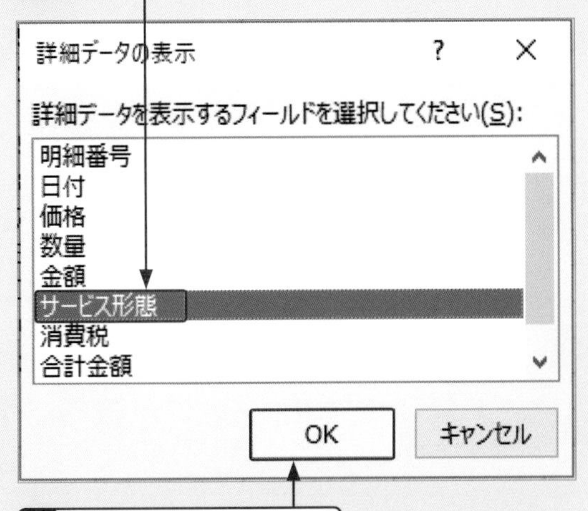

11 <OK>をクリックすると、

12 <商品名>の集計結果の内訳として<サービス形態>の集計結果が表示されます。テイクアウトも店内も売上が好調なことがわかります。

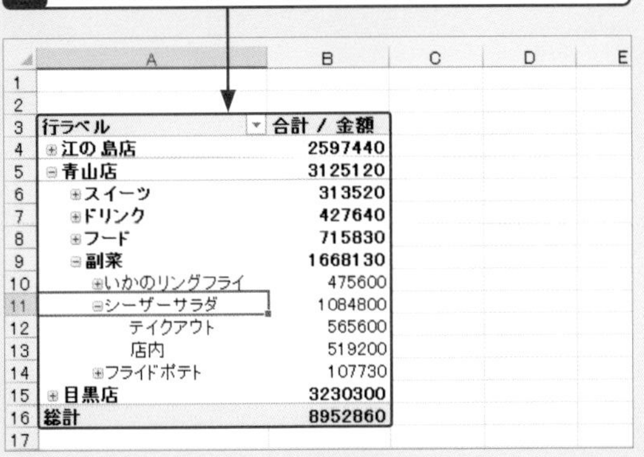

	A	B
1		
2		
3	行ラベル	合計 / 金額
4	⊞江の島店	2597440
5	⊟青山店	3125120
6	⊞スイーツ	313520
7	⊞ドリンク	427640
8	⊞フード	715830
9	⊟副菜	1668130
10	⊞いかのリングフライ	475600
11	⊟シーザーサラダ	1084800
12	テイクアウト	565600
13	店内	519200
14	⊞フライドポテト	107730
15	⊞目黒店	3230300
16	総計	8952860

重要度★★★　分析

Q 335 詳細データを折りたたみたい！

A データの先頭の<->をクリックします。

Q.334の操作でドリルダウンすると、データの先頭に<+>や<->が表示されます。<->が表示されているのが注目しているデータで、詳細データが表示されている状態です。<->をクリックすると、詳細データが折りたたまれて非表示になります。反対に<+>をクリックすると、詳細データが再表示されます。

1 <シーザーサラダ>の先頭の<->をクリックすると、

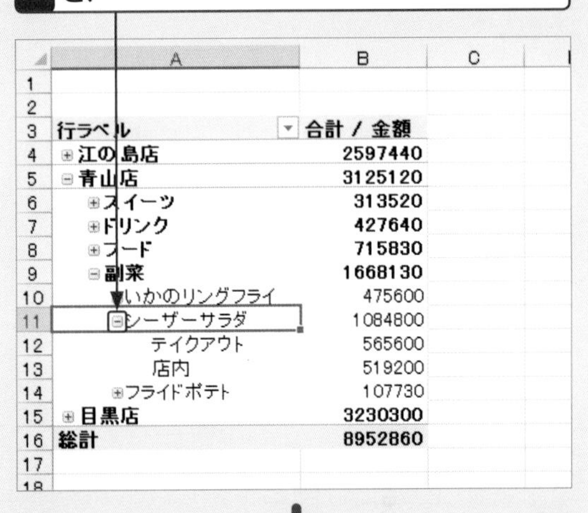

	A	B
1		
2		
3	行ラベル	合計 / 金額
4	⊞江の島店	2597440
5	⊟青山店	3125120
6	⊞スイーツ	313520
7	⊞ドリンク	427640
8	⊞フード	715830
9	⊟副菜	1668130
10	いかのリングフライ	475600
11	⊟シーザーサラダ	1084800
12	テイクアウト	565600
13	店内	519200
14	⊞フライドポテト	107730
15	⊞目黒店	3230300
16	総計	8952860

2 <シーザーサラダ>の詳細データが非表示になります。

	A	B
1		
2		
3	行ラベル	合計 / 金額
4	⊞江の島店	2597440
5	⊟青山店	3125120
6	⊞スイーツ	313520
7	⊞ドリンク	427640
8	⊞フード	715830
9	⊟副菜	1668130
10	⊞いかのリングフライ	475600
11	⊞シーザーサラダ	1084800
12	⊞フライドポテト	107730
13	⊞目黒店	3230300
14	総計	8952860

重要度★★★ 表示

Q336 明細データを別シートに表示したい！

A 集計値のセルをダブルクリックします。

集計表の中の特定のデータに注目して、集計の元データを表示することを「ドリルスルー」と呼びます。下の例では、「江の島店」の「チーズバーガー」の売上金額の明細データ（元データ）を別シートに表示します。

1 <江の島店>の<チーズバーガー>の集計値をダブルクリックすると、

合計 / 金額	列ラベル			
行ラベル	江の島店	青山店	目黒店	総計
アイスコーヒー	107400	125200	126800	359400
アップルパイ	140100	169200	167100	476400
アボガドバーガー		99630	101520	201150
いかのリングフライ	401600	475600	477200	1354400
コーヒー	218800	258000	259000	735800
コーラ	68420		83380	151800
シーザーサラダ	905600	1084800	1094800	3085200
ダブルチーズバーガー	141300	169200	171900	482400
チーズケーキ	118360	144320	144980	407660
チーズバーガー	230700	279300	279000	789000
ハンバーガー	140100	167700	169200	477000
フライドポテト	88540	107730	109440	305710
アイスラテ	36520	44440	45980	126940
総計	2597440	3125120	3230300	8952860

Sheet1　売上明細

2 新しいシートが追加されて、

明細番号	日付	店舗名	分類	商品名	価格	数量	金額	サービス形態	消費税	合計金額
T3M5343	2020/12/31	江の島店	フード	チーズバーガー	300	1	300	テイクアウト	24	324
T3M5336	2020/12/31	江の島店	フード	チーズバーガー	300	2	600	テイクアウト	48	648
T3M5333	2020/12/31	江の島店	フード	チーズバーガー	300	2	600	テイクアウト	48	648
T3M5310	2020/12/30	江の島店	フード	チーズバーガー	300	1	300	テイクアウト	24	324
T3M5303	2020/12/30	江の島店	フード	チーズバーガー	300	2	600	テイクアウト	48	648
T3M5300	2020/12/30	江の島店	フード	チーズバーガー	300	2	600	テイクアウト	48	648
T3M5275	2020/12/29	江の島店	フード	チーズバーガー	300	1	300	テイクアウト	24	324
T3M5268	2020/12/29	江の島店	フード	チーズバーガー	300	2	600	テイクアウト	48	648
T3M5265	2020/12/29	江の島店	フード	チーズバーガー	300	2	600	テイクアウト	48	648
T3M5241	2020/12/28	江の島店	フード	チーズバーガー	300	1	300	テイクアウト	24	324
T3M5234	2020/12/28	江の島店	フード	チーズバーガー	300	2	600	テイクアウト	48	648
T3M5231	2020/12/28	江の島店	フード	チーズバーガー	300	2	600	テイクアウト	48	648
T3M5200	2020/12/27	江の島店	フード	チーズバーガー	300	1	300	店内	30	330
T3M5193	2020/12/27	江の島店	フード	チーズバーガー	300	2	600	テイクアウト	48	648
T3M5190	2020/12/27	江の島店	フード	チーズバーガー	300	2	600	テイクアウト	48	648
T3M5160	2020/12/26	江の島店	フード	チーズバーガー	300	1	300	店内	30	330
T3M5153	2020/12/26	江の島店	フード	チーズバーガー	300	2	600	テイクアウト	48	648
T3M5150	2020/12/26	江の島店	フード	チーズバーガー	300	2	600	テイクアウト	48	648
T3M5119	2020/12/25	江の島店	フード	チーズバーガー	300	1	300	店内	30	330
T3M5112	2020/12/25	江の島店	フード	チーズバーガー	300	2	600	テイクアウト	48	648
T3M5109	2020/12/25	江の島店	フード	チーズバーガー	300	2	600	テイクアウト	48	648
T3M5078	2020/12/24	江の島店	フード	チーズバーガー	300	1	300	テイクアウト	24	324
T3M5071	2020/12/24	江の島店	フード	チーズバーガー	300	2	600	テイクアウト	48	648
T3M5068	2020/12/24	江の島店	フード	チーズバーガー	300	2	600	テイクアウト	48	648
T3M5044	2020/12/23	江の島店	フード	チーズバーガー	300	1	300	テイクアウト	24	324
T3M5037	2020/12/23	江の島店	フード	チーズバーガー	300	2	600	テイクアウト	48	648

Sheet2　Sheet1　売上明細

3 江の島店のチーズバーガーの集計のもとになる明細データが表示されます。

重要度★★★ 表示

Q337 別シートのデータはもとのリストと連動するの？

A 連動しません。もとのリストとは独立した表です。

Q.336の操作で新しいシートに抽出した明細データは、ピボットテーブルのもとになるリスト（ここでは<売上明細>シート）から「江の島店」の「チーズバーガー」のデータだけを一時的に別シートに表示したものです。このシートのデータを変更してもピボットテーブルは影響を受けません。データを追加・修正するときは、必ずもとのリストを使いましょう。

重要度★★★ 表示

Q338 ドリルダウンとドリルスルーは何が違うの？

A どちらもデータ分析の手法の1つです。

ドリルダウンはデータ集計や分析で用いる手法の1つで、集計範囲を絞ってより詳細な集計を行うことです。ピボットテーブルでは、最初は集計表の詳細データが非表示なので、注目したいデータの詳細データだけを順番に表示します。一方ドリルスルーとは、集計値のもととなった詳細データ（＝集計前の元データ）を表示することです。

重要度★★★ 表示

Q 339 総計を非表示にしたい！

A <行と列の集計を行わない>をクリックします。

ピボットテーブルを作成すると自動的に行や列の総計が表示されますが、あとから変更できます。総計には行の総計と列の総計があり、表示方法には「行と列の集計を行わない」「行と列の集計を行う」「行のみ集計を行う」「列のみ集計を行う」の4種類があります。「行のみ集計を行う」を選択すると、右端の総計だけが表示され、「列のみ集計を行う」を選択すると、下端の総計だけが表示されます。

1 ピボットテーブル内の任意のセルをクリックします。

2 <ピボットテーブルツール>-<デザイン>タブをクリックし、

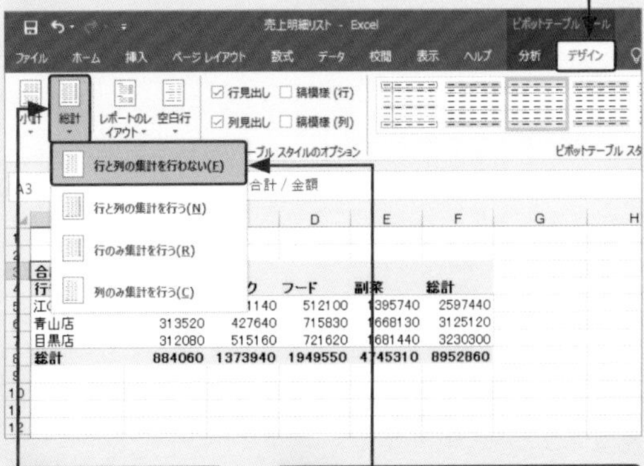

3 <総計>をクリックして、

4 <行と列の集計を行わない>をクリックすると、

5 行と列の総計が非表示になります。

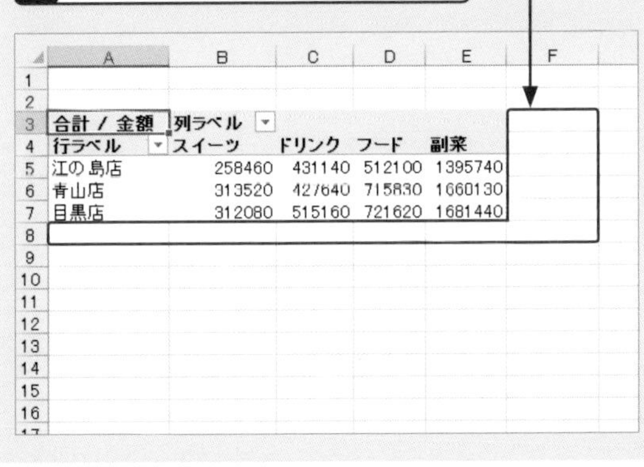

合計 / 金額	列ラベル			
行ラベル	スイーツ	ドリンク	フード	副菜
江の島店	258460	431140	512100	1395740
青山店	313520	427640	715830	1668130
目黒店	312080	515160	721620	1681440

重要度★★★ 表示

Q 340 非表示にした総計を再表示したい！

A <行と列の集計を行う>をクリックします。

Q.339で非表示にした総計を再表示するには、<ピボットテーブルツール>-<デザイン>タブの<総計>をクリックし、表示されるメニューの<行と列の集計を行う>をクリックします。

1 ピボットテーブル内の任意のセルをクリックします。

2 <ピボットテーブルツール>-<デザイン>タブをクリックし、

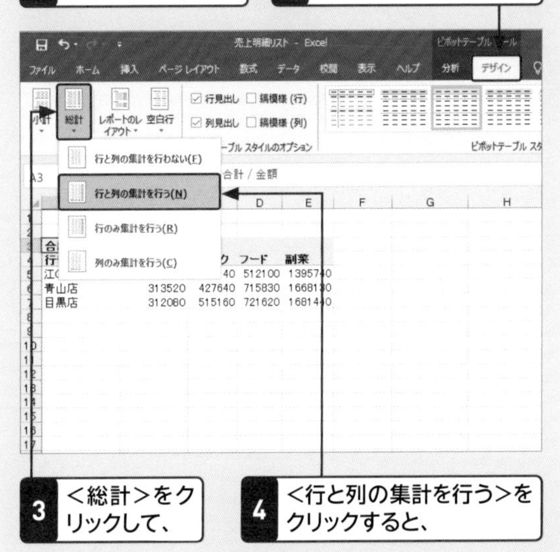

3 <総計>をクリックして、

4 <行と列の集計を行う>をクリックすると、

5 行と列の総計が表示されます。

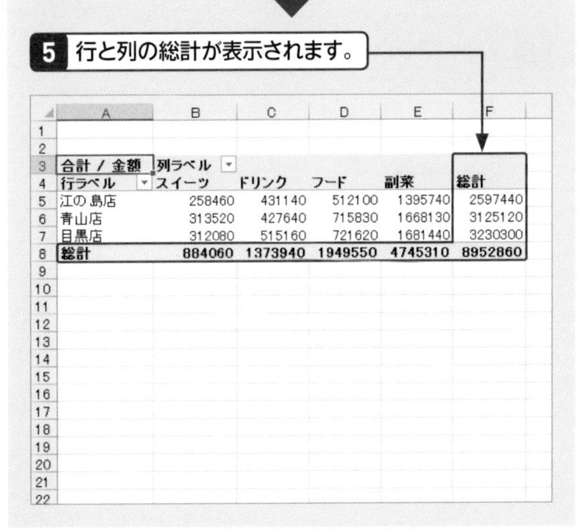

合計 / 金額	列ラベル				
行ラベル	スイーツ	ドリンク	フード	副菜	総計
江の島店	258460	431140	512100	1395740	2597440
青山店	313520	427640	715830	1668130	3125120
目黒店	312080	515160	721620	1681440	3230300
総計	884060	1373940	1949550	4745310	8952860

重要度★★★　表示

Q 341 小計を非表示にしたい！

A ＜小計を表示しない＞をクリックします。

「行」エリアや「列」エリアに複数のフィールドを配置すると、最初は階層ごとの小計が太字で上側に表示されます。＜小計＞メニューの＜小計を表示しない＞を選ぶと、すべての小計が非表示になります。

1 ピボットテーブル内の任意のセルをクリックします。

2 ＜ピボットテーブルツール＞-＜デザイン＞タブをクリックし、

3 ＜小計＞をクリックして、

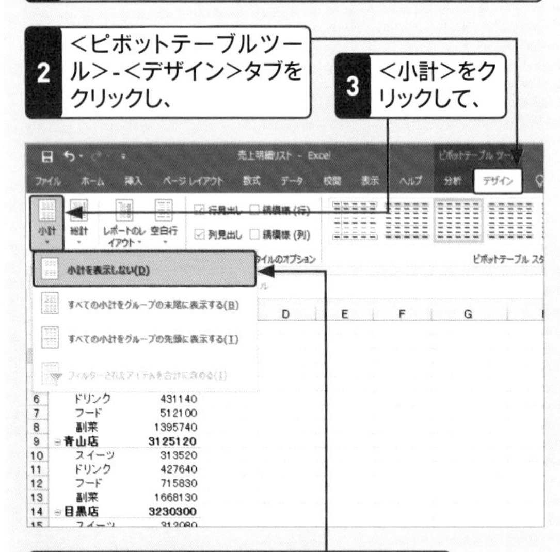

4 ＜小計を表示しない＞をクリックすると、

5 小計が非表示になります。

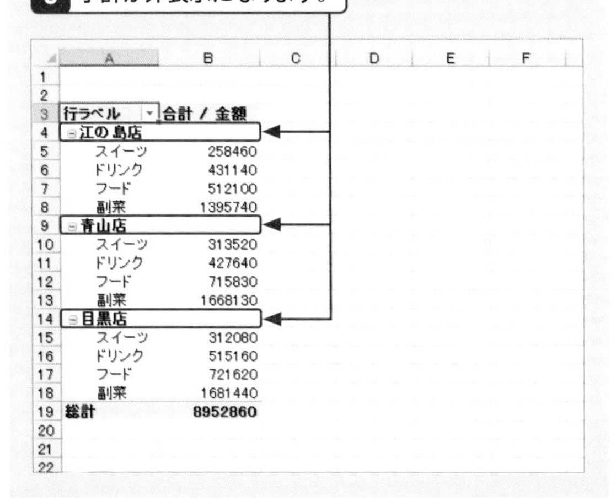

	A	B
1		
2		
3	行ラベル	合計 / 金額
4	江の島店	
5	スイーツ	258460
6	ドリンク	431140
7	フード	512100
8	副菜	1395740
9	青山店	
10	スイーツ	313520
11	ドリンク	427640
12	フード	715830
13	副菜	1668130
14	目黒店	
15	スイーツ	312080
16	ドリンク	515160
17	フード	721620
18	副菜	1681440
19	総計	8952860
20		
21		
22		

重要度★★★　表示

Q 342 小計を下に表示したい！

A ＜すべての小計をグループの末尾に表示する＞をクリックします。

「行」エリアや「列」エリアに複数のフィールドを配置すると、最初は階層ごとの小計が太字で上側に表示されます。＜小計＞メニューの＜すべての小計をグループの末尾に表示する＞を選ぶと、小計が下側に太字で表示されます。

1 ピボットテーブル内の任意のセルをクリックし、

2 ＜ピボットテーブルツール＞-＜デザイン＞タブをクリックし、

3 ＜小計＞をクリックして、

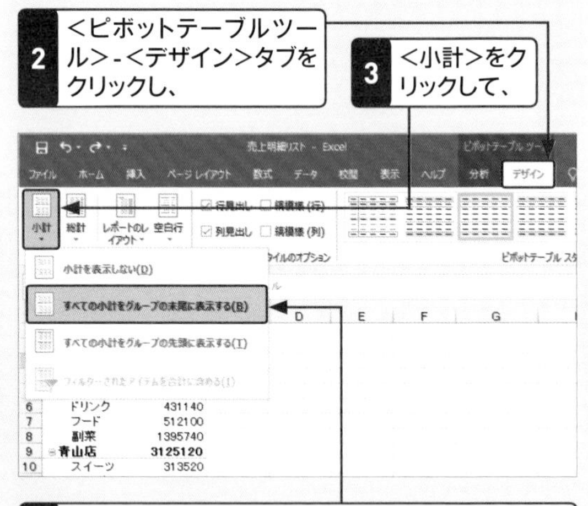

4 ＜すべての小計をグループの末尾に表示する＞をクリックすると、

5 小計が下側に表示されます。

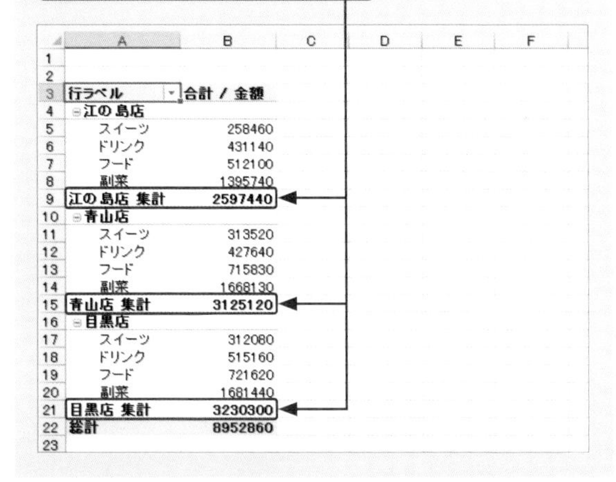

	A	B
1		
2		
3	行ラベル	合計 / 金額
4	江の島店	
5	スイーツ	258460
6	ドリンク	431140
7	フード	512100
8	副菜	1395740
9	江の島店 集計	2597440
10	青山店	
11	スイーツ	313520
12	ドリンク	427640
13	フード	715830
14	副菜	1668130
15	青山店 集計	3125120
16	目黒店	
17	スイーツ	312080
18	ドリンク	515160
19	フード	721620
20	副菜	1681440
21	目黒店 集計	3230300
22	総計	8952860
23		

Q 343 空白セルに「0」を表示したい！

ピボットテーブルでは、集計結果がないセルは空欄になります。たとえば店舗ごとに取り扱う商品が異なると、取り扱いのない商品の集計結果は空欄になります。<ピボットテーブルオプション>ダイアログボックスを使うと、空欄セルに「0」を表示したり、「該当データなし」の文字などを表示したりできます。

A <空白セルに表示する値>に「0」を指定します。

1 ピボットテーブル内の任意のセルをクリックします。

2 <ピボットテーブルツール>-<分析>タブをクリックし、

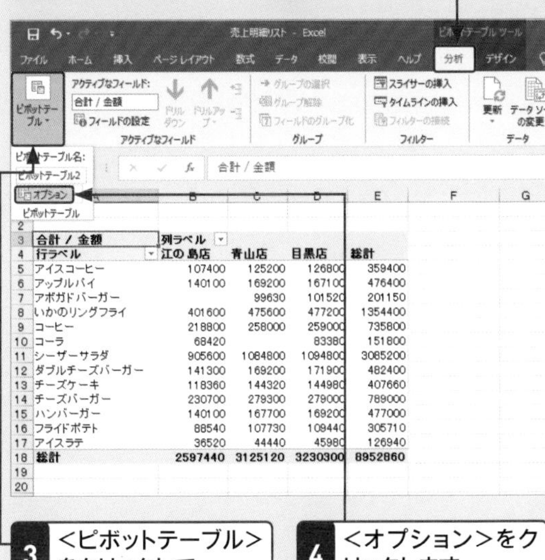

3 <ピボットテーブル>をクリックして、

4 <オプション>をクリックします。

5 <レイアウトと書式>タブの<空白セルに表示する値>がオンになっていることを確認し、

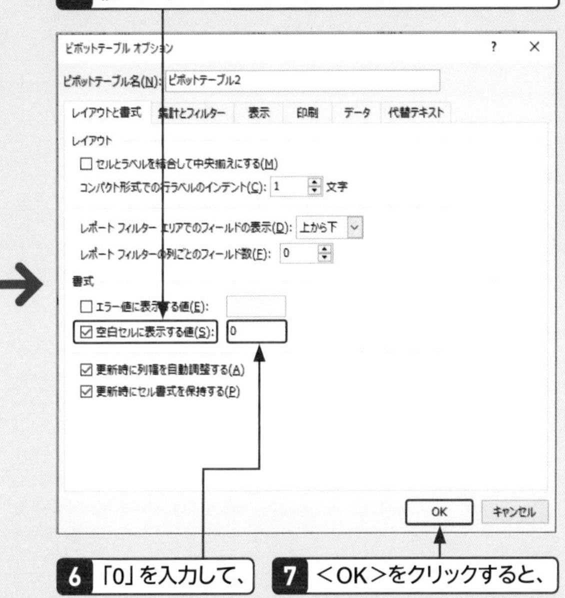

6 「0」を入力して、

7 <OK>をクリックすると、

8 空欄のセルに「0」が表示されます。

	A	B	C	D	E	F	G	H	I
1									
2									
3	合計 / 金額	列ラベル							
4	行ラベル	江の島店	青山店	目黒店	総計				
5	アイスコーヒー	107400	125200	126800	359400				
6	アップルパイ	140100	169200	167100	476400				
7	アボガドバーガー	0	99630	101520	201150				
8	いかのリングフライ	401600	475600	477200	1354400				
9	コーヒー	218800	258000	259000	735800				
10	コーラ	68420	0	83380	151800				
11	シーザーサラダ	905600	1084800	1094800	3085200				
12	ダブルチーズバーガー	141300	169200	171900	482400				
13	チーズケーキ	118360	144320	144980	407660				
14	チーズバーガー	230700	279300	279000	789000				
15	ハンバーガー	140100	167700	169200	477000				
16	フライドポテト	88540	107730	109440	305710				
17	アイスラテ	36520	44440	45980	126940				
18	総計	2597440	3125120	3230300	8952860				
19									
20									

Q 344 ピボットテーブルのデザインを変更したい！

通常の表のように、ピボットテーブルに手動でセルに色を付けたり罫線を引いたりすることもできますが、ピボットテーブルスタイル機能を使うと、一覧からクリックするだけでピボットテーブル全体の見栄えが整います。

A ＜ピボットテーブルスタイル＞からデザインを選びます。

1 ピボットテーブル内の任意のセルをクリックし、

2 ＜ピボットテーブルツール＞-＜デザイン＞タブをクリックして、

3 ＜ピボットテーブルスタイル＞の▼をクリックします。

4 変更後のスタイルをクリックすると、

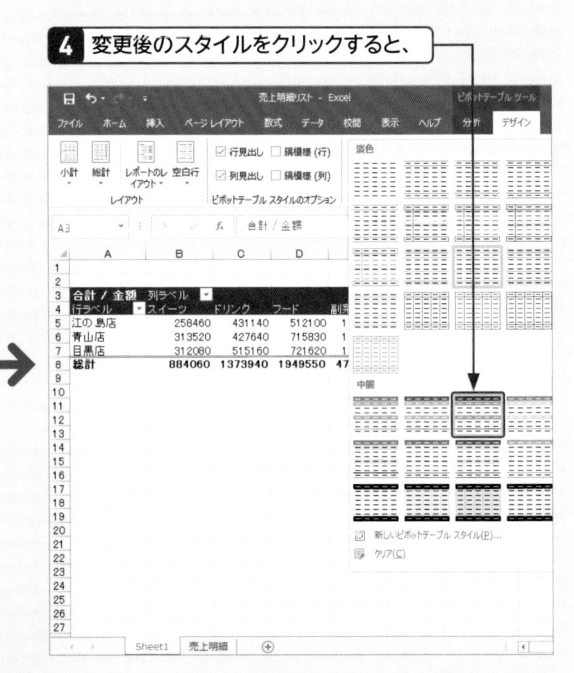

5 指定したスタイルに変更されます。

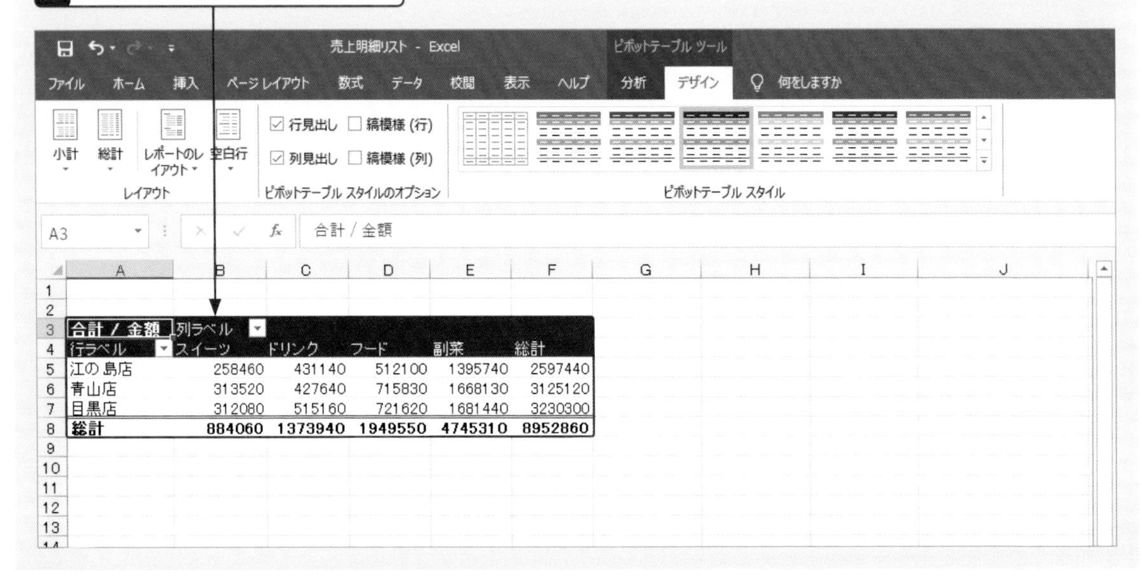

合計 / 金額	列ラベル				
行ラベル	スイーツ	ドリンク	フード	副菜	総計
江の島店	258460	431140	512100	1395740	2597440
青山店	313520	427640	715830	1668130	3125120
目黒店	312080	515160	721620	1681440	3230300
総計	884060	1373940	1949550	4745310	8952860

重要度 ★★★ デザイン

Q 345 1行おきに色を付けたい！

A <縞模様(行)>をオンにします。

Q.344で設定した<ピボットテーブルスタイル>と<ピボットテーブルスタイルのオプション>を組み合わせると、1行おきに色を付けるなどの変更も可能です。<縞模様(行)>をクリックしてオンにすると、1行ごとに互い違いの色が付きます。

1 Q.344の操作でピボットテーブルスタイルを設定し、

2 <縞模様(行)>をクリックしてオンにすると、

3 1行おきに色が付きます。

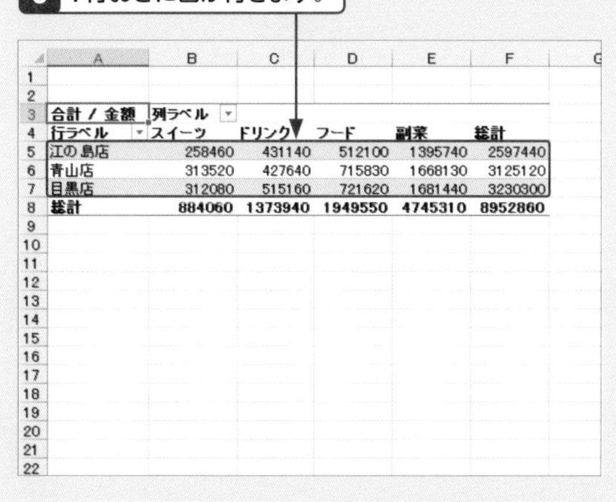

合計 / 金額	列ラベル				
行ラベル	スイーツ	ドリンク	フード	副菜	総計
江の島店	258460	431140	512100	1395740	2597440
青山店	313520	427640	715830	1668130	3125120
目黒店	312080	515160	721620	1681440	3230300
総計	884060	1373940	1949550	4745310	8952860

重要度 ★★★ デザイン

Q 346 1列おきに色を付けたい！

A <縞模様(列)>をオンにします。

Q.344で設定した<ピボットテーブルスタイル>と<ピボットテーブルスタイルのオプション>を組み合わせると、1列おきに色を付けるなどの変更も可能です。<縞模様(列)>をクリックしてオンにすると、1列ごとに互い違いの色が付きます。

1 Q.344の操作でピボットテーブルスタイルを設定し、

2 <縞模様(列)>をクリックしてオンにすると、

3 1列おきに色が付きます。

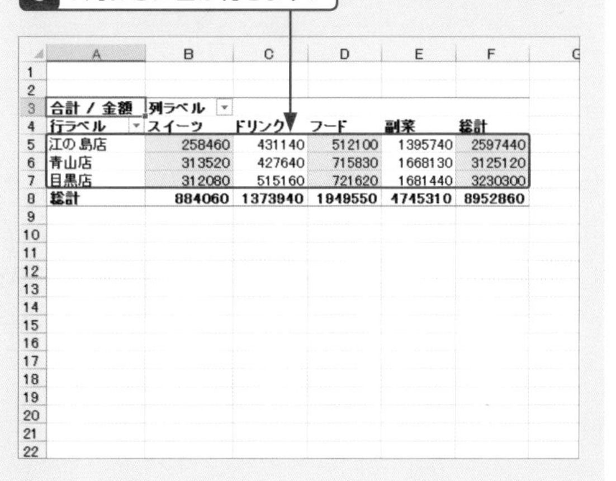

合計 / 金額	列ラベル				
行ラベル	スイーツ	ドリンク	フード	副菜	総計
江の島店	258460	431140	512100	1395740	2597440
青山店	313520	427640	715830	1668130	3125120
目黒店	312080	515160	721620	1681440	3230300
総計	884060	1373940	1949550	4745310	8952860

重要度 ★★★ デザイン

Q 347 ピボットテーブルのスタイルを解除したい!

ピボットテーブルのスタイルを解除するには、ピボットテーブルスタイルの一覧にある<クリア>をクリックします。また、<淡色>グループの<なし>をクリックして解除することもできます。

A <ピボットテーブルスタイル>の一覧から<クリア>をクリックします。

1 ピボットテーブル内の任意のセルをクリックし、

2 <ピボットテーブルツール>-<デザイン>タブをクリックして、

3 <ピボットテーブルスタイル>のをクリックします。

4 <クリア>をクリックすると、

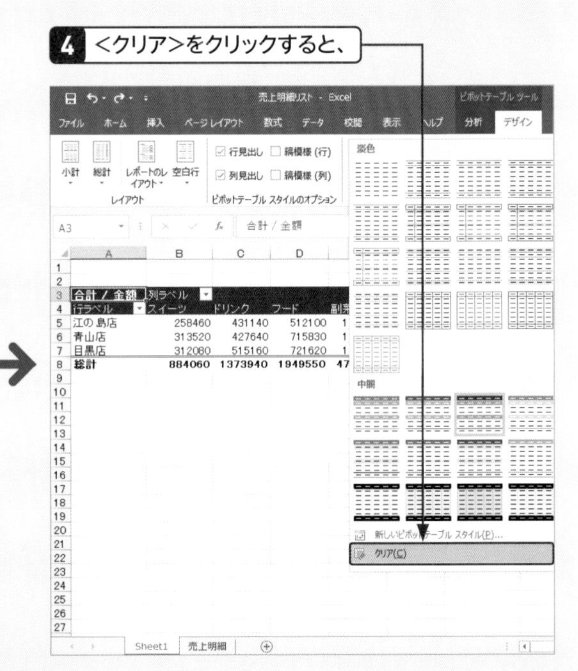

5 スタイルが解除されます。

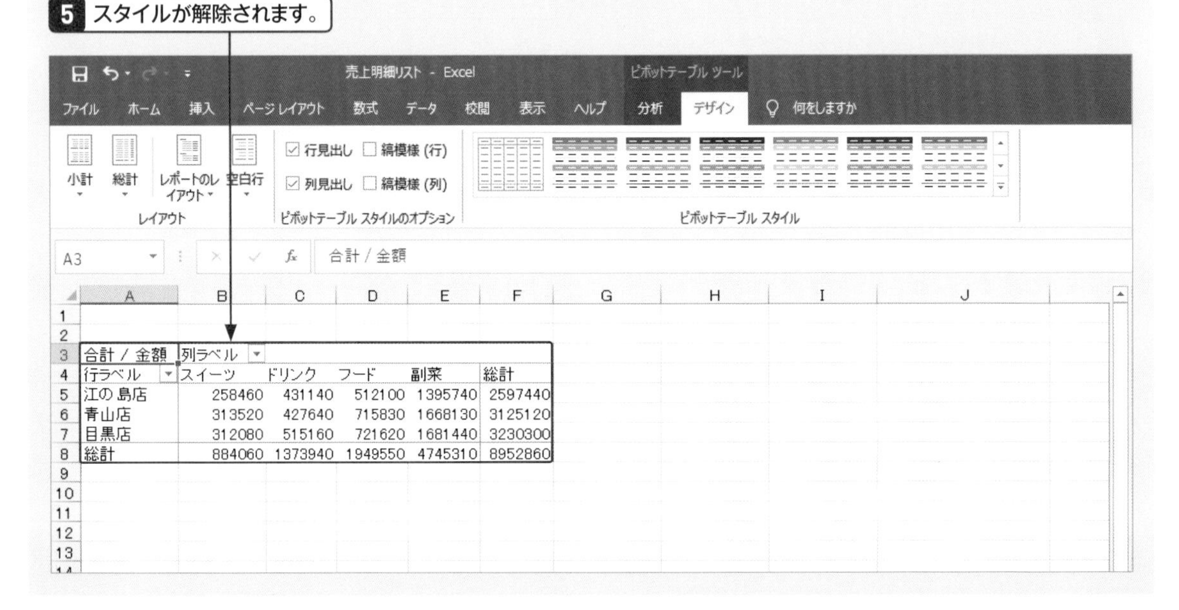

合計 / 金額	列ラベル				
行ラベル	スイーツ	ドリンク	フード	副菜	総計
江の島店	258460	431140	512100	1395740	2597440
青山店	313520	427640	715830	1668130	3125120
目黒店	312080	515160	721620	1681440	3230300
総計	884060	1373940	1949550	4745310	8952860

重要度 ★★★　デザイン

Q 348 ピボットテーブルのレイアウトを変更したい！

ピボットテーブルのレイアウトには「コンパクト形式」「アウトライン形式」「表形式」の3種類があり、クリックするだけで設定できます。ピボットテーブルの作成直後は「コンパクト形式」で表示されます。

A ＜レポートのレイアウト＞から目的のレイアウトを選びます。

1 ピボットテーブル内の任意のセルをクリックします。

2 ＜ピボットテーブルツール＞-＜デザイン＞タブをクリックし、

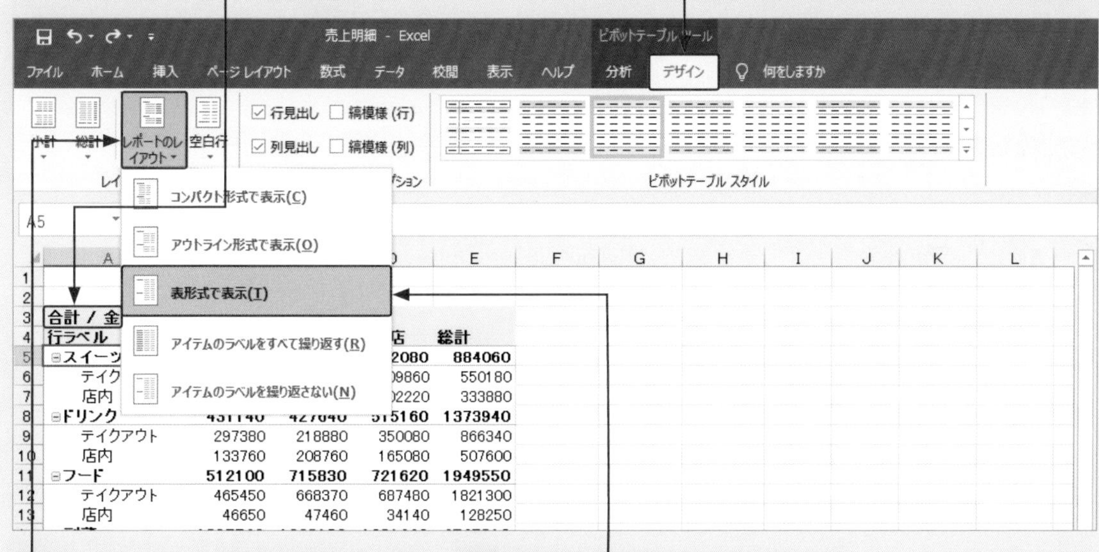

3 ＜レポートのレイアウト＞をクリックして、

4 ＜表形式で表示＞をクリックすると、

5 レポートのレイアウトが表形式に変更されます。

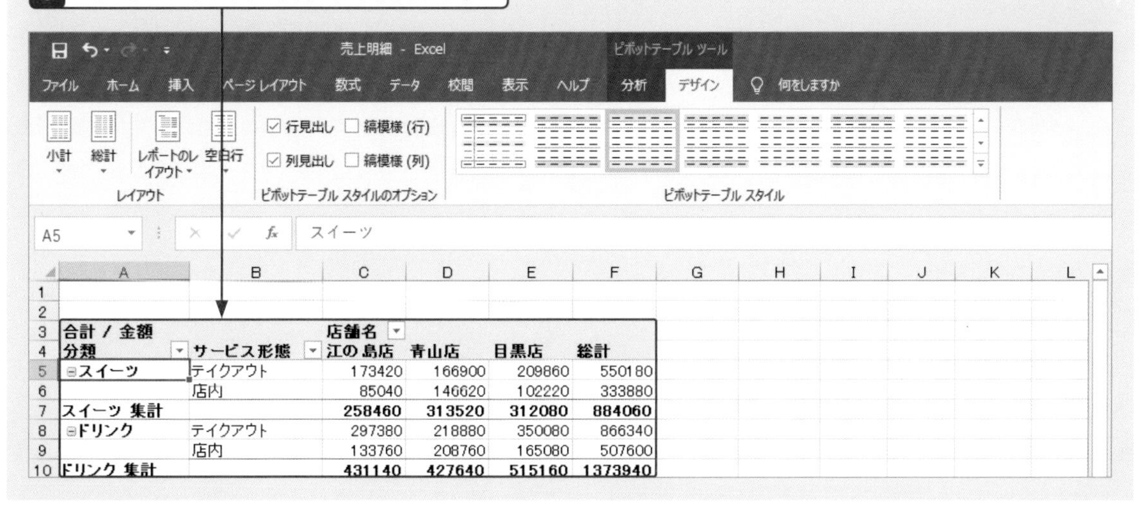

合計 / 金額		店舗名			
分類	サービス形態	江の島店	青山店	目黒店	総計
⊟スイーツ	テイクアウト	173420	166900	209860	550180
	店内	85040	146620	102220	333880
スイーツ 集計		258460	313520	312080	884060
⊟ドリンク	テイクアウト	297380	218880	350080	866340
	店内	133760	208760	165080	507600
ドリンク 集計		431140	427640	515160	1373940

重要度 ★★★ デザイン

Q 349 「コンパクト形式」「アウトライン形式」「表形式」の違いは何？

A 「行」エリアのフィールドの表示方法が異なります。

「行」エリアに配置した複数のフィールドの表示方法を設定するのが、レポートのレイアウト機能です。「コンパクト形式」は同じ列に複数のフィールドの項目が表示され、「アウトライン形式」や「表形式」は異なる列に分かれて表示されます。

● コンパクト形式

「行」エリアに複数のフィールドを配置しても、同じ列に複数のフィールドの項目が表示されます。ピボットテーブル作成直後のレイアウトです。

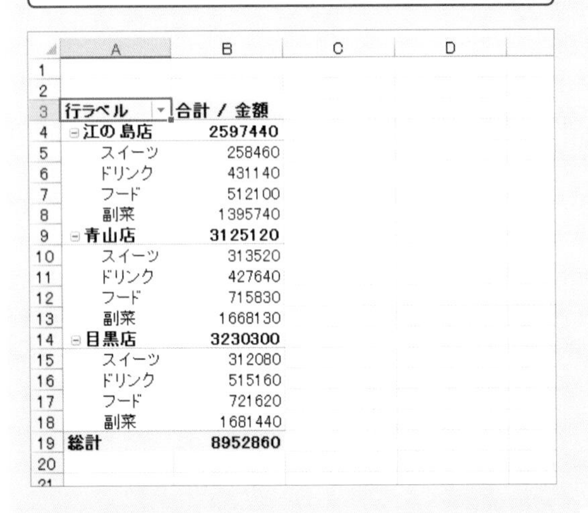

	A	B	C	D
1				
2				
3	行ラベル	合計 / 金額		
4	⊟江の島店	2597440		
5	スイーツ	258460		
6	ドリンク	431140		
7	フード	512100		
8	副菜	1395740		
9	⊟青山店	3125120		
10	スイーツ	313520		
11	ドリンク	427640		
12	フード	715830		
13	副菜	1668130		
14	⊟目黒店	3230300		
15	スイーツ	312080		
16	ドリンク	515160		
17	フード	721620		
18	副菜	1681440		
19	総計	8952860		
20				
21				

● 表形式

「行」エリアに複数のフィールドを配置すると、上の階層の項目と下の階層の項目が同じ行に表示されます。一般的な表の形に近いレイアウトです。

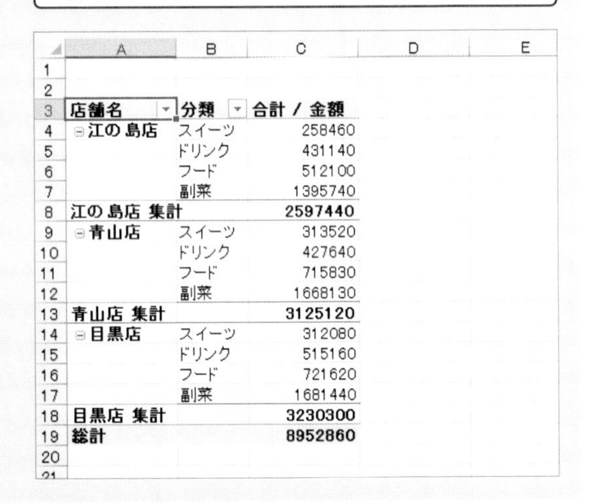

	A	B	C	D	E
1					
2					
3	店舗名	分類	合計 / 金額		
4	⊟江の島店	スイーツ	258460		
5		ドリンク	431140		
6		フード	512100		
7		副菜	1395740		
8	江の島店 集計		2597440		
9	⊟青山店	スイーツ	313520		
10		ドリンク	427640		
11		フード	715830		
12		副菜	1668130		
13	青山店 集計		3125120		
14	⊟目黒店	スイーツ	312080		
15		ドリンク	515160		
16		フード	721620		
17		副菜	1681440		
18	目黒店 集計		3230300		
19	総計		8952860		
20					
21					

● アウトライン形式

「行」エリアに複数のフィールドを配置すると、複数の列にわかれてフィールドの項目が表示されます。

	A	B	C	D	E
1					
2					
3	店舗名	分類	合計 / 金額		
4	⊟江の島店		2597440		
5		スイーツ	258460		
6		ドリンク	431140		
7		フード	512100		
8		副菜	1395740		
9	⊟青山店		3125120		
10		スイーツ	313520		
11		ドリンク	427640		
12		フード	715830		
13		副菜	1668130		
14	⊟目黒店		3230300		
15		スイーツ	312080		
16		ドリンク	515160		
17		フード	721620		
18		副菜	1681440		
19	総計		8952860		
20					
21					
22					

重要度 ★★★ デザイン

Q 350 ピボットテーブルのレイアウトを変更できない！

A 「行」エリアのフィールドが1つなのが原因です。

Q.348の操作でピボットテーブルのレイアウトを変更しても見た目が変わらない場合があります。「行」エリアに1つのフィールドを配置した場合は、レイアウトを変更しても大きな違いはありません。

Q 351 すべてのページに見出しを付けて印刷したい!

複数ページに分かれて印刷される大きなピボットテーブルは、<ピボットテーブルオプション>ダイアログボックスで<印刷タイトルを設定する>をクリックしてオンにし、2ページ目以降にも見出しを印刷しましょう。

A <印刷タイトルを設定する>をオンにします。

1 ピボットテーブル内の任意のセルをクリックし、

2 <ピボットテーブルツール>-<分析>タブをクリクし、

3 <ピボットテーブル>をクリックして、

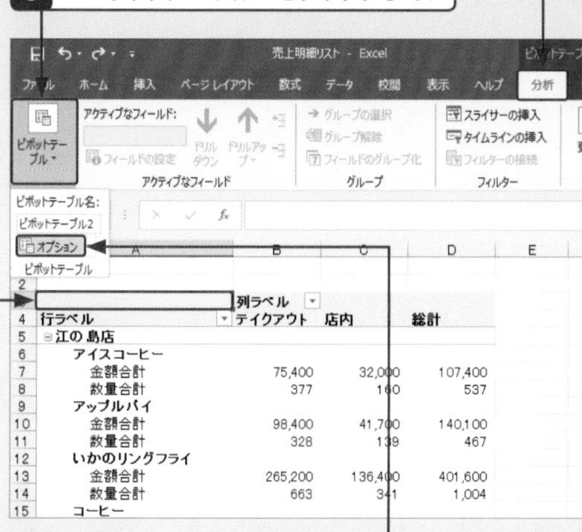

4 <オプション>をクリックします。

5 <印刷>タブをクリックし、

6 <印刷タイトルを設定する>をクリックしてオンにして、

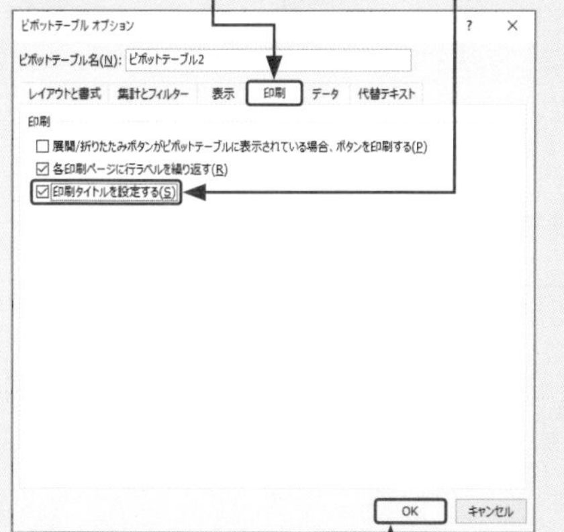

7 <OK>をクリックします。

8 <ファイル>タブをクリックして<印刷>をクリックします。

9 ▶をクリックすると、

10 2ページ目にも見出しが表示されます。

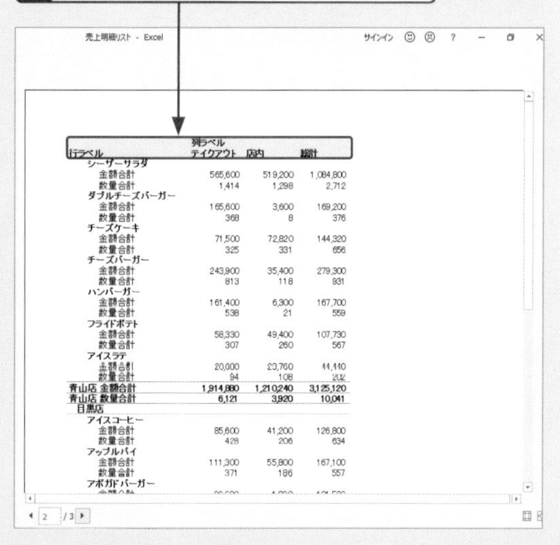

重要度★★★ 印刷

Q 352 区切りのよい位置で改ページして印刷したい！

A <アイテムの後ろに改ページを入れる>をオンにします。

区切りのよい位置でページが分かれるように改ページを指定します。たとえば<店舗名>ごとに改ページするには、<店舗名>を選択してから改ページの設定を行うのがポイントです。改ページした2ページ目以降にも見出しが表示されるように、Q.351で解説した<印刷タイトルの設定>も必要です。

1 Q.351の操作で印刷タイトルを設定しておきます。

2 ピボットテーブル内の任意のセルをクリックし、

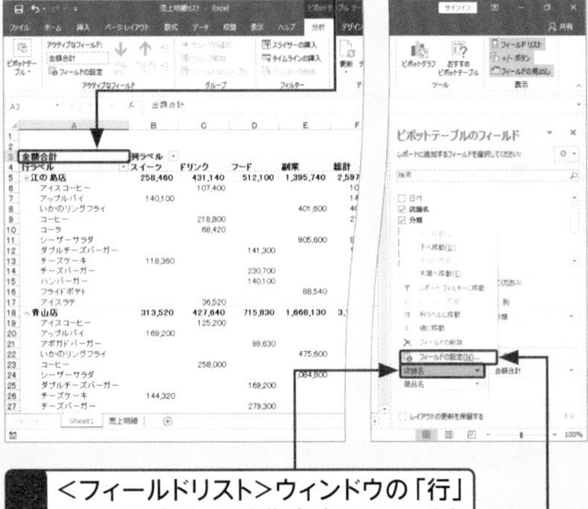

3 <フィールドリスト>ウィンドウの「行」エリアで改ページを指定するフィールド（ここでは<店舗名>）をクリックして、

4 <フィールドの設定>をクリックします。

5 <レイアウトと印刷>タブをクリックし、

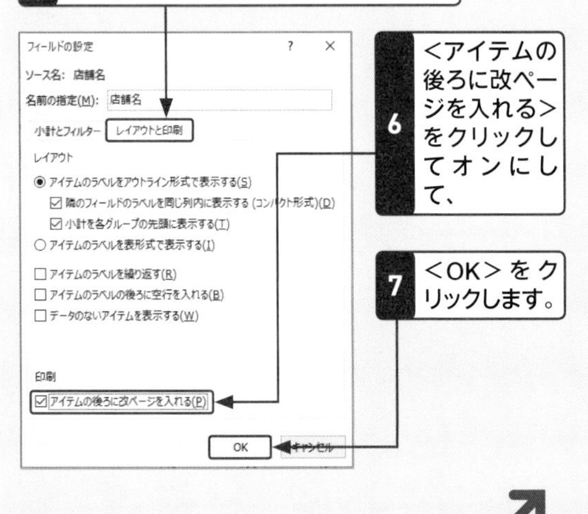

6 <アイテムの後ろに改ページを入れる>をクリックしてオンにして、

7 <OK>をクリックします。

8 <ファイル>タブをクリックして<印刷>をクリックします。

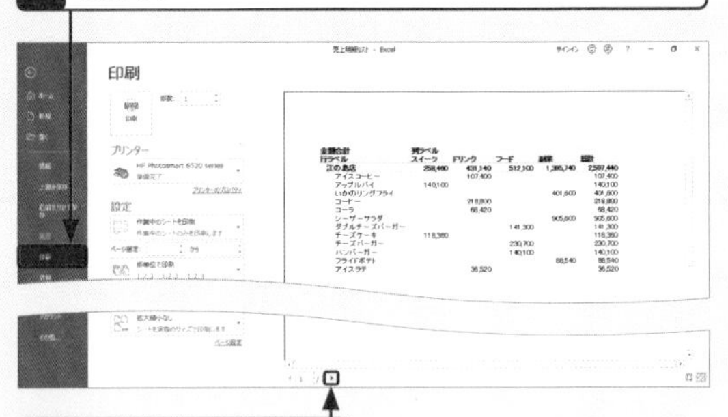

9 ▶をクリックすると、

10 <青山店>が改ページされていることが確認できます。

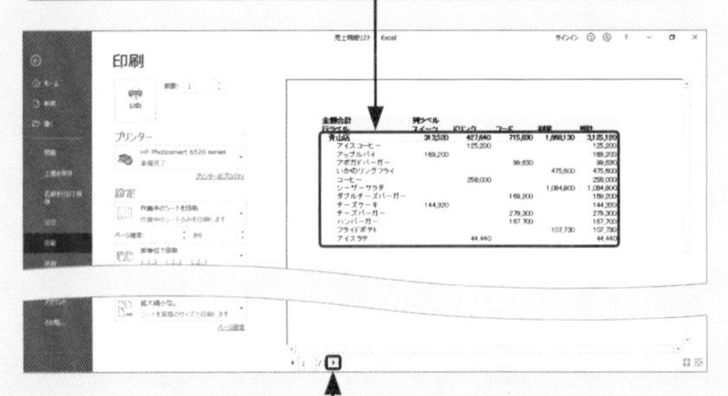

11 ▶をクリックすると、

12 <目黒店>が改ページされていることが確認できます。

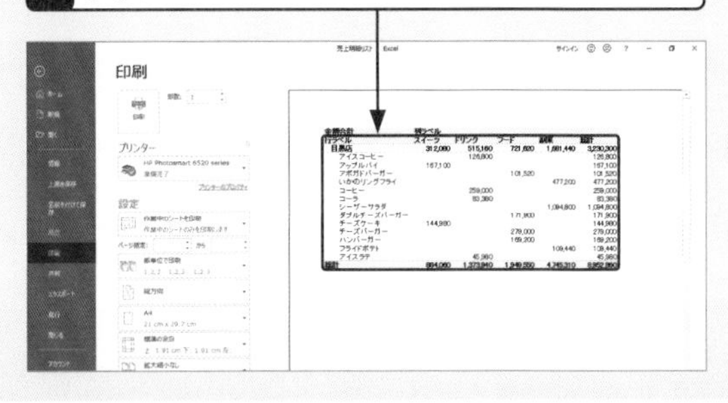

第5章

ピボットグラフの「こんなときどうする?」

重要度 ★★★　作成

Q 353 ピボットグラフって何？

A ピボットテーブルの集計結果をグラフ化したものです。

ピボットグラフとは、ピボットテーブルで集計した結果をグラフ化したものです。グラフを作成すると、データの大きさや推移、割合など、数値の全体的な傾向がひと目でわかります。ピボットグラフはピボットテーブルと連動しているため、ピボットテーブルのレイアウトを変更すると、ピボットグラフも変化します。

1 ピボットテーブルの集計表を積み上げ棒グラフにすると、

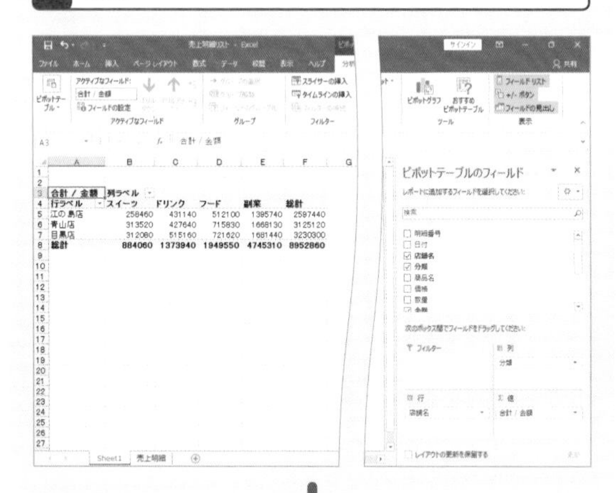

2 項目ごとの売上金額の割合と合計がひと目でわかります。

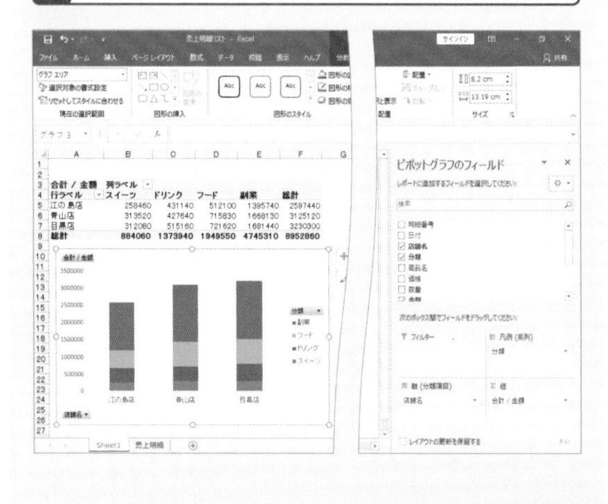

重要度 ★★★　作成

Q 354 ピボットテーブルからグラフを作成したい！

A グラフの種類を選ぶだけでかんたんに作成できます。

ピボットグラフは、最初にピボットテーブル内をクリックし、次にグラフの種類を選ぶ2ステップであっという間に作成できます。下の例では、月ごとの店舗別の売上金額を集計したピボットテーブルをもとに、積み上げ縦棒グラフを作成します。ピボットグラフを作成する手順を確認しましょう。

1 ピボットテーブル内の任意のセルをクリックし、

2 ＜ピボットテーブルツール＞-＜分析＞タブをクリックして、

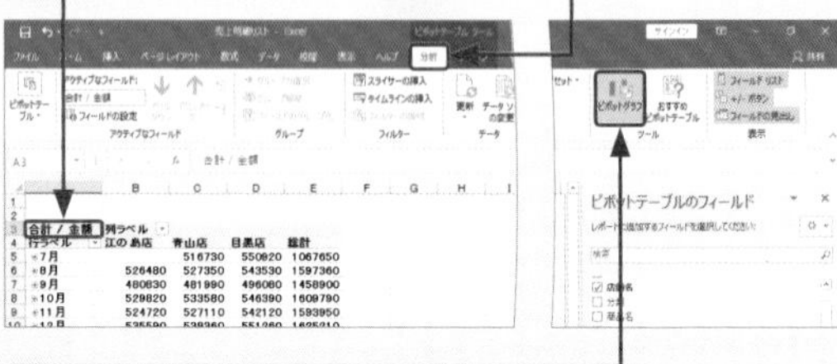

3 ＜ピボットグラフ＞をクリックします。

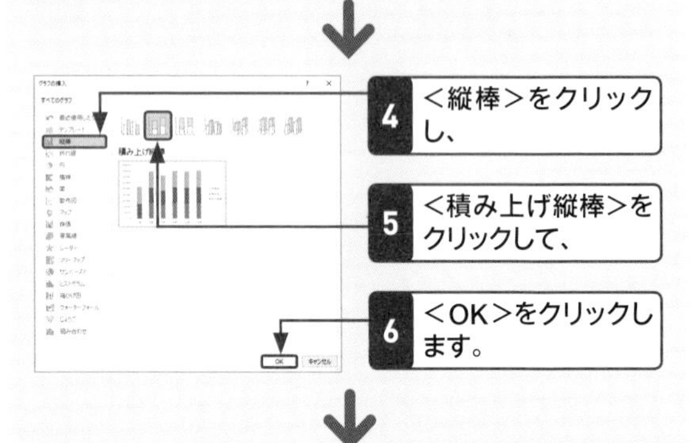

4 ＜縦棒＞をクリックし、

5 ＜積み上げ縦棒＞をクリックして、

6 ＜OK＞をクリックします。

7 積み上げ縦棒グラフが表示されます。

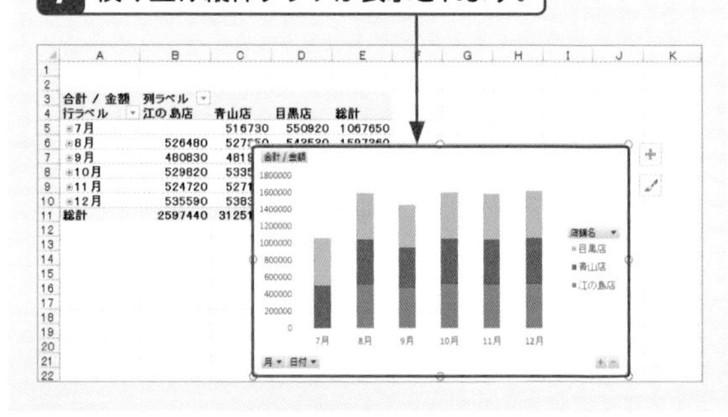

重要度 ★★★　作成

Q 355 ピボットグラフの画面の見かたを知りたい！

ピボットグラフに表示する内容は、<フィールドリスト>ウィンドウで指定します。また、ピボットグラフは、グラフエリアや系列、凡例などの複数の要素で構成されています。

A グラフとフィールドリストウィンドウで構成されます。

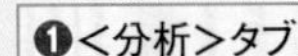

● ピボットグラフの画面の名称役割

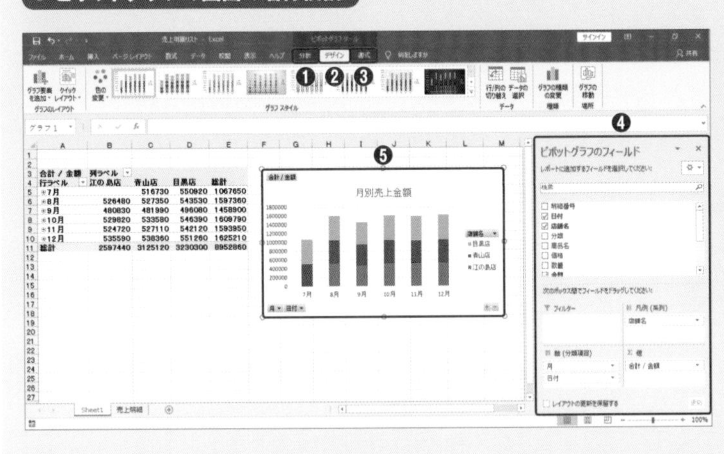

❶<分析>タブ
ピボットグラフをクリックしたときに表示されるタブで、スライサーやタイムラインを使ってグラフに表示する内容を絞り込めます。Microsoft 365では<ピボットグラフ分析>タブを使います。
❷<デザイン>タブ
グラフの色やスタイルなど、グラフの外観を設定する機能が集まっています。
❸<書式>タブ
グラフを構成する要素ごとに詳細な設定をするときに使います。
❹<フィールドリスト>ウィンドウ
Q.356参照
❺ピボットグラフ
ピボットテーブルの内容をグラフに表したものです。

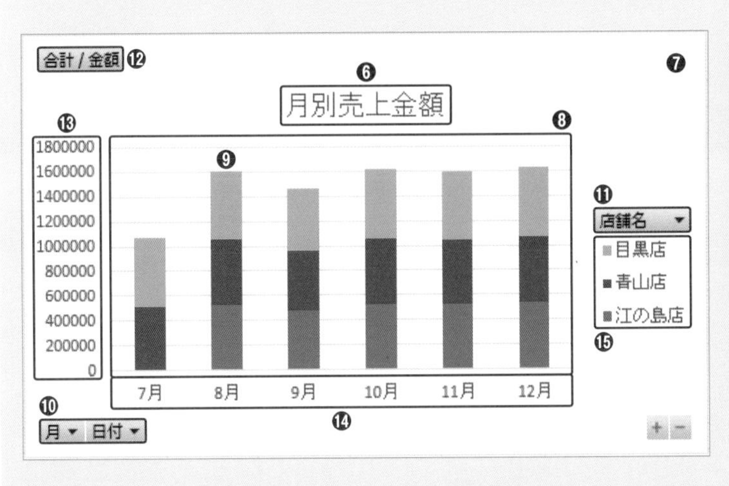

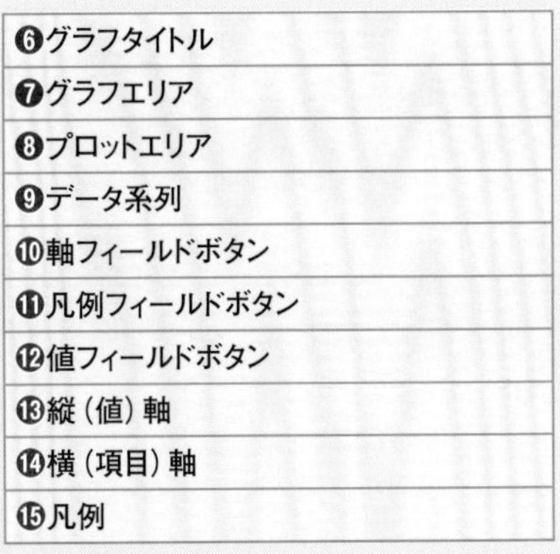

❻グラフタイトル
❼グラフエリア
❽プロットエリア
❾データ系列
❿軸フィールドボタン
⓫凡例フィールドボタン
⓬値フィールドボタン
⓭縦（値）軸
⓮横（項目）軸
⓯凡例

重要度 ★★★　作成

Q356 <フィールドリスト>ウィンドウの見かたを知りたい！

A ピボットテーブルとは名称が違うので注意しましょう。

ピボットグラフの右側に表示される<フィールドリスト>ウィンドウは、ピボットテーブルの<フィールドリスト>ウィンドウとはエリアセクションの名前が異なるので注意しましょう。

ピボットグラフのフィールド
レポートに追加するフィールドを選択してください:
検索
❶
明細番号
日付
店舗名
分類
商品名
価格
数量
金額
次のボックス間でフィールドをドラッグしてください:
❷
フィルター
凡例 (系列)
店舗名
軸 (分類項目)
月
日付
Σ 値
合計 / 金額
レイアウトの更新を保留する
更新

❶フィールドセクション
もとのリストのフィールド名が一覧表示されます。
❷エリアセクション
「フィルター」エリア、「凡例（系列）」エリア、「軸（分類項目）」エリア、「値」エリアの４つのエリアで構成されます。

ピボットグラフ	ピボットテーブル
「フィルター」エリア	「フィルター」エリア
「凡例（系列）」エリア	「列」エリア
「軸（分類項目）」エリア	「行」エリア
「値」エリア	「値」エリア

重要度 ★★★　作成

Q357 グラフの種類を変更したい！

A <グラフの種類の変更>をクリックします。

グラフを作成するときは、数値の大きさを比較するなら棒グラフ、数値の推移を示すなら折れ線グラフ、数値の割合を示すなら円グラフというように、目的にあったグラフの種類を選ぶことが大切です。グラフの種類を間違えると、意図が伝わらなくなるからです。目的のグラフの種類に変更して使いましょう。

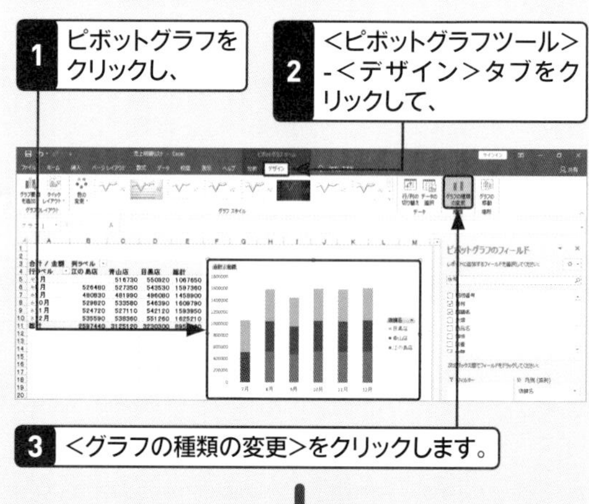

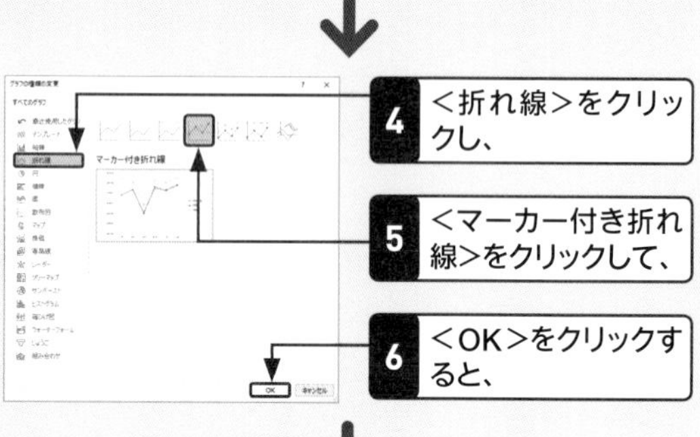

7 折れ線グラフに変わります。

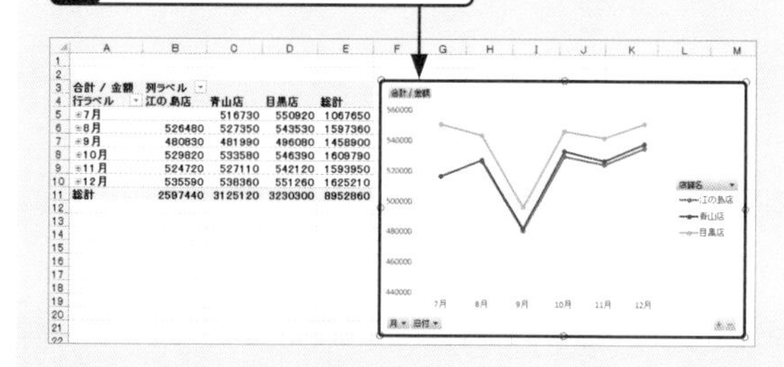

重要度 ★★★　作成

Q 358 グラフのレイアウトを変更したい！

A クイックレイアウト機能を使うとかんたんに変更できます。

ピボットグラフのタイトルや凡例などの各要素をどこに配置するのかといったレイアウトを指定するには、<クイックレイアウト>を使います。用意されているレイアウトを選ぶだけで、各要素の位置が瞬時に変化します。

1 ピボットグラフをクリックし、

2 <ピボットグラフツール>-<デザイン>タブをクリックして、

3 <クイックレイアウト>をクリックします。

4 変更後のレイアウトをクリックすると、

5 ピボットグラフのレイアウトが変わります。

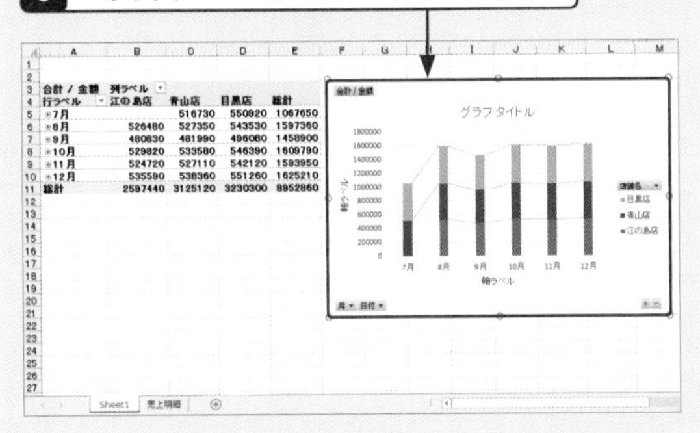

合計 / 金額	列ラベル			
行ラベル	江の島店	青山店	目黒店	総計
7月		516730	550920	1067650
8月	526480	527350	543530	1597360
9月	480830	481990	496080	1458900
10月	529820	533580	546390	1609790
11月	524720	527110	542120	1593950
12月	535590	538360	551260	1625210
総計	2597440	3125120	3230300	8952860

重要度 ★★★　作成

Q 359 グラフのフィールドを入れ替えたい！

A エリアセクションのフィールドをドラッグして入れ替えます。

ピボットグラフのフィールドを入れ替えるには、「フィルター」エリア、「凡例（系列）」エリア、「軸（項目）エリア」、「値」エリアの各エリアのフィールドを目的にエリアにドラッグします。ピボットグラフのフィールドを入れ替えると、ピボットテーブルのレイアウトも連動して変わります。

1 「凡例（系列）」エリアの<店舗名>を「軸（分類項目）」エリアにドラッグし、

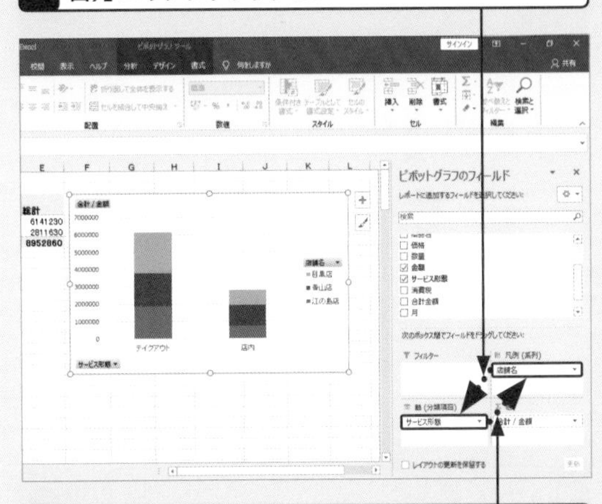

2 「軸（分類項目）」エリアの<サービス形態>を「凡例（系列）」エリアにドラッグすると、

3 店舗名が項目軸に表示され、ピボットグラフの形が変化します。

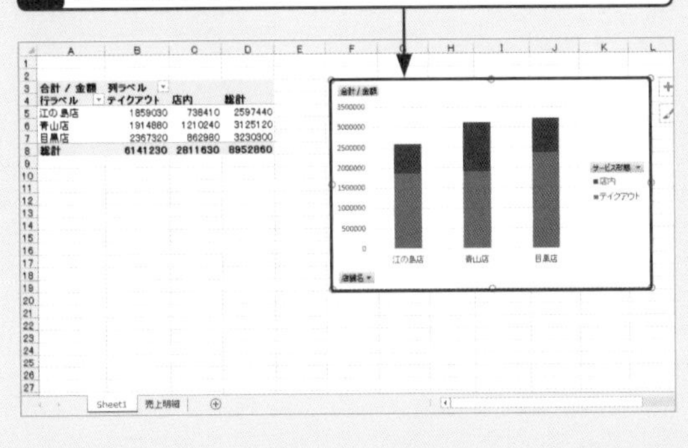

合計 / 金額	列ラベル		
行ラベル	テイクアウト	店内	総計
江の島店	1859030	738410	2597440
青山店	1914880	1210240	3125120
目黒店	2367320	862980	3230300
総計	6141230	2811630	8952860

重要度★★★ 作成

Q 360 グラフのフィールドを追加したい！

A フィールドリストのフィールドを追加エリアにドラッグします。

ピボットグラフのエリアセクションの操作はエリアの名前が違うだけで、ピボットテーブルと同じように操作できます。フィールドを追加するには、フィールドリストからフィールドを選択し、目的のエリアにドラッグして追加します。

1 <フィールドリスト>ウィンドウの<分類>にマウスカーソルを合わせて、

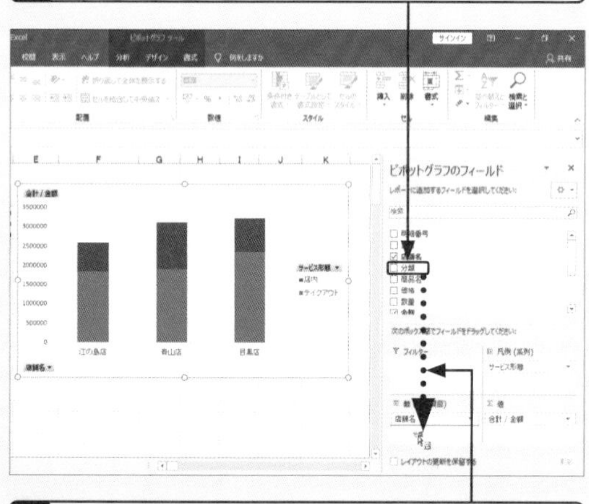

2 「軸（分類項目）」エリアの<店舗名>の下側にドラッグすると、

3 横軸の項目名が階層のあるピボットグラフに変化します。

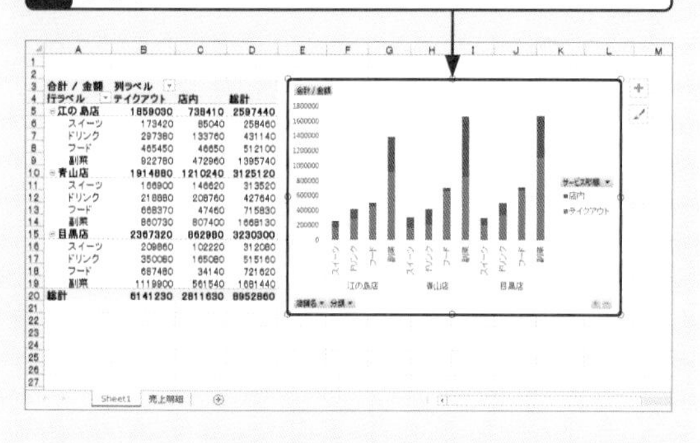

重要度★★★ 作成

Q 361 グラフを変更するとピボットテーブルも変わってしまう！

A どちらか一方の変更がそれぞれ反映されます。

ピボットグラフのフィールドを入れ替えると、連動してピボットテーブルのレイアウトも変化します。反対に、ピボットテーブルのレイアウトを変更すると、連動してピボットグラフのレイアウトも変化します。

1 ピボットグラフのフィールドを入れ替えると、

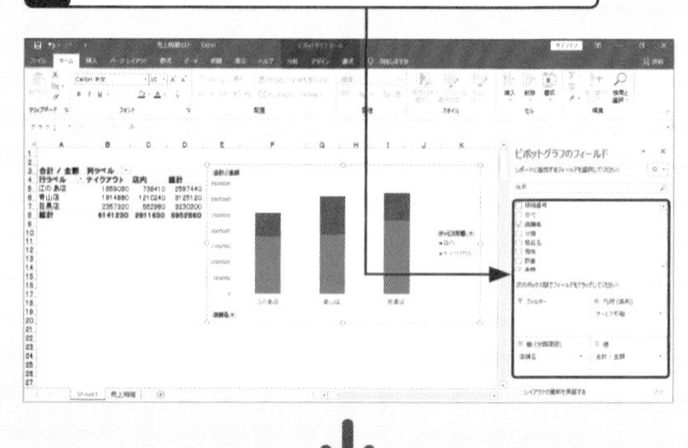

2 ピボットテーブルのレイアウトも変化します。

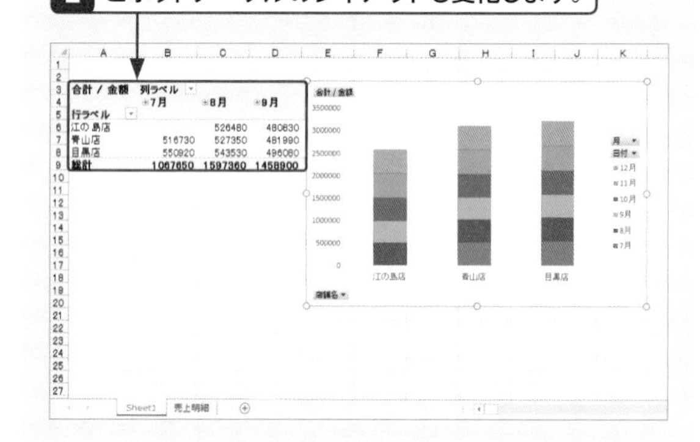

重要度 ★★★ 作成

Q 362 表示するアイテムを絞り込みたい！

A フィールドボタンをクリックして絞り込みます。

ピボットグラフに表示する項目を絞り込むには、ピボットグラフ内のフィールドボタンを使います。ピボットグラフに表示したい項目だけをクリックしてオンにすると、瞬時にピボットグラフが変化します。絞り込みを解除するには、条件を設定したフィルターボタンから<"○○"からフィルターをクリア>をクリックします。

1 <店舗名>の凡例フィールドボタンをクリックし、

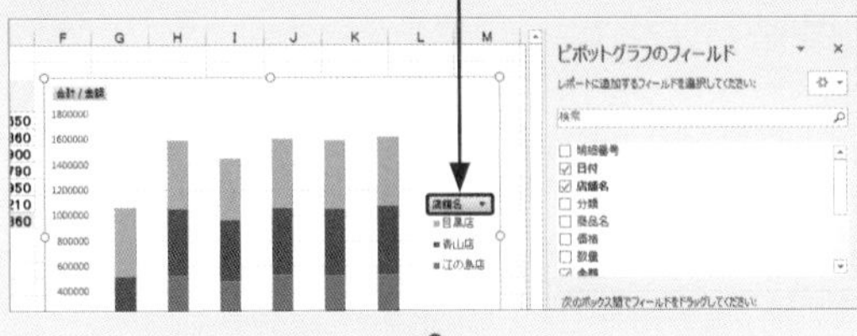

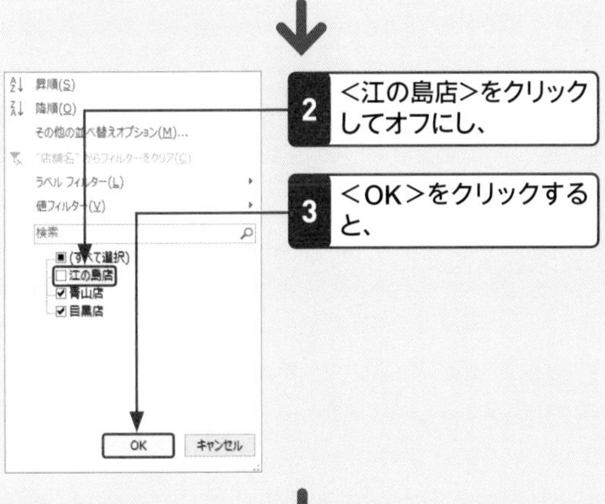

2 <江の島店>をクリックしてオフにし、

3 <OK>をクリックすると、

4 「青山店」と「目黒店」だけのピボットグラフに変化します。

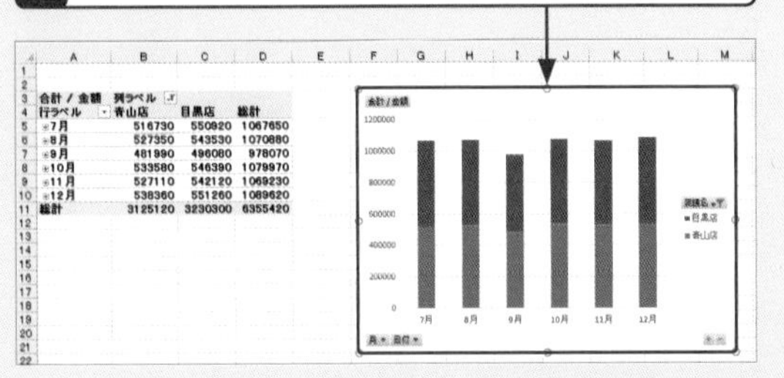

重要度 ★★★ 作成

Q 363 グラフを削除したい！

A グラフを選択してから Delete を押します。

ピボットグラフを丸ごと削除するには、グラフの外枠をクリックしてグラフ全体を選択してから Delete を押します。

1 グラフの外枠をクリックし、

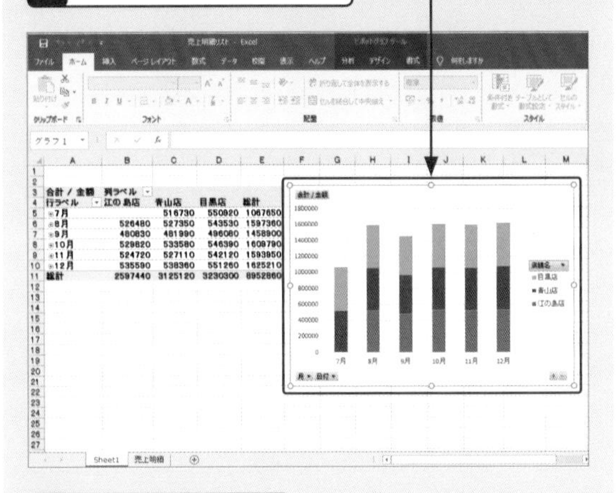

2 Delete を押します。

重要度 ★★★ 作成

Q 364 グラフをセルの枠線にぴったり揃えたい！

A Alt を押しながらドラッグします。

ピボットグラフの外枠にマウスポインターを合わせてドラッグすると、自由にグラフを移動できます。このとき、Alt を押しながらドラッグすると、セルの枠線に沿うように移動できます。

重要度 ★★★　作成

Q 365 ドリルダウンで詳細なグラフを表示したい！

A 詳細を見たい要素を順番にダブルクリックします。

Q.334ではピボットテーブルをドリルダウンして、特定のデータを掘り下げて分析する操作を解説しましたが、ピボットグラフでも同じようにドリルダウンが可能です。下の例では、店舗別の売上金額の詳細を探ります。

1 ピボットグラフをクリックし、

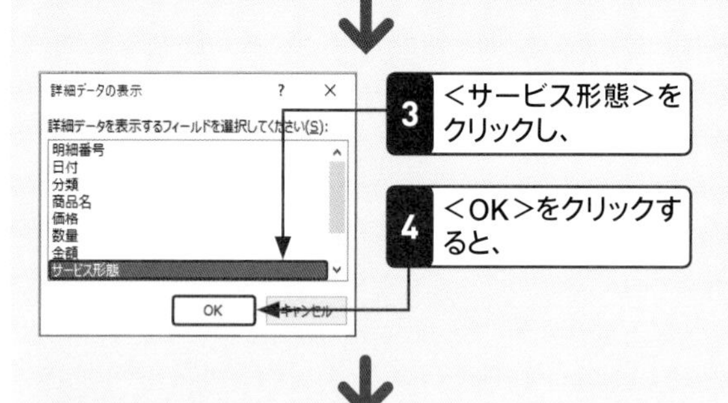

2 店舗名のいずれかをダブルクリックします。

詳細データの表示　?　×
詳細データを表示するフィールドを選択してください(S):
明細番号
日付
分類
商品名
価格
数量
金額
サービス形態
OK　キャンセル

3 <サービス形態>をクリックし、

4 <OK>をクリックすると、

5 店舗の売上金額がテイクアウトと店内に分かれます。

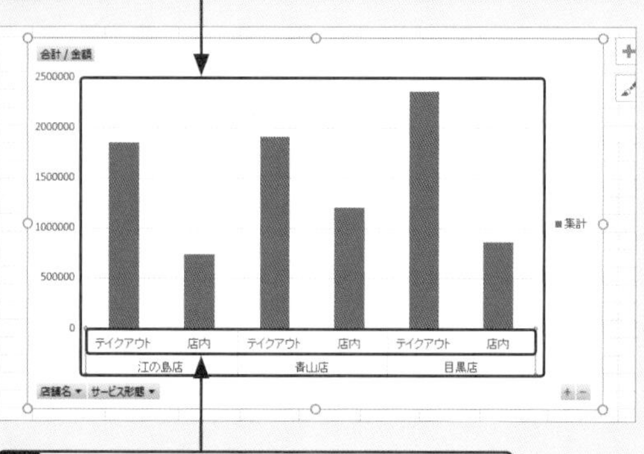

6 サービス形態の名前のいずれかをダブルクリックします。

7 <分類>をクリックし、

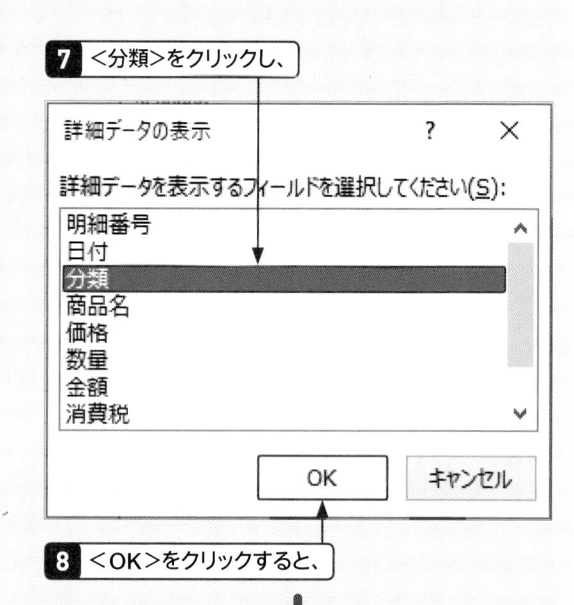

8 <OK>をクリックすると、

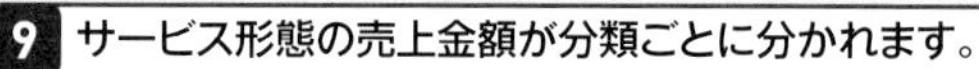

9 サービス形態の売上金額が分類ごとに分かれます。

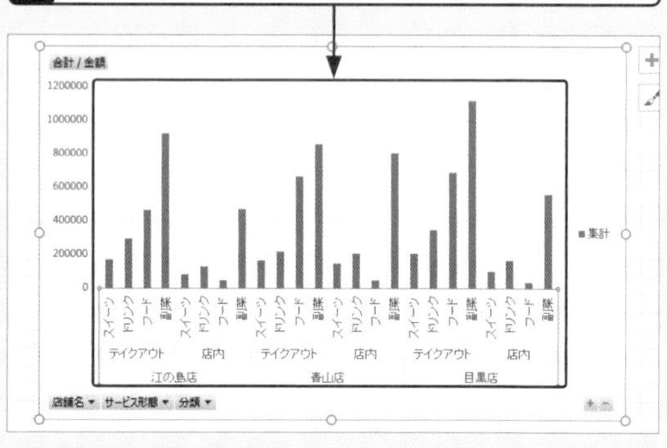

重要度★★★ グラフ要素

Q 366 タイトルを追加したい！

A <グラフタイトル>の要素を追加します。

ピボットグラフの作成直後はタイトルがありません。必要に応じて、あとからグラフタイトルを追加するなどして見栄えを整えましょう。

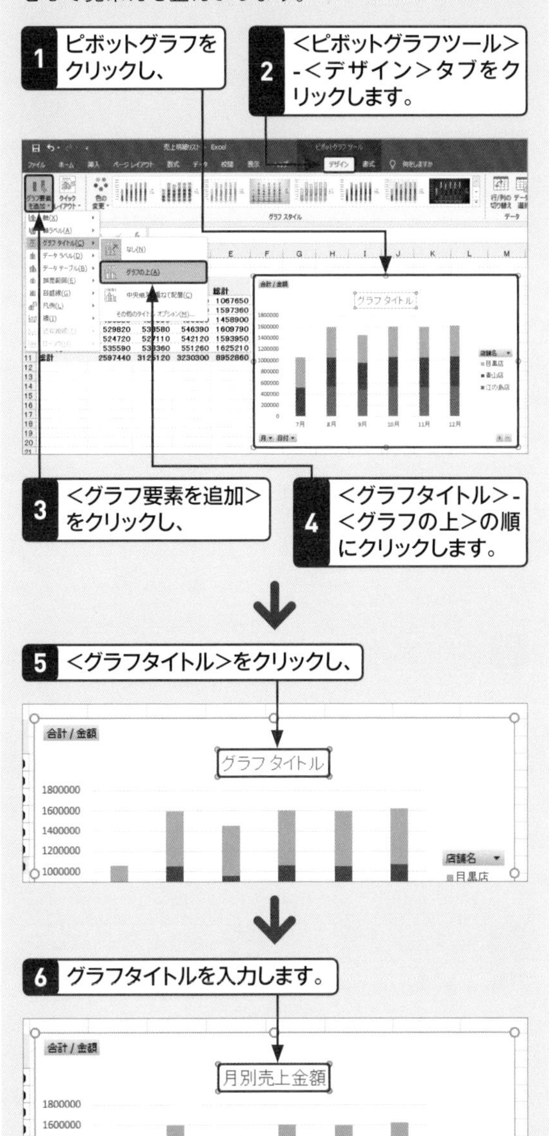

重要度★★★ グラフ要素

Q 367 軸ラベルを追加したい！

A <軸ラベル>の要素を追加します。

<軸ラベル>の<第1縦軸>を追加すると、縦軸の数値が数量なのか個数なのかといった単位を表示できます。同様に、<第1横軸>を追加して、横軸にラベルを追加することも可能です。

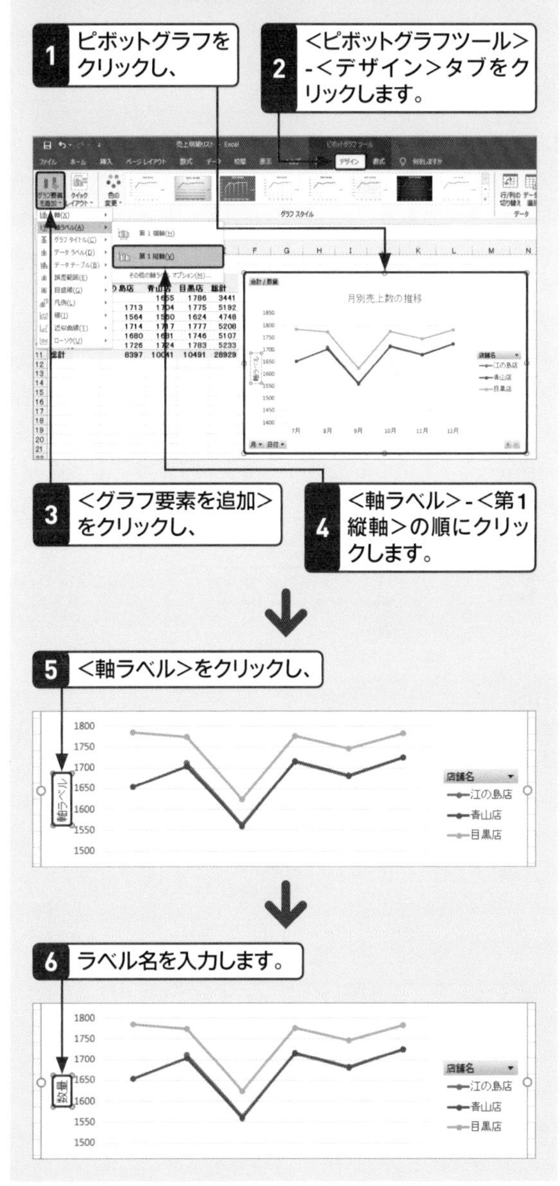

重要度 ★★★　グラフ要素

Q 368 軸ラベルを縦書きで表示したい！

A 「文字列の方向」を＜縦書き＞に変更します。

Q.367の操作で入力した縦軸のラベルは、最初は文字が回転して表示されます。軸ラベルを縦書きで表示するには、＜軸ラベルの書式設定＞作業ウィンドウで「文字列の方向」を＜縦書き＞に変更します。

1 軸ラベルをクリックし、

2 ＜ピボットグラフツール＞-＜書式＞タブをクリックして、

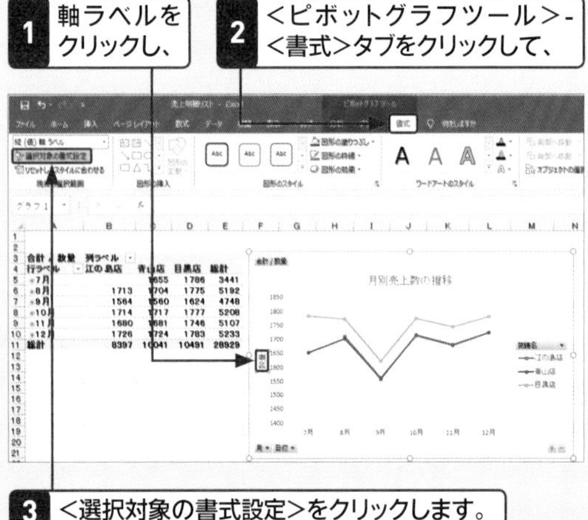

3 ＜選択対象の書式設定＞をクリックします。

4 ＜文字のオプション＞をクリックし、

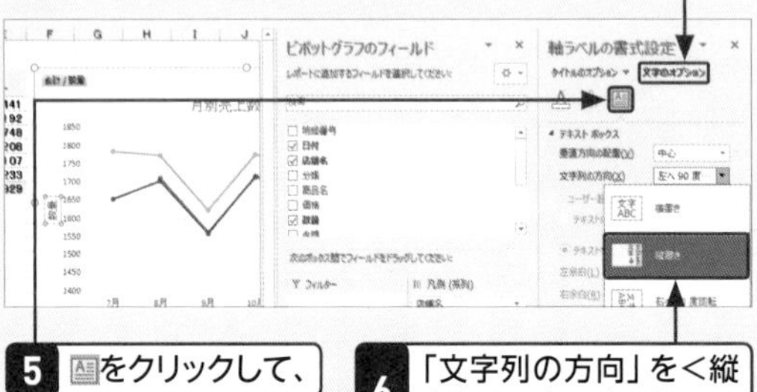

5 をクリックして、

6 「文字列の方向」を＜縦書き＞に変更すると、

7 軸ラベルが縦書きで表示されます。

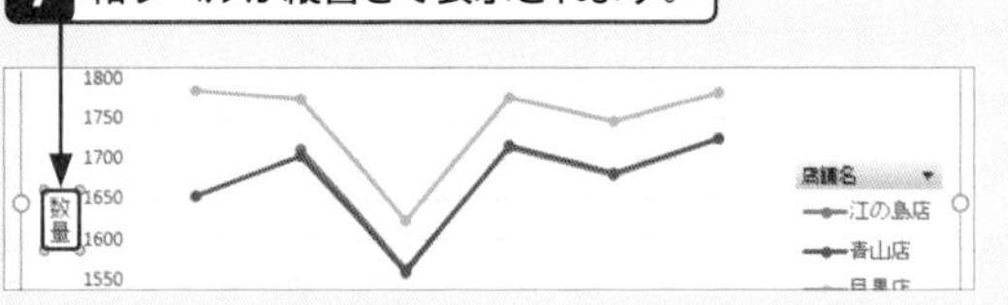

重要度 ★★★　グラフ要素

Q 369 データラベルを追加したい！

A ＜データラベル＞を追加します。

円グラフでは、グラフの周りにパーセンテージや項目名が表示されていたほうが一覧性が高まります。＜データラベル＞を追加すると、グラフ内のどの場所にどのデータを表示するのかを指定できます。

1 ピボットグラフをクリックし、

2 ＜ピボットグラフツール＞-＜デザイン＞タブをクリックします。

3 ＜グラフ要素を追加＞をクリックし、

4 ＜データラベル＞-＜その他のデータラベルオプション＞の順にクリックします。

5 ＜パーセンテージ＞をクリックしてオンにし、

6 ＜分類名＞をクリックしてオンにして、

7 ＜値＞をクリックしてオフにすると、

8 円グラフの中にデータラベルが表示されます。

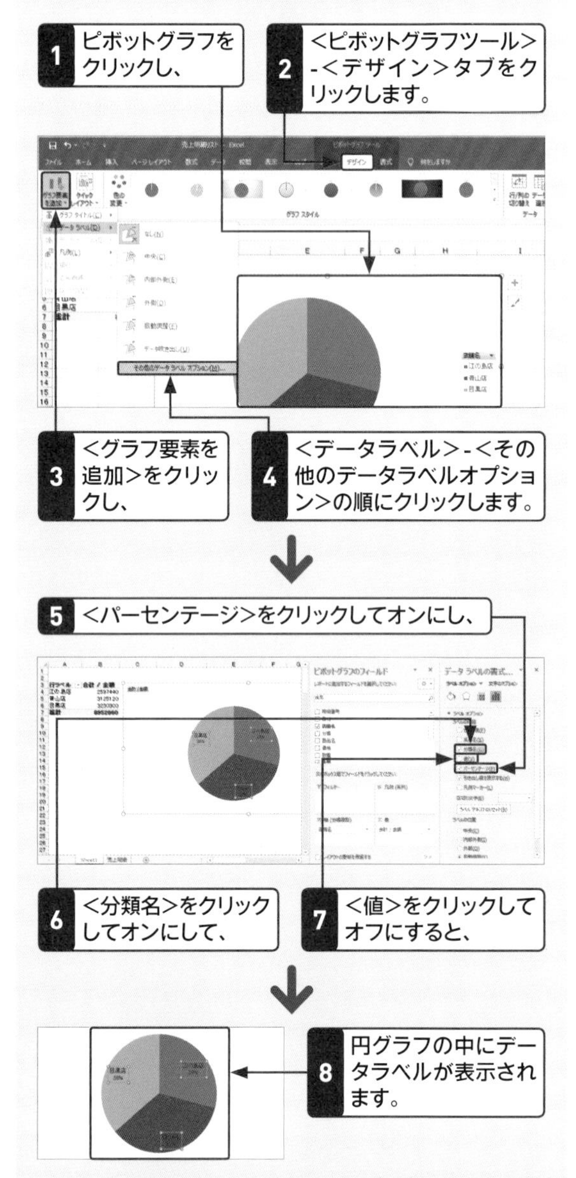

重要度★★★ デザイン

Q 370 グラフのデザインを変更したい!

A <グラフスタイル>から目的のデザインをクリックします。

ピボットグラフ全体のデザインを変えるとグラフの印象が変わります。<デザイン>タブにある<グラフスタイル>には手動で設定すると難しいグラフのデザインがいくつも用意されており、いろいろなデザインを試しながら選べるので便利です。

1 ピボットグラフをクリックし、

2 <ピボットテーブルツール>-<デザイン>タブをクリックして、

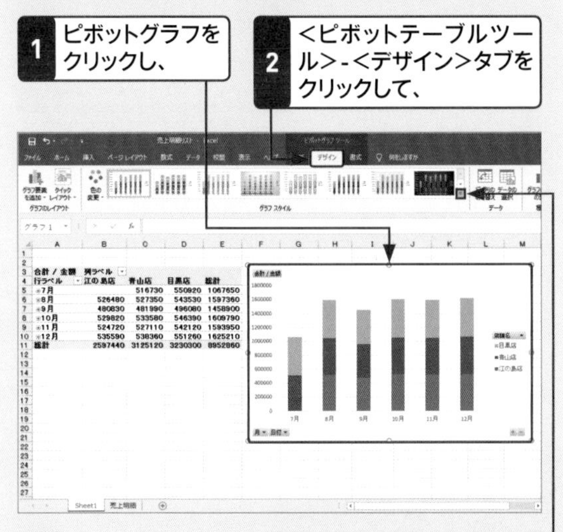

3 <グラフスタイル>のをクリックします。

4 変更後のスタイルをクリックすると、

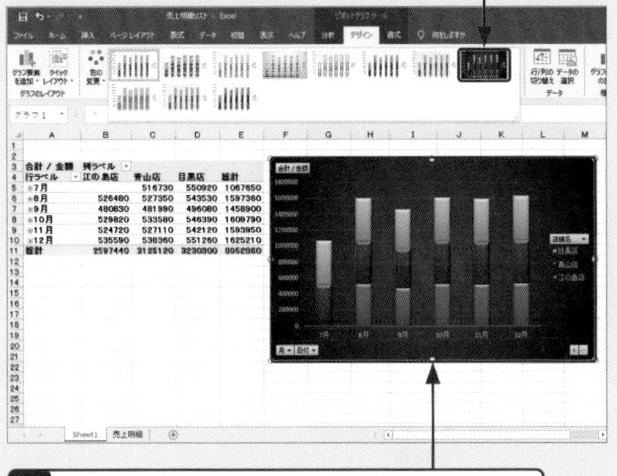

5 ピボットグラフ全体のデザインが変わります。

重要度★★★ デザイン

Q 371 グラフの色あいを変更したい!

A <色の変更>から変更後の色あいをクリックします。

ピボットグラフのデザインを変えずに色だけを変更できます。それには、<ピボットテーブルツール>-<デザイン>タブの<色の変更>をクリックし、用意されている色の組み合わせの一覧から変更後の色あいをクリックします。

1 ピボットグラフをクリックし、

2 <ピボットテーブルツール>-<デザイン>タブをクリックして、

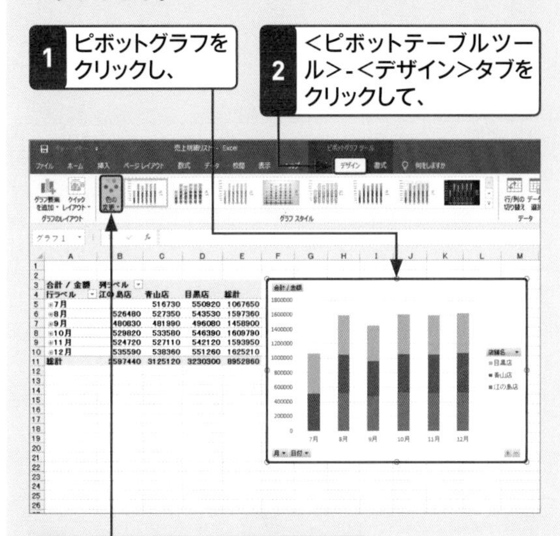

3 <色の変更>をクリックします。

4 変更後の色をクリックすると、

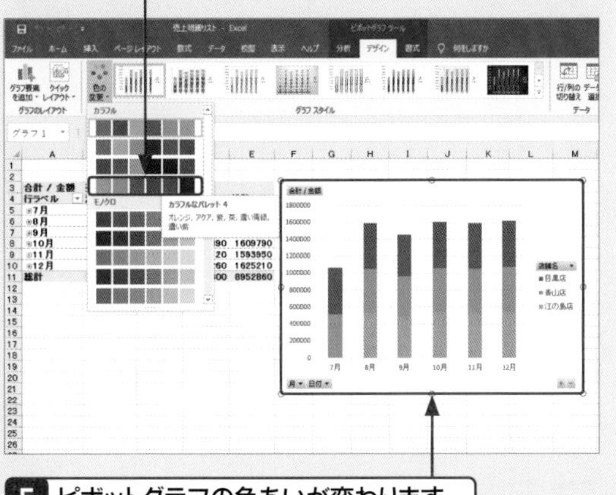

5 ピボットグラフの色あいが変わります。

重要度 ★★★ デザイン

Q 372 グラフの一部だけ色を変えたい！

A 変更したい要素を選択してから＜図形の塗りつぶし＞をクリックします。

グラフの中でとくに目立たせたい箇所には、ほかとは違う色を付けると効果的です。色を変更したい要素をゆっくり2回クリックして要素を個別に選択してから色を変更します。このとき、色を変えたい要素の周りだけにハンドルが付いているのがポイントです。

1 ＜副菜＞の棒の中をゆっくり2回クリックし、

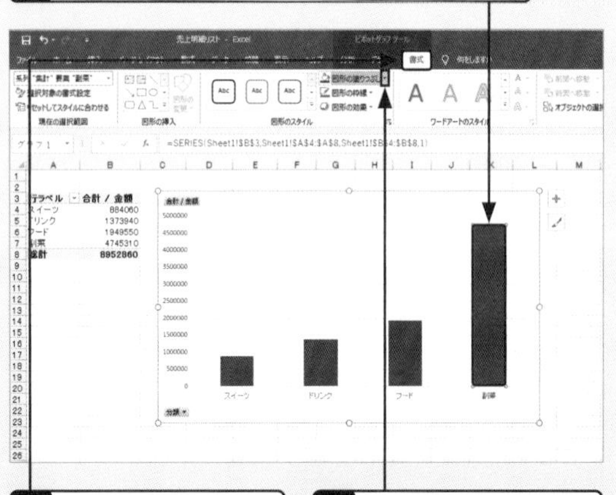

2 ＜ピボットテーブルツール＞-＜書式＞タブをクリックして、

3 ＜図形の塗りつぶし＞の▼をクリックします。

4 変更後の色をクリックすると、

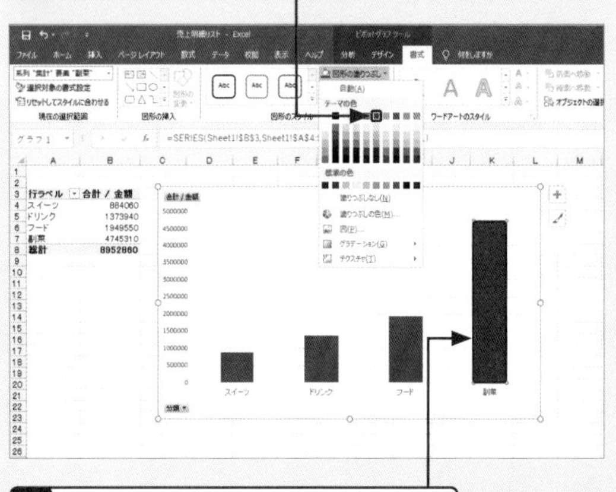

5 ＜副菜＞の棒の色だけが変わります。

重要度 ★★★ 編集

Q 373 ピボットグラフの編集操作は通常のグラフと同じなの？

A 通常のグラフと同じ操作で編集できます。

ピボットグラフを編集するときは、＜ピボットグラフツール＞の＜分析＞＜デザイン＞＜書式＞タブを使います。＜分析＞タブと＜書式＞タブの内容は、通常のグラフを編集するときに使う＜グラフツール＞の＜デザイン＞タブと＜書式＞タブの内容とほぼ同じです。グラフの要素を追加したり全体の見栄えを編集したりする操作は、通常のグラフと同じように行えます。

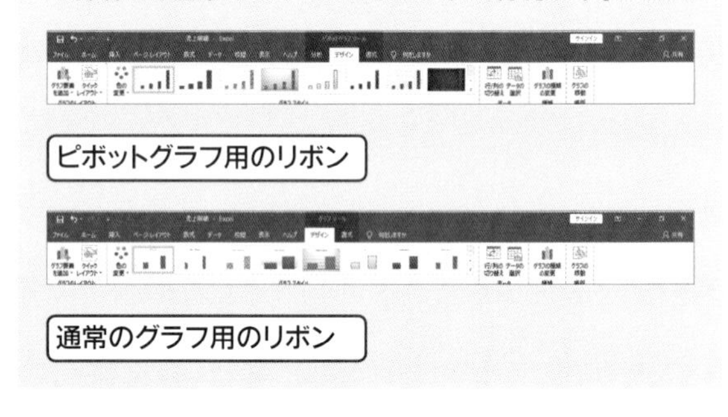

重要度 ★★★ 編集

Q 374 ピボットグラフと通常のグラフは何が違うの？

A グラフ内で自由にフィールドを入れ替えられます。

ピボットグラフの特徴は、Q.359やQ.360のように、データを集計する項目（フィールド）を自由に入れ替えられることです。これによって、多角的な視点でグラフを分析できます。一方、ピボットグラフでは、「散布図」「マップ」「株価」「等高線」「ツリーマップ」「サンバースト」「箱ひげ図」「ウォーターフール」「じょうご」など、通常のグラフで作成できるグラフの一部の種類を作成することができません。これらのグラフを作成したい場合は、通常のグラフ機能を使いましょう。

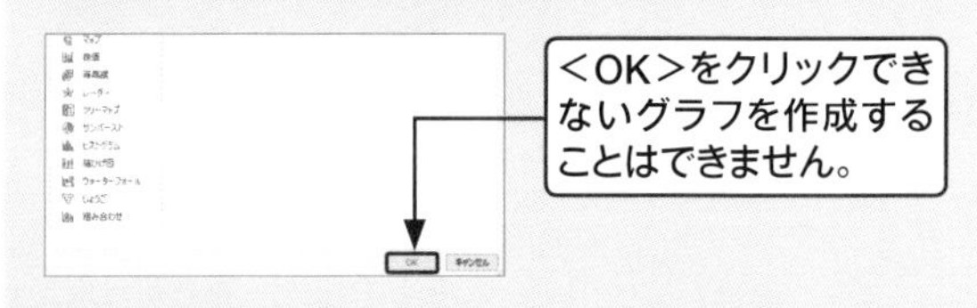

重要度 ★★★ 編集

Q 375 リストのデータがピボットグラフに反映されない！

A <更新>をクリックすると反映されます。

ピボットグラフのもとになるリストのデータを修正しても、そのままではピボットグラフに反映されません。<ピボットテーブルツール>の<分析>タブにある<更新>をクリックすると、ピボットテーブルとピボットグラフの両方に変更結果が反映されます。Microsoft 365では<ピボットグラフ分析>タブを使います。

1 もとのリストのデータを修正したら、<ピボットテーブルツール>の<分析>タブをクリックし、

2 <更新>をクリックします。

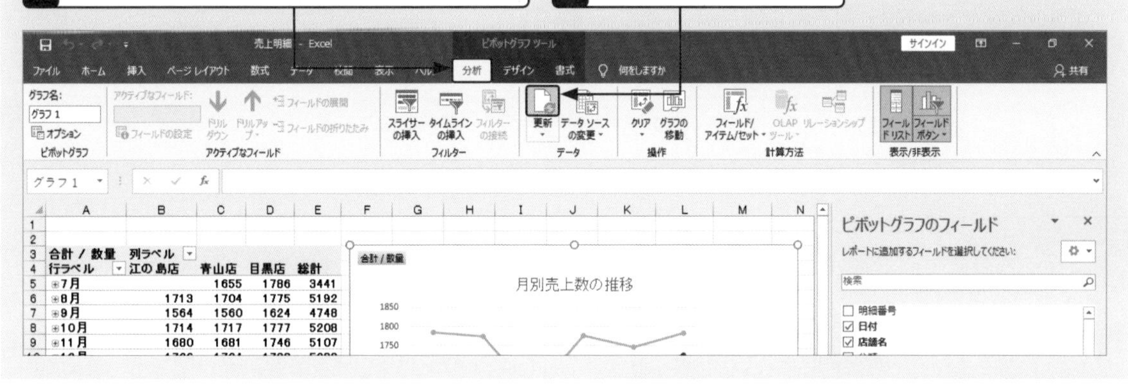

重要度 ★★★ 編集

Q 376 ピボットグラフを通常のグラフにしたい！

A ピボットテーブルを削除します。

作成したピボットグラフを通常のグラフに変換するには、ピボットグラフのもとになるピボットテーブルを丸ごと削除します。すると、グラフ内のフィールドボタンがなくなって通常のグラフと同じ状態になります。ピボットテーブルに連動してグラフが変化しては困るときなどに利用できます。

1 ピボットテーブルをクリックし、

2 Delete を押すと、

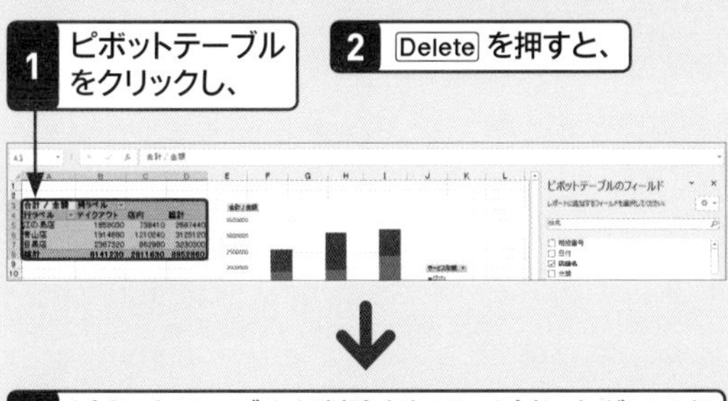

3 ピボットテーブルが削除されて、ピボットグラフが残ります。

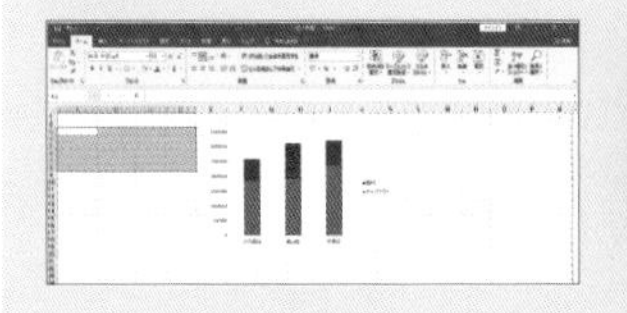

4 ピボットグラフ内にあったフィールドボタンがなくなります。

5 グラフをクリックすると、

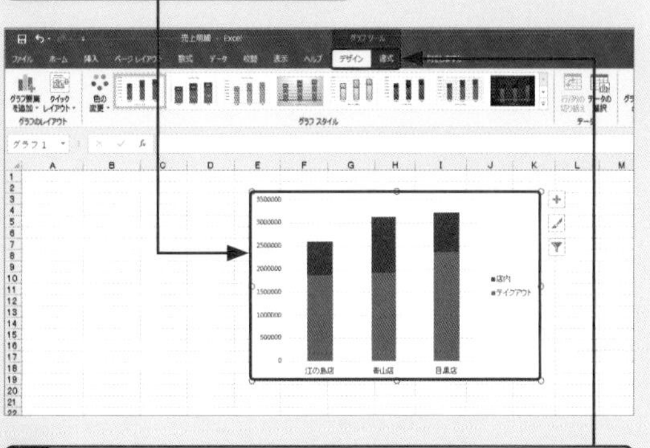

6 <グラフツール>の<デザイン>タブと<書式>タブが表示されます。

ショートカットキー一覧

●ショートカットキーは、キーボードの特定のキーを押すことで、操作を実行する機能です。ショートカットキーを利用すれば、すばやく操作を実行できます。ここでは、Excel や Windows で利用できる主なショートカットキーを紹介します。

■ Excelで利用できる主なショートカットキー

基本操作	
Alt + F4	Excel を終了する。
Ctrl + N	新しいブックを作成する。
Ctrl + O / Ctrl + F12	＜ファイルを開く＞ダイアログボックスを表示する。
Ctrl + P	＜ファイル＞タブの＜印刷＞画面を表示する。
Ctrl + S	上書き保存する。
Ctrl + W / Ctrl + F4	ファイルを閉じる。
Ctrl + Y	取り消した操作をやり直す。または直前の操作を繰り返す。
Ctrl + Z	直前の操作を取り消す。
Ctrl + F1	リボンを表示／非表示する。
F1	＜ヘルプ＞作業ウィンドウを表示する。
F7	＜スペルチェック＞ダイアログボックスを表示する。
F12	＜名前を付けて保存＞ダイアログボックスを表示する。
データの入力・編集	
F2	セルを編集可能にする。
Alt + Shift + =	SUM 関数を入力する。
Ctrl + ;	今日の日付を入力する。
Ctrl + :	現在の時刻を入力する。
Ctrl + C	セルをコピーする。
Ctrl + X	セルを切り取る。
Ctrl + V	コピーまたは切り取ったセルを貼り付ける。
Ctrl + + （テンキー）	セルを挿入する。
Ctrl + - （テンキー）	セルを削除する。
Ctrl + D	選択範囲内で下方向にセルをコピーする。
Ctrl + R	選択範囲内で右方向にセルをコピーする。
Ctrl + F	＜検索と置換＞ダイアログボックスの＜検索＞を表示する。
Ctrl + H	＜検索と置換＞ダイアログボックスの＜置換＞を表示する。
Shift + F3	＜関数の挿入＞ダイアログボックスを表示する。

セルの書式設定	
Ctrl + 1	＜セルの書式設定＞ダイアログボックスを表示する。
Ctrl + B	太字を設定／解除する。
Ctrl + I	斜体を設定／解除する。
Ctrl + U	下線を設定／解除する。
Ctrl + Shift + ^	＜標準＞スタイルを設定する。
Ctrl + Shift + 1	＜桁区切りスタイル＞を設定する。
Ctrl + Shift + 3	＜日付＞スタイルを設定する。
Ctrl + Shift + 4	＜通貨＞スタイルを設定する。
Ctrl + Shift + 5	＜パーセンテージ＞スタイルを設定する。
Ctrl + Shift + 6	選択したセルに外枠罫線を引く。
セル・行・列の選択	
Ctrl + A	ワークシート全体を選択する。
Ctrl + Shift + :	アクティブセルを含み、空白の行と列で囲まれるデータ範囲を選択する。
Ctrl + Shift + End	選択範囲をデータ範囲の右下隅のセルまで拡張する。
Ctrl + Shift + Home	選択範囲をワークシートの先頭のセルまで拡張する。
Ctrl + Shift + ↑ （↓ ← →）	選択範囲をデータ範囲の上（下、左、右）に拡張する。
Shift + ↑ （↓ ← →）	選択範囲を上（下、左、右）に拡張する。
Shift + Home	選択範囲を行の先頭まで拡張する。
Shift + BackSpace	選択を解除する。
ワークシートの挿入・移動・スクロール	
Shift + F11	新しいワークシートを挿入する。
Ctrl + End	データ範囲の右下隅のセルに移動する。
Ctrl + Home	ワークシートの先頭に移動する。
Ctrl + PageDown	後（右）のワークシートに移動する。
Ctrl + PageUp	前（左）のワークシートに移動する。
Alt + PageUp （PageDown）	1 画面左（右）にスクロールする。
PageUp （PageDown）	1 画面上（下）にスクロールする。

Windows 10で利用できる主なショートカットキー

キー	内容
⊞	スタートメニューを表示／非表示する。
⊞＋A	アクションセンターを表示する。
⊞＋B	通知領域に格納されているアプリを順に切り替える。
⊞＋D	デスクトップを表示／非表示する。
⊞＋E	エクスプローラーを起動する。
⊞＋I	<Windows の設定>アプリを起動する。
⊞＋K	<接続>画面を表示する。
⊞＋L	画面をロックする。
⊞＋M	すべてのウィンドウを最小化する。
⊞＋R	<ファイル名を指定して実行>ダイアログボックス表示する。
⊞＋S	検索画面を表示する。
⊞＋T	タスクバー上のアプリを順に切り替える。
⊞＋U	<設定>アプリの<簡単操作>を表示する。
⊞＋X	クイックリンクメニューを表示する。
⊞＋Pause	<システム>画面を表示する。
⊞＋PrintScreen	画面を撮影して<ピクチャ>フォルダーの<スクリーンショット>に保存する。
⊞＋Tab	タスクビューを表示する。
⊞＋Ctrl＋D	新しい仮想デスクトップを作成する。
⊞＋Ctrl＋F4	仮想デスクトップを閉じる。
⊞＋Ctrl＋→/←	仮想デスクトップを切り替える。
⊞＋+	拡大鏡を表示して画面全体を拡大する。
⊞＋-	拡大鏡で拡大された表示を縮小する。
⊞＋Esc	拡大鏡を終了する。
⊞＋Home	アクティブウィンドウ以外をすべて最小化する。
⊞＋↓	アクティブウィンドウを最小化する。
⊞＋↑	アクティブウィンドウを最大化する。
⊞＋→	画面の右側にウィンドウを固定する。
⊞＋←	画面の左側にウィンドウを固定する。
⊞＋Shift＋↑	アクティブウィンドウを上下に拡大する。
⊞＋1/2/3	タスクバーに登録されたアプリを起動する。
⊞＋Alt＋D	デスクトップで日付と時刻を表示／非表示する。
⊞＋./:	絵文字画面を開く。
⊞＋,	デスクトップを一時的にプレビューする。
⊞＋Shift＋1/2/3	タスクバーに登録されたアプリを新しく起動する。
Alt＋D	Web ブラウザーでアドレスバーを選択する。
Alt＋Enter	選択した項目の<プロパティ>ダイアログボックスを表示する。
Alt＋F4	アクティブなアプリを終了する。
Alt＋P	エクスプローラーにプレビューウィンドウを表示する。
Alt＋Space	作業中の画面のショートカットメニューを表示する。
Alt＋Tab	起動中のアプリを切り替える。
Ctrl＋A	ドキュメント内またはウィンドウ内のすべての項目を選択する。
Ctrl＋N	新しいウィンドウを開く。
Ctrl＋W	作業中のウィンドウを閉じる。
Ctrl＋P	Web ページなどの印刷を行う画面を表示する。
Ctrl＋数字キー	Web ブラウザーで n 番目のタブに移動する。
Ctrl＋Alt＋Delete	ロックやタスクマネージャーの起動が行える画面を表示する。
Ctrl＋D/Delete	選択したファイルやフォルダーを削除する。
Ctrl＋E/F	エクスプローラーで検索ボックスを選択する。
Ctrl＋R/F5	Web ブラウザーなどで表示を更新する。
Ctrl＋Shift＋N	エクスプローラーでフォルダーを作成する。
Ctrl＋Shift＋Esc	<タスクマネージャー>を表示する。
Ctrl＋Tab	Web ブラウザーで前方のタブへ移動する。
Ctrl＋Shift＋Tab	Web ブラウザーで後方のタブへ移動する。
Ctrl＋+	画面表示を拡大する。
Ctrl＋-	画面表示を縮小する。
Esc	現在の操作を取り消す。
F2	選択した項目の名前を変更する。
F11	アクティブウィンドウを全画面表示に切り替える。
PrintScreen	画面を撮影してクリップボードにコピーする。
Shift＋Delete	選択した項目をゴミ箱に移動せずに削除する。
Shift＋F10	選択した項目のショートカットメニューを表示する。
Shift＋↑↓←→	ウィンドウ内やデスクトップ上の複数の項目を選択する。

用語集

Excel（エクセル）2019

Excelは、マイクロソフト社が開発・販売している表計算ソフトです。Excelの後ろの数字は、バージョンを表しています。2020年12月現在、「2019」が最新で、本書はその前のバージョンの「2016」「2013」にも対応しています。

Microsoft（マイクロソフト）365

月額や年額の金額を支払って使用するサブスクリプション版のOffice のことです。ビジネス用と個人用があり、個人用はMicrosoft 365 Personalという名称で販売されています。Microsoft 365 Personalは、Windowsパソコン、Mac、タブレット、スマートフォンなど、複数のデバイスに台数無制限にインストールできます。

PDF（ピーディーエフ）ファイル

アドビシステムズ社によって開発された電子文書の規格の1つです。レイアウトや書式、画像などがそのまま維持されるので、パソコン環境に依存せずに、同じ見た目で文書を表示できます。

参考▶Q 125

アイコンセット

ユーザーが値を指定しなくても、選択したセル範囲の値を自動計算し、データを相対評価してくれる条件付き書式機能の1つです。値の大小に応じて、セルに3～5種類のアイコンを表示します。

参考▶Q 203

アウトライン

データをグループ化する機能のことです。アウトラインを作成すると、アウトライン記号を利用して、各グループを折りたたんで集計行だけを表示したり、展開して詳細データを表示したりできます。

参考▶Q 078

アクティブセル

現在操作の対象となっているセルをいいます。複数のセルを選択した場合は、その中で白く表示されているのがアクティブセルです。

参考▶Q 011

エラー値

セルに入力した数式や関数に誤りがあったり、計算結果が正しく求められなかったりした場合に表示される「#」で始まる記号のことです。#VALUE!、#NAME?、#DIV/0!、#N/A、#NULL!、#NUM!、#REF!など、原因に応じて表示される記号が異なります。

参考▶Q 035

演算子

数式で使う計算の種類を表す記号のことです。Excelで使う演算子には、四則演算などを行うための算術演算子、2つの値を比較するための比較演算子、文字列を連結するための文字列連結演算子、セルの参照を示すための参照演算子の4種類があります。

オートフィル

セルに入力したデータをもとにして、ドラッグ操作で連続するデータや同じデータを入力したり、数式をコピーしたりする機能です。オートフィルを行ったあとに表示される<オートフィルオプション>を利用して、オートフィルの動作を変更することもできます。

参考▶Q 017

オートフィルター

指定した条件に合ったものを絞り込むための機能です。データベース形式の表にフィルターを設定すると、列見出しにフィルターボタンが表示され、オートフィルターが利用できるようになります。

参考▶Q 141

フィルターボタン

	A	B	C	D	E	F	G
1	社員番号	社員名	所属地区	筆記試験	実技試験	合計	合否判定
2	1001	塚本祐太郎	東京	80	82	162	合格
3	1002	瀬戸美弥子	東京	75	78	153	不合格
4	1003	大橋祐樹	品川	76	78	154	不合格
5	1004	戸山真司	品川	80	81	161	合格
6	1005	村田みなみ	東京	86	84	170	合格
7	1006	安田正一郎	横浜	89	84	173	合格
8	1007	坂本浩平	横浜	91	97	188	合格
9	1008	原島航	千葉	55	58	113	不合格
10	1009	大野千佳	千葉	62	80	142	不合格

カラースケール

ユーザーが値を指定しなくても、選択したセル範囲の値を自動計算し、データを相対評価してくれる条件付き書式機能の1つです。値の大小に応じて、セルを色分けします。

参考▶Q 202

関数

特定の計算を行うためにExcelにあらかじめ用意されている機能のことです。関数を利用すると、複雑で面倒な計算や各種作業をかんたんに処理できます。文字列操作、日付／時刻、検索／行列、数学／三角など、たくさんの種類の関数が用意されています。

行

ワークシートの横方向のセルの並びをいいます。行の位置は数字（行番号）で表示されます。1枚のワークシートには、最大1,048,576行あります。

クイックアクセスツールバー

よく使う機能をコマンドとして登録しておくことができる領域です。クリックするだけで必要な機能を実行できるので、タブを切り替えて機能を実行するよりすばやく操作できます。

参考▶Q 047

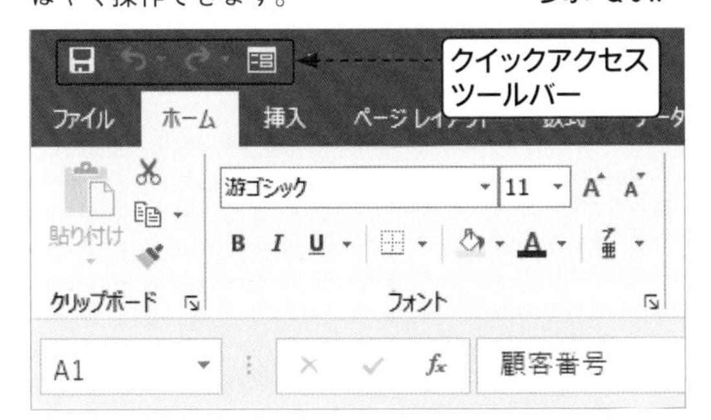

クイック分析

データをすばやく分析できる機能をいいます。セル範囲を選択すると、右下に<クイック分析>コマンドが表示されます。このコマンドをクリックして表示されるメニューから合計を計算したり、条件付き書式、グラフ、テーブルなどをすばやく作成したりすることができます。

参考▶Q 187

グラフエリア

グラフ全体の領域をいいます。グラフを選択するときは、グラフエリアをクリックします。

参考▶Q 355

シートの保護

データが変更されたり削除されたりしないように、保護する機能のことです。ワークシート全体を変更できないようにしたり、特定のセル以外を編集できないようにしたりと、目的に応じて設定できます。

参考▶Q 036

小計

データをグループ化して、その小計や総計を自動的に集計する機能のことです。あらかじめ集計するフィールドを基準に表を並べ替えておき、<データ>タブの<小計>をクリックすると、表に小計行や総計行が自動的に挿入され、データが集計されます。

参考▶Q 179

条件付き書式

指定した条件に基づいてセルを強調表示したり、データを相対的に評価してカラーバーやアイコンを表示して視覚化したりする機能のことです。

参考▶Q190

書式記号

セルの表示形式で利用される書式を表す記号のことをいいます。たとえば、「8月8日」と表示されているセルに「mm/dd」という表示形式を設定すると、「08/08」という表示に変わります。この場合の「mm」や「dd」が書式記号です。

参考▶Q 218

シリアル値

Excel で日付と時刻を管理するための数値のことです。日付のシリアル値は、「1900年1月1日」から「9999年12月31日」までの日付に1～2958465までの値が割り当てられます。時刻の場合は、「0時0分0秒」から「翌日の0時0分0秒」までの24時間に0から1までの値が割り当てられます。

参考▶Q 219

数式

数値やセル参照、演算子などを組み合わせて記述する計算式のことです。はじめに「=」(等号)を入力することで、そのあとに入力する数値や算術演算子が数式として認識されます。

数式バー

現在選択されているセルのデータや数式を表示したり、編集したりする場所です。セルの表示形式を変更した場合でも、数式バーにはもとの値が表示されます。

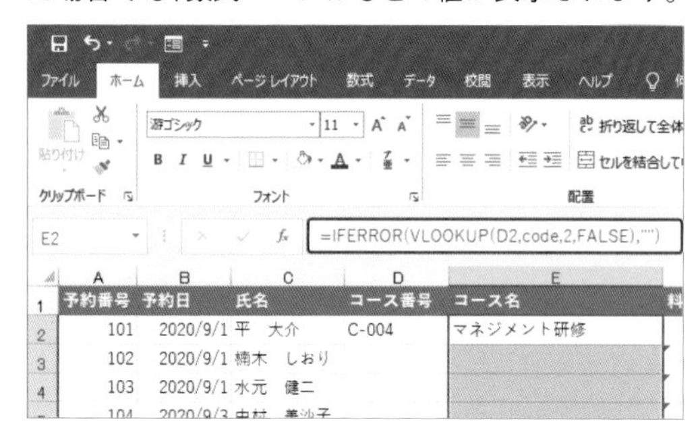

スタイル

フォントやフォントサイズ、罫線、色などの書式があらかじめ設定されている機能のことです。セルのスタイルのほか、グラフ、ピボットテーブル、図形、画像などにもスタイルが用意されています。

参考▶Q 104

ステータスバー

画面下の帯状の部分をいいます。現在の入力モードや操作の説明などが表示されます。セル範囲をドラッグすると、平均やデータの個数、合計などが表示されます。

参考▶Q 156

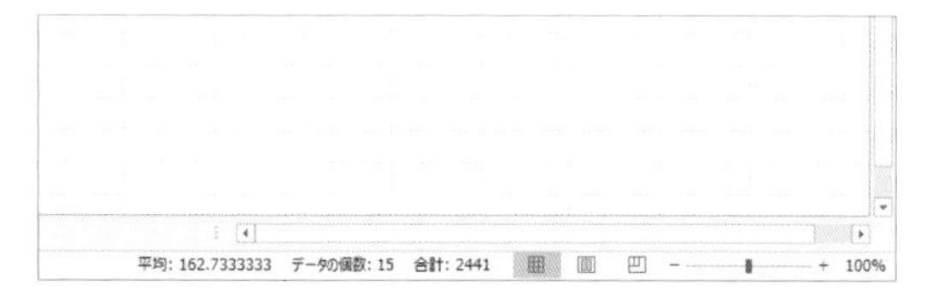

スライサー

集計対象のデータを絞り込むための機能です。テーブル(Excel 2010では不可)やピボットテーブルで利用できます。

参考▶Q 168, Q 333

絶対参照

参照するセルの位置を固定する参照方式のことです。数式をコピーしても、参照するセルの位置は変更されません。「$A$1」のように行番号と列番号の前に「$」を付けて入力します。

参考▶Q 198

相対参照

数式が入力されているセルを基点として、ほかのセルの位置を相対的な位置関係で指定する参照方式のことです。数式が入力されたセルをコピーすると、参照するセルの位置が自動的に変更されます。通常はこの参照方式が使われます。

参考▶Q 198

タイムライン

ピボットテーブルで、日付データの絞り込みに使用する機能です。Excel 2013で搭載されました。タイムラインを利用するには、日付フィールドが必要です。

参考▶Q 328

データの入力規則

セルに入力する数値の範囲を制限したり、データが重複して入力されるのを防いだり、入力モードを自動的に切り替えたりする機能です。セルにドロップダウンリストを設定して、入力するデータをリストから選択させることもできます。

参考▶Q 037

データバー

ユーザーが値を指定しなくても、選択したセル範囲の値を自動計算し、データを相対評価してくれる条件付き書式機能の1つです。値の大小に応じて、セルにグラデーションや単色でカラーバーを表示します。

参考▶Q 201

データベース

住所録や売上台帳、蔵書管理など、さまざまな情報を一定のルールで蓄積したデータの集まりのことをいいます。また、データを管理するしくみ全体をデータベースと呼ぶこともあります。Excelはデータベース専用のソフトではありませんが、表を規則に従った形式で作成することで、データベース機能を利用することができます。データベースでは、1列分のデータを「フィールド」、1件分のデータを「レコード」、列の先頭の項目名を「列見出し(列ラベル)」と呼びます。

テーブル

表をデータベースとして効率的に管理するための機能

です。表をテーブルに変換すると、データの集計や抽出がかんたんにできるようになります。また、テーブルスタイルを利用して、見栄えのする表を作成することもできます。 参考▶Q 103

名前

セルやセル範囲に付ける名前のことです。セル範囲に名前を付けておくと、「=AVERAGE(売上高)」のように数式でセル参照のかわりに利用できます。範囲名で指定した部分は絶対参照とみなされるので、数式を簡略化できます。 参考▶Q 033

比較演算子

数式の中で2つの値を比較するときに用いられる記号のことです。「=」「<」「>」「<=」「>=」「<>」などがあります。
参考▶Q 223

引数

関数を使って計算結果を求めるために必要な数値やデータのことです。引数に連続する範囲を指定する場合は、「=SUM(D3:D5)」のように開始セルと終了セルを「:」(コロン)で区切ります。引数が複数ある場合は、「=SUM(D3:D5,D7)」のように引数と引数の間を「,」(カンマ)で区切ります。 参考▶Q 026

ピボットテーブル

データベース形式の表から特定のデータを取り出して集計した表のことです。データをさまざまな角度から集計して分析できます。 参考▶Q 250

表示形式

セルに入力したデータの見せ方のことです。表示形式を設定することで、「123.45」を「¥123」「123.45%」などと、さまざまな見た目で表示させることができます。表示形式を変えても、セルに入力されているデータそのものは変わりません。 参考▶Q 023

フィルハンドル

セルやセル範囲を選択したときに右下に表示される小さな四角形のことをいいます。フィルハンドルをドラッグすることで、連続データを入力したり、数式をコピーしたりできます。 参考▶Q 035

複合参照

列または行を固定して参照する方式をいいます。「$A1」「A$1」のようにセル参照の列または行のどちらか一方に「$」を付けて表現します。
参考▶Q 198

予測シート

過去のデータをもとに、将来のデータを予測する機能です。Excel 2016で搭載されました。時系列のデータを選択して＜データ＞タブの＜予測シート＞をクリックすると、予測値を計算したテーブルと予測グラフが作成されます。 参考▶Q 204

ロック

セル内のデータが勝手に変更されたり、削除されたりしないようにする機能のことをいいます。ワークシートに保護を設定すると、ロック機能が有効になります。
参考▶Q 036

ワークシート

Excelの作業領域のことで、単に「シート」とも呼ばれます。ワークシートは、格子状に分割されたセルによって構成されています。1枚のワークシートは最大104万8,576行×1万6,384列のセルから構成されています。

ワイルドカード

あいまいな文字を検索する際に利用する特殊文字のことをいいます。0文字以上の任意の文字列を表す「＊」(アスタリスク)と、任意の1文字を表す「？」(クエスチョン)があります。 参考▶Q 052

目的別索引

さ行

た行

な行

は行

ま行

や行

ら行

Index

用語索引

記号・A～Z

あ行

か行

さ行

た行

な行・は行・ま行

や行・ら行・わ行

＊太字は用語集のページです。

お問い合わせについて

本書に関するご質問については、本書に記載されている内容に関するもののみとさせていただきます。本書の内容と関係のないご質問につきましては、一切お答えできませんので、あらかじめご了承ください。また、電話でのご質問は受け付けておりませんので、必ずFAXか書面にて下記までお送りください。
なお、ご質問の際には、必ず以下の項目を明記していただきますよう、お願いいたします。

1 お名前
2 返信先の住所またはFAX番号
3 書名（今すぐ使えるかんたん Excelデータベース 完全ガイドブック 業務データを抽出・集計・分析 [2019/2016/2013/365対応版]）
4 本書の該当ページ
5 ご使用のOSとソフトウェアのバージョン
6 ご質問内容

なお、お送りいただいたご質問には、できる限り迅速にお答えできるよう努力いたしておりますが、場合によってはお答えするまでに時間がかかることがあります。また、回答の期日をご指定なさっても、ご希望にお応えできるとは限りません。あらかじめご了承くださいますよう、お願いいたします。

■お問い合わせの例

FAX

1 お名前

技術 太郎

2 返信先の住所またはFAX番号

03-XXXX-XXXX

3 書名

今すぐ使えるかんたん
Excelデータベース
完全ガイドブック
業務データを抽出・集計・分析
[2019/2016/2013/365対応版]

4 本書の該当ページ

181ページ Q 239

5 ご使用のOSとソフトウェアのバージョン

Windows 10 Pro
Excel 2019

6 ご質問内容

手順5が表示されない

※ご質問の際に記載いただきました個人情報は、回答後速やかに破棄させていただきます。

問い合わせ先

〒162-0846
東京都新宿区市谷左内町21-13
株式会社技術評論社 書籍編集部
「今すぐ使えるかんたん Excelデータベース
完全ガイドブック 業務データを抽出・集計・分析
[2019/2016/2013/365対応版]」質問係
FAX番号 03-3513-6167

URL：https://book.gihyo.jp/116

今すぐ使えるかんたん
Excelデータベース 完全ガイドブック
業務データを抽出・集計・分析
[2019/2016/2013/365対応版]

2021年2月9日 初版 第1刷発行

著 者●井上 香緒里
発行者●片岡 巌
発行所●株式会社 技術評論社
東京都新宿区市谷左内町21-13
電話 03-3513-6150 販売促進部
03-3513-6160 書籍編集部
カバーデザイン●岡崎 善保（志岐デザイン事務所）
本文デザイン●リンクアップ
編集／DTP●リンクアップ
担当●宮崎 主哉
製本／印刷●大日本印刷株式会社

定価はカバーに表示してあります。

ISBN978-4-297-11841-9 C3055
Printed in Japan